한 권으로 끝내는 과학의 모든 것

# SCIENCE

ⓔ 사이언스

이 책에서 추천하는 어스본 퀵링크 사이트에 내용은
정기적으로 검토해서 링크를 업데이트합니다.
하지만 웹사이트의 내용은 언제든지 변경될 수 있으며
어스본 출판사가 직접 운영하고 있는 홈페이지 외의
어떤 사이트의 내용에도 책임지지 않는다는 점을 알려 드립니다.
또한 학생들이 인터넷을 사용할 때 인터넷 채팅방에 들어가지 않도록 감독해 주시고,
학생들이 부적절한 인터넷 콘텐츠를 접하지 않도록
필터링 프로그램을 사용하실 것을 권해드립니다.
8-12쪽의 인터넷 안전 안내를 학생이 잘 읽고 따르도록 해주시기 바랍니다.
더 상세한 정보는 어스본 퀵링크 웹사이트의 'Net Help' 코너를 이용해 주시기 바랍니다.

어스본 출판사는 책에서 추천한 웹사이트에 접속한 결과 발생한
바이러스로 인한 손상이나 손해에 대해 어떤 책임도 지지 않습니다.

책에서 추천한 웹사이트를 방문하시려면, www.usborne-quicklinks.com에 접속해서
단어 'science'를 키워드로 넣으세요.

Internet Linked Encyclopedia of Science

Copyright ⓒ 2002, 2000 Usborne Publishing Ltd.
This edition first published in 2002 is published by Usborne Publishing Ltd,
Usborne House, 83-85 Saffron Hill, London EC1N 8RT, England

Korean Translation Copyright ⓒ 2011 Hyewon Publishing Co.
Korean edition is published by arrangement with Usborne Publishing Ltd.
through Corea Literary Agency, Seoul

한 권으로 끝내는 과학의 모든 것

# SCIENCE
## ⓔ 사이언스

영국 어스본 출판사 편집부 엮음 | 이가희 옮김 | 전국과학교사모임 감수

혜원

# Contents

## 에너지, 힘, 운동
### Energy, Forces and Motion

## 지구와 우주
### Earth and Space

## 빛, 소리, 전기
### Light, Sound and Electricity

## 식물과 균류
### Plants and Fungi

# 동물의 세계
## Animal World

# 인체
## Human Body

● 부록 과학 정보

# 인터넷 링크하기

이 책에서는 과학에 대해 좀 더 공부할 수 있는 웹사이트를 추천하고 있습니다. 어스본 퀵링크 웹사이트를 방문하시면 추천된 웹사이트를 모두 둘러볼 수 있습니다. 다양한 영상과 애니메이션, 인터넷 수업, 또 배운 것을 스스로 테스트해볼 수 있는 퀴즈 등 다양한 콘텐츠가 마련된 웹사이트 링크가 1,000개 이상 준비되어 있습니다.
(이 자료는 영국 어스본사의 자료이므로 모두 영어로 되어 있습니다.)

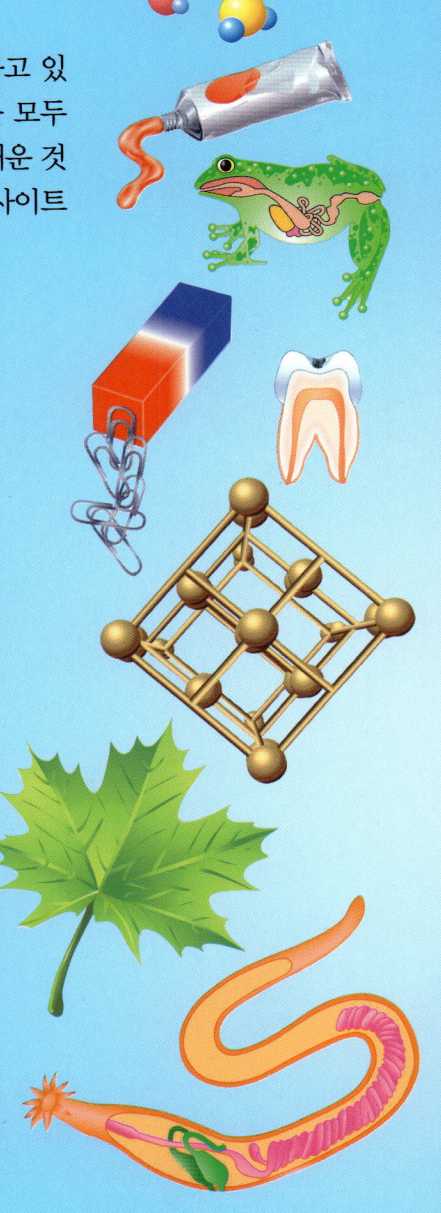

## 어스본 퀵링크
추천 사이트를 방문하는 절차입니다.

1. www.usborne-quicklinks.com 으로 접속합니다.
2. 이 책의 키워드인 science를 입력합니다.
3. 방문하고 싶은 사이트 링크가 있는 페이지의 '링크0' 이라는 숫자를 입력합니다.
4. 추천 사이트 링크를 클릭합니다.

### 유용한 인터넷 링크
**www.usborne-quicklinks.com**

각 장마다 표시된 인터넷 링크 란을 찾습니다. 그 페이지의 내용과 관련해서 더 많은 정보를 얻을 수 있는 웹사이트에 대해 설명해 줍니다.
추천하는 웹사이트 링크를 찾았다면 www.usborne-quicklinks.com으로 접속하면 됩니다.

## 인터넷 안전
인터넷에 접속하기 전에 부모님이나 보호자의 허락을 받고, 아래와 같은 간단한 규칙을 꼭 지켜야 합니다.

• 본명이나 주소, 전화번호나 다니고 있는 학교 이름과 같은 정보를 절대 타인에게 알려서는 안 됩니다.
• 웹사이트에서 이름과 이메일 주소로 로그인 또는 등록을 하라고 하면, 어른에게 먼저 허락을 받습니다.

## 부모님과 선생님께
추천된 웹사이트는 정기적으로 다시 검토되지만 내용이 언제든지 변경될 수 있습니다. 어스본은 자사 사이트 외의 웹사이트 내용에 관해서는 책임지지 않습니다. 학생들이 인터넷을 사용할 때 감독해주시고, 부적절한 내용을 학생들이 볼 수 없도록 필터링 소프트웨어를 사용하실 것을 권장합니다.

★표시가 있는 그림은 어스본 퀵링크 사이트에서 다운로드 받을 수 있습니다.

# www.usborne-quicklinks.com

• 이 책에서 추천하고 있는 웹사이트 링크
• 집에서 공부하거나 학교 숙제를 할 때 쓸 수 있는 다운로드가 가능한 그림 자료를 어스본 퀵링크 웹사이트에서 만나보실 수 있습니다.

## 다운로드가 가능한 그림 자료

어스본 퀵링크 웹사이트에 들어오시면 그림 자료와 그림 도표를 다운로드해서 프린트하실 수 있습니다. 이 책에 ★ 표시가 된 그림은 모두 프린트할 수 있습니다.

다운로드가 가능한 그림 자료는 어스본사가 저작권을 가지고 있습니다. 집에서 공부하거나 학교 숙제에 사용하는 것은 괜찮지만, 상업적인 목적으로는 사용할 수 없습니다.

그림 자료 등이 필요하다면, 어스본 퀵링크 사이트를 방문하여 간단한 지시를 따라주세요.

## 인터넷 링크를 보기 위해 필요한 것

웹사이트를 방문하려면 인터넷이 연결된 컴퓨터와 웹브라우저(인터넷에서 정보를 볼 수 있도록 해주는 소프트웨어)가 필요합니다. 소리를 들으려면 윈도우 미디어 플레이어와 같은 미디어 플레이어가 필요한데, 대부분의 가정용 컴퓨터에는 이미 설치되어 있습니다.

일부 사이트에서 영상이나 애니메이션을 보려면 다른 프로그램(플러그인)이 필요할 수도 있습니다. 사이트를 방문했을 때 필요한 플러그인이 설치되어 있지 않으면 창에 메시지가 뜹니다. 이 메시지에 있는 링크를 클릭해서 플러그인을 다운받으면 됩니다.

플러그인에 관한 좀 더 많은 정보는 어스본 퀵링크의 Net Help 코너에 마련되어 있습니다.

## 링크의 대체

어스본 퀵링크 사이트의 링크는 정기적으로 검토되고 업데이트되지만, 때때로 링크된 사이트의 내용을 더 이상 볼 수 없다는 메시지가 뜰 수도 있습니다. 일시적인 현상일 수 있으니 나중에 다시 해보거나 다음날 시도해 보시기를 권해드립니다.

어떤 웹사이트는 더 이상 운영하지 않는 경우도 있는데 이럴 때는 어스본 퀵링크 사이트 안에 새로운 링크를 만들어서 대체합니다. 그 외에도 유용하다고 판단되는 링크가 추가되기도 합니다. 그러므로 어스본 퀵링크 사이트를 방문했을 때 링크가 책에 설명된 것과 약간씩 다를 수 있다는 점을 유의하세요.

## 인터넷 도움말

인터넷과 어스본 퀵링크 사이트를 이용하는 데 도움이 될 만한 정보를 얻으려면, 사이트 내의 Net Help 코너를 방문하세요. 인터넷을 안전하게 이용할 수 있는 팁과 조언은 물론 그림을 다운로드해서 여러분의 문서에 삽입할 수 있도록 도와주는 유용한 정보가 가득 있습니다.

영상이나 애니메이션을 보는 데 필요한 플러그인을 무료로 다운로드할 수 있는 링크와 플러그인 설치도 상세히 안내해드립니다.

컴퓨터를 안전하게 사용하려면 웹브라우저와 바이러스 제거 프로그램을 항상 최신으로 유지해야 합니다. 어스본 퀵링크의 Net Help에 이와 관련된 내용이 들어 있습니다. 또한 어떻게 인터넷을 안전하게 사용할 수 있는지에 대한 도움말도 있으니 놓치지 마세요.

## 컴퓨터 바이러스

컴퓨터 바이러스는 여러분의 컴퓨터에 심각한 해를 끼칠 수 있는 프로그램입니다. 그림을 내려받거나 이메일 속의 첨부파일을 열다가 바이러스에 감염될 수도 있습니다.

컴퓨터를 안전하게 보호하기 위해서 바이러스 제거 프로그램을 구매하셔서 항상 최신으로 이 프로그램을 업데이트하시기를 권해 드립니다. 바이러스에 대해 더 많은 정보를 얻으시려면 어스본 퀵링크 웹사이트의 Net Help 코너를 이용하세요.

## 직접 해보자

'직접 해보자'란에는 직접 테스트를 해본 실험이나 활동, 관찰 등에 관한 내용이 담겨 있습니다. 일부 추천 웹사이트에서도 다양한 활동이나 실험을 제시하고 있지만 이런 내용이 모두 테스트된 것은 아닙니다.

이 책은 모든 연령대에서, 개인의 능력에 상관없이 읽을 수 있도록 구성되었습니다. 따라서 이 책이나 웹사이트에서 소개하는 실험 중에 날카로운 부엌칼이나 주전자, 조리도구 등 어린 독자들이 일반적으로 사용하지 않는 도구가 포함된 것은 혼자서 실험해서는 안 됩니다. 반드시 어른들의 도움을 받아야 합니다.

| 직접 해보자 |
| --- |
| 간단한 실험이나 활동을 직접 해보는 코너입니다. 실험을 시작하기 전에는 실험에 관한 내용을 잘 읽어보고 어른의 감독이 필요하다고 생각되는 부분이 포함되어 있으면, 꼭 도움을 요청해 함께 실험해야 합니다. |

# 인터넷으로 검색하기

월드 와이드 웹(World Wide Web=www.)은 정보를 찾기에 알맞은 도구입니다. 학교 과제나 취미와 관련된 정보는 물론 최신 뉴스를 웹사이트에서 찾을 수 있습니다. 그러나 원하는 정보를 찾아내기란 결코 쉬운 일이 아닐 수도 있습니다. 다음에 소개하는 팁과 지시를 참조한다면 좋은 검색 결과를 얻을 수 있을 것입니다.

## 검색 엔진

검색 엔진은 방대한 웹사이트의 목록을 가지고 있는 프로그램을 말합니다. 사이트는 사이트명과 다루고 있는 주제와 관련된 중요한 단어에 따라서 정렬되어 있습니다. 원하는 내용을 찾으려면 키워드(주제와 관련된 단어)를 넣거나 찾고 있는 회사나 기관의 이름을 입력하면 됩니다.

학교 숙제를 하려면 아래 검색 엔진을 추천합니다. 아래 검색 엔진에서는 나이 어린 학생들에게 특히 유용한 사이트의 리스트가 준비되어 있습니다.

- Ask Jeeves for Kids(어린이용 – 지브에게 물어보자!)
- Yahooligans
- Education World

(링크는 www.usborne – quicklinks. com 으로 접속하면 찾을 수 있습니다.)

검색용 키워드를 정하는 방법은 검색 엔진의 팁을 참조합니다. 검색이 완료되면 사이트 하나하나에 대해 읽어보면서 찾는 것이 맞는지 확인해보고 주소를 클릭합니다.

## 정보 이용하기

웹상에서 유용한 정보를 발견하면 프린트를 하거나 복사해서 다른 프로그램으로 옮길 수도 있습니다. 인터넷 익스플로러로 글과 그림을 복사하는 법을 알아봅니다.

### 〈글〉

1. 마우스 왼쪽 버튼을 누르며 원하는 글을 선택하여 드래그를 합니다.

2. 마우스 오른쪽 버튼을 눌러 '복사하기'를 선택하거나 Ctrl+C를 눌러 복사를 합니다. 또는 '편집' 바에서 '복사하기'를 선택해도 됩니다.

3. 이 글을 저장하고 싶은 문서를 엽니다. 마우스 오른쪽 버튼을 눌러 '붙여넣기'를 선택하거나 Ctrl+V를 눌러 붙여넣기를 합니다. 또한 '편집' 바에서 '붙여넣기'를 선택해도 됩니다.

### 〈그림〉

1. 커서를 이미지 위에 놓고 마우스의 오른쪽 버튼을 누릅니다.(매킨토시를 사용한다면 클릭해서 마우스 버튼을 누르고 있어야 합니다) 메뉴에서 '복사하기'를 선택하거나 Ctrl+C를 눌러 복사를 합니다. 또는 '편집' 바에서 '복사하기'를 선택해도 됩니다.

2. 그림을 넣고 싶은 문서를 엽니다. 그림을 넣고 싶은 곳에 커서를 이동합니다.

3. 마우스 오른쪽 버튼을 눌러 '붙여넣기'를 선택하거나 Ctrl+V를 눌러 붙여넣기를 합니다. 또한 '편집' 바에서 '붙여넣기'를 선택해도 됩니다.

## 링크

대부분의 웹사이트에는 하이퍼링크가 포함되어 있습니다. 하이퍼링크는 눈에 띄도록 색깔이 다르거나 밑줄이 그어져 있습니다. 이런 링크를 클릭하면 관련된 정보가 있는 다른 사이트로 바로 이동하게 됩니다. 하이퍼링크를 잘 이용하면 검색에 드는 시간을 줄일 수 있습니다.

## 확인할 점

웹에서 발견한 정보를 사용하고 싶다면 정확한 정보인지 확실히 알아봅니다. 다른 사이트와 정보원을 참조해서 이용하려는 정보와 수치가 정확한지 다시 한 번 검토하면 됩니다. 출판된 정보라면 믿을 만합니다. 또 잘 알려진 웹사이트에 있는 정보가 정확할 가능성이 더 높습니다.

## 참조 사이트 기재하기

웹사이트에서 얻은 정보를 숙제에 사용했다면 숙제 끝 부분에 사이트의 이름을 꼭 밝혀 둡니다. 믿을 만한 웹사이트를 기재하면 정보를 정성들여 검색했다는 증거가 됩니다.

## 규율을 준수하자

각 웹사이트마다 있는 저작권 관련 문구를 반드시 읽어봅니다. 해당 웹사이트에 있는 정보와 이미지로 어떤 것을 할 수 있는지 명시되어 있습니다. 대부분은 숙제 등 개인적인 용도로 정보를 사용하는 것은 허용하고 있습니다. 그러나 모든 규칙과 규정을 따르도록 합니다. 그렇지 않으면 법을 어기게 될 수도 있습니다.

## 유용한 웹사이트

월드 와이드 웹에는 훌륭한 과학과 기술 정보를 제공하는 사이트가 많이 있습니다. 그중 일부에는 관련 사이트로 연결되는 하이퍼링크도 많이 준비되어 있습니다.

### 〈일반과학〉

일반과학과 관련해서 알아볼 수 있는 웹사이트는 아주 많고, 또 다양한 과학 주제를 다루고 있습니다. 이 중 일부 사이트는 규모가 커서 안에 있는 내용을 따로 검색할 수 있는 검색엔진도 갖추고 있습니다. 이런 점을 잘 활용하면 원하는 정보를 찾기 쉽습니다. www.usborne-quicklinks.com에서 아래 웹사이트는 물론, 다양한 웹사이트 링크를 만나보세요.

- 과학 관련 영상과 게임, 퀴즈, 실험과 같은 양방향 활동을 제공하는 웹사이트
- 광범위한 과학 주제에 대해 학생들이 쓴 글을 모아놓은 웹사이트
- 전 세계 어디에 있든지 도표로 정리된 날씨를 볼 수 있는 웹사이트
- 여러 과학 물질이 어떤 용도를 가지고 있는지에 대한 정보를 제공하는 웹사이트

### 〈실험〉

집에서 해볼 수 있는 여러 가지 과학 실험을 알려주는 웹사이트도 많이 있습니다. 결정을 만드는 법에서부터 레몬으로 전지 만들기까지, 다양한 실험을 접할 수 있습니다. 단 일반적으로 사용하지 않는 기구가 필요한 실험을 하게 되면 어른에게 도움을 요청해야 합니다.

### 〈온라인 박물관〉

www.usborne-quicklinks.com에 접속하면 새로운 전시를 살펴볼 수 있는 박물관 사이트가 있습니다.

- 샌프란시스코에 있는 익스플라토리엄
- 런던에 있는 국립과학산업박물관

### 〈온라인 잡지〉

즐겨보는 오프라인 과학 잡지를 온라인 버전으로 만나볼 수도 있습니다. 먼저 www.usborne-quicklinks.com을 방문해서 사람들이 즐겨찾고 유용한 정보가 가득한 잡지 목록을 살펴보세요.

### 〈기술〉

인터넷에는 정보가 매일 업데이트되기 때문에 이를 이용하면 최신 기술에 대해 쉽게 알아볼 수 있습니다. NASA와 같은 큰 조직에서는 가장 최근에 발견한 내용을 웹사이트에 올리기도 합니다. 또한 웹을 이용하면 컴퓨터에 관련된 정보를 풍부하게 얻을 수 있고, 무료 다운로드를 통해서 업그레이드하는 것도 가능합니다.

### 〈환경문제〉

그린피스나 지구의 벗(Friends of the Earth, 영국의 환경단체)과 같이 큰 조직의 웹사이트를 방문해서 환경문제에 관한 최신 뉴스를 읽어보세요. 그리고 환경을 보호하기 위해 스스로 할 수 있는 일을 찾아보고, 특별히 관심을 두고 있는 환경문제가 있다면 질문도 올려보세요. 이들 사이트는 www.usborne-quicklinks.com에서 찾아볼 수 있습니다.

### 〈숙제에 도움이 되는 사이트〉

숙제에 도움이 되도록 특별히 만든 사이트도 있습니다. 믿을만한 정보를 얻으려면 거주하고 있는 나라나 지역에서 만든 이런 종류의 사이트를 방문하는 것이 도움이 될 것입니다. 스스로에게 적합한 수준과 직접 수정할 수 있는 주제를 선택하면 이런 다양한 웹사이트에서 제공하는 정보에서 최대한 많은 것을 얻어낼 수 있습니다.

### 〈참고 자료〉

www.usborne-quicklinks.com에 접속하면 기본적인 과학정보나 어려운 과학용어 및 이론을 이해하는데 참고할 수 있는 온라인 백과사전과 기타 참고 사이트를 찾아볼 수 있습니다.

### 〈이미지 갤러리〉

인터넷에는 훌륭한 과학 이미지 갤러리가 많이 마련되어 있습니다. 아래와 같은 갤러리를 살펴보세요.

- 다양한 우주 사진(NASA의 무료 이미지 데이터베이스를 살펴보자.)
- 세포 생물학에 대한 식견을 길러주는 놀라운 사진을 살펴보자.
- 클릭해가면서 공부할 수 있는 사진으로 된 지구 지도

보통 이런 사진은 숙제에도 사용할 수 있습니다.(그러나 이미지 사용에 대해 각 사이트에서 어떻게 명시하고 있는지 반드시 먼저 확인하세요.) ★표시가 있는 그림은 어스본 퀵링크 사이트에서 내려받을 수 있습니다.

# 물질
# Materials

# 원자의 구조 Atomic Structure

**원자란** 모든 것을 구성하고 있는 아주 작은 입자이다. 그래서 원자의 크기가 얼마나 작은지 상상하는 것은 사실상 불가능에 가깝다. 원자 백만 개를 합쳐서 가로 세로로 측정하면 겨우 1cm 남짓 되고, 높이는 이 책의 한 장 정도밖에 안 될 것이다.

이 도표는 원자의 각 부분을 표현하고 그들 사이의 관계를 보여주기 위해서 각각의 공을 다른 색으로 나타냈다.

## 입자

원자는 **소립자**라고 불리는 더 작은 입자들로 구성되어 있다. 모든 원자의 한가운데에는 원자핵이 있다. 원자핵은 **양성자**와 **중성자**라는 두 종류의 아원자입자를 가지고 있다.

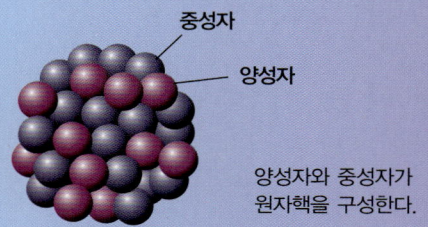

중성자
양성자

양성자와 중성자가 원자핵을 구성한다.

**전자**라고 불리는 제3종류의 소립자는 원자핵을 중심에 놓고 공전한다. 전자는 **전자껍질**이라고 불리는 여러 개의 에너지층에 존재한다. 이때 각자의 전자껍질은 일정 개수의 전자를 포함한다. 이것이 가득 차면 새로운 전자껍질이 생겨난다.

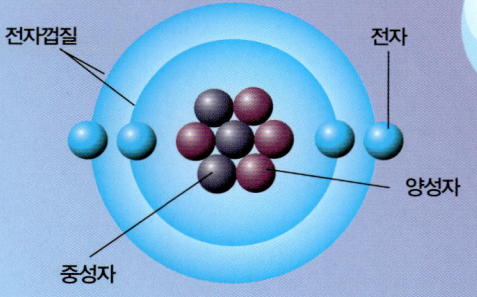

전자껍질
전자
양성자
중성자

원자의 가운데에 있는 것이 원자핵이다. 이것은 양성자(분홍색)와 중성자(보라색)로 구성된다.

최근 과학자들은 양성자와 중성자가 **쿼크(quark)**라고 불리는 더욱 작은 소립자로 구성되었을 것이라고 생각하고 있다.

원자의 내부는 입자들 사이의 텅 빈 공간이 대부분이다.

원자핵 속에 있는 양성자는 전자를 인력으로 끌어당기고 있다. 전자는 전자껍질의 각각 다른 에너지층에서 원자핵 주변을 회전하고 있다.

녹색으로 나타난 이 원자의 첫 전자껍질에는 2개의 전자가 있다. 푸른색으로 나타난 부분은 두 번째 전자껍질이다.

## 전하

원자를 구성하는 소립자는 전하에 의해서 결합되어 있다. 반대 성향을 띤 전하는 서로를 잡아당긴다. 양성자는 양전하를 가지고 있고 전자는 음전하를 가지고 있다. 하지만 중성자는 전하를 가지고 있지 않기 때문에 전기적으로 중성이다.

양성자 : 양전하    전자 : 음전하    중성자 : 중립

하나의 원자는 보통 양전하의 성질을 띤 양성자와 음전하의 성격을 띤 전자를 똑같은 개수만큼 가지고 있다. 그러므로 원자 그 자체로는 전기적으로 중성이 되는 것이다.

이 원자는 전기적으로 중성이다.

이 원자는 4개의 양성자를 가지고 있다.

이 원자는 4개의 전자를 가지고 있다.

이 원자 내에 있는 3개의 중성자는 원자의 전하에는 아무런 영향을 미치지 않는다.

## 원자를 묘사하는 방법

원자는 이 페이지의 큰 그림과 같은 다이어그램(도형그림)으로 자주 묘사되지만, 최근 과학자들의 생각은 이와 다르다. 전자는 아래의 **전자구름 모형**과 같이 원자핵 주변에 구름 같은 모양으로 형성되어 있을 것이라고 예상한다.

**전자구름 모형**
전자는 이 구름 내에서는 시간과 위치에 관계없이 존재할 수 있다. 때로는 이 구름을 벗어나기도 한다.

## 전자밀도

아래 그림은 원자의 무리 속에서 전자의 밀도를 각각 다른 색깔로 나타낸 것이다. 청록색 부분은 전자가 가장 많이 밀집된 부분을 나타낸다.

이 그림은 성능이 매우 뛰어난 현미경으로 관찰할 수 있다.

링크
11

**유용한 인터넷 링크**
www.usborne-quicklinks.com

**Web 1** 탄산음료 캔을 확대해서 살펴보고 원자가 얼마나 작은지 확인해보자.
**Web 2** 재미있는 활동과 함께 원자에 대해 더 자세히 알아보자.
**Web 3** 원자와 소립자에 관한 입문서를 읽어보자.
**Web 4** 전자의 발견과 전자의 특징, 우리가 어떻게 전자를 이용하고 있는지에 이르기까지 전자에 대한 다양한 정보를 관찰해보자.
**Web 5** 탄소원자를 관찰해보자.

## 원자번호

서로 다른 원자는 원자핵 속의 양성자의 개수도 다르다. 이런 원자핵 속의 양성자의 숫자를 **원자번호**라고 한다.

한 원자의 원자번호는 그 원자가 어떤 물질인지 나타낸다.

보통 한 원자 내의 양성자와 전자의 숫자는 같기 때문에 원자번호는 이 원자 내의 전자의 숫자이기도 하다.

탄소원자의 원자핵은 6개의 양성자를 가지고 있으므로 원자번호도 6이다.

양성자 ●
중성자 ●

이 원자핵은 6개의 양성자와 6개의 중성자를 포함하고 있어 질량수는 12가 된다.

이 원자의 원자핵은 15개의 양성자를 가지고 있기 때문에 원자번호도 15이다.

이 원자핵은 15개의 양성자와 16개의 중성자를 가지고 있으므로 질량수는 31이 된다.

## 질량수

하나의 원자가 더 많은 양성자와 중성자를 가지고 있을수록 이것의 질량(원자 내의 물질의 양을 측정한 것)도 커진다. 한 원자 내의 양성자와 중성자를 합한 숫자가 그 원자의 **질량수**이다.

전자는 원자의 질량에 거의 영향을 미치지 않으므로 질량을 측정할 때는 제외된다.

질량분석계라는 기계 또한 원자들을 질량으로 분류해 원자를 식별하는 데 이용된다.

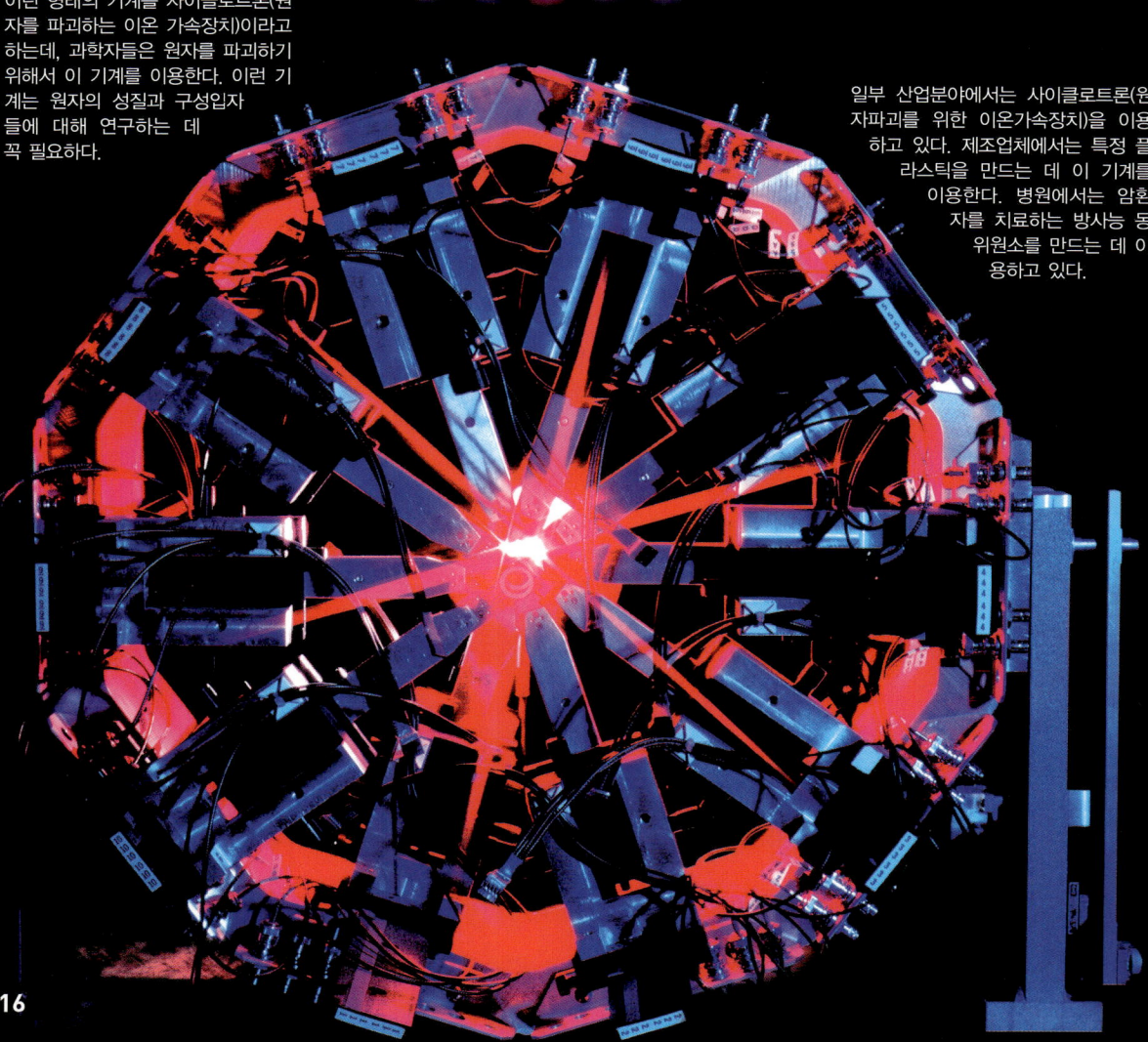

이런 형태의 기계를 사이클로트론(원자를 파괴하는 이온 가속장치)이라고 하는데, 과학자들은 원자를 파괴하기 위해서 이 기계를 이용한다. 이런 기계는 원자의 성질과 구성입자들에 대해 연구하는 데 꼭 필요하다.

링크 12

일부 산업분야에서는 사이클로트론(원자파괴를 위한 이온가속장치)을 이용하고 있다. 제조업체에서는 특정 플라스틱을 만드는 데 이 기계를 이용한다. 병원에서는 암환자를 치료하는 방사능 동위원소를 만드는 데 이용하고 있다.

## 동위원소

대부분의 원자는 저마다 다른 형태로 존재하며, 이를 **동위원소**라고 한다. 각각의 동위원소는 똑같은 개수의 양성자와 전자를 가지고 있지만, 중성자수에서는 차이가 난다. 그러므로 한 원자의 모든 동위원소는 원자번호는 같지만 질량수는 다르다.

한 원자의 질량수는 원자의 이름 옆에 쓰여 있다. 예를 들어 탄소-12는 양성자와 중성자를 각각 6개씩 가지고 있는 것이다.

이 예는 탄소의 동위원소 3개를 보여준다.

● 양성자
● 중성자

$^{12}_{6}C$

탄소-12는 6개의 중성자와 6개의 양성자를 가지고 있다

$^{13}_{6}C$

탄소-13은 6개의 양성자와 7개의 중성자를 가지고 있다.

$^{14}_{6}C$

탄소-14는 6개의 양성자와 8개의 중성자를 가지고 있다.

동위원소는 물리적인 특징은 다르지만, 화학적인 특징은 같다. 한 **원소**(한 종류의 원자만으로 만들어진 물질) 내의 원자는 대부분 한 종류의 동일 원소이지만, 종류가 다른 동위원소도 약간 포함되어 있다.

## 원자의 옛 이론

이 세상의 모든 물질이 원자로 이루어져 있다는 것은 새로운 생각이 아니다. 2500년 전 고대 그리스의 철학자는, 물질은 더 이상 작게 쪼개지지 않는 입자로 만들어져 있다고 생각했다. '원자(atom)' 라는 단어는 '더 이상 자를 수 없는' 이라는 뜻의 그리스 단어인 atomos에서 유래한 것이다.

고대 그리스의 철학자인 아리스토텔레스(Aristotle)의 이론은 수세기에 걸쳐 과학자들은 물론 그들의 원자에 관한 연구에 영향을 미쳤다.

아리스토텔레스 (BC 384-322)

## 원자에 관한 이론

'원자' 라는 말은 영국의 화학자인 존 돌턴(John Dalton)이 1807년 **원자에 관한 이론**을 제창하면서 처음 사용하였다.

존 돌턴 (1766-1844)

돌턴은 모든 화학원소는 원자라고 불리는 아주 작은 입자로 구성되어 있으며, 이것은 화학물질이 반응을 일으킬 때에도 쪼개지지 않는다고 주장했다. 또한 그는 모든 화학반응은 원자를 결합하거나 분리한 결과라고 생각했다. 돌턴의 원자에 관한 이론은 현대과학의 기초를 제공했다. 돌턴은 각 원소나 물질의 원자를 표현하기 위해서 기호를 사용했다.

**돌턴의 기호 예시**

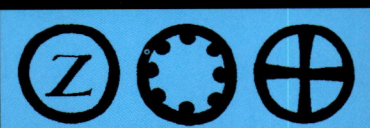

아연    수은    황

## 초기의 모형

20세기 초반의 과학자들은 원자의 모형을 만들기 시작했다.

어니스트 러더퍼드 (Earnest Rutherford, 1871-1937)는 음전하를 띤 전자가 양전하를 띤 원자핵 주위를 회전한다고 생각했다.

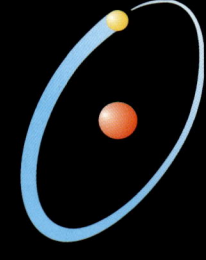

러더퍼드의 모형

닐스 보어(Niels Bohr, 1885-1962)는 전자가 특정한 궤도를 따라 도는 모형을 제시했다. 1932년에 제임스 채드윅(James Chadwick, 1891-1974)은 각각 중성자와 양성자로 불리는 입자로 구성된 원자핵의 모형을 내놓았다.

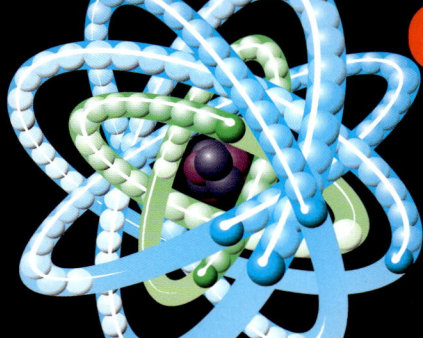

링크 13

14-15쪽에도 제시되어 있는 이 원자의 모형은 러더퍼드와 보어, 채드윅의 모형에 기초한 것이다.

### 유용한 인터넷 링크

www.usborne-quicklinks.com

**Web 1** 원자로 구성된 원소에 관한 정보와 원소에 대한 설명을 읽어보자.
**Web 2** 직접 탄소원자를 만들어보고, 닐스 보어처럼 유명한 과학자에 대해서도 좀 더 알아보자.
**Web 3** 유럽원자핵공동연구소(European Organization for Nuclear Research-CERN)의 입자가속기 실험실을 탐험해보자.

# 분자 Molecules

원자는 좀처럼 단독으로는 발견되지 않는다. 보통은 서로 붙어 있는 형태의 분자로 존재하거나, 더 큰 격자무늬 구조로 존재한다. 분자란(그 자체로 존재할 수 있는) 모든 물질의 가장 작은 단위로 여러 개의 원자가 결합한 것이다. 분자는 크기가 매우 작아서 기구의 도움 없이 육안으로는 볼 수 없다.

링크
14

## 전자껍질과 결합

대부분의 원자는 몇 개의 전자껍질을 가지고 있다. 원자의 첫 번째 전자껍질은 전자를 2개 수용할 수 있다. 보통 두 번째와 세 번째 껍질은 전자를 각각 8개씩 수용할 수 있지만, 어떤 원자들은 세 번째 전자껍질에 전자를 18개까지 수용할 수 있다. 한 껍질이 가득 차면 전자들은 새로운 껍질을 형성하게 된다. 가장 외부에 있는 전자껍질이 가득 찼을 때 그 원자는 아주 안정된 상태라고 할 수 있다.

원자는 안정된 상태가 되기 위해 서로 결합한다. 구체적으로 말해 외부의 전자껍질을 가득 차게 하기 위해서 원자끼리 서로의 전자를 공유하거나 내보내고 다른 원자에서 전자를 받아온다. 예를 들어 수소원자 2개는 하나의 수소분자를 만들기 위해서 결합한다. 두 원자가 전자를 공유해서 각각 가득 찬 외부 전자껍질을 갖게 되는 것이다.(원자의 결합에 대해 더 알고 싶다면 74-75쪽 참조)

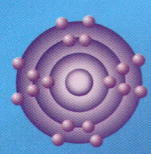

아르곤원자는 3개의 가득 찬 전자껍질을 가지고 있다. 안정된 원자이다.

나트륨원자는 불안정한 상태이다. 세 번째 전자껍질에 전자가 하나밖에 없기 때문이다.

**2개의 수소원자**

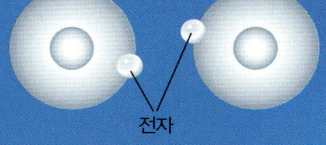

전자

**수소분자**

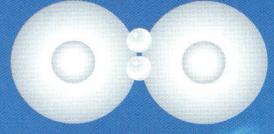

각 원자가 2개의 전자를 수용해 가득 찬 껍질을 가짐으로써 안정되어 있다.

이것은 모든 생명체의 세포에서 발견되는 복잡한 화합물인 DNA 분자의 모형이다.

## 화학식

원자의 이름은 기호(**원소기호**)로 표기할 수 있다. 원소기호는 보통 영어나 라틴어, 혹은 독일어로 원자 이름의 첫 글자나 두 번째 글자까지 표시한다.

**O**     산소의 기호

**Au**     금의 기호, 라틴어 aurum에서 유래했다.

**Fe**     철의 기호, 라틴어 ferrum에서 유래했다.

**K**     칼륨의 기호, 독일어인 kalium에서 유래했다.

**화학식**을 살펴보면 물질을 구성하고 있는 원자와 그 비율을 알 수 있다. 한 예로 이산화탄소의 경우를 살펴보자. 이산화탄소의 각 분자는 탄소원자 1개와 산소원자 2개로 되어 있다. 그러므로 이산화탄소의 화학식은 $CO_2$가 된다. 이때 숫자 '2'는 이 분자 내에 산소원자가 2개 있다는 뜻이다.

## 분자 모형

분자를 연구할 때 과학자들은 주로 공–막대 모형과 공간 채움 모형(공간 충전 모형)을 이용한다.

**공–막대 모형**에서는 원자끼리 연결해주는 결합을 막대로 나타낸다.

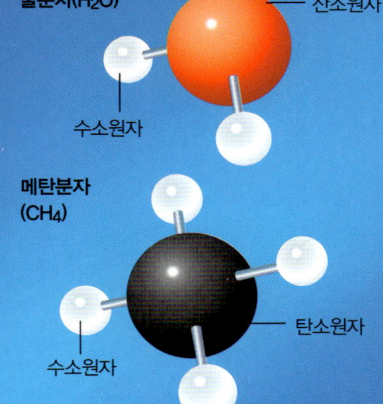

물분자($H_2O$) — 산소원자 / 수소원자

메탄분자($CH_4$) — 탄소원자 / 수소원자

**공간 채움 모형**에서는 원자가 서로 붙어 있는 것처럼 보여준다.

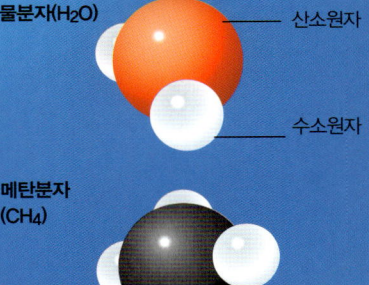

물분자($H_2O$) — 산소원자 / 수소원자

메탄분자($CH_4$) — 탄소원자 / 수소원자

사실 두 모형 모두 실제 분자의 모습과는 차이가 있지만 분자를 형성하고 있는 원자를 보여주는 간단한 방법으로 이용된다.

## 물분자

하나의 물분자는 2개의 다른 원소, 즉 수소와 산소로 구성되어 있다. 2개의 수소원자가 1개의 산소원자와 전자를 공유해서 각각 완벽한 껍질을 만드는 것이다. 산소원자는 전자 2개(각각 수소원자에서 빌려온)를 외부 전자껍질을 완성하는 데 사용한다. 이런 과정 끝에 모든 원자가 결국 안정된 상태가 된다.

이산화탄소의 분자($CO_2$) — 산소원자 / 탄소원자 / 산소원자

암모니아의 분자($NH_3$) — 질소원자 / 수소원자 3개

각각의 수소원자는 전자껍질에 전자를 하나씩 포함하고 있다. 이 수소원자가 전자껍질을 완성해 안정된 상태가 되려면 각각 전자가 하나씩 더 있어야 한다.

링크 15

**유용한 인터넷 링크**

www.usborne-quicklinks.com

**Web 1** 온라인 활동을 하면서 분자에 대해 공부해보자.
**Web 2** 특이한 성질을 띠는 '거울상이성질체'에 대해 알아보자.
**Web 3** 분자에 관한 온라인 수업을 들어보자.

# 고체, 액체, 기체 Solids, Liquids and Gases

**대부분의** 물질은 고체, 액체, 기체의 3가지 형태로 존재하는데 이를 물질의 상태라고 한다. 고체는 일정한 부피와 형태를 갖추고 있다. 액체 역시 일정한 부피는 가지고 있지만, 어디에 담느냐에 따라서 형태가 바뀐다. 기체는 부피도 형태도 없으며, 빈 공간을 채우기 위해서 여기저기로 이동한다.

링크
16

## 분자운동론

고체, 액체, 기체의 특징을 설명하는 이론을 **분자운동론**이라고 한다. 이 이론은 모든 물질은 움직일 수 있는 입자로 구성되어 있다는 생각을 바탕으로 만들어졌다. 즉 고체, 액체, 기체의 상태별로 가지고 있는 에너지가 다르다는 점에서 각 상태의 특징을 설명해주는 것이다. 어떤 물질에 열을 가하면 그 물질을 이루고 있는 입자들에 강력한 에너지가 가해져 입자들이 더 빠르게 운동한다. 이로써 물질의 상태도 변화한다.(22~23쪽 참조)

다른 과학이론들처럼 운동학이론도 구체적인 실험으로 증명된 적은 없다. 하지만 이 이론은 고체와 액체, 기체가 어떻게 운동하는지, 왜 물질의 상태가 변화하는지에 대해 설명해준다.

### 고체와 액체, 기체 내에서 일어나는 입자의 운동

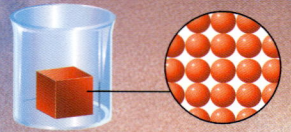

고체 속의 입자는 여러 상태의 입자 중 에너지를 가장 적게 갖고 있어서 이 상태를 벗어나고자 하는 힘보다 입자 간의 인력이 훨씬 더 크다. 이 입자들은 조금씩 진동은 하지만 원래 자리에 고정되어 있는 것이나 마찬가지이다.

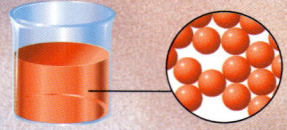

고체를 가열하면 입자는 더 많은 에너지를 얻게 되고, 입자 간의 인력에서 벗어날 수 있는 상태가 된다. 즉 고체가 녹아서 액체가 되는 것이다.

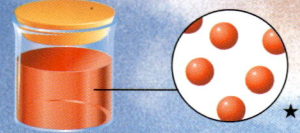

기체 속의 입자는 액체 내의 입자보다 더 많은 에너지를 가지고 있다. 그렇기 때문에 이 입자들은 쉽게 멀리 이동하거나 비어 있는 공간으로 퍼져나갈 수 있다.

이것은 간헐천이다. 지하에서 끓는점까지 데워진 물이 액체에서 기체(증기)로 변화해서 갈라진 틈을 통해 분출되어 나오는 것이다. 다음 쪽에서 무엇이 간헐천을 만드는지 더 상세하게 알아보자.

## 브라운 운동

액체나 기체 안에 떠서 움직이는 입자들의 운동을 가리켜 **브라운 운동**이라고 한다. 영국의 생물학자인 로버트 브라운(Robert Brown, 1773-1858)의 이름에서 유래되었다. 1827년에 브라운은 액체 속에서 작은 꽃가루의 입자가 일정한 규칙 없이 운동하는 것을 관찰했다. 하지만 왜 이런 운동이 일어나는지는 설명하지 못했다.

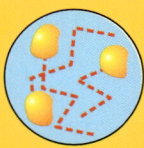

액체 속 입자의 불규칙한 운동

독일 태생의 과학자 앨버트 아인슈타인(Albert Einstein, 1879-1955)은 이후에 액체나 기체 내에서 입자가 움직이는 것은 물질 내에서 보이지 않는 분자와 입자들이 충돌해서 일어나는 것이라고 설명했다.

## 여러 가지 물질 측정하기

**부피**는 고체나 기체가 차지하고 있는 공간의 크기이다. cm³, m³라는 단위로 측정된다.
이 공식으로 직사각형 고체의 부피를 구할 수 있다.

### 부피=가로×세로×높이

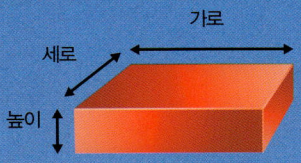

액체의 부피는 액체를 눈금이 그려진 메스 실린더에 넣어서 확인할 수 있다.

메스실린더

일정하지 않은 모양의 고체의 부피는 유레카 캔을 이용해서 이 물체가 밀어내는 액체의 양을 측정해서 알아볼 수 있다.

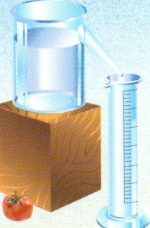

유레카 캔

1. 유레카 캔의 관을 물로 채운다.

2. 물체를 유레카 캔에 넣는다.

3. 물체에 의해 흘러 넘친 물의 부피를 측정한다.

★

고체나 액체, 혹은 기체의 **질량**은 포함하고 있는 물질의 양을 말한다. 질량은 kg 단위로 측정된다. 질량은 무게와는 다르다. **무게**는 한 물체에 작용하는 중력의 크기를 측정한 것이다. 질량은 물질의 무게를 잰 다음, 이미 알고 있는 질량과 비교해서 측정한다.

모르는 질량          알고 있는 질량

**밀도**는 부피에 대한 물질의 질량이다. 예를 들어 같은 부피의 코르크와 금속이라 할지라도 금속의 질량이 코르크보다 훨씬 크기 때문에 밀도가 다르다. 밀도는 한 물체의 질량을 부피로 나누어서 구할 수 있고, kg당

### 밀도=질량/부피

cm³, m³의 단위로 측정된다.(kg/m³) 액체의 밀도는 **액체비중계**를 이용해서 측정할 수 있다. 액체비중계는 밀도가 높은 액체의 표면 근처에 떠 있는데, 액체비중계 무게만큼 액체를 아주 조금만 빼내면 된다.(왜 물체가 액체 위에 뜨는지를 알고 싶다면 144쪽 참조)

액체비중계에 표시된 눈금

### 직접 해보자

유레카 캔이 없어도 일정하지 않은 모양을 한 고체의 부피를 측정하는 실험을 할 수 있다.
계량컵과 밀가루 반죽할 때 쓰는 그릇, 그리고 대야를 준비하자. 일단 반죽그릇을 대야 안에 넣어두자. 그 다음 조심스럽게 반죽그릇 가장자리까지 찰랑찰랑할 정도로 물을 붓자.
이제 부피를 측정하고 싶은 물체를 가져다가 반죽그릇 안에 넣자. 단, 이 물체가 서서히 물속에 가라앉도록 조심해서 넣어야 한다. 그러면 반죽그릇 안에 담겨 있던 물이 넘쳐흘러 대야에 담기게 된다.

반죽그릇          부피를 측정할 물체

대야

반죽그릇을 대야에서 꺼내자. 그러고 나서 대야에 담긴 물을 계량컵에 옮겨 붓는다. 이 물의 부피가 바로 측정하고자 했던 물체의 부피와 같다.

### 유용한 인터넷 링크

www.usborne-quicklinks.com

**Web 1** 물질의 상태를 그림으로 접해보자.
**Web 2** 고체, 액체, 기체에 대해 테스트를 해보자.
**Web 3** 고체, 액체, 기체 내에서 분자의 운동은 어떻게 이루어질까?
**Web 4** 고체인지 액체인지 구분할 수 없는 끈적끈적한 물질을 만들어보자.
**Web 5** 물질의 상태에 대해 양방향 온라인 수업을 들어보자.
**Web 6** 기체의 성질에 대해 더 공부해보자.

# 물질의 상태 변화 Changes of State

**물질은** 한 상태에서 다른 상태로 변해간다. 그 상태는 물질의 온도와 압력에 따라 고체, 액체, 기체 혹은 다른 모습이 될 수도 있다. 어떤 물질이 상태를 바꿀 때, 내부의 입자의 에너지가 늘어나거나 줄어드는 것에 따라 열이 발생되거나 열을 빼앗기기도 한다. 서로 다른 물질은 각각 다른 온도에서 상태를 바꾼다.

아이스크림은 태양의 열기에 의해 녹아서 액체가 된다.

불꽃의 열이 양초의 밀랍을 녹이지만, 양초 자체는 불꽃과 거리를 두고 녹은 밀랍방울을 조금씩 흘려가면서 온도를 유지하기 때문에 양초가 단번에 녹아버리는 일 없이 서 있을 수 있다.

## 녹는 것과 끓는 것

고체를 가열하면 **녹는점**에 도달할 때까지 물체의 온도가 오르며 내부입자도 에너지를 얻게 된다. 이렇게 되면 입자가 서로 붙어 있는 입자들로부터 떨어져 나올 에너지를 얻어서 이 고체는 녹게 된다.

여기에 열을 더 가하면 액체의 온도는 **끓는점**까지 높아져서 입자는 완전히 서로에게서 떨어져 나온다. 이로써 액체는 기체가 된다.

일부 물질, 예를 들어 이산화탄소와 같은 물질은 기체에서 고체로, 혹은 고체에서 기체로 상태가 바뀌는 과정에서 액체의 형태를 거치지 않는다. 이런 현상을 **승화**라고 한다.

어떤 물질에 아무리 적은 양이라도 다른 물질이 포함되어 있으면 녹는점이나 끓는점이 달라진다. 예를 들어, 얼음(물이 고체가 된 형태)은 0도에서 녹는다. 여기에 소금을 첨가하면 녹는점이 낮아진다.

**링크 18**

이 막대 아이스크림에는 오렌지주스가 첨가되었기 때문에 순수한 얼음보다 낮은 온도에서 녹는다.

증기가 식으면 물이 된다.

## 간헐천

간헐천은 펄펄 끓는 물이 분출되고 지각에서부터 증기가 뿜어져 나오는 것을 말한다.

이런 현상은 땅 아래의 물이 뜨거운 암반에 의해 데워져서 끓기 시작하면서 일어난다.

이 물이 증기로 바뀌게 되면 암반 사이에 있는 틈의 압력이 높아진다. 마침내 증기가 뿜어져 나오는 것과 동시에 물이 하늘 높이 치솟으면서 간헐천이 분출하는 것이다.

**간헐천이 발생하는 과정**

땅 아래에서는 암반들 사이의 틈새로 물이 흐른다.

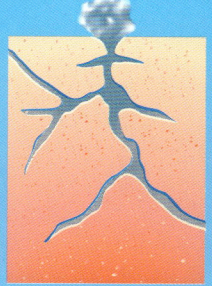

뜨거운 암반 때문에 물이 데워지면 부피가 팽창하고 압력이 높아진다. 결국 물은 증기로 바뀐다.

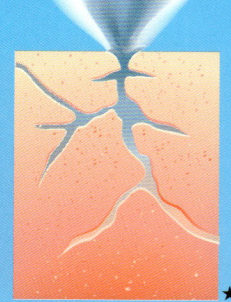

물이 끓을 때까지 압력이 계속 높아지다가 땅의 갈라진 틈을 통해 증기가 치솟는다. 증기가 식으면 다시 물이 된다.

## 액화

기체가 충분히 식으면 **액화**하고, 액체가 된다. 이것은 온도가 내려가면서 기체 속의 입자들이 에너지를 잃어서 서로 멀리 떨어져 있을 수 없게 되기 때문이다.

**액화**
방 안 공기 속의 수증기는 차가운 창문 위에서 액화된다. 창문 안쪽에 작은 물방울이 맺히는 이유가 바로 이 때문이다.

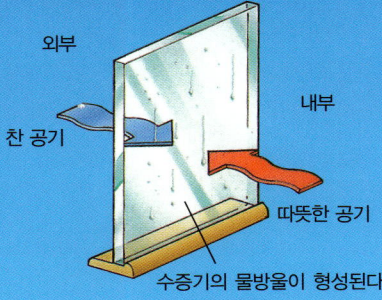

외부
찬 공기
내부
따뜻한 공기
수증기의 물방울이 형성된다.

## 응고

어떤 액체가 온도가 낮아지면 **응고**해서 고체가 된다. 이런 물질의 입자들은 액화되었을 때보다 에너지를 더 많이 잃었기 때문에 서로를 끌어당기는 인력에서 벗어날 수 없다.

대기 속의 작은 물방울이 얼면, 같이 뭉쳐져서 아름다운 결정체를 만들어 아래와 같은 눈송이가 될 때도 있다.

## 압력

기압은 물질의 녹는점이나 끓는점에 영향을 미친다. 대기는 **기압**이라고 부르는 힘으로 자연스럽게 지구 표면에 **압력**을 가하고 있다. 해수면을 기준으로 이런 압력을 **1기압**, 혹은 **표준기압**이라고 한다.

해수면 높이에서 순수한 물을 데우면 100℃에서 끓는다.

공중으로 더 높이 올라가면, 기압은 낮아진다. 그렇게 되면 액체의 입자들은 공기로 빠져나가기 쉬워지고, 결국 끓는점도 낮아지게 된다.

1기압보다 기압이 낮은 에베레스트 산의 꼭대기(해발 8,850m)에서는 순수한 물이 71℃에서 끓는다.

## 물이 없는 행성

화성의 표면은 건조하다. 과학자들은 기압이 매우 낮기 때문에 물이 금방 끓어 증발되는 것이라고 추측하고 있다. 그러나 최근 위성사진을 통해 화성에도 물이 있을 가능성이 있다고 추측하기도 한다.

화성은 건조하고 붉은 색깔을 띤 먼지로 뒤덮여 있다.

## 단단한 액체, 아니면 기체?

어떤 물질이 고체인지 액체인지 기체인지 구분하는 기준은 실온(20℃)에서 어떤 상태를 띠느냐 하는 것이다.

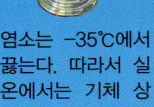

수은은 −40℃에서 녹는다. 이 물질은 실온에서는 액체이다.

염소는 −35℃에서 끓는다. 따라서 실온에서는 기체 상태이다.

링크
19

### 직접 해보자

금속용기에 얼음조각을 채우자. 이것을 따뜻한 장소에 몇 분간 가만히 둔 다음 이 용기를 살펴보자. 용기 바깥쪽에 물방울이 맺혀 있는 것을 발견할 수 있을 것이다.
따뜻한 공기 속의 물분자는 얼음 때문에 온도가 낮아지고, 원래 가지고 있던 에너지를 잃으면서 움직이는 속도가 느려진다. 이런 분자들이 서로 달라붙어서 작은 물방울을 형성한다.

깡통의 옆면에 맺힌 물방울

### 유용한 인터넷 링크

www.usborne-quicklinks.com

**Web 1** 실내 스케이트장의 얼음판이 어떻게 녹지 않고 유지되는지 알아보자.
**Web 2** 눈송이에 대한 그림과 함께 자세한 설명을 들어보자.
**Web 3** 간헐천을 찍은 사진을 살펴보자.
**Web 4** 왜 소금이 얼음을 녹이는지 알아보자.
**Web 5** 여러 가지 원소들이 각각 다른 온도에서 어떻게 상태를 바꾸는지 살펴보자.

# 액체는 어떻게 움직일까 How Liquids Behave

**액체는** 정해진 부피를 가지고 있지만 흐르는 성질을 가지고 있고, 어떤 모양의 용기에 담느냐에 따라 모양이 달라진다. 액체 내의 분자들은 서로 아주 가까이 붙어 있지만, 고체 속의 분자보다 더 많은 에너지를 가지고 있기 때문에 이리저리 움직이기가 쉽다.(20쪽의 분자운동론 참조)

### 증발

액체의 표면에 있는 분자는 다른 분자에 비해 상대적으로 더 많은 에너지를 가지고 있어서 공기 중으로 빠져나오거나 **증발**하기도 한다. 열을 가하지 않아도 액체는 늘 증발하고 있는 상태라고 생각하면 된다.

### 증발률

**증발률**은 아래의 조건 중 하나가 충족되거나 여러 조건이 결합되면 더 높아진다.

• 온도가 올라갈 때

• 압력이 낮아질 때. 한 예로 물은 에베레스트 산 정상에서 더 빨리 증발하는데, 그것은 그곳의 기압이 해수면보다 낮기 때문이다.

• 공기의 이동에 의해서 액체 위의 증기가 즉시 날아가 버릴 때. 바람 부는 날에는 빨래의 물기가 다른 날보다 빨리 마르는 것도 이런 이유이다.

• 표면이 넓어질 때. 엎질러진 음료는 잔에 담겨 있는 음료수보다 빨리 증발하거나 말라버린다.

링크 20

다른 액체 속에 있는 분자처럼 물속에 있는 분자도 자유롭게 이동할 수 있다.

이 액체 속의 입자들은 공기 중으로 나오거나 증발하기에 충분한 에너지를 가지고 있어서 액체의 표면에 닿으면 증기로 그 형태를 바꾼다.

### 온도 하강

액체가 증발할 때 액체 속에 남겨진 분자의 평균 에너지가 줄어들기 때문에 액체 자체의 온도 또한 낮아진다.

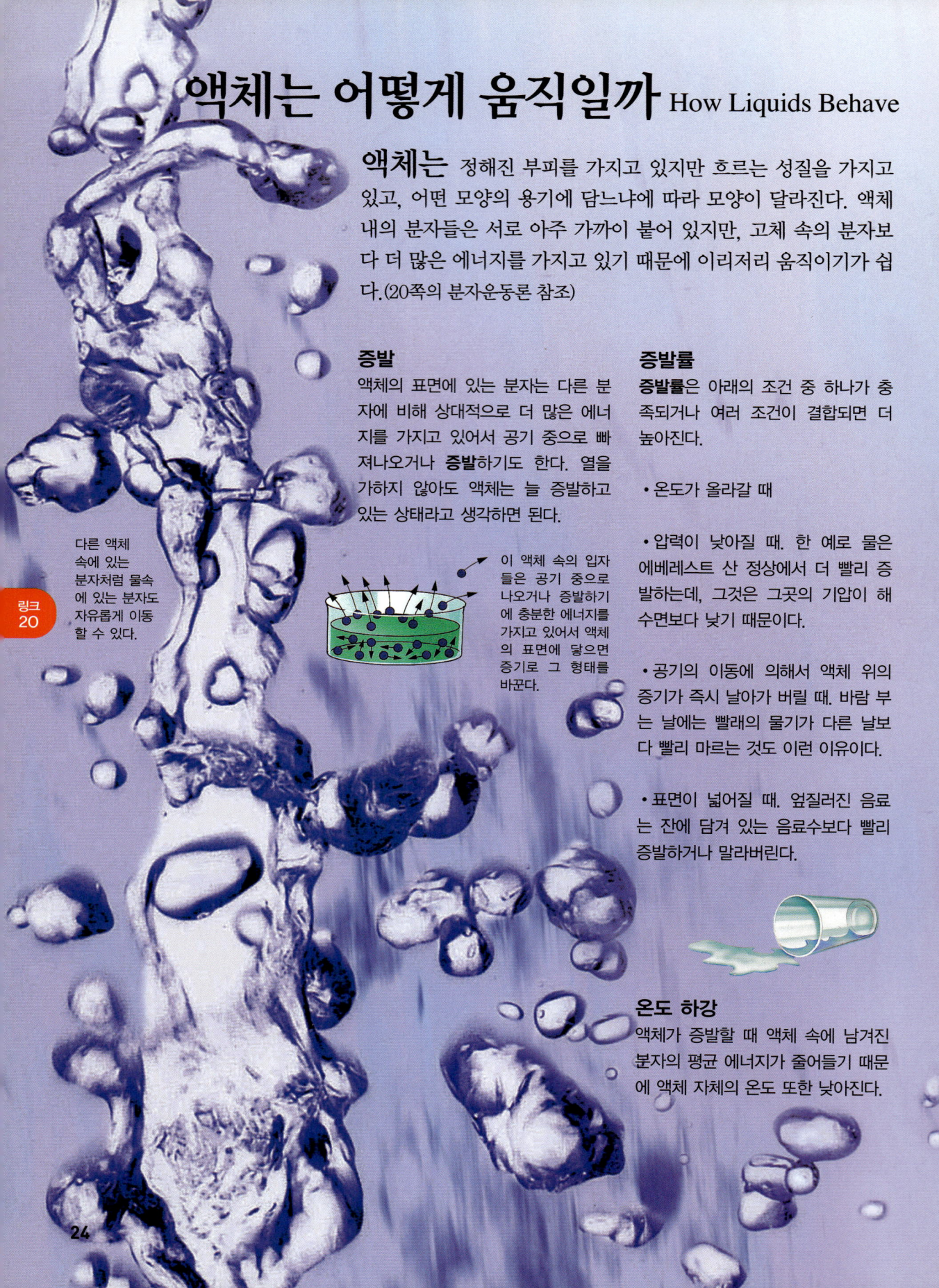

## 표면장력

액체 속의 분자는 주위에 있는 다른 분자의 인력에 영향을 받는다. 하지만 표면에 있는 분자의 경우 위쪽에서 인력을 가하는 분자가 없다. 즉 표면 위쪽으로는 당기는 힘이 없는 것이다. 표면의 분자들은 공기보다는 다른 액체 분자들의 인력에 더 많은 영향을 받는다.

표면을 향한 양쪽 옆면과 아랫부분의 인력은 **표면장력**이라고 하는 힘을 만들어낸다. 이것이 바로 액체에 마치 '막'이 있는 것처럼 보이도록 하는 힘이다.

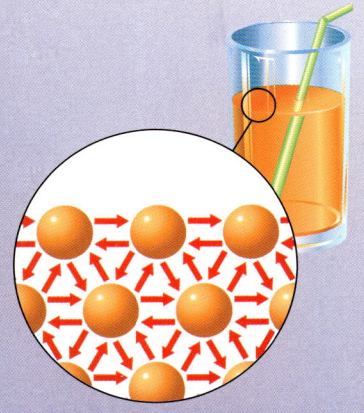

표면의 분자들은 서로를 끌어당기고, 아래에 있는 분자들과도 서로 끌어당긴다. 이것이 표면장력을 만든다.

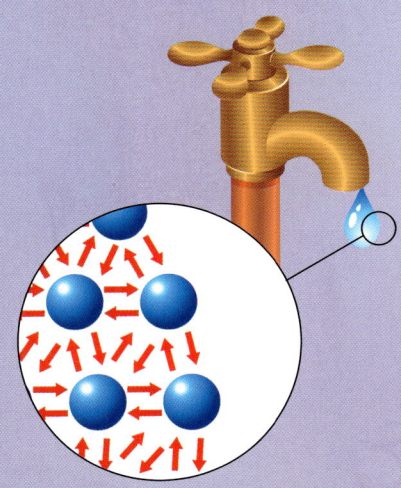

표면장력은 분자들을 한군데로 모으면서 모든 방향에서 안쪽으로 작용하기 때문에 물은 작은 물방울을 형성한다.

이 잎사귀의 물방울들은 표면장력이 빗방울의 분자를 한데로 모으기 때문에 생긴다.

## 탄력 있는 막

액체의 표면에는 표면장력이라는 힘이 있어서 먼지나 곤충같이 아주 가벼운 물체는 충분히 받쳐 줄 수 있는 탄력이 있다. 그래서 마치 액체의 표면에 막이 있는 것처럼 보인다.

소금쟁이는 막처럼 보이는 물의 표면장력을 파괴할 만큼 무겁지 않기 때문에 물의 표면을 걸어 다닐 수 있다.

## 응집력

**응집력**은 어떤 물질의 분자가 맞닿아 있는 다른 물질보다 원래 물질의 분자의 인력에 더 영향을 받을 때 생긴다. 표면장력이 응집력의 좋은 예이다. 물의 표면에 있는 분자들은 위쪽에 있는 공기 중으로 빠져나가기보다는 물분자와 함께 있으려는 성질이 있다.

## 부착력

액체의 분자가 내부의 다른 분자들보다 맞닿아 있는 물질에 더 많이 끌릴 때 **부착력**이 일어난다. 부착력이 일어난 액체는 다른 물질에 달라붙게 되는 것이다. 물의 경우 유리컵의 옆면에 닿으면 이런 현상을 보인다.

### 직접 해보자

표면장력이 어떻게 물체를 받쳐주는지 실험으로 알아보자.

용기를 물로 채우자. 티슈 한 장 위에 바늘을 놓고 이것을 물 위에 조심스럽게 올려놓는다.

티슈는 금방 물에 푹 젖어 아래로 가라앉지만, 바늘은 표면장력에 의해서 받쳐져서 떠 있게 된다.

자세히 살펴보면 바늘이 실제로는 물의 표면을 누르고 있는 모습이 보일 것이다.

### 유용한 인터넷 링크

www.usborne-quicklinks.com

**Web 1** 커다란 비눗방울을 어떻게 만드는지 알아보자.
**Web 2** 비누의 위력을 알아보고, 표면장력에 관한 실험을 해보자.
**Web 3** 찬 액체와 뜨거운 액체가 섞일 수 있는지 확인해보자.
**Web 4** 액체에 대해 쉽게 풀어쓴 정보를 살펴보자.

# 기체는 어떻게 움직일까 How Gases Behave

**기체는** 일정한 부피나 형태를 가지고 있지 않은 물질이다. 기체 속의 분자들은 서로에게 멀리 떨어져 퍼져 나가거나 비어 있는 공간을 채울 수 있을 만큼 충분한 에너지를 가지고 있다.

꽃의 향기는 공기 중에서 확산을 통해 퍼져 나가는 기체이다.

## 확산

기체 속의 분자는 서로의 인력에 영향을 받지 않고 멀리 떨어질 수 있을 만큼 충분한 에너지를 가지고 있다.(20쪽 분자운동론 참조) 기체분자는 비어 있는 공간을 채우기 위해서 퍼져 나가는데, 이것을 **확산**이라고 한다.

확산되는 동안 분자는 밀도가 높은 곳에서부터 낮은 곳으로 이동한다. 분자가 고르게 분포되면 확산작용은 더 이상 일어나지 않는다.

이 과학자는 한 화산 옆의 구멍에서 뿜어져 나오는 기체의 표본을 채취하고 있다. 유해한 기체도 있기 때문에 산소마스크를 쓰고 작업하고 있다.

가벼운 기체의 분자    무거운 기체의 분자

이 두 기체의 분자는 오랜 시간에 걸쳐 함께 확산된다. ★ 가벼운 기체가 무거운 기체보다 빨리 발산된다.

아래의 장치는 두 기체가 확산에 의해서 어떻게 섞이는지를 보여준다. 공기가 들어 있는 병은 공기보다 무거운 기체인 브롬이 담긴 병 위에 거꾸로 세워져 있다.

15분이 지난 뒤 병 속의 공기와 브롬분자가 두 병 속에 퍼져 있다. 즉 확산에 의해 섞인 상태가 되었다.

공기

브롬 기체

확산에 의해 섞인 기체 ★

## 압력과 온도 그리고 부피

기체는 담겨 있는 물체에 미치는 힘을 가한다. 이런 힘을 **압력**이라고 하는데, 이것은 모든 방향에서 감지된다. 즉 압력은 기체 속의 분자가 이것이 담겨 있는 용기의 벽면에 부딪히는 비율인 것이다.

압력이나 온도, 혹은 용기의 부피에 조금이라도 변화가 일어나면 분자의 움직임도 달라진다. 온도는 일정한데 기체의 부피가 줄어드는 경우, 예를 들면 기체가 담긴 용기의 크기를 작게 하면 기체의 압력은 높아진다. 이것은 기체 분자가 용기 벽에 더 자주 부딪히기 때문이다.

열이 가해지면 기체 내의 분자는 에너지를 얻어서 더 빨리 운동하고 결국 분자 간의 거리가 더 멀어진다. 즉 이 기체는 팽창하고 밀도가 낮아지는 것이다. 이와 같은 원리로 풍선 열기구를 하늘에 띄운다. 구체적으로 설명하면, 풍선 속의 공기가 주변의 공기보다 밀도가 낮기 때문에 공중에 뜨는 것이다.

기체에 열이 가해졌는데 팽창할 수 없다면 압력이 높아진다. 기체 내부의 분자가 에너지를 얻어서 운동 속도가 더 빨라지고 용기의 벽에 더 자주 부딪히기 때문이다.

지표면 아래에서 화산 가스는 매우 뜨거워진다. 그래서 기체의 압력이 서서히 높아지다가 지면의 갈라진 틈이나 구멍을 통해 뿜어져 나온다.

온도를 측정하기 위한 온도계

뚜껑과 공기의 압력

기체의 압력

일정한 온도, 압력, 부피의 기체

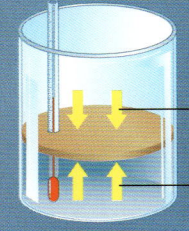

온도는 이전과 같다.

용기의 크기를 줄이기 위해 압력이 더 많이 가해졌다.

부피는 줄어들고, 압력은 증가한다.

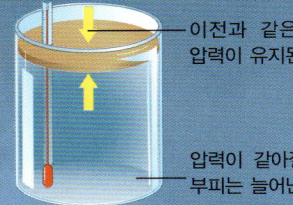

온도가 높아졌다.

이전과 같은 정도의 압력이 유지된다.

압력이 같아질 때까지 부피는 늘어난다.

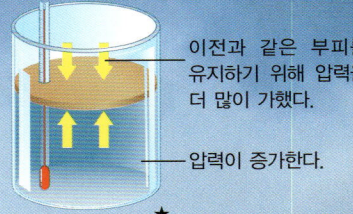

온도가 높아졌다.

이전과 같은 부피를 유지하기 위해 압력을 더 많이 가했다.

압력이 증가한다.

★

풍선을 불면 풍선 안에 공기가 퍼져 나가면서 풍선이 늘어난다.

링크
23

### 직접 해보자

풍선에 바람을 넣는 펌프를 보고 풍선에 공기를 넣기 위해 압력을 어떻게 이용하는지 살펴보자.

1. 손잡이로 펌프질을 하면 펌프 속 관의 부피가 작아져 내부의 기압이 높아진다.

관

2. 분사구를 통해 공기가 풍선 속으로 들어간다.

3. 펌프 속에 있는 밸브가 풍선에서 공기가 다시 빠져나가는 것을 막는다.

4. 풍선 속의 압력이 점점 커져서 팽창한다. 부피가 커지는 것이다.

### 유용한 인터넷 링크

www.usborne-quicklinks.com

**Web 1** 거품의 특성에 대해 조사해보자.
**Web 2** 기체의 압력과 발산에 대한 애니메이션을 살펴보자.
**Web 3** 다양한 정보, 실험, 온라인 활동 등을 통해서 기압에 대해 알아보자.
**Web 4** 집에서 해볼 만한 기체 실험이 소개되어 있으니 활용해보자.
**Web 5** 냉장고가 작동하는 데 기체가 어떤 역할을 하는지 알아보자.

# 원소 The Elements

**원소는** 한 종류의 원자만을 포함하고 있는 물질이다. 모든 물질은 원자라는 작은 입자로 구성되어 있다. 황이나 헬륨, 철은 모두 원소이다. 이 물질들은 각각 오로지 황, 헬륨, 철만으로 구성되어 있고 더 작게 쪼개질 수 없다.

## 원소

지금까지 115가지의 원소가 발견되었지만, 90가지만 지구상에 자연적으로 존재한다. 원소는 금속, 비금속, 준금속으로 구분된다. 이렇게 구분된 원소는 원소주기율표에 순서대로 배열되어 있다.(32–33쪽 참조)

링크
24

황은 지구상에 자연적으로 존재하는 원소로 비금속에 속한다. 오른쪽 그림처럼 황의 분자는 8개의 원자로 이루어진 불규칙한 둥근 모양이다.

황분자

황원자 ——

## 금속원소

원소 중 4분의 3 이상이 **금속**에 속한다. 대부분의 금속원소는 밀도가 높고 광택이 난다는 특징이 있다. 금속은 강도가 높지만 여러 가지 형태를 만들어낼 수 있어서 쓰임새가 많다. 또한 전기나 열을 전달하는 데 적합한 전도체이기도 하다. 금속은 일반적으로 지각에서 다른 원소와 결합된 상태로 발견된다.(30~31쪽 참조)

이 달걀 모양의 초콜릿은 신선도를 유지하기 위해서 알루미늄 호일로 포장한 것이다. 알루미늄은 지구상에서 가장 흔한 원소 중 하나이다.

이 사진에서는 알루미늄이 얇고 긴 시트처럼 말려지고 있다. 알루미늄 원자는 아주 빽빽하게 배열되어 있고 잘 이동하는 성질을 가지고 있어서 부수지 않고도 쉽게 원하는 모양을 만들 수 있다.

우주왕복선을 우주로 발사할 때는 불에 타는 원소를 이용한다. 비금속원소인 수소(붉은 갈색을 띤 외부 연료탱크에 저장된다)와 가루 알루미늄 금속(2개의 하얀 로켓에 저장된다)을 태워서 에너지로 이용한다.

## 비금속

자연적으로 존재하는 **비금속**은 16종류가 있다. 탄소의 한 형태인 흑연을 제외하고 비금속은 모두 절연체이다. 절연체란 열이나 전기를 잘 전달하지 못하는 물질을 말한다.

실온에서 4가지의 비금속(인, 탄소, 황, 아이오딘)은 고체이고, 브롬은 액체이다. 나머지 11가지는 기체이다.

| 비금속 | |
|---|---|
| 수소 | 황 |
| 헬륨 | 염소 |
| 탄소 | 아르곤 |
| 질소 | 브롬 |
| 산소 | 크립톤 |
| 플루오르 | 아이오딘 |
| 네온 | 크세논 |
| 인 | 라돈 |

## 반금속

**반금속**, 혹은 **메탈로이드**(metalloid, 준금속)라고 불리는 이 물질은 비금속처럼 부도체로 이용되기도 한다. 하지만 금속과 같은 전도체로 가공할 수도 있다. 이런 특성 때문에 반금속을 **반도체**라고도 한다. 이런 반금속은 모두 9종류이며 실온에서는 모두 고체이다.

| 반금속 | |
|---|---|
| 붕소 | 안티몬 |
| 규소 | 텔루르 |
| 게르마늄 | 폴로늄 |
| 비소 | 아스타틴 |
| 셀레늄 | |

반금속인 게르마늄은 이 그림과 같은 트랜지스터를 만드는 데 사용된다. 트랜지스터는 라디오 부속품이다.

규소는 이것과 같은 집적회로를 만드는 데 사용된다. 집적회로란 전자기파를 전달하거나 막는 회로이며, 회로 안에 있는 초소형 통로가 전자기파를 전달하거나 차단한다.

링크
25

### 직접 해보자

어떤 물질이 열을 얼마나 잘 전달하는지 알아보면 이 물질이 금속인지 비금속인지 구분하는 데 도움이 된다. 아래와 같은 실험을 해보자.

금속숟가락, 나무숟가락, 플라스틱 자 등 길쭉한 물체를 몇 가지 준비하자. 각 물체의 끝 부분에 버터를 약간 묻힌다. 그 다음에는 버터를 묻히지 않은 쪽의 끝 부분을 따뜻한 물을 담은 컵에 담가 두자.

버터

물의 열이 물체의 윗부분을 향해서 이동하면 버터가 녹는다. 금속숟가락에 있는 버터가 가장 먼저 녹는 것을 관찰할 수 있는데, 이는 금속이 비금속보다 나은 열전도체이기 때문이다. 결국에는 물에서 올라오는 따뜻한 공기가 모든 물체 끝의 버터를 녹인다.

### 유용한 인터넷 링크

www.usborne-quicklinks.com

**Web 1** 여러 가지 활동과 퀴즈를 통해 원소에 대해 알아보자.

**Web 2** 원소와 원소기호를 쉽게 익힐 수 있도록 재미있는 게임을 해보자.

**Web 3** 원소에 관한 다양한 정보를 그림과 함께 알아보자.

**Web 4** 금속과 비금속에 대해 설명해주는 애니메이션을 본 다음, 온라인 퀴즈로 테스트를 해보자.

**Web 5** 여러 가지를 클릭하면서 볼 수 있는 정보제공 서비스에서 일반적인 원소들에 대해 더 많은 특징을 알아보자.

**Web 6** 원소에 대해 배울 수 있는 온라인 수업을 들어보자.

# 지구상의 원소 Elements in the Earth

**지구의** 가장 바깥층을 지각이라고 한다. 지각은 대부분 다섯 가지의 원소로 구성되어 있다. 이런 원소가 단독으로 존재하는 것은 드문 일이지만, 금과 같은 원소는 단독으로 존재한다. 하지만 대부분 원소들은 **화합물**이라고 하는 결합된 물질로 발견된다. 지각에서 발견되는 순수한 원소나 결합된 원소를 **광물**이라고 한다. 금속을 포함한 광물은 **광석**이라고 한다.

옥수라고 하는 이 광물처럼 일부 광물들은 다듬어서 아름다운 장식품을 만들기도 한다.

## 흔한 원소

산소는 지각에서 가장 흔한 원소이다. 두 번째로 흔한 원소인 규소와 결합해서 나타나는 경우가 많다. 그리고 알루미늄과 철은 금속 중에 가장 흔한 원소이다.

이 원그래프는 지각에서 발견되는 다섯 가지 주요한 원소들의 질량 비율을 나타낸 것이다.

링크 26

- 산소 46.6%
- 규소 27.7%
- 알루미늄 8.1%
- 철 5%
- 칼슘 3.6%
- 기타 9%

## 광물의 형성

대부분의 광물은 뜨거운 **마그마**(용해된 기체를 포함한 녹은 암석)가 지각 아래 깊은 곳에서 올라왔다가 식어서 굳으면서 만들어진다.

이 마그마가 식은 장소의 조건에 따라 광물의 형태가 결정된다. **크리스털**(결정)이라고 하는 기하학적인 모양은 광물이 천천히 식을 때 나타난다. 하지만 너무 빨리 식어버리면 결정이 형성될 시간이 없을 때도 있다. 이런 경우 흑요석이라고 하는 빛나는 검은색 유리질 광물이 만들어진다.

표면에서 식어가는 마그마

지각의 갈라진 틈

마그마

녹은 마그마는 주변의 지각보다 밀도가 낮다. 마그마는 지각의 갈라진 틈을 타고 올라가서 식은 뒤 광물을 형성한다.

이 사진은 검은색에 빛이 나는 커다란 흑요석 덩어리가 주변 암반 사이로 불쑥 튀어나온 모습이다.

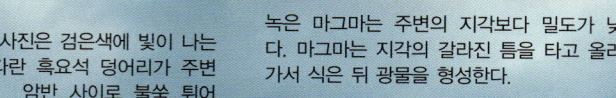

## 광물 분류

광물은 어떤 원소로 만들어졌느냐에 따라 몇 가지 분류로 나뉜다. 단일원소로 만들어진 광물을 **원소광물**이라고 한다.

돌 위의 순은

이 돌에는 순금 조각이 들어 있다.

다이아몬드는 순수한 탄소의 결정체이다. 엄청난 열과 압력을 받아 만들어지는 킴벌라이트라는 암석 안에서 대부분 발견된다.

**규토**(산소와 결합한 규소)를 포함한 **규산염**은 지각의 광물 중 92%를 차지한다.

녹주석은 규소, 산소, 알루미늄, 베릴륨으로 된 규산염의 일종이다.

**탄산염**은 탄소와 산소가 결합된 원소를 포함한 광물이다. 규산염 다음으로 지구상에 많은 광물이다.

능아연광은 아연탄산염이다.

공작석은 구리탄산염으로 다듬어서 보석으로 사용하기도 한다.

**할로겐화물**은 할로겐 원소를 포함한 광물의 분류이다.

암염(halite)은 소금물이 증발하면서 만들어진다.

**황화물**은 황이 결합된 원소를 포함하는 광물의 분류이다.

섬아연석은 아연과 황으로 만들어졌다. 전 세계적으로 대부분의 아연이 이 광물에서 채굴된다.

**인산염**은 인이 산소나 다른 원소들과 반응해서 만들어진 광물이다.

터키석은 알루미늄과 구리가 섞인 인산염으로 준보석에 해당한다.

지표면에서 다양한 원소들이 산소와 반응해 만들어진 광물을 **산화물**이라고 한다.

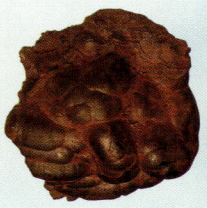
적철광은 붉은 빛을 띠는 철산화물로 철을 만들 때 쓰인다. 모양 때문에 '신장 결석'이라고 부르기도 한다.

이외에도 산소를 포함하고 있는 많은 광물들이 있는데, 이들은 영어로 'ate'로 끝나는 이름을 가지고 있다. 이름의 앞부분은(아래 표 참조) 광물에 포함되어 있는 다른 물질을 나타낸다.

링크 27

| 광물분류 | 원소 |
| --- | --- |
| 비산염 | 비소 |
| 붕산염 | 붕소 |
| 크롬산염 | 크롬 |
| 몰리브덴 | 몰리브데넘 |
| 질산염 | 질소 |
| 황산염 | 황 |
| 텅스텐산염 | 텅스텐 |
| 바나듐산염 | 바나듐 |

### 직접 해보자

암석은 광물이 섞여서 형성된 것이다. 돋보기로 바위를 들여다보면 여러 가지 광물이 들어 있다는 것을 관찰할 수 있다.

돋보기로 들여다본 화강암의 일부

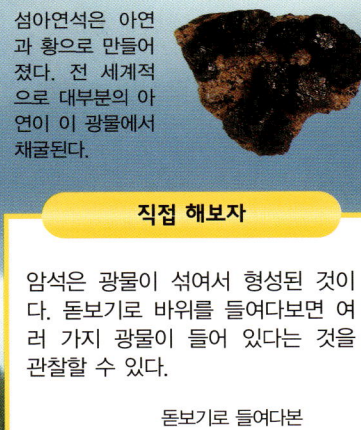

칼륨 장석
석영
흑운모
사장석

### 유용한 인터넷 링크

www.usborne-quicklinks.com

Web 1 광물에 대한 포괄적인 정의를 읽어보자.
Web 2 지구상의 광물에 대해 알파벳순으로 정리된 가이드를 참조하자.
Web 3 어떻게 광물의 종류를 구분할 수 있는지를 알아보고, 직접 광물 결정체를 만드는 방법도 알아보자.
Web 4 광물에 대해 다양한 사진과 설명으로 더 공부해보자.
Web 5 암석과 광물에 대한 정보가 담긴 글을 읽고, 여기 나와 있는 질문으로 각자의 지식을 테스트해보자.

# 원소주기율표 The Periodic Table

**원소주기율표는** 원자번호(원자핵 속에 들어 있는 양성자의 숫자) 순으로 원소를 정렬한 것이다. 각각의 원소는 화학기호와 원자번호, 원자량과 더불어 한 칸에 표기되어 있다. 여기 제시된 것과 같이 원소의 이름도 함께 표기하는 원소주기율표도 있다. 새로운 원소가 발견되면 추가되기도 한다.

## 원자의 구조

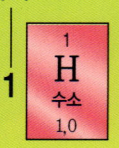

전자
양성자
중성자
원자핵
전자껍질

## 주기율표 읽기

이 표는 가로열과 세로열에 따라서 배열되어 있다. 옆의 표는 번호가 매겨진 가로열(주기)와 세로열(족)으로 이루어져 있다.

## 주기

각각의 주기는 1에서 7까지 번호가 매겨 있다. 한 주기에 속하는 모든 원소의 원자는 전자를 포함하는 껍질의 숫자와 같은 수를 가지게 된다. 예를 들어 2주기에 있는 원소는 2개의 껍질을, 3주기에 있는 원소는 3개의 껍질을 가지고 있다.

주기율표 왼쪽에서 오른쪽으로 한 칸씩 이동하면 해당 원소의 원자는 가장 바깥껍질이 있는 전자수가 하나씩 늘어난다. 이 때문에 주기율표 순서대로 원자의 화학반응도 상당히 규칙적인 패턴을 보이며 변화한다.

## 족

각 족에는 로마자로 Ⅰ~Ⅷ까지 숫자가 매겨 있다. 같은 족에 속하는 원소는 가장 바깥껍질에 있는 전자 수도 같다. 즉 이들은 화학적으로 비슷한 특성을 가진다.

링크 28

**주기**

**수소는** 가장 가벼운 원소이다. 수소는 원자번호가 1이고, 금속이 아니기 때문에 금속원소와는 다른 곳에 배열되어 있다.

**key**
각 원소는 주기율표에서 아래와 같은 정보와 함께 칸칸이 구분되어 있다.

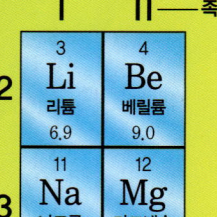

50 ─── 원자번호
Sn ─── 원소기호
주석 ─── 원소명
118.7 ─── 원자량

**족**

| 1 | I | II | | | | | | | |
|---|---|---|---|---|---|---|---|---|---|
| **1** | 1<br>**H**<br>수소<br>1.0 | | | | | | | | |
| **2** | 3<br>**Li**<br>리튬<br>6.9 | 4<br>**Be**<br>베릴륨<br>9.0 | | | | | | | |
| **3** | 11<br>**Na**<br>나트륨<br>23.0 | 12<br>**Mg**<br>마그네슘<br>24.3 | | | | | | | |
| **4** | 19<br>**K**<br>칼륨<br>39.1 | 20<br>**Ca**<br>칼슘<br>40.1 | 21<br>**Sc**<br>스칸듐<br>45.0 | 22<br>**Ti**<br>티탄<br>47.9 | 23<br>**V**<br>바나듐<br>50.9 | 24<br>**Cr**<br>크롬<br>52.0 | 25<br>**Mn**<br>망간<br>54.9 | 26<br>**Fe**<br>철<br>55.9 | 27<br>**Co**<br>코발트<br>58.9 |
| **5** | 37<br>**Rb**<br>루비듐<br>85.5 | 38<br>**Sr**<br>스트론튬<br>87.6 | 39<br>**Y**<br>이트륨<br>88.9 | 40<br>**Zr**<br>지르코늄<br>91.2 | 41<br>**Nb**<br>니오브<br>92.9 | 42<br>**Mo**<br>몰리브덴<br>95.9 | 43<br>**Tc**<br>테크네슘<br>(98) | 44<br>**Ru**<br>루테늄<br>101.1 | 45<br>**Rh**<br>로듐<br>102.9 |
| **6** | 55<br>**Cs**<br>세슘<br>132.9 | 56<br>**Ba**<br>바륨<br>137.3 | 71<br>**Lu**<br>란탄<br>175.0 | 72<br>**Hf**<br>하프늄<br>178.5 | 73<br>**Ta**<br>탄탈<br>181.0 | 74<br>**W**<br>텅스텐<br>183.8 | 75<br>**Re**<br>레늄<br>186.2 | 76<br>**Os**<br>오스뮴<br>190.2 | 77<br>**Ir**<br>이리듐<br>192.2 |
| **7** | 87<br>**Fr**<br>프랑슘<br>(223) | 88<br>**Ra**<br>라듐<br>(226) | 103<br>**Lr**<br>로렌슘<br>(262) | 104<br>**Rf**<br>러더퍼듐<br>(261) | 105<br>**Db**<br>두부늄<br>(262) | 106<br>**Sg**<br>시보<br>(266) | 107<br>**Bh**<br>보륨<br>(264) | 108<br>**Hs**<br>하슘<br>(269) | 109<br>**Mt**<br>마이트네륨<br>(268) |

방사능원소는 상대원자질량이 불안정하기 때문에 괄호로 표시했다.

원자번호 57-70인 원소는 6주기에 속한다.

| 57<br>**La**<br>란탄<br>138.9 | 58<br>**Ce**<br>세슘<br>140.1 | 59<br>**Pr**<br>프라세오디뮴<br>140.9 | 60<br>**Nd**<br>네오디뮴<br>144.2 | 61<br>**Pm**<br>프로메튬<br>(145) | 62<br>**Sm**<br>사마륨<br>150.4 | 63<br>**Eu**<br>유로퓸<br>152.0 |
|---|---|---|---|---|---|---|
| 89<br>**Ac**<br>악티늄<br>(227) | 90<br>**Th**<br>토륨<br>232.0 | 91<br>**Pa**<br>프로트악티늄<br>231.0 | 92<br>**U**<br>우라늄<br>238.0 | 93<br>**Np**<br>넵투늄<br>(237) | 94<br>**Pu**<br>플루토늄<br>(244) | 95<br>**Am**<br>아메리슘<br>(243) |

원자번호 89-102 사이의 원소는 7주기에 속한다.

## 유사한 행동

이 원소 주기율표에 있는 원소는 모두 같은 색깔 칸에 있는 원소와 비슷하게 행동한다. 아래는 색깔별 분류에 관한 색깔이다.

**비금속**
대부분 고체나 기체 형태로, 광택이 없다. 녹는점과 끓는점이 낮다.

**반금속**
준금속이라고도 하며, 금속과 비금속의 특성이 섞여 있다.

**금속**
모두 고체(액체인 수은은 제외) 형태를 띤다. 일반적으로 금속은 광택이 있고 녹는점이 높다.

**전이금속**
전이금속은 대부분 단단하고 질기다. 전이금속 중에는 산업용이나 보석을 만들기 위해서 사용되는 금속이 많다.

**내전이금속**
내전이금속은 드물게 발견되고 다른 원소와 쉽게 반응하는 경향이 있다. 그래서 천연 상태에서는 사용하기가 어렵다.

## 원자량

**원자량**은 원소의 평균원자질량을 질량수 12인 탄소원자 1개의 질량으로 나눈 것을 말한다.(질량수는 핵 안에 있는 양성자와 중성자를 모두 합한 숫자를 말한다) 주기율표 칸을 가로질러 내려갈수록 원소는 점점 무거워진다. 그 예로 수소(원자량:1)는 가장 가벼운 원소로, 루테늄(101.1)은 수소보다 100배 이상 무겁다.

## 이름이 있는 족

주기율표의 일부 족에는 이름이 있다. 예를 들어 1족에 있는 금속은 다 알칼리금속이고 2족에 있는 금속은 알칼리토금속이다. 7족에 있는 원소는 할로겐이며 8족(때로는 0족이라고 한다)에 있는 원소는 비활성기체이다.

## 다른 형태의 주기율표

다른 형태의 주기율표는 원소를 8족이 아니라 18족으로 나눈다. 즉 전이금속에 속하는 각 세로줄을 분리된 족으로 생각해서 3~12까지 숫자를 붙인 것이다. 이 형태의 주기율표에는 모든 족을 로마자가 아니라 숫자로 쓴다.

전이금속

| III | IV | V | VI | VII | VIII |
|---|---|---|---|---|---|
| | | | | | 2 He 헬륨 4 |
| 5 B 봉소 10.8 | 6 C 탄소 12.0 | 7 N 질소 14.0 | 8 O 산소 16.0 | 9 F 플루오르 19.0 | 10 Ne 네온 20.2 |
| 13 Al 알루미늄 27.0 | 14 Si 규소 28.1 | 15 P 인 31.0 | 16 S 황 32.1 | 17 Cl 염소 35.5 | 18 Ar 아르곤 39.9 |
| 31 Ga 갈륨 69.7 | 32 Ge 게르마늄 72.6 | 33 As 비소 74.9 | 34 Se 셀렌 79.0 | 35 Br 브롬 79.9 | 36 Kr 크립톤 83.8 |
| 49 In 인듐 114.8 | 50 Sn 주석 118.7 | 51 Sb 안티몬 121.8 | 52 Te 텔루르 127.6 | 53 I 아이오딘 126.9 | 54 Xe 크세논 131.3 |
| 81 Tl 탈륨 204.4 | 82 Pb 납 207.2 | 83 Bi 비스무트 209.0 | 84 Po 플로늄 (209) | 85 At 아스타틴 (210) | 86 Rn 라돈 (222) |
| 114 Uuq 운운콰듐 (285) | | 116 Uuh 운운헥슘 (289) | | | 118 Uuo 운운옥튬 (293) |

전이금속

| | | |
|---|---|---|
| 28 Ni 니켈 58.7 | 29 Cu 구리 63.5 | 30 Zn 아연 65.4 |
| 46 Pd 팔라듐 106.4 | 47 Ag 은 107.9 | 48 Cd 카드뮴 112.4 |
| 78 Pt 백금 195.1 | 79 Au 금 197.0 | 80 Hg 수은 200.6 |
| 110 Ds 다름슈타튬 (269) | 111 Rg 뢴트게늄 (272) | 112 Uub 운운븀 (277) |

내전이금속

| | | | | | | |
|---|---|---|---|---|---|---|
| 64 Gd 가돌리늄 157.2 | 65 Tb 테르븀 158.9 | 66 Dy 디스프로슘 162.5 | 67 Ho 홀륨 164.9 | 68 Er 에르븀 167.3 | 69 Tm 톨륨 168.9 | 70 Yb 이테르븀 173.0 |
| 96 Cm 퀴륨 (247) | 97 Bk 버클륨 (247) | 98 Cf 칼리포르늄 (251) | 99 Es 아인시타이늄 (252) | 100 Fm 페르뮴 (257) | 101 Md 멘델레븀 (258) | 102 No 노벨륨 (259) |

57~70 사이에 있는 원소를 **란탄족 원소**, 혹은 **희토류원소**라고 한다

89~102 사이에 있는 원소는 **악티늄족 원소**, 혹은 **방사능 희유금속**이라고 한다.

# 금속 Metals

**금속원소들은** 서로 비슷한 특성을 가지고 있다. 금속은 모두 광채가 나고, 전기를 전도하는 성질을 가지고 있다는 것을 예로 들 수 있다. 이런 금속들은 반응하는 방식에 따라 분류된다. 칼륨이나 나트륨은 일반적으로 반응이 매우 빨리 일어나며 물이나 공기와 접촉할 때는 폭발적인 반응을 보인다. 반면 금과 같은 금속은 전혀 반응하지 않기도 한다.

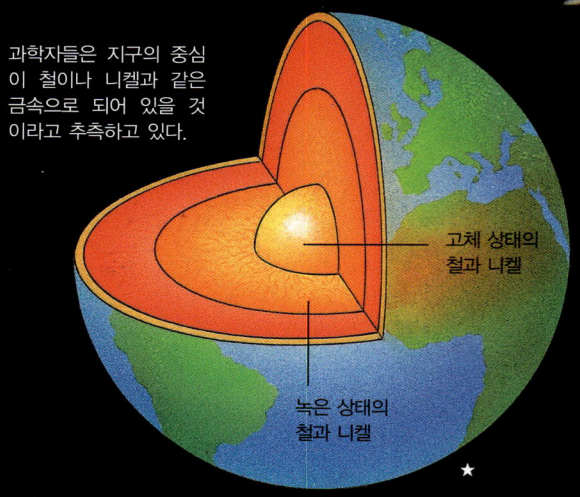

과학자들은 지구의 중심이 철이나 니켈과 같은 금속으로 되어 있을 것이라고 추측하고 있다.

고체 상태의 철과 니켈

녹은 상태의 철과 니켈

링크 30

불꽃놀이에 사용되는 불꽃은 밝은 빛을 내며 타는 금속화합물을 포함하고 있다.

## 금속의 특징

수은을 제외한 모든 금속은 상온 20℃에서 고체 상태이고 전기와 열의 전도체이다. 자르면 단면이 광택을 띠며, 철이나 니켈과 같은 일부 금속은 자성을 가지고 있다.

철사처럼 뽑아낼 수 있는 금속을 **연성**이라고 하고, 두드려서 납작하게 펼 수 있는 금속은 **전성**이라고 한다.

가단성 있는 금속으로 만든 평평한 판

금속 철사

## 금속의 반응성

금속의 **반응성**이란 금속이 얼마나 잘 반응하는지를 순서대로 나열한 목록이다. 한 금속이 다른 금속과 어떻게 반응하는지에 따라 위치가 정해진다. 예를 들어 반응도가 높은 금속은 반응도가 낮은 금속으로부터 산소를 가져온다.

반응도가 높은 금속은 함께 발견된 광물에서 분리해내기가 어렵다. 반면 반응도가 가장 낮은 축에 속하는 금속은 순수한 금속으로 발견되는 경우도 있다.

나트륨과 칼륨은 물과 공기에 격렬하게 반응하기 때문에 기름 속에 보관한다.

구리는 적당한 가격에 생산되면서도 반응성이 낮은 금속이다. 그래서 파이프나 뜨거운 물 탱크, 전기 배선 등을 제작하는 데 사용된다.

**반응도**

| 가장 반응도가 높은 금속 |
| --- |
| 칼륨 |
| 나트륨 |
| 칼슘 |
| 마그네슘 |
| 알루미늄 |
| 아연 |
| 철 |
| 주석 |
| 납 |
| 구리 |
| 은 |
| 금 |
| 백금 |
| 가장 반응도가 낮은 금속 |

링크
31

## 직접 해보자

금속은 전기의 도체이므로 어떤 물체가 금속으로 만들어졌는지 간단히 알아보려면 이 물체를 통해서 전류를 흘려보낼 수 있는지 실험해보면 된다. 아래와 같은 간단한 전기회로를 이용해서 직접 실험해보자.

준비물
20cm 길이의 절연된 구리선 3개
4.5V(볼트)의 전지
3.5V의 전구와 지지대

철사의 한쪽 끝을 전지의 전극에 감고, 다른 한쪽 끝은 전구 지지대의 전극에 감는다. 다른 구리선의 한쪽 끝은 다른 전구 지지대의 전극에 감는다. 마지막 구리선으로는 전지의 다른 전극을 감는다. (구리선를 제자리에 고정하기 위해서 스카치테이프를 써도 좋다.)

이렇게 만든 기구를 들고 집안을 돌아다니다가 아무것도 연결되지 않은 철사의 끝을 동시에 한 물체에 접촉해보자. 만약 구리선이 금속물체와 접촉하면 전기가. 이 물체를 통해서 흘러 전구에 불이 들어올 것이다.

※주의
이 실험에 절대 콘센트 전원과 같은 일반전력을 사용해서는 안 된다. 생명이 위험할 수도 있다.

## 불꽃반응실험

연소될 때 특유의 색깔이 있는 불꽃을 내는 금속도 있다. 그래서 어떤 물질을 태워 특정한 금속이 포함되어 있는지 확인하기도 한다. 이때 실험할 물질을 반응성이 작은 백금선 끝 부분에 묻혀 불꽃에 갖다댄다.

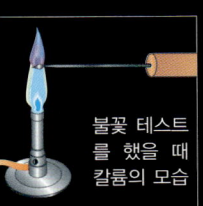
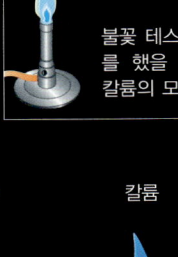

불꽃 테스트를 했을 때 칼륨의 모습

| 나트륨 | 구리 | 칼슘 | 바륨 | 칼륨 |
|---|---|---|---|---|
| ★ | | | | |

노란 불꽃 | 푸른빛을 띤 녹색 불꽃 | 주황색 불꽃 | 녹색 불꽃 | 보라색 불꽃

## 유용한 인터넷 링크

www.usborne-quicklinks.com

**Web 1** 불꽃놀이에 대해 조사해보고, 불꽃놀이 게임을 한 뒤 퀴즈를 풀어보자.
**Web 2** 금속과 비금속의 특징을 알아보고 온라인으로 할 수 있는 반응실험을 해보자.
**Web 3** 가상 실험실에서 금속의 특징을 실험해보자.
**Web 4** 흔한 금속에 관한 기본적인 정보를 찾아보자.

# 금속의 분류 Groups of Metals

**금속은** 화학적인 특징과 반응하는 방식에 따라서 몇 가지로 나눌 수 있다. 금속의 분류에는 귀금속, 알칼리금속, 알칼리토금속, 전이후금속, 전이금속의 다섯 가지가 있다. 귀금속 역시 전이금속에 속한다.

이 광석 속의 구리는 다른 원소와 전혀 반응하지 않았다. 구리는 귀금속에 해당한다.

### 귀금속

**귀금속**은 지각에서 화합물이 아닌 순수한 금속으로 발견되기도 한다. 이 분류에 속하는 금속으로는 구리, 팔라듐, 은, 백금, 금 등이 있다.

귀금속은 모두 반응성이 낮기 때문에 (34쪽 참고) 쉽게 다른 원소와 반응해서 화합물을 형성하지 않는다.

또한 낮은 반응성 때문에 쉽게 부식하지 않아 장신구나 동전을 만들 때 자주 쓰인다. 이 중에 특히 금은 반응성이 아주 낮아서 고대에 금으로 만든 물건이라도 오늘날까지 광택이 살아 있다.

### 알칼리금속

**알칼리금속**은 나트륨이나 칼륨처럼 아주 반응성이 높은 여섯 가지의 금속을 포함하며, 주기율표에서 1족을 이룬다. 이 중 하나인 칼륨은 64℃에서 녹을 정도로 녹는점이 낮고 부드러워서 칼로 자를 수 있을 정도이다. 이들 금속이 물과 반응하면 알칼리성 용액이 되기 때문에 알칼리금속이라고 불린다.

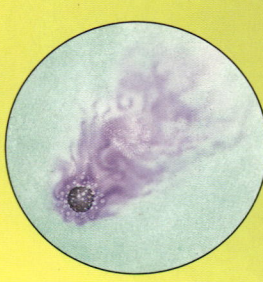

칼륨은 물과 격렬하게 반응하는데, 이때 보라색 불꽃이 피어오르는 것처럼 보이는 수소를 발산한다.

### 알칼리토금속

**알칼리토금속**은 마그네슘, 칼슘, 바륨을 포함해서 주기율표에서 2족을 구성하는 6가지 금속을 말한다. 이들 금속은 지각의 다양한 광물에서 발견된다. 예를 들어 칼슘은 방해석에서 발견되는데 이 광물은 석회석과 백악의 광맥을 형성하기도 한다.

알칼리토금속은 알칼리금속만큼 반응성이 높지 않고, 더 단단하며 녹는점도 더 높다.

이 조개껍질에는 탄산칼슘 형태의 칼슘이 다량 포함되어 있다.

이 고대 그리스의 황금 가면은 발견 당시 아주 깨끗했다.

마그네슘은 식물이 광합성을 하는 데 반드시 필요한 녹색 색소인 엽록소에서도 발견된다.

링크
32

## 전이금속

**전이금속**은 가장 전형적인 금속이다. 강도가 높고 단단하며, 광택이 있고 높은 온도에서 녹는다. 알칼리금속과 알칼리토금속보다 반응성이 낮다.

철, 금, 은, 크롬, 니켈과 구리는 모두 전이금속이다. 이들은 모양을 만들기가 쉽고 순수한 금속 그 자체나 합금(다음 쪽 참조)으로 만들어져 공업용으로 많이 쓰이고 있다.

## 전이후금속

**전이후금속**은 알루미늄, 갈륨, 인듐, 주석, 안티몬, 탈륨, 납, 창연, 폴로늄의 9가지 금속을 포함하는 분류이다. 주기율표에서는 전이금속의 오른쪽에 표시된다.

일반적으로 상당히 부드러워서 그 자체만으로 쓰이는 경우는 드물고, 더 유용한 물질을 만드는 데 이용되고 있다.

알루미늄은 가장 밀도가 낮은 금속 중 하나이다. 반면 납은 아주 밀도가 높아서 병원에서 방사선과 엑스레이가 투과하지 못하도록 막는 용도로 사용된다.

링크
33

이 자전거의 프레임은 대부분 티타늄으로 만들어졌다. 티타늄은 아주 가볍고 강도가 높은 전이금속이다.

---

### 직접 해보자

치아를 치료할 때 쓰는 충전재는 전이금속인 수은으로 만들어진 것이 많다. 수은을 기본재료로 한 충전재(치과용 아말감)는 가격이 저렴하고 오래 유지되며 치아의 형태에 꼭 맞게 넣기가 쉽다. 이 충전재는 탁하고 흐린 회색을 띤다.

치아 충전재나 혹은 치아 전체를 금으로 한 경우도 있는데, 금은 수은으로 된 충전재보다 더 단단하기 때문에 영구적이라 할 수 있다. 게다가 금니는 부서지지 않는다는 장점이 있어 이 전체를 금으로 하기도 한다.

### 유용한 인터넷 링크
www.usborne-quicklinks.com

**Web 1** 주기율표에서 금속들을 분류별로 살펴보고 그들의 특징에 대해 알아보자.

**Web 2** 금속 전문용어를 실은 종합사전을 이용해서 공부해보자.

**Web 3** 오스트레일리아의 금과 구리 광산을 가상 체험하면서 광석의 위치를 어떻게 알아내 채굴하고 가공하는지를 알아보자. 그리고 채굴이 끝나면 그 땅은 어떻게 복구되는지도 알아보자.

**Web 4** 역사와 쓰임새, 채굴과 취급 과정을 포함해서 구리라는 금속에 대한 전반적인 지식을 알아보자.

# 합금 Alloys

**합금**이란 두 가지 이상의 금속이 섞이거나 금속과 다른 물질이 섞인 혼합물을 말한다. 여러 금속들의 특성, 예를 들면 가벼움과 내구력 같은 것이 결합된 물질을 얻기 위해서 합금을 만든다.

식기에 사용되는 것과 같은 스테인리스 스틸은 철과 니켈, 크롬의 합금이다.

배의 프로펠러는 구리와 주석의 합금인 청동으로 만들어진다. 이때 청동은 망간을 첨가해서 더 강화된다.

## 강화하기

순수한 금속의 원자는 가로로 열을 지어 빽빽하게 배열되어 있다. 이런 원자의 배열은 서로 위치를 바꿀 수 있는데, 이렇게 되면 금속이 부드러워진다. 하지만 갑자기 압력을 가하면 원자의 배열에 균열이 생겨서 금속이 부서지기 쉬운 상태가 된다.

순수한 금속에서 원자의 배열

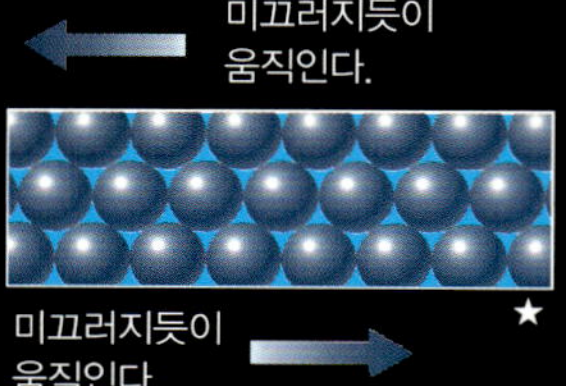

미끄러지듯이 움직인다.

미끄러지듯이 움직인다. ★

다른 금속을 섞으면, 이 새로운 금속 원자는 원래 금속을 더욱 단단하게 만드는 역할을 한다. 새로운 금속의 원자가 원래 금속의 각 부분들과 결합하면서 원자의 배열이 움직이는 것을 막기 때문이다.

합금에서 원자의 배열

합금의 원자

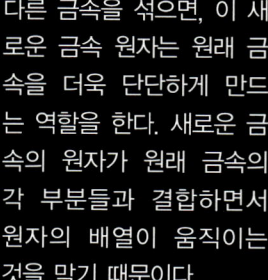

더 이상 원자는 움직일 수 없다. ★

청동은 배를 만드는 데도 종종 쓰인다. 바닷물에 의한 부식이 잘 일어나지 않기 때문이다.

## 합금의 특징

합금의 특징은 어떤 금속으로 만들어 졌는지에 따라 다르다. 예를 들어 강철은 철과 탄소의 합금으로 다루기 쉽고 강도 또한 높다. 강철은 용광로에서 다양한 모양으로 가공할 수 있고, 유독가스를 넣지 않아도 녹일 수 있다. 이 금속은 또 오래가는 특징을 가지고 있는데, 망간을 섞으면 이런 지속성이 더욱 강해진다. 망간강합금은 공업용 절단장비에 사용된다.

철도 레일은 망간으로 강도를 높인 철강으로 만들어진다.

금이나 은과 같은 순수한 금속은 부식이 잘 되지 않아서 물체의 외관에 사용하기에 좋다. 하지만 이런 금속들은 아주 비싼 반면, 일부 합금은 이들만큼이나 부식에 강하면서도 생산비용이 훨씬 저렴하다. 그 예로 구리와 아연의 합금인 황동을 들 수 있다. 구리와 주석을 섞어서 만든 청동과 같은 합금은 상온에서도 모양을 만들기가 쉽다. 이런 특징 때문에 황동은 수천 년간 장식품을 만드는 데 사용되어 왔다.

황동으로 만들어진 고대 그리스의 조각상

## 가볍지만 강한 합금

알루미늄과 마그네슘의 합금인 두랄루민은 강철과 황동처럼 강도가 높고 부식이 잘 되지 않으며, 이들보다 훨씬 가볍다. 그래서 이 합금은 항공기나 자전거 프레임을 만드는 데 사용된다.

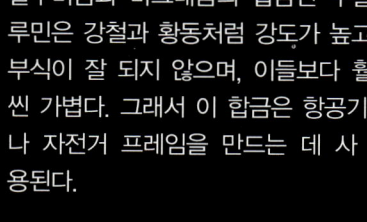

오늘날 제트기는 대부분 알루미늄이나 티타늄 합금으로 만들어진다.

이 기체의 엔진은 초합금으로 만들어졌다.

**야금학자**(금속을 연구하는 과학자)들은 금속이 아주 적은 양의 다른 물질과 섞였을 때 최고의 강도를 지니기도 한다는 사실을 알아냈다. 덕분에 강도가 높지만 가벼운 합금을 생산할 수 있게 되었다.

## 초합금

니켈과 철, 코발트는 **초합금**을 만드는 주된 원료로 사용되어 왔다. 이렇게 만들어진 합금은 아주 강도가 높지는 않지만 고온에 오랫동안 노출되어도 원래의 강도를 유지하는 특성을 가지고 있다. 그래서 제트기나 로켓의 엔진을 만드는 데 사용된다. 1950년대부터 강철만큼이나 강도가 높지만 무게는 반밖에 되지 않는 티타늄을 합리적인 비용으로 채굴하는 일이 가능해졌다. 이 금속은 비행기의 기체를 만드는 합금으로 널리 사용된다.

# 철과 강철 Iron and Steel

**철은** 보통 다른 물질과 섞인 **광물**의 형태로 채굴된다. 대부분의 철은 강철로 가공되고, 강철은 다시 종이를 집는 클립이나 초대형 빌딩의 철골을 만드는 연장에 이르기까지 다양하고 실용적인 용도로 사용된다.

## 원소 혹은 합금?

**철**은 대부분 철과 산소의 화합물인 적철광이라고 하는 광석에서 추출된다. **강철**은 철과 탄소, 그리고 소량의 다른 금속이 포함된 합금(2가지 이상의 금속이 섞인 것을 말한다)이다.

링크
36

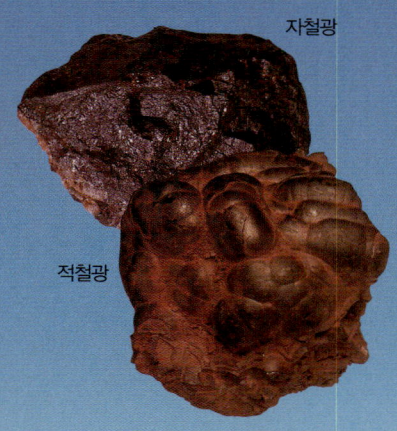

자철광

적철광

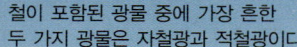

철이 포함된 광물 중에 가장 흔한 두 가지 광물은 자철광과 적철광이다.

## 철 만들기

철은 철광석을 **용광로**에 넣어서 추출한다. 철광석을 석회암과 **코크스**(석탄을 가열해서 휘발 성분을 없애고 탄소만 남긴 원료)와 함께 용광로에 넣고 아주 뜨거운 공기를 불어넣는다. 이 과정을 **제련**이라고 하는데, 이때 탄소가 산소와 결합해서 일산화탄소가 만들어진다. 이 일산화탄소는 철광석에서 산소를 분리해서 이산화탄소가 된다. 이것은 환원반응의 한 예이기도 하다.

이런 제련과정을 통해 철광석에서 추출된 철에는 탄소(약 4%)와 황 같은 다른 불순물이 일부 남아 있다. 이런 철을 **단철**(연철, 선철)이라고 하는데, 이 금속은 무쇠를 만드는 데 쓰이기도 하고, 강철로 만들기 위해서 재가공 되기도 한다.

---

### 제련 과정

1. 철광석과 석회암, 코크스가 용광로에 투입된다. 석회암은 철광석 속의 불순물과 반응해서 **슬래그**라고 불리는 폐기물이 된다.

2. 뜨거운 공기를 용광로에 불어넣는다. 이 공기는 탄소와 반응해서 일산화탄소를 만든다. 이 반응이 일어나면 용광로 내부의 온도는 약 2,000℃까지 올라간다. 이후에 일산화탄소는 다시 철광석 속의 산소와 반응해서 순수한 금속만을 남긴다.

3. 이렇게 해서 녹은 철을 이 부분을 통해서 꺼낸다.

4. 녹은 슬래그는 용광로의 바닥 부분을 통해 빠져나온다. 슬래그는 도로포장에 이용된다.

용광로의 높이는 30m이다.

안쪽 벽이 분해될 때까지 용광로에는 수년 동안 계속 불이 타오른다.

용광로의 벽두께는 3m 이상이다.

아직 공사 중인 이 빌딩의 철골은 사진의 배경에 보이는 다른 커다란 사무실 건물과 같이 나중에 콘크리트 판으로 덮일 것이다.

## 강철 만들기

용광로에서 제련을 거친 철로 강철을 만드는데, 강도를 높이기 위해서 다른 원소를 몇 가지 더 넣는다. 강철을 만들려면 녹은 철에 산소를 불어 넣어서 아직 남아 있는 탄소를 제거한다. 이 산소는 철 속의 탄소와 결합해서 일산화탄소를 만드는데 이 가스는 모아서 연료로 사용한다. 이런 과정을 거쳐 마침내 만들어진 강철은 0.04% 정도로 아주 적은 양의 탄소를 포함한다. 강철은 등급에 따라 탄소 함유량도 다르다.

링크
37

철을 강철로 만들기 위해서 녹은 철을 **전로**라고 하는 용광로에 부어 넣는다.

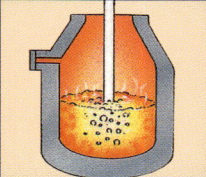

순도 100%에 가까운 고압의 산소를 전로 안에 분사한다. 이 산소는 탄소와 결합하여 일산화탄소를 만든다.

강철은 철설(금속 스크랩)을 **전기로**(전열을 이용하여 강철을 제조하는 일종의 용광로)에서 녹여서 만들기도 한다. 전기로는 아주 강한 전류로 금속을 녹인다.

이러한 공구를 만드는 데 사용하는 강철에는 보통 1% 가량의 탄소가 들어 있다. 이 공구에 쓰이는 강철은 아주 단단한 반면 부서지기 쉬워서, 강도를 높이기 위해서 크롬이나 바나듐 같은 금속을 첨가한다.

사진에서 보이는 것처럼 건축에 사용되는 강철은 건물의 다른 부분에 의해서 가려지기 전에 녹슬지 않도록 미리 페인트를 칠해서 보호한다. 녹이 슨 철골은 강도가 약해져서 위험할 수도 있다.

이런 강철로 된 클립은 약 0.08% 정도의 탄소를 함유하고 있어 잘 구부러진다. 이 사진 속의 클립들은 눈에 잘 띄게 하기 위해 플라스틱으로 코팅한 것이다.

**직접 해보자**

집안이나 주변에서 철이나 강철로 만들어진 물건을 찾아보자. 어떤 물건이 다른 금속이 아니라 철이나 강철로 만들어졌는지 확인하려면 자석을 가까이 대보면 된다. 만약 이들 금속이 포함되어 있다면 자석에 끌려올 것이다. 주변에서 흔히 볼 수 있는 아래의 물건들로 철을 포함하고 있는지 테스트해보자.

금속제 문 손잡이
문 경첩
나이프와 포크
현관문
세탁기
욕조
자전거 부속품
믹서
안경
벨트 버클
수도꼭지
라디에이터(난방기)

**주의**
컴퓨터나 텔레비전, 시계 근처에 자석을 두어서는 안 된다. 자기 때문에 망가지기 쉽다.

**유용한 인터넷 링크**
www.usborne-quicklinks.com

**Web 1** 용광로에 대해 설명해주는 애니메이션을 보고 어떤 원리로 작동하는지 알아보자.
**Web 2** 강철의 특징에 대한 상세한 정보를 알아보자.
**Web 3** 강철의 제조과정에 대해 살펴보자.
**Web 4** 강철의 특성과 철도 선로가 어떻게 만들어지는지 배워보자.
**Web 5** 온라인 실험으로 철광석을 가공해서 새로운 물질을 만들어보자.

# 중요한 금속과 합금 Main Metals and Alloys

**지구상에** 자연적으로 존재하는 금속은 65종이다. 이 중에 단지 20종만이 금속으로 된 물건들을 만들기 위해서 순금속, 혹은 합금으로 가공되어 쓰인다. 이 장에서는 이런 금속과 가장 흔하게 쓰이는 5가지 합금에 대해 알아보고, 어떻게 사용되는지 살펴보자.

이 프렌치 호른은 합금의 일종인 황동으로 만들어졌다.

## 알루미늄
아주 가볍고 은색을 띤 흰색 금속으로 부식에 강하다. 보크사이트라는 광물에서 전기분해로 추출된다. 알루미늄은 전선, 항공기, 배, 자동차, 음료 캔, 키친 호일 등을 만드는 데 사용된다.

## 황동
구리와 아연의 합금이다. 모양을 만들기 쉬워서 장식품이나 악기, 나사, 압정 등에 사용된다.

링크
38

## 청동
고대부터 널리 사용해왔던 구리와 주석의 합금이다. 부식에 강하고 모양을 만들기가 쉽다. 청동으로 만들어진 동전은 많은 나라에서 가격이 낮은 통화로 사용되고 있다.

## 칼슘
석회석과 백악에서 발견되는 은색을 띤 흰색 금속으로, 단련하기가 쉽다. 동물의 뼈와 치아에도 존재한다. 시멘트나 높은 등급의 강철을 만드는 데 사용된다.

## 크롬
단단하고 회색을 띤 금속으로 스테인리스 스틸을 만드는 데 쓰인다. 다른 금속들을 보호하거나 윤이 나고 거울처럼 반사되는 표면으로 만들기 위해서 도금을 하는데 쓰이기도 한다.

## 구리
전선이나 뜨거운 물탱크를 만드는 데 쓰이는 붉은 빛을 띤 금속으로 단련하기가 쉽다. 황동과 청동, 백동의 합금이 있다.

## 백동
구리와 니켈의 합금으로 대부분의 은색 동전이 이 금속으로 만들어졌다.

## 금
연하고 반응성이 낮은 밝은 노란빛이 도는 금속으로 보석류나 전자제품에 쓰인다.

## 철
회백색에 자성을 띤 단련하기 쉬운 금속으로, 대체로 용광로에서 적철광을 제련하여 추출한다. 건축이나 전기공학과 관련된 분야에서 많이 사용되고, 합금 강철을 만드는 데도 쓰인다.

## 납
무겁고 독성이 있는 푸른빛을 띤 흰색 금속으로 단련하기가 쉽다. 방연광이라는 광물에서 추출되고 건전지를 만들거나 엑스레이에서 나오는 방사선을 막기 위한 용도로 사용된다.

## 마그네슘
가볍고 은색을 띤 흰색 금속으로 밝은 흰색을 내며 탄다. 구조용 손전등이나 불꽃놀이, 무게가 가벼운 합금을 만들 때 주로 쓰인다.

## 수은
무겁고 은색을 띤 흰색으로 유독한 액체 금속이다. 온도계나 치과용 충전재 아말감, 폭발물 등에 사용된다.

## 백금
은색을 띤 흰색의 반응성이 낮은 금속으로 단련하기 쉽고 보석류를 만들거나 전자제품의 촉매로 많이 사용된다.

## 플루토늄
원자로 내부에서 우라늄(43쪽 참조) 입자에 충격을 가해서 만드는 방사성 금속으로 핵무기 제조에 쓰인다.

## 칼륨
가볍고 은색을 띠며 반응성이 높은 금속이다. 칼륨화합물(compound)은 화학비료나 유리를 만드는 데 쓰인다.

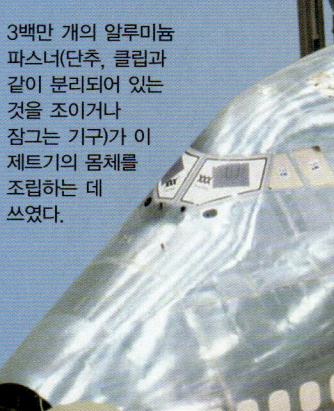

3백만 개의 알루미늄 파스너(단추, 클립과 같이 분리되어 있는 것을 조이거나 잠그는 기구)가 이 제트기의 몸체를 조립하는 데 쓰였다.

## 은

회색을 띤 흰색 금속으로 단련하기 쉽고 열과 전기를 잘 전도한다. 보석류나 은식기, 사진 필름을 만드는 데 사용된다.

## 나트륨

아주 반응성이 높고 연하며 은색을 띤 흰 금속으로 소금에 들어 있다. 가로등에 사용되기도 하고, 주로 화학산업에 많이 사용된다.

## 땜납

주석과 납의 합금으로 녹는점의 온도가 낮고 전자제품의 결합 전선을 만드는 데 사용된다.

## 강철

철과 탄소의 합금으로 산업에서 가장 중요한 금속 중 하나이다. 스테인리스 스틸은 강철과 크롬의 합금으로 부식에 강하고 항공우주산업에서 많이 쓰인다.

## 주석

연하고 단련하기 쉬우며 은빛을 띤 흰색 금속이다. 강철이 부식하는 것을 막기 위해서 강철 표면에 도금할 때 쓰이기도 하고 청동, 백랍, 땜납과 같은 합금을 만드는 데도 쓰인다.

## 티타늄

강도가 높고 흰색을 띤 금속으로 단련하기가 쉽다. 부식에 매우 강하며 우주선이나 항공기, 자전거 프레임에 사용되는 합금을 만드는 데 쓰인다.

## 텅스텐

단단하고 회색빛을 띤 흰색 금속이다. 전구 속의 필라멘트나 가전제품, 날카로운 절단기와 같은 도구를 만드는 강철합금에 사용된다.

## 우라늄

은빛이 도는 흰색을 띤 방사성 금속으로 핵에너지나 핵무기의 원료로 사용된다.

## 바나듐

단단하고 흰색을 띤 유독성 금속으로 강철 합금의 강도와 경도를 더욱 높이기 위해 사용된다. 바나듐 화합물은 황산을 만드는 데 촉매로 이용되기도 한다.

## 아연

푸른색을 띤 금속으로 섬아연석에서 추출한다. 철이 부식하는 것을 막기 위해서 코팅(아연도금이라고도 한다)하는 데 사용된다. 특정한 전기 건전지나 황동과 같은 합금을 만드는 데 사용되기도 한다.

링크 39

이 보잉 747기는 대부분 아주 가벼운 알루미늄으로 된 고강도의 합금으로 만들어졌다. 제트엔진은 티타늄으로 만들어졌는데 이 또한 가벼우면서도 엔진에서 발생하는 아주 높은 온도를 잘 견뎌낸다.

### 유용한 인터넷 링크

www.usborne-quicklinks.com

**Web 1** 오스트레일리아에서 채굴되는 주요 광물들에 대한 정보를 알아보자.

**Web 2** 광물마다 제각기 다른 추출방법을 알아보자.

**Web 3** 금에 대한 아주 재미있는 이야기를 들어보자.

**Web 4** 알루미늄에 대해 자세히 파헤쳐보자.

# 부식 Corrosion

**부식이란** 금속이 산소와 접했을 때 일어나는 화학반응이다. 금속은 산소와 반응해서 금속의 표면에 **산화물**이라는 화합물을 형성한다. 이런 과정이 일어나면 금속은 녹이 슬고, 원래의 광택을 잃게 된다. 반응성이 높은 금속은 반응성이 낮은 금속보다 빨리 부식한다.

중세의 기사들은 강철로 된 갑옷에 녹이 스는 것을 방지하기 위해 기름이나 밀랍으로 문질렀다.

### 부식하는 금속 사용하기

철(강철의 재료가 되는 금속)은 쉽게 부식하는 반면, 아주 강하고 모양을 만들기가 쉽다. 이 금속은 교량과 같이 아주 큰 구조의 건축구조물을 만들기에 적합하다. 그리고 부식을 방지하기 위해 보통 페인트칠을 한다.

링크 40

이 다리는 부식을 방지하기 위해 인산으로 칠했다. 인산은 금속에 붙어서 보호막 역할을 하는 코팅을 만들어 금속이 부식하는 것을 막는다. 단 한 번 페인트를 칠하는 것만으로도 부식을 효과적으로 방지할 수 있다.

### 직접 해보자

녹슨 구리 동전에서 산화된 층을 벗겨내려면 식초를 약간 넣은 물에 하룻밤 동안 담가둔다. 산성을 띤 식초가 녹슨 부분과 반응해서 이 부분은 벗겨지고, 그 아래 있던 구리 합금이 밝게 빛나는 모습을 드러낼 것이다. 하지만 일단 다시 공기에 노출되면 다시 부식되기 시작해 표면에 산화물 층을 만든다.

## 부식의 효과

금속이 부식하면 금속의 표면에는 산화물이 한 겹 덮인다. 알루미늄과 같은 일부 금속에서는 산화물로 된 막이 형성되어 금속에 더 이상 부식이 진행되지 않도록 막아준다. 다른 금속에는 이런 보호막이 생기지 않는다. 예를 들어 철과 강철에는 잘 벗겨지는 **녹**(산화철)이 생기는데 이것은 쉽게 떨어져 나가고, 아래 남은 금속은 다시 부식된다.

알루미늄은 공기와 접촉하는 즉시 표면에 산화물 막을 형성한다. 이 상태에서 더 이상 부식되지 않기 때문에 음식물을 담는 접시로 알맞다.

이 강철 드럼통은 부식을 막기 위해 페인트로 칠했지만, 페인트 층 아래로 수분이 들어갈 수 있는 아주 작은 흠집이라도 생기면 즉시 부식이 시작된다.

기어와 같이 움직이는 부속품에는 녹스는 것을 방지하기 위해 기름을 친다.

## 아연도금

**아연도금**은 아연으로 강철을 코팅하는 것으로, 부식을 방지하는 방법 중 하나이다. 아연은 강철보다 더 반응성이 높아 산소는 강철보다는 아연과 반응하려 한다. 아연으로 코팅된 층에 흠집이 나도 공기 중의 산소는 드러난 부분의 강철보다는 아연과 반응하려는 성질이 있다.

배나 석유 굴착장치에 아연이나 마그네슘 한 덩어리를 붙여 철의 부식을 방지하기도 한다. 이런 금속들은 철보다 먼저 부식하기 때문에 **희생금속**이라고 한다.

링크 41

오늘날의 자동차 대부분은 아연도금을 한 강철로 만들어진다. 아연도금은 차가 녹이 슬지 않도록 해준다.

### 유용한 인터넷 링크

**www.usbornequicklinks.com**

**Web 1** 구리가 어떻게 자유의 여신상을 아름다운 모습 그대로 지켜왔는지 알아보자.

**Web 2** 다른 금속을 코팅하거나 보호하는 용도로 자주 쓰이는 아연에 대해 상세히 알아보자.

**Web 3** 녹이란 무엇인지, 녹이 슬면 금속이 어떻게 되는지 알아보자. 그리고 녹이 스는 것을 막는 방법도 알아보자.

**Web 4** 금속이 부식할 때 일어나는 화학반응에 대해 공부해보자.

**Web 5** 가상 실험실에서 금속이 부식되는 것을 테스트해보자.

# 금속의 발견 The Discovery of Metals

**금속이** 포함된 돌이 석탄으로 피운 모닥불 때문에 뜨거워져서 반응을 일으키는 것처럼 아주 우연히 광석에서 금속을 추출하는 방법을 알게 되었을 것이다. 이와 같은 경우 환원이라고 하는 화학반응이 모닥불에서 일어나 광석에서 금속을 분리했을 것이다. 이러한 반응원리를 이용해 용광로(40쪽 참조)에서 철을 추출하고 있다.

고대 중국에서 BC 약 1500년경에 청동(구리와 주석의 혼합물)으로 만들어진 장식 가마솥.

## 인간이 처음 사용한 금속

사람들이 처음 다루기 시작한 금속은 구리, 금, 은이었다. 이들 금속은 순수한 상태로 발견되는 경우가 많았기 때문인 것으로 추측된다.

이후 BC 3500년경에 수메르인들은 구리와 주석을 섞어서 청동을 만드는 방법을 알게 되었다. 청동은 순금속보다 강도가 높다.

철은 BC 1350년경까지만 해도 쓰이지 않았다. 이 금속을 광석에서 추출해내려면 훨씬 높은 온도가 필요했기 때문일 것으로 추측되고 있다.

녹여낸 철을 강철로 만들기 위해 용광로에 부어넣고 있다.

이 금제 컵은 BC 3000년경에 북유럽에서 만들어졌다.

수메르의 청동제 사발로, BC 약 3000년경에 만들어졌다.

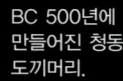

BC 500년에 만들어진 청동 도끼머리.

링크 42

중동의 수메르인들은 이 단검과 칼집을 BC 4000년경에 만들었다.

## 새로운 금속

1735년까지만 해도 인간에게 알려진 금속은 구리, 은, 금, 철, 수은, 주석, 아연, 창연, 안티몬, 납이 전부였다. 알루미늄은 그로부터 100여 년이 지난 1825년에 발견되었다.

최근에 과학자들은 멘델레븀과 같은 새로운 금속을 **입자 가속기**라는 일종의 원자로에서 전자로 원자에 충격을 가하는 방법으로 만들 수 있게 되었다. 이런 기계에서 원자에 충격을 가하면 원자가 쪼개져서 과학자들이 그 구조를 살펴볼 수 있게 된다.

이 기계는 커다란 입자 가속기의 일부분이다. 입자 가속기는 새로운 금속을 만드는 데 사용되기도 한다. 이런 새로운 금속들은 불안정해서 만들어지고 얼마 지나지 않아 부서져버린다.

이 용광로에서는 녹은 철에 산소를 공급한다. 이것은 철에서 탄소를 제거해 강철로 만들기 위해서다. 이 사진은 1958년에 촬영된 것이지만 그 이후로도 강철을 만드는 과정은 거의 변함이 없다.

링크
43

### 유용한 인터넷 링크

www.usbornequicklinks.com

**Web 1** 금속의 역사에 대해 상세히 살펴보자.
**Web 2** 동전을 만드는 데 사용되는 다양한 금속에 대해 알아보자.
**Web 3** 금의 특성에 대해 알아보고 이 금속이 문화적, 종교적으로 해온 역할도 살펴보자.
**Web 4** 구리의 쓰임새를 나열한 연표를 살펴보자.

# 금속의 재활용 Recycling Metals

**광석에서** 금속을 추출하는 과정은 비용이 많이 든다. 하지만 다행히도 금속은 다시 사용할 수 있다. 이렇게 금속을 다시 쓸 수 있게끔 만드는 과정을 재활용이라고 한다. 재활용을 하면 광석에서 금속을 새로 추출해내는 것보다 비용이 훨씬 저렴하다. 이 과정을 거치면 한 번 사용한 금속이라도 녹여서 재활용하면 새 금속이 되므로 여러 번 반복할 수 있다.

## 재활용 과정

어떤 금속을 재활용하려면 일단 수거해서 다른 금속과 완전히 분리해내야 한다. 이렇게 해서 새로 만들어질 금속의 순도를 가능한 한 높이는 것이다. 이렇게 분리해낸 금속을 녹여서 틀에 부어넣고 이것이 단단한 덩어리로 굳어지면, 이제 이 금속은 새로운 제품으로 다시 태어날 준비를 마친 셈이다.

## 어떤 금속을 재활용할까?

가장 흔하게 재활용되는 금속은 강철과 알루미늄이다. 물론 구리나 주석, 납과 같은 금속이나 금, 은, 백금과 같은 귀금속도 재활용할 수 있다.

## 강철

재활용에 사용되는 대부분의 강철은 자동차나 배 같은 운송수단을 분해한 조각들에서 나온다. 오래된 산업용 기계도 좋은 재료이다. 강철을 사용하는 공장에서는 잘려 나온 강철 조각들을 모아두었다가 강철공장으로 보낸다. 그러면 이것을 녹여서 새것을 만들 수 있다. 오래된 세탁기처럼 가정에서 쓰다가 버리는 물건에도 강철이 소량이나마 들어 있어 재활용 대상이 된다.

링크 44

붉은 빛을 띤 뜨거운 재활용 강철을 주조용 틀에 부어넣고 있다.

거대한 전자석(전류가 흐르면 자기화 되는 일시적 자석)이 엄청난 양의 고물철과 강철을 끌어올리고 있다. 이들을 용광로에 넣어서 녹이면 재활용 금속으로 다시 태어난다.

## 알루미늄

재활용된 알루미늄은 전체 알루미늄 사용량의 약 30%를 차지한다. 알루미늄을 재활용하면 원래 알루미늄을 포함하는 광석인 **보크사이트**에서 추출하는 것의 5%에 달하는 에너지만 들어가기 때문에 경제적이다. 재활용되는 알루미늄의 재료 중 가장 큰 부분을 차지하는 것은 음료 캔이다. 북미에서는 640억 개의 알루미늄 음료 캔이 매년 재활용된다. 음료 캔에 사용된 알루미늄 절반 이상이 재활용되는 것이다.

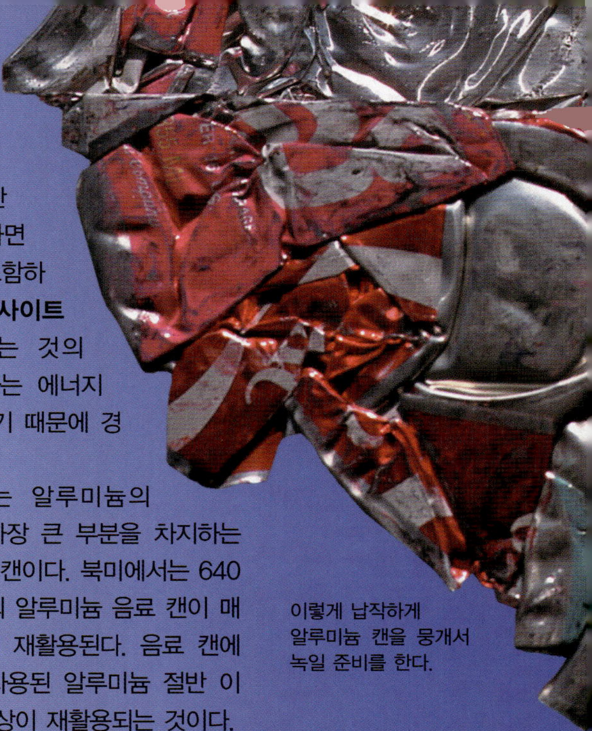

이렇게 납작하게 알루미늄 캔을 뭉개서 녹일 준비를 한다.

링크 45

이 거대한 자석이 끌어올린 금속 모두 철을 함유하고 있다.

## 귀금속

생산업 중 일부 분야에서는 귀금속을 사용하기도 한다. 예를 들어 사진 관련 산업에서는 은을 아주 많이 사용하는데, 비용을 줄이고 자원을 아끼는 차원에서 은을 재활용해 사용한다. 재활용하는 금이나 은, 백금은 대부분 오래된 장신구나 장식품에서 나온 것이 많다.

16세기에 스페인이 남아메리카를 침략했을 때, 이 사진에 있는 것과 같은 금제 보물 수천 개를 훔친 다음 녹여서 새로운 장식품을 만들었다.

**직접 해보자**

대부분의 음료 캔에는 어떤 금속으로 캔을 만들었는지에 관한 내용이 인쇄되어 있다. 캔 음료를 마실 때 한번 살펴보자. 아마 대부분의 캔이 알루미늄으로 만들어졌다고 표기되어 있을 것이다. 그리고 오른쪽의 기호와 같은 마크가 붙어 있으면 재활용 가능하다는 표시이다.

캔류

**유용한 인터넷 링크**

www.usbornequicklinks.com

**Web 1** 강철과 강철의 재활용 과정에 대해 그림이 곁들여진 설명을 읽어보자.
**Web 2** 강철 캔의 재활용에 관한 재미난 게임과 퍼즐을 즐겨보자.
**Web 3** 알루미늄이 어떻게 재활용되는지에 관한 가상 여행을 해보자.
**Web 4** 알루미늄의 재활용에 관한 더 많은 정보를 알아보자.

# 수소 Hydrogen

**수소는** 전 우주를 통틀어서 가장 가벼운 원소이자 가장 풍부한 원소이기도 하다. 태양을 비롯한 여러 별들이 수소기체로 이루어졌다. 하지만 지구에서는 다르다. 지구에서 수소는 화합물로만 존재하지 수소만 따로 존재하지 않는다.

별은 수소와 다른 가스가 **타**오르는 아주 뜨거운 구체이다.

## 반응성이 높은 수소

수소는 반응성이 아주 높다. 쉽게 타고, 쉽게 다른 원소와 결합한다. 지구상에서 가장 흔한 화합물인 물이 수소와 산소로 만들어진 것이 그 예이다. 또 석탄이나 석유와 같은 화석원료는 수소와 탄소의 화합물이다. 설탕이나 녹말에도 수소가 들어 있다.

**자당**($C_{12}H_{22}O_{11}$)은 과자를 만드는 데 쓰는 당으로 탄소, 수소, 산소의 화합물이다.

링크 46

### 직접 해보자

유리컵에 물을 따르면서 물은 무엇으로 이루어졌는지 생각해보자. 물($H_2O$)은 수소(H)와 산소(O)의 화합물이다. 물에 들어 있는 수소원자는 산소원자보다 2배 많은 것이다. 하지만 수소원자가 너무 작아서 물의 총 부피의 12.5%에 지나지 않는다.

수소
산소

태양은 끊임없이 폭발하는 가스가 뭉쳐진 거대한 구체이다. 이 가스는 거의 대부분 수소와 헬륨으로 이루어져 있다.

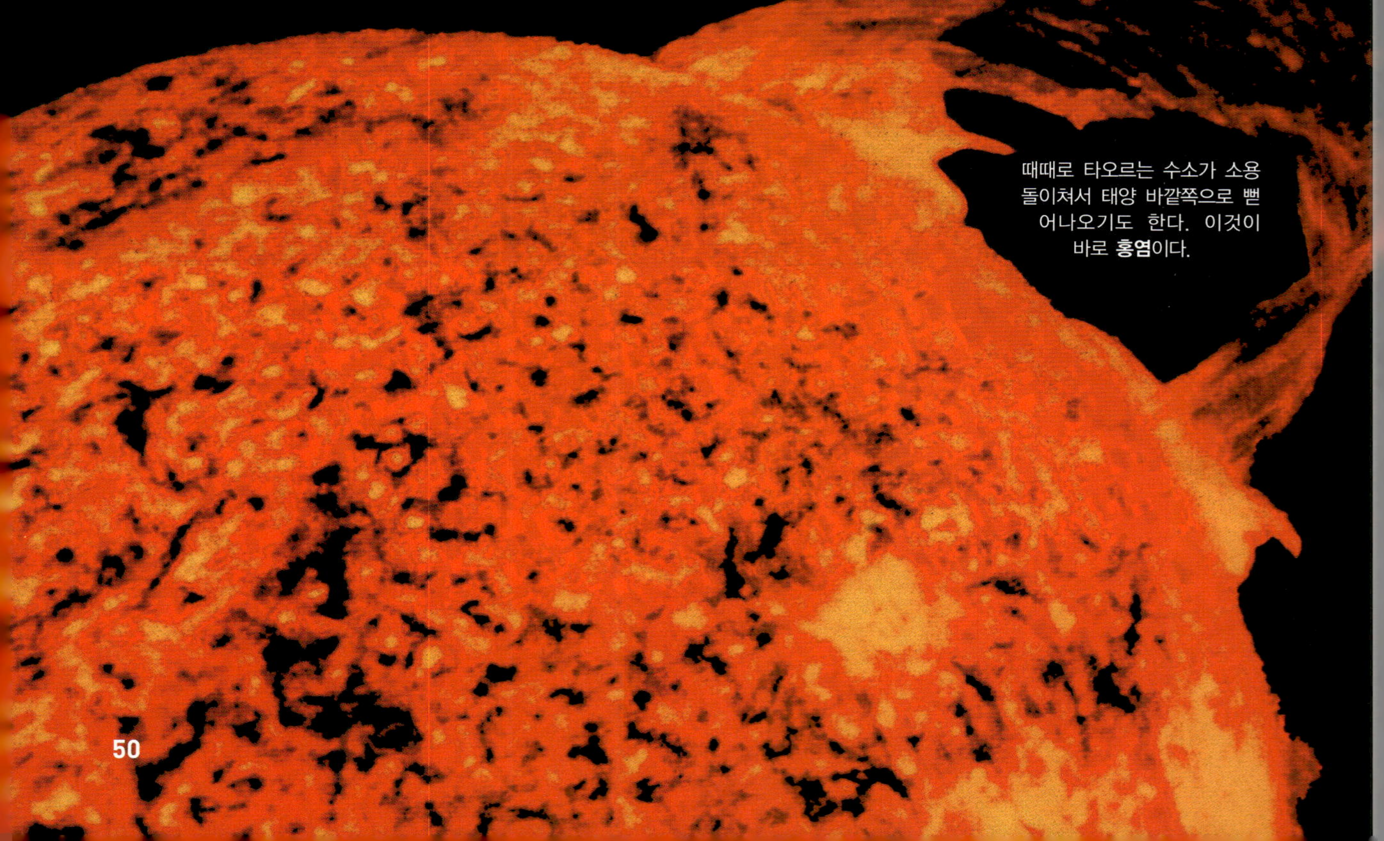

때때로 타오르는 수소가 소용돌이쳐서 태양 바깥쪽으로 뻗어나오기도 한다. 이것이 바로 **홍염**이다.

## 수소 만들기

수소($H_2$)는 아래 화학 반응과 같이 메탄가스($CH_4$)와 수증기($H_2O$)를 반응시켜서 만들 수 있다.

$$CH_4 + 2H_2O \rightarrow 4H_2 + CO_2$$

이런 방식으로 만들어진 수소는 대부분 비료 속의 암모니아($NH_3$)를 만드는 데 사용된다. 1909년 프리츠 하버(Fritz Harber)에 의해 발견된 **하버의 암모니아 합성법**으로 수소와 질소를 결합하면 암모니아가 생성된다.

## 하버의 암모니아 합성법
### (하버−보슈법)

하버의 암모니아 합성법에서, 공기 중의 질소 가스와 메탄($CH_4$)에서 추출한 수소를 촉매인 철과 반응시킨다. 아주 높은 압력과 온도에서 이 기체들은 서로 반응해 암모니아 가스($NH_3$)를 생성하는데, 이 가스가 식으면 액체 암모니아가 만들어진다.

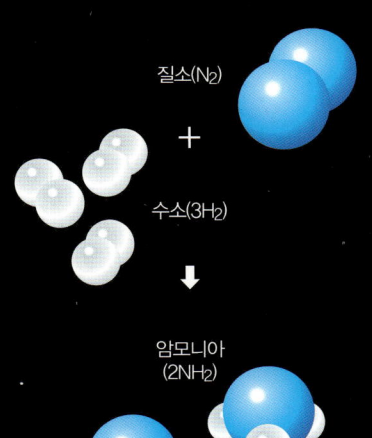

질소($N_2$)

+

수소($3H_2$)

↓

암모니아
($2NH_2$)

$$3H_2 + N_2 \rightleftharpoons 2NH_3$$

이 기호는 역으로도 반응할 수 있다는 표시이다.

## 불타는 수소

수소가 공기 중에 섞여 있을 때 불을 붙이면 폭발이 일어난다. 적은 양의 기체를 실험할 때 이런 특성을 이용한 방법을 쓰기도 한다. 이 기체에 수소가 들어 있다면 작은 폭발을 일으킬 것이다.

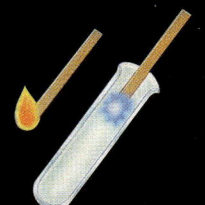

성냥개비에 불을 붙여서 실험해보면 수소가스는 펑 소리를 내며 작은 폭발을 일으킨다.

아래의 반응식과 같이 순수한 수소($H_2$)가 공기 중이나 산소 중에서 연소되면, 푸른 불빛을 내며 조용히 타다가 증기를 형성한다.

$$2H_2 + O_2 \rightarrow 2H_2O$$

위 반응식에 따르면 수소는 탈 때 많은 에너지를 내면서 부산물로 환경오염의 염려가 없는 물만 생기기 때문에 이상적인 연료이다. 하지만 현재 수소는 저장하는 것이나 안전하게 운반하기가 어렵기 때문에 일상생활에서 사용할 연료로는 적합하지 않다.

1937년, 힌든버그 기구 비행선에 불이 붙었다. 이 기구 비행선은 수소로 가득 차 있어서 폭발하고 말았고, 이 사고로 36명이 목숨을 잃었다.

## 로켓의 연료

로켓의 연료로는 액체수소를 사용한다. 산소가 전혀 없는 우주에서 이 연료를 태우기 위해서 로켓에는 산소탱크가 따로 마련되어 있다. 액체수소와 산소는 안전하게 연소되는 연소실로 주입된다.

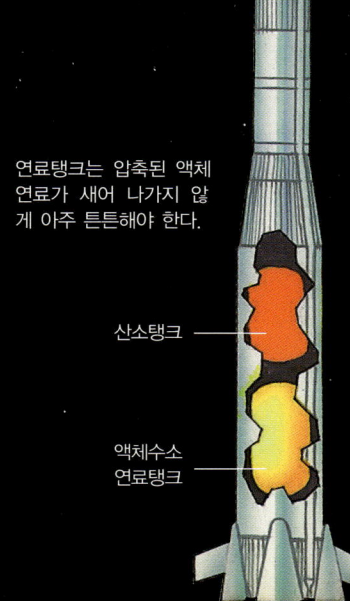

연료탱크는 압축된 액체 연료가 새어 나가지 않게 아주 튼튼해야 한다.

산소탱크

링크 47

액체수소
연료탱크

# 할로겐원소 The Halogens

**할로겐원소란** 플루오르, 염소, 브롬, 아이오딘, 아스타틴의 5가지 원소를 말한다. 이 원소들은 모두 반응성이 아주 높고 독성이 있어 주기율표에서 함께 7족에 속한다.

할로겐램프는 브롬화합물로 아주 밝은 빛을 낸다.

## 플루오르

**플루오르**는 독성을 띤 기체이다. 형석(독성이 없는 불소의 화합물)에서 추출되며 충치를 예방하는 효과가 있어 치약이나 마시는 물에 넣기도 한다.

또한 플루오르는 탄소와 결합해서 **탄화플루오르**라는 쓰임새가 많은 화합물이 되기도 한다. PTFE(polytetrafluoroe thene, 폴리테트라플루오로에틸렌, 테프론)를 예로 들 수 있는데, 이 물질은 프라이팬에 요리가 눌어붙지 않게 코팅을 하거나 스키에 코팅을 하는 데도 쓰인다.

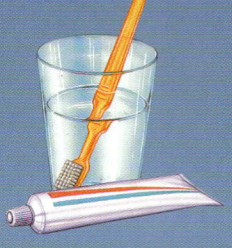

치약과 물은 플루오르를 함유하고 있다.

링크 48

## 염소

단독으로 존재할 때 **염소**는 유독한 기체이다. 하지만 반응성이 아주 높아서 자연에서는 염화나트륨(일반 소금)과 같은 화합물의 형태로만 존재한다. 염소는 살균소독제로 쓰이거나 염산과 PVC(폴리염화비닐)플라스틱을 만드는 데 쓰인다.

염소화합물은 쓰임새가 아주 다양하다. 예를 들어 하이포아염소산나트륨은 표백제를 만들거나 종이 펄프를 하얗게 표백하는 데 쓰인다.

PVC로 만든 저글링 도구

이 스키는 PTFE로 아래 면을 코팅했다. 이렇게 코팅을 하면 눈과 얼음 위에서 스키가 자유롭게 활주할 수 있다.

필기용 종이는 염소화합물의 일종인 하이포아염소산나트륨으로 표백한다.

남아메리카에 있는 이 거대한 소금 평원에는 아이오딘화나트륨이 많이 있다. 이 물질을 모아서 할로겐원소인 아이오딘을 만드는 데 쓴다.

## 브롬

**브롬**은 악취가 나는 갈색 액체이다. 바닷물이나 약수에서도 브롬이 조금씩 발견된다. 브롬과 다른 물질의 화합물은 **브롬화물**이라고 한다. 브롬화은은 사진 필름에 사용된다.

사진 필름의 브롬화은에 빛이 닿으면 필름의 각각 다른 층마다 반응이 일어나서 다양한 색을 띤 조각이 여러 개 만들어진다.

브롬화합물은 쥐약이나 흰개미가 침입한 나무를 치료하는 약품을 만드는 데 쓰인다.

## 아이오딘

아이오딘은 보랏빛을 띤 검은색 고체이다. 아이오딘화나트륨에서 대량으로 생산해서 의약품, 사진, 염색 등 다양한 용도로 쓰인다.

음식물에서도 아이오딘이 조금씩 발견되는데, 이 원소 없이는 우리 몸속의 세포는 양분을 에너지로 바꿀 수 없다. 하지만 너무 많은 양의 아이오딘은 해롭다.

아이오딘은 해초와 야채, 과일 등에 들어 있다.

## 아스타틴

아스타틴은 불안정하고 방사능을 띤 원소이다. 할로겐원소 중에서 가장 무겁고 자연에서는 좀처럼 발견되지 않는다. 과학자들은 30 g 정도의 아주 적은 양만이 지구의 지각에 존재할 것으로 추측하고 있지만, 20종이 넘는 아스타틴의 동위원소를 실험으로 만들어내기도 했다.

### 직접 해보자

아이오딘 용해제를 약국에서 구입해서 어떤 물질에 녹말이 들어 있는지 확인해보자. 토마토나 사과, 빵조각 등 다양한 음식물을 준비한 다음, 아이오딘 용해제를 몇 방울 떨어뜨려보자.

이런 종류의 기구를 스포이트(피펫)라고 한다.

그 음식에 녹말이 들어 있으면 청남색으로 순식간에 변할 것이다.

링크 49

### 유용한 인터넷 링크

www.usbornequicklinks.com

**Web 1** 플루오르가 어떻게 치아를 보호하는지 알아보자.
**Web 2** 염소에 대한 다양한 정보를 얻을 수 있다.
**Web 3** 할로겐 전등과 일반 전등의 차이점을 알아보자.
**Web 4** 여러 가지 할로겐원소에 관한 상세한 정보를 읽어보자.(F, Cl, Br, I, At; 플루오르, 염소, 브롬, 아이오딘, 아스타틴)

# 탄소 Carbon

**탄소는** 모든 생명체에서 발견되는 비금속성 고체이다. 탄소는 자연에서 **개별적인 원소로** 존재하는데 대체로 단단하고 색깔이 없는 다이아몬드나 검은색의 푸석푸석한 흑연의 형태이다.

## 탄소의 형태

탄소원자는 다양한 방식으로 결합할 수 있다. 이런 다양한 형태를 **동소체**라고 한다. 동소체는 같은 원자를 가지고 있지만 다른 방식으로 결합되어 있다. 탄소에는 다이아몬드, 흑연, 벅민스터플러린 이렇게 3가지 주요 동소체가 있다.

## 다이아몬드

**다이아몬드**의 탄소원자는 각각 다른 원자 4개와 결합되어 있다. 이런 구조 때문에 다이아몬드는 자연에서 발견되는 물질 중 가장 단단하다. 다이아몬드는 자연스럽게 보통 4면으로 이루어진 결정체로 형성된다.

**링크 50**

다이아몬드 내부의 탄소원자

★

다이아몬드의 표면은 빛이 분산되어서 무지개색으로 보이도록 연마된다.

이런 결정체 구조 때문에 다이아몬드는 아주 밝게 빛나며 아름답다. 그래서 매우 귀하게 여겨진다. 다이아몬드는 몇 가지 색을 띠는데, 가장 순도가 높은 것은 투명한 것으로 이런 다이아몬드는 보석을 만드는 데 쓰인다.

이 홀(제왕을 상징하는 물건)의 장식품으로 사용된 커다란 다이아몬드는 '아프리카의 별'이다. 길이가 대략 6cm인 세계에서 가장 큰 다이아몬드로 영국 왕이 소유하고 있다.

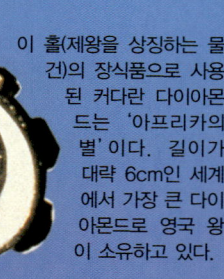

## 다양한 다이아몬드

**흑금강석**(혹은 흑다이아몬드라고도 불린다)과 같은 순수하지 않은 다이아몬드는 강도가 높아서 산업분야에서 그 진가를 발휘한다. 이런 다이아몬드는 절단용 기구나 착암기, 아주 정밀한 시계 등에 사용된다. 보통은 자연산 다이아몬드를 채굴하지만, 만들어내기도 한다. 흑연을 촉매와 섞어 높은 압력과 열을 가하면 합성 다이아몬드가 만들어진다.

## 흑연

**흑연**(석묵이라고도 한다)에서는 탄소원자가 3개의 다른 원자와 결합해서 벌집 모양의 판을 형성하는데, 이런 원자의 조직은 쉽게 움직인다. 이런 특징 때문에 흑연은 연하고 잘게 조각내기도 쉽다. 판 모양의 조직이 느슨하게 결합되어 있기 때문이다.

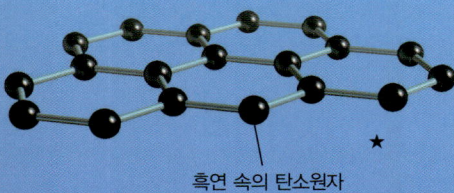

흑연 속의 탄소원자

느슨하게 결합된 흑연은 매우 매끄러워서 윤활유의 좋은 재료가 되기도 한다. 흑연으로 만든 윤활유는 기계 부품이 움직여 마찰을 일으키는 부분에 사용한다. 또 이런 결합 때문에 흑연은 또 전기의 전도체이기도 해서 종종 전극봉을 만드는 데도 쓰인다.

연필 '심'은 흑연가루와 점토를 섞어서 만든다. 부드러운 연필에는 딱딱한 연필보다 흑연이 더 많이 들어 있다.

## 벅민스터플러린

**벅민스터플러린**은 1985년에 발견된 탄소의 동소체이다. 이 물질의 분자는 탄소원자 60개로 이루어지며, 텅 빈 구 모양을 하고 있다. 벅민스터플러린은 흑연이 헬륨가스 속에서 증발할 때까지 열을 가해서 이것을 식힌 뒤 농축해서 만든다.

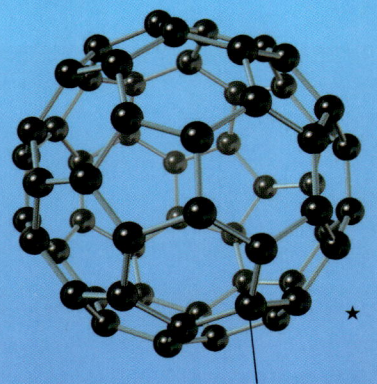

★

벅민스터플러린의 분자

벅민스터플러린의 분자는 **버키볼**(buckyball)이라고도 한다. 버키볼 내부의 원자는 축구공과 비슷한 6각형 모양으로 배열되어 있다. 구형 조직으로 이루어진 버키볼은 아주 단단해서 강도가 강철의 100배에 이르지만, 무게는 강철의 1/6밖에 되지 않는다. 버키볼을 만드는 과정과 비슷한 방법으로 **나노튜브**(탄소의 또 다른 동소체 중 하나)도 만들 수 있다. 과학자들은 나노튜브로 아주 강도가 높은 새로운 물질을 만들기 위해 노력하고 있다.

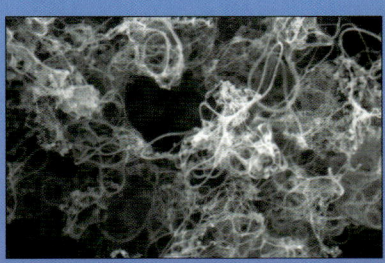

나노튜브–흑연을 레이저로 증발시킨 뒤 금속 촉매를 넣어서 만든다.

**직접 해보자**

가지고 있는 연필을 살펴보고, 각각의 연필이 만들어내는 선의 짙기를 비교해보자. 흑연과 점토 중 점토가 많이 들어 있는 연필보다 흑연이 더 많이 들어 있는 연필에서 더 진하고 번지기 쉬운 선이 그어진다.

연필 측면에 인쇄된 글자와 숫자는 연필에 흑연과 점토가 얼마나 들어 있는지 나타낸다. B(black, 검정을 의미한다.) 다음에 나오는 숫자는 이 연필에 점토보다 흑연이 많이 들었음을 보여준다. H(hard, 딱딱함을 의미한다) 뒤에 나오는 숫자는 이 연필에는 흑연보다 점토가 많이 들었음을 나타낸다. 어둡지도 밝지도 않은 딱 중간 정도의 심을 가진 연필에는 HB라고 쓰여 있다.

이 4B연필로는 부드럽고 진한 선을 그을 수 있다. 9B가 가장 진한 연필이다.

링크

이 2H연필로는 연하고 회색빛이 나는 선을 그을 수 있다. 9H가 가장 연한 연필이다.

**유용한 인터넷 링크**

www.usbornequicklinks.com

**Web 1** 탄소에 대해 알아보자.
**Web 2** 버키볼이라는 별명이 붙은 흔하지 않은 탄소분자에 들어 있지만, 지구 대기권 내에는 없는 기체에 대해 알아보자.
**Web 3** 다이아몬드에 관한 여러 가지 정보를 찾아보자.
**Web 4** 다이아몬드에 관한 재미있는 이야기를 읽어보자.
**Web 5** 탄소는 왜 단단하면서도 부드럽다는 특징을 둘 다 가질 수 있는지 알아보자.
**Web 6** 벅민스터플러린에 대해 알아보자.

## 탄소의 순환

대부분의 탄소원자는 우주가 생성될 때부터 존재해왔다. 탄소원자는 탄소 순환을 통해 동물, 식물, 공기 중을 순환한다.

식물은 이산화탄소를 이용해서 광합성을 하고, 그 결과 탄소화합물을 만든다. 동물은 식물(혹은 다른 동물)을 먹고 그 안에 있던 탄소화합물을 사용한다. 연료가 연소되고, 생명체가 부패하거나, 식물이나 동물이 에너지를 얻기 위해 당을 분해하는 호흡 과정을 거쳐 이산화탄소는 다시 공기 중으로 돌아온다.

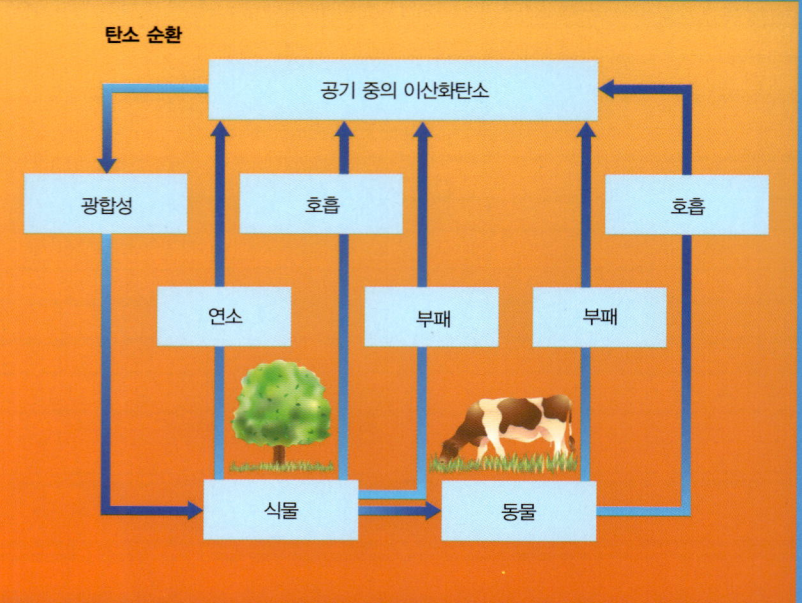

**탄소 순환**

## 탄소화합물

탄소원자는 최대 4개의 원자와 결합할 수 있다. 이런 특성 때문에 탄소는 아주 다양한 화합물을 만들 수 있어 다른 어떤 원소보다 화합물이 많다. 생명체에서 발견되는 탄소화합물을 통틀어 **유기화합물**이라고 한다.

사진 속의 물총새나 새가 앉아 있는 나뭇가지 모두 탄소화합물로 이루어져 있다. 다른 생명체도 마찬가지다.

## 탄소섬유

**탄소섬유**는 순수한 탄소로 만든 매끄러운 실로, 플라스틱을 강화하는 용도로 쓰인다. 가벼운 보트나 테니스 라켓을 만드는 데도 쓰인다. 탄소섬유로 만들어진 경주용 자전거는 강철로 된 것보다 강도가 8배나 높지만 훨씬 가볍다.

이 자전거의 프레임은 탄소섬유로 만들어졌다.

## 탄소혼합물

탄소는 다른 원소와 섞여 있거나 화합물로 존재하기도 한다. 한 예로 **석탄**은 대부분 탄소로 이루어졌지만 수소, 산소, 질소, 황도 들어 있다. 이런 석탄을 **화석연료**라고 하는데, 이는 식물의 잔해가 수백만 년에 걸쳐 만들어진 연료를 말한다. 탄소 함유량에 따라 석탄을 3가지로

나눈다. 갈탄이라고도 하는 **아탄**은 탄소 함유량이 60~70% 정도밖에 되지 않는다. 윤이 나는 검은색을 띤 **역청탄**은 80% 이상 탄소로 이루어져 있다. **무연탄**은 90% 이상 탄소이다. **목탄**은 탄소의 순수하지 않은 결정체 중 하나인데, 밀폐공간에서 목재를 가열해서 만든다. 이 과정은 목재에서 연기가 나게 하는 화학성분을 제거하고 목탄 특유의 조각내기 쉬운 검은 덩어리만 남겨서 깨끗하게 연소되는 연료를 만든다.

다이아몬드나 흑연과는 달리 석탄이나 목탄에는 일정한 구조가 없다.

## 석탄과 목탄 사용하기

석탄은 중요한 연료 중 하나이다. 전 세계의 전력 중 1/3 이상이 석탄을 태우는 화력발전소에서 생산된다. 아탄은 값도 싸고 생산량도 많다는 장점이 있지만, 태울 때 오염물질 또한 많이 나온다. 역청탄과 무연탄에서는 오염물질이 덜 나온다는 점에서 아탄보다 더 좋은 연료이다.

석탄을 사용하는 발전소는 한 시간당 평균 600MW의 전력을 생산할 수 있다.

목탄은 연기를 내지 않고 탄다. 이런 특징 때문에 그을음 없이 음식을 구울 수 있어 바비큐용 연료로 좋다.

목탄의 일종인 **활성탄**은 필터나 유독가스를 제거하는 방독면을 만드는 데 사용된다. 활성탄의 표면에는 작은 구멍이 많이 있어서 가스를 안에 가두기에 적당하다. 활성탄은 목탄이 거의 다 만들어졌을 때 잠깐 산소와 함께 태워서 만든다.

목탄은 바비큐 연료로도 자주 사용하고, 막대 모양으로 만들어서 그림도구로 쓰기도 한다.

링크
53

**직접 해보자**

석탄이 타는 것을 본 적이 있는가? 타고 있는 석탄 내부의 분자에서 어떤 일이 일어날까?
불의 열기로 에너지를 얻은 석탄의 분자가 쪼개지면서 열에너지가 방출된다. 이렇게 분자 간의 결합이 깨지면서 수소와 같은 원자가 분자에서 빠져나와 함께 연소되기 때문에 더 많은 열이 방출된다.

**유용한 인터넷 링크**

www.usbornequicklinks.com

Web 1 탄소에 관한 중요한 정보를 얻을 수 있다.
Web 2 탄소 순환에 관한 애니메이션을 보고 퀴즈도 풀어보자.
Web 3 석탄의 형성과정을 다룬 상세한 이야기를 읽어보자.
Web 4 광산의 갱으로 가상여행을 떠나서 석탄 채굴에 대해 더 공부해 보자.
Web 5 비밀요원이 되어서 화학과 관련된 여러 가지 임무를 수행해보자.

# 황 Sulphur

**황은** 밝고 노란빛을 띤 푸석푸석한 고체의 형태를 한 원소이다. 화산 지역의 지하에서 주로 발견되며 황철광이나 황동광 같은 광물에도 들어 있다.

순수한 황

철과 황의 화합물인 황철광

## 황의 형태

황의 분자는 왕관 모양이라고도 하는데, 8개의 분자가 구부러진 고리를 한 형태로 만들어진다. 이 고리는 서로 결합해서 동소체라고 하는 두 가지 다른 결정체를 만들기도 한다. 대부분의 황이 **사방황**의 형태로 존재한다.

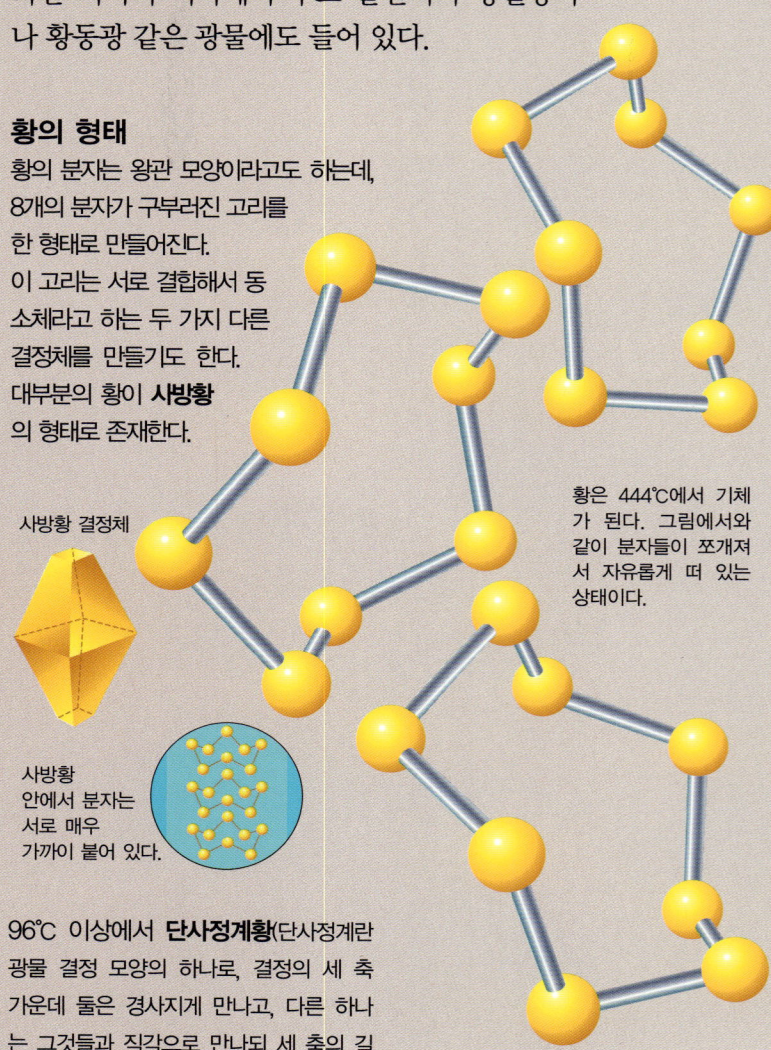

사방황 결정체

링크 54

사방황 안에서 분자는 서로 매우 가까이 붙어 있다.

96℃ 이상에서 **단사정계황**(단사정계란 광물 결정 모양의 하나로, 결정의 세 축 가운데 둘은 경사지게 만나고, 다른 하나는 그것들과 직각으로 만나되 세 축의 길이가 각각 다르다. 휘석, 정장석, 석고 따위에서 볼 수 있다)이 형성된다. 이 결정체는 가늘고 길며 각이 진 바늘 모양으로 생겼다.

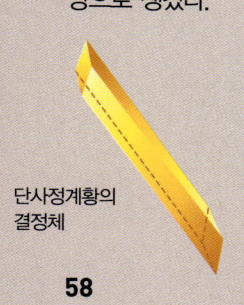
단사정계황의 결정체

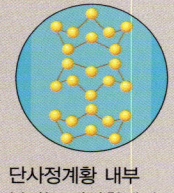
단사정계황 내부 분자는 사방황에서 보다 넓은 간격으로 분포해 있어 밀도가 낮다.

황은 444℃에서 기체가 된다. 그림에서와 같이 분자들이 쪼개져서 자유롭게 떠 있는 상태이다.

## 황 만들기

대부분의 황은 화석연료에서 얻지만 지하에 매장된 광물을 고압증기로 녹여서 추출하기도 한다. 이런 과정을 **프라슈 공정**(Frasch process)이라고 한다.

## 황의 쓰임새

황의 가장 중요한 쓰임새 중 하나는 **황산**을 만드는 것이다. 황산은 비료나 플라스틱, 건전지 등을 만드는 데 사용된다. 또 고무를 **강화**하거나 흑색 화약, 의약품을 만드는 데도 쓰인다.

## 아황산가스

황은 태우면 푸른 불빛을 내면서 황과 산소로 된 유독기체인 **아황산가스**를 내뿜는다. 이 가스는 곤충을 죽이는 용도나 살균제나 과일용 방부제로 사용된다.

아황산가스는 말린 살구의 색을 보존하는 데 사용하기도 한다.

### 유용한 인터넷 링크

**Web 1** 황의 발견과 쓰임새, 화학적인 특징에 대해 알아보자.

**Web 2** 아황산가스가 어디에서 발생해서 산성비를 내리게 하는지 알아보자.

**Web 3** 화산의 분화구를 탐험하면서 황의 결정과 구멍에서 뿜어져 나오는 가스에 대해 알아보자.

# 인 Phosphorus

**인은** 비금속원소로 자연적으로는 뼈와 치아, 에너지를 저장하는 화학물질로 체내에 존재하거나 인회석이라는 광물로 지각에서 발견되기도 한다. 인의 가장 반응성이 높은 형태인 황린은 어둠 속에서 빛이 난다.

인회석(왼쪽)과 터키옥(오른쪽)은 인을 함유하고 있다.

## 인의 형태

인은 3가지 형태나 동소체로 존재한다.

**황린**은 독성을 지닌 부드러운 흰색 고체로 공기 중에 노출되면 쉽게 연소된다.

**적린**은 황린을 공기에 노출시키지 않고 열을 가해서 만든 검붉은 색의 무독성 가루이다. 황린보다는 반응성이 낮다.

**흑린**은 황린에 수은을 촉매로 넣고 압력과 열을 가해서 만든다. 흑린이라는 이름은 흑연과 모양이 비슷하다 해서 따온 것이다. 3가지 형태의 인 중에 가장 반응성이 낮다.

## 인의 쓰임새

인은 **인산**($H_3PO_4$)을 제조하는 데 주로 사용된다. 인산은 철과 강철을 녹슬지 않게 하거나 탄산음료를 만들 때도 쓰인다.

적린은 성냥, 구충제, 합금, 조난신호용 조명을 만드는 데 쓰인다.

인산은 콜라의 거품과 맛을 내는 데 쓰인다.

황린은 쥐약을 만드는 데 쓴다.

성냥을 그으면 적린이 공기 중에서 타오르면서 황린이 된다.

링크 55

인과 산소의 화합물을 **인산염**이라고 한다. 인산염은 동물과 식물의 생장에 중요한 역할을 하기 때문에 동물 사료에 섞거나 비료를 만드는 데 사용한다.

양배추와 같은 농작물에는 인산염이 풍부한 비료를 많이 준다.

### 직접 해보자

치약 튜브에 붙어 있는 성분표를 보자.

인산나트륨이나 제3인산나트륨 같은 인산염이 일정량 함유되어 있을 것이다.

인산염은 치아에 착색을 만드는 화학물질의 작용을 방해하고 치아를 희게 유지해주기 때문에 치약에 사용된다.

### 유용한 인터넷 링크

www.usbornequicklinks.com

Web 1 인에 대한 중요한 정보를 알아보자.

Web 2 인에 관한 다양한 정보를 읽어보자.

Web 3 우리의 식생활에서 인이 어떤 중요한 역할을 하는지, 우리 신체 기관에 각각 어떤 영향을 미치는지, 너무 많이 섭취할 경우에 왜 나쁜지를 알아보자.

## 복습해봅시다

**1.** 전자는 어디에 존재하는가? (14쪽)
① 액체나 고체에만
② 전기 도체에만
③ 모든 형태의 물질에

**2.** 원자의 [        ]는 수량이 같다. (15쪽)
① 중성자와 전자
② 전자와 양성자
③ 양성자와 중성자

**3.** 한 원소의 원자 질량수는 [        ]의 수이다. (16쪽)
① 양성자와 중성자
② 양성자
③ 전자

**4.** 양성자와 전자의 수는 같지만 중성자의 수가 다른 원자를 무엇이라고 하는가? (17쪽)
① 이성체
② 동위체(동위원소)
③ 동소체

**5.** 철의 화학기호는? (19쪽)
① F
② I
③ Fe

**6.** 금의 화학기호는? (19쪽)
① Go
② Au
③ Ag

**7.** 다음 중 운동에너지를 설명하는 것은? (20쪽)
① 에너지가 변화하는 것
② 움직이는 물체
③ 고체, 액체, 기체의 특성

**8.** 승화는 언제 일어나는가? (22쪽)
① 고체가 기체로 바뀔 때
② 고체가 액체로 바뀔 때
③ 액체가 기체로 바뀔 때

**9.** 액화란 무엇인가? (23쪽)
① 기체가 액체로 바뀌는 것
② 기체가 고체로 바뀌는 것
③ 액체가 기체로 바뀌는 것

**10.** 물질은 [        ]에서 어떤 상태를 띠느냐에 따라 고체, 액체, 기체로 분류된다. (23쪽)
① 0℃
② 20℃
③ 100℃

**11.** 기체에 관한 다음 설명 중 옳은 것은? (26쪽)
① 일정한 부피와 모양이 있다.
② 일정한 부피와 모양이 없다.
③ 부피는 일정하지만 모양을 바꿀 수 있다.

**12.** 지구상에 존재하는 원소의 숫자는? (28쪽)
① 대략 20가지
② 대략 50가지
③ 대략 100가지

**13.** 대부분의 비금속은 [        ]이다. (29쪽)
① 실온에서 액체
② 절연체
③ 부도체

**14.** 지각에서 가장 흔한 원소는? (30쪽)
① 알루미늄
② 산소
③ 규소

**15.** 원소주기는 [        ]로 배열되어 있다. (32쪽)
① 세로
② 가로
③ 무리

**16.** 원소주기율표는 또한 [        ]로 배열된 족으로 구성되어 있다. (32쪽)
① 세로
② 가로
③ 무리

**17.** 금속은 연성으로, [        ] 수 있다. (34쪽)
① 종이처럼 얇게 두드려 펼
② 길게 뽑아서 철사로 만들
③ 광택을 낼

**18.** 불꽃반응실험을 할 때 칼륨이 내는 색은? (35쪽)
① 빨간색
② 주황색
③ 보라색

**19.** 알칼리 금속을 물에 넣으면 무엇을 형성하는가? (36쪽)
① 산성 용액
② 알칼리성 용액
③ 중성 용액

**20.** 귀금속에 대한 다음 설명 중 옳은 것은? (36쪽)
① 항상 화합물로 발견된다.
② 반응성이 아주 높다.
③ 반응성이 아주 낮다.

**21.** 황동은 어떤 물질끼리의 혼합물인가? (42쪽)
① 구리와 아연
② 구리와 주석
③ 구리와 니켈

**22.** 청동은 어떤 물질끼리의 혼합물인가? (42쪽)
① 구리와 아연
② 구리와 주석
③ 구리와 금

**23.** 부식 현상이 일어날 때 필요한 기체는? (44쪽)
① 아황산가스
② 이산화탄소
③ 산소

**24.** 가장 먼 옛날부터 사람들이 알고 있었던 금속은? (46쪽)
① 알루미늄
② 금
③ 아연

**25.** 우주를 통틀어 가장 풍부한 원소는? (50쪽)
① 알루미늄
② 수소
③ 산소

**26.** 다음 중 할로겐족에 속하지 않는 원소는? (52–53, 59쪽)
① 염소
② 아이오딘
③ 인

**27.** 같은 원소가 서로 다르게 결합한 형태를 무엇이라고 하는가? (54쪽)
① 합금
② 동소체
③ 동위체

**28.** 다음 물질 중 탄소의 한 형태가 아닌 것은? (54–55, 58쪽)
① 다이아몬드
② 황
③ 흑연

**29.** 다음 중 황을 주로 사용하는 분야는? (58쪽)
① 아황산 제조
② 음식 보존
③ 황산 제조

**30.** 다음 중 인의 한 형태가 아닌 것은? (59쪽)
① 노란 인
② 적린
③ 황린(white phosphorus라고 하는 흰 인)

제1장 물질 정답
1. ③  2. ②  3. ①  4. ②  5. ③
6. ②  7. ③  8. ①  9. ①  10. ②
11. ②  12. ③  13. ②  14. ②  15. ②
16. ①  17. ②  18. ③  19. ②  20. ③
21. ①  22. ②  23. ③  24. ②  25. ②
26. ③  27. ②  28. ②  29. ③  30. ①

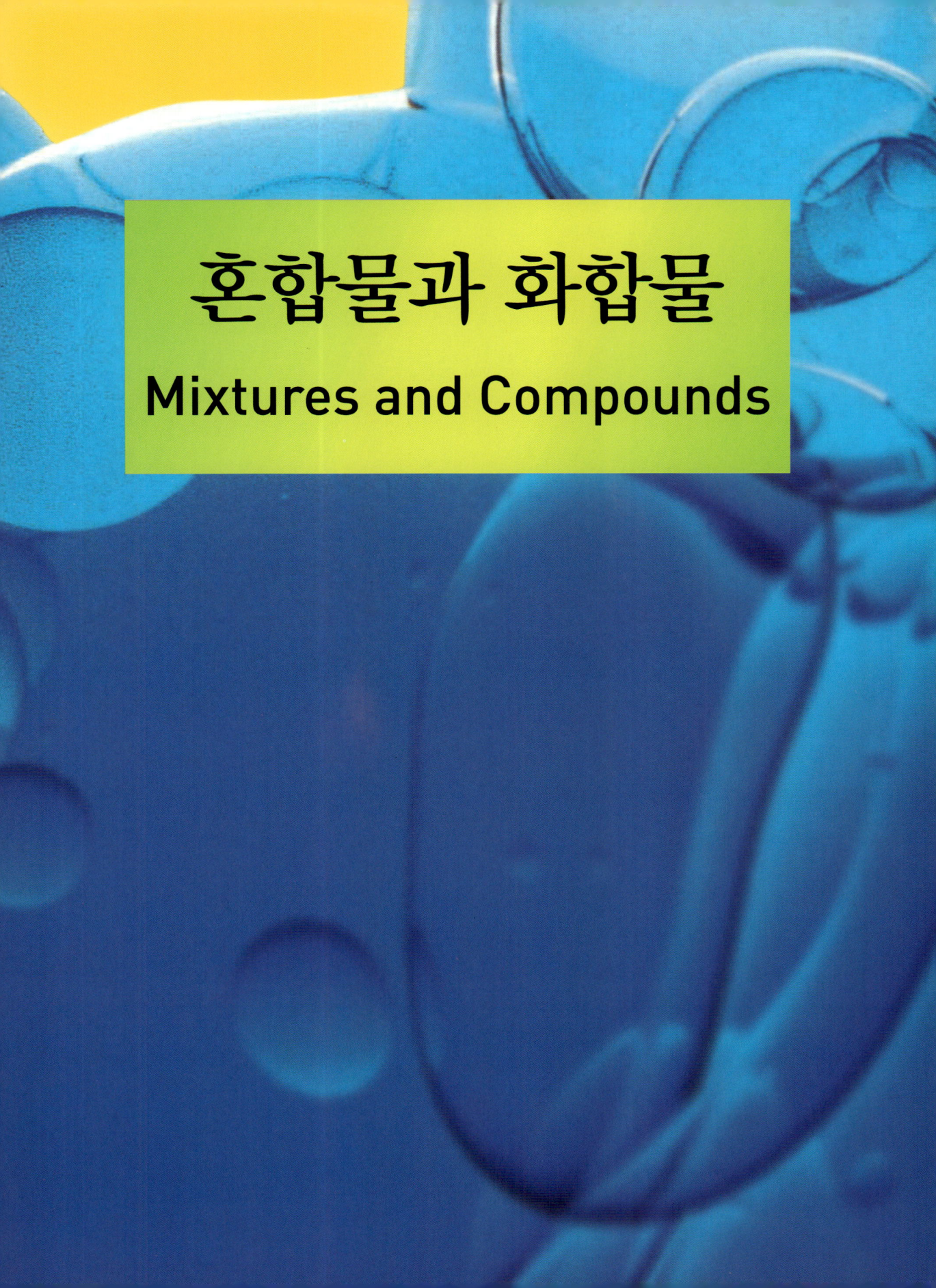

# 혼합물과 화합물

## Mixtures and Compounds

# 혼합물 Mixtures

**바닷물이나** 공기처럼 우리 주변에 자연적으로 존재하는 많은 물질은 **혼합물**이다. 혼합물이란 서로 다른 물질들이 섞여 있는 것으로 물질의 끓는점과 같은 물리적 특징이 각각 달라서 분리해 낼 수 있다.

아이스크림은 얼음과 유지방, 향료, 공기가 섞인 혼합물이다.

## 혼합물이란 무엇인가?

혼합물의 성분은 화학적으로 결합되어 있지 않아서 쉽게 분리할 수 있다. 쇳가루와 황의 혼합물에서 자석을 이용해서 쇳가루를 분리해낼 수 있는 것을 예로 들 수 있다. 혼합물을 분리할 수 있는 다른 방법은 66~67쪽을 참조하자.

링크 58

자석에 쇳가루가 붙어 있다. 황과 쇳가루의 혼합물에 자석을 갖다 대면 쇳가루만 달라붙고 황은 그대로 남는다.

혼합물의 구성성분은 어떤 비율로도 배합될 수 있다.
혼합물의 구성성분은 고유의 특징을 유지하기 때문에 혼합물은 구성성분 모두의 성질을 가지고 있다. 그러나 용액은 혼합물에 따라서 끓는점과 어는점이 변할 수 있다.

## 혼합물에는 무엇이 들어 있을까?

아래 그림과 같이 어떤 혼합물은 두 가지 또는 그 이상의 원소(한 가지 원자로만 이루어진 물질)로 되어 있다.

**두 가지 원소의 혼합물**

원소 A
원소 B

일부 혼합물은 두 가지 또는 그 이상의 화합물(서로 다른 원자들이 결합해서 만들어진 물질)로 이루어져 있다.

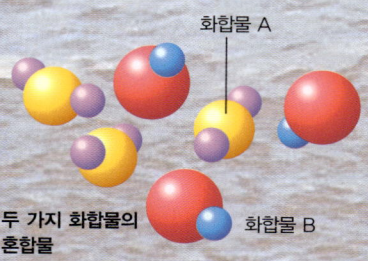

화합물 A

**두 가지 화합물의 혼합물**

화합물 B

원소와 화합물로 이루어진 혼합물도 있다. 공기는 산소라는 원소와 이산화탄소나 매연과 같은 화합물로 이루어진 혼합물이다.

**원소와 화합물의 혼합물**

원소
화합물

## 혼합물의 종류

고체나 액체, 기체가 어떻게 결합하든 혼합물이 형성될 수 있다. 예를 들어 공기는 기체의 혼합물이고, 바닷물은 소금(고체)과 물(액체)의 혼합물이다.

그림 속의 금속 압정은 구리와 아연의 혼합물인 황동(놋쇠)으로 만들어졌다. 금속의 혼합물을 **합금**이라고 한다.

소금이 녹은 물처럼 고체가 액체에 녹아 있는 혼합물을 **용액**이라고 한다. 이때 액체는 용매라 하고, 고체는 용질이라고 한다. 잘 녹는 고체를 **가용성**이라고 하고, 잘 녹지 않는 고체는 **불용성**이라고 한다.

액체나 기체에 고체입자가 떠 있는 혼합물을 **현탁액**이라고 한다. 그 예로 흙탕물, 페인트, 먹물 등을 들 수 있다.

우유는 물에 액체의 지방입자가 흩어져 이루어진 유탁액이다.

모래사장은 모래, 조개, 자갈의 혼합물이다.

## 액체 혼합하기

물과 잉크처럼 잘 섞이는 액체를 **혼화성** 액체라고 한다. 물과 기름처럼 잘 섞이지 않는 액체를 **불혼화성** 액체라고 한다.

불혼화성 액체는 **유화제**를 이용해서 섞을 수 있다. 유화제를 쓰면 기름과 같은 액체를 물과 같은 다른 액체에 작은 방울로 분산시킬 수 있다. 이렇게 만들어진 액체를 **에멀션(유제, 유탁액)**이라고 한다.

바닷물은 대체로 소금(염화나트륨)의 용액이다.

링크 59

물속의 기름방울. 이 혼합물에 유화제를 첨가하면 기름은 작은 방울로 나뉘어져서 물과 섞여 에멀션을 형성한다.

수성페인트는 물, 기름방울, 색소, 화학유화제로 만들어진다.

탄산음료는 두 액체(물과 향료)와 기체(이산화탄소)의 혼합물이다. 기체가 탄산으로 된 기포를 만든다.

마요네즈는 기름과 식초의 에멀션이다. 마요네즈의 유화제로는 달걀노른자를 쓴다.

### 직접 해보자

녹지 않는 물질이 들어 있는 혼합물과 용액을 비교해보자. 병 하나에 물과 모래를 넣고 젓는다. 다른 병에는 물에 소금 한 숟가락을 넣고 젓는다.

아무리 세게 저어도 모래는 녹지 않고 그저 물과 모래의 혼합물이 된다. 그러나 소금을 물에 넣고 저으면 녹아서 용액이 된다. 소금은 아주 작은 입자로 나뉘기 때문에 보이지 않는다. 그러나 병에 들어 있는 것은 둘 다 혼합물이다.

모래    소금

물    물에 녹는 소금

### 유용한 인터넷 링크

www.usbornequicklinks.com

**Web 1** 혼합물을 만들고 또 분리하는 방법에 관한 온라인 활동과 퀴즈를 접해보자.
**Web 2** 물과 기름이 섞이지 않는다는 특성을 이용해서 대리석무늬 종이를 만들어보자.
**Web 3** 요리를 할 때 에멀션 상태를 만들기 위해서 달걀을 어떻게 이용하는지 알아보자.
**Web 4** 섞이지 않는 액체를 이용해서 간단한 실험을 해보자. 또 '액체 샌드위치'를 만들어보자.

# 혼합물 분리하기 Separating Mixtures

**혼합물** 속의 물질을 분리해내는 방법은 여러 가지이다. 혼합물에 들어 있는 물질의 물리적인 특징에 따라 다른 방법을 골라서 분리해야 한다.

이 커피포트 안에는 철사로 된 망이 있어서 커피가루와 뜨거운 음료를 분리해준다.

링크 60

### 경사여과

**경사여과**란 입자를 가라앉게 하고 액체를 따라내서 액체에서 불용성 고체입자를 분리해내는 간단한 방법이다.

흙탕물을 담은 병 속에 모래와 흙, 다른 물질이 층층이 가라앉았다.

물에 분산되어 있는 진흙입자

층층이 가라앉은 진흙

### 여과법

**여과법**은 불용성 고체입자를 액체에서 분리해내는 방법 중 하나이다. 여과장치에 혼합물을 부으면 고체입자가 걸리고 액체는 통과한다. 이런 방법은 깨끗한 식수를 만드는 과정의 일부로 상수도에서 사용된다.

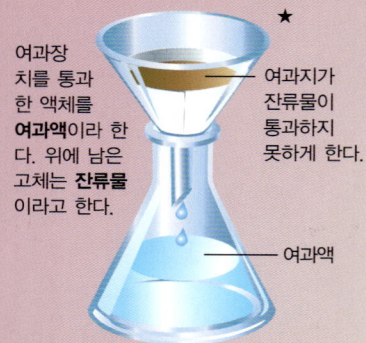

여과장치를 통과한 액체를 **여과액**이라 한다. 위에 남은 고체는 **잔류물**이라고 한다.

여과지가 잔류물이 통과하지 못하게 한다.

여과액

### 크로마토그래피(색층분석)

**크로마토그래피**는 혼합물 속의 물질을 분석하는 방법으로 사용된다. 먼저 혼합물을 물에 녹여서 용액의 일부를 여과지에 묻힌다. 가장 잘 녹는 용액은 여과지에서 멀리까지 번져서 **크로마토그램**이라는 색깔 띠를 이룬다.

과학자들은 이 물질의 크로마토그램을 이미 알려진 물질과 비교해서 용액 속의 물질을 식별해낸다. 이 방법은 식품에 어떤 색소가 사용되었는지 알아보는 데 이용되기도 한다.

사진 속의 화학자는 의류용 염색제에 어떤 화학물질이 사용되었는지 알아보기 위해서 종이 위에 나타난 크로마토그램을 살펴보고 있다.

---

## 직접 해보자

크로마토그래피(색층분석)를 이용해서 잉크에 들어 있는 여러 가지 색의 화학물질을 분리해보자.(오른쪽 상단 참조) 여과지나 키친타월 한 장, 물 한 그릇과 사인펜을 몇 개 준비하자.

1. 종이 아랫부분에서 3cm 정도 되는 곳에 사인펜으로 점을 몇 개 찍자.

2. 이 종이를 물이 담긴 그릇 위에 매달아두자. 종이 끝이 물에 닿게 하되, 사인펜 자국이 물에 잠기지 않게 주의하자.

3. 종이가 물을 서서히 흡수한다. 물이 사인펜 잉크 얼룩에 닿으면 잉크 속의 염료가 녹아서 위쪽으로 번진다. 가장 잘 녹는 염료가 제일 먼 곳까지 번진다.

## 증발법

**증발법**은 가용성 고체를 이것이 녹아 있는 용매에서 분리해내는 방법이다. 액체가 모두 증기가 될 때까지 용액을 가열하면(증발시키면) 고체만 남는다.

레몬주스는 구연산이 녹아 있는 용액으로 증발법을 이용하여 물과 분리할 수 있다.

레몬주스를 끓이면 물이 증발한다. 마지막에는 구연산의 고체 결정만 남는다.

## 증류법

**증류법**은 용액으로부터 물과 같은 순수한 용매를 얻을 수 있는 방법이다. 일단 액체를 가열해서 이것이 끓으면 물이 수증기로 증발한다. 이것을 식혀서 순수한 물로 압축한다. 이런 과정을 거친 순수한 물을 다른 용기에 모으고, 용액 중에 물이 아닌 다른 것만 원래 용기에 남는다.

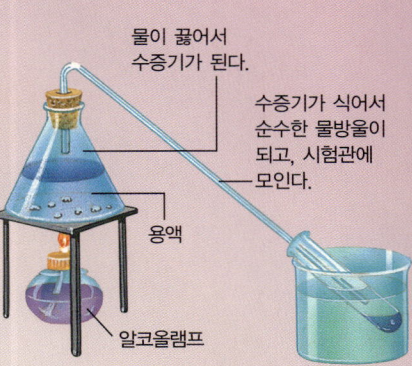

물이 끓어서 수증기가 된다.

수증기가 식어서 순수한 물방울이 되고, 시험관에 모인다.

용액

알코올램프

★

## 원심분리법

**원심분리법**을 이용하면 현탁액에서 고체입자를 분리해낼 수 있다. 액체를 **원심분리기**라는 기계에 넣고 아주 빠르게 회전시킨다.

이렇게 하면 고체입자는 용기의 가장자리로 밀려나오고, 나머지 액체는 따라내거나 걸러낸다.

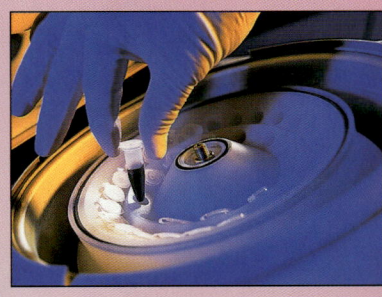

사진은 인간 혈액의 구성성분을 분리해내기 위해서 병원에서 사용하는 원심분리기이다.

링크 61

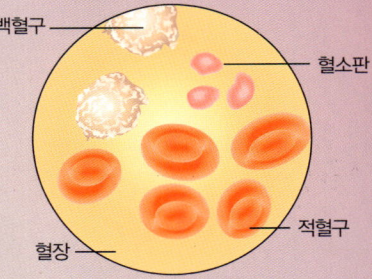

백혈구

혈소판

적혈구

혈장

혈액은 혈장이라는 투명한 액체에 세포와 혈소판이 들어 있는 현탁액이기 때문에 원심분리기로 분리할 수 있다.

### 유용한 인터넷 링크

www.usbornequicklinks.com

**Web 1** 석유를 정유하는 과정을 가상으로 살펴보자. 증류법에 관한 애니메이션도 관찰해보자.

**Web 2** 그림이 곁들여진 실험을 따라 하면서 마시는 물을 정수하는 다양한 방법을 알아보자.

**Web 3** 여과법, 증발법, 증류법, 크로마토그래피 등으로 혼합물을 분리해내는 모습을 애니메이션으로 살펴보자.

**Web 4** 혼합물을 섞고 분리하는 온라인 실험을 해보자.

# 공기 The Air

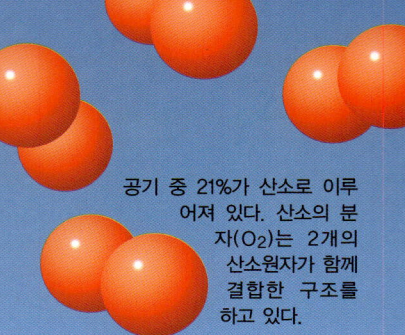

공기는 지구를 감싸고 있는 대기라는 보호층을 이루는 기체의 혼합물이다. 공기는 지구상의 생명체에 필수적인 물질로, 동물과 식물은 공기를 호흡해서 양분을 만들어낸다. 공기는 또한 태양의 해로운 자외선으로부터 지구를 보호하는 역할도 한다. 공기는 대부분 질소와 산소로 이루어져 있다. 이외에도 불활성기체와 이산화탄소, 매연이나 꽃가루 같은 고체입자도 아주 조금씩 포함되어 있다.

공기 중 21%가 산소로 이루어져 있다. 산소의 분자($O_2$)는 2개의 산소원자가 함께 결합한 구조를 하고 있다.

## 공기 중의 기체

공기 중에 있는 여러 가지 기체의 양은 장소나 계절, 밤낮으로 조금씩 차이가 난다. 아래 원그래프를 살펴보면 백분율로 표시된 기체별 평균 부피를 알 수 있다.

**공기의 구성**
질소와 산소가 가장 많이 포함되어 있고 나머지 1%는 불활성기체와 이산화탄소, 수증기, 오염물질인 이산화질소 등이다.

■ 질소 78%
■ 산소 21%
■ 기타 기체 1%

★

링크
62

이 잠수부는 물속에서 숨을 쉬기 위해서 필요한 압축공기통을 등에 지고 있다.

## 기체 분리

공기 중의 기체는 **분별증류**를 통해서 분리할 수 있다. 먼저 기체가 액체가 될 때까지 공기를 식혀서 압축한다. 이 혼합물을 가열하면 속에 섞여 있는 액체는 각각 다른 온도에서 끓고, 각 액체가 끓을 때마다 이 물질만 따로 모은다.
산소와 질소, 이산화탄소는 자연적인 순환의 일부로 생명체에 의해서 사용되었다가 돌아오기를 끊임없이 반복한다.

## 산소

산소($O_2$)는 생명체에게 필수적인 물질이다. 동물은 체내로 산소를 받아들여 양분을 분해하고 에너지를 내는 데 사용한다. 식물 역시 스스로 만든 양분에서 에너지를 내는 데 산소가 필요하다.
산소는 **연소(타는 것)**에도 필수적이다. 산소가 많이 있으면 물질은 매우 빨리 탄다. 산소가 없으면 어떤 것도 타지 않는다.

모든 동물에게 산소가 필요하다. 동물은 숨을 들이쉴 때 산소를 받아들이고, 내쉴 때 이산화탄소를 배출한다.

아가미는 이 아래 있다.

물고기가 물을 삼키면, 물은 아가미를 통해 몸속으로 들어간다. 아가미는 물에 녹아 있는 산소를 체내에서 사용할 수 있도록 흡수하는 역할을 한다.

## 이산화탄소

**이산화탄소($CO_2$)**는 탄소와 산소원소로 이루어진 화합물이다. 공기 중에는 0.03%의 이산화탄소가 포함되어 있다.

이산화탄소($CO_2$) 분자 하나는 탄소원자 하나와 산소원자 2개로 되어 있다.

이산화탄소는 물에 약간 녹는 성질을 가지고 있어서 연한 탄산용액을 형성한다. 또한 이산화탄소는 탄소 순환의 일부분을 이룬다. 동물은 이산화탄소를 내뱉고, 식물은 이 기체를 광합성에 사용하거나 배출한다. 대부분의 물질은 이산화탄소 속에서는 타지 않기 때문에 이 기체는 소화기에도 사용된다.

이산화탄소는 공기보다 밀도가 높아서 불 위로 흐르면서 산소가 닿는 것을 막아서 불을 끈다.

장작나무나 석탄, 휘발유처럼 탄소가 포함된 연료는 타면서 이산화탄소를 발생시킨다. 오늘날 인간은 너무 많은 연료를 사용하고 있어서 공기 중의 이산화탄소의 양도 증가하고 있다. 이런 현상은 지구온난화의 문제로 이어진다.(71쪽 참조)

---

직접 해보자

이산화탄소 기체가 어떻게 불을 끄는지 실험해보자.

작은 초에 불을 붙인다. 병에 식초를 5 큰술 넣고, 베이킹소다(중탄산소다)를 반 큰술 더 넣는다. 이 혼합물이 쉿쉿 소리를 내기 시작하면 병 입구를 촛불 근처에 갖다 댄다. 이때 액체가 병에서 빠져나가지 않도록 주의한다.

작은 촛불

병 속의 반응으로 발생한 이산화탄소가 불꽃에 산소가 닿는 것을 막아서 촛불이 꺼진다.

---

## 공기의 질

공장 굴뚝에서는 많은 오염물질을 공기 중으로 내뿜고 있다. 굴뚝 안에는 배기가스를 중화하는 물질과 여과장치가 설치되어 있는 경우가 많다. 배기가스의 표본을 자주 채취해서 오염 정도를 확인하기도 한다.

아래에 보이는 냉각탑은 공기 중으로 해가 없는 수증기를 내보낸다. 오른쪽으로 보이는 높은 굴뚝에서 나오는 배기가스는 오염을 줄이기 위해서 배출되기 전에 여과되거나 중화되어야 한다.

---

## 불활성기체

공기 속에 존재하는 불활성기체는 단일 원자로 존재하는 유일한 원소 6가지이다. 이 기체는 모두 반응성이 아주 낮아서 거의 분자를 형성하지 않는다.

**아르곤(Ar)**은 가정용 전구 속의 빈 공간에 넣는 용도로 사용되기도 한다. 이 기체는 아주 반응성이 낮아서 빛나는 필라멘트와 반응해서 타는 일은 없다.

**크립톤(Kr)**은 형광등에 사용된다.

**네온(Ne)**은 전기가 지나가면 주황색으로 빛나는 특징이 있어서 네온등이나 나트륨과 함께 가로등으로 사용되기도 한다.

**제논(Xe)**은 섬광전구 사진 촬영술에 이용된다.

**라돈(Rn)**은 방사능을 띠고 있으며 금속성 원소인 라듐이 방사성을 붕괴하면서 생기는 물질이다.

**헬륨(He)**은 어떤 화합물도 형성하지 않는 것으로 알려져 있으며 전혀 반응을 하지 않는 것으로 추측된다. 헬륨은 공기보다 7배나 밀도가 낮아서 비행선에 사용된다.

링크 63

헬륨이 채워진 풍선은 더 높은 대기권으로 사진 속의 과학용 기구를 운반한다.

---

유용한 인터넷 링크

**www.usbornequicklinks.com**

**Web 1** 지구의 대기를 구성하는 다양한 기체에 대해 주기율표를 통해서 알아보자.

**Web 2** 파티용 풍선에서부터 수술, 화재 진압 등 공기 중의 다양한 기체가 어떻게 쓰이는지 알아보자.

**Web 3** 헬륨의 특성에 대해 알아보고 왜 헬륨 풍선이 공기 중에 뜨는지도 연구해보자.

**Web 4** 무엇이 대기오염을 유발하는지 알아보고 대기오염을 막기 위해서 우리가 어떤 일을 할 수 있는지 생각해보자.

## 질소

공기 중 대부분(약 78%)을 **질소($N_2$)**가 차지한다. 질소는 공기와 생물체 사이에서 지속적으로 순환되는데 이를 **질소 순환**이라 한다.

공기 중의 질소분자는 번개를 통해 분해되고, 이때 자유로워진 질소원자는 산소와 결합해 기체 질소산화물이 된다. 발전소에서 나오는 오염물질에도 이 기체가 포함되어 있다.

질소산화물 기체는 물과 반응하여 빗물 속의 질산이 된다. 이런 비가 토양에 내리면 **질산염**이라고 하는 질소 염류가 형성된다.

비료는 많은 질산염을 포함하고 있어서 토양에 이미 존재하는 질산염의 양을 더 늘린다. 일부 식물의 뿌리에 존재하는 특정한 박테리아도 질소를 공기 중에서 바로 흡수해 질산염으로 바꾸어서 토양 속의 질산염을 늘리는 작용을 한다.

식물은 질산염을 흡수해 단백질을 생성한다. 동물은 식물을 섭취해서 이 단백질을 체내에서 사용한다. 암모니아와 다른 질소화합물은 동물의 배설물과 동식물의 사체가 부패하는 과정을 통해 토양으로 돌아온다.

이 화합물은 토양 속의 특정 박테리아의 작용에 의해 다시 질산염이 된다. 질산염을 흡수해서 분해해 질소를 다시 공기 중으로 방출하는 박테리아도 있다.

링크
64

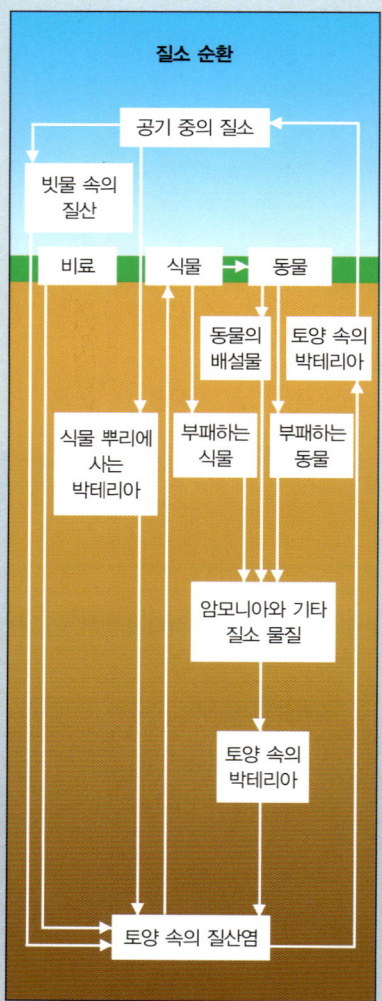

**질소 순환**

- 공기 중의 질소
- 빗물 속의 질산
- 비료 / 식물 → 동물
- 동물의 배설물
- 토양 속의 박테리아
- 식물 뿌리에 사는 박테리아
- 부패하는 식물
- 부패하는 동물
- 암모니아와 기타 질소 물질
- 토양 속의 박테리아
- 토양 속의 질산염

## 질소의 쓰임새

질소는 주로 비료의 원료가 되는 암모니아를 만드는 데 사용된다. 이 과정에서 질소를 수소와 결합시킨다. 질소는 베이컨이나 바삭바삭한 과자 같은 음식물을 포장하는 데도 사용되는데, 이때 보통 공기를 넣으면 음식물을 산화시켜서 부패하기 때문이다.

액화질소는 매우 차갑고 반응성이 낮아서 인간의 장기를 이식용으로 보존하는 데 사용된다.

## 공기를 오염시키는 기체

**일산화탄소(CO)**는 자동차의 엔진 내부에서처럼 공기가 부족한 상태에서 연료가 연소될 때 생성된다. 대부분의 연료는 너무 빨리 타기 때문에 충분히 산화되지 못해서 이 과정에서 이산화탄소 대신 일산화탄소가 발생한다. 일산화탄소는 매우 유독한 기체로 혈액 내의 적혈구가 산소를 운반하는 것을 막는다.

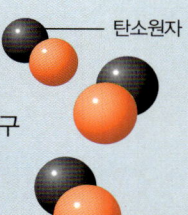
탄소원자

산소원자

일산화탄소분자에는 산소원자가 하나밖에 없다.

**아황산가스($SO_2$)**는 화석연료, 특히 석탄을 태울 때 발생한다. 아황산가스 역시 유독한 기체로 호흡장애를 일으킨다. 이 기체와 빗물이 반응해서 산성비가 된다.(다음 쪽 참조)

**아황산가스분자**

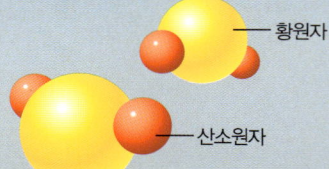
황원자
산소원자

공장에서 나오는 매연이나 먼지, 납화합물의 입자는 호흡을 통해 체내로 들어오거나 식물 위에 내려앉기도 하는 다른 형태의 오염이다. 납화합물은 체내에 쌓이는 유독물질로 어린아이의 경우 뇌손상을 입히기도 한다.

안개와 연기입자, 아황산가스가 섞인 **스모그**라는 오염물질이 이 도시 전체를 감싸고 있다. 이런 오염은 생명체에 매우 해롭다.

## 오존층

대기의 상층부에서는 산소원자 3개가 결합하여 **오존(O₃)** 분자를 형성한다. 이것은 산소의 동소체(다른 형태)이다. 오존은 유독한 기체이지만 대기 상층부에 층을 형성해서 태양의 유해한 자외선을 흡수해 지구를 보호하는 역할을 한다.

지구에 오존층이 없으면 사람이 살 수 없다.

온실에서 유리가 열이 빠져나가는 것을 막는 것과 같은 방식으로 공기 중의 이산화탄소는 지구의 열이 빠져나가는 것을 막는다.

## 온실효과

온실효과라는 용어는 이산화탄소와 다른 일부 기체가 지구의 온도를 적절하게 유지하는 것을 설명하는 개념이다. 그러나 이런 효과는 위험할 정도로 온도가 높이 올라가는 **지구온난화**라는 결과를 낳기도 한다.

이산화탄소의 농도가 높아지면 지구의 대기에 더 많은 열이 갇혀서 빠져나가지 못한다.(위 그림 참조) 온도가 조금이라도 올라가면 바닷물이 팽창해서 해수면이 높아지고, 바람과 날씨에 영향을 미치는 것은 물론 극지방의 만년설도 녹게 한다. 과학자들에 따르면 이산화탄소의 농도가 현재와 같은 속도로 증가한다면 향후 50년 동안 평균 온도가 1.5℃에서 4℃까지 오를 수도 있다고 한다.

링크 65

## 산성비

빗물에는 이산화탄소가 녹아 있어서 약간 산성을 띠는 것이 보통이지만, 아황산가스나 이산화질소와 같은 오염물질이 더해져서 빗물의 산성을 더욱 강하게 만든다. 위험할 정도로 강도가 높은 산을 포함한 비를 **산성비**라 한다. 산성비는 금속을 부식시키고 석재로 된 건물을 상하게 하며, 강과 호수의 물도 더 산성을 띠게 한다.

**산성비가 만들어지는 원리**

발전소와 공장, 자동차의 배기가스가 공기 중으로 솟아오른다.

이 기체들이 비에 녹아 빗물은 더욱 산성을 띤다.

산성비가 수목과 수중 생물을 죽인다.

★

### 유용한 인터넷 링크

www.usbornequicklinks.com

**Web 1** NASA의 오존 감시 사이트를 살펴보고 다양한 정보와 애니메이션을 접해보자.
**Web 2** 지구온난화에 관한 안내문을 읽어보자.
**Web 3** 대기에 대해 상세히 알아보자.
**Web 4** 산성비에 대해 알아보고 온라인 활동을 해보자.
**Web 5** 질소와 질소 순환에 대해 설명한 글을 읽어보자.
**Web 6** 대기 중에 어떻게 오염물질이 쌓이는지 알아보고, 오존층 문제를 해결하기 위한 방법을 생각해보자.

### 직접 해보자

산성이 건축자재에 어떤 영향을 미치는지 알아볼 수 있는 실험을 해보자.

유리컵에 작은 시멘트 조각을 넣고 이것이 푹 잠길 정도로 식초를 충분히 붓는다. 이것을 2~3일 정도 그대로 둔다.

식초 속의 아세트산이 시멘트와 반응해서 시멘트가 산에 점차 녹는 것을 확인할 수 있을 것이다.

# 화합물 Compounds

**세상에는** 100가지 이상의 화학원소가 존재하지만, 이들은 다양한 방법으로 결합해서 적어도 200만 가지의 화합물을 만든다. 화합물은 두 가지 이상 원소의 원자가 화학적으로 결합되어서 새로운 물질을 형성한 것이다.

석영은 지각에 자연적으로 존재하는 규소와 산소의 화합물이다. 석영에는 다양한 종류가 있는데, 사진 속의 석영은 유석영이라고 한다.

## 화학식

화합물은 모두 일정한 비율의 원소로 구성되어 있다. 이를 화학식으로 나타낼 수 있는데, **화학식**을 보면 화합물 속 원소의 구성비를 알 수 있다.

예를 들어, 물(산화수소)의 화학식은 $H_2O$인데, 수소원자 2개에 산소원자가 하나씩 결합되어 있기 때문이다.

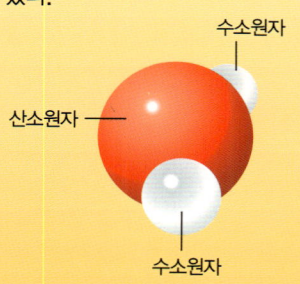

수소원자

산소원자

수소원자

링크 66

## 화합물의 분류

화합물은 몇 가지 분류로 나눌 수 있는데, 화학적 성질에 따라 산과 염기로 나누기도 한다.
또한 화합물은 속에 들어 있는 원자에 따라 분류할 수 있다. 염화물에는 염소가 포함되어 있고, 산화물에는 산소가 포함되어 있다.

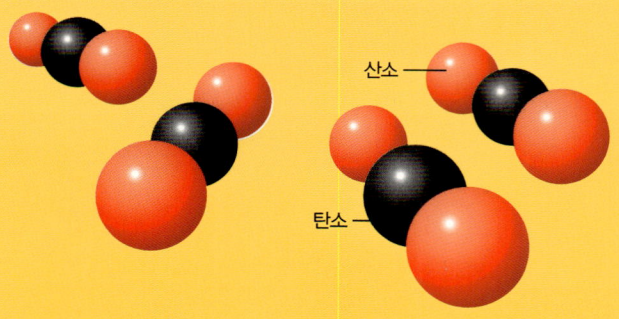

산소

탄소

이산화탄소 기체의 분자. 이산화탄소는 산화물이다 (산소를 포함하고 있다).
탄소원자 하나는 각각 2개의 산소원자와 결합되어 있다.

## 화합물의 특징

화합물은 주요한 특징 두 가지를 가지고 있다.
• 화합물은 여과나 증발 등의 물리적인 방법으로 분리할 수 없다. 화학적으로 결합되어 있기 때문이다.
• 화합물은 그 물질을 구성하는 각각의 원소와는 다른 성질을 가지고 있다.

예를 들어 염화나트륨(소금)은 유독성 기체인 염소와 매우 잘 반응하는 금속 나트륨으로 이루어져 있다. 이들이 결합하면 각각의 원소가 가지고 있던 위험한 특성은 없어진다.

염소 기체

염화나트륨의 작은 결정에서 피어오르는 연기

나트륨

철과 황을 함께 가열해서 생긴 화합물(황화철)은 원래 원소와는 다른 특성을 가진다.

철과 황

철과는 달리 황화철은 자성을 띠지 않고 오른쪽 그림에서처럼 가루로 된 황과 달리 물에 가라앉는다.

반응이 끝난 후에 철과 황은 분리되지 않는다.

물

황화철

## 일상생활 속의 화합물

우리가 먹는 음식을 포함해서 주변의 많은 것들이 화합물로 이루어져 있다. 일반적인 소금은 나트륨과 염소의 화합물이다. 소금의 화학적 명칭은 **염화나트륨(NaCl)**이다.

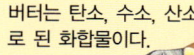

버터는 탄소, 수소, 산소로 된 화합물이다.

레몬즙에는 구연산이 들어 있는데, 이 물질은 탄소, 수소, 산소로 된 화합물에 물이 섞인 것이다.

유리는 칼슘, 규소, 산소, 나트륨으로 된 화합물이다.

달걀껍질은 자연상의 석회암이나 백악에도 들어 있는 탄산칼슘으로 된 화합물이다.

달걀에는 탄소, 질소, 인, 수소, 산소, 황으로 된 화합물이 들어 있다.

### 직접 해보자

굽기 전 케이크의 재료는 여러 가지 원소와 화합물, 혼합물이 끈적끈적하게 뒤섞인 반죽일 뿐이다. 그러나 이 반죽을 구우면 열이 화학반응을 일으켜서 여러 물질을 하나의 화합물로 결합시킨다.

링크 67

## 유기화합물

**유기화합물**은 모두 탄소원자를 포함한다. 생명체는 모두 유기화합물로 이루어진다. 유기화합물은 합성수지나 세제, 페인트, 약품 제조에도 사용된다. 좀 더 알고 싶다면 98-101쪽을 참조하자.

케이크가 구워질 때 화학반응이 일어나서 새로운 화합물이 만들어진다.

### 유용한 인터넷 링크

www.usbornequicklinks.com

Web 1 화합물과 그 명칭에 대해 더 알아보고 퀴즈를 풀어보자.
Web 2 인류에게 큰 이익을 가져다준 화합물에 대해 알아보자.
Web 3 집에서 발견할 수 있는 화합물을 알아보자.
Web 4 흔히 볼 수 있는 화합물과 이들의 정식 화학 명칭을 맞추는 게임을 해보자.
Web 5 화합물에 관한 퀴즈를 풀어보자.

질감을 살리기 위해서 화장품에 유기화합물을 첨가하는 경우가 많다. 화장품에 색깔을 나타내는 색소는 무기물에 속한다.

# 결합 Bonding

**얼음결정의** 아름다운 대칭구조와 다이아몬드의 단단하고 빛나는 표면은 이 물질의 원자가 **결합**되는 방법에 따른 결과이다. 물질의 성질과 이것이 다른 물질과 반응하는 방식은 원자의 결합에 따라 차이가 난다.

얼음의 결정

## 전자껍질

**바닥상태의 원자**는 핵을 둘러싸고 있는 전자껍질로부터 전자를 잃거나 얻지 않아도 된다.(14-15쪽 참조). **들뜬 상태의 원자**는 안정되기 위해서 다른 원자와 결합하려고 한다.

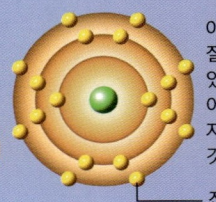

아르곤의 외부 전자껍질은 전자가 가득 차 있다. 이 원자는 안정되어 있어 다른 어떤 원자와도 결합하지 않는 것으로 알려져 있다.

—— 전자

대부분의 원자에는 여러 개의 전자껍질이 있다. 첫 번째 껍질은 전자를 2개까지 가질 수 있고, 두 번째와 세 번째 전자껍질은 8개까지 가질 수 있지만, 일부 화합물의 원자는 세 번째 껍질에 원자를 18개까지 가질 수 있다. 껍질이 다 차면 전자는 새로운 껍질을 만든다.

핵 주위에 전자가 배열되어 있는 것을 **전자배치**라고 한다. 원자 명칭 옆에 숫자로 써서 배치를 나타내기도 한다.

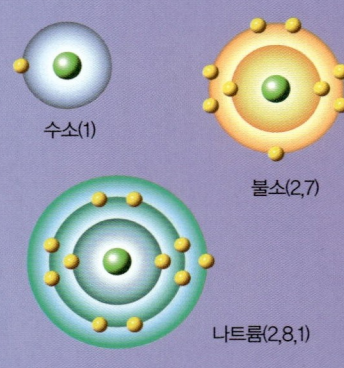

수소(1)

불소(2,7)

나트륨(2,8,1)

외부껍질을 전자로 다 채우거나 안정적으로 만들기 위해서 원자는 다른 원자와 전자를 공유하거나, 아예 가져오거나 빼앗기기도 한다.(75-76쪽 참조)

링크 68

**직접 해보자**

원자번호는 이 원자가 가지고 있는 양성자의 수를 나타낸다. 원자는 같은 수의 양성자와 전자를 가지고 있다. 각 원자는 첫 번째 껍질에는 전자를 2개, 두 번째 껍질부터는 8개까지 가질 수 있다.

**마그네슘**(원자번호 12) → 2, 8, 2
**아르곤**(원자번호 18) → 2, 8, 8
**질소**(원자번호 7) → 2, 5
**칼륨**(원자번호 19) → 2, 8, 8, 1
**규소**(원자번호 14) → 2, 8, 4

## 전자껍질 모형

왼쪽 그림과 같은 껍질 모형은 원자가 어떻게 구성되었는지 이해하는 데 도움을 준다. 그러나 원자는 실제로 이렇게 생기지 않았고 전자의 위치도 이처럼 정확하게 나타내기는 어렵다.

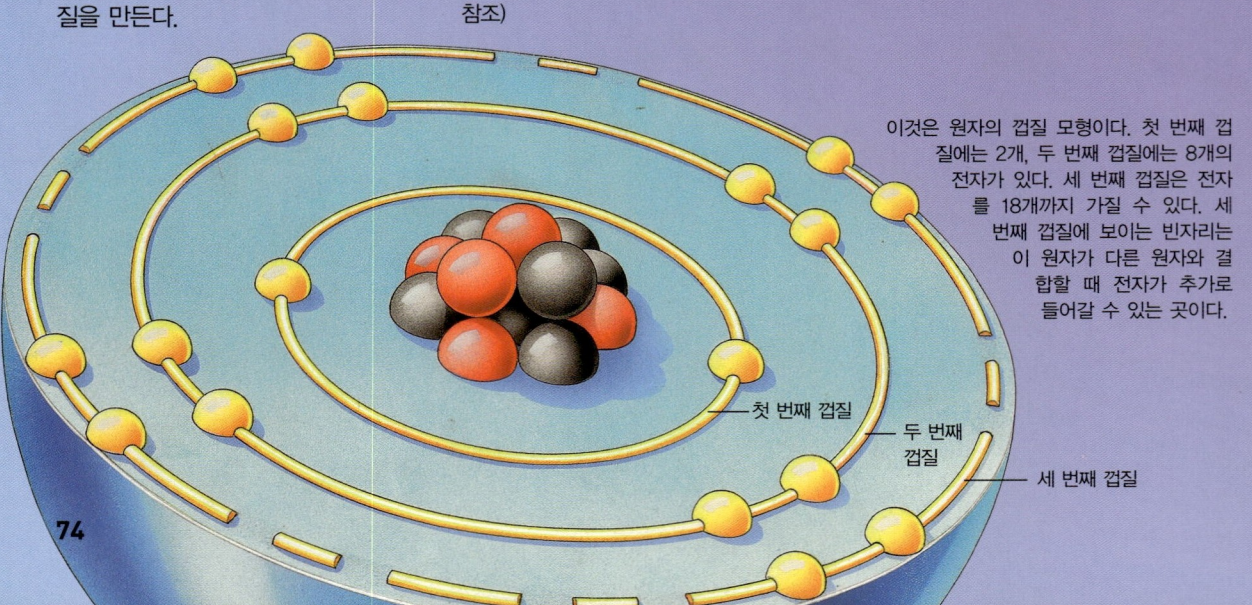

이것은 원자의 껍질 모형이다. 첫 번째 껍질에는 2개, 두 번째 껍질에는 8개의 전자가 있다. 세 번째 껍질은 전자를 18개까지 가질 수 있다. 세 번째 껍질에 보이는 빈자리는 이 원자가 다른 원자와 결합할 때 전자가 추가로 들어갈 수 있는 곳이다.

—— 첫 번째 껍질
—— 두 번째 껍질
—— 세 번째 껍질

## 공유결합

**공유결합**은 원자들이 전자를 공유하면 형성된다. 대부분의 공유결합구조를 가진 원소와 화합물에서는 원자가 결합해 분자를 이룬다. 수소원자에는 하나의 전자가 있는데, 두 원자가 서로의 전자를 공유하면 수소분자가 되는 것이다. 이렇게 결합하면 두 원자 모두 외부껍질을 가득 채울 수 있다.

이산화탄소의 원자도 공유결합구조를 가지고 있다. 이 경우 각 원자는 서로의 전자를 2개씩 공유한다. 이를 **이중결합**이라 한다. 공유결합에 대해 더 알아보려면 98–99쪽을 참조하자.

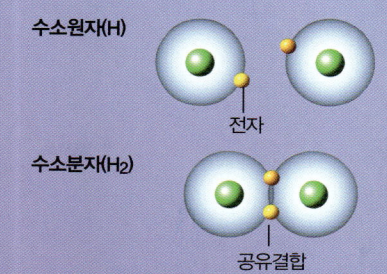

수소원자(H)

전자

수소분자(H$_2$)

공유결합

이산화탄소 분자(CO$_2$)

이중 공유결합

산소원자(O)    탄소원자(C)    산소원자(O)

## 공유결합으로 이루어진 물질

비금속원소나 비금속원소로만 이루어진 화합물은 공유결합을 형성하는 경향이 있다. 원자 간의 공유결합은 매우 강력하지만 두 분자 간의 인력은 그다지 강하지 않다. 열을 가하면 분자는 분리되는 경향이 있기 때문에 이런 물질은 녹는점과 끓는점이 꽤 낮다. 그러므로 이런 물질은 상온에서 액체나 기체인 경우가 많다. 예를 들어 상온에서 액체의 형태를 띠는 물은 쉽게 증발한다. 이것은 물분자 간의 인력이 그다지 강하지 않기 때문이다. 공유결합으로 이루어진 물질 중 기름처럼 물에 녹지 않고 전기를 전도하지 않는 것이 많다.

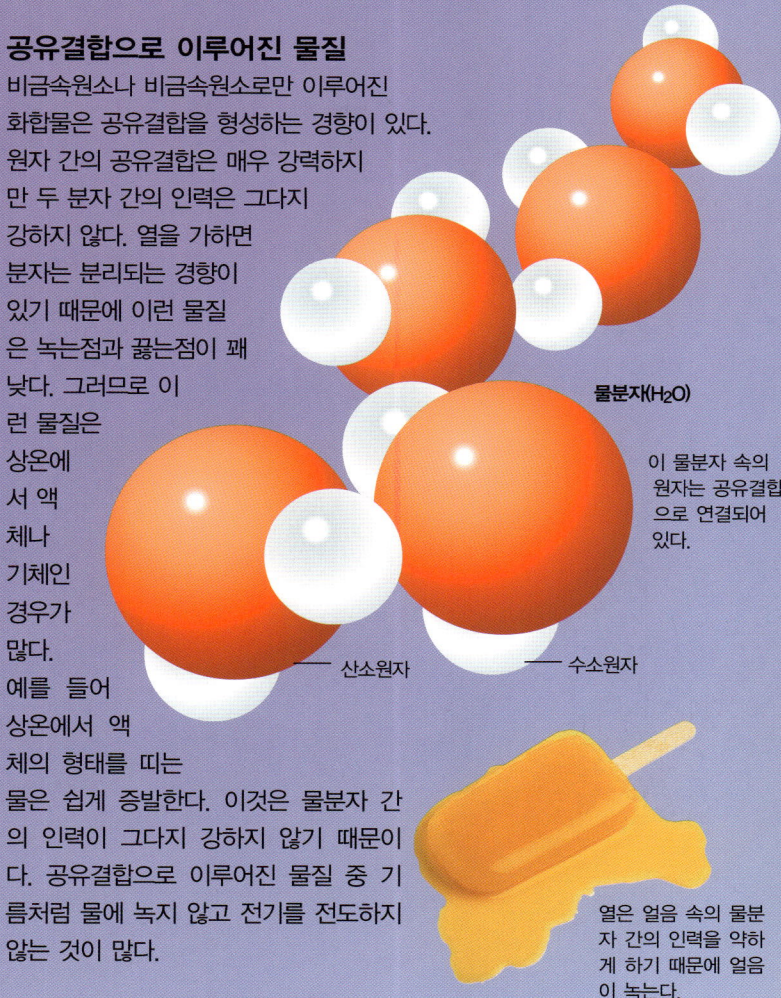

물분자(H$_2$O)

이 물분자 속의 원자는 공유결합으로 연결되어 있다.

산소원자    수소원자

열은 얼음 속의 물분자 간의 인력을 약하게 하기 때문에 얼음이 녹는다.

## 거대분자

탄소와 같은 일부 공유결합을 이루는 원소와 화합물은 거대한 분자를 형성한다. 각각의 원자는 옆에 있는 원자와 결합하여 아주 큰 단일 공유결합 분자를 만들어내는데, 이것은 아주 강도가 높다. 이런 분자를 가진 물질은 녹는점과 끓는점이 높다.

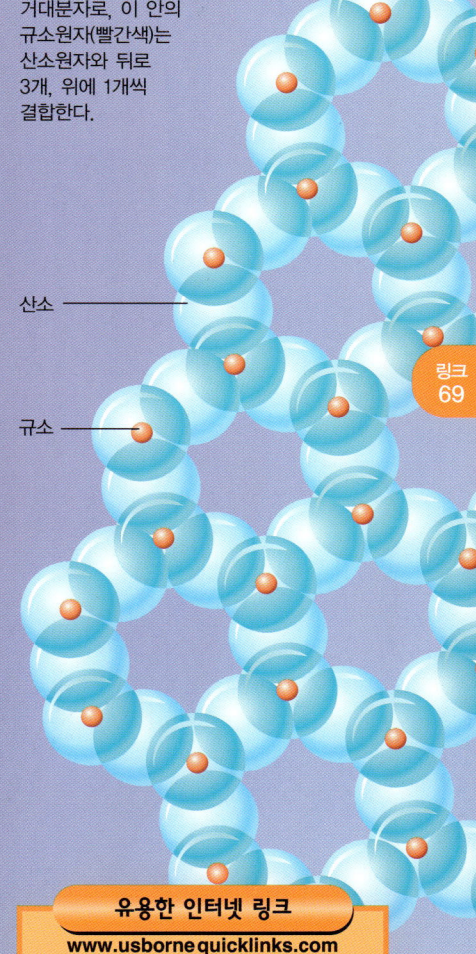

그림은 이산화규소의 거대분자로, 이 안의 규소원자(빨간색)는 산소원자와 뒤로 3개, 위에 1개씩 결합한다.

산소

규소

링크 69

### 유용한 인터넷 링크
www.usbornequicklinks.com

**Web 1** 원자와 분자에 관한 정보를 복습해보자.
**Web 2** 이온결합에 관한 수업을 듣고 퀴즈를 풀어보자.
**Web 3** 공유결합에 관한 수업을 들어보자.
**Web 4** 거대 공유결합에 관한 글을 읽어보고 그려보자.
**Web 5** 화학적 결합에 관한 지식을 퀴즈로 테스트해보자.

## 이온결합

전자를 잃거나 얻은 원자는 **이온**이 된다. 이온은 양전하를 띤 양성자와 음전하를 띤 전자의 개수가 달라 전하를 띠게 된다.

전자를 잃은 원자는 **양이온**이 되는데 이것은 양전하를 띤다. 전자를 얻은 원자는 **음이온**이 된다. 음이온은 양성자보다 전자를 더 많이 가지고 있으므로 음전하를 띤다.

**이온결합**은 전자를 공유하기 위해 결합해서 전기적으로 안정되는 이온에 의해 만들어진다. 금속과 비금속으로 된 화합물이 이러한 결합구조를 가진다. 금속이온의 외부껍질에 있는 전자가 비금속이온의 외부껍질 일부가 된다. 이런 화합물을 **이온화합물**이라고 한다.

링크
70

나트륨원자의 전자 하나가 염소원자에 의해 공유된다. 사실상 나트륨은 양성자가 11개, 전자가 10개인 양이온이 된다.

나트륨 양이온

나트륨과 염화이온은 이온에 의해서 결합된다.

염소는 양성자가 17개, 전자가 18개로 음이온이 된다.
(이것을 염화이온이라고 한다.)

염화 음이온

전하의 종류와 세기는 이온 명칭 옆에 표시된다. $Na^+$는 나트륨이 하나의 전자를 잃어버렸다는 것을 나타내고, $Cl^-$는 염소가 하나의 전자를 얻었음을 보여준다. $O^{2-}$는 산소가 전자를 2개 얻었음을 보여준다.

## 결정구조

이온은 반대전하에 끌리는 성질을 가지고 있다. 이 때문에 서로 붙어서 이온결합을 형성한다. 이온화합물은 분리된 분자로 형성되지 않는다. 대신 이온이 **이온격자**라는 일정한 배열로 모여 있다. 이 결합은 매우 강해서 이것을 깨뜨리려면 많은 열이 필요하다. 이런 특징 때문에 이온화합물은 어는점과 끓는점이 높다.

**분자격자**는 다른 종류의 구조이다. 이 구조는 약한 힘으로 결합한 분자로 되어 있어서, 가열하면 쉽게 분리된다. 녹는점과 끓는점이 낮은 수정과 같은 경우, 이런 식의 분자구조를 가지고 있다.

## 금속결합

**금속결합**은 금속원소에서 발견되는 결합방식이다. 원자와 원자 사이를 돌아다니는 자유전자가 있는 금속 양이온이 규칙적으로 배열된 **금속격자**를 이루는 원자는 서로 달라붙어 있다. 이 자유전자가 원자가 서로 붙어 있도록 하는 역할을 한다.

전자와 양이온 간의 인력은 강하다. 대부분의 금속은 녹는점과 끓는점이 높고 전자가 움직일 수 있기 때문에 금속은 열과 전기를 전도할 수 있다.(121쪽 전도, 242쪽 전류 참조)

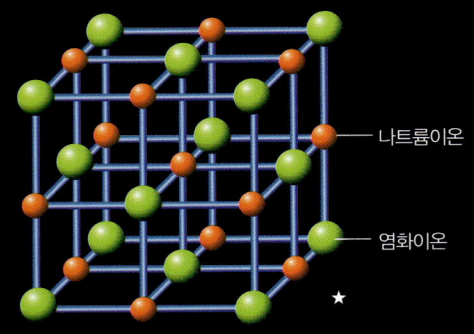

나트륨이온

염화이온

염화나트륨의 이온격자(식용소금)

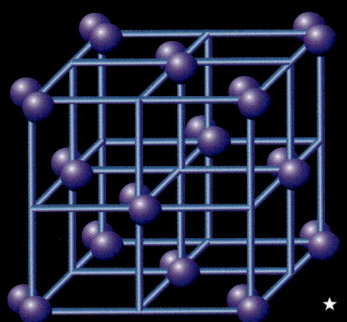

고체 아이오딘의 분자격자
이런 분자는 쉽게 떨어진다.

자유전자

아연의 거대한 금속격자

아연 양이온

## 원자가

하나의 원자가 안정된 외부껍질을 만들기 위해서 얻거나 잃어야 하는 전자의 숫자를 **원자가**라고 한다.

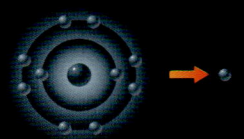

나트륨원자는 전자를 하나 잃어야 한다. 이것의 원자가는 1이다.

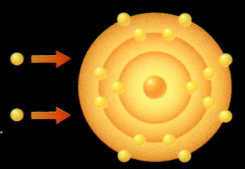

황원자는 전자를 2개 얻어야 한다. 이것의 원자가는 2이다.

외부껍질이 안정된 원자는 원자가가 0이다. 원자가 전자 하나를 얻거나 잃어야 하면 원자가는 1이다. 원자가 2, 3, 4는 각각 이 원자가 안정된 구조를 위해서 2개, 3개 혹은 4개의 원자를 얻든지 잃어야 함을 나타낸다.

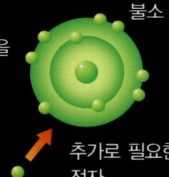

불소의 외부껍질에는 전자가 7개 있다. 껍질을 가득 채우려면 전자가 하나 더 필요하므로 원자가는 1이다.

불소

추가로 필요한 전자

인의 외부껍질에는 전자가 5개 있으므로 가득 채우려면 3개가 더 필요하다. 그러므로 원자가는 3이다.

인

추가로 필요한 전자

이온의 원자가 이온이 지닌 전하의 양과 같다. 예를 들어 산화이온($O^{2-}$)은 음전하가 2이므로 원자가도 2이다. 일부 원소는 여러 형태의 이온을 형성해서 다양한 원자가를 가지기도 한다. 그 예로 철은 $Fe^{2+}$와 $Fe^{3+}$이온을 형성한다. 이 경우에는 철(II) 철(III)과 같이 로마숫자를 명칭 뒤에 붙여서 원자가를 나타낸다.

## 동소체

원소 중에는 그 원자가 다양한 방법으로 결합하기 때문에 물리적으로 여러 가지 형태를 띠는 것이 있다. 이런 다른 형태를 **동소체**라고 한다. 다이아몬드와 흑연은 둘 다 탄소의 동소체이다.

다이아몬드 분자

**다이아몬드**에서는 탄소원자 하나하나가 4개의 다른 탄소원소와 결합해 있고 매우 조밀하게 모여 있다. 이런 특성 때문에 다이아몬드는 강도가 매우 높다.

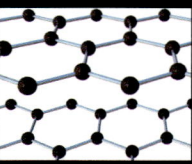

흑연분자

**흑연**에서는 탄소원자 하나하나가 다른 탄소원자 3개하고만 결합한다. 이 원자들은 층을 형성하는데 층과 층 사이를 연결하는 힘이 약해서 흑연은 잘 부서진다.

탄소에는 **벅민스터플러린**이라고 불리는 세 번째 동소체가 있다. 이 물질에서는 탄소원자 60개가 함께 결합해 텅 빈 구형을 이룬다. 인이나 주석, 황과 같은 다른 원소에도 동소체가 있다.

벅민스터플러린 분자의 모형. 이 분자는 보통 속이 텅 비어 있는데 아주 드물게, 이 모형처럼 형성과정 중에 헬륨원자를 가두고 있는 경우가 있다.

링크
71

# 물 Water

**물은** 지구상에서 가장 흔한 화합물 중 하나이다. 강과 바다에 있는 물 이외에도 모든 생명체에는 물이 들어 있으며 물 없이는 살 수 없다. 동물의 혈액과 식물의 수액은 대부분 물로 되어 있다. 물은 매우 용해력이 뛰어나 다른 물질이 쉽게 용해된다.

## 물이란 무엇인가

물은 화합물이다. 물분자는 각각 수소원자 2개와 산소원자 하나가 결합되어 있다. 물의 화학식은 $H_2O$이다. 물의 화학적 명칭은 **산화수소**이다. 수소가 공기 중에서 탈 때 물이 형성된다.

어떤 물질도 녹아 있지 않은 순수한 물은 100℃에서 끓고 0℃에서 언다. 물질이 녹아 있는 물은 끓는점은 올라가고 어는점은 내려간다. 이런 사실을 이용해서 액체가 순수한 물인지 아닌지를 판별하기도 한다.

링크
72

**물분자 모형**

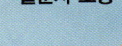
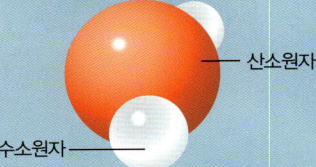

산소원자

수소원자

지구 표면의 약 70%가 물로 뒤덮여 있다.

이 비커 속의 물이 순수하다면 100℃에서 끓을 것이다.

얼음은 물의 고체 형태이다. 빙하는 물보다 밀도가 낮기 때문에 물 위에 떠 있다. 이 엄청나게 큰 빙하는 바다 위로 100m나 솟아 있다.

물이 증발하면 **수증기**라는 기체가 만들어진다. 물이 얼면 **얼음**이라고 하는 고체가 형성된다. 다른 대부분의 물질과는 다르게 물은 얼면 팽창한다. 즉 얼음은 물보다 밀도가 낮아서 물 위에 뜬다. 얼음의 이런 특징 때문에 어류를 비롯한 다른 생명체들이 극지방 얼음 밑 물에서 살 수 있다.

## 용매로서의 물

물은 아주 좋은 **용매**가 된다. 즉 물에 녹아서 용액이 되는 물질이 많다는 뜻이다. 그래서 물은 좀처럼 순수한 상태로 존재하지 않는다.

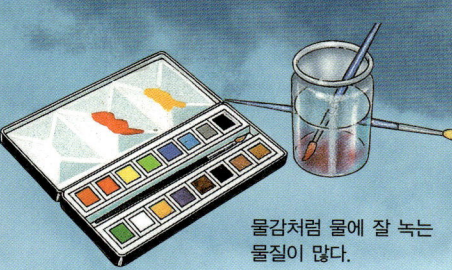

물감처럼 물에 잘 녹는 물질이 많다.

물분자에는 수소원자가 한쪽에 모여 있기 때문에 약한 전하를 띤다. 이런 특징 때문에 이온화합물은 물에 잘 녹는다. 화합물 속의 이온은 전하를 띠고 있어서 물분자의 전하에 인력으로 끌리는 것이다.

전자(노란색)는 이쪽 면에 약한 음전하를 띠게 한다.

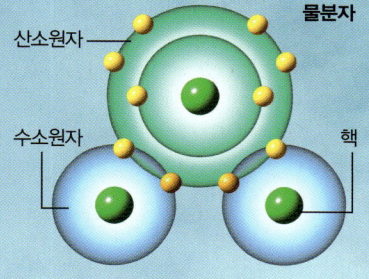

**물분자**
산소원자
수소원자
핵

수소 핵 속의 양성자는 이쪽 면에 약한 양전하를 띠게 한다.

물과 같은 용매는 물질의 일정량만 녹은 상태로 수용할 수 있다. 더 이상 녹지 않는 상태가 되면, 이 용액은 **포화상태**라고 한다. 액체를 가열하면 고체가 녹는 양은 보통 증가한다.

차가운 음료보다 따뜻한 음료에 설탕이 더 잘 녹는다.

## 탄산음료

탄산음료 속의 거품은 압력을 가한 상태에서 이산화탄소를 물에 녹여서 만든다. 용액에 녹는 기체의 양은 용액의 압력이 작아지면 감소한다. 그래서 탄산음료 뚜껑을 열어서 압력을 낮추면 이산화탄소 방울이 빠져나오는 것이다.

## 경수(센물)

**경수**란 칼슘이온이나 마그네슘이온을 많이 포함한 물이다. 비누는 경수에서 거품이 잘 나지 않는데, 칼슘이온이나 마그네슘이온이 비누와 반응하여 앙금을 만들기 때문이다. 경수는 어떤 음이온을 함유하고 있느냐에 따라 두 종류로 나눌 수 있다.

**일시경수**는 석회암과 빗물이 화학적 반응을 일으킨 결과로 형성된다. 석회암은 탄산칼슘으로 되어 있는데 이 물질은 불용성이다. 그리고 빗물은 탄산이 포함된 약한 산성을 띤다. 빗물의 산이 탄산칼슘과 반응하여 탄산수소칼륨의 수용성 염을 만드는데 이것이 물에 녹아 탄산수소 음이온이 포함된 일시경수를 끓이면 연수가 된다.

**주전자의 단면도**

일시경수를 주전자에 끓이고 나면 무기물(광물질, 미네랄)의 일부가 남아서 분필 같은 침전물이 생긴 것을 볼 수 있다.

분필 같은 모습의 침전물(찌꺼기)

**영구경수**는 석고(황산칼슘, $CaSO_2$) 같은 광물에서 녹아 나온 칼슘과 마그네슘 화합물이 들어 있는 물이다. 영구경수는 음이온으로 염화이온이나 황산이온을 포함하여 끓여도 연수(단물)로 변하지 않는다.

물에는 산소가 녹아 있어서 물속에서도 식물과 동물이 살 수 있다.

## 연수(단물)

세탁용 소다를 첨가하거나 이온교환을 통해서 물을 경수로 만드는 칼슘이온과 마그네슘이온을 제거할 수 있다.

**이온교환탱크**

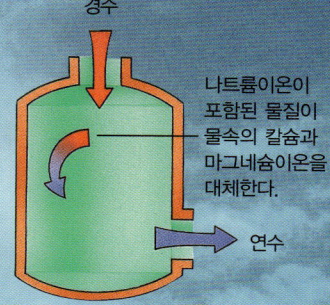

경수

나트륨이온이 포함된 물질이 물속의 칼슘과 마그네슘이온을 대체한다.

연수

**이온교환탱크**에서는 칼슘과 마그네슘 화합물이 들어 있는 경수가 비석(제올라이트-나트륨알루미늄규산염)과 같은 물질을 통과하도록 되어 있다. 칼슘과 마그네슘이온은 물을 경수로 만들지 않는 나트륨이온과 교환된다.

**세탁용 소다**는 탄산나트륨이다. 경수에 이 물질을 넣으면 칼슘이온이나 마그네슘이온과 반응하여 탄산칼슘, 탄산마그네슘과 같은 불용성염을 만들어 연수가 된다.

링크 73

**유용한 인터넷 링크**
www.usbornequicklinks.com

Web 1 물의 화학적 성질을 보여주는 짧은 영상을 볼 수 있다.
Web 2 빙하가 녹으면 어떤 일이 일어나는지 알아보자.
Web 3 실험을 통해서 물에 대해 좀 더 알아보자.
Web 4 물에 관한 짧은 퀴즈를 풀어보고 화면 위에 나타나는 주제를 클릭해가면서 물에 관한 상세한 정보를 얻자.

## 물의 순환

지구상의 물은 땅, 대기, 생명체 사이를 계속해서 순환한다. 이를 **물의 순환**이라고 한다.
강이나 호수, 바다의 물은 계속 증발해서 공기 중 수증기를 이루는 작은 물방울이 된다. 이 물방울이 구름을 형성해서 비나 우박, 눈으로 다시 내린다.

## 물 정화하기

육지 위를 흐르고 암반 위를 지나면서 물에는 불순물이 들어간다. 이런 불순물은 **상수도시설**에서 제거되기도 한다. 물을 저수통에 저장해서 고체가 가라앉도록 한 다음 상수도시설에서 물을 걸러 진흙이나 단단한 작은 입자를 제거한다.

물을 깨끗한 자갈과 모래나 탄소가 깔린 바닥 위로 졸졸 흐르게 해서 진흙이나 다른 단단한 입자를 제거한다. 이렇게 물을 여과한 뒤에는 유해한 박테리아를 죽이는 염소를 넣어 소독한 뒤 저장탱크로 보낸다. 이 탱크에서 각 가정이나 공장에 파이프를 통해서 물을 흘려보낸다.

링크
74

**물의 순환**

구름 속의 증기가 차가워지면 비나 우박, 눈으로 내린다.

빗물이 강물로 흘러간다.

수증기가 구름을 형성한다.

물은 저수지에 저장된다.

식물이 수증기를 배출한다.

상수도시설에서 물을 정화한다.

물이 증발한다.

하수처리장

집과 공장에서 물을 이용한다.

강물은 바다로 흘러들어간다.

★

## 상수도시설

여과지(물을 거르는 탱크)

## 하수처리

**하수**(폐수)는 꼭 정화를 해서 바다로 내보내야 한다. **하수처리장**에서는 물을 걸러 불순물을 제거하고 **침전조**에서 고체입자가 가라앉도록 한다. 이곳에서 박테리아가 남아 있는 유기물을 분해해서 해가 없는 물질로 만든다.

이 사진에서는 물의 순환이 일어나는 모습을 볼 수 있다. 수증기가 열대우림에서 솟아올라 구름을 형성하고 있다.

## 정수하기

물은 좋은 용매라서 물질이 녹아 있는 경우가 많다. 순수한 물은 증류를 해서 얻을 수 있지만 더 효율적인 방법은 물을 **비이온화**하는 것이다. 이 온은 전자를 얻거나 잃어서 양전하나 음전하를 띤 원자나 분자를 말한다.(76쪽 참조)

### 비이온화

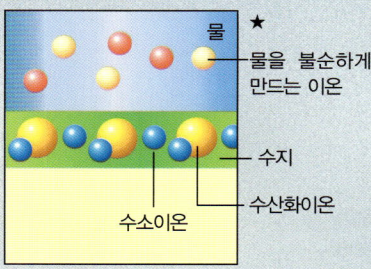

★ 물을 불순하게 만드는 이온
— 수지
— 수산화이온
— 수소이온

이온교환수지에는 수소이온($H^+$)과 수산화이온($OH^-$)이 있다. 물에는 불순물 이온이 들어 있다. 이 물이 이온교환수지를 통과한다.

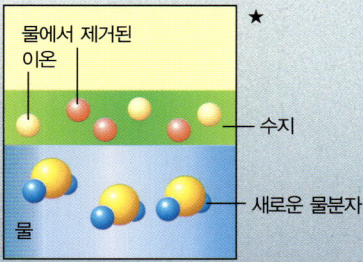

★ 물에서 제거된 이온
— 수지
— 새로운 물분자
물

물이 수지를 통과하면서 물속의 이온은 물보다 수지의 인력에 더 강하게 끌린다. 수지 속의 이온이 원래 이온을 대체한다. 수지 속의 이온이 물속으로 들어가 물($H_2O$)분자를 추가로 만들어낸다.

## 수질오염

**수질오염**은 가정이나 공장의 폐수가 처리되지 않은 상태로 강물이나 바다로 흘러 들어가서 생긴다.

물에 오염물질이 많으면 유기오염물을 분해하는 박테리아가 너무 많이 생겨서 물속의 산소를 다 써버린다. 그러면 이 물에서는 산소 없이 살 수 있는 유해한 박테리아 외에는 다른 생명체가 살 수 없게 된다.

농경지에서 흘러들어온 비료, 인이 포함된 세제 등이 강물로 흘러들면 물속의 식물이 너무 많이 자라서 산소가 고갈되기도 한다. 이때 물속의 산소는 식물이나 식물이 죽으면 그 사체를 먹고 사는 박테리아에 의해서 모두 사용된다.

## 유독성 오염

쓰레기나 살충제, 또는 납이나 수은 같이 유독성 물질에 의해 일어나는 오염도 있다. 유독성 물질은 물고기의 몸 안에 축적되어서 다른 동물이나 인간에게도 전달된다. 작은 생물이나 그보다 조금 큰 동물을 죽이는 데 쓰는 살충제는 생명체 간의 균형을 위협하기도 한다.

사진과 같이 처리되지 않은 공장 폐수는 환경을 오염시킨다.

링크
75

### 직접 해보자

아래 그림과 같은 장치를 만들어서 작은 물의 순환 장치를 만들어보자. 햇살이 잘 비치는 창가에 물을 조금 담은 그릇을 갖다 둔다. 열에 의해서 물이 증발해서 수증기가 솟아오른다. 이 수증기는 차가운 플라스틱 표면에 응결해서 용기 속으로 떨어진다.

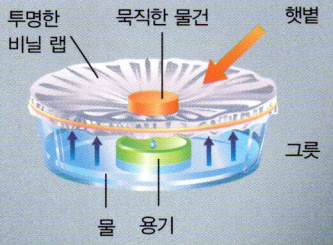

투명한 비닐 랩    묵직한 물건    햇볕
물    용기    그릇

### 유용한 인터넷 링크

www.usbornequicklinks.com

Web 1 물의 순환에 대해 알아보고, 물의 화학적 성질에 대해 복습해보자.
Web 2 수질오염에 대해 공부한 다음, 가상으로 유출된 원유를 깨끗이 없애보자.
Web 3 그림표를 통해서 물의 여행 과정을 짚어보자.
Web 4 폐수처리에 대해 그림이 곁들여진 설명을 접해보자.
Web 5 어떻게 수질을 보호할 수 있는지 알아보자. 또 물이 어디서 와서 어디로 가는지에 관한 슬라이드 쇼도 살펴보자.

# 화학반응 Chemical Reactions

**화학반응은** 우리 주변에서 항상 일어나고 있다. 음식을 먹을 때 소화계통에서, 오븐에서 구워지고 있는 케이크 속에서, 운전 중인 자동차 엔진에서도 화학반응이 일어나고 있다. 화학반응이 일어나는 동안 **반응물**이라고 하는 물질 속 원자가 재배열되어 **화학생성물**이라는 새로운 물질이 된다.

성냥을 그으면 불이 붙을 때 화학반응이 촉진된다.

## 화학반응에서는 어떤 일이 일어날까

화학반응이 일어나는 동안 물질 내부에 있는 원자 간의 결합이 깨진다. 원자는 새로운 짝을 만나 재배열된다. 오른쪽의 그림표를 살펴보면 물과 삼산화황이 반응해서 황산을 생성하는 과정을 보여준다.

화학반응 중에는 항상 에너지를 얻거나 잃게 된다. 결합을 깨는 데는 에너지가 필요하고 새 결합을 생성할 때는 에너지가 발생한다. 이런 에너지는 보통 열의 형태이지만 일부 반응에서는 빛이 발산되거나 들어오는 경우도 있다. 열을 생성하는 반응을 **발열반응**이라 한다. 열을 흡수하는 반응은 **흡열반응**이라고 한다. 84쪽을 참조하기 바란다.

대부분의 화학반응이 시작되기 위해서는 보통 열 형태로 된 에너지가 일정량 필요하다. 이 에너지는 물질 속의 분자가 움직이게 해서 서로 부딪혀서 반응하도록 한다. 반응을 시작하기 위해서 필요한 최소한도의 에너지를 **활성화 에너지**라고 한다.

링크 76

물($H_2O$)의 분자는 각각 수소원자 2개와 산소원자 하나로 이루어진다. 삼산화황($SO_3$)은 황원자 하나에 산소원자 세 개가 결합된 구조를 하고 있다.

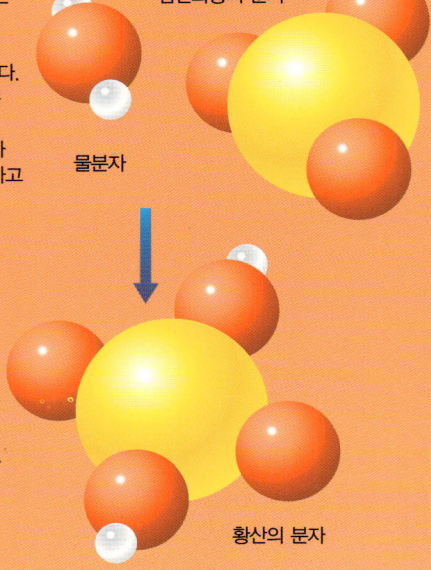

삼산화황의 분자

물분자

물질 속의 분자가 분리되고 서로 결합해서 황산($H_2SO_4$) 분자를 형성한다.

황산의 분자

미국 캘리포니아 주에 있는 모노호 주변에 형성된 이 특이한 기둥 같은 것을 튜퍼(석회화)타워라고 한다. 튜퍼타워는 호수 속의 탄산염과 샘에서 솟아나오는 칼슘(반응물)이 반응을 일으킬 때 형성된다. 반응의 결과로 만들어진 기둥은 탄산칼슘과 석회암으로 이루어져 있다.

## 질량보존의 법칙

화학반응의 전후에서 반응물을 구성하는 성분은 모두 생성물을 구성하는 성분으로 변할뿐이며 성분물질이 소멸하거나 새로 생기지 않는다. 이를 **질량보존의 법칙**이라고 한다.(질량이란 내용물의 양을 말한다)

철과 황이 반응을 일으키는 동안 물질 속의 원자가 재배열된다.

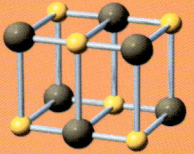

**황철석**
반응 후에도 원자의 수는 같으므로 질량 역시 같다.

## 화학반응식

화학반응은 물질의 화학식을 이용해서 반응식으로 표기할 수 있다. 반응식에서 반응물은 왼쪽에 쓰고 생성물은 오른쪽에 쓴다. 그 사이는 화살표로 구분한다. 질량보존의 법칙 때문에 반응식의 양쪽은 값이 동일하다. 반응물과 생성물에는 같은 수의 원자가 포함되어 있다.

이 반응식은 수소와 산소가 반응해서 물이 되는 과정을 보여준다. 반응물과 생성물 양쪽에 같은 수의 원자가 포함되어 있다.

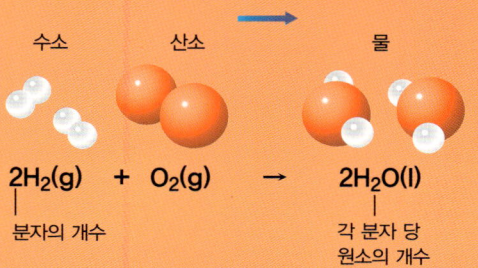

수소   산소   물

$$2H_2(g) + O_2(g) \rightarrow 2H_2O(l)$$

분자의 개수 | 각 분자 당 원소의 개수

반응식을 보면 반응에 들어가는 물질의 물리적인 상태도 잘 알 수 있다.(g는 기체(gas), l은 액체(liquid), s는 고체(solid) aq는 물에 녹아 있는 수용액(aqueous)을 가리킨다.)
반응에 촉매가 사용되면 화살표 아래에 표시한다.

## 몰

화학자들은 화학물질을 **몰**(mole)이라는 단위로 측정한다. 1몰은 $6.02 \times 10^{23}$개의 원자 또는 분자를 의미한다. 아보가드로 수로는 $6.023 \times 10^{23}$으로 쓸 수 있다. 이 숫자는 탄소12의 12그램 속에 존재하는 원자의 수이다. 다른 원소의 몰은 질량은 다르지만 입자 수는 같다. 마그네슘은 탄소 무게의 2배이므로 마그네슘 1몰은 질량이 24그램이다.

마그네슘 1몰의 질량은 24g이다.

탄소 1몰의 질량은 12g이다.

링크
77

### 직접 해보자

소석고와 물을 섞어서 발열반응을 관찰해보자. 혼합물이 따뜻해지는 것을 알 수 있다.
이것은 소석고를 석고(수화한 황산칼슘)가 수분을 잃을 때까지 열을 가해서 가루가 되게 하는 방식으로 만들었기 때문이다. 물을 첨가하면 가루석고와 물의 분자가 다시 결합해서 단단한 석고가 되면서 열이 발생한다.

### 유용한 인터넷 링크

www.usbornequicklinks.com

**Web 1** 그림을 곁들여서 화학반응을 소개하는 글을 읽어보자.
**Web 2** 온라인 수업을 통해서 화학반응식의 양쪽 값을 같게 하는 방법을 알아보자.
**Web 3** 화학반응 실험을 하는 영상을 지켜보자.
**Web 4** 몰에 대해 더 알아보고 온라인 퀴즈를 풀어서 배운 것을 얼마나 기억하는지 시험해보자.

## 반응의 종류

모든 화학반응은 에너지를 발산하거나 흡수한다. **흡열반응**에서 에너지는 열의 형태로 흡수된다. 셔벗을 먹으면 이것이 우리 혀의 수분과 반응하면서 혀의 열을 빼앗기 때문에 시원하게 느껴지는 것이다.

열에너지를 발산하는 반응을 **발열반응**(발열반응의 예로 연소를 들 수 있다.)이라고 한다. 체내에서 항상 일어나고 있는 발열반응 덕분에 인간의 몸은 따뜻하다.

빛의 형태로 에너지를 흡수하거나 발산하는 반응도 있는데, 이를 **광화학반응**이라 한다. 식물은 태양빛에서 빛에너지를 흡수해서 광합성이라는 과정의 일부로 양분을 만든다.

**합성반응**에서는 몇 가지 물질이 결합해서 새로운 하나의 물질을 생성한다. 마그네슘을 가열하면 공기 중의 산소와 결합해서 산화마그네슘이라는 흰 가루가 되는 것을 합성반응의 예로 들 수 있다.

**중화반응**은 한 물질이 다른 물질과 반응하면서 서로의 특성을 없애는 것을 말한다. 산과 알칼리가 섞이면 이 반응이 일어난다.(91쪽 염기와 알칼리 참조)

하나의 물질이 더 단순한 물질로 분해되는 것을 **분해반응**이라고 한다. 음식물이 상할 때는 분해반응이 많이 일어난다.

화합물을 분해하기 위해 열이 필요한 경우, 이를 **열분해반응**이라 한다. 석회암(탄산칼슘)에 열을 가하면 분해되면서 생석회(산화칼슘)와 이산화탄소가 발생한다.

**가역반응**은 적절한 환경이 주어지면 다시 원래의 반응물로 돌아갈 수 있는 반응을 말한다. 이런 종류의 반응은 반응식으로 표기할 수 있다. 아래 표의 기호는 이 반응이 거꾸로도 가능하다는 것(가역성)을 나타낸다.

$$2NO_2 \rightleftharpoons 2NO + O_2$$

이산화질소($NO_2$)는 일산화질소(NO)와 산소($O_2$)로 분리된다. 이 물질이 식으면 다시 결합해서 이산화질소를 형성한다.
이 반응의 첫 부분을 **정반응**이라 하고, 두 번째 부분을 **역반응**이라 한다.

**치환반응**은 상대적으로 반응성이 높은 물질이 상대적으로 반응성이 낮은 물질을 치환할 때 일어난다. 쇠못을 황산구리(II) 용액에 담가두면 못 속의 철(쇠)이 구리를 용액 밖으로 '끌어' 내고, 철이 용액으로 녹아들어간다. 용액에서 벗어난 구리는 못 주변에 모인다. 반응성이 더 높은 원소(철)가 반응성이 낮은 구리를 치환한 것이다.

링크
78

사진 속의 식물은 태양빛에서 에너지를 흡수해 광화학반응으로 양분을 만들고 있다.

석회암을 가열하면 다른 물질로 분해된다.

황산구리(II) 용액

★

쇠못에 달라붙은 구리

## 반응속도

녹이 스는 것과 같은 일부 화학반응은 아주 오랜 시간에 걸쳐 천천히 일어난다. 그러나 화약이 폭발하는 것과 같은 반응은 거의 순간적으로 일어난다.

반응속도는 물질의 **반응성**에 영향을 받는다. 아주 반응성이 높은 원소는 상대적으로 반응성이 낮은 원소보다 빠르게 반응한다.

화학반응 도중에 각각 다른 물질 속의 원자는 새로운 결합을 형성하기 위해서 서로 결합해야 한다. 이런 결합은 분자가 자유롭게 움직일 수 있는 기체와 액체에서 더 쉽게 일어난다. 그러므로 기체와 액체는 고체보다 더 반응성이 높다고 할 수 있다.

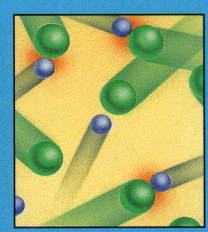

물질을 가열하면 반응속도가 빨라진다. 열은 더 많은 입자가 서로 충돌해서 반응하기 충분할 만큼 빠르게 움직이도록 한다.

고체의 경우 표면에 있는 분자만이 다른 물질과 반응할 수 있다. 고체를 작은 조각으로 나누면 표면적이 늘어나 반응속도가 빨라진다.

빗물이 석회암에 떨어지면 화학반응이 일어난다. 빗물이 석회암을 서서히 녹여서 탄산을 형성하는데, 이 물질이 석회암의 더 깊은 곳까지 부식시킨다.

## 촉매

**촉매**는 화학반응의 속도를 바꿔주는 물질로 스스로는 반응 중에도 변하지 않는다. 촉매에는 반응속도를 빠르게 하는 정촉매와 반응속도를 느리게 하는 부촉매가 있다.

정촉매는 반응에 필요한 활성화 에너지를 줄여서 속도를 높이는 효과가 있다. 다시 말해 정촉매는 반응이 더 일어나기 쉽게 만드는 것이다.

정촉매로는 금속이 자주 사용된다. 그 한 예로 **촉매변환장치**를 들 수 있는데, 이 장치는 자동차 배기가스에서 유해한 기체를 제거하는 역할을 한다. 아래 그림에서 상세히 살펴보자.

**촉매변환장치가 작동하는 방식**

일산화탄소와 탄화수소가 포함된 배기가스

덜 유해한 가스

이 장치에 사용되는 촉매는 백금과 로듐이다. 일탄화산소와 탄화수소는 금속촉매에 의해 이산화탄소와 물을 생성한다.

### 직접 해보자

보이지 않는 잉크로 쓴 글을 보이게 하는 발열반응 실험을 해보자.
가는 그림붓에 레몬즙을 찍어서 종이에 글을 쓰자. 글씨가 보이지 않게 될 때까지 잘 말린다. 이 글을 다시 읽으려면, 글자가 있는 종이의 앞면을 아래를 향하도록 오븐에 넣고 175°C에서 10분 간 둔다.
오븐의 열이 레몬즙을 태우는 발열반응이 일어나서 글씨가 있는 부분만 갈색으로 변한다. 그러나 이 열은 종이 전체를 태울 만큼 강하지는 않기 때문에 글씨를 읽을 수 있다.

## 효소

생명체에서 일어나는 화학반응은 **효소**라는 생체촉매에 의해서 촉진된다.

다른 촉매와 달리 효소는 기질특이성이 있다. 이는 한 효소가 특정분자에 대해서만 특이적으로 결합하여 반응을 돕는 성질을 말한다. 인간을 포함한 동물의 소화계통에서 분비되는 다양한 효소는 복잡한 구조의 양분을 단순한 물질로 분해하는 화학반응을 빨리 일어나게 한다.

이 그림에서는 인간의 소화계통에서 효소가 음식에 작용하는 부분을 살펴볼 수 있다.

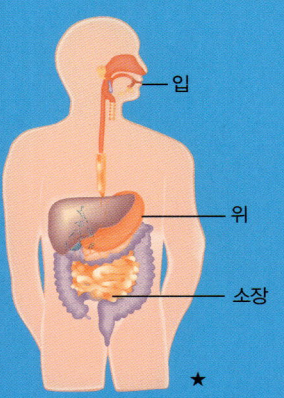

입

위

소장

★

링크
79

### 유용한 인터넷 링크

www.usbornequicklinks.com

**Web 1** 커피를 데우는 데 사용되는 발열반응을 다룬 애니메이션을 보자.
**Web 2** 반응속도를 얼마나 잘 이해했는지 확인해보자.
**Web 3** 촉매에 관한 애니메이션과 정보를 체험해보자.
**Web 4** 눈물이 나게 하는 화학반응에 대해 알아보자.
**Web 5** 화학반응과 관련한 맞추기 게임을 해보자.
**Web 6** 실험을 하면서 화학반응 속도에 영향을 미치는 요소를 살펴보자.
**Web 7** 빵을 구울 때 일어나는 화학적인 변화를 살펴보자.

# 산화와 환원 Oxidation and Reduction

**산화와** 환원은 화학반응의 일종이다. 특별히 이 반응을 막는 조건이 없으면 두 반응은 항상 함께 일어나는데, 이를 통틀어서 **산화환원반응**이라 한다. 산화환원반응에서는 한 물질이 산화되면 다른 물질은 환원된다. 장작을 태우면 장작은 산화되는 반면 주변에 있는 공기는 환원된다.

## 산화

산화라는 용어는 물질이 산소와 결합하는 반응을 가리킨다. 산화는 **산화제**(이 물질은 환원된다.)라는 다른 물질 때문에 생긴다. 철이 눅눅한 공기에 노출되면 이 물질은 서서히 공기 중의 산소와 결합해서 산화철수화물(녹)을 생성한다.

링크 80

녹이 스는 것(철의 부식)은 산화작용이다.

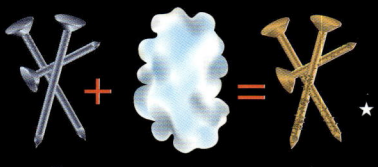

철        눅눅한 공기        녹

산화는 물질이 수소나 전자를 다른 물질(산화제)에 빼앗기는 현상을 가리키기도 한다. 예를 들어 마그네슘과 염소가 결합해 염화마그네슘을 형성하는데, 이때 마그네슘은 전자 2개를 잃고(76쪽 이온결합 참조) 산화된다.

마그네슘원자는 염소원자에 전자를 2개 빼앗겨서 산화된다.

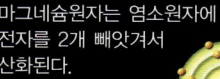
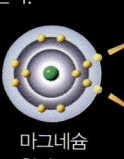

2개의 염소 원자

마그네슘 원자

## 호흡

동물과 식물이 에너지를 내기 위해 포도당을 분해하는 과정을 **호흡**이라 하는데, 이 또한 산화의 일종이다. 사실 호흡은 연소(아래 참조)가 천천히 일어나는 형태로, 호흡의 반응식은 아래와 같다.

$$C_6H_{12}O_6 + 6O_2 \rightarrow 6CO_2 + 6H_2O$$

포도당 + 산소 → 이산화탄소 + 물

## 연소

**연소**는 열의 형태로 에너지를 방출하는 산화작용이다. 어떤 물질이 타면, 이것은 산소와 결합해서 산화물을 형성한다. 장작이나 가스, 휘발유와 같은 대부분의 연료에는 수소와 탄소가 들어 있다. 이 두 물질은 모두 연소될 때 산화하면서 물과 이산화탄소를 내놓는다.

오늘날 인간은 에너지를 얻기 위해서 너무 많은 연료를 사용하고 있어서 공기 중의 이산화탄소가 늘어나고 있다. 과학자들은 이렇게 많은 연료를 쓰면 기후 변화를 가져올 수 있다고 경고한다.(71쪽 온실효과 참조)

불꽃놀이의 색은 다양한 원소를 연소하는 과정에서 나타나는 것이다. 스트론튬은 빨간 불꽃, 구리는 파란 불꽃, 마그네슘은 밝은 흰색을 내면서 탄다.

모터바이크 엔진 속의 휘발유가 타는 것은 연소의 한 예로 볼 수 있다.

## 환원

**환원**이 일어나면 이 물질은 다른 물질(**환원제**, 이 물질은 산화된다)에 산소를 빼앗기거나 수소나 전자를 얻어온다. 산화구리가 탄소와 반응하면 아래 그림과 같이 탄소에 산소를 빼앗긴다.

산화구리 탄소    구리 이산화탄소
(CuO)  (C)    (Cu)  (CO$_2$)

이 반응에서 산화구리는 탄소에 의해서 순수한 구리로 환원되고, 탄소는 산화되어서 이산화탄소를 형성한다.

$$2CuO + C \rightarrow CO_2 + 2Cu$$

산화구리 + 탄소 → 이산화탄소 + 구리

## 철 제련

**제련**이라고 하는 철 제조 과정을 통해서 순수한 철을 철광석에서 분리해낸다. 이것은 유용한 산화환원작용의 하나로 볼 수 있다.

철광석

용광로에서 철광석(산화철)을 순수한 철로 환원시키기 위해서 탄소가 사용된다. 탄소는 철광석에서 산소를 가져온다(환원시킨다). 탄소 자체는 산화되어 이산화탄소를 형성한다.

### 직접 해보자

사과 조각을 몇 분간 공기 중에 방치하면 갈색으로 변하기 시작한다. 이것은 사과 과육 속의 화학물질이 주변 공기 속의 산소와 산화반응하기 때문이다. 사과를 비닐 랩으로 싸놓으면 공기와 사과가 반응하는 것을 막을 수 있어서 갈변하지 않는다.

## 광합성

**광합성**은 식물이 양분을 만드는 과정으로, 환원반응의 일종이다. 광합성 중에 식물은 이산화탄소와 물, 태양의 빛에너지를 이용해서 포도당(C$_6$H$_{12}$O$_6$)을 만든다. 광합성은 호흡과 반대되는 과정이다.(86쪽 참조) 광합성의 반응식은 아래와 같다.

$$6CO_2 + 6H_2O \rightarrow C_6H_{12}O_6 + 6O_2$$

이산화탄소 + 물 → 포도당 + 산소

이 튤립은 광합성으로 만든 포도당을 양분으로 쓴다.

식물은 광합성 중에 산소를 만들어내는데, 이것은 식물의 호흡에 쓰고 남으면 공기 중으로 내보낸다.

링크 81

### 유용한 인터넷 링크

www.usbornequicklinks.com

**Web 1** 산화환원 과정의 기본적인 내용을 팁과 그림표로 복습해보자.
**Web 2** 불꽃놀이의 화학적 성질에 대해 알아보자.
**Web 3** 가상으로 성냥에 불을 붙여보고, 관련된 실험을 통해 연소에 관한 기본적인 내용을 공부해보자.
**Web 4** 다양한 소화기에 대해 설명한 글을 읽어보자.
**Web 5** 강철제조 과정에서 일어나는 산화환원반응에 대해 알아보자.

# 전기분해 Electrolysis

**전기분해란** 전해질 수용액 또는 용융염에 전류를 흘려주어 그 속의 원소를 분리해내는 방법을 말한다. 이 방법은 아주 반응성이 높은 금속을 광석에서 분리해내거나 금속을 제련하는 데 사용된다. 또 전기도금이라는 과정에서 물건을 금속층으로 얇게 코팅할 때도 사용된다.

사진 속의 펜촉에는 전기도금법으로 금을 얇게 코팅했다.

### 전기분해가 작용하는 방식

전해질 수용액이 양극과 음극의 전극을 꽂고 전류를 흘려주면 양이온은 음극으로 이동하고 음이온은 양극으로 이동하여 금속이 석출되거나 기체가 발생하는 화학변화가 일어난다.

링크
82

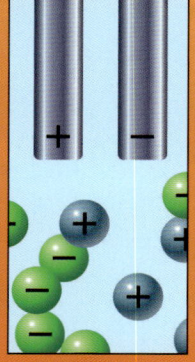
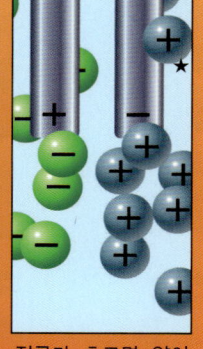

염화구리(Ⅱ) 용액은 전해질 물질로 사용될 수 있다. 이 물질은 양전하를 띤 구리 이온과 음전하를 띤 염화이온으로 이루어져 있다.

전류를 통과시키기 위해서 전원에 연결된 전극봉 2개를 전해물에 넣는다. 전류가 흐를 때까지는 어떤 현상도 일어나지 않는다.

전류가 흐르면 양이온은 음극으로 흘러가서 전자를 얻는다. 음이온은 양극으로 가서 전자를 잃는다.

그림 속의 강철로 된 식품용 캔은 녹스는 것을 막기 위해서 주석으로 아주 얇게 도금했다.

### 전기도금

**전기도금**이란 전기분해를 이용해서 물건을 얇은 금속층으로 덮는 것을 말한다. 일반적으로 도금할 물체를 음극에, 도금시킬 금속을 양극에 매달고 도금한 금속이온이 포함된 전해질 수용액을 전기분해하면 음극의 물체 표면에 금속이 석출되면서 도금된다.

여러 산업 분야에서 값이 싸지만 반응성이 큰 금속을 반응성이 상대적으로 낮은 금속으로 전기도금한다. 강철은 녹스는 것을 막기 위해서 주석이나 크롬으로 도금한다.

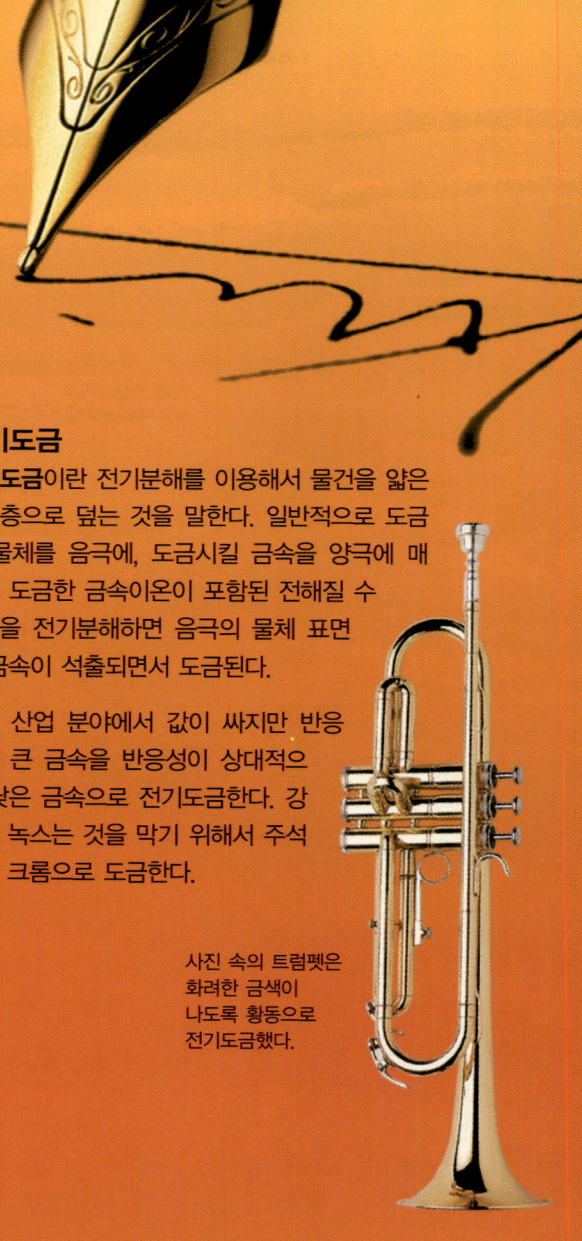

사진 속의 트럼펫은 화려한 금색이 나도록 황동으로 전기도금했다.

## 전기제련(전기정련)

**전기제련**이란 전기분해를 이용해서 금속의 불순물을 없애는 방법을 말한다. 구리를 제련하려면 불순물이 섞인 구리를 양극, 순수한 구리를 음극으로 이용한다. 전해질 물질로는 황산구리(Ⅱ) 용액을 사용한다.

용액 속의 구리이온은 음극으로 이동하고, 음극으로 이동한 이온의 빈자리는 양극에서 나온 구리이온으로 대체되고 불순물은 바닥에 가라앉게 된다.

**구리의 전기제련**

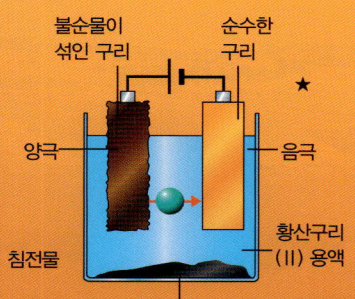

양극은 구리이온이 떨어져나가면서 분해된다. 불순물은 가라앉아서 침전물을 형성한다.

## 양극처리

전기분해는 알루미늄과 같은 금속을 금속 자체의 산화물(금속이 산소와 반응해서 생긴 화합물)로 코팅하는데 사용되기도 한다. 이것을 **양극처리**라고 한다. 이렇게 덧입힌 산화물은 금속이 부식되는 것을 막아주는 보호층 역할을 한다.

알루미늄을 양극처리할 때, 처리할 물건을 양극으로 삼아서 전해질 물질인 황산용액에 담근다. 전해질 물질에서 나온 산화이온이 양극에 모여서 알루미늄과 반응해 산화알루미늄을 형성한다.

## 금속 추출

알루미늄처럼 반응성이 높은 금속은 전기분해를 통해서 얻을 수 있다. 알루미늄은 대부분 주성분이 산화알루미늄인 보크사이트라는 광물로 채굴된다. 보크사이트는 녹는점이 높아 용융되기 어렵다. 전기분해를 하려면 이온이 이동할 수 있도록 용융상태가 돼야 하는데 이를 위해 빙정석을 넣어준다. 빙정석은 보크사이트의 녹는점을 낮춰준다. 아래와 같이 용액 속의 알루미늄이온은 음극으로 이동해 알루미늄 금속이 된다.

**알루미늄 추출하기**

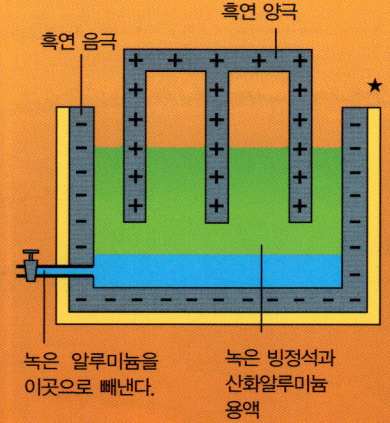

녹은 알루미늄을 이곳으로 빼낸다.

녹은 빙정석과 산화알루미늄 용액

그림 속의 산악용 자전거 핸들은 양극처리된 알루미늄으로 만들어서 파란색으로 칠했다.

양극처리된 알루미늄 수통

링크
83

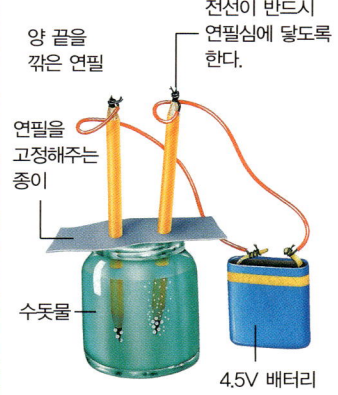

# 산과 염기 Acids and Bases

**산(acid)이라는** 말은 '시다'는 뜻을 가지고 있는 라틴어 acer에서 유래했다. 산에는 음식에 신맛을 더하는 물질이 포함되어 있다. 레몬이나 라임, 오렌지, 그레이프프루트와 같은 감귤류 과일은 구연산(시트르산)과 아스코르브산을 함유하고 있다. 산과 반대되는 특징을 가진 화학물질은 염기라고 한다.(산도 염기도 아닌 물질은 중성이라고 한다)

벌의 침에는 산이 포함되어 있는데, 이것은 알칼리성인 비누로 중성화할 수 있다.

## 산

**산**은 물에 녹아 수소이온(H⁺)을 내놓는 화합물을 말한다. 이온은 전하를 띤 입자를 말한다. 수소이온은 산에 특징을 부여하는데, 이온은 용액 속에서만 존재하기 때문에 산 역시 물에 용해되어 있을 때에만 특징을 드러낸다.

링크 84

수소
염소

염산(HCl)은 수소와 염소로 만들어진다.

수소
산소
황

황산(H₂SO₄)은 수소, 황, 산소로 만들어진다.

**강산**은 용액 속에 있을 때 대부분의 분자가 나뉘어서 많은 수의 수소이온을 형성한 것을 말한다. 염산, 황산, 질산이 강산에 속한다.
강산은 다른 물질을 **잘 부식시키는 성질**을 가지고 있다. 강산을 담는 용기에는 아래와 같이 국제적으로 통용되는 위험표시가 되어 있다. 이 기호는 각각 부식성이 강하다(왼쪽)는 것과 유독하다(오른쪽)는 뜻이다.

부식성

유독성

## 유기산

산성을 띠는 유기화합물을 육산이라고 하며 구연산이나 아세트산 등이 있다. 유기산은 **약산**(수소이온을 적게 내놓는 산)에 속한다. 유기산에 대해서는 100쪽에서 더 상세하게 알아보자.

해삼 표면에 있는 화려한 색깔의 반점에는 아주 나쁜 맛이 나는 산이 들어 있다. 포식자에게 잡아먹히지 않기 위해서 발달된 특징 중 하나이다.

포도로도 만들 수 있는 식초에는 아세트산이라는 약산이 들어 있다.

침을 쏠 수 있는 개미에게는 메탄산(혹은 포름산)이 있다.

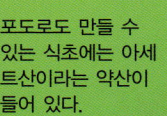

토마토에는 살리실산이라는 유기산이 들어 있다.

## 산은 어떻게 반응할까?

산은 다른 물질과 일정한 방식으로 반응한다. 금속과 반응시키면 대부분 염류와 수소기체가 발생하는 식이다. 탄산염과 반응시켜도 염류와 이산화탄소 기체, 물이 생긴다.

## 염기와 알칼리

**염기**는 산과 반대되는 특징을 가진 화학물질을 말한다. 이 중에 물에 녹는 것을 **알칼리**라고 한다. 염기를 산과 섞으면 산의 특성이 **중화**(특성이 없어진다는 뜻)되고 반응의 결과로 염류와 물이 생긴다.

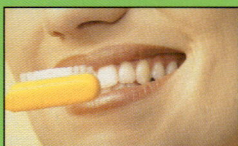

치약은 입 안에 생긴 산을 중화하는 염기이다.

위약에는 위에서 분비된 산을 중화하는 염기가 들어 있다.

이 말벌은 침을 쏠 때 알칼리를 상대방의 몸에 주입한다. 그러므로 말벌에 쏘였을 때는 식초(산의 일종)로 중화할 수 있다.

염기에는 수소이온의 특성을 없애는 음이온이 들어 있어서 산을 중화하는 것이다. 산화이온($O^{2-}$)과 수산화이온($OH^-$)은 둘 다 음이온이므로 산화마그네슘과 같은 금속산화물이나 수산화나트륨(가성소다) 같은 금속수산화물은 염기에 속한다.

나트륨이온 (양전하)

수산화이온(음전하)은 나트륨의 양전하 성질을 없애서 염기로 만든다.

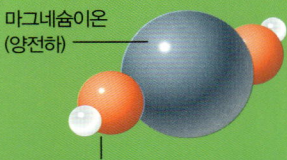

마그네슘이온 (양전하)

수산화이온(음전하)은 마그네슘의 양전하 성질을 없애서 염기로 만든다.

## 염기의 쓰임새

염기와 알칼리는 **살을 녹이므로** 잘못 사용하면 매우 위험할 수도 있다. 액체로 된 청소용 세제에는 수산화암모늄처럼 때를 녹이는 알칼리 성분을 포함하고 있다. 수산화나트륨은 목재 속의 송진을 녹여서 종이를 만들 때 쓰는 섬유소 중 천연섬유만 남게 하는 용도로 사용된다.

수산화나트륨으로는 전자제품 세제를 만들거나 수산화칼륨과 섞어서 비누를 만들기도 한다.

링크
85

### 직접 해보자

산과 염기가 반응하는 것을 살펴보기 위한 실험을 해보자.

컵에 식초를 조금 붓고 베이킹소다(중탄산나트륨, 중조)를 조금 넣는다.

베이킹소다는 염기에 속한다. 이 물질은 식초 속의 아세트산과 반응해서 아세트산나트륨과 물, 이산화탄소를 발생시킨다.

이렇게 발생한 물질들이 섞이는 과정에서 이산화탄소가 액체 밖으로 부글부글 빠져나온다.

### 유용한 인터넷 링크

www.usbornequicklinks.com

**Web 1** 산과 염기에 관한 설명을 보고 온라인 테스트를 해보자.
**Web 2** 가상으로 주스 가게를 차려서 산과 염기에 대해 공부해보자.
**Web 3** 산, 알칼리, 염기의 특징을 각각 복습해보고, 간단한 온라인 실험을 해보자.
**Web 4** 병에 동전과 식초를 넣어서 클립을 동으로 도금해보자.
**Web 5** 산과 염기가 제강에 어떻게 이용되는지 알아보자.

## pH(페하지수)

산이나 염기의 강도는 **pH**로 나타낸다. pH는 '수소의 강도(power of hydrogen)'라는 뜻으로, 용액 속의 수소이온의 농도를 측정한 것이다. pH는 일반적으로 0에서 14 사이의 수로 표시된다. pH가 낮을수록 수소이온의 농도가 높은 것이다. pH가 7 이하인 용액은 산으로 분류된다. pH가 7인 물질은 중성이며 7 이상인 물질은 염기나 알칼리에 속한다.

오렌지주스는 pH가 4로, 약산에 속한다.

이 말벌의 침은 pH 9로, 약알칼리에 속한다.

## 지시약

**지시약**이란 어떤 물질이 산인지 알칼리인지 구분해주는 것을 말한다. 지시약은 산이나 알칼리에 넣으면 색이 변하는 물질로 만들어진다. **리트머스**라는 지시약은 산에 넣으면 붉은색으로 변하고 알칼리에 넣으면 푸른색으로 변한다.

리트머스는 지의류라고 하는 식물과 비슷한 유기체에서 추출한 물질로 만든다. 수국이나 적채(붉은색 양배추)와 같은 식물은 천연 지시약처럼 사용할 수 있다. **만능지시약**이라고 하는 다른 종류의 지시약은 아래 그림처럼 pH에 따라 색깔이 달라지는 몇 종류의 염료를 섞은 것이다.

파란 리트머스 종이

빨간 리트머스 종이

산

알칼리

산은 파란 리트머스 종이를 붉은색으로 바꾼다. 알칼리는 빨간 리트머스 종이를 푸른색으로 바꾼다.

순수한 물은 중성으로 pH가 7이다.

가정용 세제에 들어가는 수산화나트륨은 pH가 13으로 강알칼리에 속한다.

만능지시약이 함유된 종잇조각은 산이나 염기에 닿으면 색이 변한다. 각 색깔 옆에 있는 숫자는 pH이다.

## 토양 속의 산

토양의 산성도는 이 토양을 형성한 암반의 종류와 여기서 자라는 식물에 따라 다르다. 백악질(회백색의 연토질 석회암)이나 석회암이 많은 지역에서는 토양이 보통 알칼리성을 띤다. 한편 수목이나 사암이 많거나 황무지인 지역에서는 토양이 보다 산성에 가깝다. 산성비 역시 토양에 산성을 더하는 역할을 한다. 중성이거나 약한 산성을 띤 pH6.5에서 7 사이의 토양이 경작에 가장 알맞다.

토양이 지나치게 산성을 띠는 지역에서는 석회암(탄산칼슘)이나 소석회(수산화칼슘)를 뿌리기도 한다. 이 두 물질은 산성을 중화시켜주는 염기이다. 진달래나 진달래속 식물은 산성 토양에서 잘 자란다. 수국속 식물은 산성 토양에서는 푸른색 꽃을 피우고 알칼리성 토양에서는 분홍색 꽃을 피운다.

수국은 천연 반응 지시약처럼 산성 토양이냐 알칼리 토양이냐에 따라서 다른 색의 꽃을 피운다.

잎은 죽어서 분해될 때 부식산이라는 산을 분비해서 토양의 산성도를 높인다.

## 황산

황산($H_2SO_4$)은 산업적인 용도로 다양하게 사용되는 화학물질이다. 주로 비료에 넣는 과인산염과 황산암모늄을 만들 때 많이 쓰인다. 또 자동차 배터리와 합성섬유(레이온과 같은 섬유), 염색제, 합성수지(플라스틱), 의약품, 폭발물, 세제를 만드는 데도 사용된다.

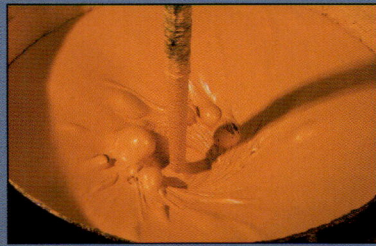

황산은 사진과 같이 색깔 있는 페인트를 만드는 색소에 사용되는 산화티타늄을 만드는 데도 쓰인다.

황산은 **무기산**의 일종이다. 무기산은 지각에서 광물로 분포하는 원소(이 경우에는 황)로 만들어진다.

농축된 황산은 반응성이 높고 부식성도 매우 강하다. 이 물질을 물에 용해하면 열이 아주 많이 나기 때문에 다량의 물에 소량의 황산을 희석하는 방식을 취해야 한다. 물을 넣으면 농축된 황산은 빠르게 묽어지고 열은 물에 흡수된다.

농축된 황산은 강력한 **산화제**(자신은 환원, 다른 물질에 산소를 주는 물질)이고, 탈수제(물질에서 수소원자와 산소원자를 2대 1의 비율(즉, 물분자)로 빼앗는 능력이 있는 물질)이기도 하다.

설탕  산  탄소  물

설탕에 진한 황산을 넣으면 황산이 설탕의 수분을 제거하면서 거품투성이의 검은 탄소 덩어리와 물을 발생시킨다.

이 사진에는 화산 때문에 생긴 황의 노란색 결정이 보인다. 황은 이런 화산 지역에서 얻어서 황산을 만드는 데 사용된다.

링크
87

# 염류 Salts

**금속과** 비금속물질이 결합한 화합물을 통틀어 **염류**라고 한다. 염류는 지각에 자연적으로 존재하는데 적절한 환경이 주어지면 아름다운 결정체를 이루기도 한다. 염류는 다양한 용도로 사용된다. 예를 들어 소석고라고도 하는 무수황산칼슘은 장식용 주조물이나 모형, 팔다리가 부러졌을 때 보호해주는 깁스를 만드는 데 사용된다.

이 그림에서는 염류의 일종으로 물과 섞이면 딱딱하게 굳는 성질을 가진 소석고를 동물의 흔적을 본뜨는 용도로 사용하고 있다.

## 염류란?

염류는 이온화합물, 즉 이온(전하를 띤 입자)으로 구성된 물질이다. 대부분의 염류는 일정한 모양을 가진 결정구조로 형성된다.

염류는 산에 들어 있는 수소이온이 금속으로 대체될 때 만들어진다. 염산과 수산화나트륨(알칼리)이 반응하면 나트륨이 염산 속의 수소이온을 대체하면서 염화나트륨(소금)과 물을 만든다.(오른쪽 위 그림 참조)

링크 88

수산화 나트륨

염산

염화 나트륨

위의 그림에서는 실험에 사용된 성분에 각각 리트머스를 더해서 산인지 염기인지 구분할 수 있게 했다.

## 염류의 종류

염류는 어떤 산으로 만들어졌느냐에 따라 몇 종류로 구분할 수 있다. **황산염**은 황산에서 만들어졌고, **염화물**은 염산에서, **질산염**은 질산, **탄산염**은 탄산에서 만들어졌다.

목욕소금과 세탁용 소다는 탄산나트륨이다. 이 물질은 경수에서 마그네슘, 칼슘염과 반응해서 녹지 않는 탄산칼슘을 만들어낸다.

**가용성 염류**는 세탁용 소다처럼 물에 녹아서 용액이 되는 염류를 말한다. **불용성 염류**는 물에 녹지 않는 염류를 말하는데, 탄산칼슘으로 된 석회암이나 백악을 예로 들 수 있다.

주홍색

녹색

노란색

염류인 버밀리언과 황화카드뮴, 말라카이트는 그림물감을 만드는 데 사용된다.

## 염화나트륨

**염화나트륨(NaCl)**은 일반적인 소금을 화학적으로 일컫는 명칭으로, 이 물질은 가용성 염류에 속한다. 물에 녹인 염화나트륨 농축액을 **식염수**라고 한다.

염화나트륨은 바닷물을 증발시켜서 만드는데, **암염**처럼 고체로 존재하기도 한다. 염화나트륨은 음식의 맛을 내거나 음식을 오래도록 보존하는 데 사용되며 동물의 생명을 유지하는 데 필수적인 물질이다.

염화나트륨은 산업에서도 중요한 원료로 염산, 염소, 수산화나트륨(가성소다) 등을 만드는 데 사용된다. 염화나트륨은 물의 어는점을 낮추는 특성을 가지고 있어서 겨울에는 도로에 뿌려서 얼지 않도록 방지하는 데 쓰이기도 한다.

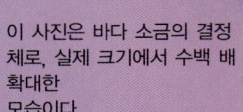

이 사진은 바다 소금의 결정체로, 실제 크기에서 수백 배 확대한 모습이다.

## 염류 만들기

실험실에서는 몇 가지 방법을 이용해서 염류를 만든다. 가용성 염류는 산과 금속, 혹은 금속산화물(염기)을 반응시켜서 얻는다.

황산구리(Ⅱ)는 산화구리를 묽은 황산에 첨가해서 만든다.

산화구리

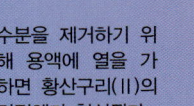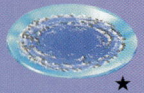

이 혼합물을 걸러낸다. 여과된 액체는 황산구리(Ⅱ) 용액이다. 이 반응에 사용되지 않은 산화구리는 거름종이 위에 남아 있다.

여과액

수분을 제거하기 위해 용액에 열을 가하면 황산구리(Ⅱ)의 결정체가 형성된다.

★

불가용성 염류는 가용성 염류 두 가지를 반응시켜서 용액 속에 염류 **침전물**(녹지 않는 고체입자)을 형성하는 방식으로 만든다. 염류는 두 원소를 반응시켜 만들기도 한다. 철을 황과 함께 가열해서 만드는 황화철이 이 방법의 예라 할 수 있다.(72쪽 참조)

## 비료

**비료**는 식물이 생장하는 데 도움이 되는 영양분을 말한다. 질산염이나 인산염, 수산화칼륨과 같은 염류가 함유된 비료가 많은데, 이런 물질은 물에 녹아서 식물의 뿌리를 통해 흡수된다. 질산염에는 질소, 인산염에는 인, 수산화칼륨에는 칼륨이 들어 있다. 이들은 모두 식물이 건강하게 자라는 데 필요한 물질이다.

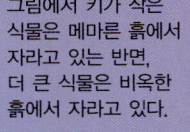

그림에서 키가 작은 식물은 메마른 흙에서 자라고 있는 반면, 더 큰 식물은 비옥한 흙에서 자라고 있다.

링크 89

# 결정 Crystals

**염류를** 비롯한 많은 다른 물질들은 서서히 형성되면 결정을 이룬다. 결정이란 직선과 평평한 면으로 이루어진 뚜렷한 기하학적인 모양으로 된 고체를 말한다. 금속을 포함한 대부분의 고체는 결정으로 이루어져 있지만, 너무 작아서 육안으로 보기는 어렵다. 지구의 지각에 분포하는 일부 광물은 다이아몬드나 에메랄드처럼 아름다운 결정을 형성하는 것도 있다.

황철광은 철과 황으로 이루어진 흔한 광물이다. 이 광물의 결정은 입방체인 경우가 많다.

## 결정이 만들어지는 과정

일부 물질은 식어서 굳으면서 결정을 형성한다. 한편 녹아 있었던 물이 증발하면서 결정을 이루는 물질도 있다. 결정의 모양은 물질 속 입자의 규칙적인 배열과 결합에 따라 다르다. 물질에 따라 형성되는 결정이 다르다. 이런 결정의 주요한 형태가 아래 그림으로 설명되어 있다.

링크
90

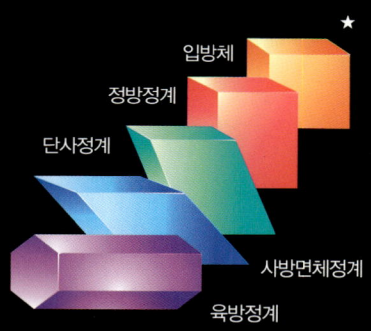

입방체
정방정계
단사정계
사방면체정계
육방정계

## 결정 쪼개기

결정에서 입자 간의 경계를 **쪼개진 면**이라 한다. 결정은 이 면을 따라 쪼개지는데, 그러면 결정의 평평한 표면이 드러난다. 쪼개진 면을 따라서 쪼개지 않으면 결정이 산산이 부서진다.

석회암에 박혀 있는 천연 에메랄드

이 반지에 박힌 에메랄드는 쪼개진 면을 따라 쪼개 아름다운 보석으로 가공한 것이다.

자수정 결정은 석영 광물에서 형성된다.

## 액정(액체 결정)

**액정**이란 열을 가하면 흐릿해지는 결정을 말한다. 이런 물질은 시계나 계산기, 텔레비전 등의 **액정표시장치 (LCD, liquid crystal display)**를 만드는 데 사용된다.

전류가 결정을 통과하면 결정 속의 분자가 일렬로 정렬되면서 빛을 막아서 화면에 모양을 나타낸다. LCD 텔레비전 화면은 수천 개의 작은 결정 단위로 되어 있다. 이 결정 단위들이 아주 빨리 켜졌다가 꺼지면서 우리가 보는 움직이는 이미지를 만들어내는 것이다.

이 소형 디지털 텔레비전에도 액정표시장치가 달려 있다.

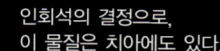

인회석의 결정으로, 이 물질은 치아에도 있다.

방해석의 결정은 갈아서 시멘트를 만들기도 한다.

## 수화작용

어떤 물질이 물과 결합하면 **수화작용**이 일어난다. 수화작용이 일어나는 물질을 **수화된다**고 한다. 염류는 물과 화학적으로 결합해 결정을 이루는 경우가 많다. 이런 물을 **결정수**라 한다.

물분자와 물질의 원자가 붙어 있지는 않고 섞여 있기만 한 용액과는 달리, 결정에서는 물과 물질의 원자가 화학적으로 결합되어 있다. 이 수화된 고체에 열을 가하면 물을 분리할 수 있다. 이를 **탈수**라고 한다.

황산과 같은 **탈수제**를 이용해서 탈수할 수도 있다. 탈수과정을 거쳐서 만들어진 건조한 고체를 **무수물**이라고 한다.

## 수정 결정

**수정 결정**이란 지각에 형성된 수정 광물의 결정을 말한다. 전류가 수정 결정을 통과하면 결정이 초당 32,768번 진동하는데 이를 **압전효과**라고 한다. 이 진동은 벽시계나 손목시계에서 시간을 측정하는 데 사용되기도 한다.

수화된 황산구리(II) 결정($CuSO_4.5H_2O$)은 황산구리(II)($CuSO_4$)가 물($H_2O$)과 결합할 때 형성된다.

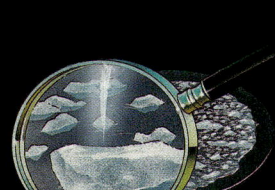
세탁용 소다($Na_2CO_3.10H_2O$) 결정을 가열하면 결정수가 분리되어서 세탁용 소다 용액이 만들어진다.

흰색의 무수황산구리 가루에 물을 첨가하면 파란색이 된다. 이 가루는 어떤 물질에 물이 있는지 확인하기 위해서 사용되기도 한다.

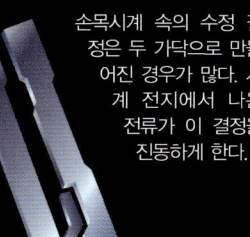
손목시계 속의 수정 결정은 두 가닥으로 만들어진 경우가 많다. 시계 전지에서 나온 전류가 이 결정을 진동하게 한다.

이 결정은 암염으로, 수천 년 전 바닷물이 증발하면서 형성된 것이다.

### 직접 해보자

명반(칼륨과 알루미늄이 섞인 황산염)을 이용해서 직접 결정을 만들어보자. 결정을 만드는 데 약 3주가 걸린다. 먼저 약국에서 명반을 구입하자. 명반을 먹으면 몸에 해로우므로 만진 뒤에는 반드시 손을 씻어야 한다.

1. 100g의 명반을 100mℓ의 물에 넣고 약한 불로 녹을 때까지 데운다. 더 이상 명반이 녹지 않을 때까지 조금씩 더 해가며 녹인다.

2. 이 포화용액을 접시에 조금 부어서 3일간 가만히 둔다. 나머지 용액은 깨끗한 병에 넣어서 뚜껑을 막아두자.

3. 접시에 결정이 나타나면, 결정 하나에 실을 감아서 병 속의 용액에 들어가도록 매달아 두자. 이 결정을 **결정핵**이라고 한다. 용액은 서서히 이 종자핵을 중심으로 결정화한다.

접시 위의 결정핵

### 유용한 인터넷 링크

**www.usbornequicklinks.com**

**Web 1** 광물의 결정을 찍은 멋진 사진과 함께 폭넓은 정보를 관찰해보자.
**Web 2** 집에 있는 도구를 이용해서 나만의 결정을 만들어보자.
**Web 3** 다양한 종류의 광물에 대한 정보와 이들을 어떻게 구분하는지에 대해 알아보자.
**Web 4** 일상생활에서는 결정이 어떻게 쓰이는지 알아보고, 집에서 할 수 있는 실험을 해보자.
**Web 5** 온라인으로 결정이 자라는 모습을 살펴보자.

# 유기화학 Organic Chemistry

**유기화학은** 유기화합물이라고 하는 탄소화합물을 연구하는 것이다. 모든 생명체에는 유기화합물이 들어 있고, 인공적으로 만들 수 있는 유기화합물도 있다. 유기화합물은 직물이나 의약품, 플라스틱, 페인트, 화학물질 외에도 여러 가지 생산품을 만드는 데 사용된다.

페인트에는 유기화합물이 들어 있다.

## 유기화합물

유기화합물은 수소나 산소원자처럼 다른 원자와 결합한 탄소원자로 되어 있다. 이 원자는 아주 강한 공유결합(오른쪽 참조)으로 되어 있다. 탄소와 수소원자만으로 된 화합물을 **탄화수소**라 한다.

유기화합물은 **동족계열**이라는 서로 비슷한 성질을 가진 물질로 나눌 수 있다. 그 예로 알칸(alkanes)과 알킨(alkynes) 등이 있다. 각 동족계열에는 수백 개의 화합물이 포함되어 있으며, 순서에 따라 분자 속의 탄소와 수소의 숫자가 점점 증가한다.

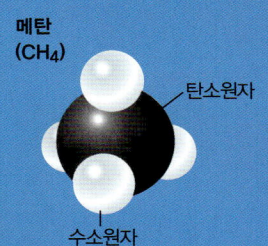

메탄
(CH₄)

탄소원자

수소원자

링크
92

에탄
(C₂H₆)

알칸 계열 가장 앞부분에 있는 3가지 분자 모형 그림이다. **메탄**에는 탄소원자가 하나, **에탄**에는 2개, **프로판**에는 3개가 있다.

프로판
(C₃H₈)

하나의 탄소원자를 가지고 있는 분자로 이루어진 화합물의 명칭은 'meth'로 시작한다. 탄소원자가 2개인 분자는 'eth'로 시작하며 3개인 경우는 'prop'으로 시작한다. 각 동족계열에 속하는 화합물은 화학적인 특징은 비슷하지만 분자의 크기가 커짐에 따라서 물리적인 특징은 기체에서 액체, 액체에서 고체로 변한다.

사진 속의 발레슈즈에 사용된 염료는 콜타르에 들어 있는 **아닐린**이라는 유기화합물로 만든 것이다.

## 공유결합

공유결합(75쪽 참조)은 가장 바깥껍질의 전자를 공유하는 원자 간의 강한 결합을 일컫는 말이다.

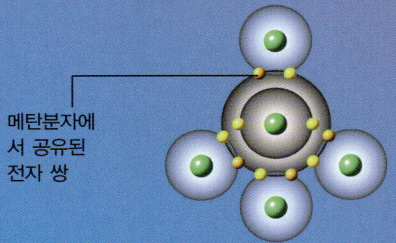

메탄분자에서 공유된 전자 쌍

탄소원자 하나는 4개의 다른 원자와 결합할 수도 있고, 이것의 두 배, 세 배가 되는 원자와 결합하기도 한다. **단일결합**에서 원자 한 쌍은 전자 한 쌍을 공유하고, **이중결합**에서는 두 쌍, **삼중결합**에서는 세 쌍의 전자를 공유한다. 유기분자 도표에서는 이런 결합을 원자 사이에 선으로 이어서 나타낸다.

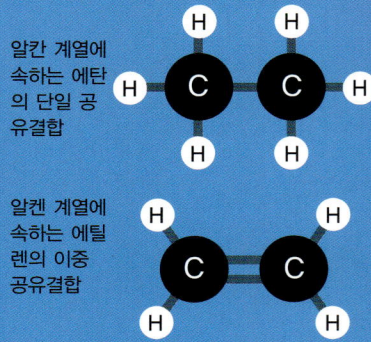

알칸 계열에 속하는 에탄의 단일 공유결합

알켄 계열에 속하는 에틸렌의 이중 공유결합

탄소원자는 긴 사슬이나 원형을 이루면서 결합할 수 있기 때문에 유기화합물의 수가 아주 많다.

## 불포화상태

이중, 혹은 삼중 결합구조를 가진 유기화합물을 **불포화상태**라고 한다. 이런 화합물은 결합 중 하나가 끊어져 다른 원자와 결합할 수 있다. 이런 반응을 **첨가반응**이라고 한다.
불포화화합물은 포화화합물(오른쪽 참조)보다 반응성이 크다.

### 첨가반응

에틸렌이 브롬과 반응하면 원래의 이중구조 중 하나가 열리면서 브롬원자가 들어올 공간을 내준다.

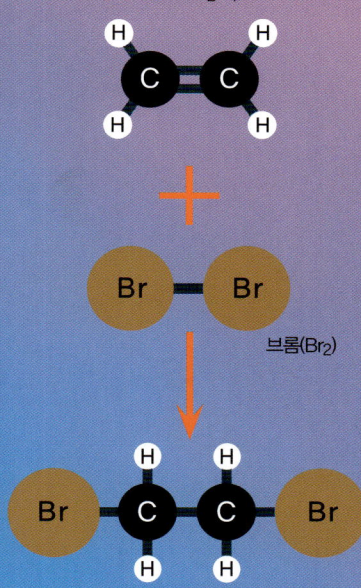

에틸렌($C_2H_4$)

브롬($Br_2$)

1,2-디브로모에탄($CH_2BrCH_2Br$)

$$C_2H_4+Br_2 \rightarrow CH_2BrCH_2Br$$

에틸렌과 브롬이 반응해서 1,2-디브로모에탄이 만들어지는데, 이 물질은 해충제나 쥐약에 사용된다.

화학자들이 비타민제를 만들 때 유기화합물에서 자연적으로 발생되는 비타민의 구조를 본떠 만든다.

알약이 담겨 있는 사진과 같은 용기를 블리스터 포장이라고 한다.
이것은 인공 유기화합물인 PVC(염화비닐)와 같은 물질로 만들어진다.

## 포화상태

단일결합구조를 가진 유기화합물은 **포화상태**, 혹은 꽉 찬 상태라고 한다. 이런 화합물에는 다른 원자와 합쳐질 수 있는 결합이 없기 때문이다.
포화유기화합물이 다른 화합물과 반응하면 포화유기화합물의 탄소원자와 결합한 수소원자가 다른 원자로 대체된다. 이를 **치환반응**이라 한다. 디클로로디플루오로메탄($CCl_2F_2$)은 메탄($CH_4$)에 있는 수소원자를 염소(Cl)와 불소(F)로 치환하는 것을 예로 들 수 있다.

$$CH_4+2Cl_2+2F_2 \rightarrow CCl_2F_2+2HF+2HCl$$

분사식 스프레이에 들어 있는 압축 불활성 가스는 예전에는 디클로로디플루오로메탄으로 만들었다. 이 물질은 프레온가스(CFC-염소, 불소, 탄소로 이루어진 화합물)로 오존층을 파괴한다는 사실이 밝혀졌다. 그 이후 다른 압축 불활성 가스가 사용되고 있다.

## 합성유기화합물

여러 가지 유기화합물이 반응하는 방식을 연구해서 화학자들은 자연적으로 존재하는 물질을 합성해서 실험실에서 만들 수 있게 되었다. 또 완전히 새로운 인공유기화합물을 만들어 내기도 한다.

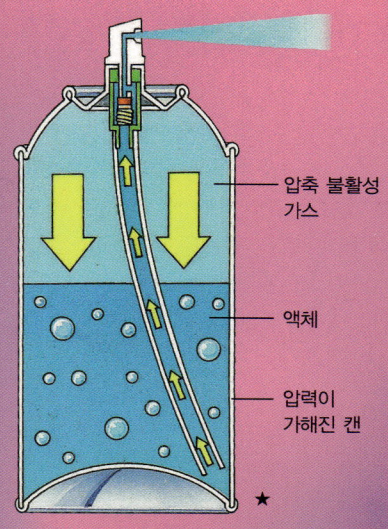

압축 불활성 가스

액체

압력이 가해진 캔

★

분사식 스프레이 캔의 단면도

링크
93

**유용한 인터넷 링크**

www.usbornequicklinks.com

**Web 1** 유기분자를 포함해 다양한 입체 분자모형을 보면서 공부해보자.
**Web 2** 탄소의 구조와 공식을 예로 들면서 유기화학에 대해 설명하는 글을 읽어보자.
**Web 3** 유기화학에 관한 질문 목록을 살펴보자.
**Web 4** 최초의 합성유기화합물과 이것을 발명한 사람에 대해 알아보자.
**Web 5** 페인트와 이 속에 들어 있는 화합물에 대해 알아보자.

## 알코올

알코올은 탄소와 산소, 수소원자로 이루어진 유기화합물이다. 알코올은 화학적 특징이 비슷한 화합물을 통틀어 일컫는 하나의 **동족계열**이다. 알코올 속의 산소와 수소원자는 알코올의 특징을 부여하는 **수산기(하이드록시기)**를 구성한다.

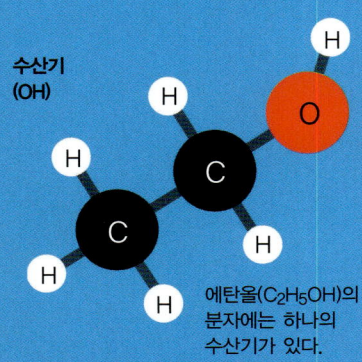

수산기 (OH)

에탄올($C_2H_5OH$)의 분자에는 하나의 수산기가 있다.

링크 94

제조업에서 **에탄올은** 발효(아래 참조)를 통하거나 에틸렌($C_2H_4$)을 증기와 반응시켜서 만든다.

$$C_2H_4 + H_2O \rightarrow C_2H_5OH$$

에탄올은 페인트나 니스(광택제), 향수의 용매로 쓰인다. 와인이나 맥주와 같은 주류에도 에탄올이 포함되어 있다.

## 발효

**발효**는 수천 년간 알코올 음료를 만드는 데 이용된 화학반응이다. 오늘날에는 에탄올을 만드는 중요한 산업 공정 중 하나이기도 하다.
진균류의 일종인 효모(이스트)는 발효를 일으키는 물질이다. 효모는 생명체의 화학반응을 촉진하는 촉매인 **효소**를 만들어낸다. 효소가 과일이나 곡물 속의 당을 에탄올과 이산화탄소로 전환시킨다.

## 유기산

산성을 띠는 유기화합물을 **유기산**이라고 한다. 유기산은 리트머스 종이를 붉게 물들이거나 염기와 반응하면 염류를 형성하는 등 일반적인 산과 같은 반응을 보인다.
유기산은 알코올을 산화(산소를 첨가함)해서 만든다. 그 예로 지난 수천 년 동안 에탄올이 들어 있는 와인을 산화시켜서 아세트산을 형성하는 방식으로 식초를 만들어왔다.

## 유기산의 종류

식초의 신맛을 내는 아세트산이나 일부 개미의 침의 독성분인 **포름산**과 같은 것이 유기산이다. 유기산은 그 대부분이 **카르복시산**이므로 좁은 의미로 카르복시산이라 한다.
카르복시산은 **지방산**이라고 하는 천연기름이나 지방에 함유되어 있다.

코코넛 기름에는 로르산, 또는 도데카노산이라고 하는 지방산이 함유되어 있다.

이 개미는 카르복시산의 일종인 폼산으로 된 독을 뿜으려 하고 있다.

아세트산은 폴리에스테르를 제조하는 데 사용된다. 폴리에스테르는 아주 가늘게 뽑아서 물을 들여 재봉용 실을 만들기도 한다.

## 세제

**세제**란 기름때, 먼지 등 더러움을 씻어내기 위한 물질을 일컫는다. 세제는 물분자의 인력을 줄여서 빨랫감 전체에 물이 잘 퍼지도록 해준다. 빨래를 할 때 물에 탄력 있는 거품이 생기는 것은 분자 간의 인력을 잃었기 때문이다.

세제가 없으면 물분자는 넓게 잘 퍼지지 않는다. 거품이 생기면 금방 터져버린다.

**비누**는 지방산을 함유하고 있는 식물성 기름으로 만든 일종의 세제이다. 기름에 알칼리성인 수산화나트륨을 넣고 끓이면 수산화나트륨과 지방산이 반응해서 염류를 형성하는데, 이것이 바로 비누이다.

### 세제가 작용하는 방식

세제는 한쪽 끝에 전하를 가지고 있는 이온으로 만들어져 있다. 전하가 있는 끝 부분은 물의 인력에 끌어당겨지고, 다른 끝 부분(꼬리)은 기름때에 붙는다.

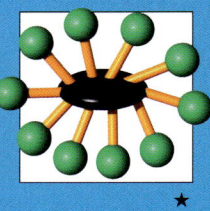

이온의 꼬리가 기름때에 붙어서 물과 기름때 사이에 교상결합을 이룬다. 이온이 가지고 있는 물에 대한 인력이 빨랫감에서 기름때를 떼어낸다.

합성세제는 비누와 같은 방식으로 작용한다. 하지만 이 세제는 비누와 반응해서 앙금을 만드는 센물 속의 칼륨이온이나 마그네슘이온의 영향을 받지 않는다.

## 직접 해보자

세제가 작용하는 방식을 살펴보자. 그릇에 물을 담고 땀띠용 파우더를 표면에 뿌리자. 파우더가 물의 표면에 둥둥 뜨는 것을 볼 수 있다.

이 위에 설거지용 세제를 그릇 한가운데 한 방울 떨어뜨리고 나서 일어나는 현상을 관찰해보자.

세제가 떨어진 곳의 물은 파우더를 끌어당기는 힘이 줄어든다. 그러나 주변에 있는 물의 힘은 그대로이다. 그래서 파우더는 더 강하게 당기는 힘을 가진 물에 의해서 바깥쪽으로 끌어당겨진다.

## 에스테르

카르복시산이 알코올과 반응하면 **에스테르**라는 화합물과 물이 생긴다. 에스테르는 과일과 꽃에 향기나 냄새가 나게 하는 물질이다. **지방**과 **기름**은 글리세롤이 지방산과 결합해서 형성된 에스테르이다.

이 그림은 장미에 들어 있는 에스테르가 어떻게 공기 중으로 분산되는지 보여준다. 향기를 측정하기 위해서 금속으로 된 기구를 사용한다. 대부분의 에스테르가 포함되어 있는 부분은 분홍색으로 나타냈다.

## 유용한 인터넷 링크

www.usbornequicklinks.com

Web 1 유기산과 알코올, 에스테르에 관한 애니메이션을 살펴보자.
Web 2 화학자들이 어떻게 합성 향료를 만드는지에 관한 글을 읽어보자.
Web 3 비누로 몇 가지 실험을 해보자. 비누와 세제에 관한 재미있는 사실을 관찰해보자.
Web 4 비누의 역사에 대해 알아보자.
Web 5 일상생활에 쓰이는 유기화학물질에 관한 글을 읽어보자.
Web 6 양조와 제빵에서 발효의 역할에 대해 알아보자.

# 알칸 계열과 알켄 계열
## Alkanes and Alkenes

알칸 계열은 지각에 있는 원유와 천연가스에 존재하는데 여기에 속하는 많은 물질이 연료로 사용된다. 알켄 계열은 자연적으로 그리 많은 양이 존재하지는 않아 알칸 분자를 분해해서 만든다. 이 두 물질은 모두 탄화수소의 동족계열이다.(98쪽 유기화합물 참조)

프로판 연료(알칸 계열)가 이 통에 들어 있다.

알칸 계열의 프로판은 열기구 풍선 속의 공기를 데우는 연료로 사용된다.

### 알칸 계열
**알칸 계열**은 포화화합물에 속하는 동족계열이다. 즉 알칸의 탄소원자는 단일 공유결합으로 고정되어 있다.

알칸 계열 물질의 명칭은 모두 'ane'로 끝난다. 메탄처럼 분자가 작은 물질은 기체 형태지만 분자가 큰 물질은 액체의 형태를 띤다. 탄소원자가 16개 이상인 알칸 계열 물질은 고체이다.

### 알칸 계열 물질의 쓰임새
알칸 계열은 쉽게 타기 때문에 연료로 이용된다. 휘발유는 알칸 계열 물질의 혼합물이며, 프로판과 부탄도 압력을 가한 뒤 운반할 수 있는 통에 액체로 저장해서 이동 주택이나 캠프용 난로에 사용된다.

알칸 계열은 다른 유기물질을 만드는 데 사용되기도 한다. 그 한 예로 메탄 속의 수소원자로 염소와 불소를 대체해서 **프레온가스**(CFC)이라는 화합물을 만들기도 한다. 그러나 이 물질은 대기에 유해하기 때문에 대부분 사용하지 않는다.

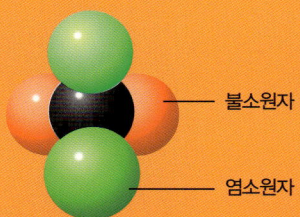

불소원자

염소원자

위의 분자는 디클로로디플루오로메탄(CFC)이다. 이 물질은 냉장고나 자동차의 에어컨 장치의 냉각제로 사용된다.

메탄은 천연가스에 존재하는 주된 화합물로 취사나 난방용 연료로 사용된다.

비행기는 알칸 계열 물질의 혼합물인 등유를 연료로 사용한다. 등유는 석유를 분별증류해서 만든다.

제트기(분사추진식 비행기)에는 엄청난 양의 연료가 들어간다. 보잉747이라는 비행기는 215,000ℓ 이상을 운반할 수 있는데, km당 연료 11ℓ를 쓴다.

케로신은 다른 연료와 달리 높은 고도의 매우 낮은 온도에서도 잘 타기 때문에 제트엔진(분사추진식 엔진)에 적합하다.

## 알켄 계열

**알켄 계열** 물질은 탄화수소의 동족계열로 이 물질의 분자는 이중공유결합 구조를 하고 있다.(98쪽 참조) 알켄 계열 화합물의 명칭은 'ene'로 끝난다. 에틸렌(C₂H₄)은 계열 중 첫 번째 물질이다. 알켄 계열 물질은 적어도 2개 이상의 탄소원자를 가지고 있어서 이중결합구조를 만들기 때문에 'meth'로 시작하는 알켄 계열 물질은 없다.(98쪽 참조)

아래 그림표는 알켄 계열의 첫 번째와 두 번째 화합물의 분자구조를 보여준다.

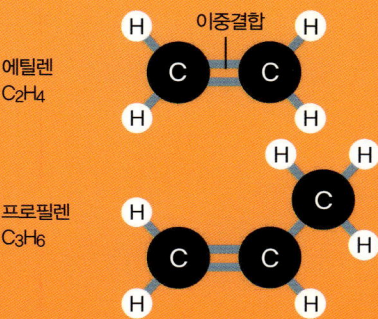

에틸렌
C₂H₄

이중결합

프로필렌
C₃H₆

알켄 계열 물질은 불포화화합물로 알칸 계열보다 반응성이 높다. 알켄 계열 물질은 탄소원자 사이의 이중결합 중 하나가 끊어지면서 다른 원자와 결합하는 첨가반응을 할 수 있다. 알켄 계열 물질은 다양한 분자와 결합해서 폴리에틸렌과 같은 합성수지를 만드는 산업에 사용되기도 한다.

플라스틱으로 된 빨래집게. 플라스틱은 에틸렌과 같은 화합물의 분자를 이용한 첨가 반응으로 만든다.

경주용 자동차는 플라스틱에 합성섬유를 넣어서 강화한 아주 강하고 단단한 케블라 섬유로 만든다. 이 물질은 금속보다 훨씬 가볍다.

## 수소 첨가

**수소 첨가**란 수소원자가 알켄 계열과 같은 불포화 분자에 더해져서 이중공유결합을 채우는 첨가 반응을 말한다. 이렇게 만들어진 새 화합물은 단일 공유결합구조를 가진 포화상태가 된다.

에틸렌과 수소가 반응해서 에탄을 만든다. 수소가 이중공유결합에서 남는 결합의 자리를 채운다.

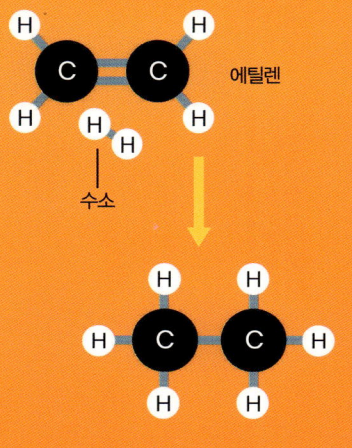

에틸렌

수소

에탄은 알칸 계열로 포화화합물이다.

### 직접 해보자

마가린은 버터(대부분 포화화합물로 되어 있다)보다 불포화화합물을 더 많이 함유하고 있다.
우리의 몸은 포화화합물을 혈관을 막는 콜레스테롤의 일종으로 바꾸기 때문에 과학자들은 이 물질이 몸에 나쁘다고 생각한다. 마가린에는 불포화화합물이 많아 이런 위험이 없을 것 같지만 수소 첨가 과정에서 트랜스지방이 생긴다. 트랜스지방 섭취량이 많으면 심혈관 질환의 위험이 크기 때문에 많이 먹는 것은 몸에 좋지 않다.

식품과학자들은 올리브오일과 같은 특정한 식물성 기름에서 마가린을 만들기 위해서 수소 첨가의 원리를 이용하기도 한다. 이 오일에는 알켄 계열 물질이 들어 있다.

오일이 뜨겁고 압축되어 있는 상태에서 수소를 첨가해 마가린을 만든다. 그러면 내부의 결합이 일부 깨지면서 열려 수소원자가 새로운 결합의 일부로 들어간다. 이런 과정을 통해 액체였던 오일이 고체 상태로 변한다.

땅콩기름은 알칸 계열 물질로 되어 있어 이것으로 마가린을 만든다.

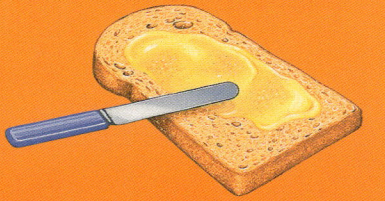

링크 97

식물성 기름에 수소를 많이 첨가할수록 스프레드는 딱딱해져서 빵에 바르기 힘들다.

### 유용한 인터넷 링크

www.usbornequicklinks.com

**Web 1** 알칸 계열과 알켄 계열에 대해 유용한 정보가 있는 웹사이트를 방문해보자.

**Web 2** 알칸 계열과 알켄 계열에 관한 더 많은 정보를 찾아보자.

**Web 3** 프레온가스가 대기에 어떤 나쁜 영향을 끼치는지 그림으로 살펴보자.

**Web 4** 탄화수소의 특징과 쓰임새를 포함한 상세한 정보를 알아보자.

**Web 5** 수소 첨가와 마가린의 제조에 관한 글을 읽어보자.

**Web 6** 유기화합물을 명명하는 기본적인 원칙을 복습하고 퀴즈를 풀어보자.

**Web 7** 케블라 섬유와 다른 합성수지가 자동차 경주에서 어떻게 이용되는지 알아보자.

# 원유 Crude Oil

**원유는** 난방용 기름이나 휘발유, 가스는 물론 산업용으로 쓰이는 다양한 화학물질을 얻을 수 있는 원료를 말한다. 원유는 탄소와 수소만으로 형성된 유기화합물인 탄화수소의 혼합물이다. 이 혼합물 속의 다양한 화합물은 정유공장에서 분별증류라는 공정을 통해서 분리된다.

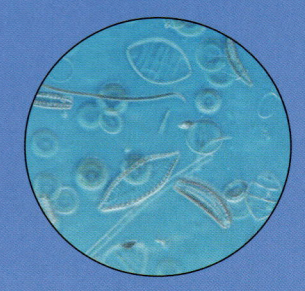

석유를 형성한 아주 작은 유기체는 오늘날 바다에 사는 플랑크톤과 유사한 모습을 하고 있다.

링크 98

사진과 같은 석유 굴착용 플랫폼은 해저 아래 있는 매장물을 캐내기 위해서 구멍을 뚫는 용도로 이용된다.

## 석유와 가스는 어떻게 만들어질까?

원유와 천연가스를 **화석연료**라고 한다. 이런 연료는 수백만 년 전 바다에 살았던 아주 작은 유기체의 사체로 만들어진 것이다. 이들 유기체가 죽자 사체가 바다 아래 바닥에 가라앉았고, 그 위로 모래와 진흙이 덮이면서 묻혔다. 모래와 진흙이 층층이 쌓이면서 암반이 되고, 이 미세한 유기체가 안에서 썩어 석유와 가스를 형성한 것이다.

## 해저의 석유

공급되는 전체 석유의 1/3에 가까운 양이 해저에 묻혀 있다. 석유와 가스는 **레저부아**라는 오목하게 둘러싸인 부분에 매장되어 있다. 레저부아는 작은 구멍이 많은 암반(투과성 암반)에 주로 분포하며, 해저 수백 미터에 이르는 곳에서 발견되는 경우도 있다.

석유를 추출하려면 먼저 왼쪽 사진과 같은 거대한 석유 굴착용 플랫폼을 바다에 세운다. 그리고 이곳에서 해저의 레저부아에 이르는 유정을 파내려간다. 설비가 완료되면 석유가 레저부아에서 플랫폼까지 파이프를 통해 끌어올려진다.

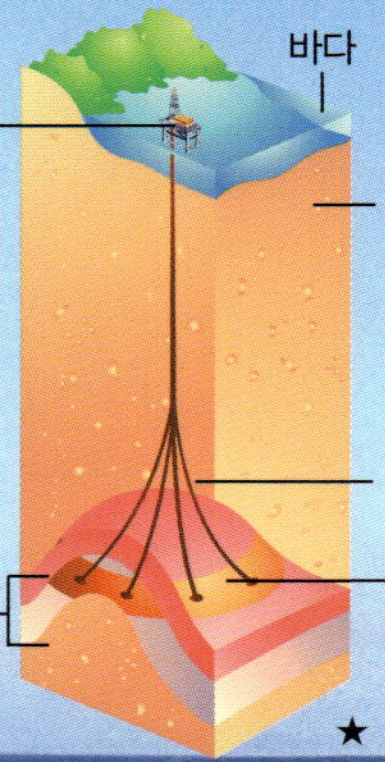

굴착 파이프

바다

석유 굴착용 플랫폼

해저

이 그림에는 한 플랫폼에서 파내려간 4개의 유정이 보인다.

유정

석유 레저부아

암반층

★

## 분별증류

**분별증류**는 혼합물을 끓여서 끓는점 차이에 의해 물질을 분리해내는 방법이다. 석유공장에서는 340℃에서 원유 속의 화합물이 가스가 될 때까지 가열한다. 가스는 **증류탑**으로 파이프를 통해서 빠져나간다. 탑을 올라가는 동안 이 가스를 식혀서 액체로 만들어 모은다.

석유공장의 증류탑

분자가 크고 무거운 화합물은 끓는점이 높아 먼저 액화되어 증류탑의 아랫부분에 모인다. 상대적으로 작고 가벼운 분자의 화합물은 끓는점이 낮아서 액화되기 전에 탑의 높은 곳까지 올라간다. 각 단계에서 액화된 화합물이 혼합된 것을 **유분**이라고 한다.

원유가 데워지는 용광로-이 부분에서 원유가 끓을 때까지 가열하고, 그 합성물은 가스가 된다.

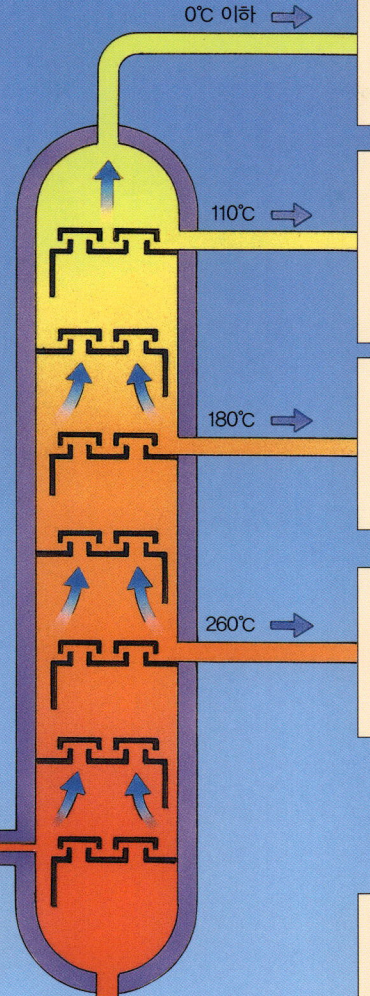

증류탑

0℃ 이하

110℃

180℃

260℃

500℃

**정유가스**
분자당 탄소원자가 1~4개까지 들어 있다. 난방과 취사를 위한 연료로 이용된다.

**가솔린(휘발유)**
분자당 탄소원자가 5~12개까지 들어 있다. 휘발유나 약품, 합성수지, 페인트와 다양한 화학물질을 만드는 데 쓰인다.

**등유**
분자당 탄소원자가 9~15개까지 들어 있다. 난방, 점등, 제트기 연료 등으로 사용된다.

**디젤유**
분자당 탄소원자가 12~25개까지 들어 있다. 트럭이나 기차의 연료로 사용된다.

링크
99

**잔여 물질**
분자당 탄소원자가 20~40개까지 들어 있다. 난방용 기름이나 양초의 밀랍, 광택제, 윤활유, 도로를 포장하는 역청(아스팔트 등)으로 쓰인다.

## 열분해(크래킹)

**열분해**란 알칸 계열의 데칸처럼 분자가 큰 화합물을 연료나 화학산업에서 더 유용하게 사용할 수 있는 작은 분자를 가진 화합물로 전환하는 방법을 말한다.

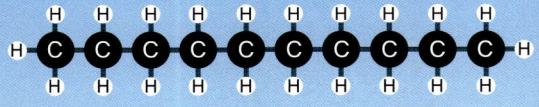
데칸(C$_{10}$H$_{22}$)

가열해서 증기와 촉매를 섞으면 큰 분자가 깨지면서 작고 가벼운 분자를 형성한다.

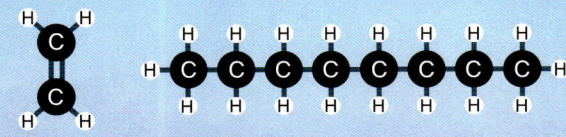
에틸렌(C$_2$H$_4$)    +    옥탄(C$_8$H$_{18}$)

**유용한 인터넷 링크**

www.usbornequicklinks.com

**Web 1** 원유는 어떻게 형성되고, 어디서 주로 발견되는지, 그리고 앞으로 얼마나 더 쓸 수 있을지 애니메이션으로 알아보자.
**Web 2** 원유와 원유가 정유되는 방법에 대해 게임을 통해 알아보자.
**Web 3** 석유공장과 굴착 플랫폼을 가상으로 여행하면서 석유에 관한 정보를 알아보자. 제공되는 영상도 관찰해보자.
**Web 4** 화석연료의 생성과정과 제조과정, 사용에 이르기까지 상세한 내용을 그림과 퀴즈로 공부해보자.

105

# 중합체와 합성수지 Polymers and Plastics

**중합체**란 여러 개의 작은 분자가 결합해 긴 사슬 모양을 이룬 물질을 말한다. 합성수지나 **나일론** 같은 합성섬유는 원유 속의 화학물질로 만든 중합체의 일종이다. 합성 중합체는 물론 고무나 녹말, 양모(울), 비단, 인간의 머리카락과 같은 천연 중합체도 있다.

녹인 중합체를 틀에 부어서 합성수지로 된 공을 만든다. 식으면서 이 모양 그대로 굳어진다.

## 합성수지 만들기

**합성수지**는 모양을 쉽게 만들 수 있는 합성 중합체로 원유에 있는 유기화합물로 만들어진다. 폴리에틸렌이나 PVC(피브이시, 폴리염화비닐), 폴리스티렌처럼 합성수지는 알켄이라는 유기화합물에 속하는 에틸렌으로 만들어지는 경우가 많다.

링크 100

PVC로 된 음료 병은 가볍고 잘 깨지지 않는다.

폴리에틸렌으로는 음식을 싸는 얇은 랩을 만들기도 한다.

폴리에틸렌과 폴리스티렌은 모양 틀에 부어서 컵 같은 물건을 만들기도 한다.

### 직접 해보자

직접 중합체를 만들어보자. 컵에 물을 1큰술 넣고, 달걀흰자 1작은술과 베이킹소다 1작은술을 넣고 잘 섞는다. 이 위에 구연산 1작은술을 뿌린 뒤 잘 젓는다.
베이킹소다가 구연산과 반응해서 이산화탄소 기체가 든 방울을 발생시키면서 이 혼합물을 거품으로 만든다. 이런 현상이 일어나면서 달걀흰자 속의 단위체가 결합해서 중합체를 형성한다.

중합체를 먹지 마세요! 배탈이 날 수 있습니다.

## 중합반응

분자가 결합해서 중합체를 만드는 것을 **중합반응**이라 한다. 중합체를 구성하는 작은 분자는 **단위체(모노머, monomer)**라고 한다.

열과 압력, 촉매를 이용하면 에틸렌의 단위체가 서로 반응하게 할 수 있다. 에틸렌 분자의 이중 결합구조가 열리면서 탄소원자가 결합해 긴 사슬을 이루는데, 이것이 곧 **폴리에틸렌**의 커다란 분자이다.

단위체 속의 일부 원자를 바꾸어서 다양한 합성수지를 만들 수 있다. 에틸렌의 수소원자를 염소원자로 치환하면 염화비닐 단위체가 만들어진다. 긴 사슬 모양을 이룬 염화비닐 단위체는 **PVC**(피브이시, 폴리염화비닐)를 형성한다.

염화비닐

### 폴리에틸렌 만들기

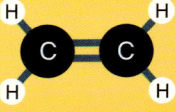

에틸렌($C_2H_4$)의 각 단위체에는 2개의 탄소원자가 이중결합으로 연결되어 있다.

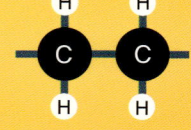

이중결합이 열리면서 다른 단위체와 결합해 중합체가 형성된다.

폴리에틸렌의 큰 분자에 들어 있는 탄소원자는 2만 개에 이른다.

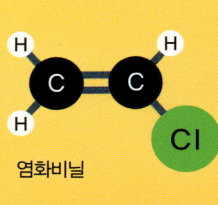
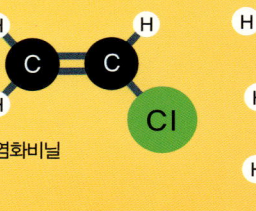

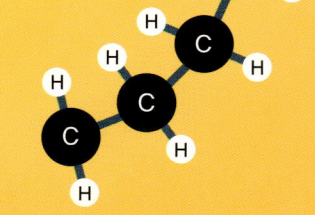

PVC는 가볍고 오래가며 색을 입히기도 쉽다. 사진 속의 곡예도구는 PVC의 이런 장점을 모두 살렸다.

## 합성수지의 종류

합성수지는 두 가지로 나눌 수 있다. **열가소성수지**는 녹여서 다시 사용할 수 있으며, **열경화성수지**는 모양을 한 번만 만들 수 있다.

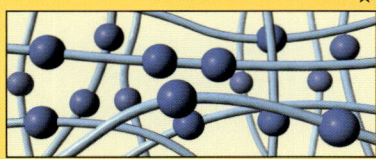

열가소성수지 속의 단위체 사슬은 서로 연결되어 있지 않다.

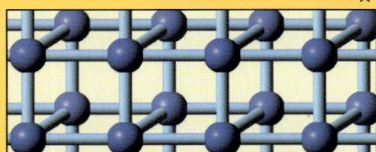

열경화성수지 속의 단위체는 서로 단단히 결합되어 있다.

열가소성수지는 탄력이 있지만 열에 약하다. 폴리에틸렌이나 폴리스티렌, 나일론, **폴리에스테르** 섬유는 열가소성수지에 속한다. 이 합성수지는 광 범위하게 재 활용된다.

의류에 사용되는 섬유는 열가소성수지를 재활용해서 만들기도 한다.

열경화성수지는 견고한 구조로 되어 있어서 단단하고 열에도 강하다. 컵 이나 접시, 주방용품 표면용으로 쓰이는 멜라민은 열경화성수지이다.

그림 속의 드릴과 같이 전기기구를 보호하는 케이스는 열가소성수지를 유리섬유로 강화해서 만드는 경우가 많다. 이런 케이스는 튼튼하고 가벼우며 전기가 통하지 않는다.

## 합성섬유

일부 합성수지는 섬유로 뽑아서 사용하기도 한다. 이렇게 섬유로 만드는 합성수지에는 나일론, 폴리에스테르, 아크릴이 있다. 이런 물질은 실 모양으로 가공해서 직물을 짤 수 있어서 양모나 면사 같은 천연섬유와 섞어서 옷이나 카펫, 밧줄, 돛이나 낙하산을 만드는 튼튼한 천을 만들기도 한다.

사진에서 수영하는 사람이 입고 있는 옷은 튼튼하고 가벼우며 탄력 있는 합성섬유로 만든 것이다. 이 물질은 물을 품지 않기 때문에 젖어도 무겁지 않다.

합성섬유는 양모나 면 같은 천연섬유 보다 가볍고 질기다. 길게 만들려면 실을 자아야만 하는 천연섬유와는 달리 합성섬유는 아주 긴 실을 바로 뽑아낼 수 있다.

이 그림은 스타킹에 들어 있는 나일론 섬유를 현미경으로 찍은 사진이다. 나일론은 카르복시산과 아민을 반응시켜서 만든 합성수지이다.

## 천연중합체

중합체가 모두 합성인 것은 아니다. 합성수지가 발명되기 전에는 양모나 식물섬유(면사나 황마)와 같은 섬유로 직물을 짰다. 합성수지처럼 천연중합체 역시 단순한 분자가 사슬을 이룬 구조를 하고 있다. 우리 몸속의 단백질 역시 천연중합체의 일종이다.

고무는 고무나무 껍질 밖으로 흘러나오는 우윳빛 액체인 **라텍스**라는 천연중합체로 만든다. 이 고무에 황을 넣고 가열해서 강화하기도 한다. 이런 고무를 **가황고무**라 하며 타이어를 만드는 데 주로 쓰인다.

라텍스는 고무나무에서 만들어지는 천연중합체로, 나무 옆에 용기를 고정해서 모은다. 라텍스를 이용해서 장화처럼 질기고 방수가 되는 물건을 만든다.

링크 101

### 유용한 인터넷 링크
www.usbornequicklinks.com

**Web 1** 천연중합체와 합성중합체에 대해 공부해보자.
**Web 2** 중합체에 관한 풍부한 정보를 알아보자.
**Web 3** 합성수지와 중합체에 대해 전반적으로 설명한 글을 읽어보자.
**Web 4** 동영상과 애니메이션, 퀴즈를 통해서 합성수지의 역사와 화학, 쓰임새에 대해 알아보자.
**Web 5** 아주 질긴 케블라 섬유와 총알도 막아내는 놀라운 물질에 대해 알아보자.
**Web 6** 온라인으로 가상 여행을 하면서 비닐에 대해 알아보자.

# 합성수지의 용도 Using Plastics

**합성수지는** 그 용도가 매우 다양하여 다양한 종류의 기구와 장난감, 도구, 장치를 만드는 데 사용된다. 일상에서 흔히 볼 수 있는 합성수지의 예와 어떻게 사용되는지에 대해 알아보기로 하자.

합성수지는 전기가 통하지 않아서 컴퓨터 케이블과 같은 물건을 안전하게 감싸는 용도로 사용된다.

## 최초의 플라스틱

최초의 플라스틱은 150여 년 전에 만들어졌다. 초기 실험에서 셀룰로이드가, 이어서 베이클라이트가 개발되었다. 20세기 초반에는 베이클라이트가 라디오나 전화기 등을 만드는 데 이용되었다.

베이클라이트는 무겁기 때문에 더 가벼운 합성수지가 개발되어 대체되었다.

이 핸드폰 케이스는 폴리프로필렌으로 만들어져서 가볍다.

## 폴리에틸렌

**폴리에틸렌은** 1930년대에 처음 만들어졌다. 폴리에틸렌은 두껍고 부피가 있는 모양으로도 만들 수 있고, 종이처럼 얇게 뽑아낼 수도 있다. 폴리에틸렌으로는 튼튼한 양동이에서 가벼운 쇼핑백까지 다양한 물건을 만들 수 있다.

링크 102

베이클라이트로 만들어진 1930년대 전화기

폴리에틸렌은 모양을 만들기 쉽고 떨어뜨려도 깨지지 않기 때문에 일상생활용품을 만들기에 적합하다.

폴리에틸렌은 방수가 되기 때문에 사진 속의 오리처럼 목욕용 장난감을 만들기에 좋다.

사진 속의 폴리에틸렌 오리는 어린이들이 사용해도 안전하다. 그러나 일부 합성수지는 씹으면 유독성 물질이 나오기 때문에 장난감으로는 절대 사용되지 않는다.

### 직접 해보자

주변에서 흔히 볼 수 있는 물건의 대부분은 일부가 합성수지로 되어 있거나, 합성수지로 포장이 된 경우가 많다. 지금 주변을 둘러보자. 분명히 아주 다양한 종류의 합성수지를 발견할 수 있을 것이다.

## 폴리스티렌

**폴리스티렌**은 단단하게 고정되는 합성수지이다. 이 물질로는 가벼운 발포체를 만들 수 있는데, 이것은 아주 좋은 절연체이다. 이 발포체는 음식이나 깨지기 쉬운 기구를 포장하는 데 사용된다.

폴리스티렌 포장은 음식을 따뜻하게 유지해준다.

폴리스티렌 컵

## 복합재

오늘날 사용되는 합성섬유는 몇 가지를 섞어서 **복합재**라는 훨씬 더 튼튼한 물질로 개량하기도 한다. 복합재는 어떤 물질보다 가벼우면서도 강도가 높으므로 우주선, 항공기, 자동차 컴포넌트, 스포츠용품 등에 사용된다.

윈드서핑용 보드는 탄소나 다른 합성섬유로 강화한 합성수지로 만든다.

윈드서핑에 쓰이는 돛은 강도가 매우 높고 가벼운 '마일라' 라는 합성수지로 만든다.

원격으로 조종할 수 있는 이 기계는 수중촬영과 표본채집에 이용된다. 합성수지로 만들어져서 부식되지 않는다.

비디오카메라에 투명하고 깨지지 않는 PVC 덮개를 부착했다.

## 우주에서 사용되는 합성수지

1950년대에 우주탐험이 시작된 이래로, 우주비행사를 보호해줄 수 있는 가볍고 튼튼한 새로운 직물을 개발하기 위한 연구가 계속 이루어져 왔다. 이런 연구 덕분에 개발할 수 있었던 합성수지에 대한 그림과 설명이다.

우주복은 극도의 추위나 더위를 견딜 수 있도록 8~9겹의 합성수지 층으로 되어 있다.

우주복의 외부 표면은 케블라 섬유라는 아주 강한 합성섬유로 되어 있다.

우주복 속에는 나일론과 폴리에스테르 섬유 혼합물에 폴리우레탄이 덧대어 있다.

'마일라' 라는 합성 피륙층은 추위를 막기 위한 단열재 역할을 한다.

## 합성수지로 된 보호장구

합성수지는 충격을 이길 수 있게 튼튼하면서도 사람이 쓰거나 입을 수 있을 만큼 가볍기도 해서 보호용 헬멧을 만들기에 안성맞춤이다.

미식축구 헬멧은 폴리탄산에스테르(폴리카보네이트)로 만들어진다.

강철로 된 얼굴 가리개는 폴리비닐로 코팅되어 있다.

자동차경주 운전자가 쓰는 헬멧은 케블라 섬유로 강화한 열경화성 합성수지로 만들어진다. 장갑은 노멕스라는 불에 타지 않는 합성수지로 만들어진다.

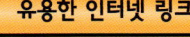

링크
103

### 유용한 인터넷 링크

www.usbornequicklinks.com

**Web 1** 가상 실험실에서 직접 합성수지를 만들어보자. 또 합성수지 전문가도 만나보자.
**Web 2** 합성수지를 포함한 다양한 물질을 이용해서 어떻게 유용한 물건을 만드는지 퀴즈 게임을 해보자.

## 복습해봅시다

**1.** 다음 중 혼합물이 아닌 것은?
(64쪽)
① 공기
② 바닷물
③ 이산화탄소

**2.** 염료를 분리할 수 있는 방법은?
(66-67쪽)
① 증류
② 여과
③ 크로마토그래피

**3.** 불용성 고체를 액체에서 분리할 수 있는 방법은? (66쪽)
① 증발
② 여과
③ 크로마토그래피

**4.** 가용성 고체를 액체에서 분리할 수 있는 방법은? (66쪽)
① 증발
② 여과
③ 크로마토그래피

**5.** 대기에서 가장 양이 많은 기체는? (68쪽)
① 이산화탄소
② 질소
③ 산소

**6.** 오존은 [    ]의 한 형태이다.
(71쪽)
① 질소
② 산소
③ 아르곤

**7.** 다음 중 어떤 기체가 많이 모이면 온실효과가 나타나는가? (71쪽)
① 이산화탄소
② 산소
③ 아르곤

**8.** 서로 다른 원소의 원자가 결합하면 어떤 것이 생성되는가? (72쪽)
① 새로운 원소
② 화합물
③ 혼합물

**9.** 다음 중 화합물이 아닌 것은?
(73쪽)
① 유리
② 소금
③ 탄소

**10.** 원자끼리 서로 붙어 있도록 하는 힘을 결합이라고 한다. 다음 중 결합의 일종이 아닌 것은? (75-77쪽)
① 공유
② 원자가
③ 이온

**11.** 두 번째 전자껍질은 전자를 몇 개까지 가질 수 있는가? (74쪽)
① 2개
② 18개
③ 8개

**12.** 공유결합 물질은 [    ]
(75쪽)
① 물에 녹는다.
② 전기를 전도한다.
③ 실온에서 액체나 기체의 형태를 띤다.

**13.** 원자가 전자를 잃으면 무엇이 되는가? (76쪽)
① 음이온
② 양이온
③ 이온 격자

**14.** 다음 중 틀린 것은? (78쪽)
① 물의 화학적인 명칭은 산화수소이다.
② 물은 기체, 액체, 고체의 세 가지 형태로 존재할 수 있다.
③ 얼음은 물보다 밀도가 높다.

**15.** 주변으로 열을 방출하는 반응을 무엇이라고 하는가? (82쪽)
① 발열반응
② 흡열반응
③ 열반응

**16.** 촉매란? (85쪽)
① 반응의 속도를 바꾸며 반응 중에 없어진다.
② 반응의 속도를 바꾸며 반응 중에 없어지지 않는다.
③ 반응이 일어나는 것을 멈추는 물질이다.

**17.** 다음 중 연소반응에 필요한 것은? (86쪽)
① 일산화탄소
② 이산화탄소
③ 산소

**18.** 환원 중에 물질이 잃게 되는 것은? (87쪽)
① 산소
② 수소
③ 전자

**19.** 보크사이트에서 전기분해로 추출되는 금속은? (89쪽)
① 알루미늄
② 구리
③ 철

**20.** 다음 중 염기에 속하지 않는 것은? (90-91쪽)
① 치약
② 토마토주스
③ 말벌의 침

**21.** 다음 중 산에 대한 설명으로 틀린 것은? (90-91쪽)
① 수소가 들어 있는 화합물이다.
② 부식성이 있다.
③ 살을 녹이는 성질이 있다.

**22.** 산성 물질의 pH는? (92쪽)
① 7보다 낮다.
② 7이다.
③ 7보다 높다.

**23.** 염류에 들어 있는 것은? (94쪽)
① 금속
② 금속과 비금속
③ 비금속

**24.** 모든 유기화합물에 포함되어 있는 것은? (98쪽)
① 규소
② 산소
③ 탄소

**25.** 포화된 유기화합물의 결합은? (98쪽)
① 단일결합
② 이중결합
③ 삼중결합

**26.** 발효 작용에서 생기는 가장 중요한 산물은? (100쪽)
① 알칸 계열 물질
② 알켄 계열 물질
③ 알코올

**27.** 마가린은 다음 중 어떤 물질에 수소를 첨가해서 만든 것인가? (103쪽)
① 알칸분자
② 알켄분자
③ 에스테르분자

**28.** 원유의 큰 분자를 작은 분자로 나누는 화학 공정을 무엇이라고 하는가? (103, 105쪽)
① 분별 증류
② 수소 첨가
③ 열분해

**29.** 180°C에서 액화하는 유기화합물의 종류는? (105쪽)
① 잔여 물질
② 가솔린
③ 등유

**30.** 다음 열가소성 물질에 대한 설명 중 옳은 것은? (107쪽)
① 열가소성 물질은 쉽게 재활용할 수 있다.
② 열가소성 물질은 모양을 한 번만 만들 수 있다.
③ 열가소성 물질은 열에 잘 견딘다.

제2장 혼합물과 화합물 정답

1. ③  2. ③  3. ②  4. ①  5. ②
6. ②  7. ①  8. ②  9. ③  10. ②
11. ③  12. ③  13. ②  14. ③  15. ①
16. ②  17. ③  18. ①  19. ①  20. ②
21. ③  22. ①  23. ②  24. ③  25. ①
26. ③  27. ②  28. ③  29. ②  30. ①

# 에너지, 힘, 운동
# Energy, Forces and Motion

# 에너지 Energy

**에너지가** 없다면 어떨까? 어떤 생명체도 살아남거나 성장할 수 없고, 움직임이나 빛, 열, 소음도 생기지 않을 것이다. 에너지는 열, 빛, 소리와 같은 다양한 형태를 취한다. 어떤 일이 일어나기 위해서는 에너지가 필요하고, 그때마다 에너지는 다른 형태로 전환된다.

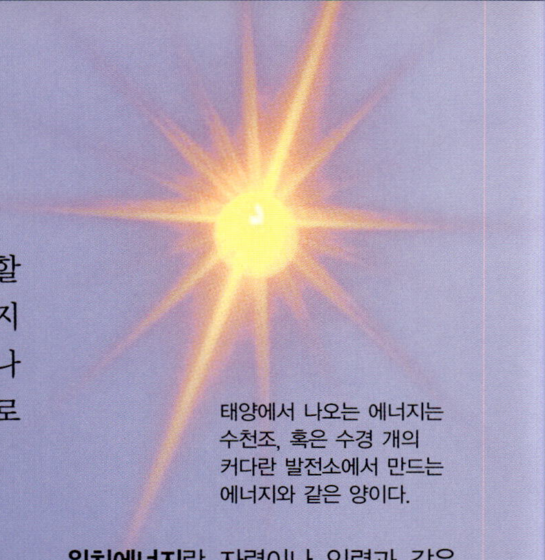

## 에너지의 형태

에너지는 다양한 형태로 존재할 수 있고 이런 다양한 형태는 각각 다른 현상을 일으킨다. 우리가 잘 아는 열이나 빛, 소리처럼 화학에너지나 운동에너지, 위치에너지도 존재한다. **화학에너지**란 화학반응 중에 방출되는 에너지를 말한다. 배터리나 음식, 석탄, 석유, 휘발유와 같은 연료에는 화학에너지가 저장되어 있다.

링크 106

태양에서 나오는 에너지는 수천조, 혹은 수경 개의 커다란 발전소에서 만드는 에너지와 같은 양이다.

**위치에너지**란 자력이나 인력과 같은 힘에 영향을 받는 위치에 있는 한 물체가 가진 에너지를 말한다. 고무밴드나 용수철처럼 늘리거나 찌그러뜨릴 수 있는 물체는 **탄성위치에너지**나 **변형에너지**를 가지고 있다.

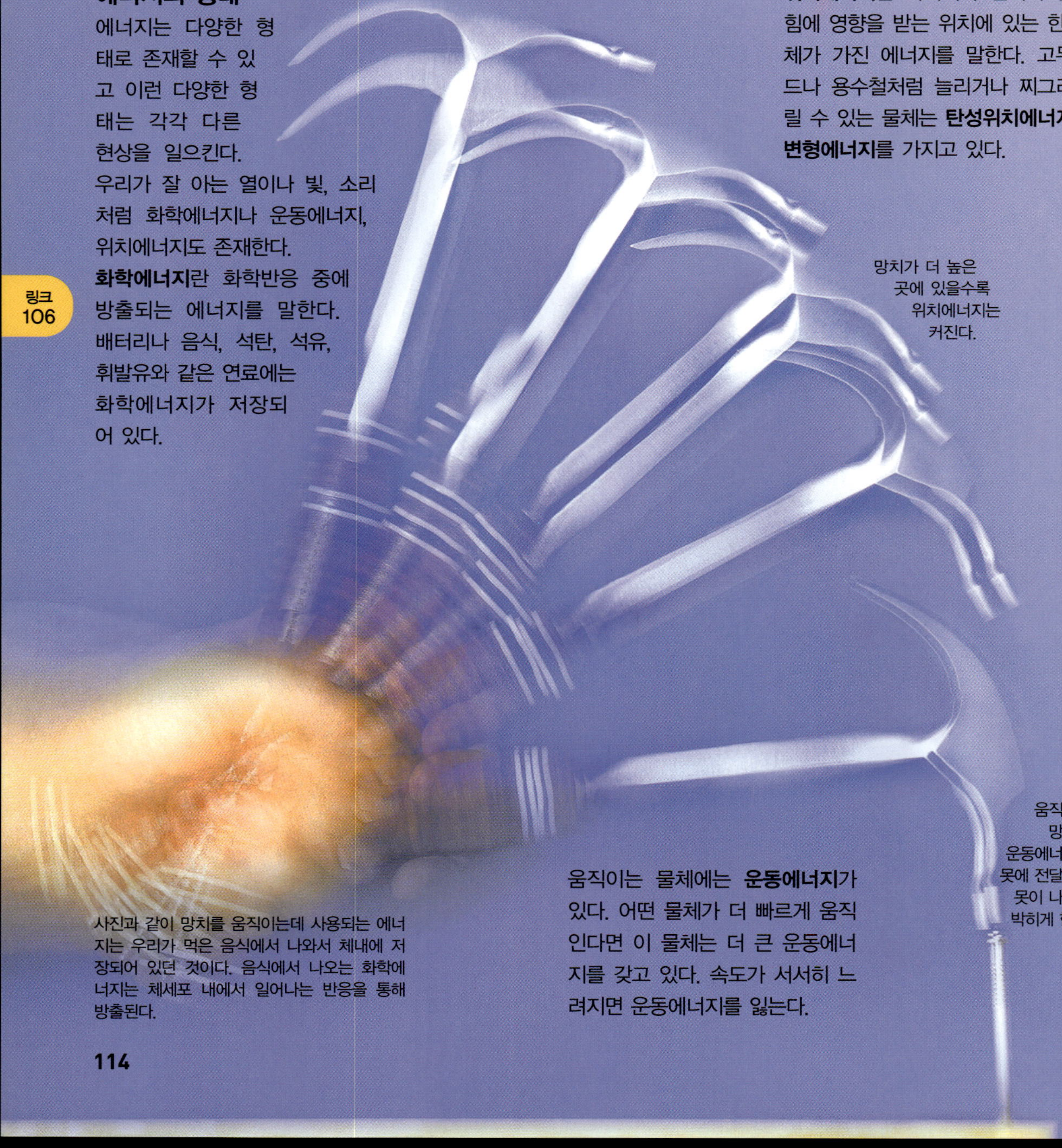

망치가 더 높은 곳에 있을수록 위치에너지는 커진다.

사진과 같이 망치를 움직이는데 사용되는 에너지는 우리가 먹은 음식에서 나와서 체내에 저장되어 있던 것이다. 음식에서 나오는 화학에너지는 체세포 내에서 일어나는 반응을 통해 방출된다.

움직이는 물체에는 **운동에너지가** 있다. 어떤 물체가 더 빠르게 움직인다면 이 물체는 더 큰 운동에너지를 갖고 있다. 속도가 서서히 느려지면 운동에너지를 잃는다.

움직이는 망치는 운동에너지를 못에 전달해서 못이 나무에 박히게 한다.

114

## 에너지 형태

에너지는 새로 만들어지거나 없어지지 않는다는 것이 **에너지 보존법칙**이다. 어떤 일이 일어날 때 에너지는 다른 형태로 바뀐다. 식물은 태양의 빛에너지를 이용해서 양분을 만드는데, 동물이 식물의 양분을 섭취하면 에너지의 형태가 다시 전환된다.

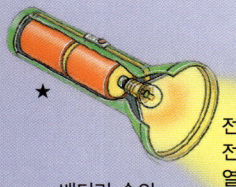

★

배터리 속의 화학에너지는 손전등 안에서 전기에너지로 바뀐다.

전기에너지는 전구에서 빛에너지와 열에너지로 바뀐다.

### 에너지 전환의 예

1. 식물은 양분을 만들기 위해 태양의 빛에너지를 이용한다.
2. 식물은 이렇게 만든 양분을 화학에너지로 저장한다.
3. 벌새는 식물에서 양분을 얻는다. 화학에너지로 저장되어 있던 식물의 양분이 벌새가 움직일 때 운동에너지와 약간의 열에너지로 전환된다.

## 에너지 전환

**에너지 전환**이란 에너지가 한 형태에서 다른 형태로 바뀌는 것을 보여주는 것을 말한다. 오른쪽 그림은 발전소에서 일어나는 에너지 전환을 보여준다. 발전소에서 석탄의 화학에너지가 전기에너지로 전환된다.

석탄으로 움직이는 화력 발전소

대부분의 에너지 전환에서 가장 마지막으로 오는 에너지는 열과 빛에너지이다. 이 에너지는 없어지지는 않지만, 주변으로 퍼져 나가기 때문에 사용하기가 매우 어렵다.

### 발전소에서 일어나는 에너지 전환

석탄은 아주 먼 옛날에 살았던 식물의 잔해가 화석화된 것이다. 석탄에는 원래 태양에서 나온 에너지가 화학에너지로 저장되어 있다.

석탄을 연소시키면 화학에너지가 열에너지로 전환되어 물이 데워지고 증기가 발생한다.

증기는 터빈을 돌린다. 터빈은 운동에너지를 만들어낸다.

운동에너지는 **발전기**라는 기계를 통해 전기에너지로 전환된다.

전등이나 텔레비전, 난방기, 오디오 장비와 같은 기구는 전기에너지를 빛과 열, 소리로 전환한다.

★

링크
107

### 직접 해보자

성냥갑으로 노가 달린 보트를 만들어보자. 꼬아둔 고무밴드에 저장된 탄성 위치에너지가 운동에너지로 바뀌어 보트를 앞으로 나아가게 하는 것을 관찰할 수 있다.

빈 성냥갑

고무밴드

1. 고무밴드 안에 마분지 한 조각을 놓고 돌려서 밴드를 감는다.

사용한 성냥

2. 보트를 물에 띄워 보자.

### 유용한 인터넷 링크

www.usbornequicklinks.com

**Web 1** 에너지에 대한 퀴즈를 풀어보고 여러 형태의 에너지를 알아맞히는 게임을 해보자.

**Web 2** 에너지 전환에 대해 더 공부해보고 문제를 풀어보자.

**Web 3** 에너지의 종류와 개념에 대해 설명해주는 애니메이션을 시청하자.

**Web 4** 에너지와 지구에 관한 퀴즈와 게임에 도전하자.

**Web 5-6** 발전소를 가상 여행하면서 전기가 어떻게 만들어지고 또 공급되는지 알아보자.

## 에너지원

에너지는 주택에서 난방을 하거나 전등을 켜고 음식을 요리하는 데 쓰일 뿐만 아니라 공장과 자동차의 동력이 되기도 한다. 에너지는 연료를 태우거나 바람이나 태양, 움직이는 물에 들어 있는 힘을 이용해서도 얻을 수 있다.

세계 인구의 절반 정도 되는 사람들이 장작이나 동물의 배설물, 숯을 태워서 취사와 난방에 필요한 에너지를 얻는다.

장작과 석탄, 석유, 천연가스는 단 한 번밖에 사용할 수 없기 때문에 **재생 불가능한 연료**라고 한다. 태양이나 바람, 물과 같은 에너지원은 고갈되는 일 없이 계속 에너지를 생산할 수 있어 **재생 가능한 에너지원**이라고 한다.

링크
108

## 에너지의 쓰임새

아래 원그래프는 가정과 공장에서 사용하는 에너지의 다양한 원천을 백분율(%)로 표시한 것이다.

- 핵에너지 3%
- 재생 가능한 에너지 5%
- 장작 15%
- 화석 연료 77% ★

사진 속의 풍력 터빈은 바람의 힘을 이용해 에너지를 만들어낸다. 큰 날개가 회전하는 움직임이 발전기를 통해서 전기로 전환된다. 날개 바로 뒤에 상자처럼 보이는 것이 발전기이다.

## 화석연료

석탄이나 석유, 천연가스와 같은 연료는 식물이나 동물의 잔해가 화석화되어 형성되었기 때문에 **화석 연료**라고 한다. 전 세계에서 사용되는 에너지의 20% 이상이 석탄에서 나온다. 화석연료를 연소하면 대기 중에 이산화탄소가 방출된다. 그래서 산성비나 지구온난화 같은 문제는 화석연료 때문이라고도 할 수 있다.

이 사진을 살펴보면 석탄덩어리 안에 선사시대 식물의 잔해가 화석화되어 있다는 것을 확인할 수 있다.

## 재생 가능한 에너지

전 세계 에너지 중 5%만이 재생 가능한 에너지원으로 생산된 것이다. 재생 가능한 에너지 중 두 가지를 아래에서 설명하고 있다. 태양에너지에 관한 내용은 다음 면에서 살펴보자.

### 수력발전

댐에 저장된 물은 파이프를 통해 내보낸다. 물이 콸콸 쏟아져 나오면서 터빈을 돌리고, 터빈은 전기를 만들어낸다. 이것이 수력에너지이다.

### 바이오가스

동물 배설물처럼 유기물이 썩을 때 연소되는 가스가 나오는데, 이를 바이오가스라고 한다. 이 가스로 건물에 난방을 하거나 물을 데울 수 있다.

## 태양에너지

태양에서 나오는 에너지를 **태양에너지**라 한다. 태양에 너지는 열에너지와 빛에너 지로 구성되어 있는데, 이 에너지는 전자기파라는 형 태로 이동한다. **태양전지**라 는 장치를 이용해서 태양에 너지로 전기를 발전시킬 수 있다. 또는 **태양열 집열기**로 물을 데우기도 한다.

태양열 집열기에 있는 검은 색 흡수판이 태양열을 흡수 해서 파이프 속의 물을 데 운다.

★

## 에너지 효율

기계는 전기와 같이 한 형태 의 에너지를 받아들여서 다 른 형태의 에너지로 전환한 다. 동력을 공급하는 에너지 의 대부분을 필요한 에너지 형태로 전환하는 기계를 효 율적이라고 표현한다.

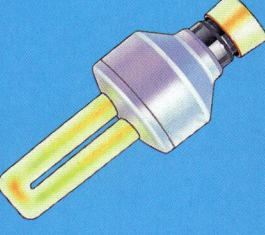

에너지 절약형 형광등은 전 기에너지를 빛으로 전환하는 양은 많은데 열은 적게 낭비 하기 때문에 일반 전구보다 효율적이다.

## 에너지 측정

에너지는 **줄(J)**이라는 단위로 측정한다. 1,000줄은 **1킬로 줄(kJ)**이다. 우리가 먹는 음식 에 들어 있는 에너지는 음식 종류에 따라 다르다.

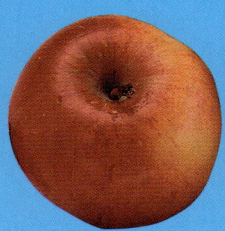

100 g 가량의 사과 하나에는 150kJ의 화학에너지가 들어 있다. 같은 질량의 초콜릿은 2,335kJ이다.

**일률(동력)**이란 일정 시간 안에 사용된 에너지를 말한다. 측정 단위는 **와트(W)**이다. 1W는 1초당 1J과 같은 양의 에너지이다. 일정 시간 동안 더 많은 에너지를 생산하는 기계는 일률이 더 높은 것이다.

링크 109

태양열 난방 시스템을 갖춘 지붕 단면도. 여기서 데워진 물은 세탁 등의 가사 용도는 물론, 중앙 난방 시스템에도 사용된다.

★

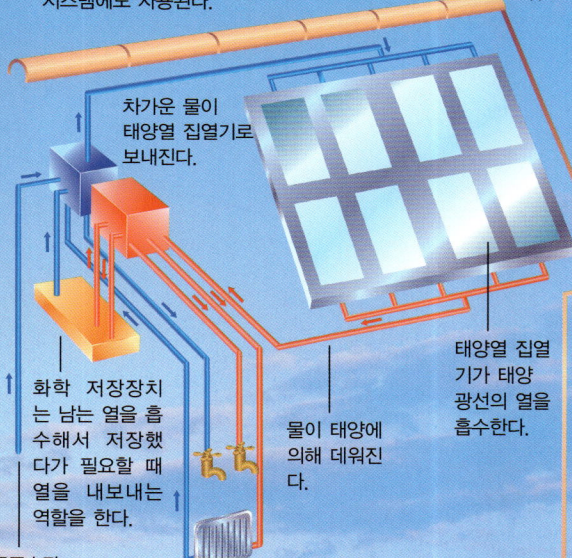

차가운 물이 태양열 집열기로 보내진다.

화학 저장장치 는 남는 열을 흡 수해서 저장했 다가 필요할 때 열을 내보내는 역할을 한다.

물이 태양에 의해 데워진 다.

태양열 집열 기가 태양 광선의 열을 흡수한다.

주급수관

60W짜리 전구는 초당 60J의 에 너지를 사용한다. 100W짜리 전구 는 초당 100J의 에너지를 사용하 며 더 많은 열과 빛에너지를 낸다.

100W 밝기의 전구

60W 밝기의 전구

# 열 Heat

**열이란** 온도차에 의해 한 장소에서 다른 장소로 움직이는 에너지의 한 형태를 말한다. 온도는 어떤 물질 또는 장소가 얼마나 뜨거운가를 측정하는 단위이다.

## 열에너지

어떤 물질이 열을 흡수하면 **내부에너지**가 증가한다. 내부에너지는 두 종류로 나뉜다. 입자가 물질 내부를 돌아다니는 운동에너지와 바로 사용가능한 입자의 위치에너지가 바로 그것이다.

지구 내부의 암반이 너무 많은 열을 흡수한 나머지 녹아서 붉은 색의 뜨거운 액체가 되었다.

물속의 얼음 ★

열에너지는 뜨거운 물체에서 상대적으로 온도가 낮은 물체로 옮겨가는데, 온도가 같아질 때까지 이동은 계속해서 일어난다. 물에 얼음을 띄우면 물은 얼음에 열에너지를 빼앗기고, 얼음은 열에너지를 얻는다. 결국 물과 얼음에 있는 모든 물분자는 같은 온도가 된다.

## 열에너지 측정

모든 형태의 에너지처럼 열도 **줄(J)** 단위로 측정된다. 이 단위는 열이 에너지의 한 형태라는 것을 최초로 알아냈던 영국인 과학자 제임스 줄(James Joule, 1818~1889)의 이름에서 따온 것이다. 아래 그림과 같은 장치를 이용해서 줄은 위치에너지가 어떻게 열에너지로 바뀌는지 증명했다. 추가 내려감에 따라 없어진 위치에너지가 물속의 열에너지로 바뀐 것을 물의 온도가 오르는 것으로 설명한 것이다.

### 줄의 실험

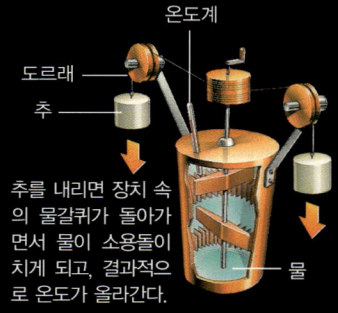

온도계
도르래
추

추를 내리면 장치 속의 물갈퀴가 돌아가면서 물이 소용돌이치게 되고, 결과적으로 온도가 올라간다.

물

1kg의 순수한 물의 온도를 1도 올리려면 4,200J의 에너지가 필요하다.

링크
110

## 열과 팽창

대부분의 물질은 열을 받으면 팽창한다. 물질 내부의 입자가 더 격하게 진동하면서 서로 멀리 밀어내기 때문이다. 기체나 대부분의 액체 속의 분자는 고체 속의 분자보다 에너지를 더 많이 가지고 있어 서로 끌어당기는 인력에서 벗어나기가 쉽기 때문에 더 많이 팽창한다.(16쪽 운동에너지 참조) 고체는 종류에 따라 팽창하는 속도가 다르다. 이것은 두 가지 금속으로 된 **고체팽창계(바이메탈)**를 통해 확인할 수 있다. 바이메탈은 구리와 철을 단단하게 붙여놓은 가늘고 긴 조각으로 되어 있는데, 열을 가하면 구리가 철보다 많이 팽창해서 선이 휘는 원리를 이용했다.

### 자동 온도조절장치 속의 고체팽창계

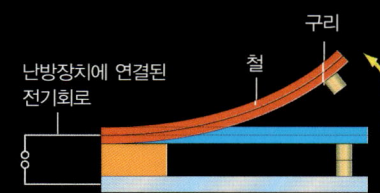

구리
철
난방장치에 연결된 전기회로
★

---

### 직접 해보자

말린 완두콩이나 콩으로 꽉 채운 병을 부드럽게 흔들어보자. 안에 들어 있는 콩이 진동하지만 거의 비슷한 장소에 머무르는 것을 알 수 있다. 고체를 약간 가열했을 때도 이런 현상이 일어난다.

## 열용량

각각 다른 두 가지 물질에 같은 정도의 열을 가해도 온도가 변화하는 정도는 서로 다르다. 이때 두 가지 물질을 두고 다른 **열용량(비열용량)**을 가졌다고 말한다.

서로 다른 열용량을 가진 물질로 기름과 물을 들 수 있다.

물               기름

같은 정도의 열을 가하면 기름이 물보다 더 뜨거워진다.

해륙풍은 육지와 바다의 열용량이 다르기 때문에 발생한다. 낮에는 바다보다 육지가 빨리 뜨거워진다. 육지 위의 따뜻한 공기가 솟아오르면, 바다에서 차가운 공기가 육지로 불어 들어온다.

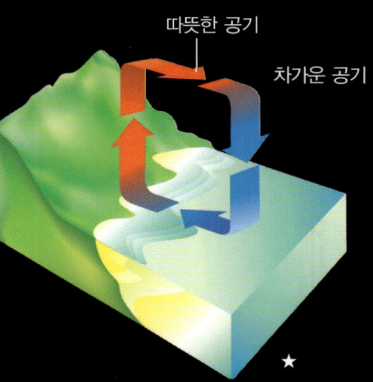

따뜻한 공기

차가운 공기

★

대부분 따뜻한 계절의 해안 지역에서 위의 그림과 같이 바람이 부는 것을 확인할 수 있다.

온도는 섭씨(℃)나 화씨(℉)의 도, 절대온도눈금으로 측정한다.

**섭씨온도계**에는 어는점(0도)과 끓는점(100도)이 고정되어 있다. 이 고정된 점 사이를 100으로 나눈 것이 섭씨의 1도이다.

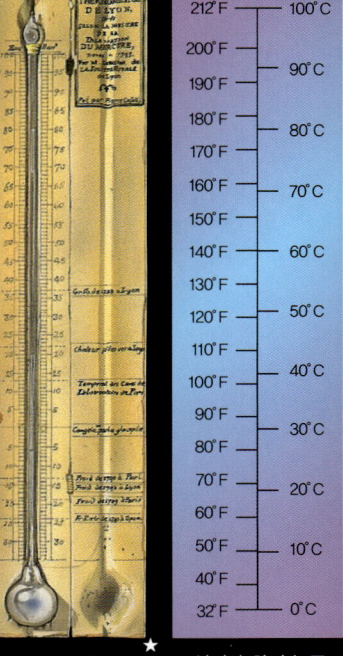

초기의 섭씨온도계      섭씨와 화씨 눈금

**화씨온도계**에서는 32℉와 212℉가 각각 어는점과 끓는점이며, 이 사이를 180으로 나눈다.

**절대온도눈금**에서 온도는 **켈빈(K)**이라는 단위로 측정하는데, 섭씨의 도와 같은 크기이다. 눈금은 **절대 영도**에서 시작되는데, 섭씨로 영하 273℃와 같다. 절대영도는 물질에서 어떤 에너지도 이동하지 않는 온도를 말한다.

## 온도계

**온도계**란 온도를 측정하는 기구를 말한다. 가열하면 팽창하는 액체나 온도가 변하면 전류에 대한 저항력이 달라지는 금속선이 들어 있다.

**유리 온도계 속의 액체**
수은이 주로 들어 있지만 아주 낮은 온도를 측정하기 위해서 알코올이 들어 있는 경우도 있다.

그림과 같이 죄어진 부분이 있어서 온도계를 읽기 전에 액체가 수은구로 돌아가지 않는다.

**최고 최저 온도계**에는 측정했던 것 중 가장 높은 온도와 가장 낮은 온도를 표시하는 지표가 달려 있다.

링크 111

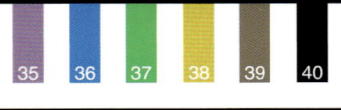

액정 온도계에는 액정이 달려 있어 가열하면 색이 변한다.

디지털 온도계에는 열을 잘 감지하는 전자부품이 달려 있고, 디지털 표시기에 온도가 나타난다.

### 유용한 인터넷 링크

www.usborne-quicklinks.com

**Web 1** 열에 대한 간단한 실험을 해보자.
**Web 2** 열에너지의 원리를 그림으로 복습해보자.
**Web 3** 온도계가 작동하는 원리를 알아보자.
**Web 4** 제임스 줄의 열 실험기구를 가상으로 만들어보자.

# 열전달 Heat Transfer

**열은** 대류와 전도, 복사에 의해 한 곳에서 다른 곳으로 전달된다.

## 대류

액체와 기체 속의 열에너지는 주로 **대류**에 의해 전달된다. 액체나 기체가 가열되면 열원과 가장 가까운 부분이 팽창하면서 밀도가 낮아지고, 위로 떠오르게 된다. 반면 상대적으로 온도는 낮고 밀도가 높은 부분은 가라앉는다. 액체나 기체 내에서 일어나는 이런 움직임을 **대류**라고 한다.

이런 대류의 흐름에 따라 지구에 부는 바람에 특정한 형태가 생겨난다. 이것은 태양에너지가 적도 부근 표면에 더 많이 내리쬐기 때문에 발생한다. 공기가 데워지면 팽창하면서 높이 떠오르고 상대적으로 차갑고 밀도가 높은 공기가 다른 곳에서부터 밀고 들어와 바람이 생기는 것이다.

냉장고는 대류의 원리를 이용해서 차갑게 유지된다. 냉장고 윗부분의 차가운 공기는 가라앉고, 따뜻한 공기는 올라가서 식는다.

글라이더(엔진이 없는 경비행기)는 나선형으로 돌면서 위로 올라간다.

★

대기 중의 대류의 흐름이 글라이더를 띄운다.

사진 속의 화산에서 나온 재 구름은 대류 흐름을 따라 대기의 더 높은 곳으로 올라간다.

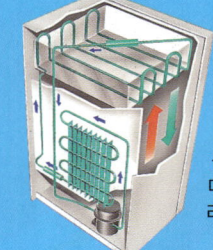

링크
112

공기가 따뜻하면 상승한다.

공기가 차가우면 하강한다.

### 직접 해보자

따뜻한 난방기 위에 작은 깃털이나 화장지 한 장을 살짝 떨어뜨려보자. 그러고 나서 이 물체가 어느 방향으로 뜨는지 잘 살펴보자.

난방기는 위에 있는 공기를 데우면서 높이 올라가게 해서 대류현상을 일으킨다. 만약 실험에 쓴 물체가 깃털이나 화장지처럼 매우 가볍다면 대류의 흐름을 따라 위쪽으로 올라가는 것을 관찰할 수 있다.

## 전도

고체 속의 열에너지는 **전도**를 통해 전달된다. 열원과 가장 가까운 부분에 있는 입자의 에너지가 증가하면 이 입자가 진동하면서 에너지를 주변에 전달하고, 열이 물질 전체로 퍼져나간다.

사막여우는 체온을 낮추는 데 도움이 되는 커다란 귀를 가지고 있다. 몸에 과도한 열이 들어와도 전도의 원리로 귀에 전달된 다음 대류의 원리로 공기 중으로 퍼져나간다.

금속에 열을 가하면 금속의 입자가 진동한다. 금속은 자유롭게 움직이는 전자가 있어서 열을 잘 전도하는 **전도체**이다. 이 전자는 진동만으로 열에너지를 전달할 때보다 훨씬 빠른 속도로 열을 전달한다. 나무나 물처럼 열을 천천히 전달하는 물질을 **절연체**라고 한다. 공기는 열을 잘 전달하지 않는 절연체이며, 양모나 모피, 깃털처럼 공기를 품고 있는 물질 역시 절연체에 속한다.

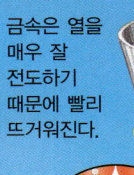

금속은 열을 매우 잘 전도하기 때문에 빨리 뜨거워진다.

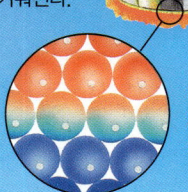

열은 금속입자를 통해 빠르게 전달된다.

펭귄과 같은 새는 지방과 깃털이 단열(절연)체 역할을 해주기 때문에 체온을 유지할 수 있다.

## 복사

전자기파의 형태로 이동하는 에너지의 열이 전달되는 것을 **복사**라고 한다.

태양의 복사는 초당 3억 미터의 속도로 이동한다. 이 에너지가 지구에 도달하기까지 8분이 걸린다.

복사는 입자의 움직임에 의해 일어나지 않는 열전달 방식으로, **진공**(어떤 물질도 없이 텅 빈 공간)을 통과할 수 있는 유일한 에너지 형태라 할 수 있다. 모든 종류의 복사, 예컨대 광선의 경우에 다른 물질의 온도를 올린다. 이 중에서도 적외선 복사는 온도를 가장 높게 하는 복사의 형태이다.

태양은 **적외선 복사**를 내보내는데, 불이나 전구와 같이 뜨거운 물체도 이런 형태로 열을 전달한다. 어두운 색을 띤 물건은 복사열을 흡수하지만, 옅은 색을 띤 물건은 복사열을 반사하기 때문에 뜨거워지지 않는다.

남극 대륙에서는 눈이 90% 이상의 태양 복사열을 대기 중으로 반사한다. 즉 남극 대륙의 표면은 거의 열을 흡수하지 않기 때문에 공기도 차갑다.

눈은 태양의 복사열을 반사한다.

태양열

## 보온병

**보온병**은 음료를 일정한 온도로 유지해주는 용기이다. 보온병의 내부는 유리로 된 유리용기 2개로 되어 있는데, 그 사이가 진공상태인 구조이다. 진공상태는 전도나 대류(왼쪽 참조)로 열이 전달되는 것을 막는다. 보통 표면은 광택이 있는 재질로 만들어져서 복사에 의한 열전달을 줄인다.

보온병

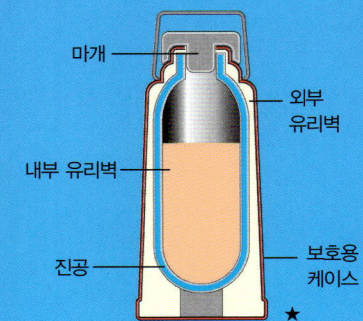

마개

외부 유리벽

내부 유리벽

진공

보호용 케이스

★

링크 113

### 유용한 인터넷 링크
www.usborne-quicklinks.com

Web 1 온도에 관한 유용한 정보를 얻을 수 있다.
Web 2 냉장고와 보온병의 작동 원리를 알아보자.
Web 3 적외선 사진을 살펴보자.
Web 4 미라가 들어 있는 무덤을 시원하게 유지하는 실험을 해보자. 절연의 원리를 익힐 수 있다.
Web 5 온라인 실험실에서 열과 온도에 관한 실험을 해보자.

# 방사능 Radioactivity

모든 물질은 원자라는 입자로 구성되어 있다. 모든 원자에는 **핵**이 있는데, 핵은 **양성자**와 **중성자**로 이루어져 있다. 핵에는 **원자력**(핵에너지)이라는 엄청난 양의 에너지가 들어 있다. 이 중 일부 물질은 **방사성**을 띤다. 이것은 곧 이 물질의 원자가 복사를 통해 일부 에너지를 방출한다는 뜻이다. 방사성 물질은 생명체에 해로울 수도 있지만, 여러 가지 방법으로 이용할 수 있다.

핵 ─

알파입자는 양성자 2개와 중성자 2개가 뭉쳐진 모습이다.

베타입자는 아주 큰 에너지를 가진 전자로 핵 속의 중성자가 붕괴될 때 방출된다.

## 복사의 종류

어떤 물질이 방사성이면 **불안정하다**고 한다. 원자는 복사를 통해 원자력을 잃으면 안정된 상태가 된다. 복사의 종류란 곧 원자가 **알파방사선**, **베타방사선**, **감마방사선** 중 어느 것을 내보내느냐를 말하는 것이다. 알파방사선과 베타방사선은 입자의 흐름을 내보낸다. 반면 감마는 광선의 형태로, 이 **감마선**은 아주 강력한 전자기파이다.

아래의 그리스 문자를 이용해서 복사의 종류를 표시한다.

알파입자는 천천히 이동하고 종이보다 두꺼운 물질이 가로막으면 더 이상 나아가지 못한다. 이 입자는 헬륨원자의 핵과 동일한 특징을 가지고 있어 과학자들에 따르면 지구상의 헬륨이 자연 방사능에 의해 만들어졌을 것이라고 한다. 베타입자는 알파입자보다 투과성이 높고 빛의 속도로 이동하는 경우가 많다. 이 중 감마선이 가장 투과성이 높다.

 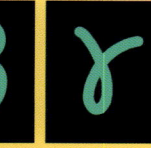

알파　　베타　　감마

핵은 초기에 알파나 베타입자를 방출하고 에너지가 남으면 감마방사선을 방출한다.

오른쪽에 그림으로 나타난 핵 3개는 모두 불안정한 상태로, 각각 다른 종류의 방사선을 내보낸다.

### 방사성 입자의 운동 범위

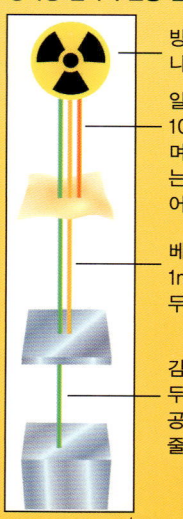

방사성 물질임을 나타내는 기호

알파입자는 공기 중에서 10cm도 이동하지 못하며, 두툼한 종이 정도 되는 두께의 물체에 흡수되어 버린다.

베타입자는 공기 중에서 1m 정도 이동하며 1mm 두께의 구리에 흡수된다.

감마선의 세기는 13mm 두께의 납이나 120cm의 공기층을 지나면 반으로 줄어든다.

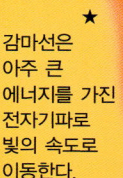

★
감마선은 아주 큰 에너지를 가진 전자기파로 빛의 속도로 이동한다.

## 방사선의 용도

공업 분야에서는 종이나 합성수지의 두께를 확인하는 데 방사선을 이용한다. 이런 물질을 통과한 베타방사선을 측정하면 조금이라도 고르지 못한 부분을 찾아낼 수 있다. 과일이나 고기와 같은 식품에 감마방사선을 쪼이기도 하는데, 이렇게 하면 신선도를 유지할 수 있다.

사진 속의 방사선을 쪼인 딸기는 2주가 지나도 신선하게 유지된다.

병원에서는 **방사성 추적**을 환자의 몸 내부에 있는 물질의 경로를 탐색하는 데 이용한다. 환자의 몸에서 당을 어떻게 처리하는지 살펴보기 위해서 당 분자에 방사성을 띠도록 처리한 탄소-12를 붙여서 이 물질이 발산하는 방사선을 추적하는 식이다.
**방사선 치료**란 방사선의 양을 조심스럽게 조절해서 무질서하게 자라나는 세포인 암세포를 죽이는 것을 말한다.

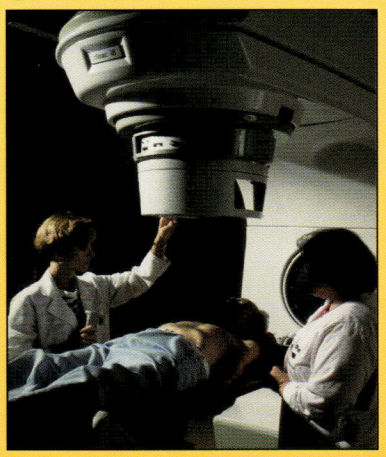

방사선 치료를 받고 있는 환자

## 방사성 붕괴

입자를 주입하면 원자핵은 다른 원소의 핵으로 변하는 데, 이를 **방사성 붕괴**라고 한다. 새로 형성된 원소도 불안정한 상태라면 안정된 핵을 가진 원자가 될 때까지 붕괴가 계속 진행된다.

이런 방사성 붕괴의 한 예로 불안정한 방사능 물질로 알파입자(양성자와 중성자 각각 2개로 이루어진)를 방출하는 플루토늄 242는 방사성 붕괴가 진행되면 우라늄 238이 된다. 아래의 그림표에서 플루토늄이 우라늄이 되었다가 토륨이 되는 과정을 확인할 수 있다.

원소기호 앞의 숫자는 질량수(위)와 원자번호(아래)를 나타낸다. **질량수**란 핵 속의 중성자와 양성자의 숫자이고, **원자번호**란 양성자가 포함된 숫자이다.

### 플루토늄의 방사성 붕괴

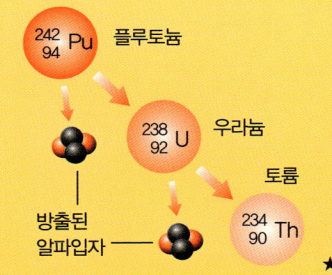

$^{242}_{94}$Pu 플루토늄

$^{238}_{92}$U 우라늄

$^{234}_{90}$Th 토륨

방출된 알파입자

★

한 원소의 핵이 붕괴될 때 걸리는 시간은 원소의 반감기로 측정한다. **반감기**란 표본 중 절반의 핵이 붕괴하는 데 걸리는 시간을 말한다. 원소마다 반감기가 달라서 라듐 221의 반감기는 30초인 반면, 우라늄 238의 반감기는 45억 년이나 된다.

## 탄소 연대측정법

**탄소 연대측정법**이란 한 생명체가 죽은 뒤 어느 정도의 시간이 흘렀는지 계산하는 방법 중 하나이다. 생명체에는 모두 탄소 14가 소량 포함되어 있는데, 이 물질의 반감기는 5700년이다. 생명체가 죽으면 탄소 14가 붕괴하기 시작한다는 원리를 이용해서, 얼마나 많은 방사능이 아직까지 방출되고 있는지 측정해 남은 시간을 계산한다.

탄소 연대측정법을 통해서 사진 속 호박 송진에 갇힌 곤충이 5000년 전 생명체라는 것이 밝혀졌다.

## 위험성

방사성 물질은 누출되지 않도록 두꺼운 납으로 된 용기에 담겨서 운반된다. 방사선에 노출되면 화상이나 백내장, 암과 같은 질병에 걸릴 수 있다.

링크 115

로봇을 이용해서 위험한 방사성 물질을 처리한다.

### 유용한 인터넷 링크

www.usborne-quicklinks.com

**Web 1** 핵과학과 관련해 아주 유용한 정보를 제공하는 사이트에 접속해보자.
**Web 2** 유럽원자핵공동연구소(CERN)의 웹사이트를 방문해보자.
**Web 3** 방사선에 관한 유용한 수업을 들은 다음 온라인 테스트에 도전해보자.
**Web 4** 안전성과 쓰임새를 포함해서 방사능에 관한 모든 것을 알아보자.

# 원자력 Nuclear Power

**핵반응을** 조절해서 공업용이나 가정용 전력을
생산하는 데 원자력(원자의 힘)을 이용할 수 있다.
핵무기가 폭발하면 엄청난 파괴력을 가진
원자력이 방출되기도 한다.

## 핵반응

핵반응은 **핵융합**과 **핵분열**로 나눌
수 있다. 융합이란 '결합한다'는 뜻
으로, 핵융합반응 중에는 작은 핵 2
개가 결합해 더 큰 하나의 핵을 이룬
다. 핵융합은 극도로 높은 온도에서
만 일어나며 엄청난 에너지를 방출
한다.

핵폭발로 인해서
생긴 먼지는 방사
성이 매우 높다. 이
먼지가 떨어지는 곳
은 모두 방사능으로
오염된다.

링크 116

### 핵융합

2개의 핵이 결합해서 큰 핵을 형성한다.

분열이란 '쪼개진다'는 뜻으로, 핵분
열은 중성자로 원자핵에 충격을 가하
면 일어난다. 핵이 갈라지면 중성자
와 함께 큰 에너지가 방출된다. 이
과정은 원자로 안에서 일어난다.

### 핵분열

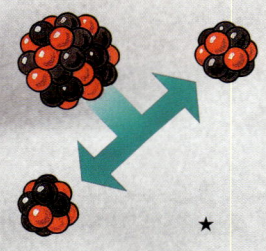

핵이 갈라져서 열리면 2개 이상의
새로운 핵이 형성된다.

## 핵무기

**핵무기**란 조절되지 않은 핵반응을 일
으키는 무기로, 커다란 폭발이 일어
나면서 에너지가 방출된다. 그중에
**원자폭탄**은 핵분열의 원리를 이용하
고, **수소폭탄**은 핵융합의 원리를 이
용한다. 제2차 세계대전 당시 미국은
일본의 히로시마와 나가사키에 원자
폭탄을 떨어뜨려 수만 명에 이르는
사상자가 발생했다.

제2차 세계대전에서 사용된 원자폭탄

방사성 물질인
플루토늄의 위치

## 원자로

제한된 핵분열 반응에서 나온 에너지는 전기를 발전하거나 잠수함이나 항공모함의 동력을 만드는 데 이용할 수 있다.

이런 반응은 **원자로**에서 일어나는데, 그 예로 하단에 있는 그림표 속의 가압수형 원자로를 살펴보자. 원자로 내부에서는 우라늄과 같은 방사성 물질로 만들어진 핵연료봉에 중성자로 충격을 가한다. 그러면 핵이 갈라지면서 방사능과 중성자를 함께 내보내 연쇄반응을 일으킨다.

이런 원리를 이용해서 핵발전소에서는 엄청난 양의 전기를 만들 수 있다. 그러나 수명을 다한 원자로는 수천 년간 위험한 방사성이 사라지지 않기 때문에 안전하게 처리하기가 매우 어렵다.

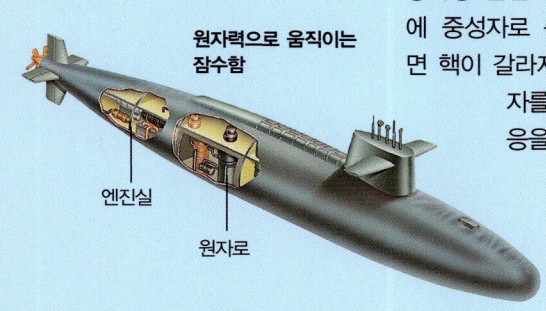

**원자력으로 움직이는 잠수함**

엔진실

원자로

**핵발전소**

## 가압수형 원자로

**가압수형 원자로**란 발전소에서 찾아볼 수 있는 원자로의 일종이다. 가압수형 원자로는 원자로 중심에서 방출된 에너지로 물을 데워서 증기로 만든다. 이 증기가 터빈을 돌려서 전기를 발생시킨다.

## 안전이 최우선인 원자력

핵반응은 생명체에게 해로우므로 육지나 공기를 방사능으로 오염시키는 사건을 방지하기 위해서 발전소에서 일어나는 활동을 면밀하게 감시하고 있다.

링크 117

핵분열 반응이 원자로(1)의 중심에서 일어난다.

방출된 에너지는 1차회로(2) 속의 압축된 물을 데운다.

1차 회로에서 나온 열이 2차 회로의 물을 데워 증기(3)를 형성한다.

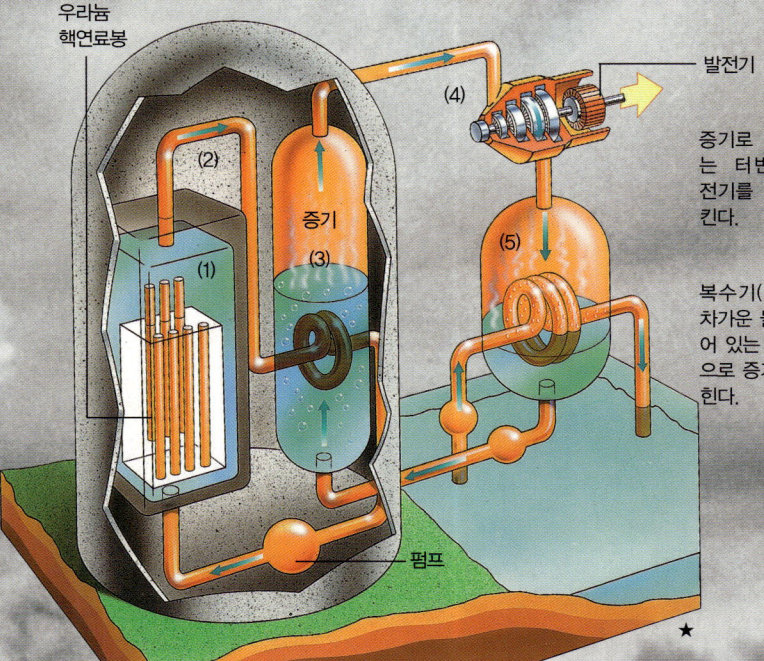

우라늄 핵연료봉

발전기

(4)

증기

(2)

(3)

(1)

(5)

펌프

★

증기로 돌아가는 터빈(4)이 전기를 발생시킨다.

복수기(5)에서 차가운 물이 들어 있는 수도관으로 증기를 식힌다.

핵발전소에서 일어나는 위험한 공정은 철저히 감시되고 있다.

### 유용한 인터넷 링크
**www.usborne-quicklinks.com**

**Web 1** 원자력과 원자로에 관한 그림이 곁들여진 설명을 읽어보자.
**Web 2** 핵발전소를 가상으로 견학해보자.
**Web 3** 원자력에 관한 정보와 온라인 활동을 접해보자.
**Web 4** 핵기술의 연대기를 살펴보자.
**Web 5** 원자력을 찬성하거나 반대하는 가상토론에 참여해보자.

# 힘 Forces

**힘이란** 어떤 물체를 밀거나 끌어당기는 것을 말한다. 어떤 물체를 집어 들면, 이 물체에 힘을 가하고 있는 것이다. 원래 있었던 자리에 놓아두어도 이 물체에는 여전히 여러 가지 힘이 작용하고 있지만 힘이 서로를 상쇄하기 때문에 물체는 움직이지 않는다. 힘은 물체의 속도를 조절해서 움직이기도 하고, 멈추거나 방향을 바꾸고 크기와 모양을 바꾸기도 한다.

중력(인력의 일종)의 힘은 사진 속의 주사위가 아래쪽으로 떨어지게 한다.

## 힘의 종류

힘은 여러 가지 방법으로 물체에 영향을 미친다. 공을 차는 발은 눈으로 볼 수 있는 힘이며 자기력과 인력과 같은 것은 눈에 보이지 않는 힘이다.

링크 118

그림과 같이 압정을 자석에 붙게 하는 자력은 보이지 않는 힘이다.

줄다리기에서는 당기는 힘을 볼 수 있다. 가장 센 힘으로 당기는 팀이 이긴다.

어떤 물체에 작용하는 하나의 힘은 이 물체를 움직이기 시작하거나 더 빨리 혹은 더 천천히 움직이게 한다. 한 물체에 반대방향으로 작용하는 똑같은 크기의 힘은 물체의 크기나 모양을 바꾸려는 성향이 있다. **접촉력**이 작용하려면 서로 닿아 있는 물체가 2개 이상 있어야 한다. 손으로 어떤 물체를 옮길 때는 접촉력을 사용한다.

물체가 닿지 않는데도 작용하는 힘이 있다. 거리를 두고 작용하는 힘에는 전기력, 자기력, 인력 등이 있다.

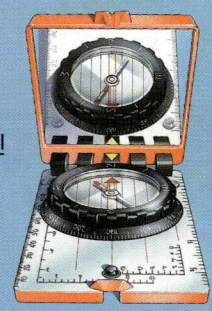

나침반은 지구의 자기력으로 작동한다.

공을 차면 차는 힘 한 가지가 공을 움직이게 한다.

공을 잡을 때는 손이 공을 누르는 힘이 공의 속도를 늦춰서 멈춘다.

공을 밟고 있을 때는 발이 공을 아래로 누르는 힘과 바닥이 공을 위로 밀어 올리는 힘이 공을 찌그러지게 한다.

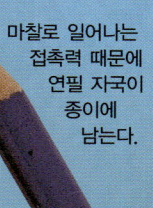

마찰로 일어나는 접촉력 때문에 연필 자국이 종이에 남는다.

롤러코스터는 다양한 힘의 원리를 이용해서 속도를 내거나 휘어지면서 달리고, 아래위로 뒤집히면서도 트랙에서 벗어나지 않는다.

롤러코스터를 타면 이리저리 흔들리면서 몸에 작용하는 여러 가지 힘을 느낄 수 있다.

링크
119

## 힘의 측정

힘의 세기는 영국 과학자 아이작 뉴턴 (Isaac Newton, 1642~1727)의 이름을 따서 만들어진 **뉴턴(N)**이라는 단위로 측정한다. 1N은 1kg의 질량을 제곱초당 1m씩 가속할 수 있는 힘을 말한다.(1m/s$^2$) 이 힘은 빈 유리컵을 들 때 필요한 힘의 크기와 같다.

**용수철저울**(오른쪽 참조)은 하나의 힘이 얼마나 작용하는지 뉴턴 단위로 측정한다. 저울의 용수철은 한쪽 끝이 고정되어서 힘이 작용하면 늘어나게 되어 있다. **훅의 법칙**은 한 물질이 늘어나는 것은 이것을 늘리는 힘과 비례한다고 설명한다. 용수철이 더 늘어날수록, 더 많은 힘 (뉴턴)이 작용하고 있는 것이다.

용수철저울

추가 아래로 내려가는 힘이 용수철을 늘린다.

★

눈금은 뉴턴 단위로 힘의 세기를 측정한다.

## 벡터와 스칼라량

힘에는 크기와 방향이 있다. 물리학에서 이 두 가지 물리량을 갖는 것을 **벡터량**이라고 한다. 가속과 속도 역시 벡터량에 속한다. 크기는 있되 방향이 없는 물리량을 **스칼라량**이라고 한다. 온도와 시간, 질량이 스칼라량에 속한다. 스칼라량은 높거나 낮을 수 있지만 방향은 없다.

온도에는 크기만 있기 때문에 스칼라량에 속한다.

### 유용한 인터넷 링크
www.usborne-quicklinks.com

**Web 1-2** 롤러코스터를 설계하면서 힘의 물리학을 공부해보자.
**Web 3** 스케이트보드를 탈 때 작용하는 힘에 대해 알아보자. 다른 다양한 힘에 대해서도 함께 공부해보자.
**Web 4** 자기력이 작용하는 방법과 나침반을 만드는 방법을 알아보자.
**Web 5** 힘과 물체에 관한 다양한 정보, 애니메이션, 퀴즈를 접할 수 있는 웹사이트를 방문해보자.
**Web 6** 힘과 힘의 작용에 대해 알아보고 퀴즈를 풀어보자.

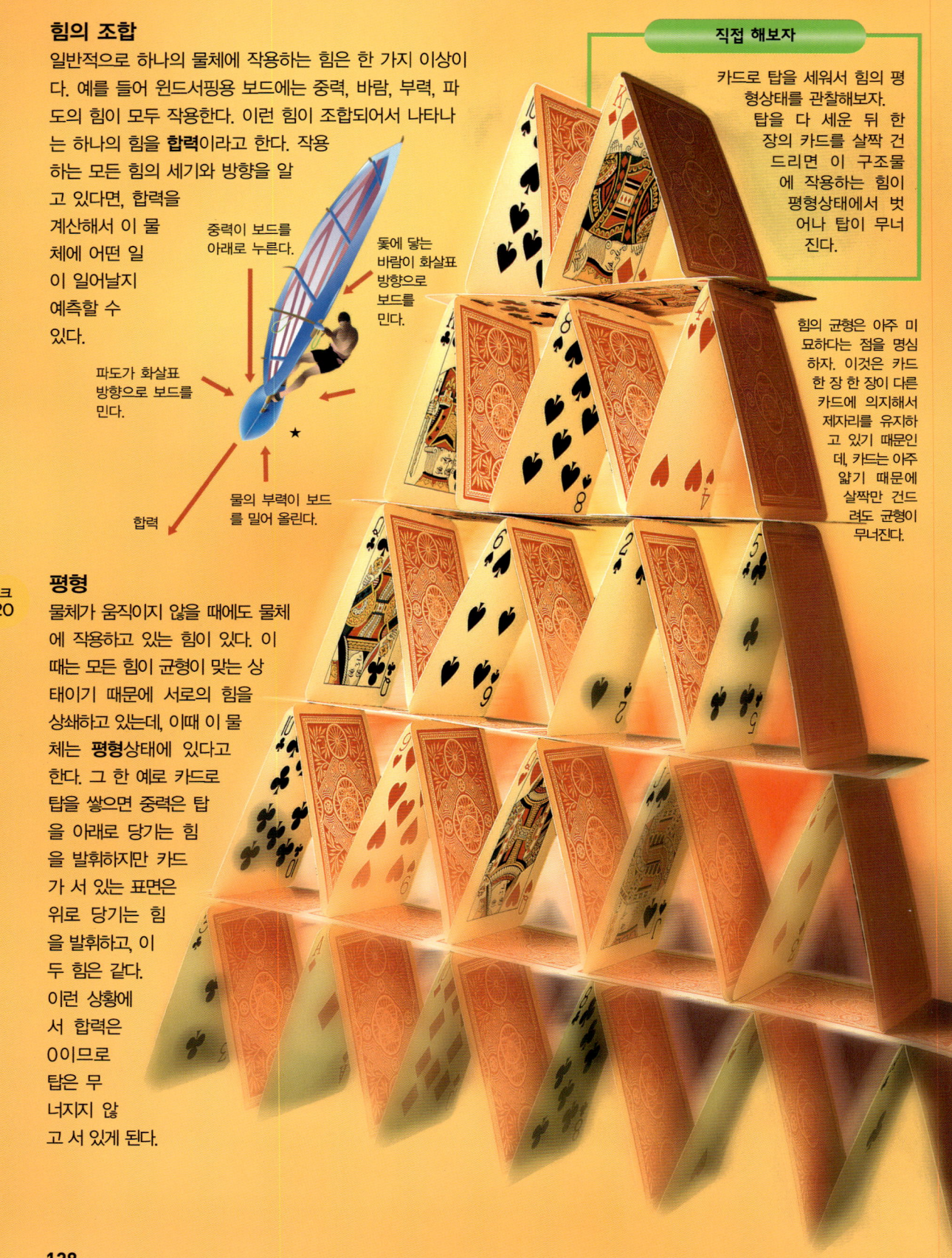

## 힘의 조합

일반적으로 하나의 물체에 작용하는 힘은 한 가지 이상이다. 예를 들어 윈드서핑용 보드에는 중력, 바람, 부력, 파도의 힘이 모두 작용한다. 이런 힘이 조합되어서 나타나는 하나의 힘을 **합력**이라고 한다. 작용하는 모든 힘의 세기와 방향을 알고 있다면, 합력을 계산해서 이 물체에 어떤 일이 일어날지 예측할 수 있다.

중력이 보드를 아래로 누른다.

돛에 닿는 바람이 화살표 방향으로 보드를 민다.

파도가 화살표 방향으로 보드를 민다.

합력

물의 부력이 보드를 밀어 올린다.

링크
120

## 평형

물체가 움직이지 않을 때에도 물체에 작용하고 있는 힘이 있다. 이때는 모든 힘이 균형이 맞는 상태이기 때문에 서로의 힘을 상쇄하고 있는데, 이때 이 물체는 **평형**상태에 있다고 한다. 그 한 예로 카드로 탑을 쌓으면 중력은 탑을 아래로 당기는 힘을 발휘하지만 카드가 서 있는 표면은 위로 당기는 힘을 발휘하고, 이 두 힘은 같다. 이런 상황에서 합력은 0이므로 탑은 무너지지 않고 서 있게 된다.

### 직접 해보자

카드로 탑을 세워서 힘의 평형상태를 관찰해보자. 탑을 다 세운 뒤 한 장의 카드를 살짝 건드리면 이 구조물에 작용하는 힘이 평형상태에서 벗어나 탑이 무너진다.

힘의 균형은 아주 미묘하다는 점을 명심하자. 이것은 카드 한 장 한 장이 다른 카드에 의지해서 제자리를 유지하고 있기 때문인데, 카드는 아주 얇기 때문에 살짝만 건드려도 균형이 무너진다.

## 돌리는 힘

고정된 한 점을 중심으로 어떤 물체를 돌게 하려면, 돌아가는 효과를 내는 힘이 필요하다. 이를테면 경첩으로 고정된 문을 떠올려보자. 이때 고정된 점을 **회전축**, 혹은 **받침점**이라고 한다. 힘을 어느 정도의 거리를 두고 가하면 받침점을 중심으로 돌리는 것이 훨씬 쉬워진다. 그래서 길이가 긴 스패너(렌치)가 짧은 것보다 더 효율적인 것이다.

스패너의 끝 부분을 쥐면 볼트를 푸는 것이 훨씬 쉬워진다. 끝 부분을 쥐면 힘이 가해지는 지점이 받침점에서 가장 멀어지기 때문이다.

받침점

돌리는 효과가 있는 힘을 **모멘트(능률)**라고 한다. 받침점 주변의 모멘트는 힘의 세기에 받침점에서 힘점까지의 거리를 곱해서 구한다. 모멘트는 **뉴턴 미터(Nm)**로 측정되며 방향은 시계방향과 반시계방향이 될 수 있다.

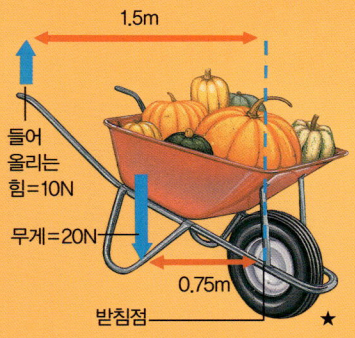

1.5m
들어 올리는 힘=10N
무게=20N
0.75m
받침점 ★

들어 올리는 모멘트 (시계방향)
10N × 1.5m = 15Nm

받침점

무게 모멘트 (반시계방향)
20N × 0.75m = 15Nm

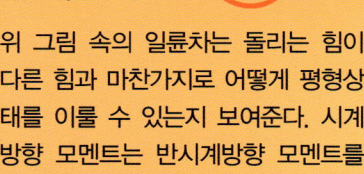

위 그림 속의 일륜차는 돌리는 힘이 다른 힘과 마찬가지로 어떻게 평형상태를 이룰 수 있는지 보여준다. 시계방향 모멘트는 반시계방향 모멘트를 상쇄할 수 있다.

## 탄성

움직일 수 없는 물체 위에 힘이 가해지면 이 물체의 크기나 모양이 바뀌기도 한다. 고무와 같은 일부 물질은 가해졌던 힘이 사라지면 다시 원래의 모양으로 돌아가기도 한다. 이런 물질을 **탄력이 있다고** 한다.

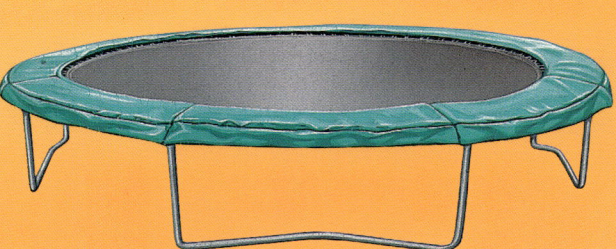

트램펄린은 탄성을 이용하는 기구이다. 트램펄린 판을 늘리는 힘이 사라지면 판은 원래의 모양으로 돌아온다.

탄력 있는 물질이 늘어나는 정도는 후크의 법칙에 따라 달라진다. 이것은 힘이 커지면 늘어나는 정도도 같은 단계로 커진다는 법칙이다.
어떤 물질이 탄성한계를 넘어갈 정도로 늘려지면 후크의 법칙은 더 이상 적용되지 않는다. **탄성한계**란 한 물체를 늘렸을 때 이것을 견디지 못하고 모양이 바뀌어 버리는 지점을 말한다.
어떤 물질은 늘리면 원래의 형태로 돌아오지 않고 새로운 형태를 유지한다. 이런 것을 **가소성**이라고 한다.

링크 121

고무밴드는 탄성이 있지만 너무 많이 늘리면 툭 하고 끊어져버린다.(즉 탄성한계를 넘은 것이다)

점토로 모양을 만들 수 있는 것은 이 물질에 가소성이 있기 때문이다.

모양을 만들고 나면 점토는 이 모양을 계속 유지한다.

### 유용한 인터넷 링크
www.usborne-quicklinks.com

Web 1 힘의 모멘트에 대한 실험을 해보자.
Web 2 지레와 받침점이 어떻게 작동하는지 실험해보자.
Web 3 온라인 활동으로 테니스의 물리학에 대해 알아보고 테니스공에 작용하는 다양한 힘에 대해서도 살펴보자.
Web 4 탄성과 지진에 대해 알아보고 울타리의 탄성에 관한 애니메이션을 시청하자.

# 역학 Dynamics

영국 과학자 아이작 뉴턴
(1642-1727)

**역학**이란 힘이 운동에 어떻게 영향을 미치는지 연구하는 학문이다. 관성과 운동량은 물체가 얼마나 쉽게 움직이고 멈추는지를 설명하는 데 쓰이는 용어이다. 모든 물체의 운동을 좌우하는 원리를 설명해주는 운동법칙 3가지가 있는데, 1687년 영국의 과학자 아이작 뉴턴이 체계화한 법칙이다.

## 뉴턴의 운동법칙

아이작 뉴턴은 운동, 중력 그리고 빛을 포함한 많은 분야에서 중대한 발견을 했다. 특히 **뉴턴의 운동법칙** 3가지는 과학적 사고에 지대한 영향을 미쳤다.

링크 122

**뉴턴의 제1법칙**은 사물은 힘을 받고 있지 않을 때 그대로 멈춰 있거나 일정한 속도로 직선 운동을 한다고 설명한다. 이것이 관성의 법칙이다.(오른쪽 참조)

이 트럭을 움직이게 하려면 트럭의 관성을 능가하는 힘이 필요하다.(제1법칙 참조)

**뉴턴의 제2법칙**은 사물에 가해지는 모든 힘이 사물의 운동에 변화를 준다고 설명한다. 그 변화의 크기는 사물의 질량과 합력의 크기에 따라 달라진다.

같은 세기의 바람에 잎보다 솔방울이 덜 움직이는데, 이는 솔방울의 질량이 더 크기 때문이다.(제2법칙 참조)

**뉴턴의 제3법칙**은 사물에 힘이 가해질 때 그 사물은 반대방향으로 같은 크기의 힘을 낸다고 설명한다. 첫 번째 힘을 **작용**, 두 번째 힘을 **반작용**이라고 한다.

공은 마치 방망이의 속도가 느려지는 것처럼 느껴지듯 방망이에 힘을 가하는데 이 힘은 방망이가 공에 가하는 힘과 크기는 같고 방향은 반대이다.(제3법칙 참조)

## 관성

물체는 운동의 변화에 저항한다. 이런 성향을 **관성**이라 하는데 이는 정지해 있는 물체와 움직이는 물체에 모두 작용한다. 정지해 있는 물체의 관성은 물체를 움직이기 어렵게 한다. 또한 관성은 움직이고 있는 상태의 물체를 직선으로 계속 움직이게 한다. 관성을 극복하려면 힘이 필요하다.

안전벨트나 에어백에 제지하는 힘이 없다면 이 실험의 인체 모형은 관성으로 인해서 전면 유리를 뚫고 나갈 것이다.

물체의 질량이 클수록 관성도 크다. 동물의 몸집이 클수록 동작을 바꾸기 위해서는 작은 동물보다 더 큰 힘이 필요하다. 질량이 2배라 함은 곧 관성도 2배라는 뜻이다.

그림 속 어른 코끼리의 질량은 아기 코끼리의 5배이다. 그러므로 관성도 5배이다.

## 운동량

**운동량**은 계속 움직이려는 물체의 성향을 측정한 것이다. 운동량은 물체의 질량에 속도를 곱한 값이다. 질량이 크고 속도가 높을수록 운동량은 커진다. 운동량도 속도와 같이 벡터량에 속하고, 이는 운동량은 크기와 방향을 모두 가지고 있음을 뜻한다.

대머리독수리

갈매기

대머리독수리와 갈매기가 같은 속도로 날고 있다면 더 큰 질량을 갖고 있는 새(대머리독수리)가 더 큰 운동량을 가지고 있다.

그림에 보이는 물건으로 가득 찬 수레의 질량은 10kg이고 속도는 동쪽으로 초속 1m이다. 이때 이 수레의 운동량은 동쪽 10kg·m/s이다.

더 빠른 속도로 운동하는 작은 질량의 물체는 큰 질량의 물체와 같은 운동량을 가지기도 한다.

이쪽의 거의 비어 있는 수레의 질량은 2kg이고 속도는 동쪽으로 초속 5m이다. 이 수레의 운동량도 동쪽 10kg·m/s의 값을 가진다.

### 운동량의 보존

그림 속의 분홍색 공과 파란색 공처럼 두 물체가 충돌할 때 이 두 물체의 총운동량은 충돌 전과 마찬가지로 유지된다. 이를 **운동량보존의 법칙**이라 한다. 즉 한 물체가 충돌로 인해 운동량을 잃으면, 다른 물체가 같은 양의 운동량을 얻게 되는 것이다.

분홍색 공이 파란색 공을 향해 굴러간다.

분홍색 공이 파란색 공에 부딪칠 때 운동량은 파란색 공을 통해 주황색 공으로 옮겨간다.

이 공들의 질량은 모두 같기 때문에 주황색 공은 충돌 전 분홍색 공의 속력으로 인해 가속된다.

링크
123

**직접 해보자**

운동량보존의 법칙을 확인해볼 수 있는 뉴턴의 진자라 불리는 장치는 성인용 장난감으로 팔기도 한다. 이 장치를 한번 찾아보자. 첫 번째 공이 다른 공에 부딪히면 그 운동량은 마지막 공까지 전달되어 공을 움직이게 한다.

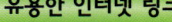

**유용한 인터넷 링크**

www.usborne-quicklinks.com

**Web 1** 야구 경기에서 발견할 수 있는 과학 원리에 대해 알아보자.
**Web 2** 구슬 실험으로 운동량이 어떻게 전달되는지 알아보자.
**Web 3** 뉴턴과 파스칼을 포함한 유명한 과학자들의 일대기 자료를 관찰해보자.
**Web 4** '뉴턴의 진자'를 통해 운동량에 대해 알아보자.
**Web 5** 뉴턴의 3가지 운동법칙을 그림으로 살펴보자.

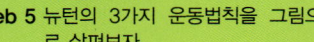

# 마찰 Friction

**탁자 위에서** 미끄러지고 있는 동전처럼, 움직이고 있는 물체가 또 다른 물체와 접촉할 때 이 물체의 속도는 느려진다. 이런 현상을 야기하는 힘을 마찰이라 한다. 맞닿는 표면이 거칠수록 마찰도 커진다. 마찰은 고체뿐만이 아니라 액체나 기체에서도 발생한다. 마찰의 영향을 받은 물체는 온도가 올라간다.

새 신발

헌 신발

바닥과의 지속적인 마찰 때문에 발레 무용수의 신발은 몇 주 후면 닳아버린다.

## 마찰의 용도

마찰은 어떤 경우에는 유용하지만 다른 경우에는 방해가 되기도 한다. 만약 표면에 마찰이 없다면 뭔가를 붙잡는 것은 불가능하다.
기계에 마찰을 이용하는 경우도 많이 있다. 타이어와 길 표면 사이에 마찰이 없다면 운전자는 차가 미끄러지는 것을 멈출 수 없을 것이다.

링크
124

스키의 매끄러운 바닥은 눈과의 마찰을 최소화하여 매우 쉽게 미끄러지게 한다. 그러나 스키의 날카로운 모서리는 스키를 타는 사람들이 방향을 바꿀 때 마찰을 발생시켜 속력과 방향을 조절할 수 있게 만든다.

작동하는 데에는 마찰이 조금이라도 있어야 하는 장치도 있다. 예를 들어 성냥과 성냥갑 사이의 마찰은 성냥개비 머리부분의 화학물질에 불이 붙을 만큼 충분한 열을 발생시킨다. 또한 브레이크는 모두 자동차 바퀴의 속도를 낮추기 위해 마찰을 이용한다.

길 위의 물과 진흙은 윤활유(옆 쪽 참조) 역할을 하기 때문에 마찰을 감소시킨다. 타이어에 나 있는 홈은 물과 진흙을 흘려보내서 위로 솟아 있는 고무 부분(접지면)이 땅의 표면과 맞물릴 수 있는 것이다.

### 디스크 브레이크

브레이크 패드

브레이크 패드가 강철 바퀴를 눌러 속도를 낮추기에 충분한 마찰을 발생시킨다.

★

운동화의 바닥은 고무처럼 마찰을 많이 일으키는 재료로 만들어진다.

## 마찰 감소

기계 부품 사이에 너무 많은 마찰이 일어나면 기계에 좋지 않다. 이런 마찰이 일어나면 기계가 닳고, 작동에 필요한 힘이 열을 내는 데에 낭비된다. 기름은 어떤 고체의 표면보다도 미끄럽기 때문에 물체가 서로를 미끄러지듯 지나치게 해준다. 이런 기름의 특성 때문에 기름은 마찰을 감소시키는 데 사용된다. 이런 액체를 **윤활유**라고 한다.

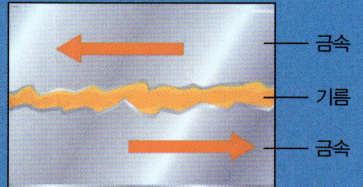

이 확대도는 매끈해 보이는 금속의 표면이 사실은 꽤 울퉁불퉁하다는 것을 보여준다. 움직이는 금속 표면 사이에 기름이 한 겹 있으면 마찰을 줄여준다.

금속
기름
금속

기계 속의 두 표면 사이에 넣는 **볼베어링**(굴대와 축받이 사이에 강철 알을 넣어 마찰을 줄이는 베어링)은 표면과 표면의 접촉량을 감소시킨다. 이렇게 하면 표면 사이의 마찰과 마모량을 줄일 수 있다.

볼베어링이 바퀴의 축을 따라 놓여 있다. 바퀴가 구르면 볼베어링이 회전한다. ★

## 대기와 우주에서의 마찰

**항력** 또는 **공기저항**은 대기와 이를 가로지르는 모든 물체 사이에서 일어나는 마찰을 뜻한다.(150쪽 참조) 우주공간에서는 대기가 없으므로 마찰 또한 없다. 예를 들어 우주왕복선에는 지구의 대기권으로 재진입하기 전까지 우주공간에서 이동할 때는 마찰이 일어나지 않는다.

우주왕복선이 지구 대기권으로 진입할 때는 항력 때문에 속도가 낮아진다. 왕복선과 대기 사이의 마찰은 빨간 불꽃을 일으킨다.

링크
125

## 유선형

자동차는 항력을 낮추기 위해 **유선형**으로 설계된다. 유선형은 공기가 자동차를 부드러운 선을 따라 흐르게 해서 자동차가 힘을 덜 들이고 앞으로 나아갈 수 있도록 해준다.

자동차 제조업체는 연기 분사를 이용해 새 자동차의 유선형을 실험한다. 이 사진에서는 포드에서 만든 차를 실험하고 있다.

## 수중에서의 마찰

물은 공기보다 밀도가 높기 때문에 물에서 움직이는 물체에는 마찰이 더 많이 가해진다. 고래와 같은 해양 포유동물이나 물고기는 태생적으로 몸과 물 사이의 마찰을 줄일 수 있도록 몸이 유선형으로 되어 있다.

고래의 유선형 몸을 따라 물이 부드럽게 흘러간다.

---

### 직접 해보자

큰 책 한 권과 구슬 몇 개를 이용해 볼베어링이 어떻게 마찰을 줄이는지 살펴보자. 일단은 책을 그냥 밀어보고 이때 일어나는 마찰을 관찰하자. 이번에는 책 아래에 구슬을 깔고 다시 밀어보자. 구슬이 책과 바닥 사이에서 구르면서 마찰을 감소시키는 것을 알 수 있다.

구슬

---

### 유용한 인터넷 링크

www.usbornequicklinks.com

**Web 1-2** 사이클링과 아이스하키 속의 과학적 원리를 찾아보자.
**Web 3** 재미있는 놀이를 통해 우리 몸에 가해지는 공기의 마찰효과를 찾아보자. 단, 다치지 않도록 주의하자.
**Web 4** 일상생활에서 마찰과 관련된 것을 더 찾아보자. 여러분에게 어떤 영향을 미치는가?
**Web 5** 태엽 장난감을 이용한 온라인 마찰 실험을 해보자.
**Web 6** 마찰과 힘에 관한 재미있는 실험을 하고 결과를 기록해보자.

# 운동 Motion

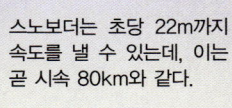

스노보더는 초당 22m까지 속도를 낼 수 있는데, 이는 곧 시속 80km와 같다.

**물리학에서** 운동이란 어떤 물체가 어떻게 움직이는지를 연구하는 것을 말한다. 이를테면 태양을 공전하는 행성의 움직임이나 공기를 가르면서 나는 스노보더의 움직임도 운동이라고 할 수 있다. 한 물체의 운동은 일반적으로 속도와 가속도로 설명하고, 다른 힘이 작용할 때만 운동의 상태가 바뀐다.

## 속력

**속력**이란 물체가 얼마나 빨리 움직이는지를 측정한 것이다. 움직이는 물체의 평균 속력은 이동한 거리를 걸린 시간으로 나누어서 구한다.

링크
126

### 속력 계산

자전거를 타고 있는 이 사람은 40초에 500m를 이동했다. 이 사람의 평균 속력을 구하는 식은 아래와 같다.

$$평균 \ 속력 = 거리(m)/시간(초)$$
$$= 500/40 = 초당 \ 12.5m$$

속력은 스칼라량이다. 즉 속력은 움직이는 물체의 속도량을 측정하지만 어느 방향으로 움직였는지는 관계가 없다는 것이다. 물리학에서 속력의 측정 단위는 대부분 초당 m(m/s)이다. 그러나 시간당 km(km/h)도 자주 사용한다. 이 단위는 한 시간당 사물이 얼마나 먼 거리를 이동했는지를 나타낸다.

## 속력 변화

움직이는 사물의 속력은 순간순간 바뀔 수 있다. 이를테면 단거리 선수는 경주를 처음 시작할 때는 천천히, 결승점이 가까워지면 가장 빠른 속력을 낸다. 이처럼 특정한 순간에 어떤 물체의 속력을 **순간속력**이라고 한다. 1999년에 100m 경주 남자 세계 신기록은 9.84초였다. 즉 초당 10.16m의 평균 속력을 낸 것이다. 그러나 처음 1m를 달리고 나서 우승한 선수의 순간속력은 아마 초당 3m였을 것이다. 몇 m 더 달린 후에는 초당 11m 정도였을 것이다.

경기 중인 단거리 선수

## 속도

**속도**는 속력과 함께 물체가 이동한 방향도 계산한 것이다. 즉 속도는 벡터량에 속한다. 움직이는 물체의 속력이 같아도 방향에 변화가 있다면 속도는 달라진다.

이 자동차는 시속 10km의 일정한 속력으로 달리고 있지만, 방향이 계속 변하고 있기 때문에 속도는 매 순간 변한다.

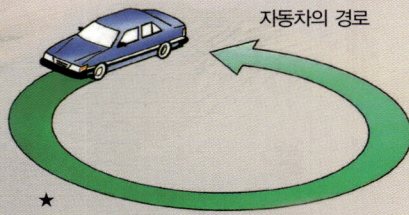

자동차의 경로

★

속도는 특정한 방향으로 초당 m의 단위로 측정된다. 예를 들어 북쪽으로 초당 1.5m의 속력으로 걷고 있는 사람의 속도는 초당 1.5m 북쪽이다. **상대속도**는 움직이는 물체를 또 다른 움직이는 물체에서 보았을 때의 속도를 말한다.

그림과 같은 스턴트기는 같은 방향으로 초당 83m의 속도로 비행하고 있다.

한 비행기에서 다른 비행기의 속도를 측정하면 0이다.

## 가속도

**가속도**란 물체의 속도에서 일어나는 변화, 즉 주어진 시간 동안 일어나는 속력이나 방향의 변화를 말하는 것이다. 물리학에서 가속도는 제곱초당 m 또는 $m/s^2$로 측정한다. 보기에는 복잡해 보이지만 사실은 그렇지 않다. 어떤 물체가 1제곱초당 m로 가속되면, 이 물체는 1초당 1m씩 가속되는 것이다.

속도가 감소하는 것을 **감속도**라 한다. 속력이나 방향에 어떤 변화가 있으면 이 물체는 가속하거나 감속하고 있다는 것을 의미하고, 속도에도 영향을 미친다. 자동차 제조업체는 보통 가속도를 초마다 시간당 km(또는 마일)로 고려한다. 이것은 같은 것을 측정하는 다른 단위일 뿐이다. 자동차가 한 방향으로 일정하게 시속 50km로 달리고 있다면, 이 자동차의 가속도는 0이다. 이것은 속력이나 방향이 변하지 않기 때문이다.

그림 속의 포르쉐 911 터보는 4.5초에 시속 0~100km부터 가속한다. 즉 평균 가속도는 6.2제곱초당 m이다.

비행기에서 뛰어내리면 지구의 중력은 스카이다이버들을 9.8m 제곱초당 m로 가속한다.

스카이다이버가 낙하산을 펼치면 갑자기 감속한다.

링크
127

### 직접 해보자

점토로 작은 공을 3개 만들어보자. 하나씩 각각 다른 높이에서 떨어뜨린다. 더 높은 곳에서 떨어뜨릴수록 공은 바닥에 부딪히면서 더 심하게 찌그러진다. 이것은 거리가 멀어질수록 속도가 더 빨라지기 때문이다.

왼쪽에 있는 공이 가장 높은 곳에서 떨어졌기 때문에 착지할 때 가장 많이 찌그러졌다.

### 유용한 인터넷 링크

www.usborne-quicklinks.com

**Web 1** 속력에 관한 실용적인 정보를 파악해보자.
**Web 2** 속력과 순간속력, 가속도에 관한 온라인 수업을 들어보자.
**Web 3** 가상으로 경주용 차량을 이용해 속도와 가속도 실험을 해보자.
**Web 4** 운동과 에너지의 정의에 관한 퀴즈를 풀어보자.
**Web 5** 속도와 가속도를 예와 함께 설명해주는 글을 읽어보자.

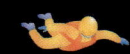

## 종단속도

어떤 물체가 기체나 액체에서 점점 감소하는 비율로 가속되면 일정한 최대속도에 도달한다. 이것을 **종단속도**라고 한다.

비행기에서 뛰어내리는 스카이다이버를 떠올려보자. 스카이다이버는 비행기에서 뛰어내린 순간부터 가속되기 시작한다.

이들은 시속 200km에 달할 때까지 계속 가속되지만 그 비율은 점점 느려지다가 이 지점에서 가속이 멈춘다. 가속도가 0으로 떨어지면, 이들은 종단속도에 도달한 것이다.

어떤 물체가 낙하하기 시작하면 빠른 속도로 가속된다.

더 긴 거리를 낙하할수록 천천히 가속된다.

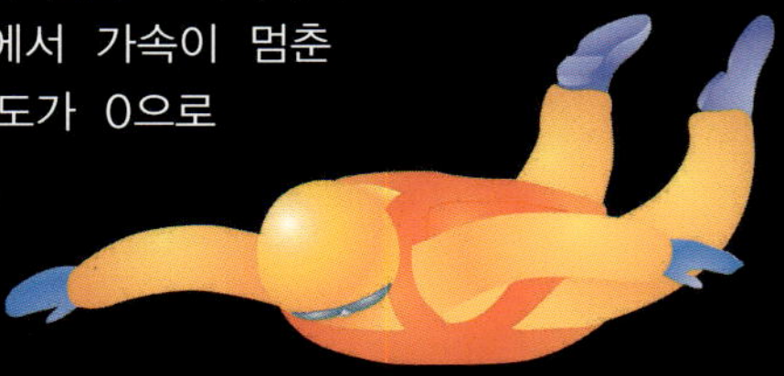

가속을 멈춘 지점. 종단속도에 도달했다.

## 저항력

중력의 당기는 힘은 물체를 아래쪽으로 가속한다. 그러나 이 물체가 움직이기 시작하면 주변의 기체나 액체가 물체를 위로 미는 힘인 **저항력**이 가해진다. 물체가 빨리 떨어질수록 저항력은 강해지는데, 이런 현상은 물체의 무게가 아래로 누르는 힘과 같아질 때까지 지속된다. 이 지점에서 물체는 가속을 멈추고 종단속도에 도달한다.

물체의 종단속도는 기체보다 액체에서 더 느리다. 이것은 액체가 기체보다 더 많은 저항력을 가하기 때문이다. 그 결과 이 두 힘 간의 균형이 기체보다 빨리 맞게 되고, 따라서 물체가 가속을 멈추는 시점도 더 빨리 온다.

동전을 떨어뜨리면 물보다 공기 중에서 종단속도에 이르기까지 더 긴 시간이 걸린다.

## 원형 운동

움직이는 물체는 모두 직선으로 운동하려는 경향이 있다.(130쪽 뉴턴의 제1법칙 참조) 어떤 물체가 원형을 그리면서 돌게 하는 힘을 **구심력**이라고 한다. 구심력이란 계속해서 원의 가운데로 물건을 끌어들이는 모든 힘을 가리킨다.

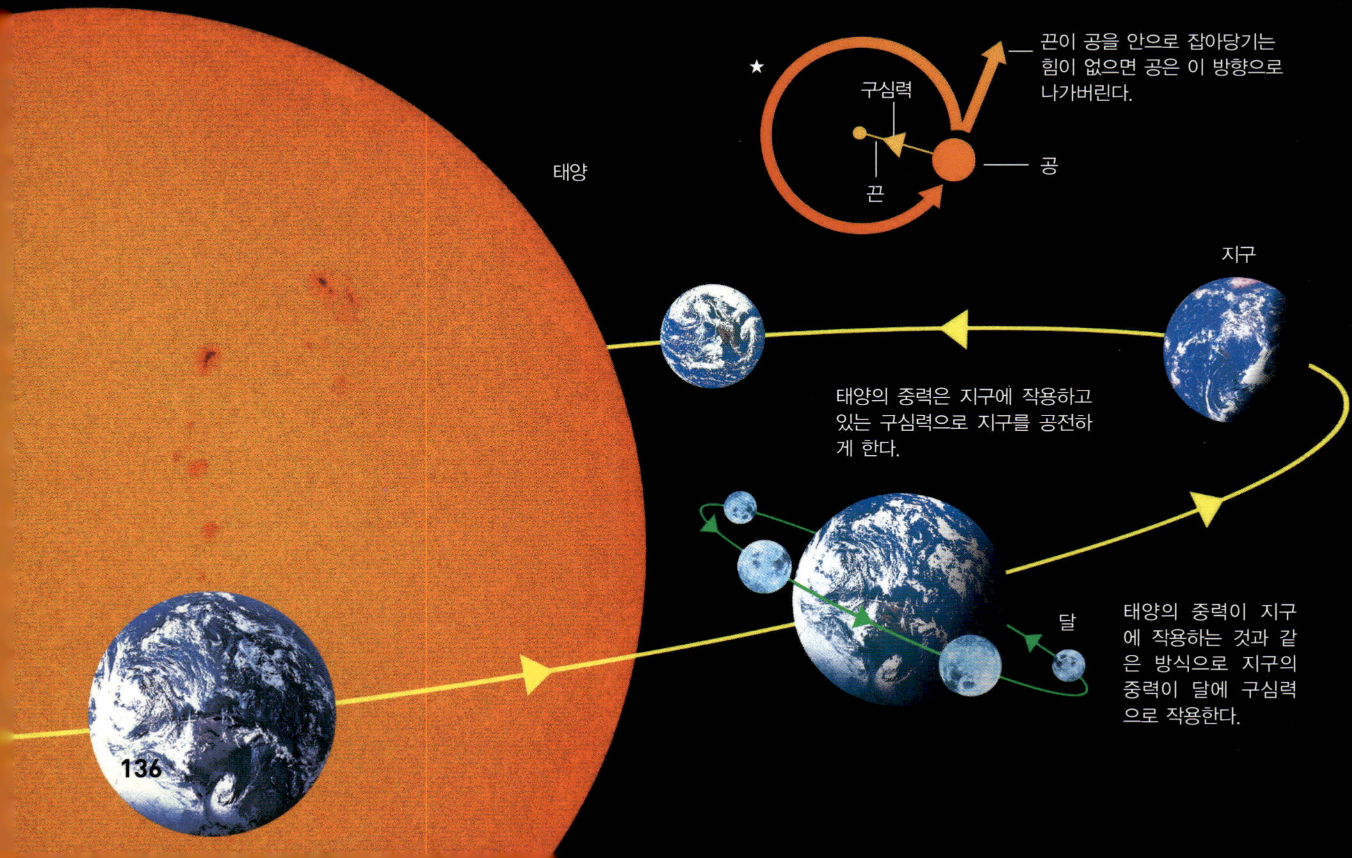

끈이 공을 안으로 잡아당기는 힘이 없으면 공은 이 방향으로 나가버린다.

구심력

끈

공

태양

지구

태양의 중력은 지구에 작용하고 있는 구심력으로 지구를 공전하게 한다.

달

태양의 중력이 지구에 작용하는 것과 같은 방식으로 지구의 중력이 달에 구심력으로 작용한다.

## 구심력의 예

작은 물체를 끈에 묶어서 머리 위에서 빙빙 돌려보자. 끈이 물체를 당기는 힘이 바로 구심력이다. 충분히 빠른 속도로 돌리면 몸 위로 물체가 떨어지지 않는다. 끈을 놓으면 구심력은 사라지고 물체는 직선으로 멀리 날아가버린다. 운동선수가 '해머'를 던질 때에도 이런 현상이 일어난다.

1. 선수는 해머를 움직이기 위해서 끈을 잡아당긴다.

2. 선수가 잡아당기는 힘은 해머에 구심력으로 작용한다.

3. 해머가 빨리 움직일수록 더 큰 구심력이 필요하다.

4. 구심력이 사라지면 해머가 날아간다.

## 회전의

**회전의**(자이로스코프)란 틀 안에서 매우 빠르게 회전하는 바퀴를 말한다. 이때 틀이 중력의 힘에 저항하면서 구심력이 형성된다. 이 바퀴는 뒤집히지 않으면서 아주 가파른 각도로 기울기도 한다. 그러나 바퀴의 속도가 느려지면 회전의는 떨어져버린다.(회전의는 장난감 가게에서 구입할 수 있다)

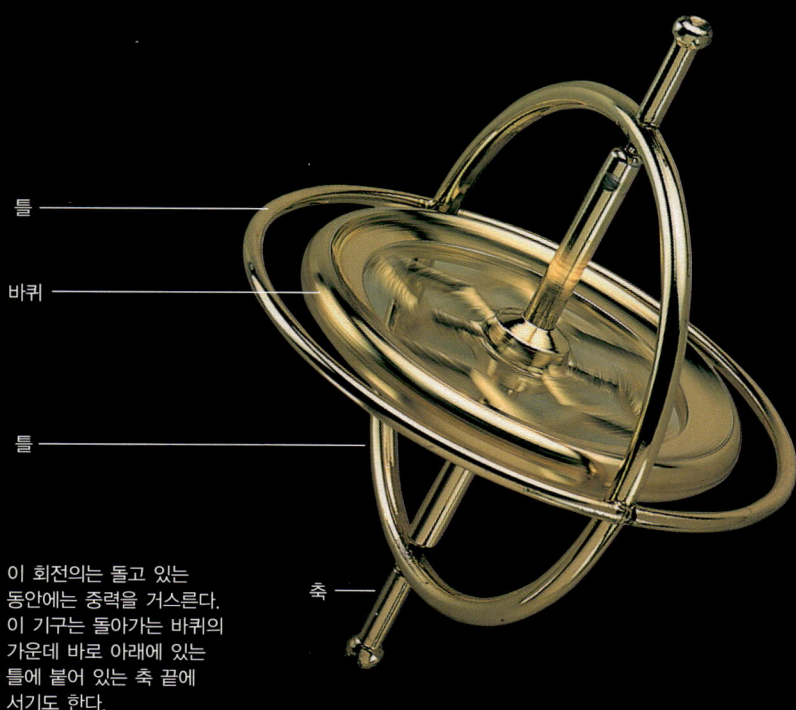

틀

바퀴

틀

축

이 회전의는 돌고 있는 동안에는 중력을 거스른다. 이 기구는 돌아가는 바퀴의 가운데 바로 아래에 있는 틀에 붙어 있는 축 끝에 서기도 한다.

링크
129

### 직접 해보자

구심력을 직접 실험해보자.
플라스틱으로 된 사발에 구슬을 하나 넣고 구슬이 원을 그리며 움직이도록 사발을 흔든다. 구슬이 원을 그리면서 움직이면 구심력이 형성된 것이다.
그러나 일정 속력에 도달하면 구슬은 사발 밖으로 튀어나가 버린다. 이것은 구슬에 작용하는 구심력이 궤도를 유지할 정도로 충분히 강하지 않기 때문이다.

구슬이 일직선을 그리며 튀어나가는 것을 관찰해보자.

### 유용한 인터넷 링크

www.usborne-quicklinks.com

**Web 1** 물체가 움직이는 방식을 설명하는 용어는 무엇이 있을까? 운동의 물리학에 관한 수업을 들어보자.

**Web 2** 다양한 속력과 각도가 혜성의 궤도에 어떤 영향을 미치는지 살펴보자.

**Web 3** 자전거 바퀴의 물리학적 원리를 배워보자.

**Web 4** 다양한 힘을 조절해서 대포알을 목표물에 맞혀보자.

**Web 5** 롤러코스터를 발명한 사람과 그 역사, 앞으로 예상되는 미래에 대해 알아보자. 물리학 그림표도 접할 수 있다.

**Web 6** 회전목마 모형으로 구심력에 관한 실험을 해보자.

**Web 7** 구심력이 어떻게 작용하는지에 관한 간단한 실험을 해보자.

# 인력 Gravity

**인력이란** 물체들끼리 서로 끌어당기는 힘을 말한다. 인력은 이 물체 중 하나가 행성처럼 아주 크지 않으면 두드러지지 않는다. 인력의 영향이 미치는 범위를 인력장(중력장)이라고 한다. 지구와 달에는 둘 다 중력장이 있지만 지구가 훨씬 큰 물체이므로 중력장(중력은 인력의 일종)이 달보다 강하다.

태양이 가진 중력의 힘 때문에 소행성이라는 암석으로 이루어진 띠가 태양 주변을 공전한다.

## 인력과 질량

두 물체 간의 인력이 당기는 힘은 물체 간의 거리와 질량에 따라 다르다. **질량**이란 한 물체에 들어 있는 물질의 양을 말하며 이것은 절대 변하지 않는 값이다. 물체가 2개 존재하면 서로에게 끌리는 힘이 발생하지만, 토마토 2개처럼 질량이 너무 작은 경우 인력의 힘이 너무 미미해서 눈에 보이는 효과는 없다.

이 작은 물체 간의 인력은 너무 작아서 느껴지지 않는다.

**링크 130**

## 지구의 중력(인력)

지구와 지구상에 있는 물체 사이의 중력은 지구의 질량이 매우 크기 때문에 눈으로 똑똑히 확인할 수 있다.

지구가 가진 중력이 당기는 힘은 그림 속의 마로니에 열매처럼 어떤 물체라도 땅으로 떨어지게 한다.

## 중력과 무게

**무게**란 한 물체의 질량에 작용하는 중력의 힘을 측정한 것이다. 물체가 지구의 중심에서 멀리 있을수록 중력의 힘은 적게 작용한다. 이런 사실 때문에 고도가 높은 곳(높은 산꼭대기 등)에서 몸무게를 측정하면 실제 질량은 그대로이더라도 지표면에서 재는 것보다 작게 나온다.

우주를 유영할 때 우주비행사들의 무게는 지구에서보다 훨씬 적다. 이것은 지구의 중심에서 너무 멀리 떨어져 있어 행성의 중력이 거의 작용하지 않기 때문이다.

## 무게중심

중력은 물체의 모든 부분에 영향을 미치지만, 물체의 모든 무게가 작용하는 것처럼 보이는 지점이 있는데, 이를 **무게중심**이라 한다. 물체는 무게중심점에서 균형을 잡는 경우가 많다.

X = 무게중심

그림 속의 소형 역기와 같이 일반적인 모양을 한 좌우대칭인 물건의 무게중심은 정확히 가운데 있다.

**안정된 물체**는 기울어지면 곧 원래의 위치로 돌아온다. 무게중심이 바로 이런 안정성의 비밀인데, 물체가 기울어져도 무게중심이 밑면 위에 있으면 뒤집히지 않는다.

경주용 자동차는 매우 안정되어 있다. 무게중심이 낮고 밑면이 넓기 때문이다.

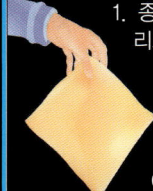

**불안정한 물체**는 무게중심이 위에 있고 밑면이 상대적으로 좁다. 이런 물체는 기울어지면 무게중심이 밑면 위에서 벗어난다.

세워져 있는 오토바이는 불안정한 물체의 좋은 예가 된다. 오토바이는 기울어지면 금방 넘어지고 만다.

높이가 높고 좁은 물체라고 해서 반드시 불안정한 것은 아니다. 이층버스는 무게중심이 낮게 위치하도록 설계되어서 안정적이다.

버스 아래쪽에는 엔진과 바퀴, 차대가 포함되어 있어 매우 무겁고, 버스 위쪽은 가볍다. 그 결과 무게중심이 아래쪽에 위치하게 된다.

### 직접 해보자

종이 1장의 무게중심을 찾을 수 있는 실험을 해보자.

1. 종이 끝을 잡고 팔랑거리도록 한다.

2. 종이를 벽면을 향하도록 쥐고, 손에 쥔 부분에서부터 아래로 일직선을 긋자.

3. 종이를 다른 방향으로 들고 2단계를 다시 한다. 이 두 선이 만나는 곳이 무게중심이다. 이 실험을 반복해보아도 선은 항상 같은 곳에서 만난다.

안정된 물체                    X = 무게중심

안정된 물체는 아주 많이 기울어지지 않는 한, 무게중심이 항상 밑면 위에 위치한다. 그 결과 물체는 다시 밑면으로 내려오는 경향이 있다.

안정되지 않은 물체                    X = 무게중심

안정되지 않은 물체가 기울어지면 무게중심은 금방 밑면 위에서 벗어난다. 이렇게 되면 물체는 쓰러지고 만다.

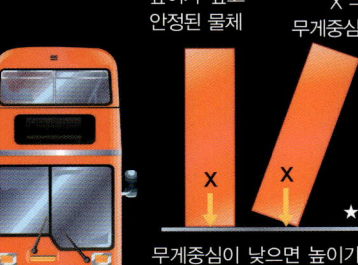

높이가 높고 안정된 물체                    X = 무게중심

무게중심이 낮으면 높이가 높은 물체라도 아주 많이 기울어지지 않고서는 쓰러지지 않는다.

## 지구와 달

달이 지구를 공전할 때, 달의 중력이 지구를 끌어당긴다. 이 중력은 지구의 바다에 영향을 미쳐서 해수면이 높아지거나 낮아지게 한다. 해수면이 높아지는 것을 **밀물(만조)**이라고 하며, 이때 밀물이 아닌 지역에는 **썰물(간조)** 현상이 일어난다.

**조수간만에 미치는 달의 영향**

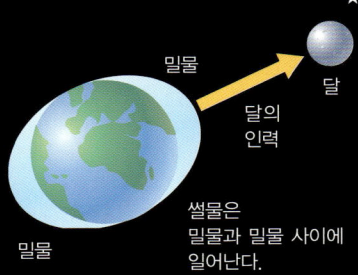

밀물

달

달의 인력

썰물은 밀물과 밀물 사이에 일어난다.

밀물

이와 유사하게 지구의 중력도 달에 영향을 미친다. 구심력이라고 하는 이 힘은 달이 지구 주변의 궤도를 따라 계속 돌게 하는 역할을 한다. 구심력에 대해 더 많은 내용을 살펴보려면 136쪽의 원형 운동을 살펴보자.

링크
131

# 압력 Pressure

**바늘은** 천을 통과할 수 있지만 연필에 같은 힘을 주어도 연필은 천을 통과할 수 없다. 바늘과 연필 끝의 모양이 다른 정도의 압력을 가하기 때문이다. 압력은 어느 곳에나 존재하며, 기계를 작동시키는 데 사용되고 날씨에 영향을 미치기도 한다. 고체와 액체, 기체는 각각 이 물질이 닿는 표면에 압력을 가한다.

날카로운 가위가 잘 드는 이유는 가위 날이 좁은 부위에 압력을 가하기 때문이다.

## 압력이란

어떤 물체에 힘이 작용하면 압력이 발생한다. **압력**은 물체 자체에 정각으로 작용하고 그 강도는 가해지고 있는 힘의 크기와 범위에 따라 다르다. 가령 어떤 사람이 부드러운 눈밭을 걷는다고 치자. 보통 신발을 신으면 발이 푹푹 빠지지만 설상화(눈이나 얼음 위에서 신는 신발, 넙적한 모양에 미끄러지지 않도록 여러 가지를 덧댄다)를 신으면 눈 위를 제대로 걸을 수 있다. 이 사람의 몸무게는 변하지 않지만 설상화가 이를 더 넓은 면으로 분산해서 압력을 줄여주기 때문이다.

설상화의 바닥은 발바닥의 6배 정도의 크기이다.

링크
132

## 기압

**기압**이란 지구의 표면을 내리누르는 공기의 무게를 말한다. 1m²에서 공기가 아래로 누르는 무게는 커다란 코끼리 한 마리보다 무겁다. 기압은 지표면 근처에서 가장 높고 높이 올라감에 따라 감소한다. 제트기가 비행하는 지상 10,000m에서는 기압이 매우 낮아서 공기가 적다. 공기가 적다는 것은 곧 산소도 적다는 뜻이므로 비행기의 객실은 가압되어 있어 사람들이 숨을 쉴 수 있다. 비행기 내의 기압은 지표면과 거의 비슷하게 유지된다.

압력은 **파스칼(Pa)**로 측정하는데, 이 단위는 기압에 대해 많은 발견을 했던 프랑스 과학자 블레즈 파스칼(Blaise Pascal, 1623-1662)의 이름을 딴 것이다.

## 날씨의 변화

기압은 **밀리바(mb)** 단위로 측정한다. 기압이 변하면 날씨도 변한다. 즉 낮은 기압은 나쁜 날씨의 조짐이고, 고기압은 안정되고 화창한 날씨를 동반한다. 해수면에서 측정한 보통 기압은 1,013mb인데, 허리케인이 불 때는 910mb까지 떨어지기도 한다.

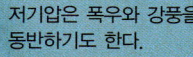

저기압은 폭우와 강풍을 동반하기도 한다.

## 유동물질의 압력

유동물질(액체와 기체)은 어디에 담겨 있느냐에 따라 모양이 바뀐다. 이런 물질 속의 압력은 모든 방향에서 바깥으로 작용한다.

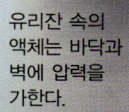

비치볼 속의 공기는 모든 방향으로 밀고 나가서 공을 부풀어 오르게 한다. ★

유리잔 속의 액체는 바닥과 벽에 압력을 가한다. ★

## 유압식 기계

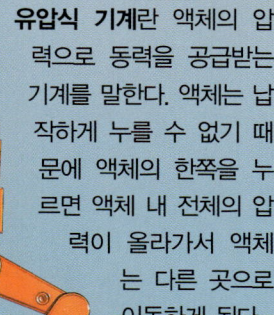

**유압식 기계**란 액체의 압력으로 동력을 공급받는 기계를 말한다. 액체는 납작하게 누를 수 없기 때문에 액체의 한쪽을 누르면 액체 내 전체의 압력이 올라가서 액체는 다른 곳으로 이동하게 된다.

그림 속의 로봇 팔은 유압을 이용해서 작동한다.

자동차 브레이크가 유압식 기계의 예 중 하나이다. 브레이크액이 브레이크 시스템을 따라 밀려들어가서 바퀴의 속도를 낮추는 방식이다.

### 자동차의 발 브레이크가 작동하는 원리

운전자가 페달을 밟으면 피스톤(1)이 들어가서 액체를 실린더(2)에 밀어 넣는다. 이 액체는 파이프를 따라 실린더 2개(빨간 화살표)로 다시 들어간다. 이것이 브레이크 패드(3)를 자동차 바퀴의 원판에 누른다. 이때 발생한 마찰이 바퀴(4)의 속도를 줄인다.

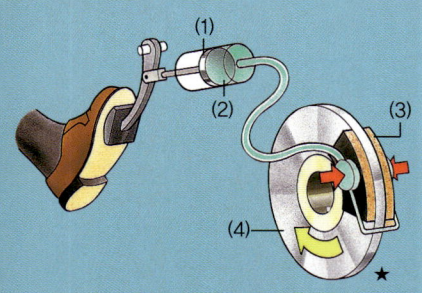

## 공기압식 기계

**공기압식 기계**는 압축된 가스(주로 공기)로 움직인다. 액체와는 달리 공기는 작은 부피로 압축할 수 있는데, 이렇게 하면 압력이 높아진다.

공기압식 드릴은 고압으로 압축된 공기를 누르고 있는 피스톤의 힘으로 움직인다. 압축된 공기는 드릴로 돌을 깰 수 있을 만큼 강한 힘으로 밀고 나온다.

공기압식 드릴

거품과 물로 된 소화기도 압축된 이산화탄소 기체를 이용하는 공기압식 기계의 일종이다.

### 소화기가 작동하는 원리

손잡이(1)를 누르면 통(2)에서 이산화탄소가 나온다. 기체는 물과 세제(3)의 혼합물을 내리 눌러서 튜브(4)와 호스(5)로 빠져나가게 한다. 이것이 거품과 물로 뿜어져 나온다.

링크
133

### 직접 해보자

공기가 모든 방향으로 밀고 들어가는지 알아보는 실험을 해보자. 가벼운 책 한 권과 비닐봉지를 준비한다. 책을 비닐봉지 위에 놓고 봉지에 공기를 불어넣는다. 봉지 속의 기압이 올라가서 책이 들리는 것을 관찰할 수 있다.

### 유용한 인터넷 링크

www.usborne-quicklinks.com

**Web 1** 압력이 수중 다이버들에게 미치는 영향에 대해 알아보자.
**Web 2** 비누 디스펜서(버튼을 누르면 물비누 등이 저절로 나오도록 설계된 기구)가 어떤 원리로 작동하는지 알아보자.
**Web 3** 집에서 간단하지만 효과적인 압력 실험을 해보자.
**Web 4** 힘과 압력의 차이를 보여주는 간단한 실험을 해보자.
**Web 5** 기체와 액체의 압력에 관한 글을 읽어보자.
**Web 6** 대왕오징어가 압력으로 빨판을 이용하는 원리를 알아보자.

# 단순 기계 Simple Machines

**기계는** 물리적인 일을 하기 쉽게 해준다. 기계는 일을 하는 데 필요한 인간의 노력을 줄여서 이를 더 효율적으로 사용할 수 있도록 하는 역할을 한다. 단순 기계란 레버(지레)나 나사 같은 장치를 의미한다. 반면 복잡한 기계란 드릴(착암기)이나 크레인(기중기) 같은 것으로 단순 기계를 조합해서 만든 것이다.

지금까지 발명된 가장 중요한 장치 중 하나인 바퀴는 많은 기계의 기본이 되었다.

## 하중 극복

어떤 물체든지 옮기려면 **하중**이라는 힘을 극복해야 한다. 하중은 이 물체의 무게와 같은 경우가 많다. 단순 기계를 이용하면 인간의 **노력**을 줄여서 이를 좀 더 효율적으로 사용할 수 있다.

노력은 이 핸들을 돌리는 힘을 말한다.

핸들을 돌리는 데 적용된 노력은 더 큰 힘을 만들어내서 나사가 나사돌리개에 적용한 하중을 극복한다.

간단한 기계가 들인 노력에 비해서 얼마나 더 큰 힘을 만들어내는지 확인해볼 수 있다. 노력량으로 하중을 나누면 되는데, 이를 **기계적 확대율**이라고 한다.

하중(4N)

받침점(지레받침)

2종 지레는 노력이 들어가는 지점과 받침점 사이에 하중이 들어간다.

노력(1N)

그림 속의 견과류에 가해진 하중은 4N(뉴턴)이다. 그러나 호두를 까기 위해서 기구의 핸들을 움켜쥐는 데는 1N만 필요하다. 그러므로 기계적 확대율은 4:1이다.

3종 지레는 하중과 받침점 사이에 노력이 들어간다.

노력

지레받침

하중

기계적 확대율이 4:1이라면, 기계가 극복하는 하중은 들어간 노력보다 4배나 크다. 이런 기계를 **증력기**라고 한다.

## 지레

**지레**란 **지레받침**, 또는 **받침점**이라고 하는 고정된 점에서 돌아가는 막대와 같은 기계를 말한다. 이것을 사용하면 일을 하기가 쉬워진다. 받침점과 노력, 하중이 어떻게 배열되었는지에 따라 3가지 종류의 지레가 있다.

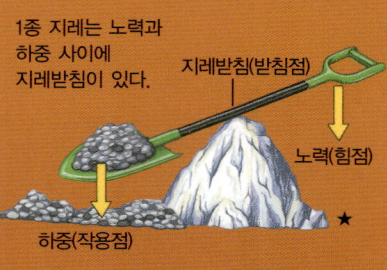

1종 지레는 노력과 하중 사이에 지레받침이 있다.

지레받침(받침점)

노력(힘점)

하중(작용점)

노력이 들어가는 지점이 지레받침에서 멀수록 지레를 사용하기가 쉽기 때문에 긴 지레가 더 유용하다.(129쪽 돌리는 힘 참조)

## 바퀴

**바퀴**가 내부에 있는 봉을 돌리면(자동차에서 핸들이 핸들축을 돌리는 것과 같이) 바퀴에 적용된 힘은 봉에 의해 더 큰 힘으로 전환된다. 바퀴가 클수록 쉽게 봉이 돌아간다.

핸들을 돌리면 차의 앞바퀴를 돌린 만큼 큰 힘이 핸들축에 가해진다.

핸들축

축이 원을 그리며 돌아가는 동작을 연결된 바퀴가 일직선으로 움직이는 동작으로 바꾸어서 지표면을 가로지르며 하중을 옮길 수 있다. 차의 바퀴를 예로 들 수 있다. 바퀴는 축보다 크기 때문에 훨씬 큰 힘을 낸다.

### 직접 해보자

1종 지레의 작동원리를 알 수 있는 실험을 해보자. 단단한 자의 한가운데 아래에 연필을 받친다. 그리고 한쪽 끝에 가벼운 책을 한 권 올려보자.

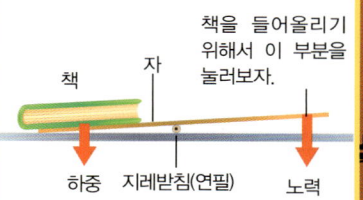

책을 들어올리기 위해서 이 부분을 눌러보자.

책    자

하중    지레받침(연필)    노력

연필의 위치를 바꿔가면서 해보자. 노력이 들어가는 지점이 지레받침에서 멀수록 하중을 들어올리기가 쉽다.

## 도르래

**도르래**는 무거운 하중을 들어 올리기 쉽게 고안된 기계로 엘리베이터나 크레인(기중기)에 사용되는 경우가 많다. 하나 이상의 홈이 있는 바퀴를 통과하도록 되어 있는 밧줄 끝에 하중을 매단다. 다른 방향에서 밧줄을 당기면 하중이 들어 올려진다.

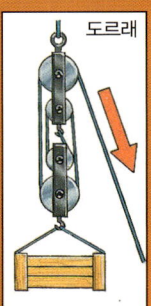

도르래

도르래를 이용하면 끌어올리는 동작 대신 아래로 당기기 때문에, 당기는 사람의 무게를 이용할 수 있다. 도르래에 바퀴가 많을

★ 수록 하중의 무게가 더 많은 밧줄에 골고루 분산되어서 하중을 끌어올리기가 쉽다.

## 나사

**나사**에는 축이 있는데, 모양은 빗면(아래 참조)과 같은 역할을 하는 가는 선이 둥근 기둥에 감겨 있는 모양이다. 이 둥근 기둥이 축의 역할을 하고, 가는 선이 기울어진 평면과 같은 역할을 한다.

나사를 돌리면 여기에 가해지는 힘은 훨씬 더 큰 일직선으로 작용하는 힘으로 바뀐다. 그래서 축이 쉽게 물체를 뚫고 들어갈 수 있는 것이다.

코르크 오프너는 돌리는 동작을 일직선의 힘으로 바꾼다.

## 기어(톱니바퀴 장치)

**기어**는 다양한 종류의 복잡한 기계에서 속도를 바꿀 때 쓰이는데, 차에서 시계까지 쓰임새가 넓다. 이 장치 내부에서 돌리는 힘의 크기를 바꾸기 때문에 속도를 조절할 수 있다.

기어는 2개 이상의 **톱니바퀴**로 되어 있는데, 이것이 서로 들어맞게 끼워져 있어 톱니바퀴 하나를 돌리면 다른 바퀴도 돌아간다. 큰 톱니바퀴가 보다 작은 톱니바퀴를 더 빠르게 돌아가게 하는 방식이다.

기어는 돌리는 힘의 크기와 방향을 바꾼다.

★

이 시계는 복잡하게 연동된 톱니바퀴 시스템으로 작동한다.

링크 135

강도가 높은 강철 케이블이 홈이 있는 바퀴를 통과한다.

크레인의 엔진은 이 부분에 들어 있다.

이 케이블은 강철이나 콘크리트로 된 건축자재 등 아주 무거운 물건도 들어 올릴 수 있다.

이 크레인은 밧줄 대신 튼튼한 강철 케이블로 커다란 도르래와 같은 역할을 한다. 크레인의 엔진에서 끌어당기는 힘이 나온다.

## 빗면

**빗면**은 단순히 경사가 진 평면을 말한다. 교차로에 있는 경사 진입로를 떠올리면 된다. 수직으로 된 곳보다 빗면인 곳에서 물체를 옮기기가 더 쉬운데, 이것은 더 긴 거리를 이동하기 때문에 같은 작업량에 힘이 덜 들어가기 때문이다.

80m의 경사

10m의 수직

★

만약 수직으로 끌어올리는 것보다 8배 먼 거리의 빗면 위로 물건을 밀어서 옮기면 원래 힘의 1/8만이 필요하다.

### 유용한 인터넷 링크

**www.usborne-quicklinks.com**

**Web 1** 자전거가 어떤 이유로 효율적인 운송수단이라고 할 수 있는지 알아보자.

**Web 2** 단순 기계를 이용해서 오벨리스크(고대 이집트에서 태양 숭배의 상징으로 세웠던 기념비)를 들어 올려보자.

**Web 3** 레오나르도 다빈치(Leonardo da Vinci)와 그가 발명한 기계에 관한 글을 읽어보자.

**Web 4** 집에서 찾아볼 수 있는 단순 기계에 관한 게임을 해보자.

**Web 5–6** 단순 기계와 관련한 온라인 활동과 조사를 해보자.

**Web 7** 역사 속의 기계에 대해 알아보자.

## 단순 기계의 쓰임새

단순 기계는 더 복잡한 기계를 만드는 데 부품으로 사용된다. 이제부터는 이렇게 사용된 단순 기계의 예를 살펴보자. 오른쪽 그림 속의 바닷가재와 같은 동물도 기계와 같은 방식으로 일하는 신체기관을 가지고 있는 경우가 있다.

프로펠러(추진기)는 단순한 나사와 같은 형태이다. 물에서 배를 밀어서 앞으로 나아가게 하는 역할을 하는데, 공기 중의 비행기도 이와 같은 프로펠러의 힘을 빌어서 앞으로 나아간다.

**링크 136**

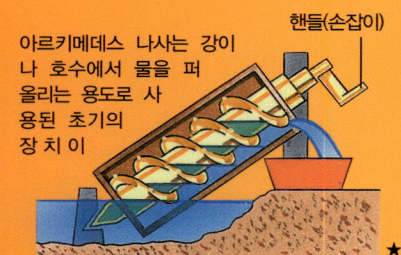

아르키메데스 나사는 강이나 호수에서 물을 퍼 올리는 용도로 사용된 초기의 장치 이

**핸들(손잡이)**

★

물이 돌아가는 나사의 빗면을 타고 끌어올려진다.

큰 톱니바퀴

손잡이 — 작은 톱니바퀴

날

위스크(달걀 등을 휘젓는 데 사용하는 도구) 속의 기어는 손잡이를 움직이면 돌리는 힘을 크게 전환시켜 날이 매우 빨리 돌아가게 한다.

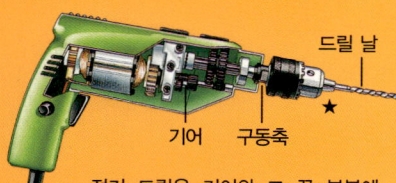

드릴 날

기어   구동축   ★

전기 드릴은 기어와 그 끝 부분에 연결된 **날**이라고 하는 나사로 구성되어 있다. 기어는 날이 돌아가는 속도를 조절해서 구멍을 빨리, 또는 천천히 뚫을 수 있도록 한다.

모터(발동기)는 기어 시스템과 에스컬레이터에서 계단과 손잡이를 움직이는 바퀴에 동력을 제공한다.   ★

가위는 1종 지레이다. 가위 날은 표면을 자르는 역할을 하며, 날카로운 쐐기 모양(V)을 하고 있다.

받침점

부채는 3종 지레의 일종이다. 부채를 흔들 때는 손목이 받침점과 같은 역할을 한다.

받침점

바닷가재의 집게발은 3종 지레에 속한다.

도끼는 아래로 내려치는 힘을 옆면을 자르는 힘으로 바꾼다. 도끼날은 나무와 같은 것을 잘라낼 때 이것을 가르는 **쐐기**(물건 틈에 박아서 사이를 벌리는 데 쓰는 물건)의 역할을 한다.

인간의 앞니 역시 쐐기와 같다. 이 이빨은 도끼와 같은 역할을 해서 음식을 자를 때 갈라서 밀어내는 역할을 한다.

아래로 작용하는 힘

★

옆면으로 작용하는 힘

피라미드를 지었던 고대 이집트인들은 커다란 돌덩이를 제 위치에 넣기 위해 나선형 경사 모양의 빗면을 이용했던 것으로 추측되고 있다. 가장 높은 피라미드는 146m에 달한다.   ★

# 일과 일률 Work and Power

**과학에서** '일'이라는 단어는 특별한 의미를 가진다. 일이란 힘이 물체를 이동시키면 행해지는 것이다. 다시 말해 일은 물체가 이동할 때만 일어난다.

## 일의 측정

일은 하나의 물체에서 다른 물체로 옮겨지는 것으로 에너지처럼 줄(J) 단위로 측정된다. 1J은 1N의 힘이 어떤 물체를 힘의 방향으로 1m 옮겼을 때의 일(그리고 이때 옮겨진 에너지)과 같다.

그림 속의 사람이 상자를 100N의 힘으로 3m 옮기면, 그는 300J의 일을 한 것이다.

## 일률

일률은 일이 행해지거나 에너지가 전달되는 속도를 말한다. 단위는 제임스 와트(James Watt)의 이름을 딴 **와트(W)**로 측정한다. 일률은 일을 걸린 시간으로 나눈 값이다.

상자를 1분 동안 3m 옮기는 것은 2분 걸려서 3m 옮기는 것보다 일률이 2배 높다.

## 일의 예

사진을 살펴보면 남자 무용수의 들어 올리는 힘이 중력의 힘을 극복하고 있다. 그러므로 그가 발레리나를 공중에 들어 올릴 때 일이 행해지고 있는 것이다.

남자 무용수는 발레리나를 들어 올리는 데 에너지를 사용하고 있다. 대부분의 에너지는 공중에 떠 있는 발레리나의 위치에너지로 전환된다. 또 남자 무용수의 몸에서는 열에너지도 일부 방출되고 있다.

발레리나는 정확한 자세로 몸을 움직이기 위해서 일을 해야 한다.

링크
137

### 직접 해보자

계단을 오를 때 얼마나 많은 일을 하는지 줄 단위로 계산해보자. 올라간 계단의 높이를 재 뉴턴 단위로 바꾼 몸무게로 곱한다.(kg 몸무게×10) 이렇게 구한 일의 값을 계단을 오를 때 걸린 시간으로 나누면 일률이 얼마나 되는지 알 수 있다.(와트 단위) 더 빨리 계단을 오를수록 일률은 더 높아진다.

가장 높은 계단

### 유용한 인터넷 링크

**www.usborne-quicklinks.com**

**Web 1** 과학과 기술에서 '일'과 '일률(혹은 힘)'이 무엇을 의미하는지 쉽게 풀어 설명해주는 글을 읽어보자.
**Web 2** 우리 몸이 얼마나 많은 일을 하는지 알아보자.(칼로리로 답해보자. 줄＝칼로리×4.19)
**Web 3** 발명가 제임스 와트에 관한 짧은 전기를 읽어보자.
**Web 4** 일과 줄, 일률과 와트에 관한 재미있는 글을 읽어보자.

# 부력 Floating

**왜** 물에 뜨는 물질과 가라앉는 물질이 있을까? 그리고 왜 공기 중에 뜨는 물질은 거의 없을까? 부유(가라앉음도 포함)의 원리를 알기 때문에 기술자들은 물보다 무거운 금속으로 배를 만들기도 하고, 공기 중에 떠오르는 비행선과 열기구를 설계할 수 있다.

링크
138

### 왜 물에 뜰까?
어떤 물체를 물에 넣으면 물이 조금 **밀려난다**. 이 물체는 물이 있던 자리를 차지해서 수면이 높아진다. 한 일화에 따르면 고대 그리스의 과학자였던 아르키메데스(Archimedes, BC 287–212)가 욕조에 들어갔다가 처음으로 물체가 물을 밀어낸다는 사실을 발견했다고 한다.

열기구 풍선에는 바깥의 차가운 공기보다 가벼운 따뜻한 공기를 채운다. 따뜻한 공기는 위로 떠오르는 성질을 가지고 있기 때문에 열기구도 공중으로 올라간다.

이 중세시대 그림은 아르키메데스가 부력의 원리를 발견하는 모습을 그린 것이다.

물은 **부력**이라는 힘으로 물에 들어온 물체를 밀어낸다. 만약 부력이 물체의 무게와 같으면 이 물체는 물에 뜬다. 물체의 무게와 넘치는 물의 무게는 같다.

### 아르키메데스의 원리
**아르키메데스의 원리**는 한 물체에 대한 부력 작용은 이 물체가 대체한 유동물질의 무게와 같다는 것이다. 물과 같은 액체에 어떤 물체가 가라앉는다고 가정하자. 이 물체는 액체가 가하는 부력이 물체의 무게와 같아질 때까지 계속 가라앉을 것이다.

보트의 위치가 낮아지면서 물이 빠져나간다(노란 화살표). 부력(빨간 화살표)은 보트를 받치고 있다.

물의 부력이 보트의 무게와 같아지면, 보트는 물 위에 자리를 잡아서 안정된 상태로 뜬다.

### 밀도
같은 크기의 물체라도 가라앉는 물체가 있고 뜨는 물체가 있다. 같은 크기의 물체라도 밀도가 다르면 무게가 다르기 때문이다. **밀도**란 한 물체의 **질량**을 부피(크기)에 비교한 것이다.

강철공은 밀도가 높기 때문에 같은 크기의 사과보다 무겁다. 강철 속의 물질은 더 빽빽하게 배열되어 있다. 사과는 물에 뜨지만 강철공은 가라앉는다.

## 공기 중에서 뜨는 물체

공기는 물과 같이 부력이라는 힘으로 물체를 밀어낸다. 이것은 물체가 밀어내는 공기의 무게와 크기가 같다. 부력이 물체의 무게와 같으면 이 물체는 떠오른다. 그러나 공기는 매우 가벼워서 뜨는 물질이 거의 없다고 할 수 있다. 열기구와 헬륨을 채운 비행선이 뜨는 것은 뜨거운 공기와 헬륨은 차가운 공기보다 가볍기 때문이다.

비행선은 헬륨이 분리된 통 여러 개에 나눠지도록 설계된다. 통 하나가 터져도 그 부분에 있는 헬륨만 새나가도록 하는 것이다.

헬륨 가스통

금속으로 된 뼈대가 있어서 비행선의 모양은 고정되어 있다.

이 단면도는 공기보다 가벼운 헬륨 가스가 차 있는 비행선을 보여준다.

★

## 배가 뜨는 원리

오늘날의 배는 물보다 8배나 밀도가 높은 강철로 만들어진다. 그러나 전체적인 밀도는 물보다 낮기 때문에 가라앉지 않는다. 배의 내부가 텅 비어 있어서 이 빈 공간이 물보다 배 전체의 밀도를 낮추기 때문이다. 또한 배는 부피가 커서 물을 대량으로 밀어내면서 배를 받쳐주는 부력을 만들어낸다.

## 상대밀도

어떤 물체가 물에 뜨려면 밀도가 물보다 낮거나 같아야 한다. 그렇지 않으면 물은 이 물체를 받쳐줄 수 있는 부력을 가하지 못한다.

어떤 물체의 **상대밀도**란 물과 비교했을 때의 밀도를 말하는 것이다. 물의 상대밀도는 1이므로 상대밀도가 1보다 높은 물체는 가라앉고, 1과 같거나 낮은 물체는 물에 뜬다.

링크
139

### 직접 해보자

모형을 만드는 점토 덩어리를 이용해서 배가 물에 뜨는 원리를 알아보자. 점토를 둥글게 공 모양으로 빚어서 물에 넣으면 가라앉는다. 이것은 이 공의 밀도가 물보다 높기 때문이다. 그러나 같은 점토로 텅 빈 사발과 같은 모양을 만들면 이것은 물에 뜬다.

이 사발도 공과 무게는 같지만, 사발은 더 많은 물을 밀어내기 때문에 물에 뜨는 것이다. 즉 부력의 힘이 이것의 무게와 같기 때문이다.

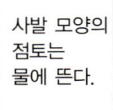

사발 모양의 점토는 물에 뜬다.

공 모양의 점토는 가라앉는다.

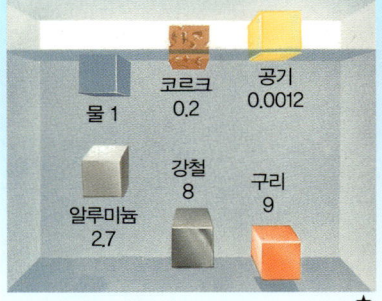

짐을 가득 실어도 컨테이너선은 물을 많이 밀어내면서 물 위에 떠 있다. 밀려난 물이 큰 배를 떠받칠 수 있는 큰 부력을 형성한다.

| 물 1 | 코르크 0.2 | 공기 0.0012 |
| --- | --- | --- |
| 알루미늄 2.7 | 강철 8 | 구리 9 |

★

이 그림에서는 여러 가지 물질의 상대밀도를 알아볼 수 있다. 거의 대부분의 금속은 물보다 밀도가 높음을 알 수 있다.

### 유용한 인터넷 링크

www.usborne-quicklinks.com

**Web 1** 어떻게 물이나 공기에 물체가 뜨는 걸까? 그림표와 퍼즐 같은 다양한 자료를 이용해 밀도와 부력에 대해 알아보자.

**Web 2** 최초로 멈추지 않고 지구를 도는 데 성공한 열기구 브라이틀링 오르비테(Beitling Orbiter)에 대한 글을 읽어보자.

**Web 3** 오리가 물에 뜨는 것을 아르키메데스의 원리를 이용해 실험해보자.

**Web 4** 부력에 관한 퀴즈를 풀어보자.

**Web 5** 온라인으로 물체의 밀도를 실험해보고 물에 뜨는 물체를 알아보자.

# 배와 보트 Ships and Boats

**배와** 보트의 동력원은 오직 바람과 사람의 힘이 전부였다. 그러나 엔진이 발명되자 프로펠러로 물을 가르면서 배를 추진시킬 수 있게 되었다. 더 현대적인 보트로는 수중익선과 호버 크라프트(에어쿠션선) 같은 것들이 있다.

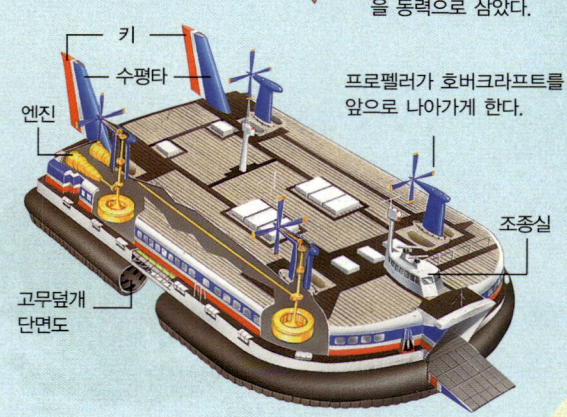

**바이킹선**
9세기에 바이킹은 그림과 같은 배를 이용했다. 이 배는 돛과 노의 힘을 동력으로 삼았다.

**유조선**
유조선은 탱크에 기름이나 다른 액체를 실어 옮기는 배이다. 규모가 큰 유조선을 초대형 유조선이라고 하는데, 그 크기가 배 중에서 제일이다.

**호버크라프트**
호버크라프트(에어쿠션선, 줄여서 ACV라고도 한다)는 고무덮개 안에 공기가 든 쿠션이 있어서 수면에 떠서 움직인다.

키
수평타
엔진

프로펠러가 호버크라프트를 앞으로 나아가게 한다.

헬리콥터 발착소

조종실

조종실

고무덮개 단면도

링크 140

**유람선**
크고 화려한 모습의 유람선은 휴가를 즐기는 승객 수백 명을 태울 수 있도록 설계되었다.

**수중익선**
수중익선은 수중익이라고 하는 일종의 물에 있는 '날개'에 죽마 모양의 다리가 달려 있는 모습을 하고 있다. 수중익선이 속도를 내면 선체가 물에 뜨면서 저항력을 줄인다. 수중익에는 수면을 관통하는 형태와 사다리 형태가 있다.

선체

**컨테이너선**
컨테이너선은 금속으로 된 큰 상자인 컨테이너를 실어 나르는 배이다. 컨테이너는 크레인을 이용해서 빠르게 싣고 내릴 수 있다. 컨테이너선 하나에 컨테이너 수백 개를 실을 수 있다.

수면을 관통하는 형태의 수중익

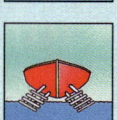
사다리 형태의 수중익

수면을 관통하는 형태의 수중익

컨테이너

**철선**
그림은 19세기에 만들어진 보트로 돛과 프로펠러(원 안에 키와 함께 보이는 것)를 돌리는 증기기관이 달려 있었다.

**쾌속범선**
쾌속범선은 19세기에 전 세계로 물건을 나르는 데 쓰였던 배다. 돛이 많이 달려 있어 시속 40km까지 속력을 낼 수 있었다.

## 잠수함

**잠수함**은 상대밀도를 조절해서 물속으로 잠수하거나 표면으로 떠오를 수 있다. 잠수함에는 **밸러스트 탱크**라는 큰 탱크가 있어서 여기서 공기가 빠져나가고 물이 그 자리를 채우면 잠수함의 밀도가 높아져 물속으로 가라앉게 된다. 잠수함을 부상시켜야 할 때는 탱크 속으로 공기를 주입해 물을 다시 밀어낸다. 이런 과정을 거치면 잠수함의 밀도가 낮아져서 표면으로 떠오른다.

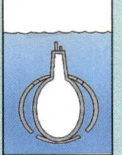

잠망경

밸러스트 탱크는 두 겹으로 된 선각(껍데기) 사이에 있다.

잠수함은 밸러스트 탱크에 물이 차면 잠수한다.

외부 선각

내부 선각

잠수함은 공기가 탱크에 다시 주입되어 물이 밖으로 빠져나가면 부상한다.

잠수함에는 선체에 물을 가르고 나아갈 수 있게 해 주는 강력한 프로펠러가 부착되어 있다. 일부 잠수함에는 원자력으로 움직이는 엔진이 있는 경우도 있다.

링크 141

프로펠러

**경주용 요트**
사진 속의 경주용 요트는 옛날에 쓰던 것으로 무거운 목재와 캔버스(범포)로 된 돛으로 만들어졌다. 현대식 요트는 훨씬 가벼운 물질로 만들기 때문에 속도가 빠르고 조종하기도 쉽다.

1887

### 직접 해보자

뚜껑을 막은 빈 플라스틱 병을 물에 담근 뒤 쥐고 있어보자. 이때 손을 놓으면 병이 수면으로 쑥 올라온다.
이제 병에 물을 채우자. 이렇게 하면 병의 밀도가 높아져서 손을 놓아도 물속에 머무른다. 이것이 잠수함이 밸러스트 탱크로 작동하는 원리이다.

### 유용한 인터넷 링크

www.usbornequicklinks.com

Web 1 배와 지도, 항해, 항해술에 관한 역사적인 사실과 현대적인 정보를 얻을 수 있다.
Web 2 잠수함이 작동하는 원리를 실험과 애니메이션, 동영상 등으로 살펴보자. 또 가상으로 잠수함을 견학해보자.
Web 3 배와 배의 다양한 쓰임새에 대해 역사적으로 살펴보자.

# 비행 Flight

**동력을** 이용한 최초의 비행은 1세기 전에 처음 성공했고, 12초 동안 떠 있었다. 오늘날의 비행기는 음속보다 **빠**른 속도로 이동할 수 있으며, 헬리콥터는 움직이지 않고도 공중에서 정지해 있을 수 있다. 비행기의 날개와 헬리콥터의 회전 날개(블레이드)는 특별한 모양을 하고 있어 비행에 도움이 된다.

인간이 날도록 고안한 최초의 물건이 바로 연이다.

## 비행기가 나는 원리

비행기는 날개 모양 때문에 날 수 있다. 이 날개의 위쪽은 굽어 있고 아래쪽은 납작한 형태를 하고 있다. 새의 날개도 같은 모양을 하고 있는데, 이를 **익형**이라고 한다.

익형 모양의 단면도

위쪽은 굽어 있다
공기의 흐름
납작한 아래쪽

링크
142

익형 위쪽의 공기는 아래쪽에 있는 공기보다 더 먼 거리를 지나가야 한다. 공기와 같은 기체의 흐름이 빨라지면 기체의 압력은 감소한다. 이것을 **베르누이의 정리**라고 한다. 이런 원리 때문에 날개 아래에 흐르는 공기의 속도가 느릴수록 압력은 더욱 높아 날개를 밀어 올리는 역할을 한다. 이를 **양력**이라고 하며, 이 힘은 날개가 공중으로 높이 뜰 수 있게 해준다.

글라이더는 무게가 아주 가벼워서 날개의 양력만으로도 중력이 아래로 끌어당기는 힘을 극복할 수 있다. 이보다 무거운 항공기는 **추진력**이라는 힘이 있어야 공중에 머무를 수 있다. 추진력은 엔진에서 나오는 힘으로 비행기를 앞으로 나아가게 한다. 엔진이 더 많은 추진력을 제공할수록 비행기는 더 빠르게 이동한다. 속도가 빨라지면 비행기에 작용하는 양력도 커진다. 날개가 공기 중에서 더 빨리 움직일수록 위아래의 기압 차이가 커진다.

**비행에 필요한 4가지 힘**

이 그림의 화살표는 비행에 필요한 4가지 힘을 보여준다. 양력, 중력, 항력(저항), 추진력

프로펠러는 비행기를 공기 중에서 끌어당겨서 추진력을 제공한다.

제트엔진(분사 추진 엔진)은 공기 중에서 비행기체를 밀어서 추진력을 제공한다.

양력
항력

추진력
중력

수평 비행 중에는 양력의 크기는 중력의 크기와 같고, 속도가 일정할 때는 추진력과 항력의 크기가 같다.

**공기저항**이라고도 하는 **항력**은 비행기에 작용하는 또 다른 힘이다. 공기 중에서 물체가 움직일 때 일어나는 마찰에서 나오는 힘이 바로 이것이다. 속도가 증가하면 항력도 증가하는데, 그래서 아주 빠른 속도를 내는 항공기는 항력을 줄이기 위해 **유선형**으로 만들어진다. 즉 유선형 비행기는 주변의 공기가 더 부드럽게 이동할 수 있도록 만들어진 것이다.

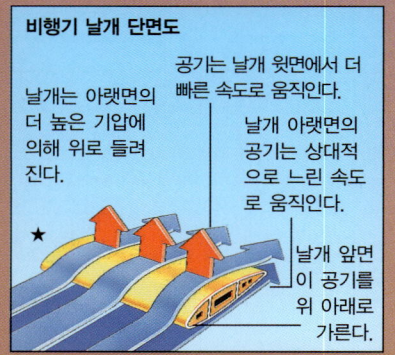

### 비행기 날개 단면도

공기는 날개 윗면에서 더 빠른 속도로 움직인다.

날개는 아랫면의 더 높은 기압에 의해 위로 들려진다.

날개 아랫면의 공기는 상대적으로 느린 속도로 움직인다.

날개 앞면이 공기를 위 아래로 가른다.

## 비행기 조종 원리

비행기는 위 아래로 움직이고 회전하거나 양쪽으로 기우는 동작이 가능해야 한다. 그래서 비행기에는 날개와 꼬리에 경첩이 붙은 부분이 달려 있는데, 이를 **조종익면**이라고 한다. 조종익면은 날개에 있는 **보조익**과 **승강익**, 꼬리에 있는 **방향타**로 이루어져 있다. 이 중에 특정한 조종익면을 사용해서 조종사는 해당 부분에 항력을 증가시킨다. 아래 그림과 같이 이런 과정을 통해 비행기는 새로운 위치로 이동한다.

**조종익면이 작동하는 원리**

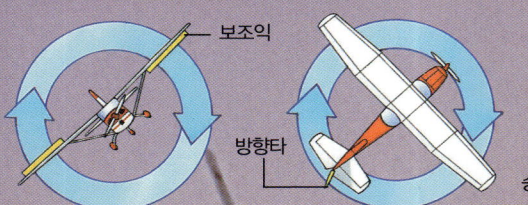

보조익

방향타

승강익

★

회전할 때 비행기는 한쪽으로 기우는데, 이것을 **롤링**이라고 한다. 날개에 있는 보조익으로 이 동작을 조절한다.

왼쪽이나 오른쪽으로 도는 것을 **요잉**(방향안정)이라고 하며, 꼬리에 있는 방향타로 조절한다.

위 아래로 움직이는 것을 **피칭**(전후안정)이라고 한다. 수평안정판에 있는 승강익으로 조절한다.

사진 속의 DC-10기가 착륙하려 한다. 조종사가 제트기의 하강을 조종할 때 보조익, 승강익, 방향타는 계속해서 위아래, 혹은 앞뒤로 움직이고 있다.

큰 제트 여객기에는 엔진이 3~4개 부착되어 있다.

비행기가 양력을 잃도록 하기 위해서 엔진의 추진력을 서서히 줄인다. 이런 원리로 비행기는 천천히 지상으로 내려온다.

보조익. 다음에 비행기를 탈 기회가 있다면 날개 뒤에서 움직이는 보조익을 찾아보자.

사진과 같은 큰 제트기는 비행 중에는 바퀴나 착륙장치를 접어놓는다. 비행기에 대한 항력을 줄이기 위해서이다.

링크
143

# 비행기의 구조 Aircraft Design

**기능에** 따라 비행기의 구조는 다르게 만들어진다. 어떤 비행기는 물에 착륙하기도 하고, 어떤 헬리콥터는 거대한 짐을 운반하기도 한다. 각기 다른 기능을 가진 다양한 비행기를 만나보자.

### 제트 여객기
그림 속의 보잉 747은 그 크기 때문에 점보제트기(초대형 여객기)라고도 한다. 이 비행기에는 승객을 500명까지 태울 수 있다.

꼬리 날개

수평 꼬리 날개

방향타

승강익

비행기의 몸체를 선체라고 한다.

승객용 좌석

조종석

연료탱크

보조익

레이더 장치

착륙장치

제트엔진

★

링크
144

### 가변익기
그림 속의 파나비아 토네이도는 가변익 제트 전투기이다. 이 비행기의 날개는 움직일 수 있어서 일직선으로 펼치거나(낮은 속도로 비행하거나 착륙할 때) 뒤로 접어서 후퇴익(고속으로 비행할 때)의 형태를 취할 수도 있다.

날개는 이 각만큼 움직인다.

### 수상 비행기
그림 속의 캐나데어(Canadair) CL-415는 수상 비행기이다. 이 비행기는 수중에서 이착륙이 가능하다는 특징을 가지고 있다. 선체가 보트 모양을 하고 있어서 물에 뜬다.

이 비행기에는 지상에서도 움직일 수 있도록 바퀴가 달려 있다. 이런 비행기를 수륙양용이라고 한다.

### 초음속 여객기
초음속 비행기는 소리의 속도보다 빠른 속도로 비행한다. 초음속 여객기로는 콩코드가 유일하다.

콩코드의 날개는 삼각형을 하고 있어(151쪽 참조) 시속 2,333km까지 속력을 낼 수 있다.

### '보이지 않는' 비행기
노스럽사의 B2 스텔스 폭격기는 '전익 비행기'(주익의 일부를 동체로 사용하는 꼬리와 날개가 없는 비행기)로 모양이 독특해서 레이더에 탐지되는 것을 피할 수 있다. 이 폭격기는 날개 폭이 52m가 넘는다.

스텔스 폭격기는 레이더를 흡수하는 소재로 만들어졌다.

### 화물 운반용 헬리콥터
시코르키사의 스카이크레인(하늘의 크레인이라는 뜻)은 접근하기 어려운 곳으로 무거운 화물을 나른다.

스카이크레인은 150명이 넘는 사람에 해당하는 무게의 화물을 옮길 수 있다. 그림 속의 스카이크레인은 건축용 부지에 이미 만들어진 이동식 건물을 내려놓고 있다.

## 최초의 비행기

동력을 이용한 비행기 중 최초로 성공한 것은 1903년 플라이어 1호이다. 이 비행기는 미국의 라이트(Wright) 형제가 설계하고 만든 것으로, 땅에서 조금 떨어진 채 12초 정도 비행했다.

날개의 구조를 보여주는 단면도

플라이어 1호의 날개는 나무로 된 뼈대에 캔버스 천을 팽팽히 쳐서 만들었다.

## 헬리콥터

**헬리콥터**는 어느 방향으로나 이동할 수 있으며, 움직이지 않고 공중에 정지해 있을 수도 있다. 헬리콥터의 회전날개는 익형으로 이 날개가 빠르게 회전하면 양력이 발생한다. 추진력을 내기 위해서 날개는 앞쪽으로 기울어 있다. 이 날개가 공기를 뒤로 밀어 보내는 힘에 의해 헬리콥터가 앞으로 나아간다.

그림 속의 로빈슨 R22기에는 주회전날개가 2개 있다. 주회전날개가 3~4개 있는 경우도 있다.

꼬리회전날개는 헬리콥터를 안정되게 유지해주는 역할을 한다. 이 날개가 없으면 선체가 빙글빙글 돌게 된다. 꼬리회전날개는 회전할 때도 쓰인다.

이 헬리콥터에는 바퀴가 없지만 활주부라고 하는 평평한 판을 이용해서 땅에 착륙한다.

## 수직 이착륙 제트기

해리어는 **수직 이착륙기**(VTOL)로 이륙할 때 활주로가 필요하지 않다.

그림은 해리어가 이륙하고 있는 모습이다. 자세 제어분사기가 지면을 향해 있어 비행기를 위로 밀어 올리는 힘을 내고 있다.

자세 제어분사기

수직 이착륙기에는 제트 엔진에서 나오는 동력의 방향을 정하는 자세 제어분사기가 부착되어 있다. 일반적인 비행 시에는 자세 제어분사기가 뒤를 향해 있어서 비행기가 앞으로 나아가게 미는 힘을 낸다.

## 날개의 모양

비행기의 속도는 날개의 모양과 엔진의 크기에 달려 있다.

일직선 날개는 낮은 속도로 비행할 때 충분한 양력을 내고 항력을 많이 발생시키지 않는다.

후퇴익은 보다 높은 속도를 낼 때 항력을 줄여주어서 제트 여객기와 같이 큰 규모의 비행기에 필요하다.

삼각형 모양의 날개는 비행기가 초음속으로 비행할 수 있도록 해준다. 가장 빠른 속도를 내는 비행기에는 이런 날개가 있다.

★

링크
145

### 직접 해보자

모형 비행기의 날개도 실제 비행기의 날개와 같은 방식으로 작동한다. 회전은 물론 곡예도 할 수 있는 종이비행기를 만들어보자. 비행기 예와 단계별 안내, 비행에 필요한 정보는 www.usborne-quicklinks.com으로 접속하면 얻을 수 있다.

### 유용한 인터넷 링크

www.usborne-quicklinks.com

**Web 1** 온라인 활동을 하면서 라이트 형제에 대해 알아보자.

**Web 2** 항공기를 실험하고 설계하는 데 풍동(항공기의 모형이나 부품을 실험하는 통 모양의 장치)이 어떻게 이용되는지 알아보자.

**Web 3** 1백 년에 이르는 비행의 역사에 대해 다양한 온라인 활동으로 배워보자.

**Web 4** 동영상, 가상 견학, 사진 등의 자료를 통해 제트 여객기에 대해 알아보자.

**Web 5** 더 상업적인 비행기에는 무엇이 있는지 알아보자.

# 엔진 Engines

**엔진이란** 연료에 저장된 에너지를 운동으로 바꾸는 기관이다. 엔진은 연료를 태우는 과정, 즉 **연소**를 통해 연료 속의 에너지를 방출시킨다. 연소는 엔진 외부에서 일어나기도 하고(외부연소, 외연) 내부에서 일어나기도 한다(내부연소, 내연).

## 증기기관

최초의 엔진은 **증기기관**이었다. 증기기관은 300여 년 전 발명된 외연기관의 일종이었다. 엔진 외부에 있는 **노**라는 부분에서 장작이나 석탄을 때서 물을 끓이면 증기가 만들어진다. 증기는 물보다 2,000배나 더 팽창하기 때문에 이런 힘을 이용해서 피스톤을 움직였다.

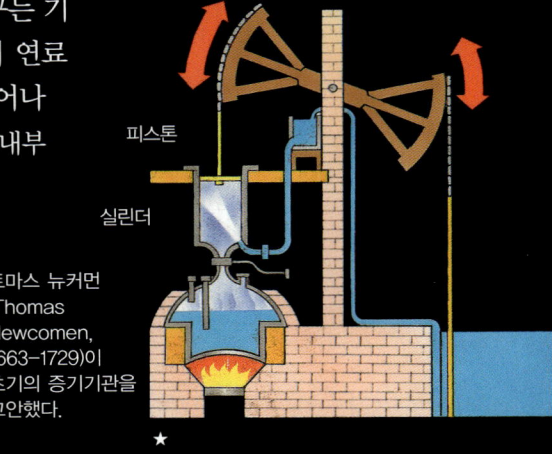

피스톤

실린더

토마스 뉴커먼 (Thomas Newcomen, 1663–1729)이 초기의 증기기관을 고안했다.

★

## 더 나은 기관

링크 146

초기의 증기기관은 자주 고장이 나고 효율적이지 않았지만 19세기경 기술이 발전하면서 증기기관은 기차를 움직이거나 공장 기계를 작동시키는데 사용되었다. 제임스 와트(James Watt, 1736–1819)가 그림과 같이 널리 사용되었던 증기기관을 고안해냈다.

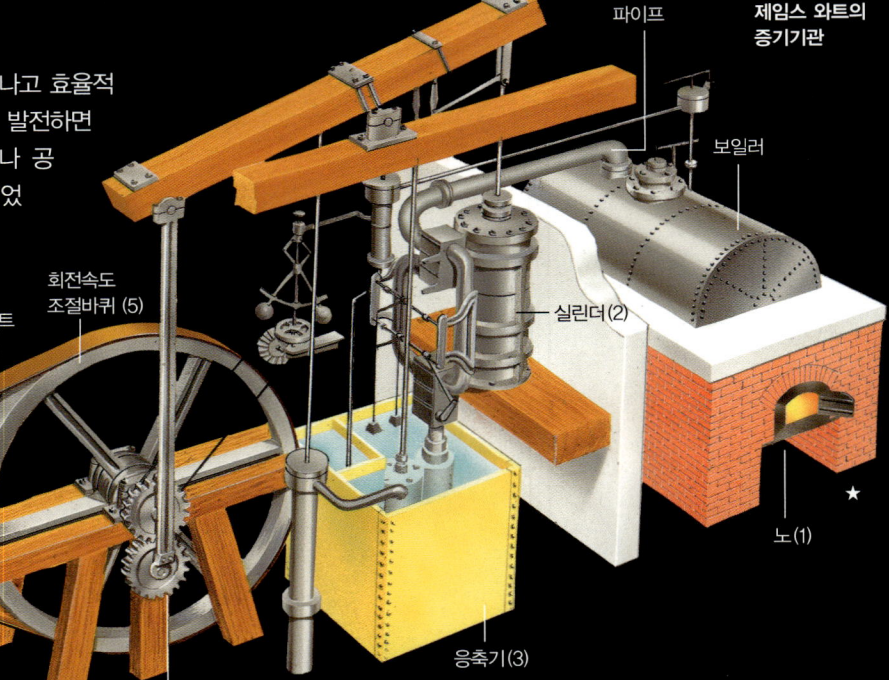

파이프

제임스 와트의 증기기관

보일러

회전속도 조절바퀴 (5)

벨트

실린더(2)

노(1)

★

응축기(3)

유성 톱니바퀴장치 (4)

### 직접 해보자

가스레인지에 올려둔 냄비의 뚜껑을 덮어두고, 물이 끓을 때 증기의 힘을 관찰해보자.
물이 끓으면 뚜껑이 아래위로 들썩들썩 움직이는 것을 볼 수 있을 것이다. 이것은 팽창한 증기가 뚜껑을 밀기 때문이다. 증기기관은 사물을 움직이게 하기 위해 이런 힘을 이용한다.

1. 증기기관을 작동시키기 위해서 노에 석탄을 넣고 불을 지펴 물을 끓인다.

2. 파이프가 보일러에서 나온 증기를 실린더로 연결한다. 증기가 실린더 안에 있는 피스톤을 누른다.

3. 응축기는 실린더에서 사용된 후 나온 증기를 모으고 피스톤이 아래로 내려간다. 응축기에서 증기는 다시 물이 된다.

4. 유성 톱니바퀴장치라고 하는 기어가 피스톤의 위 아래로 움직이는 운동을 원형을 그리며 도는 동작으로 전환한다.

5. 회전속도 조절장치는 벨트로 연결된 공업용 기계에 동력을 제공하면서 회전한다.

## 터빈

현대식 발전소에서도 여전히 증기의 힘을 이용한다. 압축된 증기가 큰 **터빈**(회전하는 날이 달린 장치)을 회전시키는 힘으로 전기를 만든다.

증기가 들어온다.

터빈 속의 날은 증기의 힘으로 회전한다.

전기

전기가 이곳에서 생성된다.

증기는 이곳으로 빠져나온다.

이 사진은 발전소에 있는 대규모 증기터빈의 일부분을 찍은 것이다. 왼쪽에 있는 단순화한 그림표를 참조하면 증기터빈이 어떤 방식으로 작동하는지 알 수 있다.

## 내부연소

내부연소는 외부연소보다 효율성이 높다. **내연기관**은 엔진 내부에서 연료와 공기가 뒤섞인 혼합물을 연소시키는데, 이렇게 하면 뜨거운 가스가 생성된다. 이 가스는 연소된 연료와 공기보다 훨씬 큰 부피로, 이 점을 이용해서 움직임을 만들어낸다.

오늘날의 자동차에는 효율적인 내연기관이 있다. 대부분의 경우 엔진은 앞바퀴를 움직이는 역할을 한다.

엔진

링크 147

## 배기가스

연소에 의해 발생한 일부 기체는 유독성을 띤다. 이 기체는 **배기가스**로 엔진 밖으로 배출된다.
오염을 줄이기 위해서 새 자동차 엔진에는 **촉매변환장치**를 설치한다. 이 장치에는 화학 반응의 속도를 조절하는 물질인 **촉매**가 들어 있어서 배기가스를 유독성이 덜한 기체로 변환시킨다.

금속 촉매의 단면도

유독한 가스

유독성이 덜한 가스

촉매변환장치에서 일산화탄소는 이산화탄소와 물로, 산화질소는 질소와 산소로 변환된다.

### 유용한 인터넷 링크

www.usborne-quicklinks.com

Web 1 중요한 증기기관에 대해 공부하고 관련된 게임을 해보자.
Web 2 유명한 증기기관에 관한 정보를 알아보자.
Web 3 제임스 와트와 그가 발명한 증기기관에 대해 알아보자.
Web 4 엔진과 내연기관에 대해 설명하는 글을 읽어보자.
Web 5 터빈이 어떤 원리를 이용해서 에너지를 생산하는지 알아보자.

## 휘발유기관

대부분의 자동차 엔진은 휘발유를 이용한다. **휘발유기관**은 내부연소를 통해 피스톤을 텅 빈 실린더 안에서 아래위로 오르내리도록 하는 원리로 움직인다.

피스톤은 **4행정기관** 안의 네 단계에서 각각 작동한다. 오른쪽 그림을 참조하자.

### 4행정기관의 작동원리

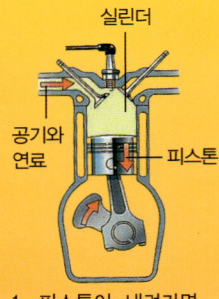
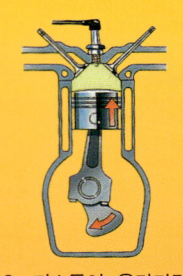
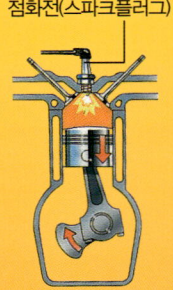
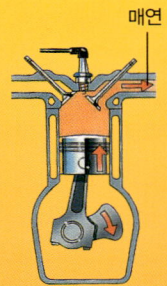

실린더

점화전(스파크플러그)

매연

공기와 연료

피스톤

1. 피스톤이 내려가면서 공기와 연료의 혼합물이 실린더 안으로 들어온다.

2. 피스톤이 올라가면서 공기와 연료의 혼합물을 압축한다. 이런 과정이 혼합물을 뜨겁게 만든다.

3. 점화전의 불꽃이 혼합물에 불을 붙인다. 가스가 팽창하면서 피스톤을 아래로 밀어낸다.

4. 피스톤이 다시 올라가면서 태우고 탄 가스의 잔여물을 배기가스로 방출한다.

그림은 직렬4기통(실린더) 자동차 내연기관이다. 포드사가 이런 엔진을 만드는 데, 이를 제텍(Zetec)이라고 한다.

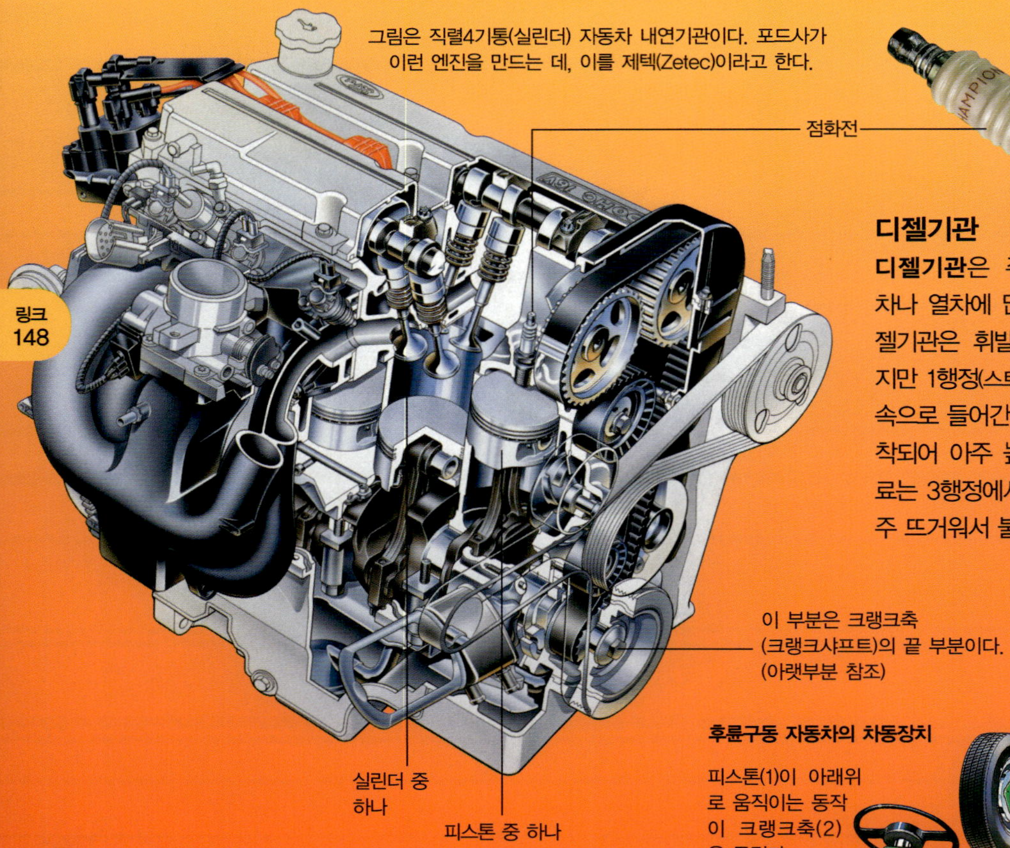

점화전

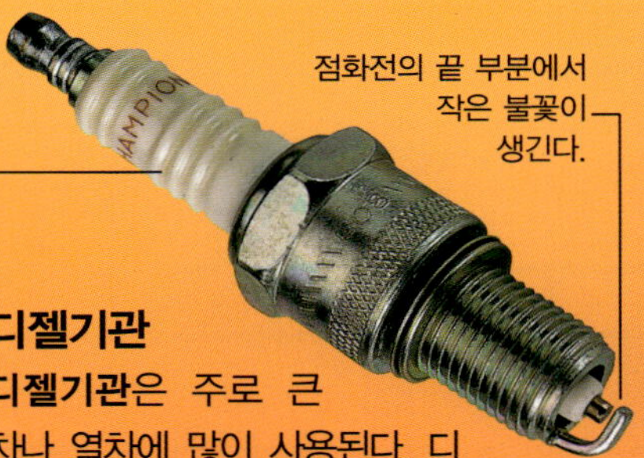

점화전의 끝 부분에서 작은 불꽃이 생긴다.

링크 148

이 부분은 크랭크축(크랭크샤프트)의 끝 부분이다. (아랫부분 참조)

실린더 중 하나

피스톤 중 하나

## 디젤기관

**디젤기관**은 주로 큰 차나 열차에 많이 사용된다. 디젤기관은 휘발유기관과 비슷하게 작동하지만 1행정(스트로크)에서는 공기만 실린더 속으로 들어간다. 이 공기가 2행정에서 압착되어 아주 높은 온도까지 데워진다. 연료는 3행정에서 들어가는데 이 부분은 아주 뜨거워서 불꽃 없이 연료가 타오른다.

## 차동장치

4행정연소는 실린더 하나하나에서 따로 일어난다. 차동장치라고 하는 일련의 축(샤프트)과 기어에서 피스톤이 위아래로 움직이는 동작을 자동차 바퀴를 돌리는 회전동작으로 바꾼다. 이런 동작은 앞바퀴와 뒷바퀴 중 어느 쪽을 돌리느냐와 관계없이 유사하게 일어난다.(159쪽 변속장치 참조)

### 후륜구동 자동차의 차동장치

피스톤(1)이 아래위로 움직이는 동작이 크랭크축(2)을 돌린다. 기어(3)가 크랭크축에 연결되어 있어서 구동축(4)을 돌린다.

(5)

(4)

(3)

(1)

(2)

구동축은 차동장치라고 하는 더 많은 기어를 통과해서 바퀴를 돌리게 된다.(5)

## 제트(JET)기관

**제트기관**(분사추진식 기관, 분사추진식 엔진)은 비행기에 사용되는 강력한 내연기관이다. 이 기관에서 만들어지는 뜨거운 가스가 빠른 속력으로 엔진의 뒷부분에서 뿜어져 나온다. 이런 동작이 비행기가 공기를 가르고 앞으로 나아가게 한다.

제트기관은 **가스터빈 엔진**이라고도 하는데, 이것은 뜨거운 가스가 엔진 내부의 터빈 날을 돌리기 때문에 붙여진 이름이다. 터빈은 엔진 속으로 공기를 빨아들여 연료와 섞어서 타기 전에 공기를 압축한다.

## 터보제트 엔진

아래 그림 속의 **터보제트 엔진**은 제트기관 중 가장 단순하면서도 빠른 종류이다. 이 엔진은 터보팬 엔진(오른쪽 참조)보다 시끄럽고 연료 효율이 떨어진다. 터보제트 엔진은 고속 제트 비행기에만 사용된다.

### 터보제트 엔진의 단면도

공기가 엔진 앞부분(1)을 통해 들어온다. 압축실(2)의 터빈이 공기를 압축한다. 압축된 공기는 연소실(3)로 보내져서 케로신 연료와 섞인다. 이 혼합물이 타면서 뜨겁게 팽창하는 가스가 생성된다.

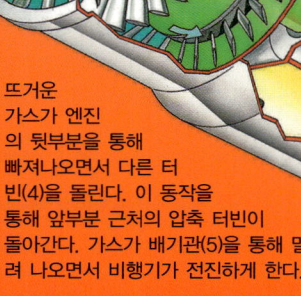

(1)

(2)

(3)

(4)

(5)

뜨거운 가스가 엔진의 뒷부분을 통해 빠져나오면서 다른 터빈(4)을 돌린다. 이 동작을 통해 앞부분 근처의 압축 터빈이 돌아간다. 가스가 배기관(5)을 통해 밀려 나오면서 비행기가 전진하게 한다.

## 터보팬 엔진

**터보팬 엔진**은 터보제트 엔진만큼 속도가 빠르지는 않지만 소리가 적고 연료도 적게 들어간다. 여객기에 주로 사용된다.

### 터보팬 엔진의 단면도

앞부분의 엄청나게 큰 팬(1, 송풍기)이 많은 양의 공기를 빨아들인다. 이 중 일부는 압축실과 연소실(2)로 보내져 터보제트 엔진에서와 같이 뜨겁게 팽창하는 가스를 생성해 이것이 밖(3)으로 밀려나온다.

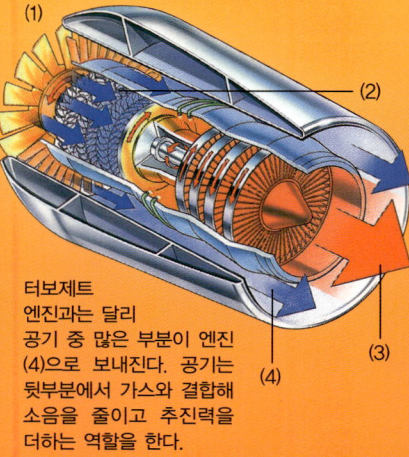

(1)

(2)

(3)

(4)

터보제트 엔진과는 달리 공기 중 많은 부분이 엔진(4)으로 보내진다. 공기는 뒷부분에서 가스와 결합해 소음을 줄이고 추진력을 더하는 역할을 한다.

### 가스터빈 엔진에는 두 종류가 있다.

**터보프롭**

엔진에서 나오는 동력이 프로펠러를 돌려서 공중에서 비행기를 끌어당긴다.

**터보샤프트**

터보샤프트 엔진은 보통 헬리콥터에 장착된다. 이 엔진을 이용해서 주회전 날개와 꼬리회전날개에 동력을 공급한다.

## 로켓 엔진

제트기관과 같이 **로켓 엔진**은 뜨거운 가스를 만들어서 빠른 속도로 뿜어낸다. 연소를 위해서 공기를 빨아들이는 대신 로켓 엔진은 액화 산소를 싣고 다닌다. 즉 로켓 엔진을 달면 공기가 없는 우주 공간에서도 이동할 수 있는 것이다.

우주 로켓은 1942년에 만들어진 그림 속의 V-2와 같은 로켓 미사일에서 개발된 것이다.

로켓 연료

액화 산소탱크

로켓 연료와 산소가 연소실에서 탄다.

뜨거운 가스가 배기장치를 통해 배출된다.

링크
149

### 직접 해보자

제트기관이 작동하는 원리를 실험을 통해서 알아보자. 빨대에 끈을 꿰어서 가구 2개 사이에 묶자. 그리고 풍선을 불어서 바람이 빠지지 않도록 끝 부분을 잡는다. 친구에게 테이프를 이용해서 풍선을 빨대에 붙여달라고 하자.

다 붙이고 난 뒤 풍선을 놓는다. 그러면 공기가 빠져나오면서 풍선이 앞으로 튀어나간다.

풍선

빨대

끈

### 유용한 인터넷 링크

www.usborne-quicklinks.com

**Web 1** 엔진의 작동원리를 애니메이션과 동영상으로 살펴보자.
**Web 2** 엔진의 역사 연대표와 함께 제트기관에 관한 온라인 활동을 해보자.
**Web 3** 가상으로 제트기관 속을 탐험해 보자.
**Web 4-5** 온라인으로 로켓 2개를 비교해 보고 로켓을 발사하는 영상을 살펴보자.

# 자동차와 오토바이 Cars and Motorbikes

**자동차나** 오토바이 등의 탈것은 사람들의 삶을 변화시켰다. 이런 교통수단들은 사람들이 언제든지 빠르게 다른 장소로 이동할 수 있는 편리함을 주었다. 하지만 교통수단이 발달될수록 환경오염이나 교통체증 같은 문제들이 생겨났다. 그래서 자동차 제조업자들은 환경을 덜 해치는 자동차들을 개발하기 위해서 꾸준히 노력하고 있다.

이것은 초기의 자동차 중 하나이다. 1885년 독일에서 만들어졌다.

## 자동차의 과학

최초의 자동차는 약 120년 전에 발명되었다. 당시의 자동차는 매우 느리고 소음이 심하고, 성능도 의심스러운데다 위험했다. 그래서 기술자들과 디자이너들은 자동차의 모든 부분을 개량하는 데 노력을 기울였다. 물론 엔진이나 브레이크, 변속기와 완충장치를 더 좋게 개선하는 일도 포함되었다. 아래의 자동차 그림은 현대적인 자동차의 모습을 잘 보여주는 예라고 할 수 있다.

이 그림은 포드사의 자동차 퓨마의 단면도이다. 1997년에 처음 생산된 자동차로 최고속력은 시간당 200km까지 낼 수 있다.

링크
150

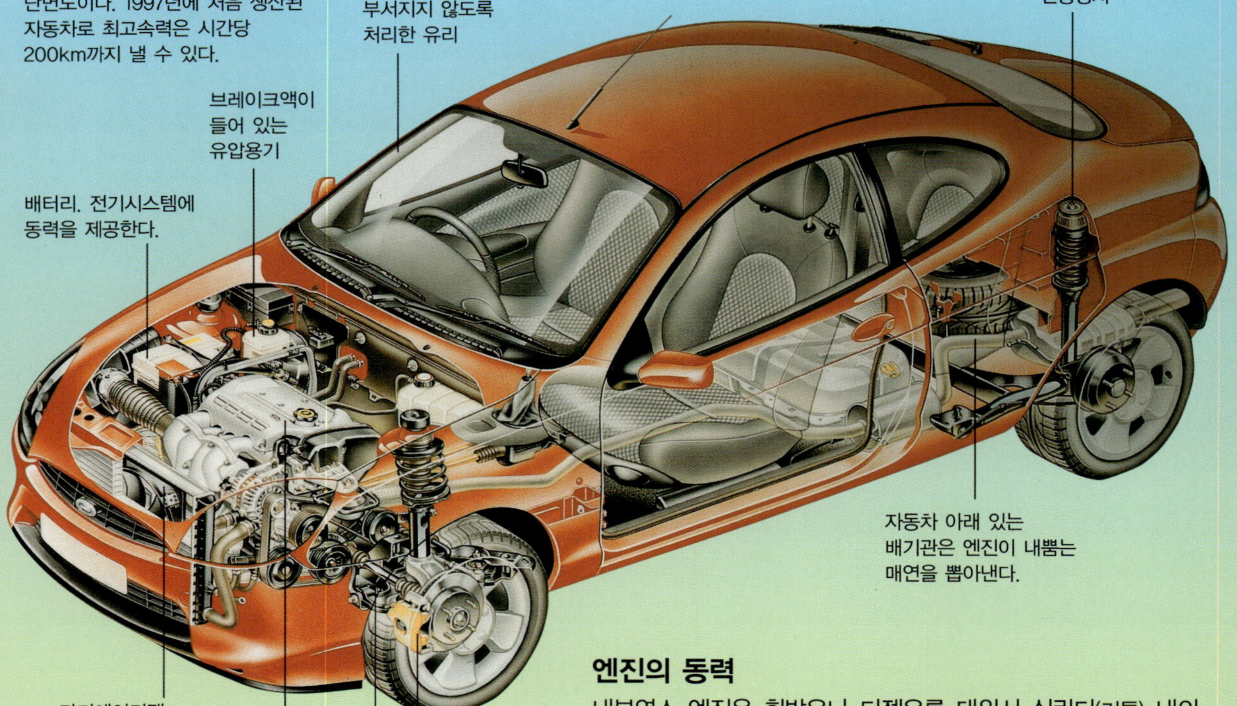

코팅이 되어서 부서지지 않도록 처리한 유리

완충장치

브레이크액이 들어 있는 유압용기

배터리. 전기시스템에 동력을 제공한다.

자동차 아래 있는 배기관은 엔진이 내뿜는 매연을 뽑아낸다.

라디에이터팬. 엔진이 뜨거워지지 않게 한다.

엔진 블록

원판 브레이크

구동축. 엔진의 동력을 바퀴로 전달하는 역할을 한다.

## 엔진의 동력

내부연소 엔진은 휘발유나 디젤유를 태워서 실린더(기통) 내의 피스톤이 위아래로 움직일 수 있게 밀어주는 가스를 만드는 일을 한다. 이런 동작이 바로 엔진의 동력을 만들어내는 것이다. 이 동력은 변속장치를 통해 엔진에서 구동축으로, 다시 바퀴로 보내져서 자동차를 움직이게 한다. 자동차의 엔진 안에 있는 실린더(기통)는 ℓ 단위로 측정된다. '1.4ℓ 자동차'라고 하면 모두 합쳐 1.4ℓ 부피의 실린더(기통)를 가지고 있다는 것이다.

## 오토바이

오토바이와 자동차는 공통점이 많지만 오토바이에는 차동장치(차동 톱니바퀴)가 필요하지 않다는 것이 다른 점이다.(아래 그림 참조) 왜냐하면 오토바이는 자동차에 비해 상대적으로 가볍고, 50cc(50cm³) 정도로 더 적은 용량의 실린더를 사용한 엔진을 달 수 있기 때문이다. 그러나 크고 강력한 엔진을 장착한 오토바이는 자동차보다 빠른 속도를 낼 수도 있다.

뒷안장
후방 표시기
무게중심을 낮추기 위한 낮은 안장
휘발유 탱크
이 부분을 유선형으로 처리해 저항을 줄인다.
배기통
원판 브레이크
완충장치
강철로 된 프레임

그림 속의 오토바이는 혼다사의 파이어블레이드로 엔진이 900cm³이다.

## 변속장치

**변속장치**(156쪽 참조)는 엔진의 동력을 바퀴로 전달하는 기어기관이다. 자동차의 기어는 톱니바퀴의 이로 만들어졌다. 엔진의 동력은 입력축(인풋 샤프트)이라는 막대를 돌리게 되는데, 이 막대는 한 세트의 톱니바퀴와 붙어 있다. 이 톱니바퀴들이 다른 막대에 연결되어 있는 톱니바퀴를 돌리게 된다. 이 다른 막대가 바로 출력축(아웃풋샤프트)이다. 출력축이 구동축을 돌리게 되고, 이 축은 바퀴와 연결되어 있다.

## 차동장치

**차동장치**는 변속장치에 필수적인 부분으로, 바퀴가 각각 다른 속도로 돌아가도록 하는 축에 붙어 있는 기어장치이다. 이런 성능은 바깥쪽 바퀴가 안쪽 바퀴보다 훨씬 빨리 움직여야 하는 코너를 돌 때 필수적이다.

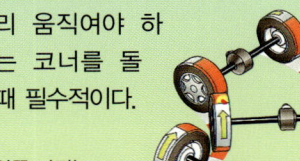

안쪽 바퀴는 바깥쪽 바퀴보다 더 짧은 거리를 움직인다.

## 완충장치

**완충장치**는 용수철과 댐퍼, 이렇게 두 부분으로 이루어져 있다. 바퀴가 울퉁불퉁한 곳을 지나갈 때 용수철은 압축되었다가 다시 팽창한다. 댐퍼는 이런 용수철의 작용을 천천히 일어나게 해서 자동차가 너무 흔들리지 않게 해준다.

용수철은 늘어났다가 수축하면서 기통 속의 피스톤을 움직이게 한다.

댐퍼 속의 오일이 밸브로 밀려들어가서 피스톤의 속도를 낮춘다.

★

## 브레이크

자동차와 오토바이에는 **원판 브레이크**가 사용된다. 브레이크 페달이나 레버를 누르면 브레이크액이 관을 따라 내려가서 브레이크 패드가 바퀴에 있는 원판에 눌리도록 한다. 이때 일어나는 마찰이 바퀴의 속도를 떨어뜨린다.

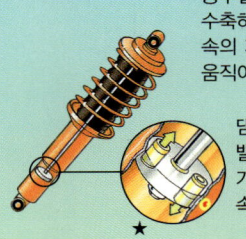

브레이크액이 관 속으로 밀려 들어간다.

브레이크액이 브레이크 패드를 원판으로 밀어붙인다.

★

브레이크 원판

링크 151

---

### 직접 해보자

차동장치의 작동원리를 알 수 있는 실험을 해보자. 연필 2개와 실패 2개, 종이를 길게 자른 조각과 테이프를 준비하자. 연필 하나에 종이를 감고 테이프로 고정한다. 종이를 연필을 깎지 않은 쪽으로 밀어서 다른 연필을 꽂는다. 연필의 날카로운 부분을 실패에 꽂는다. 연필에 따로따로 밝은 점을 찍어놓자.

'바퀴'가 코너를 도는 것처럼 실패를 돌리면서 연필 하나가 몇 번이나 회전하는지 관찰해보자.

---

### 유용한 인터넷 링크

www.usborne-quicklinks.com

**Web 1** 자동차의 주요 부분이 어떤 원리로 움직이는지 경험해보자.

**Web 2** 자동차와 오토바이가 전시된 온라인 박물관을 방문해보자. 100년 전 자동차와 오토바이는 어떤 모습이었는지 알아보자.

**Web 3–5** 새로운 자동차에 대해 사진, 영상, 소개글로 접해보자.

**Web 6** 클래식카(옛날 자동차)와 자동차 경주를 다룬 온라인 잡지를 접해보자.

**Web 7** 최신 자동차 기술과 미래에 일어날 혁신에 대해 알아보자.

## 복습해봅시다

**1.** 에너지를 측정하는 단위는?
(117쪽)
① 와트(W)
② 줄(J)
③ 킬로그램(kg)

**2.** 물의 끓는점은? (119쪽)
① 화씨 32도
② 화씨 100도
③ 화씨 212도

**3.** 다음 중 옳은 것은? (120-121쪽)
① 고체에서는 전도가 절대 일어나지 않는다.
② 대류는 액체에서만 일어난다.
③ 대류는 고체에서는 일어날 수 없다.

**4.** 다음 중 알파입자를 구성하고 있는 것은? (122쪽)
① 양성자 두 개와 중성자 두 개
② 중성자 두 개
③ 속도가 빠른 전자 하나

**5.** 방사성을 띤 탄소 14는 $^{14}_{6}$C와 같이 표기한다. 이런 형태의 탄소를 구성하는 것은? (123쪽)
① 양성자 여섯 개와 중성자 여섯 개
② 양성자 여섯 개와 중성자 여덟 개
③ 중성자 열네 개

**6.** 힘의 강도를 측정하는 단위는?
(127쪽)
① 킬로그램(kg)
② 미터(m)
③ 뉴턴(N)

**7.** 힘에 대해 옳은 설명은? (127쪽)
① 벡터량이다.
② 스칼라량이다.
③ 벡터량도 스칼라량도 아니다.

※ 8-10번 문제는 일륜차에 작용하고 있는 힘을 나타낸 이 그림을 참조하자.

**8.** 일륜차에 작용하고 있는 땅의 힘을 가리키는 화살표는? (129쪽)

**9.** 일륜차에 작용하는 사람의 힘을 가리키는 화살표는? (129쪽)

**10.** 일륜차의 무게를 나타내는 화살표는? (129쪽)

**11.** 힘이 [          ](에)서 작용하면 받침점을 중심으로 물건을 돌리기 쉽다. (129쪽)
① 받침점에서 멀리
② 받침점에서 아주 가까이
③ 받침점

**12.** 움직이고 있는 물체에 다른 힘이 전혀 작용하지 않으면 어떤 현상이 일어날까? (130쪽)
① 서서히 속력이 낮아지다가 멈춘다.
② 일직선으로 같은 속력을 유지하며 계속 이동한다.
③ 방향을 바꾼다.

**13.** 사람이 어떤 물체를 밀면 이 사람에게는 어떤 힘이 작용하는가? (130쪽)
① 반대 방향으로 미는 힘
② 같은 방향으로 미는 힘
③ 미는 힘이 전혀 느껴지지 않는다.

**14.** 탁자 위에서 미끄러지는 책의 속력이 서서히 낮아지게 하는 힘은? (132쪽)
① 윤활유
② 항력
③ 마찰력

**15.** 다음 중 평균 속력과 같은 것은? (134쪽)
① 거리 곱하기 시간
② 시간 나누기 거리
③ 거리 나누기 시간

**16.** 다음 중 속력과 속도의 차이점을 잘 설명한 것은? (135쪽)
① 속력은 스칼라량인 반면 속도는 벡터량이다.
② 속력은 벡터량인 반면 속도는 스칼라량이다.
③ 다른 단위를 사용한다.

**17.** 한 물체가 가속될 때 일어나는 현상은? (135쪽)
① 속력과 방향이 반드시 변한다.
② 속력 또는 방향이 반드시 변한다.
③ 속력은 반드시 증가한다.

**18. 나무에서 떨어지는 사과가 아래쪽으로 끌어당겨지는 이유는?** (138쪽)
① 지구의 중력이 사과에 작용하기 때문이다.
② 사과의 무게중심이 낮은 곳에 위치하기 때문이다.
③ 사과 껍질이 매끄러워서 마찰을 감소시키기 때문이다.

**19. 다음 중 옳은 것은?** (138-139쪽)
① 물체의 질량은 물체에 작용하는 중력의 끌어당기는 힘에 따라 다르다.
② 질량은 뉴턴 단위로 측정한다.
③ 물체의 무게는 그 물체에 작용하는 지구 중력의 당기는 힘 때문에 발생한다.

**20. 다음 중 기압에 관한 설명으로 옳은 것은?** (140쪽)
① 지표면 주변에서 가장 낮다.
② 지표면을 내리누르는 공기의 무게 때문에 발생한다.
③ 고도가 높아질수록 기압도 함께 올라간다.

**21. 다음 중 옳은 것은?** (140-141쪽)
① 어떤 영역에서 작용하고 있는 힘은 압력을 가한다.
② 바늘 끝 부분은 표면적이 작기 때문에 바늘 자체의 압력도 작다.
③ 수력 기계(유압식 기계)는 기체의 압력으로 작동된다.

**22. 다음 지렛대에 관한 내용 중 옳은 것은?** (142쪽)
① 지렛대가 돌아가는 점을 받침점(지레받침)이라고 한다.
② 지렛대에 사람이 가하는 힘을 하중이라고 한다.
③ 사람이 극복해야 하는 힘을 노력이라고 한다.

**23. 다음 중 옳은 것은?** (145쪽)
① 힘이 물체를 움직이게 했을 때만 일이라고 지칭한다.
② 일과 일률은 모두 와트 단위를 쓴다.
③ 일을 하는 사람이 에너지를 얻는다.

**24. 강철로 만들어진 배가 물에 뜨는 이유는?** (147쪽)
① 강철은 물보다 밀도가 낮기 때문에
② 배 속의 빈 공간이 배 전체의 밀도를 물보다 낮추기 때문에
③ 배에 작용하는 물의 부력이 배의 무게보다 작기 때문에

**※ 25-28번 문제는 비행기에 작용하는 네 가지 힘 중에 세 가지를 보여주는 이 그림을 참조하자.**

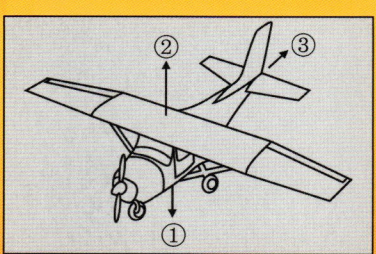

**25. 양력을 나타내는 화살표는?**
(150쪽)

**26. 중력을 나타내는 화살표는?**
(150쪽)

**27. 항력(저항)을 나타내는 화살표는?** (150쪽)

**28. 위 그림에서 나타나지 않은 힘은?** (150쪽)
① 지구 중력이 비행기를 당기는 힘
② 엔진에서 나오는 추진력
③ 구심력

**29. 다음 중 수평 비행을 할 때 양력과 같은 것은?** (150쪽)
① 비행기의 속력
② 중력이 당기는 힘
③ 공기의 저항

**30. 윗부분은 곡선이고 아랫면은 평평한 날개를 무엇이라고 할까?** (150쪽)
① 수중익
② 익형
③ 보조 날개

---

**제3장 에너지, 힘, 운동 정답**
1. ② 2. ③ 3. ③ 4. ① 5. ②
6. ③ 7. ① 8. ① 9. ③ 10. ②
11. ① 12. ② 13. ① 14. ③ 15. ③
16. ① 17. ② 18. ① 19. ③ 20. ②
21. ① 22. ① 23. ① 24. ② 25. ②
26. ① 27. ③ 28. ② 29. ② 30. ②

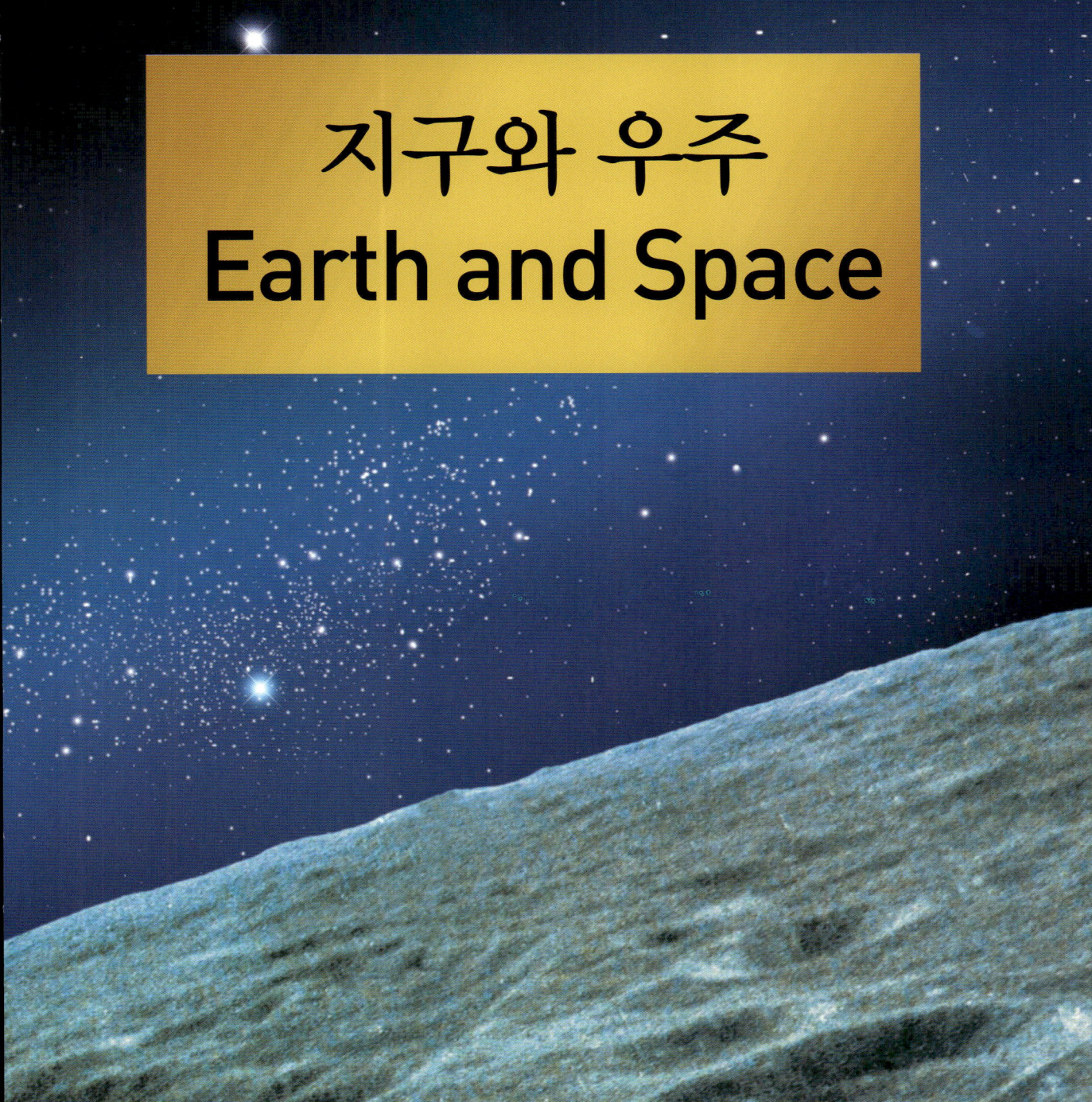

# 지구와 우주
# Earth and Space

# 우주 The Universe

우주는 존재하는 모든 물질과 에너지, 공간의 총체를 아우르는 말이다. 우주가 만들어진 과정은 아직 완전히 밝혀지지 않았는데 대부분의 과학자들은 빅뱅이라고 하는 150억 년 전 상상도 할 수 없을 만큼 격렬한 폭발로 우주가 처음 생성되었다고 믿고 있다. 이를 **빅뱅이론(대폭발설)**이라고 한다.

## 크기와 넓이

우주는 너무나 광대해서 사람이 상상할 수 있는 크기를 훌쩍 뛰어넘는다. 끝도 없이 넓은 우주의 넓이는 보통 광년으로 측정된다. 1광년은 초당 30만km의 속도로 나가는 빛이 1년 동안 이동하는 거리를 말하며, 1광년은 약 9조 4,600억km이다.

링크 154

지구에서 가장 가까운 별은 태양으로, 약 1억 5천만km 떨어진 거리에 있다.

태양 → 지구

태양을 떠난 태양광선이 지구까지 오는 데는 8분이 걸린다. ★

우주에는 수십억 개의 별이 있는데, 이들은 은하계라는 큰 별의 집단에 모여 있다. 지금껏 천문학자들은 150억 광년 떨어진 거리에 있는 은하계까지 발견했으며, 이는 우주가 얼마나 광대한지를 짐작하게 해준다.

아벨2218이라고 하는 이 사진 속의 은하단은 지구에서 약 20억 광년 정도 떨어져 있다.

## 빅뱅이론

빅뱅(우주대폭발)은 거대한 불덩어리를 만들어냈고, 이 불덩어리가 식어서 작은 입자가 되었다. 우주에 있는 만물은 **물질**이라고 하는 이 작은 입자로 만들어졌다. 입자는 퍼져나갔고 우주도 팽창하기 시작했다. 시간이 흐르면서 두터운 수소구름과 헬륨가스가 형성되더니 농밀한 덩어리로 뭉쳐졌다.

최초의 우주는 밀도가 너무나 높아서 빛이 내부 깊숙이 들어갈 수 없었기 때문에 매우 어두웠다. 수천 년이 지나 우주의 온도는 수천 도씨로 떨어졌다. 이후 아주 천천히 안개가 걷히면서 빛이 더 멀리 뻗어나갈 수 있게 되었다. 이와 같은 과정을 거쳐 우주는 지금처럼 투명한 상태가 되었다.

최초의 은하계는 밀도가 높은 기체덩어리에서 형성되기 시작했다. 빅뱅이 일어난 지 약 100억 년 후, 은하계 가장자리에서 태양계를 이루는 태양과 행성들이 생겨났다.

오늘날의 우주에는 수백만 개에 이르는 별과 행성, 광활한 텅 빈 공간으로 나누어진 거대한 먼지와 구름, 가스덩어리가 있다. 바로 지금 이 순간에도 우주의 일부는 여전히 새로 태어나는 중이다.

**빅뱅 이후에 일어난 일**

빅뱅이 일어난 후 불덩어리가 퍼져나가고 우주도 팽창하기 시작했다.

두꺼운 가스구름이 모여서 거대하고 밀도가 높은 물질의 덩어리를 만들어냈다.

수많은 별과 은하계가 형성되기 시작했다. 우주는 투명해져 빛이 통과할 수 있게 되었다.

빅뱅이 발생하고 거의 100억 년이 지난 후에 태양계가 만들어졌다. ★

밤하늘을 올려다보는 것은 수조 개에 이르는 별을 바라보는 것과 같다.

## 대폭발설의 근거

대부분의 과학자들이 대폭발설이 옳다고 생각하는 이유는 메아리와 같은 약한 신호가 고성능의 전파망원경에 감지되었기 때문이다. 이 메아리는 빅뱅 이후 빈 공간으로 퍼져나온 초기 불덩어리의 에너지에서 나오는 것으로 추측된다.

빅뱅에서 나온 에너지는 빈 공간으로 퍼져나갔다.

천문학자들은 만약 우주에 우리가 이미 알고 있는 물질만이 존재한다면 빅뱅 이후 우주는 너무 빨리 팽창해버려서 은하계가 만들어질 수 없었을 것이라고 한다. 즉, 대폭발설이 사실이라면 우주에는 우리가 알고 있는 물질보다 훨씬 많은 다양한 물질이 있을 것이라는 의미이다.

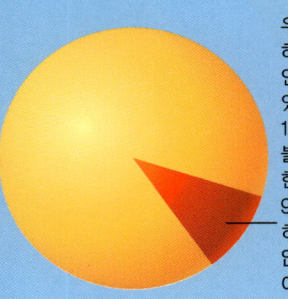

우주에 존재하는 물질 중 인간이 알고 있는 것은 10% 정도에 불과하다고 한다. 나머지 90%는 여전히 알려지지 않은 물질들이다.

## 미래

오늘날 우주의 미래를 다루는 이론은 크게 세 가지로 종합할 수 있다. **감속이론(열린우주이론)**은 우주가 계속 팽창해서 우주 안의 만물이 점차로 사라진다는 이론이다. 이들의 이론대로라면 결국 전체 우주는 차가운 입자로 이루어진 안개로 변해버릴 것이다.

우주는 팽창 속도가 느려지고, 결국 사라질 것이다.

지금까지 알려진 것보다 더 많은 종류의 물질이 있다면 물질을 끌어당기는 **중력**이라는 힘은 결국 우주가 팽창하는 속도를 늦출 것이다. 이런 현상은 은하계들이 서로 충돌할 때까지 모든 것을 다시 끌어당긴다. 그러면 이때는 빅뱅(대폭발)의 반대 개념인 **빅크런치(대붕괴)**가 일어난다. 이를 **빅크런치이론(닫힌우주이론)**이라고 한다.

우주에 존재하는 은하계들이 모두 충돌하면서 빅크런치(대붕괴)를 일으킬 수도 있다.

일부 과학자들은 우주는 심장과 같이 박자에 맞추어 움직인다고 생각한다. 즉 우주는 팽창했다가 수축하고 다시 팽창하는 과정을 거친다는 것이다. 결국 빅뱅이 있으면 빅크런치가 이어지게 마련이고, 이것이 계속 반복되는 사이클이라고 설명한다. 이를 **진동우주론**이라고 한다.

링크
155

빅뱅(대폭발)   빅크런치(대붕괴)   빅뱅(대폭발)

### 유용한 인터넷 링크

www.usborne-quicklinks.com

**Web 1** 우주에 대한 기초적인 설명을 접할 수 있다.
**Web 2** 가장 가까운 별(항성)까지는 얼마나 걸릴까?
**Web 3** 150억 년 전 빅뱅이 일어나던 때로 돌아가 보자.
**Web 4** 우주에 관한 최신의 연구 결과를 포함한 다양한 정보를 영상과 컴퓨터 시뮬레이션으로 살펴보자.
**Web 5** 위성천문대에서 관측되는 우주의 모습을 살펴보자.

165

# 은하계 Galaxies

수레바퀴은하는 지구로부터 5억 광년 떨어져 있다.

**별은** 은하계라는 곳에 무리지어 모여 있다. 각각의 은하계에는 수십억 개가 넘는 별이 있다. 은하계는 은하계끼리 무리지어 있는데, 태양계는 **국부은하군**이라고 하는 은하단 안에 있는 **우리은하** (milky way)의 아주 작은 부분을 이루고 있다. 국부은하군 안에는 30개 정도의 은하계가 있고 너비는 500만 광년 정도이다.

## 성단

은하계 안의 별들은 무리지어 있는 경우가 많은데 이를 **성단**이라고 한다. 같은 성단에 속한 별은 같은 속도와 방향으로 움직인다. 성단에는 두 종류가 있다.

**산개성단**은 가스와 먼지가 많은 우주 공간에서 발견된다. 이 성단에는 적게는 몇십 개에서 많게는 수천 개에 이르기까지 태어난 지 얼마 안 된 어린 별들이 흩어져 빛나고 있다.

링크 156

산개성단 중 하나인 플레이아데스성단 ★

**구상성단**은 산개성단보다 훨씬 크다. 안에는 백만 개에 이르는 별이 있으며, 이들은 구형을 이루면서 빽빽하게 모여 있다.

이런 형태의 구상성단은 망원경 없이 보면 희미한 별처럼 보인다. ★

## 은하계의 종류

은하는 다양한 모양을 띤다. 가장 흔한 형태는 나선형, 막대나선형, 타원형, 불규칙형이다.

**나선은하**는 가운데 부분이 밝고 나선 모양으로 뻗은 팔을 2개 가지고 있다.

**막대나선은하**는 중심핵에 막대가 있고 그 양쪽으로 나선팔이 달려 있다.

**타원은하**는 원형에서 타원형까지 모양이 다양하다. 이런 은하 안에는 오래된 붉은 별이 많다.

**불규칙은하**는 일정한 형태 없이 별들이 뭉쳐 있는 은하다. ★

대체로 많이 알려진 은하의 3분의 1 이상이 나선형이다. 최근 천문학자들은 정교한 망원경으로 지금까지 발견된 은하들보다 훨씬 크고 밀도가 낮은 은하를 발견했는데, 이런 은하는 빛을 많이 내지 않아서 **낮은표면밝기은하**라고 불린다.

## 수레바퀴은하

수레바퀴은하는 아주 거대한 은하로 너비가 15만 광년에 달한다. 이 은하의 특이한 모양은 작은 은하계가 이 은하에 충돌했을 때 형성된 것이다. 외부 고리는 충돌 후 핵심부에서 팽창해 나온 가스와 먼지로 만들어진 수십억 개의 새로운 별들로 이루어져 있다. 원래 이 은하에 있었던 나선은 현재 새로 형성되는 중이다.

## 가장 가까운 은하

우리은하와 가장 가까운 외부은하는 소규모의 불규칙은하인 대마젤란운과 소마젤란운이다. 규모가 큰 은하 중 우리은하에 가장 가까운 것은 나선은하인 안드로메다은하로, 우리은하에서 250만 광년 떨어진 거리에 있고 밤하늘에서 육안으로 볼 수 있는 여러 별과 은하 중에 가장 멀리 있다.

대마젤란운은 우리은하에서 가장 가까운 은하 중 하나이다.

## 우리은하

다른 은하에 비해 우리은하는 상대적으로 큰 편으로 지름이 10만 광년 정도이다. 지구를 포함한 우리 태양계는 우리은하의 가운데에서부터 약 3만 2천 광년 떨어져 있다. 대부분의 과학자는 우리은하가 나선은하라고 생각하지만 막대나선은하라고 주장하는 학자들도 있다. 밀키 웨이라는 우리은하(the milky way)의 이름은 옛날 사람들이 밤하늘에 우유를 쏟아놓은 것 같다고 생각해서 붙여진 이름이다.

지구와 태양계는 우리은하의 이쪽에 위치한다.

**우리은하**

이것은 적어도 150개에 달하는 거대한 구상성단 중 하나로 우리은하 중심의 위나 아래쪽을 공전한다.

링크
157

분홍색, 푸른색, 녹색 가스로 빛나는 부분은 성운이다. 이곳에서 새로운 별이 태어난다. 성운에 대해 더 알아보려면 176쪽을 살펴보자.

대부분의 나선은하와 마찬가지로 우리은하도 천천히 회전하며 가운데 쪽이 바깥쪽보다 더 빨리 회전한다. 과학자들은 우리 태양계가 은하의 중심을 2억 2천5백만 년에 한 번씩 회전하는 것으로 추측하고 있다. 이 이론대로라면 공룡이 지구에 살았던 시절부터 우리은하는 한 번 은하의 중심을 회전했다.

옆에서 본 우리은하는 가운데가 불룩해서 마치 계란프라이 2개를 붙여놓은 것 같은 모습이다.

### 직접 해보자

날씨가 맑은 날 밤에 은하수를 찾아보자. 어두운 겨울밤에 보아도 감동적인 풍경이지만 사실 북반구에서 은하수를 관찰하기에 가장 좋은 시기는 7월에서 9월 사이이다.
남반구에서는 10월과 11월 사이에 가장 멋진 장면을 연출한다. 선명한 빛의 띠 같은 은하수의 모습을 확인할 수 있다.

### 유용한 인터넷 링크

www.usborne-quicklinks.com

**Web 1** 우리은하와 다른 은하에 대해 조사해보고 우주에 대해 더 알아보자.
**Web 2** 우리은하를 포함하여 은하에 대한 설명을 그림과 함께 만나보자.
**Web 3** 지구에서 국부은하군의 경계까지, 우리은하를 가상으로 여행해보자.
**Web 4** 온라인 활동을 통해 우리은하와 다른 형태의 은하에 대해 알아보자.
**Web 5** 우주에 관한 많은 놀라운 정보를 얻을 수 있다.

# 별 Stars

**우주의** 모든 은하에는 수조 개의 별이 있다. 별은 아주 뜨거운 가스로 만들어진 구체로 중심에서 핵반응을 일으켜 열과 빛을 뿜어낸다. 지구에서 가장 가까운 별인 태양은 1억 5천만km 떨어진 거리에 있다. 다음으로 가까운 별은 켄타우루스자리의 프록시마로 4.5광년 떨어져 있다.

## 성운

별은 **성운**이라고 하는 먼지와 가스로 이루어진 거대한 구름에서 태어난다. 성운 중 일부는 밝은 빛을 띠고 일부는 어둡다. **암흑성운**은 대부분이 먼지로 구성되어 있는데, 뒤에 있는 별의 빛을 가리기 때문에 마치 하늘에 어두운 색 조각이 덧대어진 것처럼 보인다. **발광성운**에 있는 가스는 아주 뜨거우며 아름다운 색을 내면서 빛난다.

말머리성운은 암흑성운으로 발광성운의 빛을 가리면서 그 윤곽을 드러낸다.

발광성운의 색깔은 이 성운이 어떤 가스를 가지고 있느냐에 따라 달라진다. 수소는 분홍색으로 빛나고 산소는 녹색을 띤 푸른색으로 빛난다.

삼렬성운은 발광성운이다. 발광성운의 색깔은 뜨겁게 빛나는 가스 때문에 나타난다.

독수리성운의 '창조의 지주(the Pillars of Creation)' 라는 이름의 먼지와 가스로 이루어진 기둥. 가장 높은 기둥은 높이가 1광년이나 된다.

## 별의 탄생

어떤 성운에서는 가스와 먼지로 이루어진 여러 개의 구름이 소용돌이쳐서 점점 더 큰 덩어리를 형성하기도 한다. 결국에는 어떤 원인에 의해 구름이 무너져버리는데, 천문학자들은 구름이 나선은하의 팔 부분을 지날 때나 폭발하는 별에서 나오는 충격파에 의해서 무너진다고 추측한다.

구름이 무너질 때마다 내부온도는 올라가게 되고, 만 년 정도 시간이 흐르면 단단한 핵이 만들어진다. 이 핵은 내부에서 원자핵반응이 일어날 때까지 점점 뜨거워지면서 가스로 이루어진 구름을 형성하고 마침내 별이 되어 빛나기 시작한다.

성운 내부의 가스와 먼지가 소용돌이친다.

구름이 무너진다.

뜨거운 핵이 만들어진다.

새로운 별이 태어난다.

## 변광성

때에 따라 밝기가 달라지는 것처럼 보이는 별들이 있다. 이런 별을 **변광성**이라고 부르는데 크게 맥동변광성, 주성과 반성, 격변변광성(폭발변광성) 세 가지로 나뉜다.

**맥동변광성**은 보통 태양보다 규모가 크다. 이들은 크기와 온도가 변하는 별로, 크기가 커지면 빛을 더 많이 내보내고 작아지면 빛을 적게 내보낸다. 대체적인 변광성은 규칙적인 주기에 따라 크기가 커졌다가 작아졌다 하지만 주기가 불규칙한 것도 있다. 아래 그림은 맥동변광성인 미라이다. 미라는 일정한 주기에 따라 활동한다.

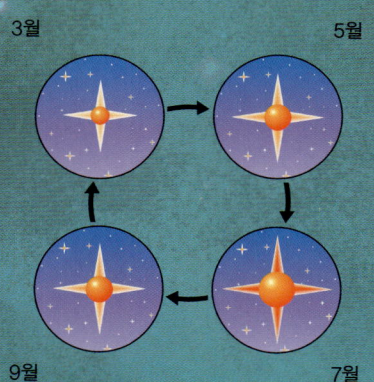

3월        5월

9월        7월

**주성과 반성**은 쌍성의 한 종류이다. 2개의 별로 이루어진 쌍성은 서로의 인력에 의해 공통의 무게중심을 공전한다. 주성과 반성을 지구에서 관찰하면 한 별이 다른 별의 뒤를 지날 때 밝기가 변한다. 아래의 그림은 밝게 빛나는 작은 별과 상대적으로 어두운 큰 별로 이루어진 주성과 반성이다.

### 주성과 반성

밝은 별을 **주성**이라고 한다.

어두운 별을 **반성**이라고 한다.

**격변변광성(폭발변광성)**은 매우 가까운 위치에 있는 쌍성을 말한다. 둘 중의 한 별(일반적으로 백색왜성)의 인력이 다른 한 별(일반적으로 적색거성)의 물질을 끌어오면 이 두 별 주변의 밝기가 갑작스럽게 높아진다. 원자핵 반응이 격렬하게 일어나기 때문이다. 폭발변광성의 한 종류인 **신성**은 몇 달 혹은 몇 년에 걸쳐 갑자기 밝아졌다가 원래의 밝기로 돌아간다.

## 별의 일생

새로 태어난 별들은 대부분 처음에는 푸른색이나 흰색으로 매우 밝게 빛난다. 아기별들은 몇백만 년 동안 이런 상태에 머물러 있다가, 나이가 들면 밝기가 약해지면서 좀 더 일정하게 빛난다.

별의 수명은 종류에 따라 다르다. 태양과 같은 별은 수명이 100억 년 정도이고 태양보다 작은 **왜성**은 더 오래 산다. 태양보다 더 큰 별을 **거성**이라고 하고 이 중에서 가장 큰 별을 초거성이라고 부르는데 이들의 수명은 수백만 년 정도에 불과하다.

### 4개의 빛나는 별

이 그림에서는 별 4개의 크기와 색깔을 비교한다. 이 페이지 전반에서 별의 색깔에 관한 더 많은 정보를 얻을 수 있다.

아크투루스(대각성)는 오렌지색 거성이다.

리겔은 푸른색 초거성이다.

링크
159

바너드별은 적색 왜성으로 태양보다 온도가 낮다.

태양은 노란색별이다.

### 직접 해보자

맑은 밤하늘을 올려다보면 별이 반짝이는 것을 관찰할 수 있다. 이런 현상은 별빛이 지구의 대기를 통과하면서 굴절되고 분산되면서 일어난다. 빛이 굴절되는 각도는 공기의 온도에 달려 있다. 별빛은 따뜻한 공기와 찬 공기를 모두 통과하기 때문에 우리가 보기에는 별이 순간순간 조금씩 다른 위치에서 빛나면서 깜빡이는 것처럼 보인다.

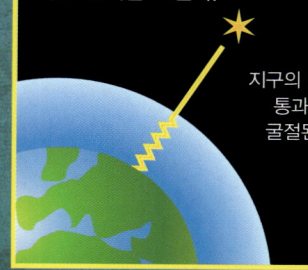

지구의 대기를 통과하면서 굴절된 별빛

### 유용한 인터넷 링크

www.usborne-quicklinks.com

**Web 1** 별과 성운에 관한 흥미로운 이야기를 읽어보자.
**Web 2** 별에 관한 정보와 사진, 허블우주망원경에 대한 소개를 읽어보자.
**Web 3** 별과 성운의 웅장한 사진을 살펴보자.
**Web 4** 밤하늘을 관찰하는 가상프로그램으로 성운과 초신성, 은하를 보고 여러 가지 종류의 NASA망원경으로 이들을 관찰해보자.
**Web 5** 별의 일생을 살펴보자.

## 별의 모습

다양한 별의 밝기는 **등급**이라는 단위로 측정된다. 어떤 별의 실제 밝기는 **절대등급**이라고 하고 지구에서 측정되는 맨눈으로 본 별의 밝기를 **실시등급**이라 한다. 가장 밝은 별은 0등급으로 매기는데 그보다 더 밝은 마이너스 등급의 별도 있다.

### 별의 등급

−1　0　1　2　3　4　5　6　7　8　9
가장 밝은 별　　　　　　　가장 어두운 별

색깔로 별을 분류하기도 한다. 가장 젊고 뜨거운 별은 보통 푸른색이나 흰색을 띠며 나이가 많고 차가운 별은 붉은색을 띤다. 이렇게 별을 분류하는 것을 **스펙트럼형**이라고 한다. 아래 목록에 주요한 스펙트럼형이 제시되어 있다.

링크
160

## 별자리

아주 오랜 옛날부터 사람들은 하늘에서 밝게 빛나는 별들이 모여 있는 모양을 관찰해왔다. 이를 **별자리**라고 하며 지구에서 볼 수 있는 별자리는 모두 88개이다. 주로 고대 그리스 신화에 나오는 사물이나 인물의 이름을 딴 별자리가 많다.

별자리 안에는 **성좌**라고 부르는 작은 부분이 있다. 잘 알려진 성좌 중 하나인 북두칠성은 큰곰자리의 일부다.

큰곰자리. 이 그림에서는 별자리 주변에 곰의 형상을 그려 넣었다.

엉덩이와 꼬리를 이루는 7개의 별이 바로 북두칠성을 이루는 성좌다.

별자리는 보통 밤하늘에서 가장 눈에 띄는 별들로 구성된다. 지구에서 보면 별자리를 구성하는 별들이 서로 가까이 있는 것처럼 보이지만 사실은 아주 멀리 떨어져 있다. 일례로 오리온자리에 있는 별 사이의 거리는 500광년에서 2000광년까지 다양하다. 하지만 지구에서 볼 때는 이 별들은 같은 방향으로 놓여 있어서 마치 서로 연결된 무리처럼 보인다.

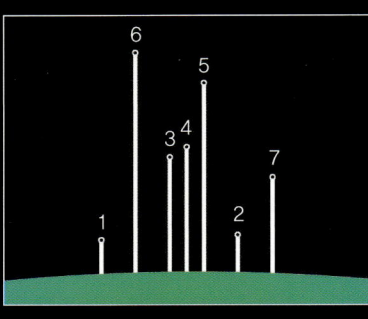

오리온자리의 별들은 지구에서 보면 각각 같은 거리에 서로 가까이 위치한 것처럼 보인다.

이 도표를 보면 오리온자리의 별들이 지구에서 각각 다른 거리에 있다는 것을 알 수 있다.

### 직접 해보자

육안으로 별자리와 성좌를 모두 볼 수 있지만, 일 년 중 언제 어디에서 별을 관찰하느냐에 따라 볼 수 있는 별자리가 다르다. 맑고 별이 총총한 밤에 북반구에 살고 있다면 북두칠성을, 남반구에 살고 있다면 남십자성을 찾아보자.

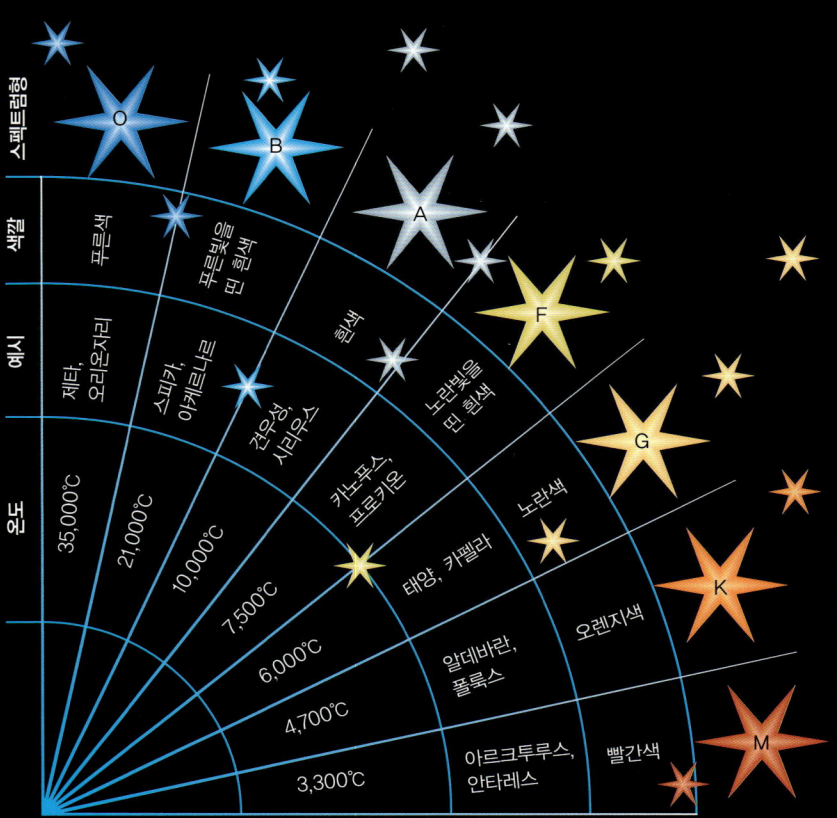

스펙트럼형 | 색깔 | 예시 | 온도

O | 푸른색 | 제타, 어리온자리 | 35,000℃
B | 푸른빛을 띤 흰색 | 스피카, 아케르나르 | 21,000℃
A | 흰색 | 견우성, 시리우스 | 10,000℃
F | 노란빛을 띤 흰색 | 카노푸스, 프로키온 | 7,500℃
G | 노란색 | 태양, 카펠라 | 6,000℃
K | 오렌지색 | 알데바란, 폴룩스 | 4,700℃
M | 빨간색 | 아크투루스, 안타레스 | 3,300℃

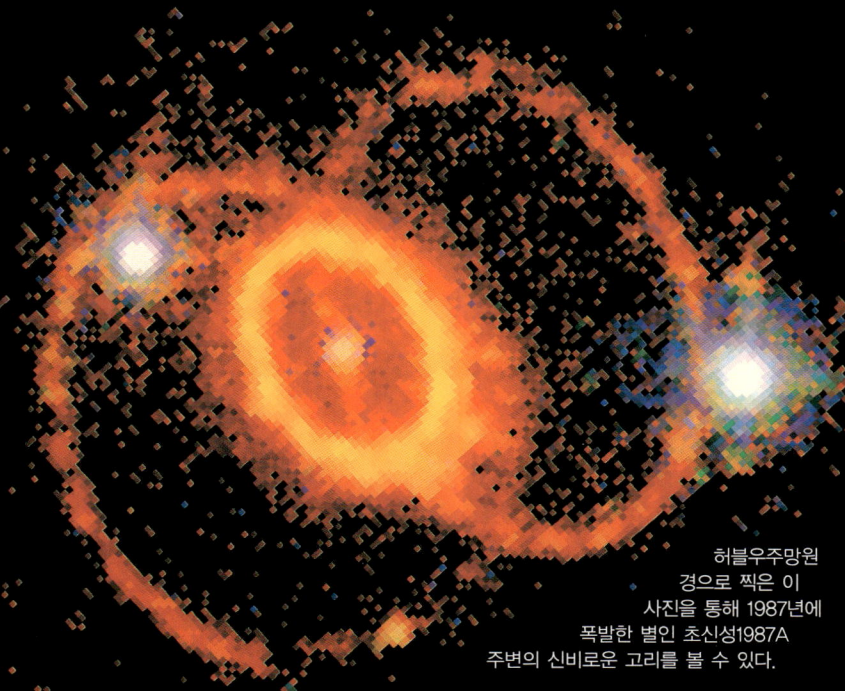

허블우주망원경으로 찍은 이 사진을 통해 1987년에 폭발한 별인 초신성1987A 주변의 신비로운 고리를 볼 수 있다.

## 별의 죽음

핵반응에 필요한 가스가 떨어지면 별은 죽음을 맞이하게 된다. 이때 태양 크기 정도의 별은 부풀어 올라 붉은 빛을 띠게 되는데 이 단계의 별을 **적색거성**이라고 한다.

이 별은 천천히 가장 바깥층의 가스를 우주로 내뿜고, 결국에는 **백색왜성** 단계의 거의 죽은 별만이 남게 된다. 백색왜성은 크기가 행성만하고 매우 밀도가 높으며 크기에 비해 아주 무겁다.(골프공이 트럭만큼이나 무겁다고 상상해보자.) 이 별은 서서히 차가워지다가 결국 사라진다.

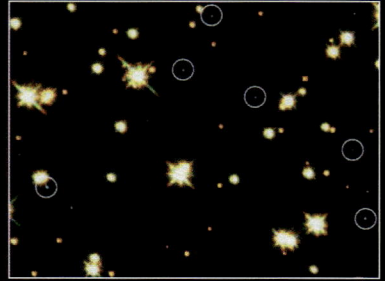

허블우주망원경으로 찍은 이 사진에는 태양과 비슷한 별과 그보다 온도가 낮은 적색왜성에 둘러싸인 백색왜성(원 내부) 6개를 관찰할 수 있다.

## 초신성

거성은 아주 극적인 죽음을 맞는다. 거성은 죽음의 첫 단계에서 아주 커다란 붉은 별로 부풀어 오르는데 이를 **적색초거성**이라고 한다. 그 후 엄청난 폭발이 일어나며 이를 **초신성**이라고 한다.

초신성 현상이 일어나고 나면 급격하게 팽창하는 외부 가스층과 그 가운데에서 회전하는 작은 별과 먼지가 남는다. 이 상태를 **중성자별**이라고 하고 이 상태의 별은 백색왜성보다 더 밀도가 높고 무겁다.(고층빌딩만큼이나 무거운 골프공을 상상해보자.)

중성자별 중 일부는 별의 회전에 따라 움직이는 방사선을 방출하기도 하는데 이런 별을 **맥동성(펄서)**이라고 한다.

별이 거대한 초신성 폭발로 죽으면 밀도가 높은 별의 핵만이 남는다.

맥동성은 빠르게 회전하면서 마치 등대처럼 빛을 내는 중성자별이다.

## 블랙홀

아주 큰 별은 일단 적색초거성이 되었다가 초신성으로 폭발하면서 죽는다. 이런 별이 붕괴되면 너무 작게 수축되어 실질적으로 우주에서 사라진 것과 같은 상태가 되는데 어떤 경우는 **블랙홀**이 되기도 한다. 블랙홀은 헤아릴 수 없을 만큼 깊은 구멍으로 한 번 들어가면 어떤 것도 다시 빠져나오지 못한다.

블랙홀은 너무나 무겁고 밀도가 높아서 블랙홀의 인력은 빛을 포함한 모든 것을 안으로 흡수해버린다. 과학자들은 블랙홀은 관찰할 수도 없을뿐더러 어떤 것이든 블랙홀로 일단 빨려 들어가면 뭉개져버린다고 추측한다. 어떤 과학자들은 우리은하의 가운데에는 대량의 붉은색 원시별로 둘러싸인 거대한 블랙홀이 있다고 주장한다.

링크
161

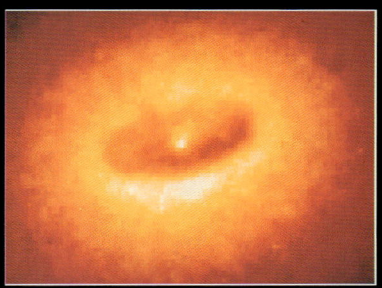

사진 속 차가운 가스 고리 안에 있는 것이 블랙홀로 추측된다.(허블우주망원경)

### 유용한 인터넷 링크

**www.usborne-quicklinks.com**

**Web 1** 온라인 강의를 통해서 어떻게 우리에게 친숙한 별자리를 관찰할 수 있는지 알아보자.

**Web 2** 이번 달에 관찰할 수 있는 별자리와 우주에서 일어날 일에 관한 영상을 보자.

**Web 3** 별자리와 관련한 퀴즈를 풀어보고, 별에 대해 더 많은 것을 알아보자.

**Web 4** 사진과 애니메이션, 퀴즈로 블랙홀에 대해 좀 더 배워보자.

**Web 5** 클릭을 하면서 볼 수 있는 리스트를 이용해 88가지 별자리와 주요한 특징과 언제 이 별자리를 가장 잘 관찰할 수 있는지 알아보자.

# 태양 The Sun

**다른** 여느 별처럼 **태양** 역시 폭발하는 가스로 이루어진 거대한 구체이다. 태양은 중간 크기 정도의 별이지만 지구상의 생명체는 태양에서 나오는 열과 빛 없이는 존재할 수 없다. 또한 태양의 **인력**이 수십억 킬로미터 내의 모든 물체에 작용하기 때문에 태양계의 행성과 달, 그 외의 것들은 모두 태양 주위를 공전한다.

태양은 태양계 내의 모든 것을 합친 것보다 크지만, 별로서는 중간 크기 밖에 되지 않는다.

## 태양의 내부

태양 내부에서는 수소원자가 끊임없이 분열하고 있다. 이 분열된 원자 조각이 다른 구조로 융합되면서 헬륨이라는 가벼운 가스를 만들어낸다. **핵융합반응**이라고 불리는 이 과정은 대량의 에너지를 방출한다.

링크 162

1. 태양의 **핵**은 지구의 핵보다 27배나 크고 온도는 150만℃가 넘는다.

2. **복사층**이 핵을 둘러싸고 있다. 핵에서 생성된 열은 파동으로 이 부분을 통과해서 퍼져나간다.

3. **대류층**은 태양의 에너지를 표면으로 방출한다. 그림에 표시된 빨간 화살표는 대류층에서 일어나는 에너지의 움직임이다.

4. **광구**는 태양의 표면이다. 거세게 소용돌이치는 가스로 되어 있다.

## 태양의 표면

**흑점**이란 태양의 표면에 있는 작고 검은 부분으로 다른 부분보다 온도가 약간 낮다. **백반**이라고 하는 불타는 가스 구름이 때때로 흑점을 둘러싸기도 한다. **홍염**이라는 거대한 고리 모양의 가스는 초당 600km의 속도로 표면에서 치솟는다. **태양 표면의 폭발**(플레어)은 홍염보다 더 격렬하고 극적으로 일어난다.

## 일식

달이 지구와 태양 사이를 지나가면 일시적으로 태양의 빛을 가리는데 이런 현상을 **개기일식**이라고 한다. 달은 태양보다 훨씬 작지만 지구에 훨씬 가까이 위치해 있기 때문에 태양을 가릴 수 있다. 한쪽 눈을 감고 동전을 얼굴과 천장에 달린 전등 사이로 들어 올려보자. 어떤 원리로 일식이 일어나는지 알 수 있을 것이다.

개기일식 동안에는 태양을 둘러싼 가스층인 **코로나**를 관찰할 수 있다.

## 오로라

태양은 드넓은 우주공간으로 끊임없이 보이지 않는 입자를 방출하고 있으며 이를 **태양풍**이라 한다. 이 입자가 지구의 극 근처에 들어오면 **오로라**라는 휘황찬란한 빛의 향연을 펼친다. 북극에서는 이를 **북극광**, 남극에서는 **남극광**이라고 부른다.

### 직접 해보자

흘끗 보는 것만으로도 눈을 다칠 수 있기 때문에 태양은 절대로 똑바로 쳐다봐서는 안 된다. 대신 아래와 같은 간단한 방법을 이용하면 태양을 간접적으로 관찰할 수 있다. 쌍안경을 태양을 향하게 놓고 뒤편에 흰 종이를 놓는다. 흰 원이 종이에 나타날 때까지 쌍안경을 움직여서 이미지가 나타나면 더 또렷해지도록 포커스를 맞춘다. 이때 검은 얼룩이 나타나는데, 이것이 바로 흑점이다.

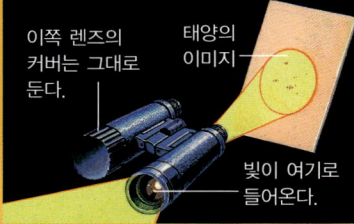

이쪽 렌즈의 커버는 그대로 둔다.

태양의 이미지

빛이 여기로 들어온다.

## 태양계

태양과 그 주변을 공전하는 모든 것을 총칭해 **태양계**라고 한다. 태양계에는 행성, 달, 암석덩어리, 혜성과 얼음 파편, 그리고 엄청난 양의 먼지도 포함된다.

태양계에서 태양 다음으로 중요한 구성원은 수성, 금성, 지구, 화성, 목성, 토성, 천왕성, 해왕성과 같은 행성이다. 이 행성들은 각각 다른 거리에서 다른 속도로 태양을 공전하는 동시에 자전한다.

행성의 하루는 완벽하게 360도 한 바퀴를 도는 데 걸리는 시간의 길이를 말한다. 예를 들어 지구에서 하루는 24시간이다. 마찬가지로 행성의 **일 년**은 태양을 공전하는 데 걸리는 시간으로, 지구의 경우 365.3일이 걸린다.

태양계의 행성은 작은 **위성**을 가지고 있는 경우가 많은데, 위성은 행성을 공전한다. 이런 위성들은 각각 크기나 모양, 숫자가 매우 다양하다. 일례로 지구의 위성은 달 하나뿐이지만, 토성에는 적어도 18개 이상의 위성이 있는 것으로 알려져 있다. 달에 대해서는 185쪽에서 더 자세히 살펴보자.

지구의 위성인 달은 바위투성이에 먼지가 많은 구체다.

암석과 금속이 뭉쳐진 큰 덩어리인 **소행성**과 가스와 먼지가 함께 얼어붙은 덩어리인 **혜성**도 태양을 공전하고 있다. 소행성은 대부분 화성과 목성 사이에 있지만, 혜성의 공전 궤도는 태양계의 다른 부분에서도 관찰된다. 소행성과 혜성에 대해서는 190~191쪽에서 좀 더 알아보자.

### 태양계

아래 그림에서는 태양계의 여덟 행성을 볼 수 있다. 행성과 행성 간의 거리는 너무 넓기 때문에 거리에 비례하도록 나타내지는 않았다.

링크 163

해왕성
천왕성
수성
금성
태양
화성
지구
목성
토성

소행성대 : 대부분의 소행성은 **소행성대**라고 하는 이 지역에서 발견된다.

**유용한 인터넷 링크**

www.usborne-quicklinks.com

**Web 1** 태양과 다른 행성들을 플라이바이 (우주탐사기가 달이나 행성 등 큰 천체의 곁을 통과하는 것)하면서 여행해보자.
**Web 2** 다양한 온라인 활동과 함께 그림을 보면서 태양에 대해 더 자세히 알아보자.
**Web 3** 여러 행성과 태양의 크기를 비교해보자.
**Web 4** 무엇이 오로라를 만드는지 알아보자. 오로라에 관한 짧은 영상을 보고 퀴즈도 풀어보자.
**Web 5** 일식과 월식에 관한 애니메이션을 볼 수 있다.

# 지구형 행성 The Inner Planets

**수성,** 금성, 지구, 화성을 지구형 행성이라 한다. 이 행성들은 태양계 안에서 태양에 가까운 쪽에 속한다. 암석이 많은 구조라든가 크기는 모두 비슷하지만 지구만이 생물체가 살기에 적합한 표면 환경을 가지고 있다. 이것은 태양과 지구의 거리가 적당하기 때문이다. 지구에 대해서는 184-185쪽에서 좀 더 알아보자.

4개의 지구형 행성이 태양 주변을 공전하는 모습을 나타내었다.

## 수성

수성은 직경이 4,880km 밖에 되지 않는 아주 작은 행성이다. 또한 태양에서 가장 가까운 행성으로 5,800만km 떨어진 거리에서 공전하고 있다. 이렇게 가깝기 때문에 수성은 태양빛을 많이 받아 매우 뜨겁다. 수성의 낮 기온은 끓는 물보다 4배 이상 뜨거운 427℃까지 오르기도 한다.

링크 164

수성은 태양에서 가장 가깝기 때문에 한 번 공전하는 데 다른 행성보다 시간이 적게 걸린다.

수성이 태양을 한 번 공전하는 데 걸리는 시간은 지구 날짜로 88일이다. 공전을 하면서 천천히 자전도 하는데, 수성의 하루는 지구 날짜로 58.7일이다. 즉 수성의 1년은 채 이틀도 되지 않는 것이다. 그래서 수성은 밤이 길며 태양 반대쪽을 향하고 있는 행성의 반쪽은 온도가 영하 183℃까지 급격하게 떨어지기도 한다.

## 금성

금성은 태양으로부터 두 번째 행성으로 크기는 지구와 비슷하다. 태양으로부터의 거리는 1억 8백만km 정도이다. 행성의 표면은 대체로 평평하지만 지구의 대륙처럼 불쑥 올라온 부분도 있다.

금성의 대기는 대부분 이산화탄소로 이루어져서 엄청난 무게로 행성 표면을 짓누르고 있다. 밀도가 높은 황산 구름이 태양광선을 반사해 금성은 아주 밝은 별처럼 빛난다. 반사되지 않은 빛은 행성의 대기에 갇혀 내부온도를 480℃까지 오르게 한다.

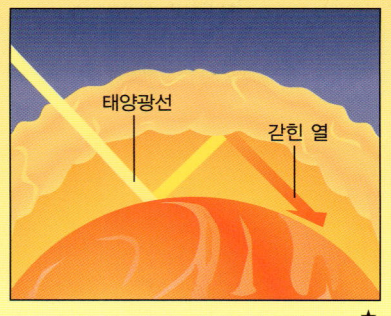

금성의 두꺼운 대기는 온실유리 같은 역할을 한다. 어떤 광선이 대기를 뚫고 들어오든 대기 속에 갇혀서 다시 나가지 못한다. ★

컴퓨터로 색을 입힌 이 이미지는 수성 주변에서 소용돌이치는 두꺼운 구름을 보여준다.

### 직접 해보자

지구형 행성을 직접 관찰해보자. 수성과 금성은 일출이나 일몰 직전에 볼 수 있다. 태양이나 달이 지고나면, 금성은 밤하늘에서 가장 밝게 빛난다. 금성은 하루 중 언제 나타나느냐에 따라 **샛별** 또는 **저녁별**이라고 불린다. 수성은 지평선 근처에 뜬 밝은 별처럼 보인다.

### 주의

꼭 아침 해가 뜨기 전이나 저녁에 해가 완전히 진 후에만 행성을 관찰하자. 태양을 직접 보는 것은 눈에 심각한 손상을 입힐 수 있다.

## 금성 연구

1975년까지 금성의 표면이 어떻게 생겼는지 아는 사람은 없었다. 그러나 소련이 금성탐사선인 베네라호를 두 번 보내면서 상황은 확연히 달라졌다. 베네라호는 더 작은 탐사선을 금성의 표면으로 내려보냈고, 탐사선의 카메라가 날카로운 암석으로 뒤덮인 음울한 오렌지빛 갈색의 사막 같은 모습을 촬영했다.

금성 표면의 크레이터(운석이 떨어져 생긴 구멍)가 얕은 이유는 두꺼운 대기가 행성에 충돌하는 물체의 속도를 늦추기 때문이다.

1980년대 후반과 1990년대 초반에는 미국의 우주탐사선인 마젤란호가 레이더를 이용해서 금성의 표면을 아주 상세하게 그린 지도를 만들었다. 그 결과 금성의 수많은 화산에서 흘러나온 용암이 대부분의 지역을 뒤덮고 있다는 사실이 밝혀졌다.

**우주탐사선 마젤란호**

아래 그림은 마젤란호가 수집한 정보로 만들어낸 금성의 표면 이미지다.

## 화성

화성은 태양에서 네 번째 행성으로 크기는 지구의 반 정도이다. 태양에서 2억 2,800만km 떨어진 거리에서 공전하고 있으며, 한 번 공전하는 데 687일이 걸린다.

화성은 표면을 덮고 있는 붉은 먼지 때문에 **붉은 행성**이라고도 불린다.

화성은 **포보스**와 **데이모스**라는 위성을 가지고 있는데 둘 다 어두운 색으로 먼지투성이다. 많은 과학자들이 이 괴상한 모양을 한 위성이 원래 소행성이었으나 수백만 년 전에 화성의 궤도에 들어온 것으로 추측한다.

화성의 두 위성 중 작은 쪽인 데이모스는 가장 넓은 부분의 단면이 15km 정도이다.

포보스는 가장 넓은 부분의 단면이 28km이다. 이 위성에는 스티크니라는 이름의 지름 5km인 크레이터가 있다.

## 표면탐사

1960년대와 1970년대에 우주탐사선 마리너호와 바이킹호가 상세한 화성 표면 사진을 보내왔다. 오렌지색의 붉은 먼지로 뒤덮인 바위투성이의 협곡과 크레이터가 많은 풍경이 사진에 찍혀 있었다. 또 수 주 동안 지속되기도 하는 거대한 먼지 폭풍이 종종 화성의 표면을 휩쓸고 지나갔다.

1996년에 시작된 화성탐사선 패스파인더호와 화성 전역에 대한 조사선 프로젝트는 최근 성공리에 그 임무를 끝마쳤다. 패스파인더호의 임무는 이미 모두 끝났지만 조사선은 앞으로도 몇 년간 화성에 대한 정보와 이미지를 전송할 예정이다.

링크
165

패스파인더 우주선은 소저너(sojouner, 체류자라는 뜻)라는 이 작은 탐사로봇을 가지고 갔는데, 이 로봇이 화성의 표면을 돌아다니며 연구활동을 하고 암석 사진을 찍었다.

### 유용한 인터넷 링크

**www.usborne-quicklinks.com**

**Web 1** 수성에 대한 재미있는 이야기와 그림갤러리를 만나보자.
**Web 2** 금성에 대한 재미있는 이야기와 그림갤러리를 만나보자.
**Web 3** 화성에 대한 더 많은 정보와 사진갤러리를 접해보자.
**Web 4** 나사(NASA)의 화성 탐사에 대한 정보를 알아보자.
**Web 5** 화성에 관한 슬라이드쇼를 보면서 공부하자.
**Web 6** 행성에 관한 그림과 정보를 얻을 수 있다.

# 지구와 달 The Earth and Moon

**지구는** 태양에서부터 1억 4,960만km 떨어진 거리에서 공전하고 있다. 이는 물이 수증기나 얼음이 아닌 액체 상태로 유지되기 적합한 거리이다. 지구에는 생명체가 호흡할 수 있는 대기도 있다. 이런 요소들이 지구를 생명이 존재하기에 적합한 환경으로 만든다.

우주에서 본 지구. 초기의 우주비행사들은 지구를 아름다운 푸른 보석이라고 묘사했다.

## 지구의 대기

우주에서 바라보면 지구의 대기는 행성을 둘러싸고 있는 아주 엷은 푸른 층으로 보인다. 지구의 대기는 질소와 산소의 혼합물에 다른 기체들이 약간씩 섞여 있는 상태이다. 다른 어떤 행성의 대기보다도 많은 산소를 포함하고 있는데, 산소는 생명 유지에 필수적인 기체이다.

링크 166

우주에서 보면 지구의 대기는 엷은 안개처럼 보인다. 또한 태양빛이 대기의 기체를 통과하는 방식 때문에 푸른빛을 띤다.

## 지구의 표면

대기 밑에는 **지각**이라고 하는 지구의 표면이 있다. 표면은 거대한 몇 개의 판으로 나뉘어져 있다. 이 판들은 수백 년간 서로를 밀거나 끌어당기는 과정을 통해서 산과 계곡, 다양한 지형적 특징을 만들어냈다.

히말라야와 같은 산맥은 판들이 서로 세게 충돌했을 때 형성된 것이다.

지구 표면의 3분의 2는 바다이다. 여기서 약 35억 년 전 지구 최초의 생명체가 탄생했을 것으로 추측된다. 과학자들은 다른 행성이나 위성을 조사할 때 표면에 물이나 얼음의 흔적이 있는지 살펴보는데, 그것은 물이 있으면 원시생명체가 있거나 혹은 과거에 존재했다는 증거가 될 수 있기 때문이다.

## 우주에서 본 지구

오늘날 인류는 인공위성과 우주정거장에서 보내온 내용을 바탕으로 지구에 대해 점점 더 많은 정보를 얻는다. 예를 들어 일기예보관은 기상 패턴을 예측하기 위해서 위성에서 보내온 데이터를 이용한다. 이들은 이런 정보를 이용해 세계 어느 곳에서든 사람들이 위험한 기상 상태에 대비하도록 하기도 한다.

인공위성에서 보내진 정보는 지구의 표면을 연구하는 데도 쓰인다. 해저층처럼 우리가 살펴보기 어려운 지역도 정교한 위성으로 상세하게 살펴볼 수 있다.

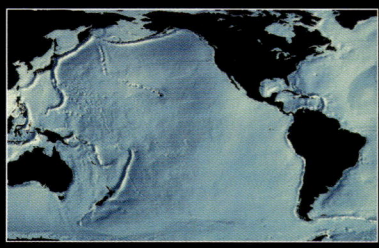

시샛이라는 인공위성에 의해 만들어진 해저층 지도. 어두운 부분이 대륙이다.

지금까지 알려진 바로는 지구는 태양계에서 생명체가 살 수 있는 유일한 행성이다. 그것은 지구가 대부분 물로 뒤덮여 있기 때문인데, 다른 행성의 표면에서는 아직 물이 발견되지 않았다.

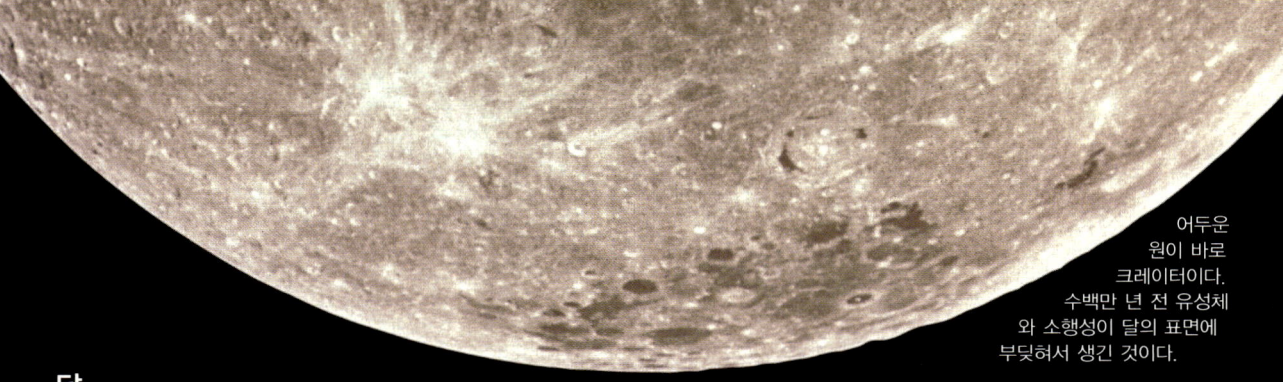

어두운 원이 바로 크레이터이다. 수백만 년 전 유성체와 소행성이 달의 표면에 부딪혀서 생긴 것이다.

# 달

지구는 단 하나의 위성인 달을 가지고 있다. 달은 지구로부터 38만 4,400km 떨어진 거리에서 공전하고 있다. 대부분의 위성은 공전하고 있는 행성에 비해 훨씬 작은데 반해 **달**은 지구의 4분의 1에 해당하는 크기이다.

달은 지구의 인력으로 궤도를 따라 공전한다.

지구의 인력 때문에 달은 항상 지구 쪽으로 같은 면을 향하고 공전한다. 그러므로 **달의 뒤편**은 우주탐사선과 우주비행사들만 관찰할 수 있었다. 지구와 달리 달에는 대기가 없어 온도가 급격하게 오르내린다. 달의 온도는 태양광선 때문에 123℃까지 올라가기도 하고, 태양이 비추지 않을 때면 영하 163℃까지 떨어지기도 한다.

## 달의 상

달은 그 자체는 빛을 내지 않지만 태양 광선을 반사하기 때문에 어두운 밤하늘에서 아주 밝게 빛난다. 달이 지구를 공전함에 따라 달에 태양이 비쳐 보이는 부분의 크기가 달라지는데, 이것이 매일 밤 달이 모습을 바꾸는 것처럼 보이게 한다. 이런 각각 다른 모양을 **달의 상**이라고 한다.

달이 지구를 한 바퀴 공전하는 데는 28일이 걸리며 아래 그림에서 이 기간 동안 달의 상이 어떻게 달라지는지 살펴볼 수 있다.

### 달의 상

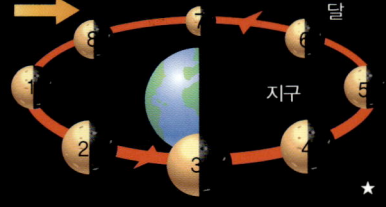

태양빛의 방향

달

지구

★

아래 그림은 위의 번호에 달이 위치했을 때 지구에서 보이는 달의 모습이다.

## 달의 형성

과학자들은 아직 달이 어디서 왔는지 확신하지 못하고 있다. 과거에는 달이 지구와 비슷한 시기에 형성되었다고 생각했지만 달에서 가져온 암석을 연구해본 결과 사실이 아닌 것으로 밝혀졌다.

대부분의 천문학자들은 작은 행성만 한 커다란 물체가 지구와 충돌했을 때 달이 생겨났을 걸로 추측하고 있다. 이 충돌로 많은 양의 암석 파편이 떨어져 나갔다가, 이것들이 나중에 합쳐져 하나의 덩어리가 되어 달을 만들었다는 이론이다.

링크
167

커다란 물체

지구

달은 커다란 물체와 지구가 충돌한 후 떨어져 나온 암석 파편에서 형성되었을 가능성이 있다.

달

바다

크레이터

달의 표면에는 크레이터가 많이 있는데, 육안으로도 볼 수 있지만 쌍안경으로 보면 훨씬 잘 보인다. 달 표면의 어두운 부분을 **달의 바다**라고 하는데 수백만 년 전에 굳어진 용암으로 형성된 것이다.

1. 삭(신월)

 2. 초승달

 3. 반달

 4. 차오름 (점점 커진다)

5. 보름달

6. 기움 (점점 작아진다)

7. 반달

 8. 초승달

# 목성형 행성 The Outer Planets

**목성**, 토성, 천왕성, 해왕성은 **목성형 행성**으로 알려져 있고 태양계의 행성들 중 바깥쪽에 위치한다. 모든 목성형 행성은 대부분 가스로 된 거대한 구의 형태를 하고 있어서 **가스 거성**이라고도 부른다.

갈릴레오 우주탐사선은 1995년부터 목성을 연구하고 있다.

## 목성

**목성**은 태양계에서 가장 큰 행성으로 적도의 둘레가 14만 2,984km에 이른다. 목성은 태양을 한 번 공전하는 데 11.9년이나 걸릴 정도로 먼 위치에 떨어져 있지만 그래도 얼음행성은 아니다. 그것은 압축된 수소가 행성 중심부에서 화학변화를 일으켜 엄청난 양의 열을 발산하고 있기 때문이다.

목성에는 수차례 우주탐사선이 보내졌는데 그중 하나인 보이저호가 1979년에 지구에서는 보이지 않는 희미한 고리가 있음을 밝혀냈다. 1995년에는 갈릴레오호가 사진을 찍고 작은 탐사선을 목성의 대기권 안쪽으로 내려보냈다. 그 결과 목성의 표면에서는 지구의 어떤 곳보다도 강한 바람이 분다는 사실이 밝혀졌고, 목성의 고리와 위성에 대한 더 많은 정보도 수집되었다.

링크 168

## 목성의 위성

지금까지 천문학자들이 발견한 목성의 위성은 적어도 61개 이상이다. 1610년에 이탈리아의 과학자인 갈릴레오(Galileo)가 그중 가장 큰 4개를 발견한 이후 이들을 **갈릴레오 위성**이라고 부른다. 이 외의 목성의 위성들은 훨씬 작으며 그중 일부는 목성의 인력에 끌려온 소행성일 가능성도

가니메데

이오

칼리스토    유로파

★

대적점

### 목성의 구조

과학자들은 우주탐사선에서 얻은 정보로 목성의 구조를 추측할 수 있는 근거를 마련했다.

1. 대기 윗부분은 거센 바람에 의해서 몇 개의 커다란 구름처럼 나뉘어 있다.

2. 목성을 감고 있는 어두운 띠는 이 구름들 사이에 있는 틈이다. 상층부보다 더 아래쪽에 위치한 뜨거운 대기층이 거세게 움직이는 것을 관찰할 수 있다.

3. 이 층의 두께는 17,000km이고 압축된 수소로 이루어져 액체처럼 움직인다.

4. 이 층도 마찬가지로 수소로 되어 있지만 훨씬 더 고형에 가깝다.

5. 지구의 크기보다 조금 큰 목성의 핵은 단단한 암석일 것으로 추측된다.

### 갈릴레오 위성

**가니메데**는 태양계에서 가장 큰 위성으로 수성보다 크다.
**이오**의 표면은 황을 내뿜는 화산으로 뒤덮여 있다.
**칼리스토**는 먼지와 얼음으로 뒤덮인 구형의 위성으로 표면에는 무수히 많은 크레이터가 있다.

**유로파**는 균열이 간 얼음으로 뒤덮여 있는데 그 아래쪽에 깊은 바다가 있을 것으로 추측된다. 일부 과학자들은 이 바다에 단순한 생명체가 존재하고 있을 것으로 예상한다.

### 직접 해보자

목성은 태양, 달, 금성 다음으로 하늘에서 가장 밝게 빛난다. 육안으로 보면 목성은 아주 밝게 빛나는 별처럼 보이는데, 망원경으로 얼룩덜룩한 구름띠와 **대적점**(대기 속에서 몰아치는 큰 폭풍인)을 관찰해보자.

있다.

## 토성

**토성**은 태양계에서 두 번째로 큰 행성으로 적도의 둘레는 12만 536km로 지구 둘레의 아홉 배이다. 태양으로부터 14억 2,900만km 떨어진 위치에서 29.5년에 한 번씩 공전한다.

이 행성은 주로 가벼운 기체인 수소와 헬륨으로 이루어져 있어 다른 행성에 비해 매우 가볍다. 천문학자들은 격렬한 열을 직접 방출하는 것으로 보아 토성의 내부는 목성과 비슷할 것이라고 추측한다.

## 토성의 위성

토성은 적어도 31개의 위성을 가지고 있으며 오른쪽에 있는 그림은 그중 일부이다. 과학자들은 토성이나 목성의 위성들이 태양계 내에서 단순생명체가 발견될 가능성이 가장 높은 곳 중 하나라고 생각한다.

**티탄**은 토성에서 가장 큰 위성 중 하나로, 오렌지색의 짙은 구름에 싸여 있다.

**미마스**는 크레이터투성이의 직경 398km의 위성이다. 가장 큰 크레이터가 생겼을 때의 충격으로 미마스는 거의 부서지다시피 했다.

**엔셀라두스**는 미마스보다 크기가 좀 더 크고 표면은 훨씬 매끈하다. 이 위성의 크레이터는 대부분 얼음으로 덮여 있다.

**테티스**에는 큰 크레이터와 긴 계곡이 있다. 가장 긴 계곡인 이타카는 그 길이가 2,000km에 이르고, 가장 큰 크레이터인 오디세우스는 지름이 400km이다.

토성은 태양계에서 두 번째로 큰 행성으로 지구 크기의 아홉 배에 이른다.

링크 169

토성의 고리는 돌과 먼지로 되어 있다.

토성은 자전속도가 너무 빨라 가운데는 불룩하고 양 끝 부분은 눌린 것처럼 보인다.

## 토성의 고리

토성에는 먼지와 돌로 된 고리가 있어서 **고리 행성**이라고도 한다. 이 고리는 17세기에 갈릴레오에 의해 처음 발견되었는데, 지금은 파이오니어11호(1979년)나 보이저호와 같은 우주탐사선이 고리에 관한 많은 정보를 보내오고 있다. 과학자들은 토성 이외의 행성에도 고리가 있다는 것을 알게 되었다.

토성의 고리 두께는 1km 정도로 얼음이나 암석, 작은 돌멩이로 이루어져 있다. 지구에서 관찰되는 고리는 실은 수천 개의 **작은 고리**이다. 또한 바깥쪽 고리를 구성하는 입자는 **양치기 위성**이라고 하는 작은 위성 2개의 인력으로 한 자리에 고정된다.

### 유용한 인터넷 링크

www.usbornequicklinks.com

Web 1 목성에 대한 흥미로운 사실을 알아보자.
Web 2 목성을 찍은 사진갤러리와 좀 더 다양한 정보를 접해보자.
Web 3 토성에 관한 더 다양한 정보를 찾아보자.
Web 4 토성의 사진갤러리를 살펴보자.

## 천왕성

**천왕성**은 1781년 영국의 천문학자 윌리엄 허셜(William Herschel)이 발견했다. 천왕성은 태양으로부터 약 28억 7,000만km 떨어져 있고 한 번 공전하는 데 84.02년이 걸린다. 이 행성은 초당 7km 정도로 천천히 움직이는데 지구는 거의 초당 30km로 움직인다.

대부분의 행성은 팽이처럼 공전하는데 반해 천왕성의 자전축은 많이 기울어져 있어 거의 누워서 자전을 하는 것처럼 보이고, 공전도 누워서 한다. 과학자들은 수백만 년 전 거의 행성 하나만한 크기의 혜성과 충돌하면서 천왕성의 축이 기울어진 것으로 추측하고 있다. 또 천왕성의 자전 속도는 17.9시간 정도로 빠르게 자전한다.

1977년에 천왕성에도 토성처럼 고리가 있다는 사실이 발견되었다. 1986년 보이저2호가 고리의 사진을 찍고 여러 가지를 관찰한 결과, 고리는 대부분 어두운 색의 먼지로 이루어진 것으로 확인되었다.

링크
170

## 천왕성의 위성

천문학자들은 오랫동안 천왕성이 15개의 위성을 가지고 있다고 생각해왔지만 최근 공식적으로 21개의 위성이 확인되었고 추가로 발견될 가능성도 있음을 시사했다.

천왕성의 가장 큰 위성들은 다음과 같다. **아리엘**과 **움브리엘**은 어두운 색에 크레이터가 많은 반면, **티타니아**에는 깊고 긴 계곡이 많이 있다. **오베론**에는 크레이터가 많이 있다는 것 외에는 거의 알려진 바가 없다. **미란다**는 얼음투성이의 위성으로 직경 472km 정도이다. 과학자들은 이 위성이 예전에 혜성에 의해 한 번 산산조각 났던 것으로 추측한다.

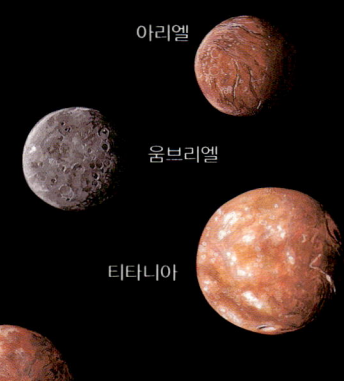

아리엘

움브리엘

티타니아

오베론

미란다

천왕성과 고리의 이미지는 허블우주망원경의 근적외선 카메라로 수집한 정보를 이용해서 만든 것이다. 붉게 나타난 부분은 높게 떠 있는 구름이다.

1989년 보이저2호에 의해 촬영된 해왕성 사진

## 해왕성

**해왕성**은 천문학자 애덤스(John Couch Adams)와 르베리에(Urbain Jean Leverrier)가 처음 발견했다. 이 행성은 천왕성보다 조금 작고 자전주기는 19.2시간이다. 또한 태양으로부터의 거리는 45억 400만km이며 한 번 공전하는 데 164.88년이 걸린다. 해왕성은 육안으로 관찰할 수 없으며 망원경으로 보아도 작고 푸른 동그라미 정도로만 보인다.

## 해왕성의 대기

대기 속에 있는 메탄가스 때문에 해왕성은 푸른빛을 띤다. 이 외에 암모니아와 헬륨도 포함되어 있다. 가스로 이루어진 밀도 높은 대기 아래에는 액체수소로 된 외부층이 있을 것으로 추측된다.

보이저2호는 길고 가는 구름이 해왕성의 대기에서 소용돌이치는 것을 관찰하였는데, 이 구름은 최고시속 2,000km로 바람에 휘날려 이동한다. 보이저2호는 또한 어두운 점도 발견했는데 가장 큰 점을 **대흑점**이라 한다. 이 흑점은 지구만한 크기의 거대한 폭풍이다.

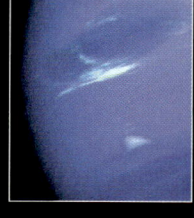
해왕성의 대흑점. 보이저2호의 과학자들은 16시간마다 한 번씩 행성을 회전하는 흑점 밑의 작은 구름에게 스쿠터라는 이름을 붙여주었다.

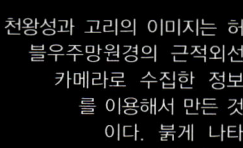

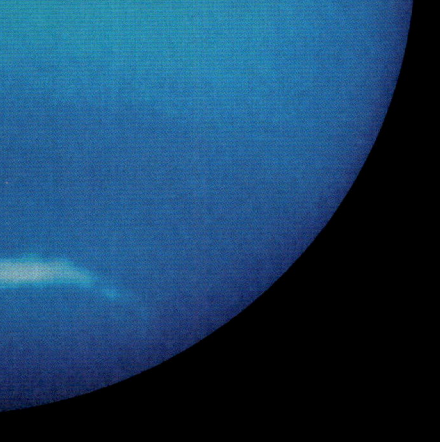

## 해왕성의 위성

해왕성은 12개의 위성을 가지고 있는데 가장 큰 것이 **트리톤**과 **네레이드**다. 대부분의 위성은 속해 있는 행성이 자전하는 방향으로 공전하는데 트리톤은 그림과 같이 반대로 공전한다.

해왕성은 반시계방향으로
자전한다.

트리톤은 시계방향으로
공전한다.

트리톤은 밝은 색의 매끄러운 표면을 가졌는데, 그 위로 어두운 줄이 몇 개 있고 남극 부분에 분홍색을 띤 얼음이 있다. 또한 질소와 메탄으로 된 희박한 대기도 있다.

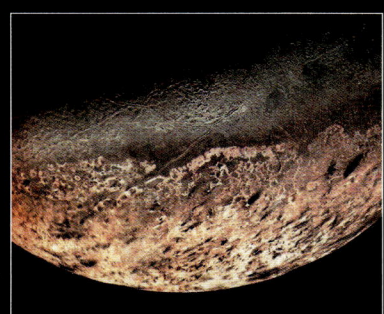

이 사진은 얼음으로 덮인 트리톤의 극지방을 보여준다. 이 부분이 엷은 분홍색으로 보이는 것은 얼었던 질소가스의 증발 때문일 수도 있다.

## 134340플루토

**명왕성**의 공식명칭은 134340플루토이다. 1930년에 발견되어 태양계의 9번째 행성으로 정의되었다가 2006년 8월 국제천문연맹(IAU)에서 행성의 분류법을 바꾸면서 왜소행성으로 분류되었다. 직경이 2,274km밖에 되지 않지만 왜소행성으로서는 에리스 다음으로 큰 천체이다.

134340플루토가 행성으로 분류되었을 당시에도 일부 천문학자들은 행성이 아니라고 주장하였다. 작은 크기와 타원형의 독특한 궤도로 미루어보아 명왕성은 단지 큰 소행성일 뿐이라는 것이었다.

이 별에는 1978년에 발견된 **카론**이라는 위성이 하나 있는데, 카론은 134340플루토의 반 정도 되는 크기로 위성으로서는 드물게 커서 어떤 천문학자들은 134340플루토와 카론은 사실 이중행성계라는 의견을 내놓고 있다.

카론

134340플루토와
위성 카론 사이의 거리는
2만km 정도로 아주 가깝다.

134340
플루토

134340플루토의 궤도는 다른 행성과 달리 일정 각도로 기울어 있고 해왕성의 궤도를 가로지른다.

## 134340플루토 연구

134340플루토는 너무 멀리 있어 관찰하기가 아주 어렵다. 성능이 아주 좋은 망원경을 이용해도 표면에 아무 것도 없는 작은 동그라미처럼 보인다. 하지만 허블우주망원경 이미지로 살펴본 바에 따르면 해왕성의 위성인 트리톤처럼 얼음이 얼어붙은 울퉁불퉁한 구형으로 언 메탄과 질소로 된 대기가 있을 것으로 추정된다.

134340플루토가 명왕성으로서 행성의 지위를 가지고 있었을 때 천문학자들은 이 행성이 조사되거나 상세한 사진을 찍은 적이 없는 유일한 행성이었기 때문에 이 행성으로 탐사선을 보내고 싶어했다. 하지만 탐사선이 명왕성에 도착하는 데만 12년이나 걸리는 거리에 떨어져 있기 때문에 굉장히 어려운 일이었다. 또한 행성이 태양에서 멀어지면서 대기가 단단하게 얼어붙어 표면으로 떨어질 것으로 추측되었기 때문에 이런 현상이 일어나기 전에 탐사선이 도착하지 않으면 명왕성의 표면 특징을 관찰할 수 없을 것이다.

링크
171

# 우주 파편 Space Debris

**태양계에는** 행성과 그 위성뿐만 아니라 수없이 많은 소행성, 혜성, 유성체와 같이 상대적으로 규모가 작은 것들도 포함되어 있다. 과학자들은 이들이 우주가 탄생하는 과정에서 나온 파편이라고 추측한다.

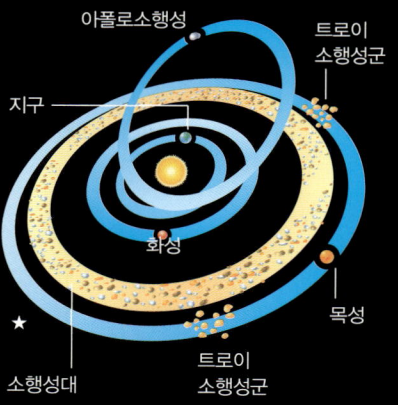

최근 100년 간 나타난 혜성 중 가장 잘 보였던 헤일밥 혜성은 1995년에서 1997년 사이에 관측되었다.

## 소행성

**소행성**은 암석이나 암석과 금속이 섞인 큰 조각이다. 처음 소행성을 목격한 것은 이탈리아의 천문학자인 피아치(Giusepp Piazzi)로, 그는 이것을 작은 행성이라고 생각하고 **세레스**라고 이름 붙였다.

얼마 지나지 않아 다른 천문학자들이 비슷한 것을 발견했는데, 이 학자들은 이 발견물을 '별과 비슷한'이라는 뜻의 소행성(asteroid)이라고 했다. 대부분의 소행성은 화성과 목성 사이 **소행성대**라는 부분에서 태양을 공전한다. 갈릴레오호는 1991년에 처음으로 소행성을 가까이서 촬영했는데, 이때 찍은 소행성이 **가스프라**이다. 사진 속의 가스프라는 직경 19km 정도로 불규칙한 모양을 하고 있으며 표면에 많은 크레이터 구덩이와 홈이 있다.

링크
172

## 숫자와 종류

수십만 개의 소행성이 발견되었고 매해 새로운 소행성들이 추가로 발견된다. 대부분의 소행성은 어떤 물질로 만들어졌느냐에 따라 크게 세 가지로 분류되는데, 탄소질(세레스), 규산질(가스프라), 금속성이 있다.

**탄소질(C타입)** 소행성은 가장 흔하다. 돌처럼 단단하고 석탄보다 어두운 색을 띤다.

**규산질(S타입)** 소행성은 밝은 색을 띠며 빛이 난다. 금속을 포함한다.

**금속성(M타입)** 소행성은 훨씬 컸던 다른 물체의 금속핵이 드러난 것일 수도 있다.

## 트로이소행성군과 아폴로소행성군

소행성대 외에도 소행성이 무리지어 있는 곳이 있다. 목성의 인력권 내에 **트로이소행성군**이라고 하는 한 무리의 소행성이 있는데, 일부는 목성의 앞에서 공전하고 나머지는 뒤에서 공전한다.

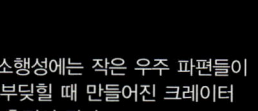
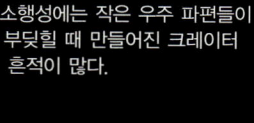

아폴로소행성 / 트로이소행성군 / 지구 / 화성 / 목성 / 소행성대 / 트로이소행성군

**아폴로소행성군**이라고 알려진 다른 소행성들은 때때로 지구의 궤도에 들어오기도 하지만 보통 이 소행성군의 궤도는 태양에서 아주 멀리 떨어져 있다.

이 사진에서는 각각의 소행성들이 아주 가까이 있는 것 같지만 이들 간의 실제 거리는 아주 멀어서 우주선이 부딪히지 않고 지나갈 수 있을 정도다.

가스프라는 소행성대에서 가장 큰 소행성 중 하나이다. 어두운 붉은 갈색 바탕에 회색과 푸른색 얼룩이 있다.

소행성에는 작은 우주 파편들이 부딪힐 때 만들어진 크레이터 흔적이 많다.

## 소행성 근접 탐사선

우주에 가깝게 접근해오는 소행성을 **지구근접소행성**이라고 한다. 약자로 **NEAR**라고 쓰는 지구근접소행성 조우 프로젝트(Near Earth Asteroid Rendezvous)는 **에로스**라는 이름의 소행성을 탐구하기 위해서 계획되었다. 니어우주선은 1996년 2월에 발사되어서 2000년 2월에 에로스에 도착, 1년 간의 활동을 완료했다.

돌투성이인 에로스의 표면에 착륙하기 전 니어호는 소행성의 크레이터와 특징을 담은 사진을 수천 장 촬영했다. 이 프로젝트가 성공적으로 끝난 덕분에 천문학자들은 지구근접소행성의 구조에 대해 더욱 자세히 알 수 있게 되었다.

니어우주선. 이 우주선이 촬영한 사진은 지구근접소행성에 관한 많은 새로운 정보를 제공했다.

## 혜성

먼지와 얼음으로 구성된 **혜성**은 둥근 모양을 하고 있다. 혜성은 대개 태양에서 멀리 떨어져 태양을 큰 타원형 궤도로 공전한다. 일부 혜성은 아주 넓은 궤도를 가지고 있어 수천 년에 걸쳐 태양계의 위나 아래쪽에서 공전하기도 한다. 오른쪽 그림은 몇몇 혜성의 궤도를 보여준다.

## 혜성의 꼬리

혜성의 가운데 있는 단단한 부분을 **핵**이라고 부른다. 얼어붙은 가스와 얼음, 모래, 암석으로 이루어져 있다. 혜성이 태양 가까이 접근하면 핵의 온도가 올라간다. 이렇게 혜성이 녹기 시작하면서 꼬리가 생긴다. 어떤 혜성은 하나 이상의 꼬리를 가지기도 한다.

### 혜성의 꼬리가 만들어지는 과정

태양에서 멀리 떨어져서 우주를 가로지르고 있는 혜성의 모습. 이 단계에서는 꼬리가 없다.

태양에 근접해 혜성이 녹기 시작하면 가스와 먼지가 우주로 빠져나가는데, 이때 **코마**라는 구름이 형성된다.

태양에서 방출되는 입자의 흐름인 **태양풍**이 코마를 혜성 뒤쪽으로 휘날리게 한다. 이것이 바로 혜성의 꼬리이다. ★

## 유성체

**유성체**는 우주 파편의 아주 작은 조각이다. 혜성에서 흘러나온 먼지나 암석덩어리, 부서진 소행성의 조각일 것으로 추측된다.

때때로 지구가 이런 유성체들의 경로를 지나갈 때가 있는데, 이때 유성체가 대기를 지나 지표면으로 떨어지면서 길게 줄을 그으며 타오른다. 이 단계의 유성체를 **유성** 혹은 **별똥별**이라고 부른다. 이렇게 대기를 통과해 지표면에 착륙한 것을 **운석**이라고 한다.

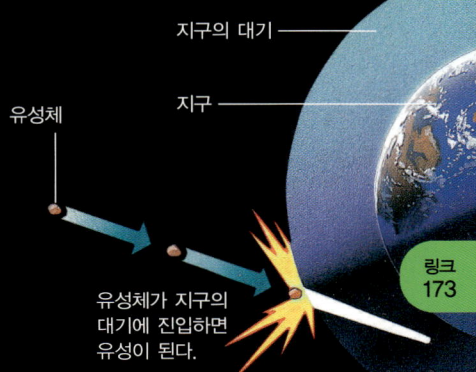

지구의 대기 ———

유성체 ———

지구 ———

유성체가 지구의 대기에 진입하면 유성이 된다.

링크 173

### 직접 해보자

지구가 혜성의 경로를 지나가게 될 때 나타나는 유성우는 짧지만 화려한 장관을 연출한다. 천문학 잡지와 인터넷에서 우리가 살고 있는 지역에서 유성우를 보기에 가장 좋은 날짜에 대한 정보를 얻을 수 있다.

### 유용한 인터넷 링크

**www.usborne-quicklinks.com**

**Web 1** 별똥별이 어떻게 생기는지에 대한 애니메이션을 보자.
**Web 2** 온라인으로 혜성의 인생을 살펴보고 직접 혜성을 만들어보자.
**Web 3** 나사(NASA)가 어떻게 혜성을 연구하는지 그림과 함께 알아보고 퀴즈도 풀어보자.
**Web 4** 운석 사진 모음을 보고 3D 운석의 파편도 살펴보자.

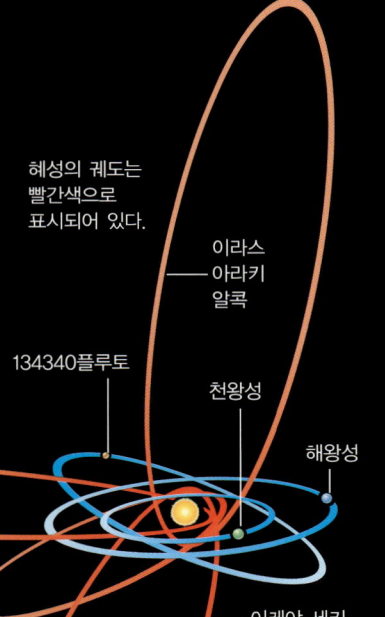

혜성의 궤도는 빨간색으로 표시되어 있다.

이라스 아라키 알콕

134340플루토

천왕성

해왕성

코후테크

핼리 ———

—— 이케야 세키

# 우주탐사 Space Exploration

**17세기** 이후 망원경이 발명되면서 우주를 더욱 상세하게 연구할 수 있게 되었다. 그 후 천문학자들은 더 먼 우주를 관찰하기 위해 더욱 더 정교한 기구를 이용해왔다. 20세기에 들면서 과학자들은 더욱 세밀한 우주 연구를 위해 인공위성에 이어 사람을 우주에 보내는 방법 등을 연구해왔다.

최초의 천문관측용 망원경은 1610년 갈릴레오에 의해 발명되었다. 이 망원경은 사물을 9배까지 확대할 수 있었지만, 이후에 갈릴레오가 다시 만든 망원경은 30배까지 확대할 수 있었다.

## 광학망원경

**광학망원경**은 빛을 이용해서 이미지를 만들어낸다. 그 중에서 **굴절망원경**은 렌즈를 통해 빛을 모으고, **반사망원경**은 거울로 빛을 모아서 그것을 다시 관찰자에게 반사하는 원리로 작동한다. 천문학자들은 먼 우주를 관찰하기 위해 천문대 안에 설치된 **관측소**라는 큰 반사망원경을 이용한다.

하와이의 케크천문대는 세계에서 가장 성능이 뛰어난 광학망원경을 보유하고 있다. 다른 천문대와 같이 케크천문대는 안개와 대기 중의 오염물질에 방해받지 않도록 높은 산꼭대기에 지어졌다.

링크 174

## 전파망원경

**전파망원경**에는 아주 큰 접시 모양의 반사판에 움직일 수 있는 안테나가 달려 있다. 이것으로 우주의 여러 물체들이 보내는 약한 신호를 모은다. 천문학자들은 이런 신호를 이용해 너무 어둡거나 너무 멀리 있어서 성능 좋은 광학망원경으로도 관찰하기 어려운 것들을 탐지할 수 있다. 가장 큰 전파망원경은 푸에르토리코의 아레시보 전파망원경이다. 구경 305m의 이 망원경은 천연계곡 안에 설치되었는데, 우주의 아주 먼 곳에 있는 은하에서 나오는 미약한 신호도 감지할 수 있을 정도로 매우 민감하다. 이런 신호들은 지구에 도착하기까지 1억 년이나 걸릴 정도로 먼 곳에서 온다.

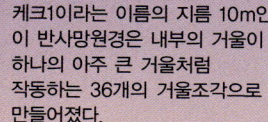

케크1이라는 이름의 지름 10m인 이 반사망원경은 내부의 거울이 하나의 아주 큰 거울처럼 작동하는 36개의 거울조각으로 만들어졌다.

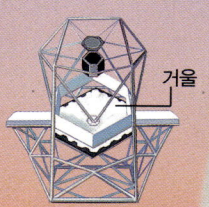

거울

전파망원경.
이런 망원경은 우주의 특정한 대상을 향하도록 조정할 수 있다.

## 우주망원경

우주에 설치된 망원경은 대기가 시야를 가리지 않기 때문에 지구에 있는 망원경보다 훨씬 더 먼 곳까지 관찰할 수 있다. 지금까지 우주에 설치된 가장 큰 망원경은 1990년에 나사 (NASA, 미국항공우주국)에서 발사한 허블우주망원경(HST)이다.

허블우주망원경의 주거울 지름은 2.4m이다.

허블우주망원경이 발사될 즈음에 천문학자들은 이 망원경이 전 우주와 그 크기에 대답이 될 만한 정보를 제공해줄 것으로 기대했다. 1993년 주거울을 수리한 이래로 허블우주망원경은 지금까지의 우주 사진 중 가장 놀라운 정보를 담은 사진을 몇 장 보내왔다.

M100은 하는 수천만 광년 거리에 떨어져 있다. 이 사진은 허블우주망원경의 거울을 수리한 다음에 촬영한 것이다.

## 인공위성

지구 주변을 일정한 궤도로 도는 인공장치를 **인공위성**이라고 한다. 인공위성의 '위성'은 별이나 행성을 공전하는 달과 같은 물체를 가리키는 위성과 같은 말이다. 인공위성 중 일부는 우주에 대한 정보를 수집해 지구에 있는 과학자들에게 바로 전송한다. 다른 위성들은 라디오나 텔레비전, 전화 신호를 받아서 지구의 다른 지역으로 다시 보내는 역할을 한다.

우주로 쏘아올린 최초의 인공물체는 스푸트니크1호라는 위성으로, 1957년 구소련에 의해 발사되었다. 이 위성은 사진을 촬영하거나 정보를 기록할 수는 없었지만 인공구조물도 무사히 우주로 발사될 수 있다는 사실을 보여주었다.

1989년에는 유럽우주기구(European Space Agency)가 히파르코스호를 발사하였다. 3년 반 동안 이 위성은 이전보다 훨씬 자세한 밤하늘의 천체도를 만들었고, 그 결과물은 1997년에 출판되어 그 이후 천문학자들은 별들이나 다른 우주공간의 물체들이 얼마나 멀리 있는지 예전보다 훨씬 정확하게 계산할 수 있게 되었다.

이 위성은 지구가 자전하는 것과 같은 속도로 공전하는데, 이를 **정지궤도**라고 한다.

이것은 나사의 추적 데이터중계위성 중 하나로 지구 근처를 공전하고 있는 우주선과 통신한다.

링크
175

### 직접 해보자

직접 별과 행성을 관찰하고 싶으면 밤하늘을 그린 지도가 필요하다. 천문학 서적에 나오는 성도(항성이나 별자리를 평면 위에 나타낸 지도)가 있다면 별자리를 쉽게 알아볼 수 있지만 관찰지역이 북반구냐 남반구냐에 따라 밤하늘은 다르게 보이기 때문에 거기에 알맞은 지도를 골라야 한다. 행성을 관찰하고 싶다면 천문학 책을 찾아보면 어떤 시기에 어떤 행성을 볼 수 있는지 정보를 얻을 수 있을 것이다.

### 유용한 인터넷 링크

www.usborne-quicklinks.com

**Web 1** 세계 최대의 단일반사판 전파망원경이 있는 아레시보천문대의 사진을 살펴보자.

**Web 2** 케크천문대의 망원경은 어떻게 작동되는지 살펴보고 가상투어를 해보자.

**Web 3** 허블우주망원경에 대해 더 공부해보고, 지금 이 망원경이 어디에 있는지 찾아보자.

**Web 4** 다양한 종류의 우주망원경의 작동 원리를 알아보자.

**Web 5** 위성에 대해 공부해보고 가상으로 하나 만들어보자.

이 우주비행사들은 고장 난 위성을 수리하는 임무를 띠고 우주로 나갔다.

이것은 우주왕복선의 원격조정시스템인 '로봇팔'이다. 물체를 수리하거나 우주왕복선 내부로 가져올 수 있다.

## 우주탐사선

1960년대부터 **우주탐사선**이라고 하는 무인우주선이 태양계를 조사하기 위해 발사되었다. 탐사선에 부착된 많은 카메라들이 지구로부터 멀리 떨어져 있는 행성의 상세한 사진을 촬영해 지구로 보내왔다.

이런 프로젝트 중 하나로 나사는 1989년에 목성으로 갈릴레오호를 발사했다. 갈릴레오호는 더 작은 탐사선을 싣고 가서 본체에서 분리하여 행성의 대기를 연구하도록 했다. 최근 화성의 패스파인더호 역시 화성에 착륙한 후 원격조정이 가능한 작은 탐사로봇을 내보내 표면을 탐사했다. 지금까지는 파이어니어10호(목성과 토성 연구)와 파이어니어11호(토성 연구)가 가장 멀리 간 탐사선이다. 임무가 끝난 후 이들 탐사선은 태양계 밖으로 빠져나갔고 지금은 더 이상 작동하지 않는다.

## 우주에 나간 최초의 인간

아주 오랫동안 우주여행은 인간에게 너무 위험하다는 것이 일반적인 생각이었다. 하지만 1950년대에 이루어진 기술의 진보 덕분에 1961년 러시아의 우주비행사인 유리 가가린은 우주에 나간 최초의 인간이 되었다. 유리 가가린은 우주공간에서 1시간 반 동안 비행했다.

## 달에 간 인간

구소련의 우주탐사선 루나9호는 1959년 최초로 달 표면에 착륙한 인간이 만든 기구가 되었다. 10년 뒤 미국 우주비행사인 닐 암스트롱과 에드윈 버즈 올드린은 아폴로11호를 타고 달에 가서 달 표면을 걸은 최초의 인간이 되었다.

1960년대와 1970년대 사이에 총 6번의 달 착륙을 했고, 매번 달에 관한 정보와 암석 샘플을 채취해왔다. 과학자들은 달이 형성된 과정과 수십억 년 전에 어떻게 변화해왔는지 알기 위해 아직도 이 암석을 연구하고 있다. 이런 정보는 달뿐만 아니라 지구의 형성 과정에 대한 실마리를 제공할 수도 있다.

가장 최근에 인간을 태우고 달에 간 우주선은 1972년 발사된 아폴로17호였다.

링크 176

## 우주정거장

**우주정거장**은 위성이나 탐사선으로는 불가능한 연구에 이용된다. 우주비행사들은 1년 이상 우주정거장에 머무를 수 있는데, 이들의 우주에서의 생활에 대한 반응을 보고 과학자들은 무중력이 인체에 미치는 영향을 연구한다.

미국의 첫 우주정거장인 스카이랩은 1973년에 발사되었고, 러시아의 우주정거장인 미르는 1986년에 발사되었다. **모듈**이라고 불리는 특수한 장치는 우주정거장에 붙이거나 뗄 수 있게 되어 있어 이런 방식으로 진행 중인 임무에 따라 개조되기도 한다.

거대한 태양열 집광판이 국제우주정거장에 전력을 공급한다.

**국제우주정거장**(ISS-International Space Station)은 많은 나라들의 합동 프로젝트로 2010년경에 완성될 예정이다. 일단 조립이 완성되면 이 우주정거장은 국제우주연구를 위한 실험실 6개를 갖추게 된다.

## 우주왕복선

과거의 위성이나 우주정거장 보급선은 사람이 탑승하지 않고 1회용으로 발사되었다. 로켓의 대부분은 연료탱크로 구성되어 있는데 연료를 다 쓰면 이 탱크는 로켓에서 떨어져 나가 재사용이 불가능하다. 이런 방식은 비용이 많이 들고 불편했다.

미국의 **우주왕복선**은 이런 로켓에 대한 효율적인 대안으로 고안된 우주선이다. 우주왕복선은 큰 고체연료추진체 2개를 이용해서 우주로 진입한다. 이 추진체는 지상 45km 높이에서 분리된 후 낙하산을 이용해 천천히 바다로 떨어진다. 그러면 이 추진체를 회수해서 다시 사용할 수 있다.

주어진 임무가 끝나면 우주왕복선은 지구로 돌아온다. 우주왕복선에는 지구의 대기로 다시 진입할 때 발생하는 엄청난 열로부터 본체를 보호하는 특수한 방열덮개가 있다.

우주왕복선의 임무는 보통 일주일 정도 걸리는 프로젝트이며 이런 프로젝트에는 허블우주망원경을 수리하는 우주비행사들을 데려가는 것도 포함되어 있다.

우주왕복선의 추진체 로켓 덕분에 우주선은 초당 1.4km의 속도를 낼 수 있다.

링크
177

### 직접 해보자

가끔씩 국제 우주정거장이나 우주왕복선, 위성이 천천히 움직이는 별처럼 하늘에 떠 있는 것을 관찰할 수 있다. 인터넷 사이트를 찾아보면 언제 어디서 이런 것들을 볼 수 있는지 알려주는 곳도 있다. 또 다른 웹사이트들은 새로운 연구 프로젝트를 업데이트하기도 한다. 관련된 유용한 홈페이지는 아래 인터넷 링크 목록이나 193쪽을 참조하자.

### 유용한 인터넷 링크

www.usborne-quicklinks.com

**Web 1** 나사 우주탐사선의 우주비행 스케줄을 확인하고 각 임무의 중요한 성과를 알아보자.

**Web 2** 다양한 영상을 보고 우주의 생활은 어떤지 알아보자.

**Web 3** 국제우주정거장 사진으로 가상투어를 해보고 우주에 대한 다양한 정보와 재미난 활동에 참여해보자.

**Web 4** 세계 최초의 재사용이 가능한 우주선인 우주왕복선에 대해 알아보자. 가상투어를 해보고 온라인으로 모의 카운트다운도 해보자.

# 원시지구 The Early Earth

**지구는** 수없이 많은 별과 행성, 위성, 그보다 더 작은 입자들이 널려 있는 드넓은 우주 속 아주 작은 행성이다. 지구의 형성과 같이 아주 오래 전에 일어난 일들에 대해 정확하게 알 수 있는 근거는 없다. 하지만 많은 과학자들은 우주에서 관찰되는 방사능의 형태가 150억 년 전 큰 폭발에 의해 우주가 만들어졌다는 증거라고 믿는다. 이런 이론을 **빅뱅이론(대폭발설)**이라고 한다.

얼음으로 이루어진 혜성과 암석 소행성이 원시지구의 표면에 떨어졌다.

## 지구의 탄생

과학자들에 따르면 지구는 46억 년 전 만들어졌다. 그 이후로 지구는 끊임없이 변화하고 발전해왔다. 지구는 먼지와 가스가 소용돌이치는 커다란 구름에서 시작되었을 가능성이 크다. 시간이 흐르면서 이 구름이 수축되어 단단한 고체가 되고, 철이 많이 포함된 광물이 점점 커지는 행성의 중심에 모여서 결국 핵이 생성되었다.

지구가 만들어지면서 메탄이나 수소, 암모니아와 같은 가스는 지구 표면의 화산을 통해 빠져나왔다. 태양의 자외선은 오랜 시간에 걸쳐 이 유독가스를 분해했고, 결국 질소와 이산화탄소로 이루어진 두꺼운 대기가 형성되었다. 같은 시기에 화산에서 뿜어낸 수증기와 우주에서 지구로 떨어진 커다란 얼음덩어리들이 초기의 바다를 만들었다.

링크 178

## 원시생명체

35억 년 전, 원시바닷속에서 화학성분이 많은 액체가 마구 소용돌이치는 가운데 그 속에서 단순한 생명체가 생겨났다. 오늘날의 녹색식물처럼 이 생명체들은 물과 이산화탄소, 태양에너지를 이용해 직접 양분을 만들고 원시대기로 산소를 방출했다.

수백만 년 동안 이 작은 유기체는 지구를 둘러싸고 있는 이산화탄소로 계속 산소를 만들었다. 이때 만들어진 산소가 태양에서 나오는 해로운 자외선을 대부분 막아주는 장벽을 만들어 지구는 생명체가 좀 더 복잡한 단계로 발전하는 데 적합한 환경이 되었다. 지구상의 생명체에 대해 더 많은 것을 알아보려면 204-205쪽을 참조하자.

이 성단은 지구와 태양이 형성되기 수십억 년 전에 만들어졌다. 과학자들은 초기 우주를 연구하기 위해 성단 안에 있는 오래된 별돌을 연구하고 있다.

# 아주 오래된 지구의 역사

지구가 오늘날의 모습으로 발전해오는 데 걸린 시간은 상상하기 어려울 정도로 길다. 지구가 얼마나 오래되었는지 상상해보려면 지구의 모든 역사가 한 시간 안에 일어났다고 상상해보자. 이렇게 가정하면 1분은 7560만 년이 된다. 지구의 역사는 너무 먼 과거까지 거슬러 올라가기 때문에 지구의 발전과정은 수백만 년이나 수십억 년 단위로 측정된다. 이런 광대한 시간을 측정하는 단위를 **지질학적 시간**이라고 한다.

## 기후의 변화

지구가 형성된 이래 기후는 계속 변화해왔다. 먼 옛날 지금보다 훨씬 따뜻했던 시기도 있지만 지구의 대부분이 얼음으로 뒤덮였던 시기도 있었다.

빙하는 수십 년간 쌓인 눈이 얼음 덩어리가 된 것이다. 빙하는 엄청난 무게로 인해 서서히 아래쪽으로 이동한다.

**빙하시대**는 수천 년간 이어졌으며 엄청나게 큰 얼음층인 **빙하**가 서서히 움직이면서 많은 지역을 뒤덮고 있었다. 과학자들은 태양을 공전하는 지구의 궤도에 변화가 생겨 빙하시대가 왔던 것으로 생각하고 있다. 공전궤도가 변하면서 지구가 받는 태양빛이 줄어들었고, 기후가 추워지면서 결국 빙하시대를 맞게 되었다는 이론이다.

### 지구 궤도의 변화를 보여주는 그림

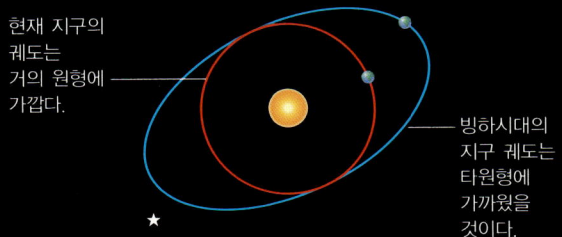

현재 지구의 궤도는 거의 원형에 가깝다.

빙하시대의 지구 궤도는 타원형에 가까웠을 것이다.

빙하시대에 빙하들은 서서히 육지를 가로지르면서 미끄러져 내려왔다. 계곡의 암벽을 깎아내 더 넓게 만드는 등 빙하의 움직임은 많은 지역의 지형적인 특징을 만들었다. 지금 북극과 남극에 남아 있는 얼음도 이전의 빙하시대에 형성된 것으로 추측된다.

# 육지의 모양

지구가 만들어지고 얼마 지나지 않아 최초의 대륙이 모습을 드러냈다. 이들은 움직이면서 다른 대륙과 합쳐지기도 하고 다시 갈라지기도 하는 등 여러 번의 변화를 거쳤다. 2억 5000만 년 전에는 단 하나의 거대대륙 **판게아** (Pangaea) 밖에 없었다. 2억 2500만 년 전에는 다시 갈라져 오늘날 우리가 알고 있는 대륙의 모습이 서서히 형성되기 시작했다.

### 오늘날 대륙의 형성

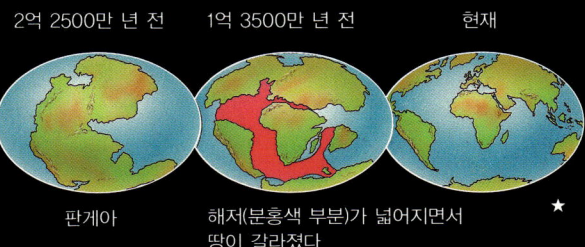

2억 2500만 년 전     1억 3500만 년 전     현재

판게아     해저(분홍색 부분)가 넓어지면서 땅이 갈라졌다.

## 지구의 과거 연구

과학자들은 대체로 암석을 통해 과거의 지구에 대한 정보를 얻는다. 대부분의 암석은 수십 수백만 년의 세월에 걸쳐 층을 형성하는데 **지질학자**들은 이 층들을 연구해서 각 층이 형성되었을 때 지구가 어떤 환경이었는지 알아낸다.

링크
179

지구가 온난할 때 형성된 암석에는 빙하기에 형성된 암석보다 화석이 많이 들어 있다.

빙하시대에 지표면에 있던 암석에는 빙하가 지나가면서 마모시킨 자국이 있다.

---

## 유용한 인터넷 링크

### www.usbornequicklinks.com

**Web 1** 지구의 역사에 관한 온라인 수업을 볼 수 있다.
**Web 2** 대륙을 움직여 다시 판게아로 만드는 온라인 퍼즐을 풀어보자.
**Web 3** 화석이란 무엇인지, 이들이 우리에게 어떤 정보를 주는지 알아보자.
**Web 4** 180만 년 전의 지구의 기후와 환경은 어땠는지 알아보자.

# 지구의 구조 Earth's Structure

**지구는** 표면은 단단하지만 전체가 고체로 되어 있지는 않다. 지구의 내부에는 여러 층이 있는데 그중 일부는 녹아 있는 **상태**, 즉 뜨거운 액체로 되어 있다. 지구의 중심에는 철과 니켈로 된 아주 뜨거운 공 모양의 핵이 있다. 이 핵에서 나오는 엄청난 중력이 모든 층을 고정시킨다.

다이아몬드는 지각 내부에서 아주 큰 열과 압력을 받아 만들어진다.

지구 내부를 보여주는 절단면

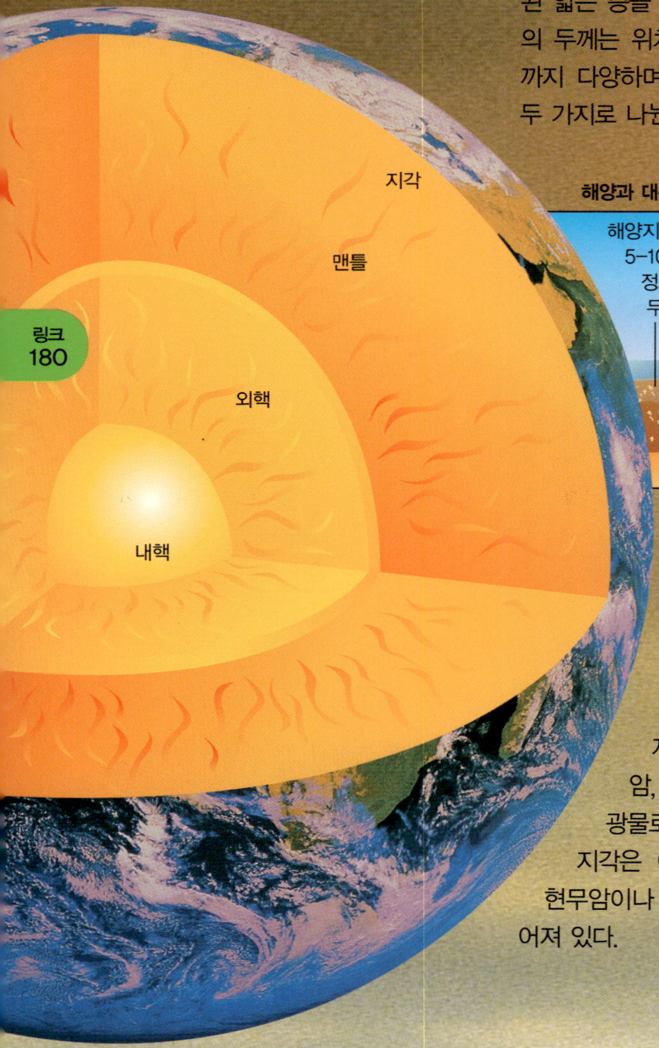

지각
맨틀
**링크 180**
외핵
내핵

## 지구의 층

지구를 덮고 있는 단단한 암석으로 된 얇은 층을 **지각**이라고 한다. 지각의 두께는 위치에 따라 5km-70km까지 다양하며 대륙지각과 해양지각 두 가지로 나뉜다.

**해양과 대륙지각 도표**

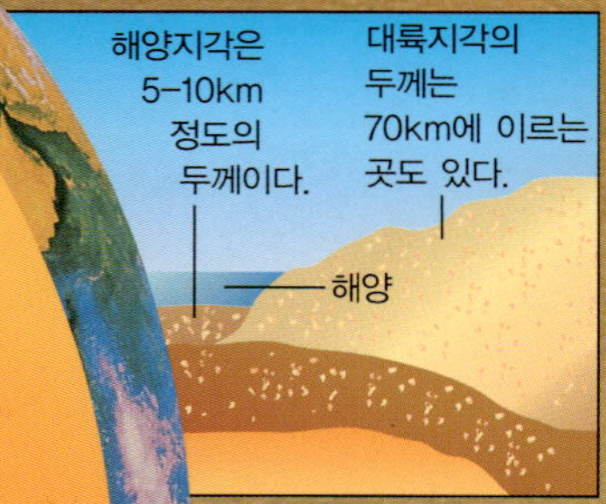

해양지각은 5-10km 정도의 두께이다.

대륙지각의 두께는 70km에 이르는 곳도 있다.

해양

지각 바로 아래층을 **맨틀**이라고 한다. 두께가 3,000km 정도인 맨틀 내부에는 대부분 단단한 암석으로 된 **암류권**이라는 얇은 층이 있는데, 일부 녹아 있는 것을 **마그마**라고 한다. 이 부분 때문에 암류권은 층 전체가 약해서 이 층 위에 있는 **암석권**(암류권보다 위에 있는 맨틀과 지각을 통틀어서 일컫는 말)을 움직이게 한다.

지구의 **핵**은 두 부분으로 나뉘는데 **외핵**은 두께가 2,200km 정도로 녹아 있는 상태이다. **내핵**의 두께는 1,250km로 엄청나게 뜨겁고(약 5,000℃) 크기는 달과 비슷하며 고체 상태이다.

두꺼운 **대륙지각**은 땅을 형성하고, 그보다 훨씬 얇은 **해양지각**은 대양저(바다 아래의 땅)를 이룬다. 대륙지각은 화강암이나 사암, 석회암과 같은 가벼운 광물로 이루어져 있고, 해양지각은 이보다 무거운 광물인 현무암이나 조립현무암으로 이루어져 있다.

### 직접 해보자

과학자들은 지구 외핵에서 일어나는 액체의 움직임이 지구의 자기장 발생 원인이라고 추측한다. 이 자기장은 자북극과 자남극이라는 2개의 극을 만든다. 일반적인 나침반으로 이 사실을 확인할 수 있는데, 어느 쪽으로 나침반을 들고 있든 간에 바늘은 항상 자북극을 가리킨다.

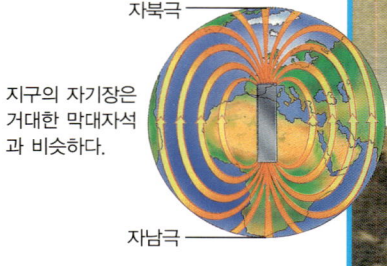

자북극

지구의 자기장은 거대한 막대자석과 비슷하다.

자남극

## 판

암류권은 **판**(플레이트)이라고 하는 몇 개의 큰 부분으로 나뉘어 있는데, 이들은 계속 움직이고 있다. 지구 위의 판은 주요한 판 7개와 더 작은 판 여러 개로 나뉜다. 이들은 대륙지각이나 해양지각을 이루며 두 지각이 섞여 있는 판도 있다. 2개 이상의 판이 만나는 부분을 **판의 경계**라고 한다.

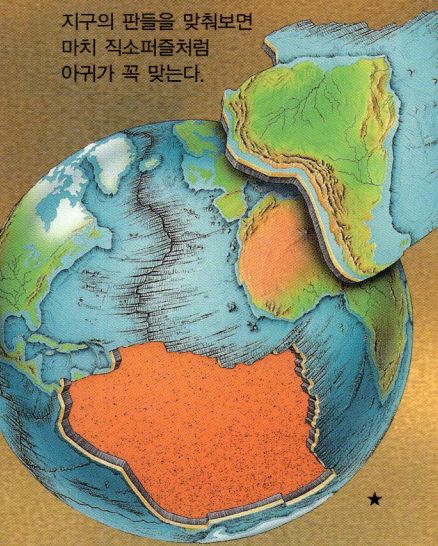

지구의 판들을 맞춰보면 마치 직소퍼즐처럼 아귀가 꼭 맞는다.

판은 암류권 위에서 매우 천천히, 보통 1년에 약 3cm 정도 움직인다. 2개 이상의 판이 서로 가까워질 수도 있고, 반대로 멀어지거나 옆으로 방향을 바꾸기도 한다.

판들은 아귀가 꼭 맞기 때문에 어느 한 판이 이동하면 주변의 다른 판들도 영향을 받게 된다. 판의 이동과 이에 따른 영향을 연구하는 것을 **구조지질학**이라고 한다.

## 새로운 지형적 특징

판의 이동은 지구 표면에 끊임없이 새로운 특징을 만들어낸다.

한 예로 판이 바다 아래에서 나뉘면 그 틈을 타고 맨틀에서 마그마가 경계선을 따라 솟아오른다. 이 마그마가 식어서 굳으면 크게는 **산맥**, 작게는 산의 **능선(산등성이)**이 새로운 지각의 일부로 만들어진다. 이후에 이동이 계속되어 능선 가운데를 따라 마그마가 계속 올라오면 능선이 옆으로 넓게 퍼져서 **열곡**을 형성한다. 이렇게 새로운 지각이 만들어진 경계를 **발산경계**라고 한다.

**수렴경계** 혹은 **섭입대**는 해양지각과 대륙지각이 충돌할 때 생긴다. 상대적으로 더 무거운 해양지각이 대륙지각판 아래로 들어가면 두 지각이 만나는 부분은 해구가 된다. 또 판이 다른 판 아래로 가라앉으면 그중 일부는 녹아서 마그마가 된다.

### 해령과 해구의 형성

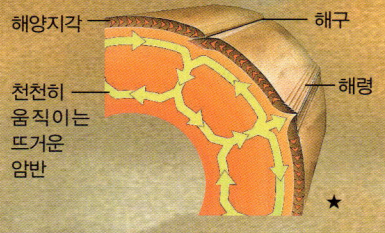

해양지각 — 해구
천천히 움직이는 뜨거운 암반 — 해령

땅 위에서 2개의 판이 만나 서로 밀면 지각은 휘어지면서 포개져 위쪽으로 솟아올라 **습곡산맥**이라는 높은 산맥을 형성한다. 이곳이 지각의 가장 두꺼운 부분이다.

이 산맥은 판 두 개가 서로 밀어서 형성된 것이다.

## 암석의 종류

지구의 표면을 구성하고 있는 암석은 여러 지각 작용에 의해 지속적으로 양이 늘어난다. 이들은 크게 화성암, 퇴적암, 변성암으로 구분된다.

**화성암**은 녹았던 암석이 식으면서 단단해진 것이다. **퇴적암**은 바위조각 같은 침전물이 물이나 기상상황 때문에 퇴적된 후 땅 아래 묻혀 **지층**으로 켜켜이 쌓이고 눌려서 만들어진다. 그리고 강한 열이나 압력에 의해 내부성질이 달라진 모든 암석을 **변성암**이라고 한다.

화강암은 화성암의 일종이다.

석회암은 퇴적암의 일종이다.

링크 181

대리석은 변성암의 일종이다.

## 단층

약한 암반은 판이 움직일 때 발생하는 팽팽한 힘 때문에 부서지기도 한다. 이런 갈라진 틈을 **단층**이라 하는데 이런 곳은 지각이 움직이거나 추가로 갈라질 수 있는 가능성이 크다. 대표적인 예로 **열곡**(지층이 내려앉아 생긴 계곡)을 들 수 있는데, 이 지형은 단층이 있는 땅이 반대 방향으로 밀리면서 벌어질 때 형성된다. 판의 경계는 처음에는 작은 규모였다가 점점 크게 벌어진 단층의 일종이라고 할 수 있다.

### 열곡의 구성

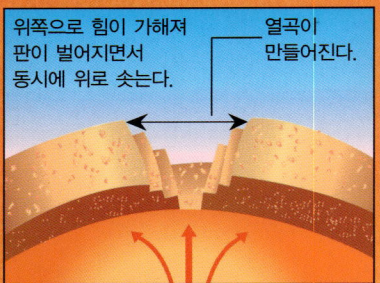

위쪽으로 힘이 가해져 판이 벌어지면서 동시에 위로 솟는다.

열곡이 만들어진다.

암반은 지하에서 위쪽으로 밀려나와 단층 부위에서 갈라진다. ★

링크
182

## 지진

판은 끊임없이 움직여서 판 경계에 단층을 만든다. 일부 암반이 빠른 시간에 가라앉으면 이 압력이 주변지역으로 빠르게 전달되어서 **지진**이 발생한다. 대부분의 지진은 너무 약해서 사람들이 모르고 넘어가는 경우가 많지만 일부는 지반이 흔들리고 건물이 무너지는 등 큰 피해를 내기도 한다.

북아메리카판은 1년에 1cm씩 움직인다.

산안드레아스 단층

태평양판은 1년에 6cm씩 움직인다.

미국 서부 해안에 있는 산안드레아스 단층에서는 지진이 자주 일어난다. 이 단층을 이루는 2개의 판이 같은 방향이지만 서로 다른 속도로 움직이기 때문이다.

## 진원

에너지가 갑작스럽게 방출되면서 지진이 시작되는 지점을 **진원**이라고 한다. 보통은 지하 5~15km 정도의 지점에 진원이 있고, 그 바로 위의 지표면을 **진앙** 혹은 **진원지**라고 한다. 진원에서 나오는 지진파는 사방으로 퍼진다.

암반이 단층에 부딪히면 이때 모인 대량의 에너지가 갑자기 발산되면서 지진이 일어난다.

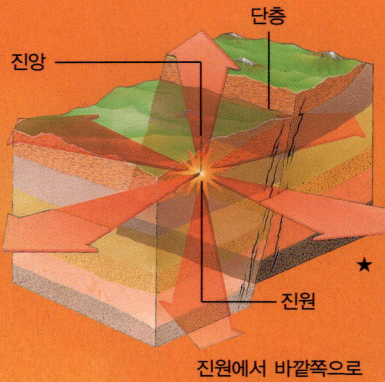

단층

진앙

진원

진원에서 바깥쪽으로 퍼진다.

## 지진예보

지진에 대해 연구하는 과학자를 **지진학자**라고 하는데 이들은 판의 움직임을 주시해서 큰 지진을 미리 예측한다. 레이저광선을 지상에 있는 일련의 반사판에 반사시켜서 판 경계를 따라 수평으로 일어나는 움직임을 측정할 수 있다. 여기에 연결된 컴퓨터가 레이저광선이 반사판 사이를 오가는 시간을 기록하는데, 이 시간이 바뀌면 지각이 움직이기 시작했음을 나타내는 것이다. 동물들의 행동을 보고 지진을 예측하기도 한다.

1975년 중국에서 지진이 일어나기 전 동면 중인 뱀들이 원래보다 일찍 깨어났다. 이런 행동을 보이는 것은 땅의 아주 미세한 떨림이 동면을 방해했기 때문으로 추측된다.

## 화산

대부분 고체로 구성된 맨틀 속의 마그마는 가끔 위로 솟아서 땅속의 일정 부분에 모이기도 한다. 이 마그마가 지표면을 뚫고 밖으로 솟아나오면 **화산**이 된다. 이 단계의 마그마를 **용암**이라고 하고, 땅을 뚫고 용암이 나오는 것을 **화산 폭발**이라고 한다. 대부분의 화산은 판의 경계를 따라 형성되거나 바닷속에 형성된다.

### 폭발하는 화산의 내부

아래 화산은 복식화산으로 용암과 화산재가 번갈아 쌓이면서 형성된 것이다. 이런 것이 여러 번 반복되어 가파른 원뿔 모양의 화산이 된다.

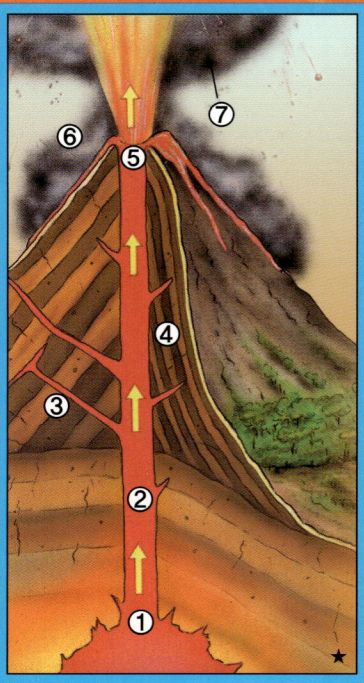

1. **마그마굄** : 지각 아래 마그마가 모이는 부분
2. **화도** : 마그마가 마그마굄에서 화산 한 가운데로 올라오는 주요한 통로
3. **암맥** : 위에 있는 암반을 가르고 들어가 생성된 얇은 화성암 층
4. 화산재와 용암으로 이루어진 층
5. **분화구** : 화산 꼭대기의 구멍
6. 먼지와 화산재, 가스
7. **화산탄** : 용암덩어리

## 화산의 형성

판이 서로 멀어지는 부분, 특히 열곡에는 화산이 일렬로 생길 가능성이 크다.

열곡은 판들이 서로 멀어질 때 생긴다.

화산은 한 판이 다른 판 아래로 들어가는 섭입대에 형성되기도 한다.

섭입대에서는 한 판이 다른 판 아래로 밀려들어가면서 열과 압력으로 암석이 녹기 시작한다.

일부 화산은 판 가운데 지표면에서 뜨거운 부분을 가리키는 **열점**에 생기기도 한다. **플룸**이라는 유난히 뜨거운 마그마의 흐름이 지각을 뚫고 올라왔을 때 이런 화산들이 만들어진다는 것이 과학자들의 생각이다.

## 사화산일까? 활화산일까?

정기적으로 분출하는 화산을 활화산이라고 하고 어떤 화산이 더 이상 분출하지 않을 것으로 예상되면 사화산이라고 한다. 그러나 사화산이라고 생각했던 화산이 실제로는 휴화산인 경우도 있다.

## 슈퍼볼케이노

거대한 화산을 뜻하는 **슈퍼볼케이노**는 분화구가 함몰된 **칼데라**에 형성되며 그 아래에 마그마굄이 있다. 슈퍼볼케이노는 세계에 몇 개 밖에 없지만 이들은 파괴력이 아주 강해서 단 한 번의 폭발로 지구상의 모든 생명체의 삶을 송두리째 바꿔버릴 수도 있다. 이것은 슈퍼볼케이노의 마그마굄에 쌓인 수천 년 동안의 거대한 에너지가 엄청난 폭발로 이어질 수 있기 때문이다.

연구에 따르면 가장 최근의 슈퍼볼케이노 폭발은 수마트라에서 7만 4000년 전에 있었던 것으로 추정된다. 이때의 폭발에서 나온 화산재는 6개월 동안 태양빛을 차단해 당시 지구의 온도가 매우 낮아졌다고 한다. 그 바람에 지구 전체의 환경이 변해 수많은 생명체들이 죽었다.

폭발하는 화산에서 용암이 솟아나오고 있다. 용암은 공중으로 600m까지 치솟아 오르기도 한다.

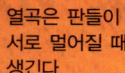

### 직접 해보자

진원에서 지진파가 어떻게 진원지까지 전달되는지 간단한 실험을 통해 알아보자. 한 움큼의 모래를 탁자에 놓고 망치로 탁자를 살살 두드려보자. 망치로 치는 부분이 진원이 되고, 여기서 나오는 파동이 바깥쪽으로 전달되어서 모래를 톡톡 튀게 한다. 모래에서 더 멀리 떨어진 부분을 망치로 치면서 어떻게 되는지 살펴보자. 진원에서 멀어진 것과 마찬가지여서 망치의 파동은 힘이 적어질 것이다.

링크
183

### 유용한 인터넷 링크

www.usborne-quicklinks.com

**Web 1** 지진이 어떻게 일어나는지 그림을 곁들여 설명해준다.

**Web 2** 왜 지진이 일어날까?

**Web 3** 가상으로 화산을 만들어보고 분출을 살펴보자.

**Web 4** 동영상과 퀴즈로 화산에 대해 더 자세히 알아보자.

**Web 5** 애니메이션과 그림도표로 슈퍼볼케이노가 생성되는 과정을 살펴보자.

**Web 6** 전 세계에서 일어나는 지진과 화산에 관한 사례연구 결과와 사진을 살펴보자.

# 대기 The Atmosphere

**지구는** 대기라고 하는 여러 가지 기체가 섞인 막으로 둘러싸여 있다. 대기에는 생명체에 필요한 산소와 다른 기체가 포함되어 있어서 그 덕분에 지구상에 생명체가 살아갈 수 있다. 또한 대기는 태양의 유해한 자외선을 막아주는 역할도 한다.

대기는 강한 태양광선으로부터 지구를 보호한다.

## 원시대기의 형성

처음 만들어질 때의 지구는 수소와 헬륨가스로 둘러싸여 있었다. 하지만 가벼운 기체는 태양열에 의해 우주공간으로 빠져나가버렸다. 지구의 인력으로 고정된 대기는 결국 메탄과 암모니아, 수증기 같은 기체가 되었다. 이런 기체는 지구 표면의 화산에서 뿜어져 나왔는데 이런 과정을 **기체 배출**이라고 한다. 수십억 년 동안 이 기체들은 서로 반응해서 주로 질소와 이산화탄소로 된 대기를 형성했다. 생명체들에게 유독했던 지구의 원시 대기가 지금과 같은 대기가 되기까지 수백만 년이 걸렸다.

약 35억 년 전 지구의 바다에 식물과 비슷한 유기체가 생겨나기 전까지는 우리가 아는 것과 같은 대기는 형성되지 않은 상태였다. 아주 단순했던 이 생명체는 태양광선과 물, 이산화탄소로 영양분을 만들고 그 부산물로 산소를 방출했다. 이 과정은 다른 형태의 생명체가 살 수 있을 만큼 대기에 산소가 풍부해질 때까지 수백만 년 동안이나 계속되었다.

단세포 시아노박테리아는 지구 최초의 유기체 중 하나이다.

## 지구의 대기

대기에는 다양한 기체가 섞여 있는데 그중 약 5분의 4는 질소, 5분의 1은 산소이고 그 외 다른 기체들이 조금씩 들어 있다. 물도 대기 속에 증기나 구름 속의 작은 물방울, 얼음결정체로 존재한다.

눈송이는 얼음결정체로 만들어진다.

### 대기에 있는 기체의 비율

| 기체 | 비율 |
| --- | --- |
| 질소 | 78% |
| 산소 | 21% |
| 아르곤 | 0.9% |
| 이산화탄소 | 0.03% |
| 기타 기체 | 0.07% |
| (크세논, 네온, 크립톤 등) | |

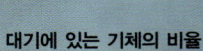

링크 184

## 대기층

대기의 두께는 1,000km 정도이며 몇 개의 층으로 이루어져 있다. 대기는 지구 표면에서 시작해 우주에 가까워질수록 희박해진다. 지구의 기상현상은 모두 표면에서 가장 가까운 층에서 일어나며 더 높은 층은 대부분 안정적이고 기체의 농도가 희박하다.

대기층(괄호 안은 지표면으로부터의 거리)

### 외기권(500km 이상)
대기가 서서히 우주로 사라져가는 층. 이 층에는 거의 기체가 없다.

### 열권(500km까지)
산소원자라는 기체 때문에 이 층의 온도는 매우 높다. 이 기체는 태양에서 나오는 방사능을 일부 흡수한다.

우주왕복선은 열권에서 궤도를 돈다.

### 중간층(80km까지)
이 층에는 오존도 구름도 없기 때문에 온도가 매우 낮다.

유성은 이 층에서 타오른다.

### 성층권(50km까지)
대기 안의 기체 중 19%가 이 층에 있다. 오존층이 이 층에 있기 때문에 온도가 다소 높다.

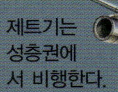

제트기는 성층권에서 비행한다.

### 대류권(10km까지)
대기 중 기체의 80%가 이 층에 있으며 기상현상도 이 층에서 일어난다. 이 층의 온도는 고도가 높아질수록 낮아진다.

## 기후의 변화

이산화탄소와 같은 온실기체는 지구 주변의 열을 가둬서 지구를 생명이 살기에 충분히 따뜻한 곳으로 만드는 역할을 한다. 이를 **온실효과**라고 하는데 연료를 사용하거나 숲을 태우면 더 많은 온실기체가 발생해서 온실효과를 더욱 강하게 한다. 이런 현상은 지구의 기온을 상승하게 하는 **지구온난화**로 이어진다.

연료를 태울 때 나오는 연기는 대기에 이산화탄소를 방출한다.

태양광선은 흡수되었다가 지표면에서 다시 반사되는데 이산화탄소에 의해 갇혀 다시 돌아온다.

사람들은 지구온난화를 유발하는 가스 방출을 줄이기 위한 조치를 취하고 있다. 가장 주된 방법은 태양열이나 풍력과 같은 대체 에너지원을 사용하는 것이다.

대류권에서는 높이 올라갈수록 공기가 희박해지기 때문에 높은 산을 오르는 등반가는 반드시 산소통을 가져야 한다.

이와 같은 위성사진은 오존층을 감시하는 데도 사용된다. 오렌지색 부분은 오존 수치가 가장 높은 곳이다.

## 오존층

성층권 안에는 **오존가스**로 된 층이 있는데, 이 층은 대부분의 해로운 자외선을 흡수해 지구까지 가지 않도록 하는 역할을 한다.

그러나 오존층은 인간이 만든 가스인 **CFCs**(염화플루오르화탄소, 일명 프레온가스 : 탄소, 수소, 염소, 불소로 된 화합물로 스프레이의 분사제, 냉각제로 사용된다.)에 의해 파괴되고 있다. 이 가스는 냉장고나 분사제에서 나와 성층권에서 태양빛과 반응하는데, 이때 생성된 물질이 오존층을 파괴한다. 오존층이 얇아질수록 더 많은 자외선이 지구 표면으로 내려온다.

링크
185

### 유용한 인터넷 링크
www.usborne-quicklinks.com

**Web 1** 퀴즈로 대기에 대해 알아보자.
**Web 2** 사진과 다양한 정보, 퍼즐로 지구의 대기에 대해 더 많이 알아보자.
**Web 3-4** 지구온난화는 무엇이고 온난화를 막는 방법은 무엇인지 알아보자. 또 온난화와 관련한 온라인 게임과 애니메이션을 즐겨보자.
**Web 5** 대기에 관한 실험, 퀴즈, 애니메이션, 여러 가지 정보를 얻을 수 있다.
**Web 6** 남극 위의 오존층이 어떻게 감시되는지 보여주는 위성사진과 애니메이션, 다양한 정보를 접해보자.

# 지구상의 생명체 Life on Earth

**지구는** 현재까지 생명체가 존재하는 것으로 알려진 유일한 행성이다. 생명체가 생존하기 위해서는 적절한 양의 빛과 열, 영양분, 물, 산소가 필요하다. 지구가 현재와 같이 다양한 식물과 동물이 살기에 적합한 환경이 되는 데는 수백만 년의 시간이 걸렸다.

## 생명체의 과거 연구하기

과학자들은 지구의 아주 먼 과거를 **지질학적인 시간**으로 측정한다. 이것은 4개의 **시대**로 나눠지는데 각 시대는 수백만 년 정도의 더 작은 **기**로 나누어진다. 암석이 형성될 때 발견된 여러 가지 증거를 통해 지구상에는 다섯 번의 **대량 멸종**이 있었음을 확인할 수 있었다. 대량 멸종이 있을 때마다 수많은 생물이 짧은 시간에 사멸했고 지구의 환경에 가장 잘 적응한 유기체만이 살아남아서 후손을 번식했다.

## 먼 옛날의 생명체

최초의 단세포생명체는 35억 년 전 **선캄브리아대**에 처음으로 나타났다. 가장 오래된 것으로 알려진 화석은 이 시기까지 거슬러 올라간다. 대략 5억 4500만 년 전, 다세포생명체의 숫자가 급격하게 증가하기 시작했다. 이것이 바로 **고생대**이다.

스프리기나라는 이름의 벌레 같은 생물은 선캄브리아기 말엽 해저에 살았다.

초기 생명체에 대한 증거는 **스트로마톨라이트**(녹조류의 활동으로 생긴 박편상 석회암)라는 화석에서 찾을 수 있는데 이 화석에는 남조류(시아노박테리아의 흔적이 남아 있다. 이 중에는 35억 년이나 된 것도 있다.

최초의 단세포생물, 초기의 다세포생물, 몸체가 부드러운 생물
46억년~5억4500만년 전

**캄브리아기**
딱딱한 껍질을 가진 최초의 생물
5억4500만년~4억9500만년 전

**오르도비스기**
최초의 육상식물, 최초의 어류
4억9500만년~4억4500만년 전

**실루리아기**
최초의 작은 육상동물
4억4500만년~4억1500만년 전

링크 186

**데본기**
최초의 양서류
4억1500만년~3억5500만년 전

**석탄기**
큰 곤충, 최초의 파충류, 최초의 삼림
3억5500만년~2억9000만년 전

**페름기**
최초의 헤엄칠 수 있는 파충류
2억9000만년~2억5000만년 전

**트라이아스기**
최초의 공룡, 경골어류 (뼈가 단단한 어류)
2억5000만년~2억500만년 전

**쥐라기**
큰 공룡, 최초의 포유류, 조류
2억500만년~1억4000만년 전

이 연대기는 지구 역사상의 모든 시대와 각 시대별로 어떤 생명체가 등장했는지 보여준다. 시기별 숫자는 대략적이다.

- 선캄브리아대(생명의 시작)
- 고생대(원시생명체)
- 중생대(진화가 중간 정도 이루어진 시기)
- 신생대(최근까지 진화가 이루어짐)
- 대량 멸종

## 생명체의 진화

화석에 남겨진 오래된 생명체의 기록은 고생대의 **캄브리아기**에 지구상에 다양한 생물의 개체 수가 갑자기 늘었음을 암시한다. 바닷속에 사는 생물들은 신체에 단단한 부분이 발달되기 시작했고, 이 부분이 보호막 역할을 해서 생명체들이 번식을 할 수 있을 만큼 오래 살 수 있게 되었을 것으로 보인다.

삼엽충과 같이 단단한 신체 보호막을 가진 생물들은 캄브리아기에 바닷속에 출현하기 시작했다.

노래기나 곤충과 같은 일부 절지동물(몸이 관절로 연결된 동물)은 육지로 나올 수 있었다. 지구의 온도가 이전보다 낮아져서 땅 위에 식물들이 많이 자랐고 동물들의 먹이가 넉넉해졌기 때문이다. 최초의 척추동물(등뼈가 있는 동물)도 이 시기에 나타났다.

**데본기**(대략 4억 1500만 년~3억 5500만 년 전)에는 많은 지역에서 기후가 매우 덥고 건조해져서 강과 호수의 수량이 매우 적어졌다. 이때 일부 물고기들은 물 안과 밖에서 모두 숨을 쉴 수 있게 되었는데, 이것이 바로 양서류의 시초이다.

이 화석은 데본기에 씨앗이 있는 식물이 존재했음을 보여준다.

약 3억 5500만 년 전 **석탄기**에는 다시 많은 지역이 덥고 습기가 많은 기후를 띠게 되었다. 때문에 엄청난 양의 식물이 자라서 광활하고 고온다습한 습지를 형성하게 되었다. 이런 습지는 다양한 종류의 곤충과 양서류의 서식지가 되었다.

메가네우라라는 이 곤충은 거대한 잠자리로, 날개를 펴면 65cm 이상이 되는 초대형 곤충이다.

## 파충류의 시대

**페름기(이첩기)**에는 양서류가 초기 파충류로 진화했다. 당시 모든 육지가 아주 큰 하나의 대륙처럼 이어져 있었기 때문에 양서류는 전 세계로 퍼져나갈 수 있었다. 하지만 이때 대륙을 둘러싸고 있던 얕은 바다가 사라지면서 많은 바다 생물들이 죽음을 맞이했다.

히로노무스는 최초의 파충류 중 하나로 알려져 있다.

2억 5000만 년 전 **중생대**가 시작되면서 파충류의 숫자는 매우 빠르게 늘어났다. 공룡도 이 시기에 등장했다. 이후 6500만 년 전 갑자기 멸종하기 전까지 공룡은 지구에서 가장 우세한 척추동물이었다. 공룡의 멸종은 급격한 기후변화가 원인인 것으로 추측된다.

## 포유류의 시대

현재까지 이어지는 **신생대**는 공룡들이 멸종한 후 시작되었다. 포유류는 스스로 체온을 조절할 수 없었던 공룡들과는 달리 스스로 체온을 조절해 급격한 기후변화에서 살아남았다..

## 오늘날의 멸종

멸종은 오랜 시간에 걸쳐 자연스럽게 일어나는 것이다. 하지만 오늘날의 멸종률은 인간이 존재하지 않는다고 가정했을 때보다 만 배나 높은 것으로 추정된다. 현대의 멸종은 인류의 수가 증가하면서 이들이 땅과 먹을거리, 물을 많이 차지하여 그로 인해 발생하는 오염이나 서식지 파괴 때문에 일어나는 경우가 대부분이다.

흰코뿔소는 서식지 파괴와 수렵 때문에 멸종위기에 처한 많은 종 중 하나이다.

링크 187

우리가 지구의 자원을 좀 더 제대로 사용하지 않는다면 인류는 다음에 있을 대량 멸종의 책임을 떠안게 될지도 모른다.

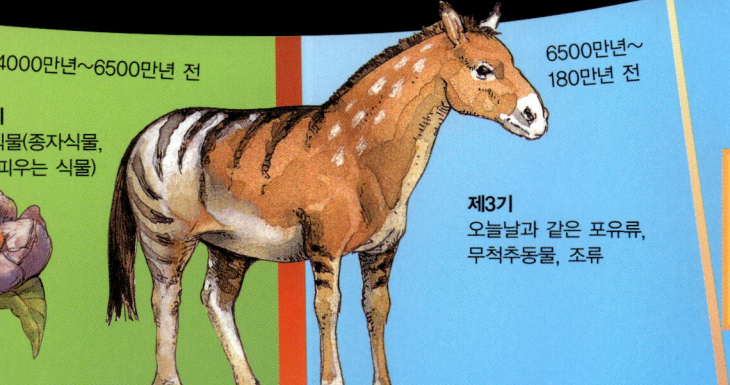

1억4000만년~6500만년 전

**백악기**
현화식물(종자식물, 꽃을 피우는 식물)

6500만년~180만년 전

**제3기**
오늘날과 같은 포유류, 무척추동물, 조류

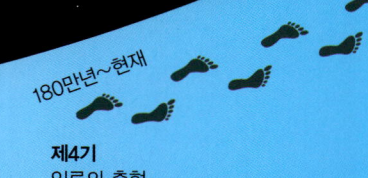

180만년~현재

**제4기**
인류의 출현

### 유용한 인터넷 링크
www.usborne-quicklinks.com

**Web 1** 지구의 역사에 대해 탐구해보자.
**Web 2** 공룡과 그들이 살았던 시기에 관한 정보를 얻을 수 있다.

197

# 바다와 대양 Seas and Oceans

**지구** 표면의 71% 정도는 바닷물로 덮여 있다. 그리고 바다는 광활한 5개의 대양과 상대적으로 작은 바다 여러 개로 나누어져 있다. 바다는 지구상의 생명체에 매우 중요한 역할을 하며 수많은 생명체가 태어난 곳이기도 하다. 또한 바다는 전 세계적으로 날씨와 기후에 큰 영향을 미친다.

대양 중 가장 큰 것은 태평양으로 지구 표면의 30% 정도를 차지한다.

## 해류

긴 띠를 이루며 끊임없이 움직이는 바닷물의 커다란 움직임을 **해류**라고 한다. 해류는 지구 전체에서 바닷물을 대량으로 운반한다. 해류의 종류에는 크게 표층수와 심층수 두 가지가 있다. 표층수는 바닷물 표면에서 350m까지 영향을 미친다. 무역풍·편서풍 등과 같은 **탁월풍**(어느 지역에서 가장 많이 부는 바람)이 바닷물을 밀어서 움직인다.

**심층수**는 북극과 남극에서 흘러오는 아주 차가운 물이다. 차가운 물은 따뜻한 물보다 무거워서 계속해서 극지방으로 흘러오는 따뜻한 표층수의 아래로 가라앉는다. 그 후 적도 쪽으로 흘러가서 따뜻한 물이 되면 표면으로 상승, 표층수가 된다. 이 표층수는 방향을 바꾸어 다시 극지방으로 흐른다.

링크
188

### 직접 해보자

차가운 물이 따뜻한 물보다 무겁다는 것을 보여주는 간단한 실험을 해보자. 크고 투명한 그릇에 따뜻한 물을 반만 채우고, 주전자에 아주 차가운 물을 담아 식용색소를 조금 넣는다. 그릇에 주전자의 물을 천천히 붓는다. 극지방의 차가운 물과 같이 색깔이 있는 물이 아래로 가라앉는 것을 관찰할 수 있다.

**해류의 순환**

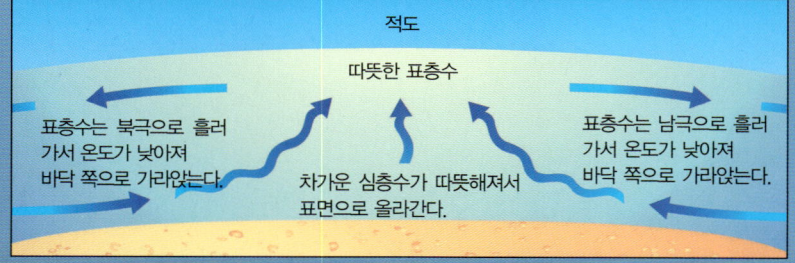

적도

따뜻한 표층수

표층수는 북극으로 흘러가서 온도가 낮아져 바닥 쪽으로 가라앉는다.

차가운 심층수가 따뜻해져서 표면으로 올라간다.

표층수는 남극으로 흘러가서 온도가 낮아져 바닥 쪽으로 가라앉는다.

## 기후 조절

대양과 바다는 전 세계의 기후를 조절하는 데 중요한 역할을 한다. 바닷물은 태양으로부터 오는 열을 흡수해서 표층수를 통해 지구 전체로 퍼지게 하는데, 특히 열대지방의 열을 많이 흡수한다.

따뜻한 해류는 **열대저기압**(미국에서는 **허리케인**, 극동아시아에서는 **태풍**이라고 한다.)을 만들어내기도 하는데, 이것은 아주 강력한 폭풍으로 25m 높이까지 파도치게 하는 강한 바람을 동반한다.

**열대저기압이 생성되는 과정**

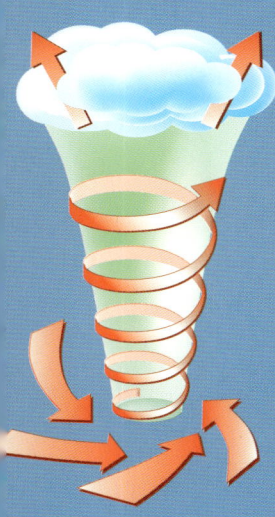

대양 위의 습기가 많고 뜨거운 공기가 높이 상승해서 온도가 낮아지면 구름이 만들어진다.

주변의 대양 표면 위에 있던 공기가 빈 공간으로 밀고 들어오면서 위쪽으로 공기가 소용돌이치기 시작한다.

바람의 속도가 빨라지고 열대저기압이 지나가는 곳에 있는 육지에는 강력한 폭풍이 덮친다.

## 조수간만

바다와 대양은 조수에 의해 끊임없이 움직인다. 조수간만의 차는 대개 달의 영향으로 생긴다. 달이 지구 주변을 공전하면서 달이 가진 중력의 힘이 지구 양쪽의 물을 끌어당긴다. 24시간 주기로 바닷물이 가장 높이 차오르는 **밀물**이 두 번, 바닷물이 가장 낮아지는 **썰물**이 두 번 있다.

조수는 지구와 달, 태양이 어떻게 배열되느냐에 따라서도 영향을 받는다. 보름달이나 초승달이 뜰 때 들어오는 높은 밀물을 **사리**라고 한다. 상현이나 하현일 때는 달과 태양이 서로 정각 90°의 위치가 되고, 이때의 낮은 썰물을 **조금**이라고 한다.

사리

조금

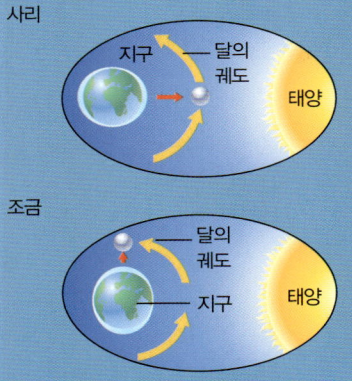

## 바다의 생물

바다와 대양에는 해수면에서 가장 깊은 해구 속까지 수심별로 아주 다양한 식물과 동물이 산다. 해수면 근처에는 아주 작은 식물인 수십억 개의 **식물성 플랑크톤**이 떠있는데, 이들은 각각 다른 수심에 사는 여러 생물들의 중요한 먹이가 된다. 바다의 수심별로 사는 동물이 다르고 이를 **해양층**이라고 한다.

**수심별 해양층**

해수면

참치

**유광층**(햇볕이 들어오는 층)에는 많은 해양 동물과 해초가 살고 있다.

200m

황새치

**박광층**(햇빛이 적게 들어오는 층)에는 아주 적은 양의 빛만이 통과한다.

1,000m

랜턴피시

**무광층**은 매우 온도가 낮다. 이 층에 사는 동물들은 대개 해수면에서 떠내려온 죽은 플랑크톤을 먹고 산다.

4,000m

**심해층**은 온도가 무광층보다 더 낮고 어둡다. 이 층에는 몸에서 스스로 빛을 내는 동물들이 많이 있다.

아귀

5,000m

바다술
(바다나리)

바다의 해구 깊은 곳에 사는 이 층의 동물들이 사는 곳은 해수면으로부터 6km나 떨어져 있기도 한다.

링크
189

## 유용한 인터넷 링크

**www.usborne-quicklinks.com**

**Web 1** 바다에 관한 뉴스와 게임, 다양한 정보를 얻을 수 있다.

**Web 2** 바다에 사는 생물에 대해 알아보자.

**Web 3** 파도와 날씨, 바다에서 살아남는 법에 대해 알아보자.

**Web 4** 엘니뇨가 전 세계의 날씨에 어떤 영향을 미치는지 알아보자.

**Web 5** 해류 속에 숨겨진 과학이론을 알아보자.

**Web 6** 우리 일상생활에 바다가 어떤 역할을 하고 있을까? 사진으로 살펴보자.

# 강 Rivers

**강은** 작은 개울이 합쳐지면서 만들어지고 대지 위를 가로질러 바다나 호수로 흘러 들어간다. 강은 흐르면서 암반을 깎거나 바위, 조약돌, 모래, 점토 등을 퇴적시켜서 지 표면의 모습을 바꾼다.

## 강의 수원

강이 시작되는 곳을 **수원**이라고 한다. 대 부분의 강은 여러 곳에서 흘러오는 물이 만나 하나로 합쳐지는 산악지역에서 발원 한다. 혹은 샘이나 빙하가 녹은 물이 흘러 서 강이 되는 경우도 있다.

### 샘이 형성되는 과정

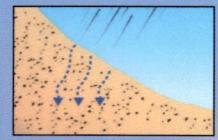

물이 통과할 수 있는 암 반 위에 눈이나 비가 내 린다.

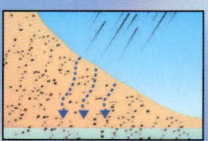

물이 암반으로 스며들어 암반의 가장 아랫부분에 모이기 시작한다.

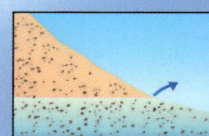

물이 가득 찬 암반이 표 면으로 드러나면 샘이 솟기 시작한다.

링크 190

## 강의 단계

강의 흐름은 세 단계로 나눌 수 있다. **상류**에서는 물이 세차게 흘러 암반을 아래로 깎아 양 옆이 가 파른 V자 모양의 계곡이 형성된다. 울퉁불퉁한 강 바닥은 경사가 심하다.

**중류**에서는 강바닥이 평평해지면서 강물의 속도가 빨라진다. 경사는 완만해지고 강물이 양 옆의 육지를 침식해 강의 폭도 넓어진다. 이 지역에서 강물은 좌 우로 큰 고리를 그리며 흐르고 이를 **곡류**라고 한다.

**하류**에 이르면 강바닥은 주로 모래나 세사가 남아 훨씬 부드러워지고 물의 속도도 빨라진다. 또한 다 른 **지류**와 합쳐져 강은 더욱 커진다. 강물은 강 하 구에서 바다나 호수로 흘러들어간다.

강이 단단한 암반에서 부 드러운 암반으로 흐르다보 면 폭포가 형성된다. 강물 이 부드러운 암반을 더 빨 리 침식해서 턱이 생긴다.

이렇게 굽이쳐 흐르는 강을 **곡류**라고 한다.

이런 넓고 평평한 바닥을 **범람원**이 라고 한다.

강물이 몇 줄기로 나뉘어 흐른다. 이 부분을 **삼각주**라고 한다.

V자 계곡

상류

중류

하류

## 침식

흐르는 강물 속의 작은 돌이나 모래알갱이들은 끊임없이 움직여 결국 주변에 있는 암반을 마모, 즉 **침식**한다. 강바닥은 이렇게 형성되는 것이다. 침식되는 정도는 강물의 속도나 양, 강물 속에 어떤 것들이 들어 있는지, 어떤 암반 위를 지나가느냐에 따라 차이가 난다. 사암과 같이 부드러운 암반은 화강암같이 단단한 암반보다 빨리 침식된다.

아래는 강의 각 단계에서 일어나는 침식의 네 종류를 알기 쉽게 그린 그림이다.

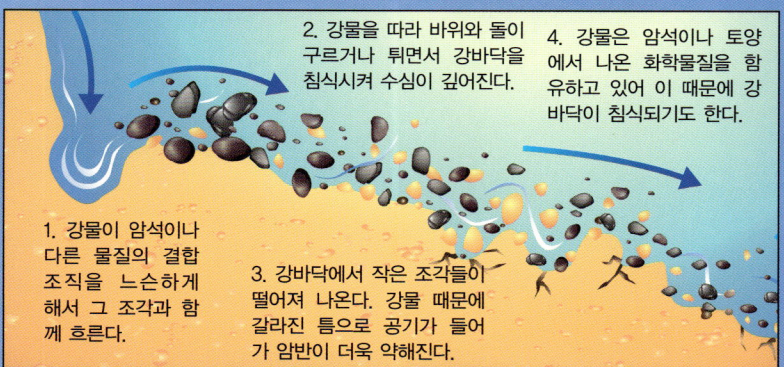

2. 강물을 따라 바위와 돌이 구르거나 튀면서 강바닥을 침식시켜 수심이 깊어진다.

4. 강물은 암석이나 토양에서 나온 화학물질을 함유하고 있어 이 때문에 강바닥이 침식되기도 한다.

1. 강물이 암석이나 다른 물질의 결합 조직을 느슨하게 해서 그 조각과 함께 흐른다.

3. 강바닥에서 작은 조각들이 떨어져 나온다. 강물 때문에 갈라진 틈으로 공기가 들어가 암반이 더욱 약해진다.

## 퇴적물의 이동

강물에 의해 **옮겨지거나** 휩쓸려온 물질을 모두 **퇴적물**이라고 한다. 진흙이나 세사와 같은 물질의 미세한 입자는 더 무거운 조약돌이나 뭉우리돌과 함께 흘러온다. 강물의 속도가 느려지면 이런 물질들 중 일부가 퇴적된다. 제일 무거운 것이 가장 먼저 퇴적되고, 이후 무게 순으로 차례로 쌓여서 층을 이룬다.

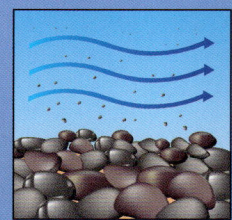

큰 입자는 작은 것보다 먼저 강바닥에 가라앉는다.

## 삼각주

강이 바다로 흘러들어가는 어귀에는 강물에 쓸려온 물질이 퇴적된다. 퇴적물이 쌓이는 속도가 바닷물이나 조수에 의해 씻겨나가는 속도보다 빠르면 삼각주라는 평평한 육지가 만들어진다. 강물은 **삼각주**를 지나면서 몇 줄기로 갈라져 흐르고, 이때 섬 모양의 **삼각주**가 여러 개 만들어진다. 또 민물인 강물이 바다의 소금물을 만나면 화학반응이 일어나 강물 속에 녹아 있던 광물(미네랄)이 물에서 분리되어 나와 침전물에 더해진다.

알래스카에 있는 테나키강 하구의 삼각주. 강의 퇴적물이 쌓여 섬을 이루었다.

삼각주는 미네랄이 풍부한 흙이 퇴적되어 땅이 비옥하고 농사짓기에 좋다. 일례로 방글라데시의 갠지스강 하구 삼각주에 수백만 명이 살고 있다는 사실을 들 수 있다. 하지만 언제나 홍수의 위험성을 안고 있다.

링크
191

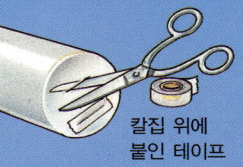

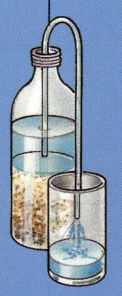

# 날씨 Weather

**지표면과** 가까운 대기의 상태를 날씨라고 한다. 이 상태는 기온, 풍속, 기압, 공기 중에 있는 수분의 양을 가리키는 습도 같은 요소를 포함한다. 날씨의 다른 요소들로는 구름의 양과 비나 눈의 양을 일컫는 **강수량**이 있다.

## 태양의 영향

태양은 날씨 변화에 가장 중요한 역할을 한다. **태양복사열**이라고도 하는 태양열은 지구에 흡수되어서 지구의 온도를 높인다. 지구에서 공기 중으로 방출된 열 또한 지구의 온도를 높인다.

태양광선은 직선으로 지구의 표면에 와 닿을 때 가장 큰 힘을 발휘하는데, 지구의 **적도**가 바로 여기에 해당한다. 적도에서 멀리 떨어진 지방은 태양광선이 일직선으로 닿지 않기 때문에 같은 양의 열이 와 닿아도 더 넓은 지역으로 퍼져나간다. 따라서 그 영향은 적도에서보다 약하다.

링크 192

## 기압

대기가 지표면을 누르는 정도를 **기압**이라고 한다. 아래에서부터 공기가 데워지면 공기는 팽창해서 위로 올라간다. 이런 현상이 일어나면 공기가 지표면을 누르는 힘이 약해지는데 이것을 **저기압**이라고 한다. 이때 지표면의 기압을 일정하게 유지하기 위해 주변지역에 있던 공기가 기압이 약한 곳으로 흘러들어온다.

**저기압**

따뜻한 공기가 지표면에서 위로 올라가면 기압이 더 높은 곳에 있던 공기가 이동해온다.

**고기압**

차가운 공기가 아래로 내려오면 지표면의 공기는 기압이 더 낮은 곳으로 옮겨간다.

지구상의 기압은 언제나 일정하지 않고 기압이 더 높거나 낮은 곳이 존재한다. 기압이 높은 곳을 **고기압대**, 기압이 낮을 곳을 **저기압대**라고 한다. 항상 고기압대에서 저기압대로 강한 바람이 부는데, 이 바람은 지구의 자전 때문에 직선이 아니라 비스듬하게 옆으로 분다. 이런 현상을 **코리올리효과**라고 한다.

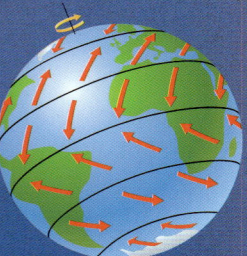

빨간 화살표는 지표면의 바람이 어떻게 비스듬하게 부는지를 나타낸다. 노란 화살표는 지구가 자전하는 방향이다.

## 뜨겁고 차가운 공기

따뜻한 공기는 위로 솟아올랐다가 다시 식어서 지표면으로 돌아온다. 지표면이 윗부분의 공기보다 따뜻하면 이 공기는 다시 데워진다. 따뜻한 기류와 차가운 기류가 순환하는 것을 **대류**라고 하고 이때의 기류를 **대기순환**이라 한다.

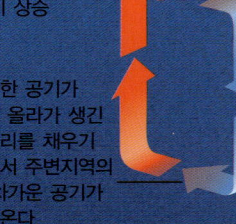

따뜻한 공기 상승

따뜻한 공기는 다시 식어서 가라앉는다.

따뜻한 공기가 위로 올라가 생긴 빈자리를 채우기 위해서 주변지역의 더 차가운 공기가 들어온다.

**태양광선이 지구에 내리쬐는 모습**

지구 적도 주변지역은 태양광선이 항상 직선으로 내리쬐기 때문에 가장 많은 복사열을 받는다.

태양광선이 넓게 퍼지는 지역은 더 적은 열을 받는다.

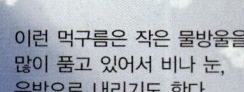
이런 먹구름은 작은 물방울을
많이 품고 있어서 비나 눈,
우박으로 내리기도 한다.

## 구름

태양열은 바다에서 물을 증발시킨다. 하늘로 올라간 수증기는 식어서 뭉쳐 아주 작은 물방울을 형성한다. 이들이 덩어리로 합쳐진 것이 바로 **구름**이다. 구름은 오랜 시간에 걸쳐 천천히 그리고 꾸준히 만들어져 하늘 전체에 펼쳐진다. 더운 날에는 구름이 아주 빨리 만들어지기 때문에 불룩한 덩어리 모양이 된다.

### 일반적인 형태의 구름

**권운**(새털구름)은 하늘 높이 떠 있고 안개처럼 희미하다.

**적운**(뭉게구름)은 맑게 갠 따뜻한 날 높은 하늘에서 형성된다.

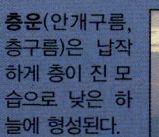

**층운**(안개구름, 층구름)은 납작하게 층이 진 모습으로 낮은 하늘에 형성된다.

## 계절

날씨는 일 년 내내 변하고 우리는 이것을 **계절**이라고 한다. 계절은 지구가 태양에 대해 일정한 각도로 기울어져 있기 때문에 생긴다. 지구가 일 년 주기로 태양을 공전할 때 직접적으로 태양광선이 내리쬐는 위치는 계속 달라진다.

지구가 공전을 시작하는 1월에는 **남반구**(적도 아래 부분)가 태양 쪽으로 기울어지기 때문에 온도가 올라간다. 6월에는 **북반구**가 태양 쪽으로 기울어 북쪽의 온도는 올라가고 남쪽의 온도는 내려간다. 봄과 가을에는 양쪽 다 태양 쪽으로 기울어지지 않는다.

링크
193

### 계절의 변화

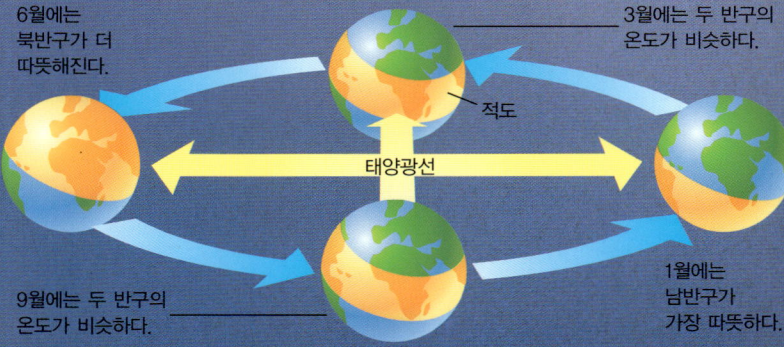

6월에는
북반구가 더
따뜻해진다.

3월에는 두 반구의
온도가 비슷하다.

적도

태양광선

9월에는 두 반구의
온도가 비슷하다.

1월에는
남반구가
가장 따뜻하다.

---

### 직접 해보자

간단한 실험으로 작은 구름을 만들어보자. 우선 크고 투명한 플라스틱통에 뜨거운 물을 3분의 1 정도 채운다. 그 다음 제빵용 접시에 얼음을 몇 개 담아 플라스틱통 위에 올린다. 플라스틱통 속의 공기가 위로 올라갔다가 얼음 때문에 차가워지면 작은 물방울을 품고 있던 수증기가 조그만 구름을 형성한다.

이곳에
구름 생성

---

### 유용한 인터넷 링크

www.usborne-quicklinks.com

**Web 1** 애니메이션으로 계절이 생기는 이유를 알아보자.
**Web 2** 다양한 온라인 활동으로 무엇이 날씨를 변하게 하는지 조사해보자.
**Web 3** 날씨에 관한 다양한 정보와 구름에 관한 글을 그림과 접해보자. 또 집에서 할 수 있는 실험도 소개한다.

# 기후 Climate

**기후란** 오랜 기간에 걸친 한 지역의 전형적인 날씨와 온도를 말한다. 기후는 큰 지역에 영향을 미칠 수도 있고 상대적으로 작은 지역에 영향을 미칠 수도 있는데, 후자의 경우를 미기후라고 한다. 기후는 위도, 바다로부터의 거리, 해발 높이 등의 영향을 받는다.

바나나 나무는 적도지역에서 자란다.

### 기후구

**기후구**란 기후 특성이 대체로 같은 넓은 지역을 말한다. 여기에서는 세계의 주요한 기후구를 설명한다.

**한대기후**는 매우 춥고 일 년 내내 거의 온도가 변하지 않는다. 온도는 매우 낮고 눈이나 비도 거의 오지 않는다. 이런 환경에서는 식물이 거의 자라지 않는다.

링크 194

북극곰을 비롯해 극지방에 사는 동물들은 대부분 두꺼운 털가죽이나 지방층으로 체온을 유지한다.

**툰드라지역**은 거센 바람이 불고 겨울에는 평균 영하 30℃에서 영하 20℃ 정도까지 기온이 내려간다. 반면 여름에는 17℃까지 오른다.

이끼처럼 키가 작고 질긴 식물이 툰드라지역에서 자란다.

**온대지역**은 일 년 내내 비가 오고 온도는 계절에 따라 변하는데 대체로 영하 6℃에서 영상 25℃ 사이다. 온대지역은 날씨가 날마다 달라진다는 특징이 있다.

가을이면 잎이 떨어지는 낙엽수는 온대지역에서 자란다.

**열대지역**은 일 년 내내 따뜻하다. 계절은 건기와 우기로 나뉘며, 온도는 21℃에서 30℃ 사이다.

**열대지역**의 초원은 나무가 드문 편으로 키가 큰 풀이 많이 자란다. 건기가 되면 풀은 시들어 죽는다.

**지중해지역**은 겨울에 따뜻하고 습하며 여름에 건조하다. 이 지역의 기후는 바다와 육지를 오가는 기류의 영향을 크게 받는다.

오렌지나 레몬 같은 감귤류는 지중해성 기후에서 잘 자란다. 감귤류 과일은 껍질이 두꺼워서 더운 여름에도 마르지 않는다.

중앙아시아나 북아메리카와 같은 **대륙지역**은 여름은 덥고 겨울은 춥다.

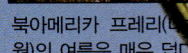

북아메리카 프레리(대초원)의 여름은 매우 덥다.

**적도지역**은 항상 덥고 습해서 열대우림이 많이 우거져 있다. 17℃ 아래로는 온도가 떨어지지 않기 때문에 다양한 식물들이 자라기 좋다.

**사막기후**는 일반적으로 매우 건조하고 연간강수량이 250mm도 되지 않는다. 사막 중 가장 더운 곳의 낮 기온은 38℃ 이상 올라가기도 하는데 일부 사막의 겨울철 온도는 이보다 훨씬 낮다. 사막에 사는 생물들은 대개 내부에 물을 저장할 수 있는 구조이다.

선인장이나 그 외의 사막식물들은 두꺼운 다육질의 줄기에 수분을 잔뜩 저장한다.

## 산악기후

산악지역에서는 해수면에서부터 측정한 높이(해발고도)가 높아질수록 온도가 떨어지고 고도별로 기후나 초목의 종류가 달라진다. 나무는 높은 산의 경사면에서는 살 수 없다. 흙이 거의 없는데다 땅이 차거나 얼어 있고 거센 바람이 부는 경우가 많기 때문이다. 산의 **경사면**이 태양을 향하는지 그렇지 않은지도 기후에 영향을 미친다. 한쪽 면이 다른 쪽 면보다 태양빛을 더 많이 받으면 전자의 경우에 초목이 더 많이 자랄 가능성이 높다.

### 산악기후의 식물

높은 산의 경사면에는 이끼나 지의류처럼 크기가 작고 키가 작은 식물이 주로 자란다.

일정 고도 이상 올라가면 **수목 한계선**에 도달하는데, 수목 한계선을 넘는 지역은 나무가 살기에는 너무 춥다.

나무

## 해안성 기후

해안지역의 육지와 바다는 낮과 밤이 각각 다른 속도로 열을 얻거나 잃는다. 이곳의 공기는 끊임없이 순환하면서 온화하고 습기가 많은 기후를 형성하는데 이를 **해안성 기후** 혹은 **해양성 기후**라고 한다.

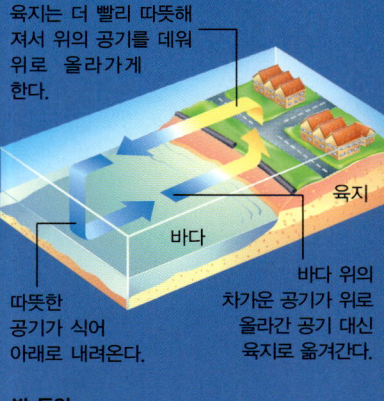

**낮 동안**

육지는 더 빨리 따뜻해져서 위의 공기를 데워 위로 올라가게 한다.

육지

바다

바다 위의 차가운 공기가 위로 올라간 공기 대신 육지로 옮겨간다.

따뜻한 공기가 식어 아래로 내려온다.

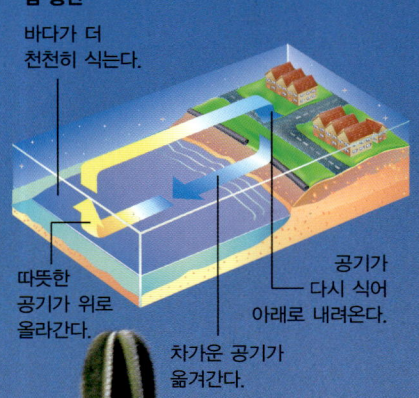

**밤 동안**

바다가 더 천천히 식는다.

따뜻한 공기가 위로 올라간다.

차가운 공기가 옮겨간다.

공기가 다시 식어 아래로 내려온다.

## 도시기후

도시는 주변의 다른 지역보다 온도가 높은 경우가 많다. 도시의 건물에 많이 사용되는 콘크리트가 식물보다 더 많은 열을 흡수하기 때문인데, 콘크리트는 열을 오랫동안 유지하는 성질을 가지고 있어서 밤에도 시골보다 온도가 높다.

아스팔트로 포장된 도로 아래에 있는 땅에는 열기가 들어갈 수 없기 때문에 도시의 토양이 시골의 토양보다 더 건조하다.

링크 195

### 직접 해보자

간단한 실험으로 다른 기후대의 식물이 내부의 수분을 어떻게 방출하는지 알아보자. 제라늄화분과 선인장화분을 준비해 물을 준 다음 화분에 각각 비닐봉지를 씌워 화분받침 위에 놓자. 다음으로 큰 플라스틱 병 2개의 아랫부분을 잘라 자른 부분에는 바셀린을 바르고 각각 식물 위에 씌운다. 3일 후에 다시 관찰하면 병에 작은 물방울이 맺힌 것을 볼 수 있다. 선인장은 물이 부족한 뜨거운 기후에서 자라는 식물이라 제라늄보다 물을 훨씬 적게 내보낸다는 것을 관찰할 수 있다.

병(뚜껑은 닫는다.)

봉지(식물 아랫부분에 묶는다.)

### 유용한 인터넷 링크

www.usborne-quicklinks.com

Web 1 지구의 기후에 관한 가이드를 접해보자.
Web 2 가상으로 키가 큰 풀이 자라는 초원을 만들어보자.
Web 3 온라인 활동을 통해 기후대와 생물군집에 대해 조사해보자.
Web 4 사하라 사막과 그곳의 다양한 풍경에 대해 알아보자.
Web 5 기후 지도와 그래프를 통해 다양한 기후에 대한 여러 가지 정보를 얻을 수 있다.

# 세계의 인구 World Population

**일정** 지역 안에 살고 있는 사람의 숫자를 인구라고 한다. 오늘날 세계의 인구는 과거 어느 때보다도 많고 계속 증가하고 있다. 사람들은 필요한 식량과 주거지, 연료 등을 지구와 지구의 자원에서 얻는다. 그리고 필요에 따라 자연환경을 바꿔가며 이용해왔다.

땅이 부족한 지역에서는 사람들이 주거용 보트에서 살기도 한다.

### 주거지의 확장

지구 표면 전체가 사람이 살기에 적합한 환경이었다면 인류가 넉넉히 살아가기에 전혀 모자람이 없었을 것이다. 하지만 기후가 극심하게 추운 지역, 반대로 매우 더운 지역, 토양이 경작에 알맞지 않은 지역도 있다. 이런 지역에는 사람이 거의 살지 않는다. 세계 인구는 대륙 전반에 고르지 않게 분포되어 있다.

1980년도에 40억이었던 인구가 지금은 60억 이상으로 증가했다. 인구가 빠른 속도로 증가하는 국가에서는 많은 사람들이 인구가 과도하게 밀집되어 있거나 살기 부적합한 환경으로 내몰리고 있다.

### 도시 문제

전 세계적으로 많은 사람들이 일거리를 찾아 시골에서 도시로 몰려드는데 이를 **도시화 현상**이라 한다. 도시의 인구가 증가하면 일부 지역은 매우 붐비게 되고 그만큼 오염도 늘어난다. 일부 국가에서는 도시에 넘쳐나는 사람들을 수용하기 위해서 도시 외곽에 임시방편으로 지은 집들이 모여 있는 판자촌(빈민촌)이 생겨난다. 이런 집들은 대개 폐자재나 고철 따위로 지어지는데, 깨끗한 물이나 전기, 하수도 시설이 없는 경우도 많다.

링크
196

**1000년 이후 세계 인구 증가를 보여주는 그래프**

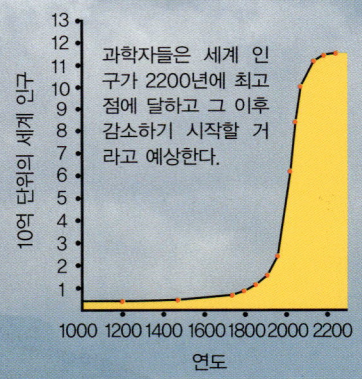

과학자들은 세계 인구가 2200년에 최고점에 달하고 그 이후 감소하기 시작할 거라고 예상한다.

이 위성사진은 미국의 워싱턴DC를 찍은 것이다. 세계 인구의 3분의 1 이상이 도시를 중심으로 모여 산다.

이 사진은 남아프리카공화국의 케이프타운 외곽의 판자촌을 찍은 것이다. 이곳에 사는 사람들은 도시에서 집을 얻을 돈이 없거나 집이 부족해서 어쩔 수 없이 이런 집을 지었는지도 모른다.

## 인구 조절

많은 나라들이 급속한 인구성장을 막기 위해 노력하고 있다. 예를 들어 중국에서는 부부 사이에서 한 명 이상의 아이를 낳지 못하게 한다. 보건 교육의 일환으로 사람들이 아이를 너무 많이 낳지 않도록 **산아제한**에 관한 교육을 하기도 한다. 하지만 종교나 문화적인 배경 때문에 산아제한을 반대하는 사람도 많다.

## 인간과 땅

옛날부터 인간의 삶은 그들이 사는 자연환경의 특징에 크게 영향을 받아 왔다. 인류는 물과 식량을 얻을 수 있고 공격으로부터 안전한 곳을 찾아 다녔다. 적당한 곳을 발견한 사람들은 **공동체**라는 영구적인 집단을 이루고 그곳에 살았다.

많은 공동체가 강이나 샘, 우물 근처 혹은 홍수가 없을 법한 장소에 형성되었다. 기름진 토양이나 석탄과 같은 천연자원도 사람들이 정착하는 이유가 되었다.

## 인간이 땅에 미치는 영향

인간은 때때로 필요에 따라 주변환경을 바꾸기도 한다. 수세기 동안 점점 많은 땅이 건물을 짓거나 도로를 늘리거나 농작물을 경작하기 위해 개간되었다. 이런 과정에서 인간들은 원래 숲이었던 지역을 많이 훼손했고 천연 늪지의 물을 완전히 빼버리기도 했다. 반면 건조한 지역에는 인공적으로 물을 주거나 **관개시설**을 마련했다.

이 사진은 건물부지로 이어지는 길을 내려고 삼림을 개간하는 모습이다.

이런 식으로 토지를 이용하면 더 많은 식량과 주택, 도로는 만들어지지만 그 대신 자연이 아주 많이 파괴된다. 개간된 지역에서는 비옥한 표토가 씻겨나가거나 바람에 날려가 사라지는 경우가 많다. 이런 현상을 **토양침식**이라고 한다. 토양침식이 일어난 땅에는 기름지지 않은 흙만 남아서 농작물 경작이 어려워진다. 일부 국가에서는 가뭄과 더불어 토양침식이 일어나서 기근이 발생하기도 한다.

## 경작

세계 인구가 증가하면 식량에 대한 수요도 증가한다. 많은 국제구호단체가 개발도상국이 더 나은 농경기술을 익히도록 도와주고 있다. 이들은 같은 면적의 토지에서 더 많은 작물을 수확하는 방법을 농부들에게 가르치기 위한 계획을 세웠다. 이 계획에 따르면 더 많은 땅을 개간하지 않아도 되어 자연환경을 보존할 수 있다. 사막 경계에 있는 땅에 새로운 경작지가 만들어지기도 한다. 이런 땅에도 한때는 나무와 관목이 있었지만 토양부식으로 사막으로 변해버린 것이다. 가축을 너무 많이 방목하거나 목재 남벌 혹은 건조한 바람 때문에 사막화가 일어나기도 한다. 하지만 관개시설의 도움으로 이런 땅에서도 농작물을 경작할 수 있다.

링크 197

물이 아주 적은 지역에서는 점적관수기로 작물 하나하나에 조금씩 물을 준다. 가끔씩 물에 비료를 섞기도 하는데 이런 방식을 **관비**라고 한다.

### 유용한 인터넷 링크

www.usborne-quicklinks.com

**Web 1** 세계 인구가 늘어나면 지구에 어떤 영향을 끼치는지 다양한 영상과 사진, 글로 알아보자.

**Web 2** 인구성장과 제한에 대해 알아보자.

**Web 3** 인구와 성장 통계치를 그래프와 도표를 이용해 비교해보자.

**Web 4** 인구에 관한 최신정보를 접해보자.

**Web 5** 세계의 여러 도시의 성장에 대해 더 알아보자.

# 지구의 자원 Earth's Resources

지표면 아래에는 전 세계 사람들이 이용하는 다양한 자원들이 있다. 그중 일부는 귀한 보석으로 팔거나 교환하고, 다른 금속들은 건축 등 여러 가지 목적으로 사용된다. 현재 사람들이 이용하는 연료도 대부분 지구 내부에서 꺼내 쓰는 것이다.

이 음료 캔에는 녹여서 다시 사용할 수 있는 금속 중 하나인 알루미늄이 함유되어 있다.

## 화석연료

석유, 석탄, 가스는 **화석연료**이다. 화석연료는 수백만 년 동안 쌓인 식물이나 동물의 잔해에서 만들어진다. 화석연료를 태우면 내부에 있던 화학에너지가 방출된다.

석탄은 아주 오래 전에 존재했던 식물의 잔해에서 만들어졌다.

링크 198

사람들은 음식을 만들고 난방을 하거나 전등을 켜고 자동차를 운전하거나 전기를 발전시키는 등 아주 다양한 용도로 연료를 사용한다. 하지만 수요는 큰 데 반해 공급은 한정되어 있어 지구의 석유와 가스는 수십 년 이내에 바닥날 것이다. 따라서 이런 필요를 충족시킬 수 있는 다른 연료를 찾아야만 한다.

## 재생 가능 에너지

고갈되지 않는 에너지원을 **재생 가능 에너지**라고 한다. 재생 가능 에너지에는 집열판으로 모을 수 있는 태양열과 풍력터빈을 돌려서 얻는 풍력, 수력발전소에서 이용하는 수력이 있다. **지열에너지**(지하의 암반에서 나오는 열에너지)도 재생 가능 에너지의 한 종류인데, 화산지역에서 주로 사용한다. 썩은 쓰레기에서 나오는 **바이오가스**도 열을 만드는 데 사용할 수 있다. 하지만 현재 지구상의 에너지 중 5%만이 재생 가능 에너지원에서 얻은 것이다. 그 이유는 재생 가능 에너지가 화석연료 에너지보다 불안정하고 효율이 떨어지기 때문이다. 강한 바람이나 태양빛을 이용한 에너지를 얻으려면 특정한 기후 조건과 잘 맞는 지역이어야만 한다.

## 핵에너지

핵에너지는 우라늄과 같은 방사능물질의 원자가 쪼개질 때 나오는 에너지이다. 많은 사람들이 핵에너지가 가장 편리한 미래에너지원이라고 믿고 있다. 하지만 이 방법은 위험한 방사능 폐기물을 많이 만들어내며 폐기물을 안전하게 처리하는 일도 어렵다.

핵발전소에서 나온 폐기물에는 수천 년 동안이나 위험한 물질이 남을 수 있다. 이런 방사능물질에는 경고표시가 붙어 있다.

일렬로 늘어선 큰 반사집열판은 태양광선을 모아 전기를 발전시키는 에너지를 얻는다.

태양열은 깨끗하고 안전한 형태의 에너지이다.

## 광물

수세기 동안 사람들은 필요한 **광물**을 얻기 위해 지구에서 암석을 채굴해왔다. 광물은 보통 탄소, 규소, 철과 같은 금속원소의 혼합물이다.

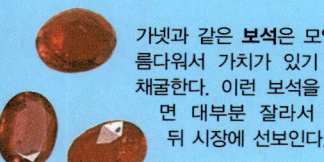

가넷과 같은 **보석**은 모양이 아름다워서 가치가 있기 때문에 채굴한다. 이런 보석을 채굴하면 대부분 잘라서 다듬은 뒤 시장에 선보인다.

광물, 특히 금속이 많이 들어 있는 암석을 **광석**이라고 한다. 땅에서 파낸 금속광석은 순수한 금속을 추출해내는 과정을 거친다. 이 과정에는 여러 가지 방법이 있는데, 열로 녹이는 제련이나 전기를 이용한 전기분해도 그중 하나이다.

철은 **적철광**에서 추출한다.

## 채광

유용한 광물이 들어 있는 암석을 파내는 것을 **채굴** 혹은 **채광**한다고 말한다. 채광기술은 광물이 묻혀 있는 깊이나 광석의 가치, 양에 따라 다르다. 지하에 대량으로 묻혀 있다면 지표면에서 이 광석에 연결되는 터널을 판다. 지표면 근처에 묻혀 있는 광석은 노천굴(갱을 만들지 않고 직접 캐내는 일)을 만들어서 캐낸다.

석탄을 지표면 탄광에서 캐고 있다. 이것을 **노천광**이라고 한다.

사람들에게 필요한 물질의 공급은 상당 부분 채광에 의존하고 있지만 환경에 나쁜 영향을 끼칠 수 있다. 1톤의 광석을 캐내기 위해서는 필요 없는 암석이 수천 톤이나 함께 나오는데, 이런 암석들은 치워지지 않은 채 넓은 지역에 마구 흩어져 있는 경우가 많아 주변의 동식물들에게 나쁜 영향을 미친다.

## 자원 관리

사람들은 오랫동안 금속, 연료, 다른 곳의 자연자원들에 의존해왔다. 하지만 다양한 연료와 광석을 채굴해서 추출하는 과정은 어렵고 돈도 많이 든다. 특히 석유와 같은 물질은 이미 많이 써버렸기 때문에 점점 더 찾기 어려워지고 있다.

언젠가 이 재생 불가능한 에너지가 모든 사람들이 쓸 수 있을 만큼 충분히 남지 않게 될 것이다. 물건을 다시 쓰거나 재활용하고, 어디서든지 재생 가능한 에너지를 사용하는 것이 지구에 남아 있는 자원을 가능한 한 오랫동안 유지하는 최고의 방법이다.

**직접 해보자**

재활용할 수 있는 물질은 매우 다양하다. 종이, 유리, 알루미늄캔과 강철도 이에 속한다. 우리가 살고 있는 곳 근처에 재활용품을 모으는 곳이 있는지 찾아보자. 학교에서 재활용품을 모으는 경우도 있다.
방을 나갈 때는 항상 불을 끄는 습관을 기르자. 부모님께 그림과 같은 연료 효율이 좋은 전구 사용을 권하는 것도 에너지를 절약하는 좋은 방법이다.

링크
199

**유용한 인터넷 링크**

www.usborne-quicklinks.com

Web 1 화석연료와 세계의 에너지 사용에 관한 자가테스트 게임을 해보자.

Web 2 재생 가능 에너지에 관한 애니메이션을 보고 여러 가지 정보를 얻을 수 있다.

Web 3 집 주변에서 금속과 광물을 찾아보자.

Web 4 에너지 수요와 세계의 에너지원을 어떻게 관리할 수 있는지 알아보자.

## 복습해봅시다

1. 다음 중 태양계의 가운데에 있는 것은? (173쪽)
   ① 달
   ② 태양
   ③ 지구

2. 지구가 궤도를 따라 태양을 한 바퀴 다 도는 데 걸리는 시간은? (173쪽)
   ① 하루
   ② 한 달
   ③ 일 년

3. 지구형 행성은 돌이 많고 작은 편에 속한다. 이런 특징을 가진 지구형 행성 네 가지는? (174쪽)
   ① 지구, 금성, 수성, 화성
   ② 해왕성, 토성, 천왕성
   ③ 금성, 화성, 토성, 해왕성

4. 달이 지구를 한 바퀴 도는 데 걸리는 시간은? (177쪽)
   ① 일주일
   ② 28일
   ③ 일 년

5. 밤하늘의 달이 빛나는 이유는? (177쪽)
   ① 밝은 색으로 광채가 나는 암석으로 되어 있기 때문에
   ② 태양에서 나오는 빛을 반사하기 때문에
   ③ 자체적으로 빛을 내기 때문에

6. 인간이 만든 기구로 지구 주변의 궤도를 돌면서 정보를 수집하는 것은? (185쪽)
   ① 인공위성
   ② 천문대
   ③ 굴절망원경

7. 열곡이 발견되는 판의 경계는? (191쪽)
   ① 발산경계
   ② 수렴경계
   ③ 침적경계

8. 높은 습곡산맥은 두 대륙판이 어떻게 만날 때 형성되는가? (191쪽)
   ① 서로를 스쳐지나갈 때
   ② 서로 멀어질 때
   ③ 서로를 밀어낼 때

9. 뜨거운 마그마가 식으면서 굳어진 암석을 무엇이라고 하는가? (191쪽)
   ① 퇴적암
   ② 변성암
   ③ 화성암

10. 지진의 진원 바로 위에 있는 지점을 무엇이라고 하는가? (192쪽)
    ① 지진파
    ② 진원지(진앙)
    ③ 분출

11. 섭입대 위로 형성된 화산 속의 마그마는 어디서 나온 것인가? (193쪽)
    ① 열곡
    ② 아래로 내려가고 있는 판
    ③ 열점

12. 약 5억 4천만 년 전 신체의 일부가 단단한 동물의 숫자가 급격히 증가했다. 이런 현상이 나타난 시기는? (197쪽)
    ① 석탄기
    ② 캄브리아기
    ③ 이첩기(페름기)

13. 지구에서 가장 큰 바다는? (198쪽)
    ① 태평양
    ② 대서양
    ③ 남극해

14. 다음 중 지구의 물을 중력으로 끌어당겨 조수간만현상을 일으키는 것은? (199쪽)
    ① 달
    ② 태양
    ③ 태양계

15. 미국에서는 열대저기압을 무엇이라고 하는가? (199쪽)
    ① 저기압
    ② 태풍
    ③ 허리케인

16. 강의 수원이란 어느 지역을 말하는가? (200쪽)
    ① 강이 시작되는 지역
    ② 강이 끝나는 지역
    ③ 강이 굽이쳐 흐르는 곳

17. 강의 중하류에 이르면 널찍한 고리 모양을 이루면서 흐르는 경우가 많다. 이를 무엇이라고 하는가? (200쪽)
    ① 퇴적물
    ② 삼각주
    ③ 곡류

18. 강물의 속력은 윗단계에서 아랫단계로 흐르면서 빨라지는 경우가 많다. 이런 속력 변화의 주된 이유는? (200쪽)
    ① 강폭이 넓어지기 때문에
    ② 범람원이 생기기 때문에
    ③ 강바닥이 매끄러워지면서 물에 대한 마찰이 줄어들기 때문에

**19.** 강물에 쓸려온 물질을 부르는 말은? (201쪽)
① 범람원
② 퇴적물
③ 경사도

**20.** 공기 중의 수증기가 작은 물방울로 변해서 구름을 형성하는 것을 무슨 현상이라고 하는가? (203쪽)
① 분해
② 증발
③ 응결

**21.** 7월에 북반구에 여름이 찾아오는 이유는? (203쪽)
① 하늘에 구름이 적기 때문에
② 7월에 태양이 더 많은 열을 발산하기 때문에
③ 북반구가 태양 쪽으로 기울기 때문에

**22.** 산악지역에서 기후가 변하는 주된 이유는? (205쪽)
① 경사
② 고도
③ 위도

**23.** 도시의 기온은 주변 시골보다 높은 경우가 많다. 다음 중 그 원인이 되는 것은? (205쪽)
① 자동차 매연
② 돌아다니는 사람들
③ 콘크리트와 건물

**24.** 향후 100년간 지구의 인구 변화는 어떤 추세를 보일 것으로 예상되나? (206쪽)
① 안정된다.
② 감소한다.
③ 계속 증가한다.

**25.** 시골에 거주하던 사람들이 도시에 정착할 목적으로 옮겨가는 것을 무엇이라고 하는가? (206쪽)
① 통근
② 도시화
③ 귀농

**26.** 사람들이 도시로 이주하는 가장 큰 이유는 무엇인가? (206쪽)
① 일자리를 찾기 위해서
② 농사를 짓기 위해서
③ 집을 짓기 위해서

**27.** 사람이 필요에 의해서 지구에서 캐내서 쓰는 것을 무엇이라고 하는가? (208쪽)
① 자원
② 식량
③ 연료

**28.** 석유와 석탄은 다음 중 어디에 속하는가? (208쪽)
① 화석연료
② 핵연료
③ 재생가능한 연료

**29.** 화석연료에 의존하지 않는 바람, 태양광선 내의 파동과 같은 에너지원의 특징은? (208쪽)
① 일시적이다.
② 재생가능하다.
③ 재생불가능하다.

**30.** 지구의 자원을 더 오랫동안 사용할 수 있는 좋은 방법은? (209쪽)
① 추출
② 채굴
③ 재활용

제4장 지구와 우주 **정답**
1. ②　2. ③　3. ①　4. ②　5. ②
6. ①　7. ①　8. ③　9. ③　10. ②
11. ②　12. ②　13. ①　14. ①　15. ③
16. ①　17. ③　18. ③　19. ②　20. ③
21. ③　22. ②　23. ③　24. ③　25. ②
26. ①　27. ①　28. ①　29. ②　30. ③

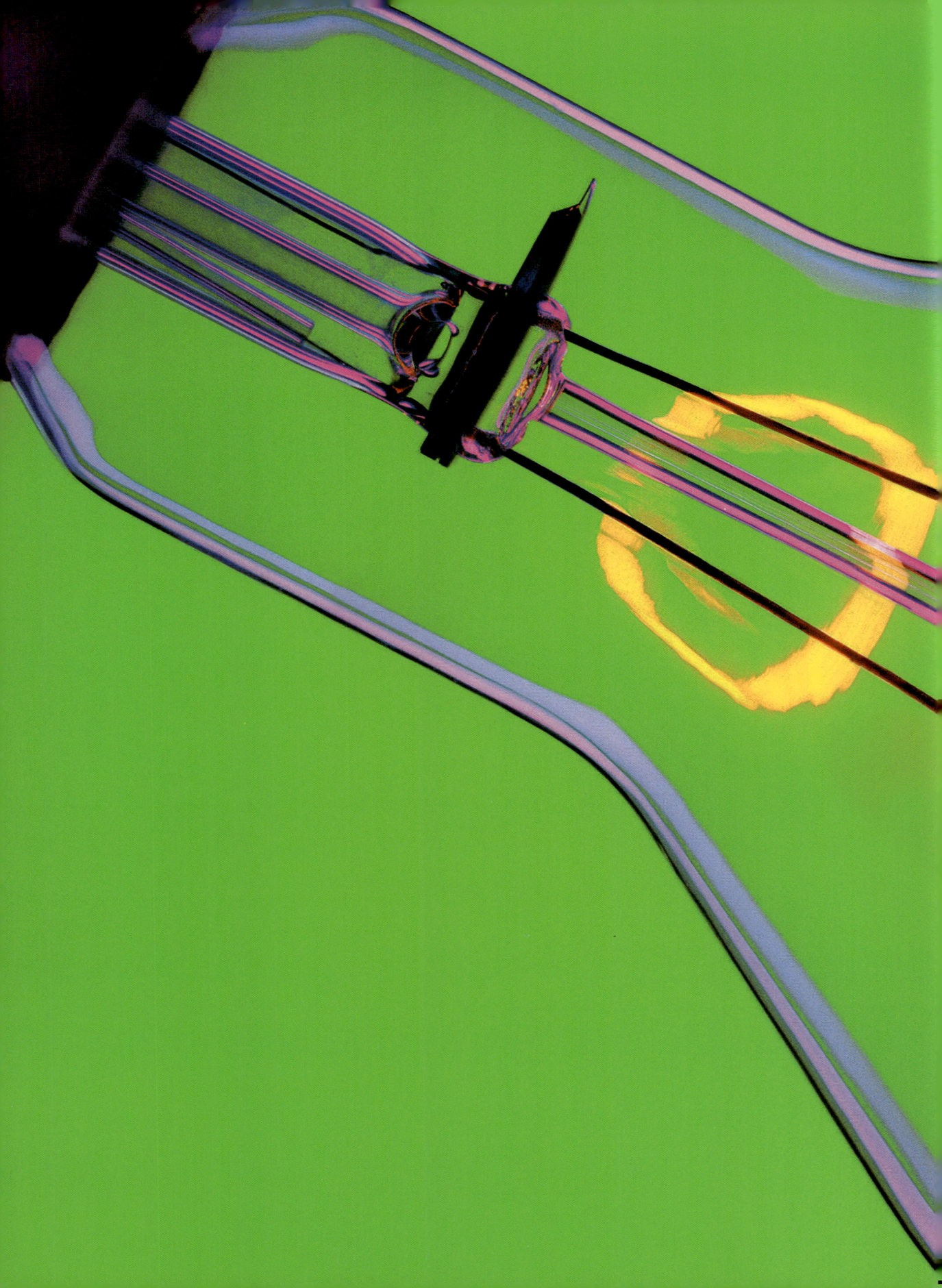

# 빛, 소리, 전기
## Light, Sound and Electricity

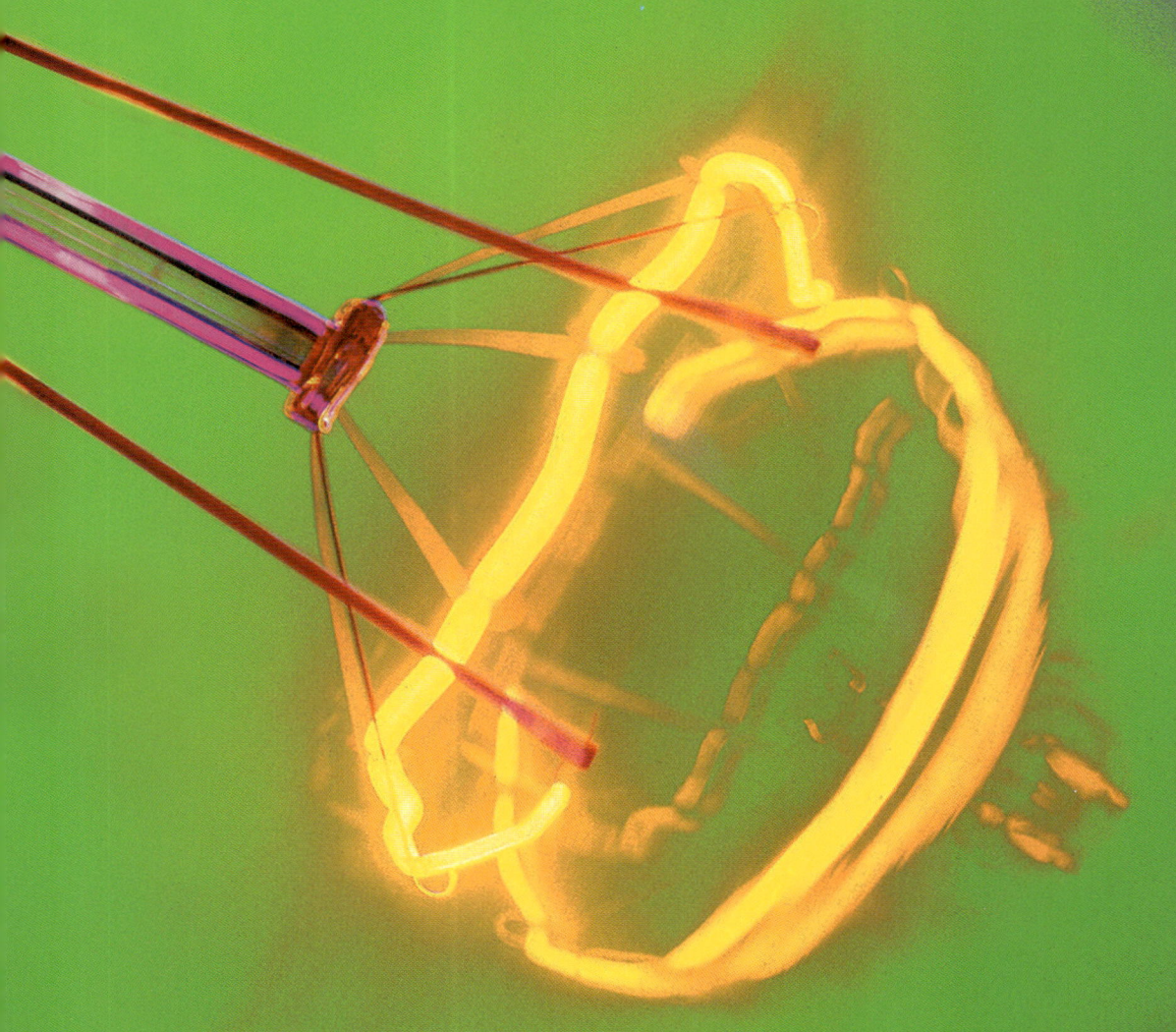

# 파동 Waves

**모든** 파동은 에너지를 전달한다. 주요한 파동의 유형에는 역학적 파동과 전자기파가 있다. 수면파와 음파가 속한 **역학적 파동**은 고체, 액체, 기체의 진동이다. 전자기파에는 광파와 라디오파가 있으며 이 파동은 다른 종류의 진동이다. 이 파동에 대한 자세한 내용은 224-225쪽을 참조하자.

파동의 방향

지진은 암석을 통해 전달되는 파동이다. 이때 진동이 건물을 무너뜨릴 정도로 강한 경우도 있다.

## 에너지 전달

파동을 전달하는 물질을 **매질**이라고 한다. 물, 유리, 공기는 다른 종류의 매질이다. 역학적 파동은 매질의 입자를 진동시키면서 에너지를 전달한다. 진동하는 입자는 옆에 있는 입자도 함께 진동시켜 에너지를 전달한다.

아래 그림과 같은 현상은 물입자가 위아래로 진동하면서 생긴다. 입자는 파동 앞으로 나아가지 못한다.

파동은 매질을 계속 진동시킬 수 없다. 입자는 점차 진동을 멈추고 원래 자리에 정착한다.

링크 202

새는 물입자처럼 지나가는 파동 앞으로 지나가지 못한다. ★

파동 속의 입자는 에너지를 잃어버리면서 진동이 약해지고 물은 곧 잔잔해진다. ★

물방울이 수면 위로 떨어질 때 파동은 원을 그리며 퍼진다. 물방울이 떨어진 중심으로부터 에너지를 바깥으로 전달한다.

그림에서 보이는 연못 위의 요동은 수면파이다. 파원으로부터 주변으로 멀리 퍼져나갈수록 수면의 요동은 에너지를 잃고 점점 작아진다.

## 파동의 종류

모든 파동은 진동의 방향에 따라 횡파와 종파로 구분된다.

**횡파**는 파동이 나아가는 방향과 매질의 진동방향이 수직을 이룬다. 수면파는 횡파에 해당한다.

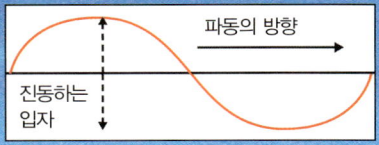

횡파에서 매질은 파동이 나아가는 방향과 수직으로 진동한다.

**종파**에서 매질의 진동 방향은 파동이 나아가는 방향과 같다. 매질의 입자는 용수철이 압축되었다가 늘어나는 것처럼 앞뒤로 진동한다. 음파는 종파에 해당한다.

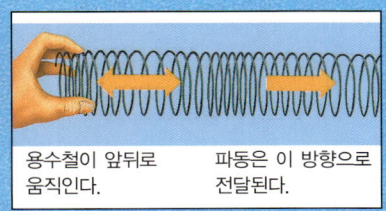

움직이는 용수철은 종파가 어떻게 전달되는지 보여준다.

## 파동의 측정

횡파에는 **마루**와 **골**(마루는 고점을, 골은 저점을 의미한다.)이 반복적으로 나타난다. 하나의 완전한 파동에는 마루와 골이 하나씩 있으며 이를 한 **주기**라고 한다.

초당 통과하는 진동의 개수가 **주파수**이다. 주파수의 단위로 쓰이는 **헤르츠**(Hertz, Hz)는 라디오파를 발견한 독일의 물리학자 하인리히 헤르츠(Heinrich Hertz, 1857–1894) 이름을 딴 것이다.

한 마루와 바로 옆에 있는 마루 사이의 거리 또는 한 골과 바로 옆에 있는 골 사이 거리를 **파장**이라고 한다.

매질이 움직이지 않는 위치에서 마루까지의 높이는 **진폭**이라고 한다. 파동이 파원에서 멀어짐에 따라 진폭은 감소하고 에너지도 줄어든다. 파동은 주파수, 파장, 진폭으로 측정한다.

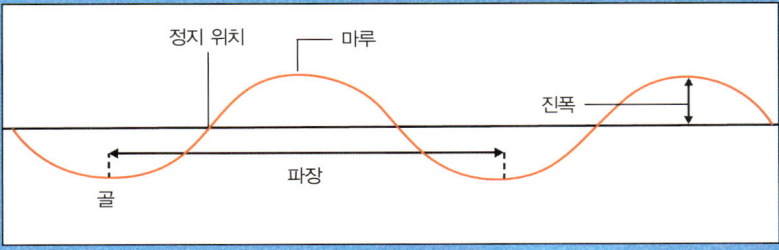

링크
203

### 직접 해보자

실험을 통해 횡파의 형태를 관찰해보자. 끈의 한쪽 끝을 문손잡이와 같은 고정된 위치에 묶고 반대쪽을 쥐고 세게 흔든다. 끈을 따라 움직이는 파동의 형태를 확인해보자. 끈은 파동의 진행방향과 수직으로 진동한다.

끈이 위아래로 진동한다.

횡파는 이 방향(화살표 방향)으로 이동한다.

### 유용한 인터넷 링크

www.usborne-quicklinks.com

Web 1 음파에 대해 공부하면서 파동에 대해 더 자세히 알아보자.
Web 2 파동의 특징에 대한 온라인 강의를 듣고 퀴즈를 풀어보자.
Web 3 지진파가 단층대에 작용하여 지진을 발생시키는 과정을 애니메이션으로 살펴보자.
Web 4 그림과 도표로 지진과 지진파의 측정법에 대해 공부해보자.
Web 5 온라인 강의로 파동의 종류와 속성에 대해 공부하고 퀴즈로 복습하자.
Web 6 만화로 해양파에 대해 공부해보자.
Web 7 퀴즈를 풀며 해양파에 관한 다양한 설명을 들을 수 있다.
Web 8 퀴즈와 만화로 파동과 그 속성에 관한 온라인 개별학습을 받을 수 있다.

# 파동의 특징 Wave Behaviour

**파동이** 장애물에 부딪히거나 어떤 매질에서 다른 매질로 전달될 때는 파동의 속력과 방향, 모양이 변하기도 한다. 변하기 전의 파동을 **입사파**라고 한다. 이 장에서는 수면파를 예로 들고 있지만 모든 파동이 같은 방식으로 움직이는 것은 아니다.

쓰나미(해일)는 물이 얕은 곳으로 들어올 때 속도가 느려졌다가 갑자기 높아지는 거대한 파도를 말한다.

## 반사

입사파동이 장애물에 부딪힐 때, 예를 들어 수면파가 방파제에 부딪히면 수면파는 튕겨져 나온다. 이것을 **반사**라고 한다. 파동은 입사각도와 같은 각도로 반사되는데 이를 **반사파**라고 한다.

반사파동의 모양은 입사파의 모양과 부딪히는 장애물의 모양에 따라 다르다. 아래 그림은 직선과 곡선의 입사파가 여러 가지 모양의 장애물에 부딪힐 때 나타나는 현상이다.

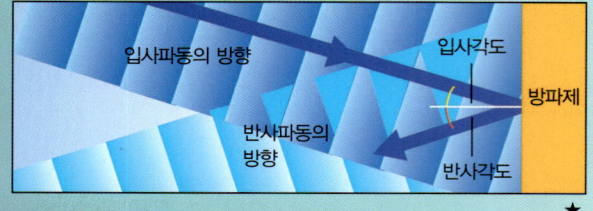

링크
204

파동의 반사각도는 입사파의 입사각도와 같다. ★

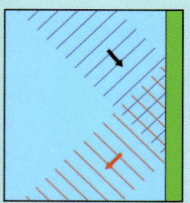

직선 장벽에 부딪힌 직선파동은 직선의 반사파를 일으킨다.

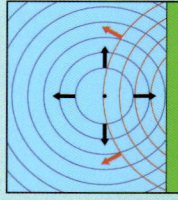

직선 장벽에 부딪힌 원형파동은 원형의 반사파를 일으킨다.

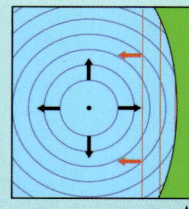

안쪽으로 휜 장벽에 부딪힌 원형파동은 직선의 반사파를 일으킨다. ★

깊은 바다에서 일어나는 파동은 상대적으로 직선에 가깝다. 해변에 가까워질수록 파동은 해안선의 곡선과 비슷하게 휘는데 이것은 굴절 때문이다.

## 굴절

입사파가 새로운 매질로 들어가면 속력이 달라진다. 파장은 달라지지만 주파수는 동일하다. 아래 그림표에서 파동은 새로운 매질로 들어가면서 속도가 느려진다. 이때는 파장은 짧아지지만 초당 통과하는 마루의 숫자(주파수)는 같다.

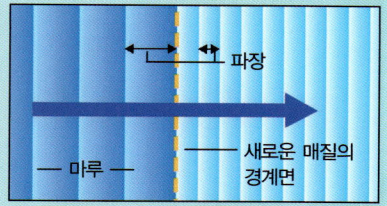

파동이 새로운 매질로 들어가면 속력이 ★ 변한다

파동이 일정한 각도로 새로운 매질에 들어가면 속력과 방향이 모두 변하게 되는데 이를 **굴절**이라 한다. 이때 꺾인 파동을 **굴절파**라 한다.

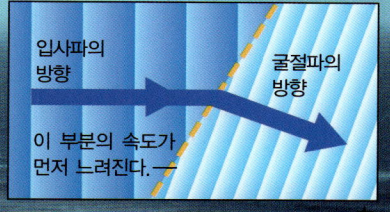

파동이 일정한 각도로 새로운 매질에 ★ 들어가면 속력과 방향이 모두 변한다.

깊이가 다른 물은 파동의 이동에서 다른 물질처럼 작용한다. 얕은 물로 들어오는 파동의 첫 부분은 다른 파동보다 먼저 속도가 느려진다. 이에 따라 파동의 방향도 바뀐다.

## 간섭

둘 또는 그 이상의 파동이 만나면 서로 영향을 미치는데 이를 **간섭**이라고 한다. 간섭의 종류는 파동의 어느 부분이 일치하느냐에 따라 다르다. 같은 진폭의 두 마루가 같은 위치에 동시에 도착하면 이 두 마루가 결합해서 원래보다 두 배가 큰 마루를 이룬다. 이런 현상은 **보강간섭**의 한 예이다.

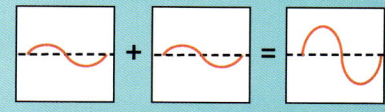

또 마루가 같은 크기의 골과 만날 경우, 서로 상쇄하여 파동이 사라진다. 이것은 **상쇄간섭**의 일종이다.

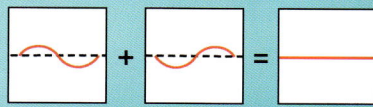

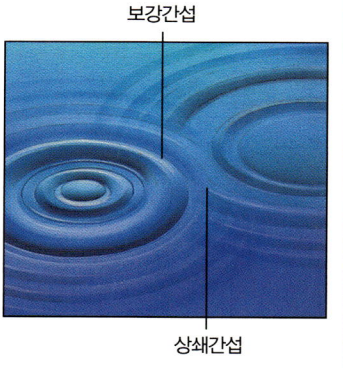
## 회절

입사파가 틈을 지나게 되면 이 파동은 넓게 퍼지면서 휘어진다. 이런 현상을 회절이라 한다. 파동의 파장에 비해 틈이 작을수록 **회절**이 많이 일어난다.

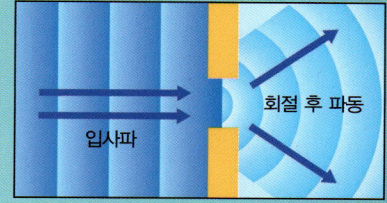

파장보다 작은 틈을 지나는 파동에는 회절이 많이 일어난다.

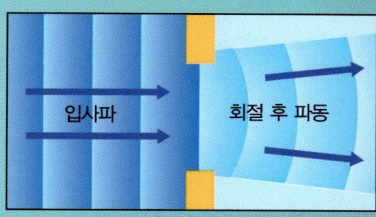

파장보다 더 큰 틈을 지나는 파동에는 거의 회절이 일어나지 않는다.

링크
205

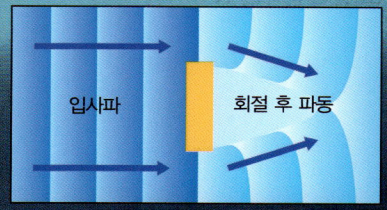

파동이 장애물의 가장자리에 부딪혀서 회절이 일어나는 경우도 있다.

# 소리 Sound

**소리는** 입자의 진동으로 전달되는 에너지의 한 형태이다. 우리가 음파라 부르는 이 진동은 고체, 액체, 기체를 통해 전달되지만 진동할 수 있는 입자가 없는 진공상태에서는 전달되지 않는다. 그렇기 때문에 우주공간에서는 소리가 전달되지 않는다.

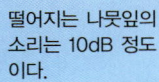

떨어지는 나뭇잎의 소리는 10dB 정도 이다.

## 음파

음파는 종파의 일종이다. 즉 음파 속의 입자는 파동의 이동방향과 같은 방향으로 진동한다.

확성기 내부에 있는 고깔 형태의 종이가 앞뒤로 진동하면서 공기 중으로 소리에너지를 발산하는 것을 예로 들 수 있다. 고깔이 앞으로 움직이면서 앞에 있는 공기입자를 밀어내고, 뒤로 움직일 때는 공기입자가 이동할 수 있는 공간을 남긴다.

링크
206

스피커 속의 고깔(움직이지 않음)

공기입자

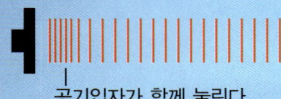

고깔이 앞으로 움직인다.

공기입자가 함께 눌린다.

고깔이 뒤로 움직인다.

공기입자가 퍼져 나간다.

### 직접 해보자

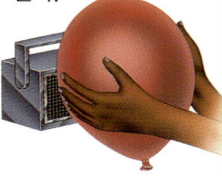

풍선을 이용해서 라디오 소리의 진동을 느껴보자. 라디오를 켜고 스피커에서 10cm 가량 떨어진 위치에서 풍선을 잡고 선다.
소리의 진동이 풍선 속의 공기를 진동하게 만든다.

음파는 물결 모양의 곡선으로 나타낼 수 있다. 마루는 입자가 눌린 부분을 나타낸다. 골은 입자가 퍼져 나가는 부분이다. 아래의 도표는 음파가 초당 파동이 반복되는 횟수(주파수)와 강도(진폭)를 보여준다.

**음파의 모양을 보여주는 도표**

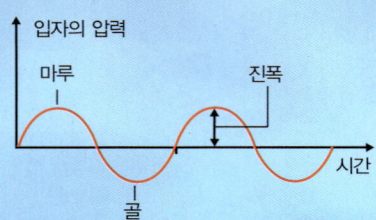

입자의 압력

마루

진폭

시간

골

파동의 주파수 단위는 헤르츠(Hz)이다. 사람이 들을 수 있는 20~20,000Hz의 주파수를 가진 음파를 일반적으로 소리라 한다. 이 범위 아래에 있는 음파는 **초저주파 불가청음**이라 하고, 그 위에 있는 음파는 **초음파**라 한다.

새소리처럼 음이 높은 소리는 주파수가 높은 파동이다.

무거운 트럭의 엔진소리와 같은 낮은 소리는 주파수도 낮다.

## 소리의 크기

큰 소리는 진폭이 큰 파동이고 부드러운 소리는 진폭이 낮은 파동이다. 소리가 멀리 이동할 때 파동의 진폭은 점점 작아지고, 따라서 소리도 점점 작아진다.

소리의 크기는 **데시벨(dB)**로 나타내며 세계에서 가장 큰 소리를 내는 동물인 흰긴수염고래는 188dB의 소리를 낸다.

비행기 소리는 너무 크기 때문에 지상에서 일하는 직원들은 귀를 보호하기 위한 장비를 착용한다.

## 소리의 속력

음파는 물질에 따라 각기 다른 속력으로 전달된다. 소리는 기체보다 액체에서, 액체보다 고체에서 더 잘 전달된다.

0℃의 건조한 공기에서 소리의 속력은 초당 331m이다. 이 속력은 공기의 온도가 올라가면 같이 증가한다. 반대로 공기의 온도가 낮아지면 속력도 감소한다.

같은 조건에서 소리의 속력보다 더 높은 속력을 **초음속**이라 한다. 반대로 이보다 낮은 속력을 **아음속**이라 한다.

항공기가 초음속에 도달하면 **소닉붐(충격파폭음)**이라 불리는 귀청이 터질 정도의 굉음을 만들어낸다. 위 사진에서 공기 중의 안개를 휘젓고 있는 음파를 확인할 수 있다.

비행기가 착륙할 때 나는 소리는 대략 120dB 정도이다.

## 메아리

**메아리**는 표면에서 반사되는 음파이며 원음이 난 후 얼마 지나지 않아 들린다. 메아리는 물체의 위치를 파악하는 데 쓰이기도 한다. 메아리가 소리가 난 곳으로 돌아오는 데 걸리는 시간을 측정하는 것이다.

높은 주파수를 띠는 파동은 경로에 장애물이 있어도 잘 굴절되지 않기 때문에 초음파가 가장 널리 사용된다. 초음파는 보통의 음파에 비해 산란되는 정도가 적으며 반사된 표면에 대해 더 정확한 정보를 제공한다.

박쥐나 돌고래와 같은 동물들이 메아리를 이용하는 것을 **반향정위(방향위치결정)**라 한다. 동물들은 길을 찾거나 먹이의 위치를 파악하기 위해 이를 이용한다.

**수중음파탐지**는 배에서 바다의 깊이를 측정하거나 물 아래 있는 난파선 또는 물고기 떼를 탐지하기 위해서 이용하는 방법이다. 배에 실려 있는 장비가 메아리를 탐지해낸다.

배에서 내보낸 초음파가 난파선에 부딪혀서 돌아온다. 컴퓨터는 난파선의 위치를 찾기 위해서 메아리가 돌아오는 시간을 측정한다.

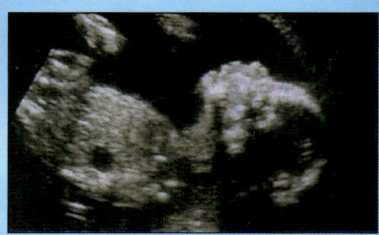

돌고래는 짤깍대는 소리를 초음파로 1초에 700회 이상 낸다. 그 소리의 반향(메아리)이 돌아오기까지 걸리는 시간을 이용해서 돌고래는 물고기 떼가 얼마나 멀리 있는지 알아낼 수 있다.

메아리는 신체 내부를 들여다볼 수 있는 **초음파 영상**에도 이용된다. 엄마 뱃속에 있는 태아의 성장도 관찰할 수 있다. 골격과 근육, 지방은 모두 다른 형태로 초음파를 반사한다. 이런 정보를 모아 컴퓨터가 영상을 구현한다.

링크
207

태아의 초음파 사진

### 유용한 인터넷 링크
www.usborne-quicklinks.com

Web 1 음파에 관한 애니메이션과 온라인 활동을 접해보자.
Web 2 온라인을 통해서 소리에 관한 실험을 해보자.
Web 3 소닉붐과 이 현상의 원인에 대해 알아보고 온라인으로 실험을 해보자.
Web 4 박쥐와 돌고래가 내는 소리를 듣고 비교해보자.

# 악기 Musical Instruments

**악기는** 음파를 만들어 소리를 내고 모양과 크기, 재질에 따라 내는 소리도 다르다. 어떤 악기들은 소리가 울려 퍼지게 하는 공명상자를 가지고 있다. 원음에 의해 생긴 공기진동과 같은 주파수로 상자가 진동해서 더 크고 풍부한 소리가 난다.

관악기인 프렌치 호른은 관 속의 공기를 진동시켜 소리를 낸다.

## 악기의 종류

악기는 소리를 내는 방식에 따라 종류를 나눌 수 있다. 하프와 바이올린 같은 **현악기**는 손으로 퉁기거나 활로 켜 소리를 낸다. 피아노의 경우는 건반을 치면 내부에 있는 천으로 만들어진 해머가 현을 쳐서 진동하면서 소리를 낸다. 현이 더 많이 진동할수록 소리가 커진다.

활은 말총으로 만든다. 활이 현을 가로지르면서 진동을 일으켜 소리를 낸다.

링크
208

바이올린의 줄받침을 통해 악기의 몸통(공명상자)으로 현의 진동이 전달된다.

공명상자는 소리를 더 풍부하고 크게 만든다.

**관악기**는 내부의 공기로 기둥(기주)을 만들어서 소리를 낸다. 진동은 악기에 따라 다르게 만들어진다. 예를 들어 트럼펫 연주자는 컵 모양의 마우스피스(악기에서 입에 대는 부분)에서 입술을 진동시킨다. 이렇게 하면 관과 악기 끝의 넓게 퍼진 부분이 소리를 더욱 **증폭시킨다.**

초기 트럼펫의 관은 길고 곧은 형태였다. 그러나 사진과 같이 오늘날 트럼펫의 관이 감겨 있고 손에 쥐기 쉬운 모습으로 변형되었다.

클라리넷과 오보에는 마우스피스에 리드(얇은 진동판)가 1~2개 있다. 공기가 이 부분을 통과하도록 악기를 불면 리드가 진동한다.

**타악기**는 두드리거나 비비거나 흔드는 동작으로 소리를 낸다. 대표적인 타악기인 북은 팽팽한 가죽을 손이나 채로 두드린다. 이렇게 두드리면 그 진동이 북 내부의 공기를 떨리게 하고, 북의 텅 빈 내부구조가 소리를 증폭시킨다.

북 가죽의 진동은 북 내부에 울려 퍼져 소리를 증폭시킨다.

## 전자악기

전자기타와 같은 **전자악기**는 현이 진동하여 생긴 소리를 증폭기로 더 크게 만든다. 또 메아리와 같은 전자효과도 더할 수 있다.

전자기타의 줄에 가해지는 진동은 전기신호로 바뀐다. 이 신호가 증폭되어서 소리가 난다.

## 음조

소리의 높낮이를 **음조**라고 한다. 높은 주파수를 지닌 음파는 높은 음조를, 낮은 주파수를 지닌 음파는 낮은 음조를 만들어낸다. 특정 음조의 소리는 **음**이라고 한다. 예를 들어 피아노 건반의 가운데와 가장 가깝게 있는 **중앙 '다' 음**의 주파수는 262Hz이다. 그 다음에 오는 '다' 음의 주파수는 523Hz로 중앙 '다' 음 주파수보다 높다.

음의 음조는 악기의 크기에 영향을 받는다. 현악기는 현이 길수록 더 낮은 음조를 내는데 더블베이스가 바이올린보다 더 낮은 음을 내는 것도 이런 이유 때문이다.

하프의 현은 길이에 따라 다른 음조의 음을 만든다.

## 배음

대부분의 악기는 높은 소리와 조용한 소리가 섞인 소리를 내는데 이를 **배음**이라고 한다. 배음은 악기에 독특한 음질과 **음색**이 나도록 한다.

음파 그림에서 배음은 원음과 함께 나는 작은 파동과 같이 나타난다. 이 그림은 한 악기에서 나오는 파동이다.

이 그림은 다른 악기로 연주한 같은 음의 음파이다.  ★

링크
209

### 직접 해보자

빈 병 윗부분에 입을 대고 불어보자. 병 안의 기주를 떨리게 해서 음을 낼 수 있다. 이번에는 병 안에 물을 약간 붓고 다시 불어보자. 물이 기주의 크기를 작게 만들기 때문에 더 높은 음이 난다.

## 합성음

**신시사이저**는 전자메모리에 2진 부호로 음파를 저장하는 악기이다. 신시사이저는 소리에 해당하는 부호를 전류로 전환해서 확성기로 보내는 과정을 통해 소리를 재생한다. 악기 소리는 물론 개가 짖는 것과 같은 다른 소음도 2진 부호로 저장해서 신시사이저로 다시 낼 수 있다.

연주자들은 악기를 다루면서 음을 바꿀 수 있다. 기타나 바이올린 연주자는 현을 누르면서 연주하는데, 이렇게 하면 진동하는 현의 길이가 짧아져서 더 높은 소리가 난다. 플루트나 리코더 연주자는 구멍을 손가락으로 막거나 열면서 공기기둥(기주)의 길이를 조절해 음을 바꾼다.

키보드 신시사이저에는 여러 악기의 음파가 2진 부호로 들어 있다.

### 유용한 인터넷 링크

www.usborne-quicklinks.com

**Web 1** 악기에 대해 알아보자.
**Web 2** 관현악단이 연주하기 전에 음조를 찾아내는 방법을 영상으로 알아보자.
**Web 3** 기타 연주법을 배워보자.
**Web 4** 악기에 관한 퀴즈를 풀어보자.
**Web 5** 소리와 음향에 대한 정보를 얻을 수 있다.
**Web 6** 음조에 관한 퀴즈를 풀어보자.

플루트의 키를 눌러 구멍을 막으면 공기기둥이 길어져서 음의 음조가 낮아진다.

# 소리의 재생 Sound Reproduction

**음파를** 전기에너지로 전환시킨 다음 재생하기 위해 소리를 녹음하고 저장할 수도 있다. 이렇게 저장한 소리는 인터넷 등을 이용하면 먼 거리로도 전달된다.

초기의 축음기는 1890년대에 만들어졌다. 레코드의 홈이 바늘을 진동하게 하고 호른 스피커를 통해서 음파를 증폭시켰다.

호른

## 마이크

소리는 **마이크**를 이용해서 전류로 전환할 수 있다. 마이크 안에는 전자석에 붙어 있는 **진동판**이라는 얇은 금속원판이 있다. 전자석이란 원형 자석과 돌돌 말린 전선(코일)이다.

음파가 진동판을 치면 이것은 음파와 같은 주파수로 진동한다. 진동판은 코일을 진동하게 하고, 코일이 자석 쪽으로 이동하면 전선을 따라 전류가 형성된다. 이때 생성된 전류는 음파의 크기와 주파수에 따라 다르다.

링크 210

마이크(단면도)

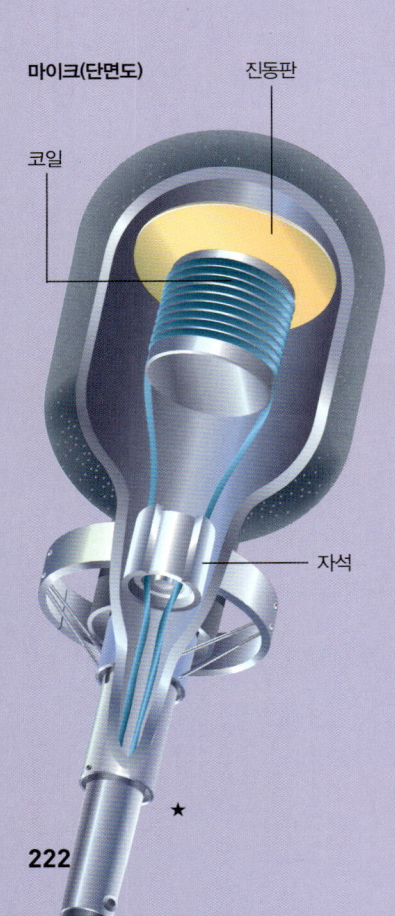

코일

진동판

자석

★

## 확성기

**확성기**는 음원에서 나오는 전류를 음파로 다시 전환한다. 확성기 내부에는 전자석이 들어 있어서 전류가 전자석 코일을 통해 흐르면 자성을 띤다. 이 코일은 고깔 모양의 종이 진동판에 붙어 있다.

확성기를 구성하는 부속품

진동판

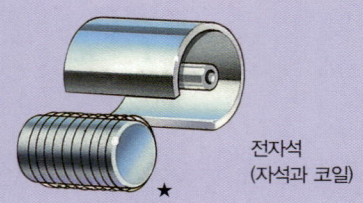

전자석
(자석과 코일)

★

음파에서 만들어진 다양한 전류가 코일에 흐르면 코일의 자기장과 자석의 자기장 사이의 힘이 코일과 진동판을 둘 다 떨리게 한다.

이때 진동판 앞에 있는 공기가 떨리면서 원래 소리와 같은 주파수의 음파를 만들어낸다.

## 카세트 녹음기

**카세트 녹음기**에서 소리는 플라스틱 테이프 위에 철이나 산화크롬 자기를 띤 입자로 패턴을 만드는 형식으로 녹음된다.

카세트

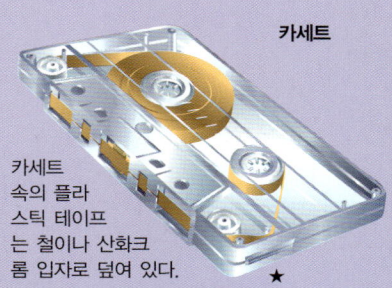

카세트 속의 플라스틱 테이프는 철이나 산화크롬 입자로 덮여 있다.

★

이런 녹음 과정은 전자석으로 이루어진 **커터**(레코드 제조에 사용되는 것)라는 부분에서 일어난다. 음파에서 생성된 다양한 전류가 마이크를 통해서 커터의 금속코일로 들어간다. 그러면 헤드의 자기장에서 진동이 일어나 테이프 표면에 있는 금속입자가 다른 패턴으로 배열된다.

카세트 레코더에 있는 커터

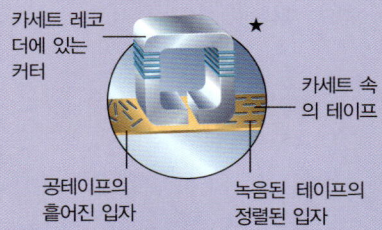

★

카세트 속의 테이프

공테이프의 흩어진 입자

녹음된 테이프의 정렬된 입자

테이프 위에 나타난 입자의 패턴은 **재생헤드**를 통해서 읽어낼 수 있다. 재생헤드는 다양한 전류를 만들어내서 확성기를 통해 이를 다시 소리로 전환한다.

## 아날로그 녹음

마이크에서 나오는 여러 가지 전류는 카세트테이프 위의 자기 입자가 다양한 패턴으로 배열되게 한다. 이것은 마이크 진동판이 음파에 맞추어 앞뒤로 움직이는 것을 연속적으로 기록한 것으로 **아날로그 녹음**의 예로 들 수 있다.

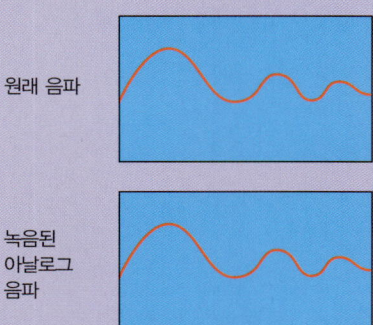

원래 음파

녹음된
아날로그
음파

아날로그 녹음의 문제점은 반복해서 사용하면 소리가 변할 수 있다는 것이다. 카세트 녹음기의 재생헤드는 테이프의 자기 입자를 점차 닳게 한다. 이런 이유로 카세트를 오래 들으면 소리가 녹음된 원음과 점점 다르게 들리는 것이다.

### 직접 해보자

테이프에 미치는 자기의 영향력을 실험해보자. 테이프에 녹음을 한 뒤 다시 뒤로 감아서 기계에서 꺼낸다. 테이프를 일부 풀어내서 그 위로 자석을 몇 번 문지른다. 테이프를 다시 감고 재생해보자. 자석으로 인해 테이프 표면의 입자가 재배열되어서 소리가 왜곡된 것을 알 수 있다.

## 디지털 녹음

**디지털 녹음**에서는 소리를 표현하는 전류를 숫자 0과 1로 이루어진 부호(2진 부호)로 나타낸다. 이 과정은 전류를 각각 다른 지점에서 측정하여 이루어지는데 이를 **샘플링**(견본추출)이라고 한다.

더 많은 지점이 샘플링될수록 다시 재생했을 때 소리가 원음에 가까워진다. 시디 녹음에서는 초당 44,100개의 샘플을 추출한다. 이렇게 하면 원음과 아주 비슷한 **고충실도 녹음**을 할 수 있다.

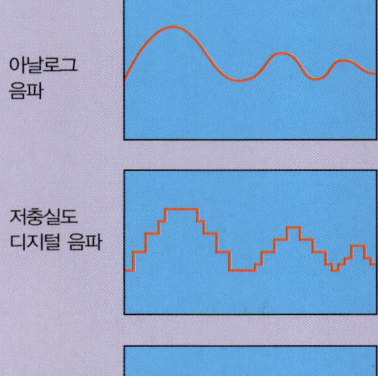

아날로그
음파

저충실도
디지털 음파

고충실도
디지털 음파

디지털 녹음을 하면 소리를 만들 때 사용된 일련의 숫자가 재생할 때마다 다시 사용된다. 즉 처음 녹음했을 때와 같은 소리를 항상 들을 수 있는 것이다. 이를 **완벽음성재생**이라고 한다.

디지털로 녹음된 정보는 컴퓨터에 파일로도 저장할 수 있다. 이렇게 저장하면 시디로 옮기거나 인터넷을 통해서 다른 사람에게 보낼 수도 있다.

## 콤팩트디스크

**콤팩트디스크** 또는 **시디**(CD)는 소리나 정보를 디지털 방식으로 저장한다. 시디에는 평평한 판 위에 작게 솟은 **요철**이 2진 부호를 나타낸다.

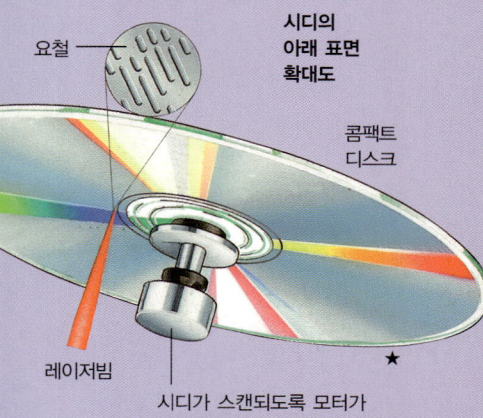

요철

시디의
아래 표면
확대도

콤팩트
디스크

레이저빔

시디가 스캔되도록 모터가 시디를 돌리면서 회전한다.

링크
211

시디를 재생기에 넣으면 레이저빔이 디스크의 아랫부분을 스캔한다. 작게 솟은 부분에 빛이 부딪히면 2진법의 1로 전기펄스를 읽는다. 평평한 부분이나 솟은 부분 사이에 빛이 닿으면 0으로 읽는다. 이런 펄스의 흐름이 확성기를 통해서 소리로 전환된다.

### 유용한 인터넷 링크

www.usborne-quicklinks.com

**Web 1** 녹음 스튜디오를 둘러보고 마이크와 시디, 확성기에 적용된 과학이론을 알아보자.
**Web 2** 마이크를 그린 도표를 보면서 공부해보자.
**Web 3** 소리의 재생을 간단하게 요약한 글을 읽어보자.
**Web 4** 시디와 디비디 등의 작동원리에 대한 설명을 읽어보자. 또 전기에너지에 대해서도 더 공부해보자.
**Web 5** mp3 파일에 관한 애니메이션을 볼 수 있다.
**Web 6** 확성기의 작동원리를 알아보자.

# 전자기파 Electromagnetic Waves

**전자기파란** 끊임없이 변하는 전기장과 자기장으로 이루어진 횡파이다. 역학적 파동과 마찬가지로 전자기파는 대부분의 고체나 액체, 기체는 물론 **진공상태**(공기의 입자를 포함해서 다른 어떤 물질도 없는 텅 빈 공간)도 통과할 수 있다. 전자기파는 빛을 내는 종류를 제외하고는 모두 눈에 보이지 않는다.

## 전자기파 스펙트럼

전자기파의 범위 전체를 파장과 주파수 순으로 배열한 것을 **전자기파 스펙트럼**이라고 한다. 스펙트럼의 한쪽 끝은 파장이 짧고 주파수가 높은 파동으로 시작하고, 반대편은 파장이 길고 주파수가 낮은 파동으로 끝난다. 전자기파는 초당 30만km 정도를 이동한다. 이를 **광속**이라고 한다.

링크
212

## 감마선

**감마선**은 짧고 주파수가 높은 파동이다. 감마선은 살아 있는 세포를 죽이는 특성이 있어서 의료기구에 남아 있는 병균을 소독하는 데 사용된다.

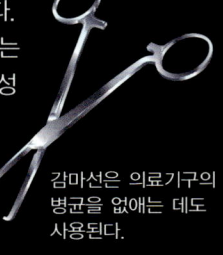

감마선은 의료기구의 병균을 없애는 데도 사용된다.

## 엑스레이

**엑스레이**는 부드러운 물질은 대부분 통과하지만 단단하고 밀도가 높은 물질은 통과하지 못한다. 엑스레이는 병원에서 몸의 그림자 같은 사진을 찍는 데 이용된다. 피부나 근육처럼 부드러운 조직은 통과하지만 단단한 뼈는 통과하지 못하는 원리를 이용한 것이다. 또는 공항에서 승객들의 짐 속에 숨겨진 물건을 확인하는 보안 목적으로도 쓰인다.

엑스레이로 찍은 신발을 신은 여성의 발 사진이다. 뼈와 금속으로 된 신발이 가장 뚜렷하게 보이는데 이것은 엑스레이가 이 물질을 통과하지 못하기 때문이다.

## 전자기파 스펙트럼

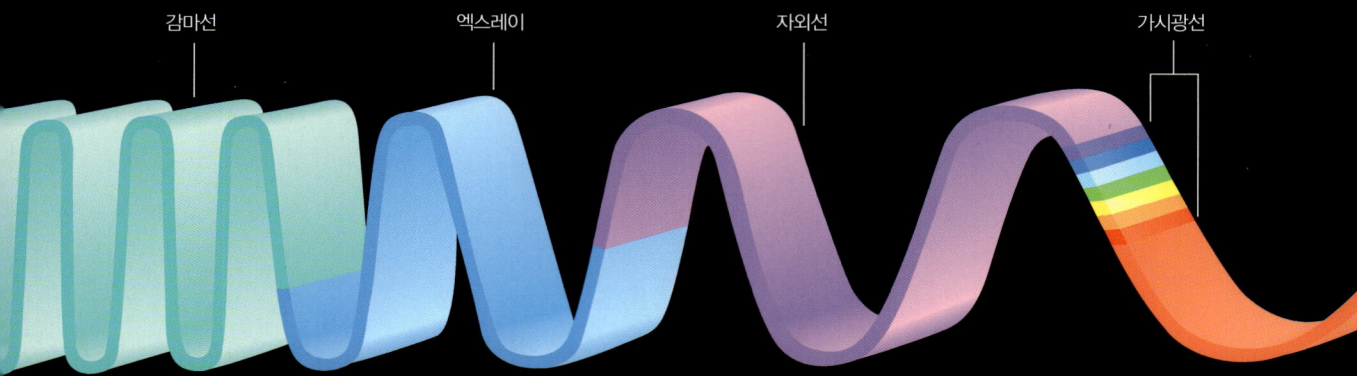

감마선    엑스레이    자외선    가시광선

짧은 파장
높은 주파수

## 자외선

자외선(UV선)에는 가시광선(아래 참조)보다 많은 에너지가 들어 있어서 화학반응을 일으킨다.

선크림은 유해한 자외선을 차단해서 피부를 보호한다

이런 화학반응의 한 예로 태양의 자외선은 피부에 **멜라닌**이라는 갈색 화학물질을 생성시키는데 이 물질은 피부를 타게 한다. 자외선에 너무 많이 노출되면 멜라닌이 과도하게 분비되어서 피부암이 생기기도 한다.

## 가시광선

전자기파 중 사람이 볼 수 있는 좁은 부분을 **가시광선 스펙트럼**이라고 한다. 가시광선에 대해서는 226~229쪽에서 알아보자.

## 적외선

뜨거운 물질에서는 반드시 **적외선**이 나온다. 태양에서 지구로 전달되는 열은 적외선의 형태로 이동한다.

## 라디오파

**라디오파**는 파장은 가장 길고 주파수는 가장 낮다. 라디오파는 238쪽에서 더 자세히 알아보자.

**마이크로파**는 라디오파 중에서 상대적으로 파장이 짧다. 마이크로파는 조절하거나 방향을 바꾸기가 쉬워서 다양한 용도로 사용된다.

일반 요리기구에서 열은 음식 가장자리의 분자에서부터 가운데 있는 분자로 전달된다. 그러나 마이크로파를 이용한 오븐인 전자레인지는 음식물 안에 있는 분자를 동시에 진동하게 하여 음식을 데운다. 이렇게 하면 음식이 더 빨리 조리된다.

이곳에 달린 팬이 마이크로파를 오븐 전체로 전달한다.

마이크로파는 마그네트론이라는 관에서 생성된다.

마이크로파 오븐
(전자레인지, 단면도)

## 레이더

**레이더**(radio detection and ranging의 줄임말, 라디오파 탐지 및 범위)는 마이크로파를 이용해서 배나 비행기와 같이 멀리 떨어져 있는 물체의 위치를 파악한다. 발신기가 마이크로파 빔을 내보내면 단단한 물체에 반사되어서 수신기가 이를 탐지한다. 이 정보는 대상의 거리와 방향을 보여주는 화면이미지로 전송된다.

링크 213

전파망원경의 접시안테나는 아주 멀리 떨어진 별이나 행성에서 오는 마이크로파를 감지한다. 이 망원경은 일반망원경으로 관찰할 수 없는 너무 어둡거나 멀리 떨어진 물체도 탐지할 수 있다.

---

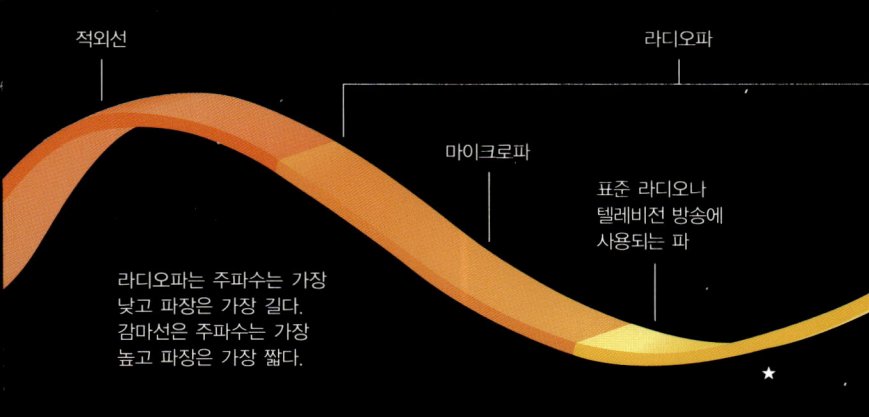

적외선

라디오파

마이크로파

표준 라디오나 텔레비전 방송에 사용되는 파

라디오파는 주파수는 가장 낮고 파장은 가장 길다. 감마선은 주파수는 가장 높고 파장은 가장 짧다.

긴 파장

낮은 주파수

### 유용한 인터넷 링크

www.usborne-quicklinks.com

**Web 1** 전자기파에 관한 온라인 수업을 들어보자.

**Web 2** 전자기파 스펙트럼 속으로 가상 견학을 떠나보자.

**Web 3** 전자기파에 대한 온라인 실험을 해보자.

**Web 4** 가상으로 엑스레이 기계를 이용해보고 엑스레이의 작동원리를 익혀보자.

**Web 5** 매일 사용하는 물건들의 적외선 사진을 살펴보자.

# 빛과 그림자 Light and Shadow

**빛은** 에너지의 한 형태로 전자기 스펙트럼의 일부인 전자기파로 이루어져 있다. 전자기파는 눈에 보이므로 가시광선이라고도 한다.

사진 속의 등댓불은 회전하면서 수 킬로미터나 떨어진 먼 바다에 나가 있는 배까지 닿는 강한 빛을 낸다.

## 빛

광파는 일종의 횡파로 다른 파동과 같이 에너지원에서 방출된 에너지를 주변으로 퍼뜨리는 역할을 한다. 빛을 방출하는 사물, 이를테면 태양이나 전구와 같은 것을 모두 **발광성**이라고 한다. 대부분의 물체는 비발광성으로 발광성 물체에서 나오는 빛을 반사하여 우리 눈에 보이는 것이다. 달 역시 태양에서 나온 빛을 반사하는 것이다.

링크 214

## 그림자

물질에 따라서 통과시키는 빛의 양이 다르다. 맑은 유리처럼 빛을 완전히 통과시키는 물질을 **투명하다**고 한다. 우윳빛 유리와 같이 빛을 일부만 통과시키는 물체는 **반투명하다**고 한다. **불투명한** 물체는 빛이 비쳐도 파동이 통과할 수 없기 때문에 반대편에 **그림자**라는 어두운 부분이 생긴다.

달의 표면에 반사되어 달을 볼 수 있다.

빛

빛은 공을 통과하지 못하므로 그림자가 생긴다.

다른 물체보다 빛을 더 많이 내는 발광성 물체도 있다. 이런 밝기의 정도를 **광도**라 한다. 빛이 나는 곳에서 멀리 있을수록 광도는 약하다. 이것은 광파가 에너지원에서 퍼져 나오면서 흩어지기 때문이다.

불투명한 물체에 의해서 생기는 그림자에는 두 가지가 있다. 빛이 전혀 닿지 않아서 생기는 어두운 그림자를 **본그림자**라고 한다. 빛이 조금이라도 닿으면 회색 그림자가 생기는데 이것은 **반그림자**라고 하며 본그림자의 가장자리에 생긴다. 광원이 작을수록 본그림자는 더 크게, 반그림자는 더 작게 형성된다.

### 직접 해보자

두 가지 그림자가 생기는 것을 실험으로 확인해보자. 전등을 켜놓고 흰 종이를 깐 뒤 책을 빛 아래 대고 어떤 그림자가 생기는지 관찰해보자. 책을 종이쪽으로 움직이면 본그림자가 더 커지고 반그림자는 작아지는 것을 관찰할 수 있다.

밝은 손전등은 작은 촛불보다 더 강한 빛을 낸다.

광파의 진동이 점차 작아지면서 빛은 희미해진다.

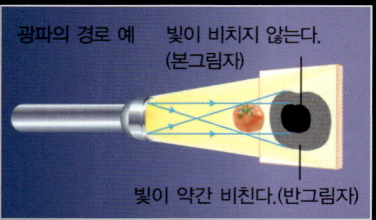

광파의 경로 예    빛이 비치지 않는다.
(본그림자)

빛이 약간 비친다.(반그림자)

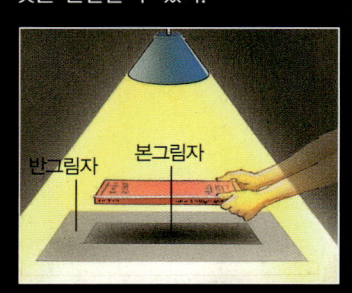

반그림자    본그림자

## 레이저

가시광선은 다양한 파장과 주파수를 띤 몇 가지 색으로 이루어져 있다. **레이저**는 하나의 파장과 주파수를 띤 강하고 순수한 색의 광선을 만들어내는 기계를 말한다.

간단한 형태의 레이저에서는 루비막대가 밝은 전등에서 나오는 빛에너지를 흡수한다. 루비 속의 원자가 에너지를 얻어서 특정한 파장과 주파수의 빛을 방출한다. 한 번 빛이 나올 때마다 루비 속의 다른 원자도 같은 종류의 광파를 발산하게 된다. 이 빛이 모두 합쳐져서 **레이저광선(빔)**을 이룬다.

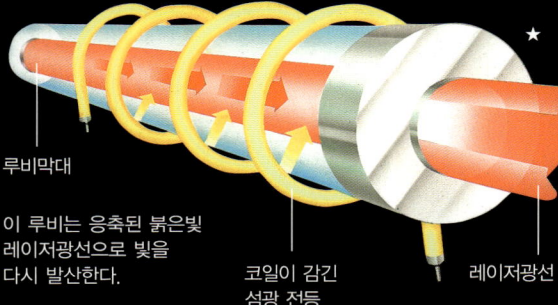

이 레이저에서는 루비막대가 코일이 감긴 섬광전등에서 나오는 빛을 흡수한다.

루비막대

이 루비는 응축된 붉은빛 레이저광선으로 빛을 다시 발산한다.

코일이 감긴 섬광 전등

레이저광선

레이저광선의 파동은 **간섭성**이다. 즉 이 파동은 서로 모든 특성이 똑같아질 때까지 단계별로 이동한다. 이 파동은 가늘고 응축된 광선에 함께 들어 있어서 방향을 조절하기가 쉽다.

일부 강력한 레이저는 아주 뜨거운 적외선 광선을 방출한다. 이 광선은 금속이나 다이아몬드, 이 외에도 강도가 높은 물질을 녹이는 데 사용된다. 이보다 강도가 약한 레이저는 떨어진 망막을 붙이는 것과 같은 특정한 종류의 눈 수술에 사용된다. 이 레이저를 이용하면 떨어진 것을 원래 있던 부분에 붙이면서 열로 인한 작은 흉터가 남는다.

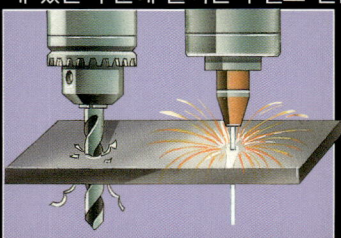

일반 드릴(왼쪽)은 금속에 거친 구멍을 낼 수 있지만 부스러기가 많이 생긴다.

반면 강도가 높은 레이저광선은 금속을 녹여서 깨끗한 구멍을 뚫을 수 있다.

## 형광성

어떤 물질들은 전기나 자외선 같은 에너지를 흡수해서 다시 빛으로 발산하는 특징을 가지고 있다. 이런 것을 **형광성** 물질이라고 한다. 형광성 물질은 마치 빛이 나는 것처럼 보이는 색을 내기 때문에 광고나 페인트 등에 사용된다.

그림 속의 티셔츠는 태양의 자외선을 흡수해서 흰 옷을 더 하얗게 보이게 해주는 형광성 물질을 함유한 세제로 세탁했다.

형광등은 네온과 같은 기체가 가득 찬 관으로 만들어진다. 전기가 관을 통과하면서 기체 속의 입자에 에너지를 전달하고, 이 입자가 그 에너지를 다시 빛으로 발산한다. 형광에 어떤 기체가 사용되느냐에 따라 다른 색의 빛을 낸다.

링크 215

색깔 있는 전등 속에는 형광성 기체가 들어 있다.

### 유용한 인터넷 링크

www.usborne-quicklinks.com

Web 1 빛과 빛의 특성에 대한 설명을 읽어보자.
Web 2 광원으로서 빛과 태양에 관한 설명을 읽어보자.
Web 3 레이저에 대해 알아보자.
Web 4 가상여행을 하면서 빛에 대해 알아보자.
Web 5 빛과 그림자에 대해 더 많은 것을 공부할 수 있는 실험을 해보자.
Web 6 레이저에 관한 사진이 있는 온라인 전시를 살펴보자. 오늘날 레이저가 어떻게 이용되는지에 대해서도 알아보자.

# 색깔 Colour

**가시광선은** 색깔이 없는 것처럼 보이기 때문에 **백색광**이라고도 한다. 그러나 사실 가시광선은 빨간색, 주황색, 노란색, 초록색, 파란색, 남색, 보라색의 총 7가지의 다른 색깔로 이루어져 있다. 각 색깔은 다른 파장과 주파수를 띤다. 이 색이 함께 가시스펙트럼을 이룬다. 스펙트럼에 나타난 색깔은 **유채색**이라고 한다.

무지개는 빛이 공기 중의 작은 물방울에 부딪혀서 다른 색깔로 갈라지면서 나타난다.

## 분산

1966년, 과학자 아이작 뉴턴(Isaac Newton)은 백색광을 여러 가지 색으로 나눌 수 있다는 사실을 발견했다. 이를 **분산**이라고 한다. 뉴턴은 **프리즘**을 이용해서 빛을 분산시켰다. 프리즘이란 한 각에서 2개의 평면이 만나는 투명한 고체를 말한다.

링크 216

아래 그림을 살펴보면 프리즘의 원리를 알 수 있다. 빛이 첫 번째 면에 닿으면 빛 속의 색깔이 각각 다른 각도로 굴절된다. 이렇게 분산된 빛은 두 번째 면에 닿으면서 더 많이 굴절된다. 가장 짧은 파장을 띤 색깔은 파란색과 보라색으로 이 두 색이 가장 많이 굴절된다.

무지개는 자연스럽게 일어나는 굴절의 결과이다. 공기 중에 있는 물입자가 프리즘처럼 작용해서 태양빛을 여러 가지 색으로 나눈 것이다.

백색광은 이렇게 유리로 된 프리즘을 통과하면서 7가지 색깔로 나뉜다.

## 하늘의 색깔

하늘이 색을 띠고 있는 이유는 대기 중의 작은 입자에 의해서 태양광이 흩어지기 때문이다. 이런 입자들은 태양광을 반사하고 회절되어 고주파의 광파를 확산시키는데, 이 중 가장 주파수가 높은 광파는 파란색이다. 위와 같은 과정으로 확산된 파란빛이 우리 눈에 도달하기 때문에 하늘이 파랗게 보이는 것이다.

저녁 하늘의 여러 가지 색깔도 빛의 분산으로 나타나는 것이다.

동이 틀 때나 해가 질 때, 빛은 우리 눈에 도달하기 전까지 대기 중을 더 길게 통과한다. 그래서 파란색은 우리가 보기 전에 모두 흩어져버리고, 하늘은 주황색과 빨간색으로 타오르는 것처럼 보인다. 이 두 가지 색은 주파수가 가장 낮은 축에 속한다.

## 빛의 혼합

대부분 빛의 색깔은 **가색법**으로 만들 수 있다. 가색법이란 빨간색과 초록색, 파란색 빛을 각각 다른 조합으로 섞는 방법을 말한다. 이런 이유로 빨간색, 초록색, 파란색을 **빛의 삼원색**이라고 한다.

빨간색, 파란색, 초록색은 빛의 삼원색이다.

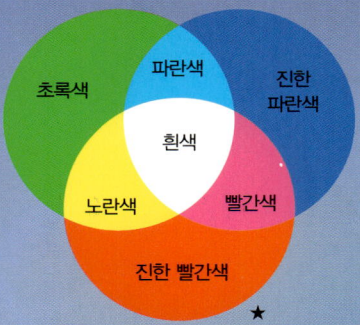

파란색과 빨간색, 노란색은 2차색(중간색)이다.

두 가지 원색을 섞어서 만든 색을 **2차색**(중간색)이라고 하고, 빨강과 파란(위의 그림에서 반대쪽에 위치하는 색)과 같이 섞으면 흰빛이 되는 색깔을 **보색**이라고 한다.

## 색깔 보기

빛이 물체에 반사될 때 우리 눈 속의 색깔에 민감한 세포가 이를 감지해 우리는 색깔을 볼 수 있다.

색깔이 있는 사물이나 페인트에는 **색료**가 들어 있다. 색료란 특정한 색은 흡수하고 다른 색은 반사하는 물질을 말한다. 우리가 사물의 색깔을 볼 수 있는 것은 그 사물이 이 색깔의 빛만을 반사하기 때문이다. 빨간 꽃은 빨간빛을 반사하고 스펙트럼 상의 다른 모든 색을 흡수하기 때문에 우리 눈에 빨갛게 보인다.

이 병이
파랗게 보이는
이유는 병이 파란색
만을 반사하고 다른 색은
흡수하기 때문이다.

흰색 물체는 모든 색깔의 빛을 똑같이 반사하기 때문에 하얗게 보인다. 검은색 물체는 모든 색을 흡수하기 때문에 어떤 빛도 반사하지 않아서 검은색으로 보인다. 검은색과 흰색을 무채색이라고 한다.

그림 속 펭귄의 흰 깃털은
모든 빛을 반사한다.

검은 깃털은 모든 빛을
흡수한다.

## 색료 혼합

색료는 **감색법**을 통해 혼합된다. 예를 들어 노란 물감 속의 안료는 파란빛을, 파란색 물감 속의 안료는 빨간빛을 흡수한다. 그래서 노란색과 파란색 물감을 섞으면 초록빛만 반사해서 초록색으로 보인다. 색료의 삼원색은 파란색, 노란색, 빨간색이고 빨간색, 파란색, 초록색은 등화색이다.

파란색

노란색　　　　빨간색

★

노란색과 파란색은 파란색과 빨간색 빛을
흡수하기 때문에 섞으면 초록색이 된다.

### 직접 해보자

무지개색 팽이를 만들어서 스펙트럼의 색깔이 하얗게 되는 것을 관찰해 보자. 빳빳한 판지에 그릇을 대고 원을 그린다. 원을 오려내서 일곱 부분으로 나눈 뒤 무지개색으로 한 칸씩 칠한다. 완성되면 판지 가운데에 연필을 밀어 넣고 탁자 위에서 돌린다. 팽이가 돌면 각 색깔에 반사된 다양한 색의 빛이 혼합되어서 흰색이 된다.

## 컬러프린트

책이나 잡지에 이용하는 컬러프린트는 빨간색과 노란색, 파란색 잉크의 점을 이용해서 이미지를 표현한다. 사진을 더 선명하게 만들기 위해서 검은색 잉크도 사용된다. 이런 과정을 **4색 인쇄**라고 한다.

확대된 사진을 통해 어떻게 컬러프린트 속의
모든 색이 빨강, 노랑, 파랑과 검정색의 작은
점으로 구성되는지 살펴볼 수 있다.

링크
217

이 책 속의 사진이나 그림을 확대경으로 살펴보면 그 이미지를 이루고 있는 작은 점들을 볼 수 있을 것이다.

4색 인쇄에 사용되는 색깔

파란색　　빨간색　　노란색　　검정색

### 유용한 인터넷 링크

www.usborne-quicklinks.com

**Web 1** 무지개에 관한 여러 가지 정보를 알아보고 실내에서 무지개를 만들어보자.

**Web 2** 하늘의 색깔에 대해 더 많은 것을 알아보자.

**Web 3** 색깔을 볼 수 있는 원리에 대해 그림으로 설명하는 글을 읽어보자.

**Web 4** 빛과 색에 관련된 온라인 활동을 해보자.

**Web 5** 가상으로 콘서트 무대를 위한 조명을 설계해보자. 또 그 속에 숨겨진 과학적인 사실에 대해 공부해보자.

# 빛의 성질 Light Behaviour

**다른** 전자기파와 같이 빛도 초당 30만km 정도(진공상태에서 측정)의 매우 빠른 속도로 이동한다. 광파가 이동하는 방향은 아래 그림표에 화살로 표시되어 있는데 이를 광선이라고 한다. 광파는 일반적으로 일직선으로 이동하지만 방해물을 만나거나 한 물질에서 다른 물질로 이동해가면 방향이 바뀌기도 한다.

비눗방울 표면에 나타나는 색은 빛의 간섭에 의해서 생긴다.

## 빛의 반사

물체를 향해서 이동하는 광선을 **입사광선**이라고 한다. 입사광선이 물체에 부딪혀서 반사되면 이것은 **반사광선**이 된다. 광선 하나하나는 물체에 부딪히면 같은 각도로 반사된다.

평행을 이루는 광선이 매끄럽고 빛이 나는 표면에 부딪혀서 반사되면 이 반사광선도 평행을 이룬다. 이를 **정반사**라고 한다.

링크
218

평행을 이루는 광선이 거친 표면에 부딪히면 이 반사광선은 각각 다른 방향으로 흩어진다. 이를 **난반사**(확산반사)라고 한다. 대부분 물질의 표면은 거칠기 때문에 난반사는 반사 중 가장 흔한 종류이다.(겉보기에는 매끄러운 물질도 현미경으로 들여다보면 거친 경우가 많다.)

### 광선의 정반사

평행입사
광선

평행반사
광선

매끄러운 표면

★

### 광선의 난반사

평행입사
광선

평행반사
광선

거친 표면

★

사물을 바라보면 물건에 반사된 빛이 우리 눈 속으로 바로 들어오기 때문에 그 사물이 실제로 어디에 있는지 알 수 있다. 거울 속의 사물을 보는 경우에는 광선이 사물에 반사되었다가 다시 거울에 반사되어서 눈으로 들어온다. 이때 우리가 보는 것은 사물의 **상**이다. 이렇게 거울을 통해서 보는 경우 상이 거울 뒤에 있는 것처럼 보인다.

구름을 뚫고 내리쬐는
태양광선은 빛이
일직선으로 이동한다는
사실을 보여준다.

## 빛의 굴절

광선이 한 물질에서 밀도가 다른 물질로 이동하면 속도가 변한다. 이때 광선이 휘어지면 이를 **굴절광선**이라 한다. 속도가 변하는 정도와 굴절되는 정도는 밀도의 변화에 따라 다르다. 광선은 밀도가 보다 낮은 물질에 들어가면 속도가 빨라지고 높은 물질에 들어가면 속도가 느려진다.

물속에서 광선이 반사되면 물체가 왜곡되어 보이기도 하는데, 이것을 굴절의 한 예로 들 수 있다. 이런 현상이 일어나는 이유는 빛이 물에서 나와 물보다 밀도가 낮은 공기로 이동하면 굴절되기 때문이다. 굴절에 대해서는 165쪽에서 더 자세히 알 수 있다.

### 직접 해보자

빛의 굴절현상을 관찰할 수 있는 실험을 해보자. 물이 담긴 유리잔에 빨대를 꽂아서 여러 면에서 살펴보자. 빨대는 다른 방향으로 휘어진 것처럼 보인다. 그림 속에 점선이 없는 직선은 위에서 관찰한 광선의 실제 경로이다. 그러나 우리의 뇌에서는 빛이 일직선으로 이동한다고 생각해서 빨대의 끝이 X 표시가 된 곳에 있는 것처럼 보인다.

★

## 빛의 회절

광선은 작은 틈을 지나거나 불투명한 물체의 끝 부분에 닿으면 회절(분산) 된다. 회절에 대해서는 217쪽을 참조 하자.

## 빛의 간섭

광선이 굴절되거나 회절되면 경로가 교차하면서 간섭현상이 일어난다. 간섭에 대해서는 217쪽을 살펴보자.

한 광선이 다른 광선에 간섭하면 빛의 파장은 일부는 강해지고 일부는 약해져서 특정한 색깔이 나타난다. 시디나 비누거품 표면에 나타나는 색도 빛의 간섭에 의한 것이다.

이 나비 날개의 금속성 광채는 빛의 간섭 때문에 생긴다.

시디의 광택이 나는 면에는 아주 작게 올라온 부분이 있어서 이 부분 사이의 틈에 빛이 들어가면 파동이 회절되고 간섭이 일어나서 각도 별로 다른 특정한 색이 나타나게 된다.

시디는 백색광을 회절시켜서 빛 속의 색깔이 눈에 보이게 한다.

비누거품의 무지개색은 외부 표면에서 반사된 빛이 내부 표면에 반사된 빛과 간섭하여 나타난다.

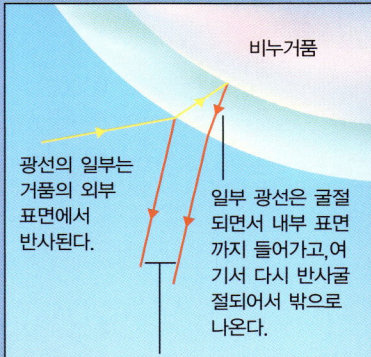

비누거품

광선의 일부는 거품의 외부 표면에서 반사된다.

일부 광선은 굴절되면서 내부 표면까지 들어가고, 여기서 다시 반사굴절되어서 밖으로 나온다.

반사되거나 굴절된 광선은 이동한 거리가 다르기 때문에 간섭이 일어날 때 사이클에서 각각 다른 단계에 있다.

★

이렇게 거품에 나타나는 색깔은 계속 변하면서 반짝거리는데 이런 현상을 **훈색**(暈色)이라고 한다. 훈색현상은 일부 곤충이나 새의 날개에서도 관찰된다.

## 편광

광파는 전기장과 자기장으로 이루어져 있다. 진동은 초당 수백만 번씩 방향을 바꾸지만 항상 파동이 이동하는 방향의 직각을 유지한다.

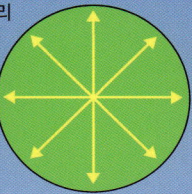

일반적인 광파가 우리 눈에 바로 들어온다고 가정해보자. 이 광파의 진동은 그림에서 보는 것과 같이 여러 방향을 향하고 있다.

빛이 **편광**되면 이 광파의 진동은 아래위와 같이 한 방향으로만 일어난다.

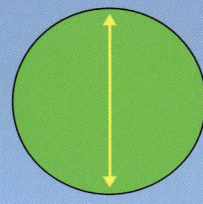

편광된 광파는 여과되어서 그림에서와 같이 진동이 한 방향으로만 일어난다.

**편광 선글러스**는 특정한 방향이 아닌 광파의 진동은 모두 걸러낸다. 이런 선글러스를 끼면 눈이 과도한 빛에 노출되는 것을 막아준다.

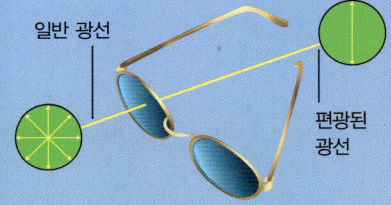

일반 광선

편광된 광선

편광 선글러스는 한 방향의 빛 진동만 통과할 수 있다.

링크
219

### 유용한 인터넷 링크

www.usborne-quicklinks.com

**Web 1** 빛과 눈에 대해 상세하게 알려주는 온라인 수업을 들어보자.
**Web 2** 빛의 성질에 관한 설명을 읽어보고 퀴즈도 풀어보자.
**Web 3** 굴절에 대한 글을 읽어보자.
**Web 4** 다이아몬드에서 왜 광채가 나는지 알아보자.

# 렌즈와 거울 Lenses and Mirrors

**렌즈란** 휘어진 표면을 가진 투명한 물질로 빛이 통과하면 특정한 각도로 휘는 모든 물체를 말한다. 거울은 대부분의 빛을 반사하는 빛나는 표면이다. 우리 주변에서 유용하게 이용되는 렌즈와 거울은 흔히 쓰는 카메라와 망원경에도 이용된다.

## 렌즈

렌즈는 통과하는 빛이 특정한 각도로 휘어지도록(굴절) 하는 모양을 하고 있다. 렌즈에는 크게 볼록렌즈와 오목렌즈로 나눌 수 있다. **볼록렌즈**의 표면은 한쪽 또는 양쪽 다 바깥쪽으로 볼록한 모양을 하고 있다. **오목렌즈**는 한쪽 또는 양쪽 모두 안쪽으로 오목하게 들어간 모양을 하고 있다.

이 사진은 어안렌즈로 뉴욕시를 촬영한 것이다. 휘어진 어안렌즈는 왜곡된 둥근 이미지를 만들어내며, 180°의 각도로 이미지를 촬영할 수 있다.

링크
220

### 볼록렌즈의 종류

양면       평면       요철
볼록렌즈   볼록렌즈   볼록렌즈

### 오목렌즈의 종류

양면       평면       요철
오목렌즈   오목렌즈   오목렌즈

렌즈가 광선을 어떻게 굴절시키느냐에 따라 수렴렌즈와 발산렌즈로 나누기도 한다. 공기 중에 유리로 된 볼록렌즈를 놓아두면 수렴렌즈의 역할을 하고, 유리로 된 오목렌즈를 놓아두면 발산렌즈 역할을 한다.

광선끼리 만나거나 그곳에서 광선이 뻗어 나오는 것처럼 보이는 지점을 모두 초점이라고 한다. 평행으로 이동하는 광선이 **수렴렌즈**를 통과하면 하나의 초점에서 만나게 된다.

### 수렴렌즈

볼록렌즈 ———

광선

초점

발산렌즈를 통과하면 평행으로 이동하던 광선이 흩어진다.

### 발산렌즈

오목렌즈

굴절된 광선이 발산렌즈를 통과하면서 흩어진다.

초점 · 광선이 이곳에서부터 나오는 것처럼 보인다.

수렴렌즈를 통해서 보이는 상의 크기와 위치는 렌즈로부터 사물의 거리에 따라 다르다. 사물이 수렴렌즈와 아주 가까이 있다면 상은 수직으로 선 채 확대되어 보인다.

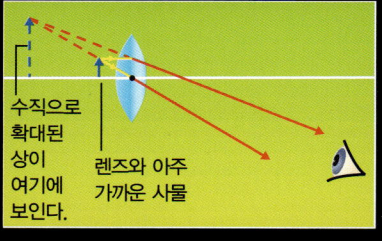

수직으로 확대된 상이 여기에 보인다.

렌즈와 아주 가까운 사물

사물이 수렴렌즈에서 멀리 떨어져 있으면 상은 거꾸로 보인다.

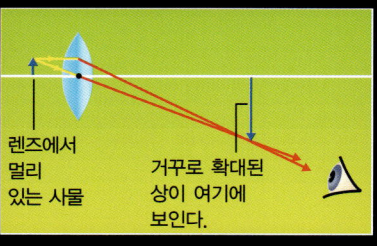

렌즈에서 멀리 있는 사물

거꾸로 확대된 상이 여기에 보인다.

# 눈과 시력

우리의 눈은 사물에서 반사된 빛을 뇌가 인식할 수 있는 상으로 전환시킨다. 눈의 앞부분은 볼록렌즈와 같은 구조로 되어 있다. 이 부분은 광선을 하나의 초점에 모아 **망막**이라는 눈 뒤의 층에 상이 맺히게 한다. 이때 형성된 상은 거꾸로 뒤집혀 있지만 뇌가 이를 수정하기 때문에 사물을 바르게 볼 수 있다.

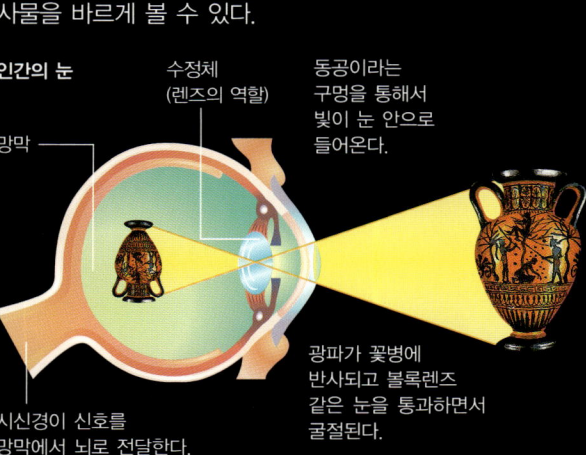

**인간의 눈**

망막

수정체
(렌즈의 역할)

동공이라는
구멍을 통해서
빛이 눈 안으로
들어온다.

광파가 꽃병에
반사되고 볼록렌즈
같은 눈을 통과하면서
굴절된다.

시신경이 신호를
망막에서 뇌로 전달한다.

## 근시

**근시**인 사람에게는 멀리 있는 사물이 흐릿하게 보인다. 이것은 이 사람의 수정체가 광선을 너무 많이 굴곡시켜 상이 망막 앞에 맺히게 하기 때문이다.

멀리 있는
사물에서 나온
광선이 망막
앞에서 초점이
맺힌다.

오목렌즈

오목렌즈가
광선이 망막에
초점이
맺히도록
교정해준다.

## 원시

**원시**인 사람은 가까이 있는 사물을 잘 보지 못한다. 이것은 이 사람의 수정체가 광선을 충분히 굴곡시키지 않아서 망막 뒤에서 초점이 맺히기 때문이다.

가까운
사물에서 나온
광선이 망막
뒤에서 초점이
맺힌다.

볼록렌즈

볼록렌즈가
망막에 초점이
맺히도록
교정해준다.

---

# 거울

어떤 사물에서 나온 빛이 평평한 거울에 일직선으로 부딪히면 다시 일직선으로 반사된다. 거울에 비치는 이미지는 그 사물과 같은 크기이고 뒤집히지 않은 모습으로 똑바로 보인다. 하지만 사물의 좌우가 바뀌어 있다. 사물에서 거울 앞까지의 거리와 거울 뒤에서 거울 속 상의 거리는 같다.

**볼록거울**은 바깥쪽으로 휘어 있는데 이 거울의 상은 똑바로 서 있지만 크기는 더 작게 보인다.

자동차의 사이드
미러는 볼록거울
이다.

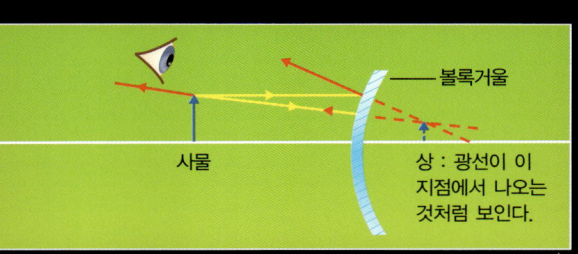

볼록거울

사물

상 : 광선이 이
지점에서 나오는
것처럼 보인다.

★

**오목거울**은 안쪽으로 휘어 있다. 사물이 거울에 아주 가까이 있으면 거울에 비친 상은 확대되어 보인다. 광택이 있는 금속 숟가락의 오목한 부분은 오목거울과 같이 작용한다.

링크
221

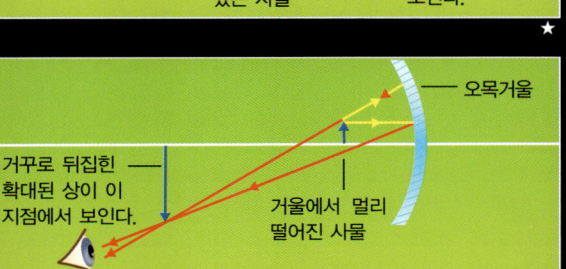

오목거울

거울에서 아주
가까운 위치에
있는 사물

똑바로 선 확대된
상이 이 지점에
보인다.

★

오목거울

거꾸로 뒤집힌
확대된 상이 이
지점에서 보인다.

거울에서 멀리
떨어진 사물

★

---

# 광학기기 Optical Instruments

**광학기기는** 렌즈와 거울을 조합해 특정한 종류의 상, 예를 들면 육안으로 보았을 때보다 크게 보이는 것 같은 상을 만들어내는 기기를 말한다. 이 페이지에서는 아주 많은 광학기기 중 일부를 살펴보자.

쌍안경은 사물이 확대되어 보이는 렌즈를 사용한다.

## 광학현미경

**광학현미경**에서는 작은 사물을 크게 볼 수 있도록 렌즈를 이용한다. 확대경과 같이 간단한 기구에는 렌즈가 하나밖에 없지만 더 복잡한 구조의 현미경에는 렌즈가 2개 이상 달린 것도 있다.

**복합현미경**의 내부구조를 살펴보면 사물은 일단 **대물렌즈**에 의해서 확대된다. 이 상이 다시 **접안렌즈**에 의해서 확대되는데 이때 생성된 이미지가 우리가 보는 상이 된다. 일부 광학현미경은 사물을 2,000배까지 확대할 수 있다.

링크 222

### 복합현미경

1. **접안렌즈** : 이 부분은 대물렌즈에서 나온 빛을 굴절시켜서 상을 똑바로 세우고 더 크게 보이게 한다.

2. **조동나사** : 이 부분을 이용해서 상이 더 선명하고 깨끗하게 보이도록 조절한다.

3. **경통**

4. **회전판** : 이 부분은 각각 확대하는 정도가 다른 대물렌즈 3개를 고정시키는 역할을 한다. 다른 렌즈로 물체를 관찰하기 위해서 회전시켜가면서 사용한다.

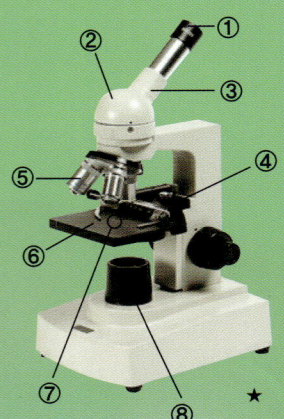

5. **대물렌즈** : 이 렌즈는 사물에서 나오는 빛을 굴절시켜서 거꾸로 된 큰 이미지를 형성한다. 이 이미지는 접안렌즈에서 더 크게 확대된다.

6. **재물대** : 확대해서 관찰하고자 하는 물체를 이곳에 놓는다.

7. **물체**

8. **반사경** : 햇빛이나 전등에서 나오는 빛을 반사해서 재물대에 있는 작은 구멍을 통과해 물체 위로 보낸다.

확대렌즈를 이용해서 과학자들은 사진 속의 무당벌레처럼 아주 작은 생명체의 구조에 대해 연구할 수 있다.

아무 기구도 사용하지 않고 육안으로 작은 물체를 관찰할 때 적어도 물체가 1/4mm 이상이어야 관찰이 가능하다. 현미경을 이용하면 이것보다 1,000배까지 가깝게 그 물체를 관찰할 수 있다.

무당벌레의 입 부분에 있는 작은 털은 너무 작아서 육안으로는 관찰할 수 없지만 현미경의 확대렌즈 아래 놓고 관찰하면 쉽게 알아볼 수 있다.

## 잠망경

**잠망경**은 양 끝 부분에 프리즘이 달린 일직선의 통이다. 프리즘이란 하나의 각에 2개의 평면이 만나도록 만든 유리로 된 물건으로, 잠망경에서 프리즘은 모서리에서 빛을 반사시키는 역할을 한다. 이런 원리로 잠망경을 이용하면 훨씬 아래쪽에 있어도 위에 있는 물체를 관찰할 수 있다. 그래서 잠망경은 잠수함에서 물 위를 살펴보는 데 사용된다.

### 잠망경의 구조

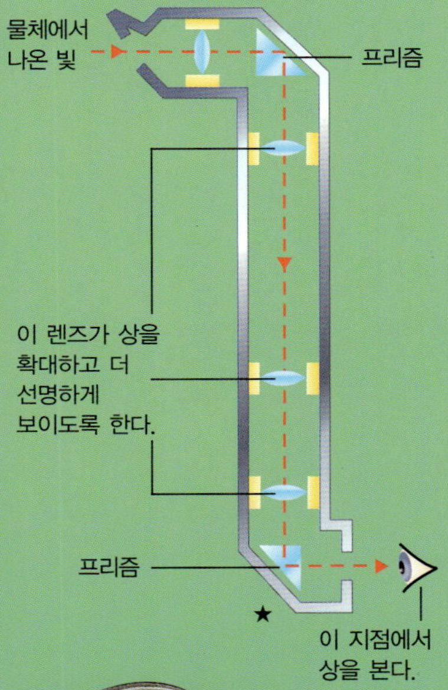

물체에서 나온 빛

프리즘

이 렌즈가 상을 확대하고 더 선명하게 보이도록 한다.

프리즘

★

이 지점에서 상을 본다.

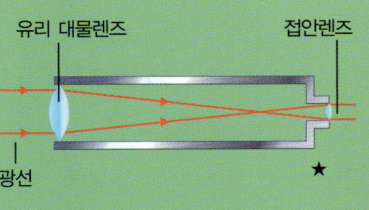

그림은 굴절망원경이다. 위에 달려 있는 작은 망원경을 **파인더**(finder scope)라고 한다. 파인더는 주 망원경을 관찰하려는 대상을 향해 조준하는 데 사용한다.

## 망원경

**망원경**은 멀리 있는 물체를 가깝게 볼 수 있도록, 즉 더 크게 보이도록 해주는 광학기기이다. 그래서 망원경은 별을 관찰할 때 자주 사용된다. 망원경은 크게 반사망원경과 굴절망원경으로 나뉜다.

**반사망원경**은 빛을 모으기 위해서 휘어진 거울(반사경)을 이용한다. 이렇게 모은 빛이 두 번째 반사경에 반사되어서 접안렌즈 앞에 상의 초점이 맺히고, 접안렌즈가 이 상을 확대한다.

아래 그림은 반사망원경 내에서 광선의 경로를 나타낸 것이다.

반사경    접안렌즈    반사경

광선    ★

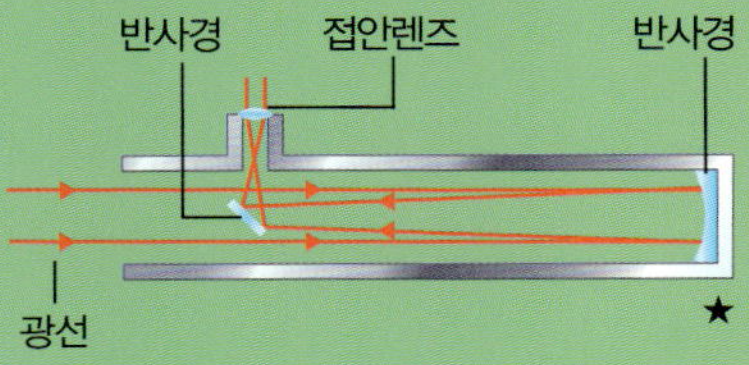

**굴절망원경**은 렌즈를 이용한다. 대물렌즈가 빛을 모으지만 이 렌즈는 반사망원경의 반사경처럼 상을 확대하지는 않는다. 접안렌즈가 상을 확대하는 역할을 한다.

아래 그림은 반사망원경 내에서 광선의 경로를 나타낸 것이다.

유리 대물렌즈    접안렌즈

광선    ★

링크
223

### 직접 해보자

쌍안경을 이용해서 별을 살펴보자. 쌍안경은 크기와 성능이 다양한데, 이것은 7×35 또는 10×50과 같이 숫자로 표시된다. 앞에 있는 숫자는 확대력을 나타내고, 두 번째 숫자는 앞에 있는 대물렌즈의 직경을 밀리미터로 나타낸 것이다. 렌즈가 클수록 빛을 더 많이 모을 수 있기 때문에 흐릿한 별빛도 감지할 수 있다.

육안으로 관찰한 별은 핀의 끝 부분처럼 아주 작게 보인다.

쌍안경을 이용하면 더 상세한 부분까지 살펴볼 수 있다.

별을 관찰할 때는 쌍안경을 안정된 평면, 이를테면 담벼락이나 울타리에 걸쳐놓고 보는 것도 좋다. 이렇게 하면 손 때문에 망원경이 떨리지 않아서 별을 더 똑똑히 관찰할 수 있다. 성능이 좋은 망원경을 이용하면 훨씬 더 자세하게 관찰할 수 있다.

성능이 좋은 망원경으로는 훨씬 더 먼 거리에 있는 별도 관찰할 수 있다.

### 유용한 인터넷 링크

www.usborne-quicklinks.com

**Web 1** 여러 가지 그림표와 함께 광학에 대해 알아보자.
**Web 2** 최초의 광학망원경을 발명했던 갈릴레오에 대해 공부해보자.
**Web 3** 망원경이 어떤 원리로 작동하는지 알아보자.
**Web 4** 온라인으로 광학망원경을 조립해보자.
**Web 5** 1660년도에 오늘날에 이르기까지 다양한 현미경에 대해 공부해보자. 애니메이션도 볼 수 있다.
**Web 6-8** 직접 잠망경과 망원경, 만화경을 만드는 법을 알아보고 어떤 원리로 작동하는지도 살펴보자.

# 카메라 Cameras

**카메라는** 사진을 기록하는 광학기기이다. 사진기는 필름이나 사진을 저장할 수 있는 장치에 빛이 초점이 맞도록 하는 원리를 이용해서 이렇게 사진을 찍으면 다음에 다시 사진을 볼 수 있다. 초기의 카메라는 사진을 유리판이나 빛에 민감한 물질로 코팅한 금속판에 저장했다. 그러나 지금은 대부분 빛에 민감한 필름을 사용한다. 한편 1990년대에 발명된 디지털카메라는 전자장치에 사진을 저장한다.

그림은 초기의 폴라로이드카메라이다. 폴라로이드필름은 금방 현상되기 때문에 사진을 찍고 나서 바로 볼 수 있다.

## 카메라의 원리

빛은 렌즈를 통해 카메라에 들어가는데, 이때 들어가는 빛의 양을 **노출**이라고 한다. 노출은 두 가지로 조절된다. 첫째, **조리개**라는 조절할 수 있는 구멍이 카메라 내부로 들어가는 빛의 양을 조절한다. 둘째, **셔터**라는 작은 부분이 필름이 빛에 비치는 시간을 조절한다.

링크 224

### 일안리플렉스카메라(SLR카메라)

이런 종류의 카메라에서는 렌즈를 통해 들어간 빛이 반사경에 반사된다. 이 빛이 프리즘을 통과하면서 굴곡되어 뷰파인더라는 작은 창으로 간다. 이런 원리로 사진을 찍는 사람은 렌즈에 비치는 것과 똑같은 풍경을 볼 수 있다.

사진을 찍는 사람은 카메라 뒤에 있는 뷰파인더라는 부분을 통해서 들여다본다.

프리즘

셔터 릴리스버튼

필름은 카메라의 본체 속에 넣는다.

조리개 조절장치

필름을 감는 기구는 필름을 셔터 뒷부분까지 끌어당기는 역할을 한다.

필름은 카메라 뒷부분을 가로질러서 이 부분에 있는 릴(스풀)에 감긴다.

셔터가 열려 있는 동안 이 반사경은 빛이 필름에 비치도록 위로 올라간다.

카메라는 다양한 렌즈를 조합해서 물체에서 나온 빛이 필름 위에 맺히도록 한다.

## 사진용 필름

**사진용 필름**은 빛에 민감한 화학물질인 질산은으로 코팅되어 있다. 필름에 일어나는 반응은 필름에 닿은 빛의 양에 따라 달라진다. 빛에 노출된 필름은 화학물질에 담가 상을 만들고 필름이 더 이상 빛에 반응하지 않도록 처리한다. 이런 과정을 **현상**이라고 한다.

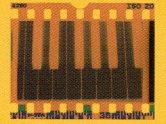

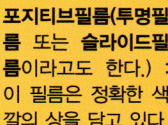

**포지티브필름(투명필름 또는 슬라이드필름**이라고도 한다.) : 이 필름은 정확한 색깔의 상을 담고 있다.

**네거티브필름** : 피아노 건판의 밝은 부분은 어둡게 보이고 어두운 부분은 밝게 보인다.

현상된 네거티브필름을 빛에 민감하게 반응하는 종이에 비추어서 인화사진을 뽑는다.

## 영화

**영화촬영용 카메라**는 아주 긴 사진용 필름에 상을 저장한다. 이 카메라는 초당 25개의 사진을 촬영하는데 이를 **프레임**이라고 한다. 영화용 필름도 사진용 필름과 같은 방식으로 현상한다.

필름은 카메라에 고정된 카세트 안에 들어 있다.

이런 필름은 영사기를 통해서 초당 25프레임의 속도로 감으면 볼 수 있다. 프레임이 매우 빨리 지나가기 때문에 영화를 보는 사람은 뇌에서 다른 프레임이 사라지기 전에 다음 프레임을 보게 된다. 이런 현상을 **잔상**이라고 한다.

## 텔레비전 카메라

**텔레비전 카메라**는 필름을 사용하지 않는 대신 카메라 속에 들어온 빛을 일련의 전기신호로 바꾼다. 이 신호가 전선에 전달되어 생방송으로 전송되거나 테이프나 컴퓨터에 저장되어 다른 시간에 방송된다.

텔레비전 스튜디오용 카메라는 무겁기 때문에 받침대에 올려서 촬영한다.

## 캠코더

**비디오 캠코더**란 텔레비전 카메라와 비디오 레코더가 결합된 것이다. 렌즈는 **전하결합소자(CCD)**라는 빛에 민감하게 반응하는 작은 부품에 상을 보낸다. 이 CCD가 전기신호를 만들고 이것이 비디오테이프에 녹화된다.

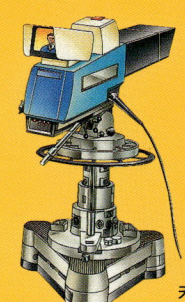

작은 캠코더는 한 손에 쏙 들어온다.

## 디지털카메라

**디지털카메라**는 이미지를 CCD에 저장한다. 이미지는 **픽셀**이라고 하는 색깔이 있는 작은 사각형으로 나누어진다. 픽셀에 대한 정보는 카메라 메모리에 2진 부호로 저장되어 있다. 사진을 인화하거나 컴퓨터 화면으로 볼 때는 픽셀이 다시 조합되어 완성된 사진 이미지를 보여준다.
사진의 상세한 정도를 **해상도**라고 하며 디지털카메라가 하나의 사진에서 더 많은 픽셀을 만들어낼수록 사진의 해상도는 높아진다.

저해상도 사진

고해상도 사진

링크
225

# 텔레비전과 라디오 TV and Radio

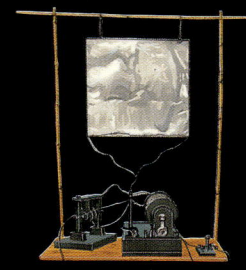

초기의 라디오는 마르코니(Marconi)에
의해서 발명되었다.
당시에는 마르코니폰이라고 불렸다.

**최초의** 라디오 전송기는 100여 년 전에 만들어졌고, 텔레비전은 1926년에 발명되었다. 초기의 라디오나 텔레비전 신호는 아주 짧은 거리만 이동할 수 있었지만 오늘날은 인공위성을 이용해서 전 세계로 즉시 또렷한 신호를 보낼 수 있다.

## 방송

대부분의 라디오와 텔레비전 프로그램은 **라디오파**에 의해서 방송된다. 라디오파란 전자기파 스펙트럼 속의 대역으로 주파수와 파장이 다르다.

라디오파

링크
226

라디오파는 전자기파 스펙트럼에서 가장 긴 파동이다.

방송을 하기 전에 소리와 영상을 먼저 전자신호로 변환해야 한다. 마이크가 소리를 전자신호로 바꾸고, 카메라가 상에서 전자신호를 만들어 낸다.

### 라디오파 방송

라디오파로 전달되는 신호는 지표면이나 인공위성에서 반사되어서 먼 거리를 이동할 수 있다.

아주 높은 주파수를 띠는 파동은 대기를 통과할 수 있다. 이 파동은 인공위성에서 반사되어 가장 먼 거리를 이동한다.

대기의 이 부분을 전리층이라고 한다.

전리층에서 반사되는 파동

위성신호는 다시 지상의 무전송신기로 쏘아져서 각 가정으로 보내진다.

위성방송용 접시안테나가 지구 위의 인공위성으로 라디오파를 쏜다.

무전송신기는 모든 방향으로 라디오파를 보낸다.

★

## 변조

방송을 하기 위해서 전기신호는 **변조**라는 방법을 통해 변환된다. 변조는 전기신호화한 소리와 이미지를 **반송파**라는 라디오파와 섞는 것이다. 변조를 하면 반송파의 형태는 소리와 이미지의 전기신호에 따라 달라진다. 오른쪽에 있는 그림이 그 예이다.

**주파수 변조(FM)**를 하면 전기신호가 반송파의 주파수에 맞춰진다. **진폭 변조(AM)**를 하면 전기신호가 반송파의 진폭(강도)에 맞춰진다.

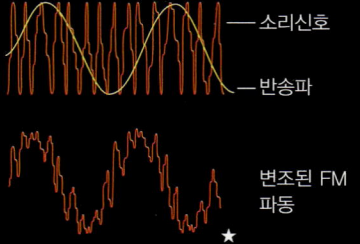

소리신호

반송파

변조된 FM 파동

★

## 라디오의 작동 원리

라디오는 안테나를 통해 변조된 라디오파를 받아서 이것을 다시 아주 약한 전기신호로 바꾸는 방식으로 작동한다.

라디오는 다양한 신호를 수신한다. 튜너를 이용해서 듣고 싶은 방송의 파장을 맞춘다.

이 신호는 강도가 강해지고(증폭) 확성기가 이 신호를 소리로 바꾼다.

## 텔레비전의 작동 원리

텔레비전 신호 역시 라디오파에 의해 전달된다. 소리신호와 마찬가지로 라디오파는 화상신호(그림이나 이미지로 된 신호)도 전달한다. 텔레비전은 이 신호를 다시 소리와 영상으로 바꾼다. 소리는 라디오와 같은 방식으로 전환되고 화상신호는 **브라운관**(음극선관, CRT)에 의해서 영상으로 전환된다. 텔레비전에서 나오는 이미지는 **픽셀**(pixel)이라고 하는 350,000개의 작은 모양으로 이루어져 있다.

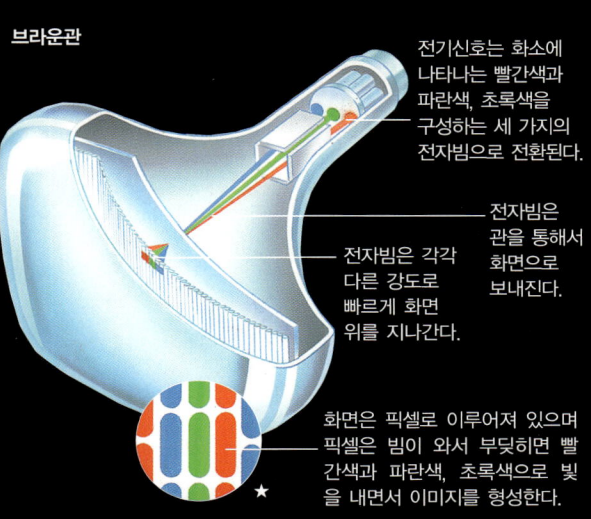

브라운관

전기신호는 화소에 나타나는 빨간색과 파란색, 초록색을 구성하는 세 가지의 전자빔으로 전환된다.

전자빔은 관을 통해서 화면으로 보내진다.

전자빔은 각각 다른 강도로 빠르게 화면 위를 지나간다.

화면은 픽셀로 이루어져 있으며 픽셀은 빔이 와서 부딪히면 빨간색과 파란색, 초록색으로 빛을 내면서 이미지를 형성한다.

## 케이블 방송

텔레비전과 라디오신호는 케이블을 통해서 전달되기도 한다. 케이블은 공기를 통해서 신호를 전달하는 것보다 더 많은 신호를 보낼 수 있어서 볼 수 있는 채널도 더 다양해진다. 지하에는 방대한 케이블 통신망이 있다. 이런 케이블은 전화신호를 전달하는 데 사용하기도 한다.

광케이블은 텔레비전과 라디오신호를 전송하는 데 사용된다.

## 디지털 방송

2010년부터 대부분의 라디오와 텔레비전 방송이 **디지털 방식**으로 바뀌고 있다. 디지털신호는 전기신호의 일종으로 '켜짐'(1)과 '꺼짐'(2)이라는 단 두 가지의 조합 수백만 개로 이루어진 부호로 정보를 전달한다.

디지털부호는 라디오파에 혼합되어 전달되며 압축(257쪽의 전송속도 참조)이 가능해서 훨씬 많은 양을 보낼 수 있다. 그러므로 방송사업자들은 이전보다 훨씬 다양한 채널을 제공할 수 있게 되었다.

## 양방향 텔레비전

디지털 방송은 양방향으로 의사소통을 할 수 있게 한다. 그래서 보는 사람이 텔레비전을 통해서 언제든지 보고 싶은 프로그램을 주문하는 것과 같은 정보를 전달하거나 물건을 사고 게임이나 경쟁에 참여하는 것도 가능하다. 이런 것을 **양방향 텔레비전**이라고 한다.

사진 속의 텔레비전에서는 축구경기 중에 양방향 게임을 하는 모습을 보여 준다.

경쟁자들은 득점을 낸 선수나 경기의 결과를 예측한다. 이런 예측이 텔레비전 회사에 등록되어 답을 맞혔을 경우 즉석상품을 받는 식이다.

## 위성 텔레비전

위성 텔레비전 회사는 위성에서 신호를 반사해서 가정 주변에 설치된 작은 접시안테나로 보낸다.

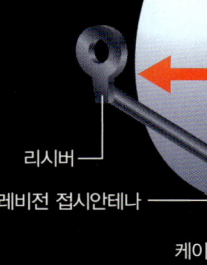

접시안테나는 텔레비전 신호를 리시버에 집중시키는 역할을 한다. 그 신호는 케이블을 따라 텔레비전으로 연결된다.

링크 227

리시버

위성 텔레비전 접시안테나

케이블

### 직접 해보자

텔레비전을 켜놓고 확대경으로 화면을 살펴보자. 이미지를 만들어내는 픽셀을 관찰할 수 있다.

### 유용한 인터넷 링크

**www.usbornequicklinks.com**

Web 1 라디오와 방송의 기원에 대해 알아보자.
Web 2 라디오 전송에서 음파가 어떻게 이동하는지 살펴보자.
Web 3 라디오의 작동원리에 대한 퀴즈를 풀어보자.
Web 4 텔레비전의 역사에 대해 간략하게 알아보자. 또 디지털텔레비전에 대해서도 공부해보자.
Web 5 텔레비전과 이 기계의 작동방식에 대해 알아보자.

# 전기 Electricity

번개는 전기의
한 형태이다.

**전기는** 유용하게 사용되는 에너지의 한 형태이다. 쉽게 열이나 빛과 같은 다른 형태의 에너지로 전환되고, 전선을 따라 이동하기 때문에 전송도 쉽다. 전기는 여러 가지 기구에 동력으로 사용된다. 전기주전자에서부터 컴퓨터에 이르기까지 다양한 가전제품은 물론 집과 사무실, 공장 등의 난방과 조명에도 사용되며 그 범위가 매우 넓다.

## 전하

모든 물질은 **원자**라는 작은 단위로 구성되어 있다. 원자의 가운데에는 **핵**이 있고 핵에는 양전하를 띠는 **양성자**와 전하를 띠지 않는 **중성자**가 있다. **전자**라고 하는 음전하를 띤 입자가 이 핵을 중심으로 회전하고 있다. 보통 양성자와 전자의 숫자는 서로 같아서 서로의 특성을 없애기 때문에 원자는 보통 전기적으로 중성이다.

링크
228

— 양성자(양전하)
— 중성자
  (전하 없음)
— 전자(음전하)

원자는 전자를 얻거나 잃기도 한다. 만약 원자가 전자를 얻으면 이 원자는 음전하(–)를 띠게 되고 전자를 잃으면 양전하(+)를 띠게 된다.

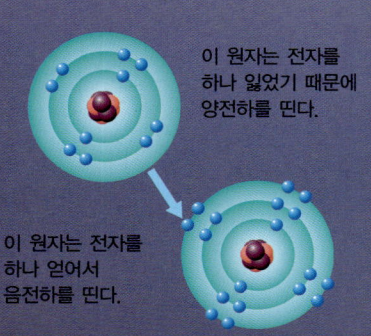

이 원자는 전자를 하나 잃었기 때문에 양전하를 띤다.

이 원자는 전자를 하나 얻어서 음전하를 띤다.

전하를 띤 입자가 서로 충분히 가까운 거리에 있으면 서로에게 **전기력**이라는 힘을 미치게 된다. 이 힘이 미치는 공간을 **전기장**이라고 한다. 반대되는 전하를 띤 입자(양전하나 음전하)는 서로를 끌어당기는 특성을 가지고 있다. 양전하를 띤 입자 2개처럼 같은 종류의 전하를 띤 입자는 서로를 밀어낸다.

반대 전하를 띤 원자는 서로를 끌어당긴다.

같은 전하를 띤 원자는 서로를 밀어낸다.

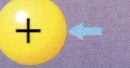

**전기**는 이렇게 전하를 띤 입자가 존재하거나 이들이 움직임으로써 발생하는 효과를 말한다.

## 전류

금속과 같은 일부 물질에서는 전자가 원자에 의해 단단히 고정되어 있지 않아서 원자와 원자 사이에서 이동하기도 한다. 전자를 이동하게 하면 **전류**라고 하는 전하의 흐름이 생겨난다. 전류가 잘 흐르는 물질을 **전도체**라고 하며 플라스틱처럼 전류가 흐르지 못하는 물질을 **절연체**라고 한다.

나무와 플라스틱은 절연체이다.

알루미늄호일은 전도체이다.

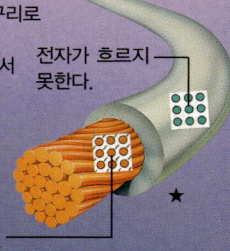

절연전선은 전선의 일종으로 보통 구리로 만들어지는데, 절연처리를 위해서 플라스틱으로 감싼다.

전자가 흐르지 못한다.

전자가 흐르면서 전류를 형성한다.

★

### 직접 해보자

전하가 어떻게 영향을 미치는지 실험을 통해서 알아보자. 같은 길이의 나일론실을 문틀 위에 2.5cm 간격으로 붙인다. 각 실 끝에 풍선을 묶어서 같은 길이에 매달리게 한다. 모직 스카프나 스웨터로 풍선을 문지른다. 그러면 풍선은 음전하를 띠게 되어서 서로 멀어진다. 이때 손을 풍선 사이에 갖다 대면 손은 양전하를 띠고 있기 때문에 풍선은 손 쪽으로 다가온다.

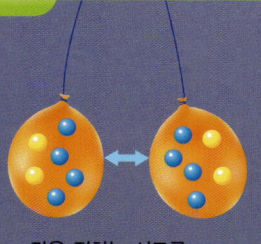

같은 전하는 서로를 밀어낸다.

## 정전기

일부 절연물질은 비비면 전하를 띠기도 한다. 이런 현상은 한 물질의 전자가 다른 물질로 옮겨갔기 때문에 일어난다. 그러나 전하는 전도체가 없어서 흐를 수 없기 때문에 물질의 표면에 쌓이고 이렇게 어떤 물질에 나타나는 전하를 **정전기**라고 한다. 아래 그림에서 풍선을 모직스웨터로 문지르면 정전기가 생긴다는 것을 알 수 있다.

비비기 전에는 풍선과 스웨터는 둘 다 전기적으로 중성이다.

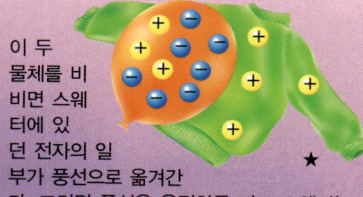

이 두 물체를 비비면 스웨터에 있던 전자의 일부가 풍선으로 옮겨간다. 그러면 풍선은 음전하를 띠고 스웨터는 양전하를 띤다. 반대 전하는 서로를 끌어당기는 특성을 가지고 있으므로 두 물체는 달라붙는다.

레이저프린터나 복사기 같은 기계는 인쇄과정에서 정전기를 이용한다.

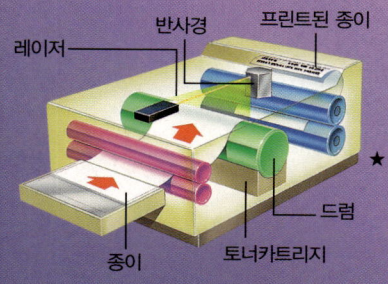

레이저프린터에서는 반사경에 반사된 레이저빔이 드럼에 점 모양의 정전기를 일으킨다. 그러면 토너가 이 정전기 점에 붙어서 종이에 눌린다.

## 번개

**번개**는 떨어지는 폭풍우 구름 속에서 물방울과 솟아오르는 얼음결정체가 서로 스칠 때 일어나는 정전기로 발생한다.

물방울과 얼음결정체는 공기 중에서 서로 스치면서 전하를 띤다.

양전하는 구름 윗부분에 모이고 음전하는 아랫부분에 모인다. 이런 현상이 일어나면 구름 아래쪽 지표면에는 양전하가 모여든다.

그러면 **선도뇌격(선행방전)**이라고 하는 커다란 불꽃이 땅 위에 반대 전하를 띤 지점을 찾으면서 구름 사이로 내리친다. 어떤 지점을 발견하면 선도뇌격은 그쪽으로 경로를 만드는 데 이때 땅에서 구름 쪽으로 강한 번개가 친다. 이것을 **귀환뇌격(복귀뇌격)**이라고 한다.

**뇌격**이란 육안으로 한 가닥으로 보이는 번개가 카메라로 촬영하면 여러 가닥으로 되어 있는 것을 볼 수 있다. 그 개개의 번개를 뇌격이라 한다.

번개는 땅의 어느 지점으로 갈지 찾으면서 여러 방향으로 갈라진다.

폭풍우 구름의 아랫부분에 형성된 음전하는 그 아래 있는 땅에 양전하를 모은다.

번개가 치면 구름과 땅 사이에 전류가 흘러 양쪽 모두를 전기적 중성으로 만든다.

번개의 섬광에 데워진 공기는 아주 빠르게 팽창하고 이때 우리가 듣는 **천둥**이라는 소리가 만들어진다. 빛은 소리보다 빨리 이동하므로 바로 머리 위에 폭풍우 구름이 있는 경우를 제외하고는 천둥소리를 듣기 전에 번개를 먼저 보게 된다.

링크
229

번개에는 엄청난 양의 전기에너지가 들어 있다. 이것이 빛과 열, 소리(천둥)로 바뀐다.

### 유용한 인터넷 링크

www.usborne-quicklinks.com

**Web 1** 전기에 대한 글을 읽어보자.
**Web 2** 에너지 분야의 개척자들과 중요한 발명에 대해 알아보자.
**Web 3** 전기의 전도체와 절연체에 관련된 재미있는 온라인 활동을 해보자.
**Web 4** 전기에 대해 더 자세히 알아보자.
**Web 5** 전자의 발견에 관한 이야기를 읽어보자.
**Web 6** 재미있는 전기실험을 해보자.
**Web 7** 번개에 관한 모든 것을 알아보자.

## 회로

전류는 **전위차**로 인해 한 장소에서 다른 장소로 흐른다. 이것은 물이 파이프 속을 흐르게 하는 압력차와도 비슷하다. 전위차는 **볼트(V)**로 측정하고 **전압**이라고도 한다. 전류는 **암페어(A)**라는 단위로 측정한다.

다리미 : 5A

기계에 따라 필요한 전류의 양이 다르다.

온풍기 : 10A

전류가 계속 흐르려면 전지와 같은 동력원과 구리전선과 같이 전기가 통하고 끊어진 부분이 없는 통로가 필요하다. 이런 통로를 **전자회로**라고 한다. 동력원은 각각 다른 전하를 띤 끝 부분이 2개 있는데 이것을 **전극** 또는 **단자**라고 한다. 회로는 이곳에서 시작되고 끝난다.

전극

전지의 전극 간에 전위차가 있기 때문에 연결되면 회로가 만들어져서 전류가 흐른다.

---

전구라는 부품을 회로에 추가하기도 한다. 전구는 전류에 의해서 운반되는 전기에너지를 빛과 열처럼 다른 형태의 에너지로 전환한다. 회로에 부품을 넣을 때는 직렬 혹은 병렬로 배치할 수 있다.

**직렬회로**에서는 전류가 부품을 하나하나씩 차례로 통과한다. 부품 하나가 작동하지 않으면 회로 전체가 망가져서 전류가 흐르지 않는다. 꼬마전등을 연결했을 때 전구 하나가 고장 나면 다른 전구에 전달되는 전류는 중단된다.

그림과 같은 직렬회로에서 전류는 각 부품을 차례차례 통과한다.

전지

**병렬회로**는 전류가 흐를 수 있는 경로가 하나 이상인 것을 말한다. 한 경로에 있는 부품이 작동하지 않아도 전류는 다른 경로를 통해서 계속 흐른다.

그림과 같은 병렬회로에서는 전류가 동시에 여러 경로를 통해서 부품을 통과한다.

---

## 가정에서 사용하는 전기

가정용 전기는 일부 국가에서는 240V이고 다른 국가에서는 110V이다. 이것은 사람에게 치명적인 전기 쇼크를 일으킬 수도 있을 만큼 높은 전압이다. 가전제품에는 아주 가는 전선이 들어 있는 **퓨즈**라는 보호장치가 들어 있다. 퓨즈에 사용된 전선은 녹는 성질을 가지고 있어서 너무 많은 전류가 들어오면 끊어져버린다.

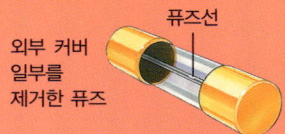

퓨즈선

외부 커버 일부를 제거한 퓨즈

전기는 병렬회로를 통해서 집 안의 여러 부분에 전달된다. 이 회로에는 **활선**과 **중성선**이라는 전선이 들어 있어서 전류가 이동할 수 있다. 일부 국가에서는 안전을 위한 기구인 **접지선**이 포함된 것도 찾아볼 수 있다. 접지선은 플러그에 결함이 생겼을 때 전류가 땅으로 빠져나가도록 한다.

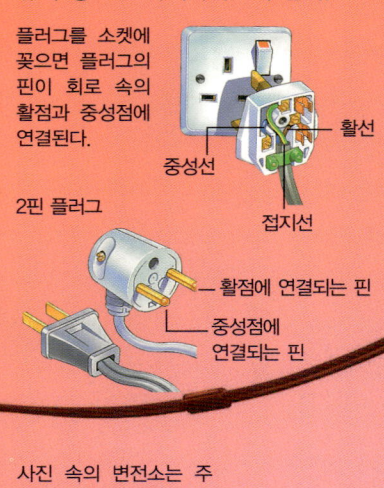

플러그를 소켓에 꽂으면 플러그의 핀이 회로 속의 활점과 중성점에 연결된다.

활선

중성선

접지선

2핀 플러그

활점에 연결되는 핀

중성점에 연결되는 핀

사진 속의 변전소는 주 발전소에서 받은 높은 전압을 낮추는 곳이다. 이곳에서 전류는 케이블을 통해 집이나 공장으로 보내진다.

# 전지

**전지**란 전기에너지로 전환될 수 있는 화학에너지를 저장한 것을 말한다. 가정에서 사용하는 것 중 가장 흔한 전지는 **건전지**이다. 건전지에는 유동성의 전하를 띤 입자가 포함된 **전해질** 반죽이 들어 있다. 화학반응이 일어나면 전하가 분리되어서 양전하와 음전하가 각각 다른 극으로 이동한다.

전지는 한 방향으로만 움직이는 전류를 만들어내는데 이를 **직류(DC)**라고 한다.

### 건전지 단면도

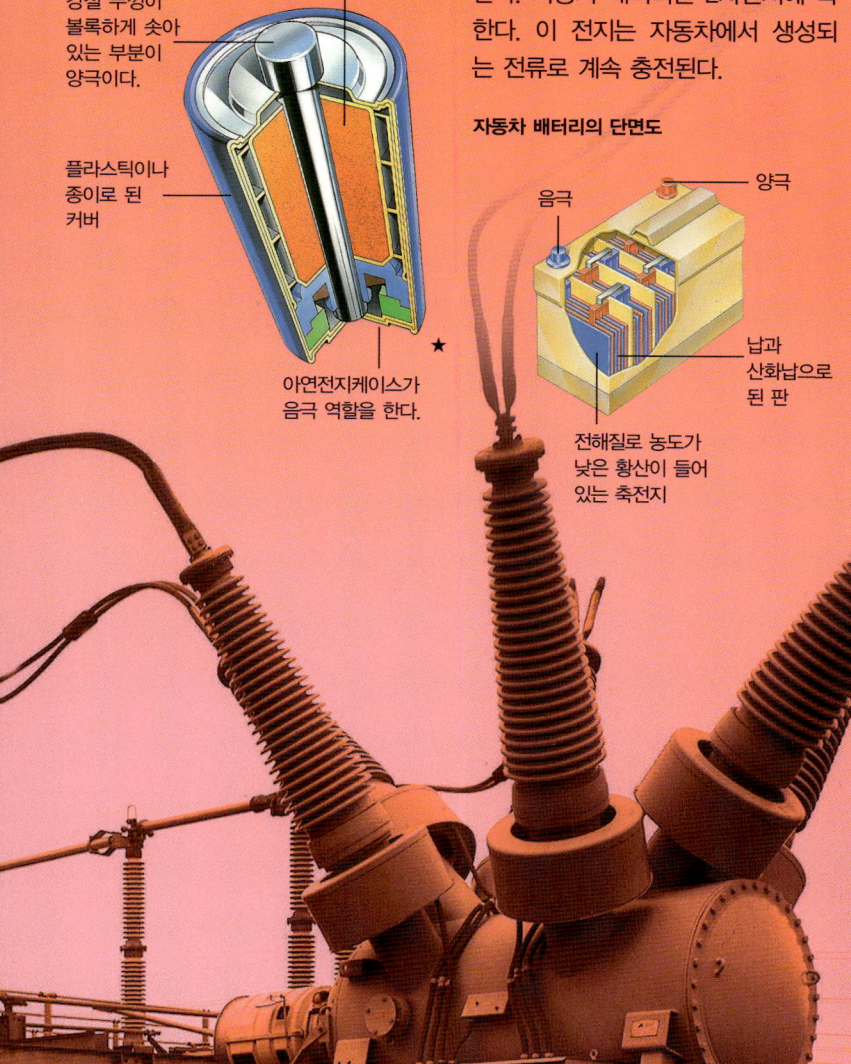

강철 뚜껑이 볼록하게 솟아 있는 부분이 양극이다.

전해질

플라스틱이나 종이로 된 커버

★

아연전지케이스가 음극 역할을 한다.

---

휴대용 음악플레이어(mp3) 등에 사용하는 1.5V 전지를 **단위전지**라고 하며, 더 큰 전지는 단위전지 몇 개를 합쳐서 만든다.

단위전지

9V 전지에는 단위전지가 6개 들어 있다.

건전지는 **1차전지**이다. 전해질에 있는 화학물질이 다 떨어지면 수명이 다한다. **2차전지** 또는 **축전지**는 충전해서 다시 사용할 수 있는 전지를 말한다. 자동차 배터리는 2차전지에 속한다. 이 전지는 자동차에서 생성되는 전류로 계속 충전된다.

### 자동차 배터리의 단면도

음극

양극

납과 산화납으로 된 판

전해질로 농도가 낮은 황산이 들어 있는 축전지

---

**태양전지**는 태양의 에너지를 전기로 바꾼다. 햇빛이 규소(실리콘)로 된 층에 내리쬐면 전자가 이동하면서 두 층 간에 전위차가 발생한다.

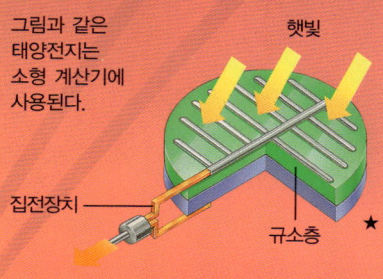

그림과 같은 태양전지는 소형 계산기에 사용된다.

햇빛

집전장치

규소층

★

전기

링크
231

### 직접 해보자

간단한 전지를 만들어보자. 호일과 종이 타월에 동전을 대고 각각 12개씩 원을 그려서 잘라낸다. 종이타월에서 오려 낸 원을 소금 10 작은술을 넣어서 휘저은 물에 적신다.
이번에는 구리 동전 12개를 준비하자. 이 원형들을 호일 하나, 종이 하나, 동전 하나씩(단위) 겹쳐가면서 차곡차곡 쌓는다. 절연된 구리전선의 끝 부분 피복을 조금 벗겨서 쌓은 동전 위와 아래에 테이프로 연결한다. 방을 어둡게 하고 전선의 나머지 두 끝을 갖다 댄다. 불꽃이 튀는 것을 관찰할 수 있을 것이다.

### 유용한 인터넷 링크

www.usborne-quicklinks.com

Web 1 전기와 회로, 전류에 대해 알아보자.
Web 2 전기, 회로, 번개, 정전기에 대한 애니메이션을 보자.

# 자기 Magnetism

**자기란** 일부 금속, 특히 철과 강철을 잘 끌어당기는 보이지 않는 힘을 말한다. 이런 힘을 내는 물질을 자성을 띤다고 하고 자석이라고 부른다.

## 극

자석 가운데에 실을 묶어서 물에 띄워보면 자석은 항상 남북 방향을 가리킨다. 북쪽을 가리키는 부분을 **북극**이라고 하고 그 반대 방향을 **남극**이라고 한다.

링크
232

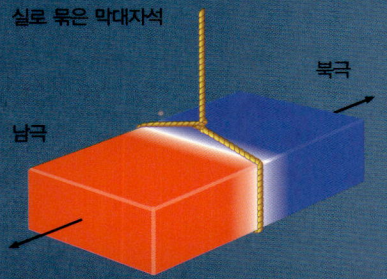

실로 묶은 막대자석

북극

남극

자석 2개의 북극과 남극은 서로를 밀어내거나 **끌어당긴다.** 같은 극끼리는 밀어내는데 이를 **척력**이라고 한다.

같은 극은 서로 밀어낸다.

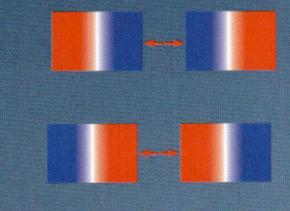

다른 극은 서로를 끌어당긴다.

★

## 자석의 종류

쉽게 자기를 띠는(자석으로 변하는) 물질을 **강자성체**라고 하며 자기화하는 힘의 크기에 따라 강하다 또는 약하다고 표현한다.

철과 같은 약자성체는 쉽게 자성을 잃어버리는데 이런 물질로 만든 자석을 **일시자석**이라 한다. 강철과 같이 훨씬 오랫동안 자성을 유지하는 물질은 강자성체이며 이런 물질로 **영구자석**을 만든다.

사슬 모양으로 달라붙은 클립 하나하나는 자석과 접촉해서 자기를 띠고 있다. 이런 것들은 일시자석이다.

자석을 제거하면 클립은 자성을 잃는다.

나침반의 바늘은 영구자석이다. 이 바늘은 지구의 자북극을 가리킨다.

철따라 먼 거리를 이주하는 제비갈매기는 지구의 자기장을 이용해서 길을 찾는다고 한다.

## 쌍극자와 자기구역

강자성체 물질의 분자는 작은 자석과 같은 특징을 가지고 있다. 이런 분자를 **쌍극자**라고 하고, 쌍극자는 **자기구역(자구)** 별로 같은 방향을 향하고 있다. 어떤 물질이 자기를 띠게 되면 모든 자기구역이 정렬되어서 한 방향을 가리킨다. 이 물질 속의 자기구역이 다시 흐트러지면 물질은 자성을 잃는다.

자성을 띤 물질이 자기화가 되지 않은 상태에서는 자기구역이 흐트러져 있다.

이 물질이 자기화되면 자기구역이 정렬되고 극이 모두 한 방향을 가리킨다.

정렬된 쌍극자는 함께 있으면 자석이 되지만 따로 있으면 튀어 올라서 방향을 바꾸려고 한다. 이것은 쌍극자의 극이 자석 전체의 반대 극에 끌리기 때문이다. 이런 특징 때문에 쌍극자가 방향을 바꾸면 이 자석은 자성을 잃어버린다.

자석의 끝 부분에 걸쳐져 있는 금속으로 된 **자성재**는 자석이 자성을 잃지 않도록 해준다. 자성재가 자기를 띠고 자석의 쌍극자를 끌어당기는 원리를 이용한 것이다.

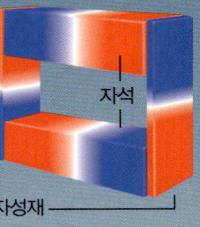

자석

자성재

## 자기장

자석 주변에서 자기력의 영향이 미치는 영역을 **자기장**이라고 한다. 자기장의 강도와 방향은 **자속선**으로 나타내고 선상의 화살표는 방향을 보여준다. 이 선의 간격이 좁을수록 자기장의 힘이 크다.

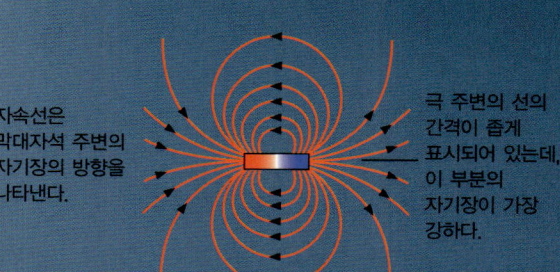

자속선은 막대자석 주변의 자기장의 방향을 나타낸다.

극 주변의 선의 간격이 좁게 표시되어 있는데, 이 부분의 자기장이 가장 강하다. ★

지구는 행성 자체에 자기장을 가지고 있다. 이 자기장은 지구의 중심에 거대한 막대자석이 있는 것과 같이 작용한다. 나침반의 북극은 **자북극**을 가리키고 남극은 **자남극**을 가리킨다. 자북극과 자남극은 지리적인 북극, 남극과는 다르다.

그림 속의 자속선은 지구 주변의 자기장 방향을 보여준다.

## 전자기

전류가 전선을 통해 흐를 때 그 주변으로 자기장이 형성된다. 이런 효과를 **전자기**라고 한다.

전선을 코일 모양으로 감으면 그 자기장은 더욱 강력해진다. 전류가 코일을 지나면 코일은 막대자석과 같은 역할을 하고, 이런 코일을 **솔레노이드**(원통코일)라고 하며 코일 안쪽 부분을 **심**이라고 한다.

솔레노이드에 철과 같은 강자성체로 된 봉이 들어 있으면 이 봉은 곧 자기를 띠게 되어 솔레노이드에 자기장의 힘을 더하는 현상이 나타난다. 솔레노이드와 강자성체 심을 합쳐 **전자석**이라고 한다. 다음 페이지에서 전자석에 대해 더 많이 알아보자.

### 간단한 전자석

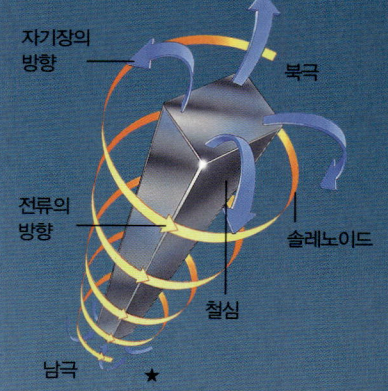

자기장의 방향

북극

전류의 방향

솔레노이드

철심

남극 ★

전자석의 북극과 남극의 위치는 전선을 흐르는 전류의 방향에 따라 달라진다.

끝 부분의 단면 전류가 반시계방향으로 돌면 북극이다.

전류가 시계방향으로 흐르면 남극이다.

링크
233

### 직접 해보자

자속선을 관찰하는 실험을 해보자. 쇳가루를 투명한 플라스틱판이나 흰 종이 위에 뿌리고 그 아래에 자석을 갖다 댄다. 쇳가루가 자력을 따라 움직여서 자기장의 모양을 나타낸다.

투명한 플라스틱 판

### 유용한 인터넷 링크

www.usborne-quicklinks.com

**Web 1** 지구의 자기장에 대해 더 알아보자. 그 다음에 나침반을 만들어보자.

**Web 2** 자석의 특징에 대해 알아보고 집에서 몇 가지 실험을 해보자.

**Web 3** 주방에서 매일 사용하는 자석의 쓰임새를 알아보자.

**Web 4** 자기장에 대해 그림을 곁들여서 설명하는 글을 읽어보고 퀴즈를 풀어보자.

**Web 5** 전기와 자기에 관한 온라인 활동을 해보자.

## 전자석의 쓰임새

전자석에는 약한 강자성체 물질인 철이 들어 있는 경우가 많다. 철은 전자석에 흐르는 전류가 꺼지면 가지고 있던 자성을 모두 잃는다. 이런 원리를 이용해서 전자석은 스위치나 초인종, 버저 등에 많이 사용된다.

전기초인종의 버튼을 누르면 전류가 전자석 속의 코일로 흘러서 철편을 끌어당긴다. 철편이 전자석 가까이로 이동하면 전류가 흐르는 연결 부분과 떨어지면서 회로가 끊어진다. 철편이 용수철에 의해서 다시 원래 자리로 돌아가면서 망치가 종을 치도록 한다. 이후 회로는 다시 복구되고 이런 사이클이 반복된다.

공업용 전자석

전자석 일부의 단면도

### 전기초인종

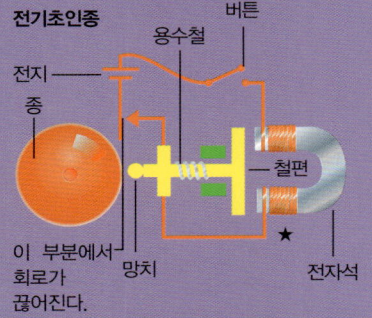

전지
종
용수철
버튼
철편
★
전자석
이 부분에서 회로가 끊어진다.
망치

링크 234

### 직접 해보자

4.5V 전지와 연필, 큰 철못과 절연 처리 된 구리전선을 이용해서 전자석을 만들어보자. 전선을 연필에 꽁꽁 감아서 양 끝을 전지에 테이프로 붙인다. 이렇게 만든 전자석은 나침반의 바늘에 영향을 줄 정도는 되지만 물체를 끌어올리기에는 힘이 약하다. 이번에는 연필 대신 못으로 실험해보자. 이번 전자석은 클립을 들어 올릴 수 있을 것이다.

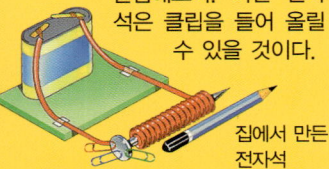

집에서 만든 전자석

아주 강도가 강한 전자석은 강철골조 작업에서 무거운 것을 끌어올리는 데 사용된다. 전류가 전선의 코일을 따라 흐르면 철은 자성을 띤다. 이것이 강철을 끌어당기고 이 힘을 이용해서 한 장소에서 다른 장소로 물건을 옮길 수 있다. 전류가 꺼지면 전자석은 들었던 짐을 놓게 된다.

**자기부상**열차 아랫부분에는 전자석이 달려 있다. 그리고 전자석이 달린 선로 위를 달린다. 자석은 서로를 밀어내는 성질을 가지고 있으므로 이 열차는 선로 바로 위에 뜬 상태로 이동한다. 그러므로 열차와 선로 간의 마찰이 줄어서 열차가 움직이는 데 에너지가 적게 든다.

일본의 자기부상열차

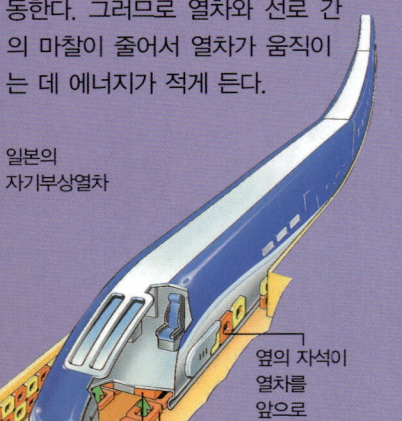

옆의 자석이 열차를 앞으로 나아가게 한다.

전자석

## 전동기

**전동기**는 전기에너지를 움직임으로 바꾸는 기계이다. 간단한 구조의 전동기(아래 그림 참조)에는 자석 2개 사이에 **전기자**라는 평평한 전선코일이 들어 있다.

전류가 전기자를 흐르면 전기자의 전자기장과 자석의 자기장이 합쳐져 전기자의 한쪽은 들리고 한쪽은 내려간다.

### 간단한 구조의 전동기

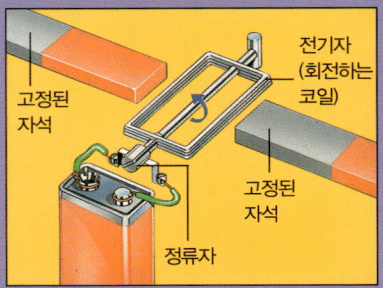

고정된 자석
전기자 (회전하는 코일)
고정된 자석
정류자

전기자가 수직이 되면 **정류자**라는 장치가 전류를 반대방향으로 흐르게 해서 전기자의 자기장이 반대로 바뀐다. 올라갔던 전기자 면이 다시 내려오고 전기자가 한 바퀴를 다 돌면 이 순환이 다시 시작된다.

## 전동기의 쓰임새

전동기는 세탁기와 헤어드라이어, 전지로 움직이는 장난감 자동차와 모형 기차까지 모든 종류의 기계에 사용된다. **마이크로 전동기**(아래 그림 참조)라고 하는 작은 전동기는 미세한 수술(현미경 수술)이나 우주탐사를 위해서 개발되었다.

고성능 전동기를 분해한 모습

케이스

자석은 고정된 자기장을 만들어낸다.

정류기

전기자가 자기장 속에서 회전한다.

마이크로전동기는 너비가 0.8mm로 옆에 보이는 바늘귀와 거의 같은 크기이다.

## 자전거 다이나모

는 일종의 발전기이다. 이 장치는 바퀴에서 나오는 운동에너지를 이용해서 전류를 만들어 전등에 불이 들어오게 한다.

자전거 다이나모 속에는 자석 2개 사이에서 돌아가는 전자기가 있다.

전자기

고정된 자석

**발전소**에서 전기는 보다 큰 규모로 발전된다. 타오르는 석탄에서 나오는 열에너지로 물을 끓여서 증기로 바꾸는 방식을 사용하는 발전소가 많다. 이 증기의 압력은 **터빈**이라는 기계의 축을 돌리는 데 이용된다. 그러면 터빈이 대규모 발전기의 축을 돌리고 거기에서 교류전류가 생성된다.

235

## 전기 발전

**다이나모**나 **발전기**는 운동에너지를 전기에너지로 전환하는 기계이다. 전동기가 반대로 움직이는 것과 비슷한 과정을 통해서 작동한다. 아래 그림은 발전기가 어떤 원리로 전기를 만들어내는지 보여준다. 자석 2개 사이에서 전자기가 회전하고 전류가 흐르기 시작한다. 전자기에 전류가 흐르면 이것은 직각으로 선 모습이 되고, 이때 전류의 방향이 바뀐다. 이런 전류를 **교류(AC)**라고 한다.

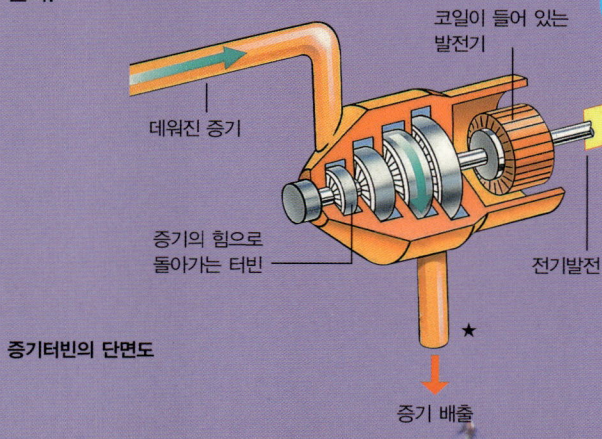

데워진 증기

코일이 들어 있는 발전기

증기의 힘으로 돌아가는 터빈

전기발전

**증기터빈의 단면도**

★

증기 배출

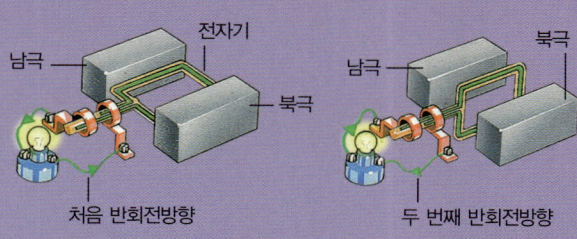

남극

전자기

북극

남극

북극

처음 반회전방향

두 번째 반회전방향

발전기는 다양한 종류의 에너지로 작동된다. 예를 들어 풍력터빈은 이동하는 공기(바람)의 에너지를 전기를 만드는 데 사용한다.

유용한 인터넷 링크

www.usbornequicklinks.com

**Web 1** 전동기가 어떤 원리로 작동하는지 더 알아보자.
**Web 2** 전동기와 전기발전기가 어떤 원리로 작용하는지 애니메이션으로 알아보자.
**Web 3** 금속탐지기에 자기가 어떻게 이용되는지 애니메이션으로 알아보자.
**Web 4** 전기발전기의 작동원리를 알아보자.
**Web 5** 자기부상열차의 작동원리를 애니메이션으로 알아보자.
**Web 6** 자기부상우주선의 미래에 관한 글을 읽어보자.

247

# 전자공학 Electronics

**전자공학이란** 회로 내에서 전류가 흐르는 방식을 조절해서 전자부품이라는 기기를 특정한 업무를 수행하도록 개발하는 학문 또는 기술을 말한다. 이런 식으로 조절된 회로를 전자회로라고 한다. 텔레비전이나 로봇, 컴퓨터와 같이 모든 종류의 기계는 전자회로를 이용한다.

베로보드 뒤의 구리 트랙은 전자부품을 회로에 연결하는 역할을 한다.

## 회로 만들기

전자회로는 여러 가지 부품을 사용해서 만들 수 있다. 아래와 같은 단순한 형태의 회로에는 저항장치가 포함되어 있다.(오른쪽 참조)

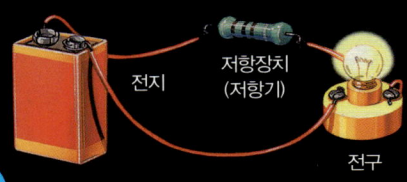

전지     저항장치 (저항기)     전구

링크 236

회로는 아래와 같이 도형을 이용해서 그림으로 나타낼 수 있다. 각 부품은 다른 회로기호를 이용해서 표시된다. 주요한 회로기호는 419쪽을 참조하자.

**위의 회로 도식**

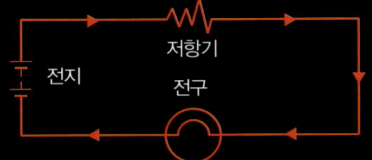

저항기
전지     전구

**베로보드**(스트립기판)를 이용하면 간단한 회로를 만들 수 있다. 이 판에는 구멍이 여러 줄 나 있고 뒷부분에는 구리 트랙이 있다. 부품을 앞에서 밀어 넣으면 받침 부분이 트랙과 결합되어 회로가 완성된다.
**인쇄회로기판**(PCBs)이란 금속트랙을 플라스틱에 눌러서 박은 것이다. 이런 기판은 텔레비전 등에 이용된다.
**집적회로**는 규소 조각에 새긴 아주 작은 회로이다.

## 저항

전류의 흐름에 저항하는 물질의 힘을 **저항력**이라고 한다. 전자회로의 모든 부분에는 어느 정도의 저항력이 있어서 일정 시간 내에 전류가 흐를 수 있는 양을 감소시킨다. 어떤 물질이 전류에 저항하면 이 물질은 일부 전기에너지를 열이나 빛으로 바꾼다.

전구 속의 필라멘트는 얇은 철사가 감겨 있다. 이것이 전류에 저항하기 때문에 전구에서 빛이 난다.

필라멘트를 확대한 모습

저항은 **옴**(Ω)이라는 단위로 측정하는데, 게오르그 옴(Georg Ohm)이라는 19세기 물리학자의 이름을 딴 것이다.

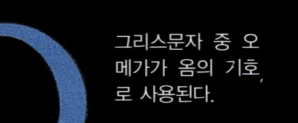

그리스문자 중 오메가가 옴의 기호로 사용된다.

**저항기**는 전류의 흐름을 줄이는 부품이다. 저항기에는 서너 가지의 색으로 구분된 줄무늬가 있어서 이 기계가 가하는 저항의 양을 알 수 있다.

**저항기 색깔 구분표**

| 첫째, 둘째, 셋째 줄무늬 | 넷째 줄무늬 |
| --- | --- |
| 0 1 2 3 4 5 6 7 8 9 | 금색 ±5% 은색 ±10% 넷째 줄무늬 없음 ±20% |

저항기의 첫째와 둘째 줄무늬는 숫자를 나타낸다. 셋째 줄무늬는 앞의 숫자 뒤에 0을 얼마나 덧붙여야 하는지 알려준다. 넷째 줄무늬는 측정범위를 나타낸다. 아래 그림의 저항기에 나타난 줄무늬를 참조해보면 파란색(6), 빨간색(2), 검정색(0), 금색(±5%)으로, 이 저항기의 저항력은 62Ω이며 그 범위는 62Ω에서 5% 정도 적거나 많을 수 있다.

이 저항기의 줄무늬는 58.9Ω에서 65.1Ω 사이의 저항을 가한다는 정보를 준다.

## 부품의 종류

전자부품에는 몇 가지 종류가 있다. 이들은 전자회로에서 각각 다른 역할을 하도록 설계되었다. 저항기에도 여러 종류가 있는데 이들은 설계에 따라 각각의 상황에서 전류에 저항하는 양이 다르다.

**가변저항기** 또는 **가감저항기**는 다른 양의 저항을 가하도록 조절할 수 있다. 라디오의 볼륨 조절은 가변저항기를 이용해서 전류의 양을 다르게 한다. 그러면 소리에너지로 전환되는 전기에너지의 양이 달라진다.

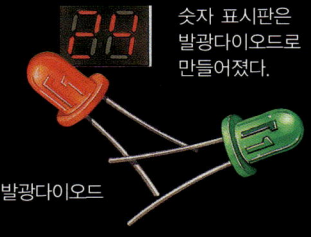

가변저항기

**서미스터**는 온도에 민감한 저항기이다. 온도가 올라가면 저항력이 떨어지고 온도가 내려가면 저항력이 올라간다. 서미스터는 어떤 공간이 너무 뜨겁다는 것을 감지할 수 있으므로 화재경보기에 사용된다.

서미스터

**다이오드**(2극 진공관)는 전류가 한 방향으로만 흐르도록 하는 특징을 가지고 있다. **발광다이오드**(LED)는 전류가 흐르면 빛을 낸다.

숫자 표시판은 발광다이오드로 만들어졌다.

발광다이오드

사진 속의 인쇄회로기판에 보이는 검은색 직사각형 부분에는 집적회로가 들어 있다. 집적회로는 금속트랙에 의해 서로 연결되어 있다.

### 소형 라디오의 단면도

안테나. 여기서 받은 신호가 트랜지스터에 의해서 증폭된다.

집적회로에 작은 저항기가 들어 있다.

확성기

회로기판

전지케이스

주파수 조절기

볼륨 조절기 (가변저항기가 들어 있다)

축전기

그림 속의 소형 라디오에는 많은 전자부품이 증폭회로에 배열되어 있다.

**트랜지스터**는 전자스위치이다. 트랜지스터에는 **베이스, 컬렉터, 에미터**라는 3개의 전극이 있다. 작은 전류가 베이스 전극으로 흐르면 트랜지스터는 컬렉터와 에미터를 통해서 더 큰 전류가 흐르게 한다. 그러면 트랜지스터가 켜진다. 베이스 전극에 전류가 흐르지 않으면 트랜지스터는 꺼진다.

전지케이스

전류(흰 화살표)가 회로 안에서 트랜지스터를 통과해서 흐르는 모습

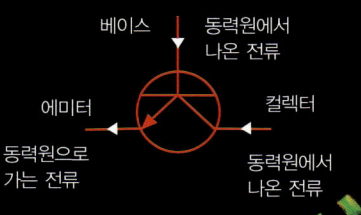

베이스

동력원에서 나온 전류

에미터

컬렉터

동력원으로 가는 전류

동력원에서 나온 전류

**축전기**(콘덴서)는 전기에너지를 저장했다가 필요할 때 내놓는 역할을 한다. 아주 높은 전압을 모아서 저장하기 위해서 텔레비전에 축전기가 사용된다.

축전기

축전기에는 여러 종류가 있다.

링크 237

# 디지털 전기공학 Digital Electronics

**디지털 전기공학은** 지속적으로 흐르는 전기나 아날로그 대신에 전기의 펄스를 이용하는 전기공학의 한 형태이다. 디지털 시계에서부터 계산기, 컴퓨터에 이르기까지 모든 종류의 전자부품에 디지털 전기공학이 이용된다.

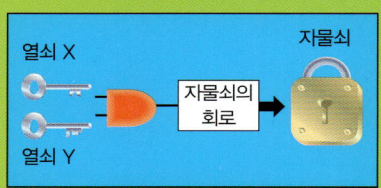
휴대용 계산기에는 디지털 전자회로가 들어 있다.

## 디지털회로

**디지털회로**에서 전기는 높거나 낮은 전압으로 존재한다. 펄스가 회로를 흐르는 동안 작은 전자부품이 펄스의 상태를 변화시키거나 방향을 바꾼다.

아날로그회로에서 전기는 계속 흐르는 상태이다.

디지털회로에서 전기는 일련의 펄스로 나누어진다.

링크 238

디지털 시계는 디지털회로로 움직인다.

시간 표시
회로
전지

전기의 펄스는 정보를 **2진부호**로 나타내는 데도 사용될 수 있다. 2진부호는 숫자 0과 1을 이용해서 정보를 나타내는 방법이다. 언어나 소리, 이미지도 2진부호로 전환될 수 있다. 2진부호에서는 숫자가 2개(0과 ①)밖에 없기 때문에 디지털 전자공학으로 만든 기기는 정보를 아주 빠르게 처리한다.

**숫자가 흐르는 파동의 형태**

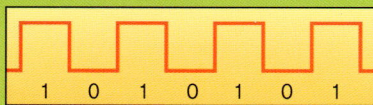

높은 전압의 펄스는 1을 나타내고 낮은 전압의 펄스는 0을 나타낸다.

## 논리게이트

**논리게이트**란 디지털 전자회로에서 계산을 수행하는 데 이용되는 트랜지스터의 배열을 말한다. 논리게이트는 이를 통해서 흐르는 펄스를 변화시키거나 방향을 바꾼다. 대부분의 논리게이트에는 신호를 받는 **입력**이 2개, 신호를 내보내는 **출력**이 1개 있다.

논리게이트에는 3종류가 있는데, 아래와 같이 다른 회로기호로 나타낸다.

### 앤드게이트(AND gate)

| 입력 | | 출력 |
|---|---|---|
| 1 | | |
| 1 | | 1 |
| 0 | | |
| 1 | | 0 |
| 0 | | |
| 0 | | 0 |

앤드게이트는 1을 2개 받아들이면 1을 내놓는다. 그렇지 않은 경우에는 0을 내놓는다.

### 낫게이트(NOT gate)

| 입력 | 출력 |
|---|---|
| 1 | 0 |
| 0 | 1 |

낫게이트에는 입력과 출력이 하나씩 있다. 이것은 1을 0으로, 0을 1로 바꾼다.

### 오어게이트(OR gate)

| 입력 | | 출력 |
|---|---|---|
| 1 | | |
| 0 | | 1 |
| 1 | | |
| 1 | | 1 |
| 0 | | |
| 0 | | 0 |

★

오어게이트는 입력 중 한 곳이라도 1을 받으면 1을 내놓는다.

논리게이트는 쓰임새가 다양하다. 앤드게이트는 보안시스템에 사용되기도 한다. 예를 들면 은행에서 금고를 열려면 두 직원이 동시에 열쇠를 돌려야 하는 장치가 그것이다. 반드시 열쇠 2개가 돌아가야만 1이 앤드게이트에 2개 들어가는 것처럼 자물쇠가 열리는 구조이다.

보안회로는 앤드게이트를 이용해서 열쇠 X와 Y가 모두 돌아갈 때만 자물쇠가 열리도록 한다.

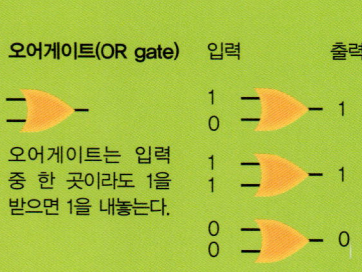

열쇠 X
열쇠 Y
자물쇠의 회로
자물쇠

출력이 1이면 전류가 자물쇠 회로에 흐르면서 자물쇠가 열린다.

## 교호접속식 회로

논리게이트는 **교호접속식 회로**와 같이 더 복잡한 기기를 만드는 데 사용된다. 전기펄스는 **피드백**이라는 과정에서 이 회로를 앞뒤로 순환한다. 이런 과정을 통해서 교호접속식 회로는 2진 부호로 된 정보의 일부를 '기억하게' 된다.

컴퓨터 내부의 집적회로(옆 페이지 참조)에는 수천수만 개의 교호접속식 회로가 들어 있다. 이런 회로가 결합해서 컴퓨터의 기억장치를 이룬다.

## 집적회로

**집적회로**는 **실리콘칩** 또는 그냥 **칩**이라고도 한다. 이것은 수천 개의 구성요소가 규소라는 원소로 된 아주 작은 판에 새겨진 완벽한 전자회로이다. 원기둥 모양 실리콘을 잘라서 **회로판**이라는 작은 모양을 만들어서 소형회로를 그 위에 인쇄한다. 이 회로판을 다시 다이아몬드 톱으로 잘라서 하나하나의 칩으로 만든다.

실리콘 원기둥을 자른 얇은 회로판으로 칩을 만든다.

회로판 하나에 수많은 회로가 새겨져 있다. 이 회로판을 다시 잘라서 칩을 하나하나 분리한다.

이것은 **CPU(중앙처리장치)** 칩으로 컴퓨터에서 가장 중요한 칩이다. 여기에는 2,800만 개 이상의 작은 트랜지스터가 논리게이트로 배열되어 있다. 트랜지스터는 아주 가는 알루미늄 섬유로 서로 연결된다.

링크 239

집적회로를 만드는 데 실리콘을 이용하는 것은 이것이 **반도체**이기 때문이다. 반도체란 온도에 따라 도체나 절연체의 역할을 하는 물질을 말한다. 회로를 만드는 구성요소도 반도체인데 실리콘(규소)에 인이나 붕소와 같은 원소를 약간 섞어서 만든다.

칩이 완성되면 플라스틱 장치에 장착한다. 이 장치에는 금속 돌출부가 있어서 회로기판의 다른 구성요소에 붙일 수 있다.

금속 돌출부를 이용해서 다른 구성요소에 칩을 연결한다.

컴퓨터의 주회로기판을 **머더보드**(본체기판)라고 한다. 머더보드는 칩이 고정되어 있는 플라스틱 조각이다. 칩은 머더보드에 새겨진 금속트랙에 연결되어 있다. 기판의 다른 구성요소는 칩에 흐르는 전기의 양을 조절하는 역할을 한다.

**소형 회로판**(도터보드, daughterboard)이라는 작은 기판은 머더보드에 끼워 있다.

머더보드

### 유용한 인터넷 링크
www.usborne-quicklinks.com

**Web 1** 논리게이트의 작동원리를 알아보자.

**Web 2** 여러 가지 논리게이트에 관한 애니메이션을 보자.

**Web 3** 마이크로프로세서를 만드는 성분을 골라보자.

**Web 4** 실리콘 회로판 위의 회로를 확대해서 살펴보자. 또 마이크로프로세서가 어떻게 만들어지는지 온라인 수업을 통해 알아보자.

**Web 5** 디지털 전자공학에 관한 그림과 글을 접해보자.

**Web 6** 마이크로프로세서의 역사를 살펴보자. 마이크로프로세서는 어떻게 해서 더 나은 기능을 갖추게 되었을까?

# 컴퓨터 Computers

**기본적으로** 컴퓨터는 계산을 하고 정보를 분류하는 기계이다. 1940년대 후반에 처음 발명되었을 때에는 크기가 아주 커서 방 하나에 꽉 들어찰 정도였다. 그 이후로 컴퓨터의 기능은 끊임없이 개선되었고 크기는 작아졌다. 오늘날에는 훨씬 더 다양한 기능을 가진 컴퓨터가 책 정도의 크기로 작아졌다.

해석기관이라고 하는 컴퓨터의 선구격인 기계는 백년도 전에 만들어졌다.

## 하드웨어

컴퓨터를 구성하는 부분을 **하드웨어**라고 한다. 컴퓨터의 주전자회로가 담겨 있는 케이스 밖에 있는 하드웨어를 **주변장치**라고 한다. 모니터와 키보드, 마우스는 모두 주변장치에 속한다.

아래 그림에서 보이는 컴퓨터는 **개인용 컴퓨터** 혹은 **PC**라고 한다.

링크
240

컴퓨터용 모니터이다. 텔레비전과 유사한 방식으로 영상을 만들어낸다.

휴대용 컴퓨터 또는 **노트북(랩톱)**과 **팜톱**이라고 하는 손으로 쥘 수 있는 컴퓨터의 화면은 편평하다. 여기에는 액정용액이 들어 있어서 전류가 흐르면 색깔이 변해서 영상을 만들어낸다.

키보드는 구식 타자기와 같은 모습이지만 타자기에는 없는 **기능키**가 추가로 포함되어 있다. 기능키를 이용해서 컴퓨터에 특정한 작업을 지시할 수 있다.

마우스로는 화면 위에서 화살표(커서)를 이동시킬 수도 있고 설명문을 클릭하기도 한다. 마우스를 이용하면 키보드보다 빨리 일을 처리할 수 있다.

## 소프트웨어

컴퓨터는 일련의 명령이 들어 있는 **프로그램**이나 **소프트웨어**가 기억장치에 저장되어 있지 않으면 작동하지 않는다. 컴퓨터의 작동을 조절하는 **소프트웨어**를 **운영체제**라고 한다. 마이크로소프트사의 윈도우 역시 운영체제의 하나이다.

이 화면은 윈도우 소프트웨어와 문서가 들어 있는 파일을 보여준다.

이 외의 소프트웨어는 특정한 활동, 이를테면 게임이나 인터넷 연결 등에 필요하다.

### 직접 해보자

컴퓨터를 켜면 화면에 어떤 정보가 뜨는가? 이것은 컴퓨터가 스스로의 하드웨어와 소프트웨어를 체크해서 모든 일이 잘 처리되도록 확인하는 과정이다.

편평한 모니터

키보드. 기능키는 맨 위에 줄지어서 붙어 있다.

이 안에 컴퓨터의 주회로가 들어 있다.

마우스

0과 1의 흐름은 예술가에게 디지털 정보가 어떻게 컴퓨터 내에서 이동하는지에 대한 인상을 준다.

## 비트와 바이트

컴퓨터는 모든 계산을 0과 1, 단 2개의 숫자만으로 처리한다. 이것을 **2진 부호**라고 한다. 하나하나의 0과 1을 **비트**(bit, binary digit, 2진 숫자의 줄임말)라고 한다. 2진 부호는 컴퓨터의 회로를 흐르는 전압이 높거나(1) 낮은(0) 점을 이용해서 표현하기 쉽다.

8비트가 합쳐진 단위를 **바이트**라고 하며, 이것으로 데이터(정보)의 크기를 나타낸다. 바이트가 많이 모이면 복잡한 데이터를 나타낼 수 있다.

**0 1 0 0 0 0 1 0**

이 바이트는 키보드에 있는 글자 B를 의미한다.

## 처리

컴퓨터 안에서 계산은 **마이크로프로세서(극소처리장치)**에서 실행된다. 개인용 컴퓨터에서 가장 중요한 부분을 **중앙처리장치** 또는 **CPU**라고 한다. 중앙처리장치는 초당 수백만 건의 계산을 처리한다.

마이크로프로세서

바이트는 컴퓨터 내부에서 **버스**라는 전자통로를 따라 이동한다. 버스는 중앙처리장치와 컴퓨터의 다른 부분 사이를 오가며 정보를 운반한다.

## 처리 속도

마이크로프로세서가 정보를 처리하는 속도는 두 가지에 달려 있다.
• 한 번에 처리할 수 있는 바이트의 숫자. **대역폭**이라고 한다.
• 초당 처리할 수 있는 명령의 숫자. **클록 속도(클록 주파수)**라고 한다. 이 수치는 메가헤르츠(MHz) 단위로 측정되며, 초당 50만 건의 계산을 처리할 수 있는 중앙처리장치는 클록 속도가 500MHz라고 한다.

인텔사가 제조한 중앙처리장치 속에 있는 마이크로프로세서

## 기억장치

컴퓨터는 정보를 **하드디스크**라는 일련의 디스크에 있는 **기억장치**에 저장한다. 이 정보는 컴퓨터의 전원이 꺼져도 보관된다. 이런 정보는 나중에 사용하거나 다른 컴퓨터로 옮기기 위해서 카세트테이프나 플로피디스크, 시디에 저장하기도 한다.

컴퓨터의 **램(RAM, 임의접근기억장치)**은 중앙처리장치가 다른 계산을 실행하는 동안 실리콘칩에 데이터를 저장한다. 램은 컴퓨터가 꺼지면 내용이 없어진다.

링크 241

시디에는 플로피디스크보다 450배나 많은 정보를 보관할 수 있다.

USB는 컴퓨터와 주변기기를 연결하는 데 쓰이는 입출력 장치이다.

USB 8Gb

### 유용한 인터넷 링크

www.usborne-quicklinks.com

**Web 1** 컴퓨터에 관한 글을 읽고 컴퓨터 용어집도 이용해보자.
**Web 2** 컴퓨터가 어떤 원리로 기억장치에 정보를 저장하는지 알아보자.
**Web 3** 컴퓨터에 대한 재미난 사실을 알아보자.
**Web 4** 컴퓨터가 2진 부호를 어떻게 사용하는지 알아보자.
**Web 5** 컴퓨터의 하드드라이브 안에는 어떤 것이 들어 있을까?
**Web 6** 최초의 컴퓨터에 대한 퀴즈를 풀어보자. 자신의 지식을 테스트해볼 수 있다

## 소프트웨어 패키지

우리가 사용할 수 있는 소프트웨어에는 수백, 수천 종류가 있다. 글자를 입력해주는 간단한 프로그램부터 제트기를 설계하는 데 사용되는 아주 정교한 패키지까지 범위가 아주 넓다.

이 여객기 그림은 디자인용 소프트웨어만으로 만들었다. 이 이미지가 만들어졌을 때 실제 비행기는 없었다.

거의 모든 종류의 작업에 각각 사용할 수 있는 소프트웨어가 따로 나와 있다. 광고나 출판 분야에서는 그래픽 소프트웨어를 이용해서 특수효과를 넣어서 이미지를 만든다.

링크
242

이 사진을 확대하면 **픽셀**이라고 하는 아주 작은 사각형이 많이 있는 형태로 전환된다. 그래픽 소프트웨어를 이용해서 오른쪽과 같은 결과를 내려고 픽셀을 변형했다.

픽셀의 확대도

소프트웨어는 보통 CD나 DVD에 저장한다. 그러나 용량이 크면 USB나 외장하드에 저장하기도 한다. 시디 속의 내용물을 컴퓨터의 하드디스크에 다운로드(복사)해서 사용하게 되어 있다.

### 직접 해보자

윈도우즈에는 그림판이라고 하는 간단한 그래픽 소프트웨어가 포함되어 있다. 이 소프트웨어는 이 페이지에 있는 것과 같은 이미지를 만든 소프트웨어만큼 성능이 좋지는 않지만 이미지의 색깔과 모양을 바꿀 때 사용할 수 있다.

그림판의 색깔 선택판

## 하드웨어 조정

컴퓨터의 하드웨어를 구성하는 모니터와 같은 부품의 작동은 일련의 마이크로프로세서가 붙어 있는 작은 인쇄회로기판, 즉 **카드**에 의해서 조정된다.

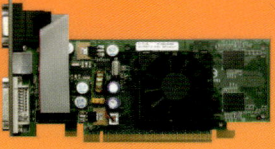

그래픽카드는 모니터에 이미지가 나타나는 방식을 조정한다.

카드는 각각 컴퓨터의 주회로기판에 꽂는다. 이 카드는 다시 **드라이버**라는 소프트웨어에 의해서 조절되는데, 이것은 컴퓨터의 하드디스크에 설치하는 프로그램이다.

그리고 원래 있던 카드를 빼고 새 카드를 설치하거나 컴퓨터에 새로운 드라이버를 깔아서 컴퓨터의 성능을 더 낫게 하는 것을 **업그레이드**라고 한다.

## 이 사진은 어떻게 만들어졌을까

스노보더를 찍은 이 사진은 고품질의 그래픽카드가 내장된 컴퓨터에서 그래픽 소프트웨어를 이용해서 만든 것이다. 먼저 왼쪽 끝에 있는 사진을 스캐너를 이용해서 컴퓨터에 스캔한다.(옆 페이지 참조)

소프트웨어를 이용해서 눈에 잘 띄도록 배경색을 바꾼다. 원본 사진에서는 스노보더의 왼쪽 손이 보이지 않는데, 오른손을 복사해서 거꾸로 돌린 다음 왼팔에 붙여서 손을 만들었다. 또한 움직이는 듯한 인상을 주기 위해서 흐릿하게 보이도록 했다.

이런 배경을 만들기 위해서 노란색과 주황색 톤으로 선을 먼저 그었다. 그 다음 소용돌이치는 효과를 내면서 섞은 뒤, 스노보더의 모습을 위에 올려두었다.

## 그 외의 하드웨어

모니터나 키보드, 마우스와 같은 기본적인 하드웨어 외에도 주변장치를 컴퓨터에 연결해서 사용할 수 있다. 이런 주변장치에는 프린터와 스캐너, 많은 정보를 저장하기 위한 시디라이터 등도 포함된다.

스피커가 있으면 음악이나 소프트웨어에서 나오는 말소리, 인터넷에서 다운받은 자료에서 나는 소리를 들을 수 있다.

스캐너는 문서나 그림을 컴퓨터에 저장할 수 있는 디지털정보로 바꿔준다.

### 스캐너의 작동 원리

1. 스캔하고자 하는 이미지가 그려진 부분이 바닥을 향하도록 유리판 위에 올린다.

이미지

유리판

빛

2. 빛의 모양이 이미지에 반사된다.

스캔된 이미지

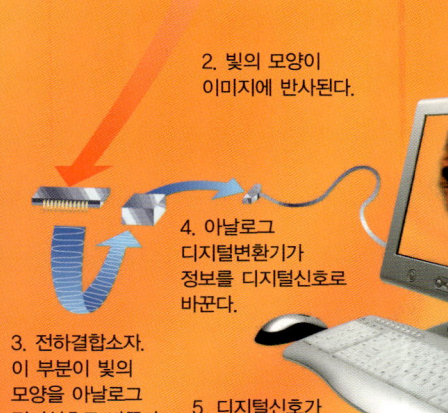

4. 아날로그 디지털변환기가 정보를 디지털신호로 바꾼다.

3. 전하결합소자. 이 부분이 빛의 모양을 아날로그 전기신호로 바꾼다.

5. 디지털신호가 케이블을 통해서 컴퓨터에 전달된다.

## 네트워킹

컴퓨터를 서로 연결하는 것을 **네트워킹**이라고 한다. 네트워킹을 하면 정보를 쉽게 공유할 수 있다. 네트워크(통신망)는 가까이 있는 컴퓨터로 구성되기도 하고, 수천 마일이나 떨어진 곳에 있는 컴퓨터와 연결되기도 한다.

한 방에 있는 컴퓨터를 모두 연결한 것과 같이, 가까이 있는 컴퓨터로 구성한 네트워크를 **지역정보통신망**(local-area network) 또는 **LAN**이라고 한다.

멀리 떨어진 지역의 컴퓨터로 이루어진 네트워크를 **광지역정보통신망**(wide-area network) 또는 **WAN**이라고 한다.

가장 간단한 LAN은 같은 방의 컴퓨터 두 대를 연결한 것이다.

WAN은 세계 어디의 컴퓨터와도 연결된다.

링크 243

### 네트워크의 종류

가장 간단한 네트워크는 **피어투피어**(peer-to-peer) 네트워크이다. 이것은 곧 네트워크가 하나의 컴퓨터에 의해서 조절되지 않는다는 의미이다. 이런 종류의 네트워크는 구성하기 쉽다.

**클라이언트 서버**(client server) **네트워크는 서버**라고 하는 컴퓨터 하나가 네트워크를 조정하는 것이다. 중요한 프로그램과 데이터는 서버에 들어 있다. 다른 컴퓨터(**클라이언트**)는 서버에서 이런 프로그램과 데이터를 받아서 작동한다. 서버가 작동하지 않으면 클라이언트는 데이터를 이용할 수 없고 네트워크는 제 기능을 하지 못한다. 클라이언트 서버 네트워크는 피어투피어 네트워크보다 더 많은 정보를 처리할 수 있다.

피어투피어 네트워크 조직

클라이언트 서버 네트워크 조직

**유용한 인터넷 링크**

www.usbornequicklinks.com

Web 1 컴퓨터 속으로 가상여행을 떠나보자. 여러 가지 정보를 얻을 수 있다.

Web 2 온라인으로 ICT(정보통신기술) 수업을 들어보고 퀴즈도 풀어보자.

Web 3 컴퓨터의 역사를 기술한 연대기를 살펴보자.

# 원거리통신 Telecoms

**1876년** 전화기가 발명된 이후 전화 시스템은 계속 발전해왔다. 특히 컴퓨터와 함께 사용되면서 현대 사람들은 정보를 주고받는 데 아주 다양한 방법을 이용한다. 이런 기술을 **전기통신** 혹은 **원거리통신**이라고 한다.

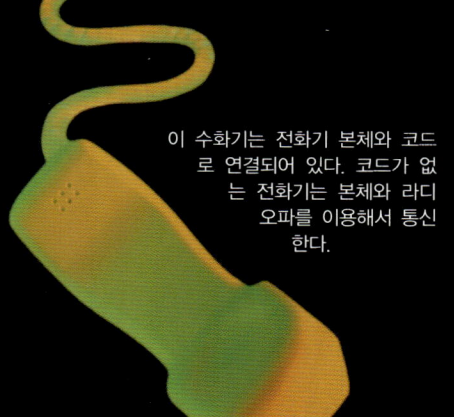

이 수화기는 전화기 본체와 코드로 연결되어 있다. 코드가 없는 전화기는 본체와 라디오파를 이용해서 통신한다.

## 전화선

원래 전화 메시지는 구리 케이블로 전달되었는데, 이 케이블은 땅에 묻혀 있거나 전신주 같은 기둥에 걸쳐 있었다.

이런 케이블은 전화기에서 만들어진 아날로그신호를 전달했다. 그러나 오늘날의 전화기는 디지털정보를 주고받아서 동력이 적게 들 뿐만 아니라 케이블을 놓는 데 필요한 공간도 적어진다. 그 결과 더 많은 정보가 전달된다.

링크 244

## 전화 시스템

**전화 시스템**은 복잡한 전선망과 스우치(개폐기), 전화교환국으로 이루어져 있다.

장거리전화를 걸면 그 메시지는 대기권 밖에 있는 위성에 반사되어서 전달철탑에 보내지거나 엄청나게 긴 전화선을 타고 이동한다. 어떤 경로로 보내지든 간에 전화는 눈 깜짝할 사이에 목적지에 도달한다.

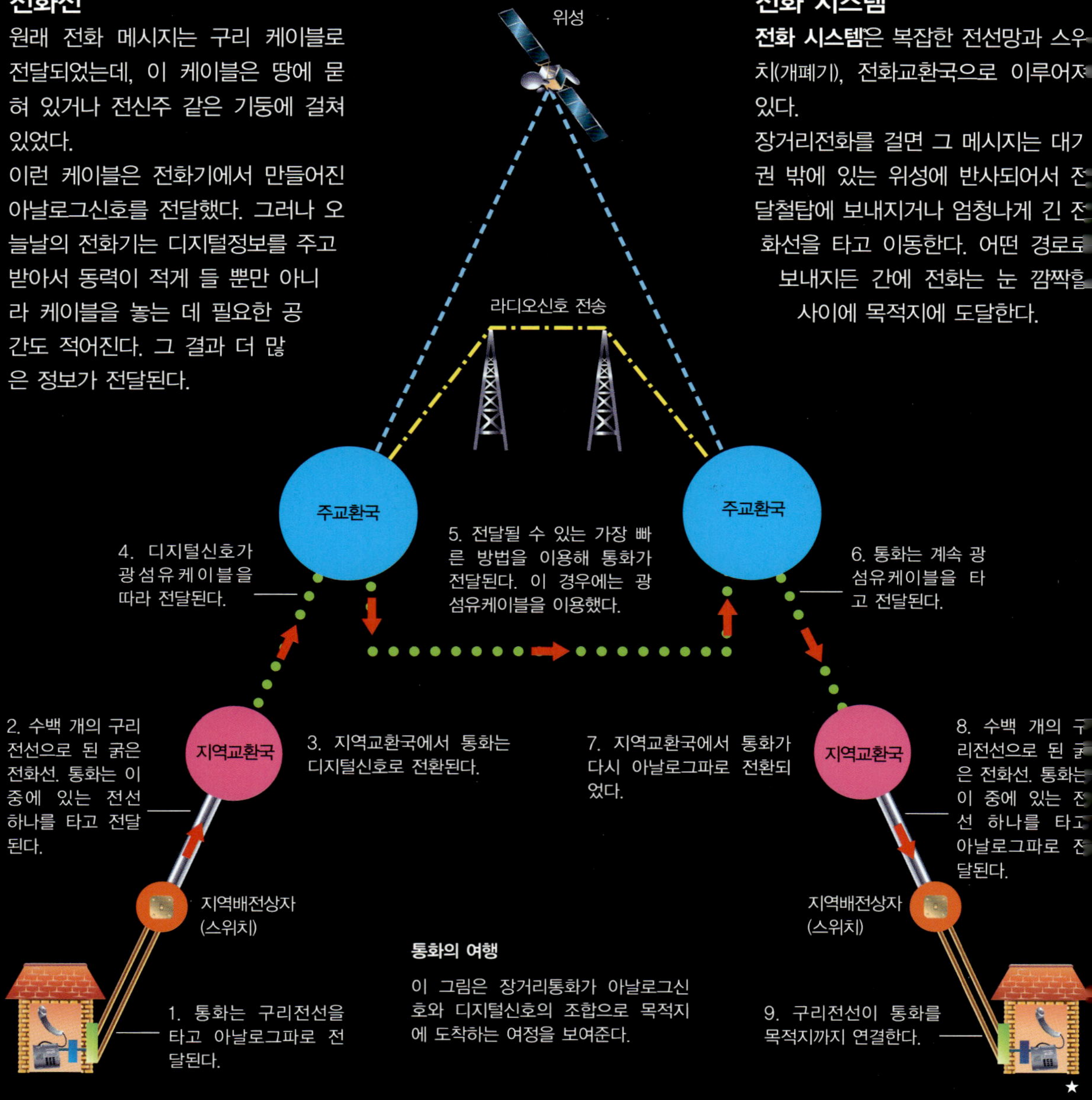

위성

라디오신호 전송

주교환국

주교환국

4. 디지털신호가 광섬유 케이블을 따라 전달된다.

5. 전달될 수 있는 가장 빠른 방법을 이용해 통화가 전달된다. 이 경우에는 광섬유케이블을 이용했다.

6. 통화는 계속 광섬유케이블을 타고 전달된다.

지역교환국

2. 수백 개의 구리전선으로 된 굵은 전화선. 통화는 이 중에 있는 전선 하나를 타고 전달된다.

3. 지역교환국에서 통화는 디지털신호로 전환된다.

7. 지역교환국에서 통화가 다시 아날로그파로 전환되었다.

지역교환국

8. 수백 개의 구리전선으로 된 굵은 전화선. 통화는 이 중에 있는 전선 하나를 타고 아날로그파로 전달된다.

지역배전상자
(스위치)

지역배전상자
(스위치)

**통화의 여행**

이 그림은 장거리통화가 아날로그신호와 디지털신호의 조합으로 목적지에 도착하는 여정을 보여준다.

1. 통화는 구리전선을 타고 아날로그파로 전달된다.

9. 구리전선이 통화를 목적지까지 연결한다.

★

## 모뎀

모뎀은 컴퓨터나 팩스로 전화선을 이용해서 정보를 받을 수 있게 해주는 기계이다. '모뎀(Modem)'은 변복조기(modulator-demodulator)의 줄임말이다.

모뎀은 컴퓨터나 팩스가 만든 디지털 정보를 아날로그파로 전환시킨다. 이 정보를 받은 모뎀은 아날로그파를 다른 컴퓨터나 팩스가 이해하도록 다시 디지털부호로 전환한다.

## 광랜(光-, optical LAN)

광섬유를 이용한 근거리 통신망(LAN). 랜(LAN)에 비해 보다 고속의 통신이 가능하며, 전자적인 잡음의 영향을 거의 받지 않는다. 최근 중계장치 없이도 전송할 수 있는 광섬유가 개발되어 광랜의 용도가 급속하게 넓어졌다.

## 전송 속도

모뎀이 정보를 처리하는 속도 때문에 모뎀에 의해 전달되는 정보의 양은 제한되어 있다. **데이터 압축**은 중요하지 않은 정보를 잘라냄으로서 이 과정의 속도를 높일 수 있다.

예를 들어 음악은 **mp3** 소프트웨어를 이용해서 압축할 수 있다. 이 소프트웨어는 우리 귀가 감지하지 못하는 소리의 일부를 제거한다. 중요한 부분만 추려낸 버전은 더 빨리 전송된다.

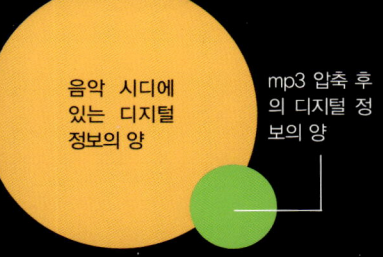

음악 시디에 있는 디지털 정보의 양

mp3 압축 후의 디지털 정보의 양

mp3 소프트웨어는 우리가 들을 수 있는 소리의 범위를 벗어나는 너무 높거나 낮은 주파수의 음파를 모두 제거한다. 또한 다른 소리에 의해서 가려진 소리도 없앤다.

## 대역폭

하나의 전화선이 초당 처리할 수 있는 정보의 양을 **대역폭**이라고 한다. 구리 전화선은 대역폭이 제한되어 있다. 반면 유리나 플라스틱 섬유로 만들어진 **광섬유케이블**은 대역폭이 훨씬 크다. 그러나 광섬유케이블은 설치할 때 비용이 많이 든다는 단점이 있다.

## 휴대폰

휴대폰은 전화선을 사용하지 않는다. 대신 디지털 라디오 신호를 근처에 있는 전송탑, 즉 **기지국**으로 보내는 방식으로 작동한다. 기지국에서는 다음 기지국으로 신호를 다시 전달하고, 이 과정이 반복되어서 전화를 받을 상대방의 휴대폰에 전달된다.

### 휴대폰이 작동하는 원리

1. 번호를 입력하고 통화 버튼을 누른다.

2. 휴대폰이 가능한 전파통신로를 찾아서 전화번호가 담긴 디지털 라디오 신호를 가장 가까운 기지국으로 보낸다.

— 무선신호
— 전송탑 또는 기지국

3. 기지국은 통신망에 있는 주변 기지국에 전화를 받을 상대방의 휴대폰을 찾을 때까지 계속 신호를 보낸다.

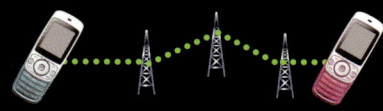

4. 전화를 받는 휴대폰은 기지국에서 메시지를 받고 통화가 가능한지 알려준다. 이제 전화벨 소리를 들을 수 있다.

이 사진은 광섬유케이블 다발 끝에서 나오는 빛이다. 광섬유케이블은 디지털정보를 빛의 펄스로 전달한다.

### 직접 해보자

전화기로 팩스 번호를 눌러보자. 팩스가 전화를 받으면 높은 톤의 진동음이 난다. 이것은 내부 모뎀이 작은 메시지를 보내는 소리이다. 이 메시지는 다른 팩스가 이 팩스에 전화를 건 것인지 알아보기 위해 내보내는 것인데, 이런 경우가 맞다면 상대 팩스에게 정보를 전달하기 시작하라고 알려주는 신호가 된다.

### 유용한 인터넷 링크

www.usborne-quicklinks.com

Web 1 전화기의 발명과 역사에 관한 글을 읽어보자.
Web 2 통신의 역사에 중요한 사건을 나열한 연대기를 살펴보자.
Web 3 짧은 영상을 보고 전화에 대한 퀴즈를 풀어보자.
Web 4 통신 분야의 개척자에 대해 알아보자.
Web 5 전화기 내부는 어떻게 생겼을까?
Web 6 통신위성에 관한 글을 읽어보고 가상으로 통신위성을 만들어보자.

# 인터넷 The Internet

인터넷 이용하기

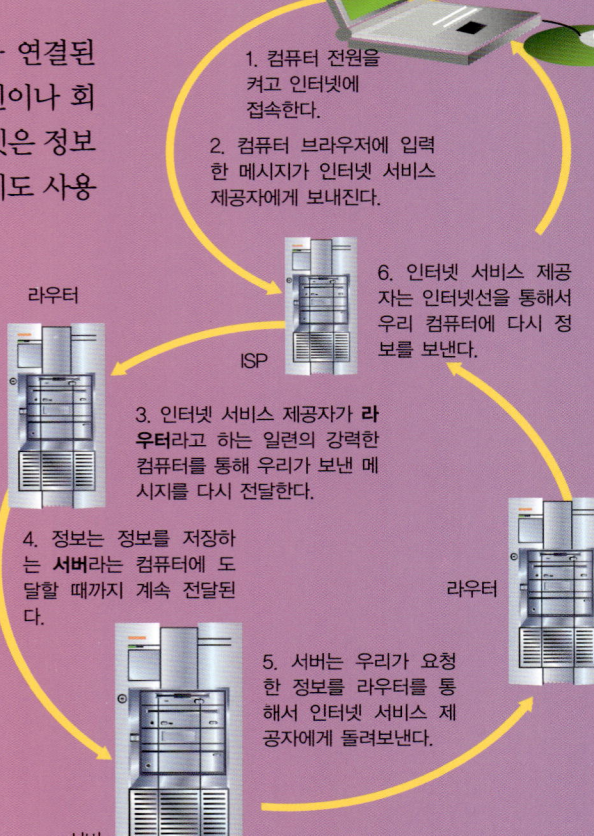

**인터넷은** 전 세계 수천 수백만 대의 컴퓨터가 연결된 방대한 컴퓨터 통신망이다. 인터넷을 이용하면 개인이나 회사, 단체 등에서 올린 정보에 접근할 수 있다. 인터넷은 정보를 주고받거나 메시지를 보내고 물건을 구입하는 데도 사용된다.

1. 컴퓨터 전원을 켜고 인터넷에 접속한다.

2. 컴퓨터 브라우저에 입력한 메시지가 인터넷 서비스 제공자에게 보내진다.

라우터

ISP

6. 인터넷 서비스 제공자는 인터넷선을 통해서 우리 컴퓨터에 다시 정보를 보낸다.

## 인터넷의 기본

대부분의 사람들은 **브라우저**라는 소프트웨어를 이용해서 인터넷에 접속하거나 **로그인**한다.

인터넷의 기본적인 구조는 통신회사에 의해 제공된다. 즉 인터넷을 이용할 때 통신을 통해서 정보를 보내거나 받는 것이다.

대부분 가정에서 인터넷을 사용하는 사람들은 **인터넷 서비스 제공자(ISP)**를 통해서 인터넷에 접속한다. **온라인 상태**(인터넷에 접속된 상태)일 때 컴퓨터에서 나온 메시지가 인터넷(LAN)선을 따라 인터넷 서비스 제공자의 성능이 강한 컴퓨터로 전달된다. 그 컴퓨터는 전자우체국과 같은 역할을 해서 눈 깜짝할 사이에 자동으로 정보를 분류하고 보낸다.

월드와이드웹은 가장 잘 알려지고 광범위하게 사용되는 인터넷의 일부이다.

3. 인터넷 서비스 제공자가 **라우터**라고 하는 일련의 강력한 컴퓨터를 통해 우리가 보낸 메시지를 다시 전달한다.

4. 정보는 정보를 저장하는 **서버**라는 컴퓨터에 도달할 때까지 계속 전달된다.

라우터

5. 서버는 우리가 요청한 정보를 라우터를 통해서 인터넷 서비스 제공자에게 돌려보낸다.

서버

링크 246

## 월드와이드웹

**월드와이드웹(World Wide Web, www)**은 엄청난 정보를 제공하는 원천이며 전자상거래가 일어나는 곳이기도 하다.(옆 페이지 참조) 월드와이드웹은 수천, 수만 개의 개별적인 웹사이트로 이루어져 있다. 이 웹사이트는 다시 웹페이지라고 하는 개별적인 문서로 되어 있다.

## HTML(에이치티엠엘)

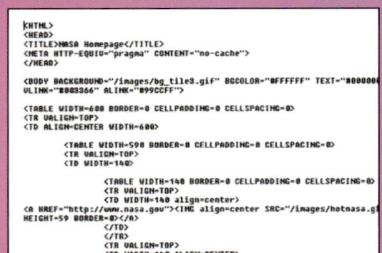

웹페이지는 **하이퍼텍스트 생성언어(HyperText Markup Language, HTML)**라는 컴퓨터 언어로 쓴다. 웹페이지를 살펴볼 때 페이지 상단의 '보기' 버튼을 클릭해서 '소스'를 선택하면 HTML 코드를 볼 수 있다.

## 하이퍼링크

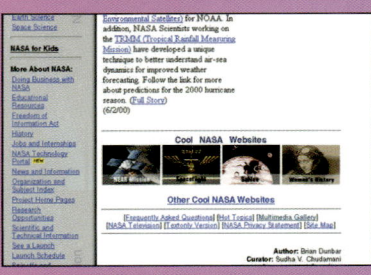

웹페이지를 살펴보면 일부 단어나 그림이 강조된 것을 볼 수 있다. 이런 그림이나 단어를 클릭하면 관련된 정보가 있는 새 페이지가 뜨거나 **다운로드**된다. 이런 것을 **하이퍼링크**라고 한다. 이 링크를 이용하면 전 세계 웹에 존재하는 페이지에서 다른 페이지로 쉽고 빠르게 이동할 수 있다.

## 인터넷 이름

인터넷에 있는 모든 정보는 **URL** **(Uniform resource locator)**이라고 하는 주소를 가지고 있다. URL을 이용해서 우리가 원하는 정확한 정보를 불러낼 수 있다. URL은 또한 메시지가 보내지는 구성방식(**프로토콜**)을 정의하기도 한다.

URL

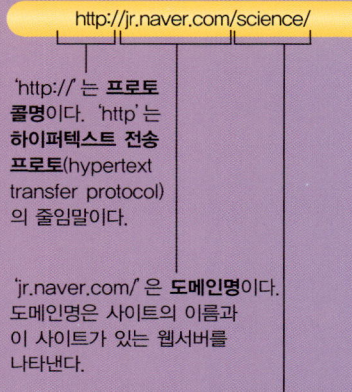

'http://' 는 **프로토콜명**이다. 'http' 는 **하이퍼텍스트 전송 프로토**(hypertext transfer protocol)의 줄임말이다.

'jr.naver.com/' 은 **도메인명**이다. 도메인명은 사이트의 이름과 이 사이트가 있는 웹서버를 나타낸다.

'science/' 는 파일 경로이다. 이것은 페이지가 저장되어 있는 파일의 이름을 말한다.

## 닷컴

도메인명의 마지막 부분을 **최상위 도메인**이라고 한다. 아래 예를 살펴보면 최상위 도메인이 각각 무엇을 나타내는지 알 수 있다.

.com : 상업적인 조직
.edu : 학교 또는 교육시설
.gov : 정부기관
.org : 비영리단체

일부 도메인명에는 어느 나라에 근거를 두고 있는지 나타내는 두 글자가 있는 경우도 있다.
그 예는 아래와 같다.

.kr : 한국
.jp : 일본
.uk : 영국

## 이메일

**이메일**은 **전자메일**(electronic mail)을 가리킨다. 이메일을 이용하면 다른 인터넷 사용자에게 메시지를 보낼 수 있다. 메일을 전문으로 하는 소프트웨어를 이용해서 이메일을 쓰거나 받을 수 있는데, 마이크로소프트사의 아웃룩 익스프레스도 이와 같은 소프트웨어 중 하나이다.

이메일은 전화선을 통해 인터넷 서비스 제공자에게 전달된다. 그 후 수신자의 인터넷 서비스 제공자에게 인터넷을 통해 전달되어서, 수신자가 다음에 인터넷에 접속하면 이메일을 받아볼 수 있다.

이메일 주소는 세 부분으로 나뉜다. 아래는 전형적인 이메일 주소의 예이다.

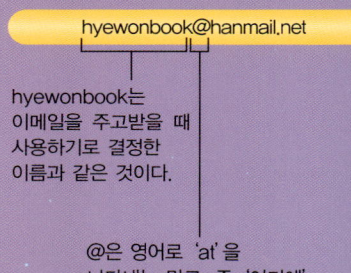

hyewonbook는 이메일을 주고받을 때 사용하기로 결정한 이름과 같은 것이다.

@은 영어로 'at' 을 나타내는 말로, 즉 '어디에' 소속되었는지 이 문자 다음에 오는 단어로 알 수 있다.

## 전자상거래

인터넷으로는 물건을 사고팔 수도 있는데 이를 **전자상거래**라 한다. 웹사이트에서 판매되는 상품과 서비스는 웹페이지에 있는 양식을 기입하면 바로 주문할 수 있다.

전자상거래를 이용하면 언제 어디서 어떤 물건이든 구매할 수 있다. 그러나 이 말은 즉 물건을 사기 전에 살펴보거나 사용해볼 수 없다는 뜻이기도 하다.

## 모바일 인터넷

요즘은 휴대폰으로도 인터넷을 사용할 수 있다. 휴대폰으로 이용하는 인터넷 웹페이지는 일반적인 인터넷 페이지보다 단순하게 만들어지기도 한다. 그것은 휴대폰이 일반 웹페이지에 담겨 있는 정보의 양을 빨리 가져오기 어렵기 때문이다. 하지만 최근에는 기술의 발달로 휴대폰으로도 컴퓨터와 거의 똑같은 인터넷 사용이 가능해졌다.

휴대폰을 이용하면 인터넷 접속은 물론 이메일도 보낼 수 있다.

링크
247

### 직접 해보자

이메일이 얼마나 빨리 전달되는지 확인하기 위해서 스스로에게 메일을 보내보자. '받는 사람' 란에 자신의 주소를 쓰고 '보내기' 버튼을 누른다.
잠시 뒤 확인해보면 인터넷 서비스 제공자(다른 나라에 있을 수도 있다)에서 이메일이 몇 초 만에 돌아온 것을 알 수 있다. 그러나 실험을 하는 당시에 인터넷을 사용하는 사람이 얼마나 많으냐에 따라 시간이 더 걸리기도 한다.

### 유용한 인터넷 링크

www.usborne-quicklinks.com

**Web 1** 인터넷이 작동하는 원리에 대해 알아보고, HTTP나 IP, 도메인 등 중요한 단어의 뜻도 알아보자.
**Web 2** 이메일과 휴대폰, 인터넷 등에 관한 질문과 답변 코너를 방문해보자.
**Web 3** 인터넷에 관한 글을 읽어보자.
**Web 4** 인터넷에 관한 그림과 글을 만나보자.
**Web 5** 이메일을 주고받는 원리를 알아보고 자기 자신에게 메일을 보내보자.

## 복습해봅시다

1. **파동에 관한 설명으로 옳은 것은?** (214-215쪽)
   ① 모든 파동은 진동의 일종이며 에너지를 가지고 있다.
   ② 모든 파동의 진동 방향은 파동 자체의 이동 방향과 같다.
   ③ 모든 파동의 진동은 파동 자체의 이동 방향에 직각을 이룬다.

2. **파동의 파장이란?** (215쪽)
   ① 초당 지나가는 완전한 파동의 개수
   ② 마루와 그 다음 골 사이의 거리
   ③ 마루와 그 다음 마루 사이의 거리

3. **파동이 표면에 부딪혀 튕겨나가는 것을 무엇이라고 하는가?** (216-217쪽)
   ① 반사
   ② 굴절
   ③ 회절

4. **파동이 일정한 각도로 새로운 매질에 들어가 방향을 바꾸는 것을 무엇이라고 하는가?** (216-217쪽)
   ① 반사
   ② 굴절
   ③ 회절

5. **파동에 관한 다음 설명 중 옳은 것은?** (214, 216-217쪽)
   ① 전자기파이다.
   ② 진공에서도 이동할 수 있다.
   ③ 기체보다 고체 내에서 더 빨리 이동한다.

6. **공기 중의 음파에 관한 설명 중 옳은 것은?** (218-219쪽)
   ① 항상 같은 속력으로 이동한다.
   ② 장애물에 의해서 반사되지 않는다.
   ③ 공기분자의 진동으로 이루어져 있다.

7. **현악기에서 나는 음은 다음 보기 중 어떤 동작에 의해서 소리가 커지는가?** (220쪽)
   ① 현을 더 세게 뜯는다.
   ② 현의 길이를 늘인다.
   ③ 현의 길이를 줄인다.

8. **현악기 음의 음조는 다음 보기 중 어떤 동작에 의해서 높아지는가?** (221쪽)
   ① 현을 더 세게 뜯는다.
   ② 현의 길이를 늘인다.
   ③ 현의 길이를 줄인다.

9. **자외선에 관한 설명으로 옳은 것은?** (225쪽)
   ① 가시광선보다 파장이 짧다.
   ② 가시광선보다 파장이 길다.
   ③ 가시광선보다 빠른 속력으로 이동한다.

10. **다음 중 빛이 통과할 수 없는 것은?** (226쪽)
    ① 투명한 물체
    ② 반투명한 물체
    ③ 불투명한 물체

11. **본그림자란 무엇인가?** (226쪽)
    ① 모든 빛이 떨어지는 부분
    ② 그림자의 어두운 부분
    ③ 그림자에서 회색을 띤 부분

12. **반영이란 무엇인가?** (226쪽)
    ① 모든 빛이 떨어지는 부분
    ② 그림자의 어두운 부분
    ③ 그림자에서 회색을 띤 부분

13. **다음 중 사실이 아닌 것은?** (228쪽)
    ① 프리즘을 이용해서 백색 광선을 여러 가지 색으로 쪼갤 수 있다.
    ② 파란빛은 가장 적게 굴절된다.
    ③ 색깔에 따라 굴절되는 정도가 다르다.

14. **빨간빛, 초록빛, 파란빛은 다음 중 어디에 속하는가?** (228쪽)
    ① 원색
    ② 등화색
    ③ 보색

15. **빨간빛과 파란빛이 섞이면 어떤 색이 나오는가?** (228쪽)
    ① 파란빛
    ② 빨간빛
    ③ 자홍빛

16. **흰빛이 파란색 물건에 비치면 어떤 색이 나는가?** (229쪽)
    ① 파란색
    ② 하얀색
    ③ 검정색

17. **빛의 방해는 다음 중 어떤 경우에 일어나는가?** (230쪽)
    ① 광선이 서로 평행으로 이동할 때
    ② 광선이 반대 방향으로 이동할 때
    ③ 광선이 겹칠 때

**18.** 편광 선글라스가 눈부심을 줄여주는 원리는? (231쪽)
① 일정한 방향으로 들어오는 빛 외에는 모든 빛의 파동 진동을 걸러낸다.
② 눈에서 빛을 반사한다.
③ 빛을 섞어서 눈에 빛 전체가 닿지 않도록 한다.

**19.** 유리로 된 양면 볼록렌즈에 관한 설명 중 옳은 것은? (232쪽)
① 표면이 안쪽으로 휘어 있다.
② 공기 중에 두면 수렴렌즈와 같이 작용한다.
③ 공기 중에 두면 발산렌즈와 같이 작용한다.

**20.** 근시인 사람에 관한 다음 설명 중 옳은 것은? (233쪽)
① 가까이 있는 물건을 또렷하게 볼 수 없다.
② 멀리 있는 물건을 또렷하게 볼 수 없다.
③ 수렴렌즈로 된 안경을 껴야 한다.

**21.** 다음 중 작은 물체를 크게 관찰할 수 있는 기구는? (234쪽)
① 현미경
② 잠망경
③ 망원경

**22.** 카메라에 있는 조리개의 역할은? (236쪽)
① 카메라에 들어오는 빛의 양을 조절한다.
② 빛이 필름에 비치는 시간을 조절한다.
③ 상의 크기를 조절한다.

**23.** 다음 중 전자가 띠는 전하는? (240쪽)
① 양전하
② 음전하
③ 전하 없음

**24.** 다음 중 전하를 띤 입자가 서로를 끌어당기는 경우는? (240쪽)
① 둘 다 양전하를 띠었을 때
② 둘 다 음전하를 띠었을 때
③ 하나는 양전하를, 다른 하나는 음전하를 띠었을 때

**25.** 아래 그림 중 단위전지 2개, 전구가 있고 양전극이 오른쪽으로 연결된 회로는? (243쪽)
①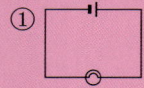
②
③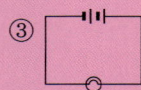

**26.** 오른쪽 그림의 회로에는 전구 하나, 단위전지 2개,          가 있다. (243쪽)
① 저항기
② 트랜지스터
③ 다이오드

**27.** 다음의 자석 조합 중 서로를 끌어당기는 것은? (244쪽)
① 북극과 북극
② 북극과 남극
③ 남극과 남극

**28.** 다음 중 약자성체 물질의 특성으로 옳은 것은? (244쪽)
① 자기를 띠게 하기 쉽고 잃게 하기도 쉽다.
② 자기를 띠게 하기 어렵고 잃게 하기도 어렵다.
③ 영구자석을 만드는 데 사용한다.

**29.** 운동에너지를 전기에너지로 바꾸는 기계를 무엇이라고 하는가? (247쪽)
① 발전기
② 전동기
③ 전기자

**30.** 직렬회로에서 전기부품의 저항이 증가하면 전류는 어떻게 되는가? (242, 248쪽)
① 증가한다.
② 감소한다.
③ 이전과 같은 상태로 머문다.

제5장 빛, 소리, 전기 정답
1. ① 2. ③ 3. ① 4. ② 5. ③
6. ③ 7. ① 8. ③ 9. ① 10. ③
11. ② 12. ③ 13. ② 14. ① 15. ③
16. ① 17. ③ 18. ① 19. ② 20. ②
21. ① 22. ① 23. ② 24. ③ 25. ③
26. ① 27. ② 28.① 29. ① 30. ②

# 식물과 균류
# Plants and Fungi

# 식물세포 Plant Cells

**모든** 생명체는 세포라고 하는 작은 구조로 이루어져 있다. 하나의 식물 안에는 아주 다양한 종류의 세포가 있으며, 각각의 세포는 물과 미네랄을 흡수하고 영양분을 만드는 등 생명을 유지하는 데 중요한 역할을 한다.

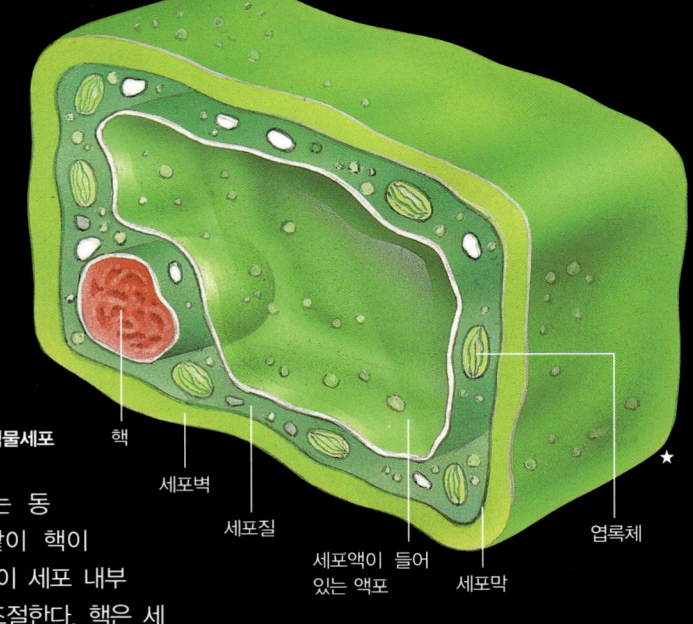

전형적인 식물세포

핵

세포벽

세포질

세포액이 들어 있는 액포

세포막

엽록체

★

링크
250

## 세포의 구조

식물세포에는 동물세포와 유사한 특징이 많이 있다. 일반적으로는 식물세포의 크기가 더 크다. 식물세포도 동물세포처럼 독특한 구조를 가진 경우가 많고 이들 대부분은 영양분을 만드는 역할을 한다.

식물세포는 **세포벽**으로 하나씩 둘러싸여 있고 이 세포벽은 **섬유소**라는 질긴 물질로 이루어져 세포의 모양을 유지해준다. 세포벽 바로 아래는 **세포막**이라는 얇은 층이 있다. 동물세포에도 세포막이 있지만 세포벽은 없다.

**액포**는 물이 들어 있는 주머니로 대부분의 식물세포에는 크고 영구적으로 유지되는 액포가 있다. 액포 속에는 당분과 몇 가지 물질이 더 녹아 있는 액체가 들어 있다.

식물세포에는 동물세포와 같이 핵이 있어서 이것이 세포 내부의 활동을 조절한다. 핵은 세포질이라는 젤과 비슷한 액체로 둘러싸여 있다. 이 세포질 안에는 세포보다 더 작은 구조인 세포기관이 있어서 움직이기도 하고 고정되어 있기도 하다.

세포기관들은 각각 다른 기능을 가지고 있다. 예를 들면 세포기관인 엽록체는 엽록소라는 녹색 화학물질을 가지고 있는데, 이것은 식물이 지닌 초록색을 내고 양분을 만드는 역할을 한다.

엽록체

**유색체**도 엽록체와 유사한 기능을 한다. 이들은 꽃이나 당근 같은 채소에 특정한 색깔이 나타나게 하는 세포기관이다.

## 직접 해보자

현미경으로 식물세포를 관찰해보자. 먼저 양파를 얇게 자른 후 한 조각을 집어내서 집게로 얇은 막을 벗겨낸다. 이 막을 유리로 된 슬라이드 글라스에 얹은 다음 아래서 불을 비추면서 현미경으로 관찰해보자. 핵과 세포벽을 관찰할 수 있다.

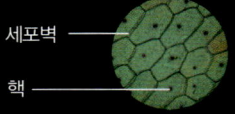

세포벽

핵

현미경으로 관찰한 나뭇잎 세포의 모습이다. 세포 안의 어두운 점이 핵이다.

## 분화된 세포

모든 식물세포들이 서로 같은 특징을 가지고 있는 것은 아니다. 일부는 모양과 구조부터 달라 특정한 역할을 한다. 이런 것을 **분화** 또는 **특화**라고 한다.

**책상조직**은 나뭇잎의 위쪽 표면 바로 아래에서 관찰된다. 기둥 모양을 하고 있으며 엽록체를 많이 포함하고 있다.

책상조직

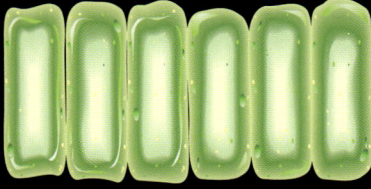

**해면조직**은 나뭇잎 안쪽, 즉 책상조직층 아래에 분포한다. 모양이 불규칙해서 세포와 세포 사이에 기실(식물잎 기공 아래에 있는 세포 사이의 빈 공간)이 생긴다.

해면조직

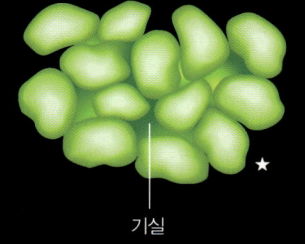

기실

## 세포 분열

세포는 성장할 때나 손상된 세포를 복구할 때 분열해서 새로운 세포를 만든다. 세포 분열은 두 단계로 나뉘어 일어나는데, 첫 단계는 **유사분열**로 두 부분으로 나뉜 핵이 각각 새로운 핵이 된다. 새로 생겨난 핵 2개를 **딸핵**이라고 하는데, 원래 존재하던 핵과 동일한 특징을 가진다.

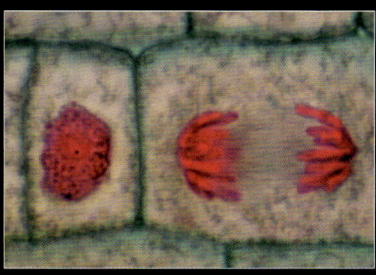

핵이 2개로 분열하는 세포의 현미경 이미지

세포 분열의 두 번째 단계는 **세포질 분열**이다. 세포를 나누는 **세포판**이 세포질 가운데를 가로지르면서 형성된다. 이 세포판을 따라 새로운 세포벽이 생겨나 2개의 새로운 세포로 갈라진다.

**식물세포의 세포질 분열**
식물세포는 유사 분열에 의해 2개의 세포로 갈라진다.

세포판이 생김

새로운 세포벽이 형성됨

## 식물 조직

같은 종류의 세포는 결합해서 조직을 형성한다. 대부분의 식물은 표피조직, 기본조직, 유관속조직의 세 가지로 이루어져 있다.

**표피조직**은 대부분 식물의 표면 층을 이룬다.

표피조직

기본조직은 어린 식물의 내부 대부분을 구성하고 있는 조직이다.

기본조직

링크 251

**유관속조직**은 양분과 물, 다른 물질을 식물의 여러 부분으로 옮기는 역할을 담당한다. 더 상세하게 공부하고 싶다면 268쪽을 참조하자.

유관속조직

더 상세하게 공부하고 싶다면 268쪽을 참조하자.

# 줄기와 뿌리 Stems and Roots

**보통** 줄기와 뿌리가 식물을 지탱해준다. 대부분의 식물에서 이 두 부분은 액체를 운반하는 데도 중요한 역할을 한다. 줄기와 뿌리는 다양한 부분으로 나뉘는데 식물이 나이가 들면 이 부분에도 변화가 일어난다. 이런 변화에 대해서는 270~271쪽에서 더 자세히 알아보자.

## 줄기의 구조

줄기는 식물의 여러 부분 중에 땅 위로 솟아 있는 **기생부**(식물에서 공기 중으로 드러난 부분)로 대부분 위쪽을 향해서 자란다. 줄기는 유관속 조직이라는 체계를 갖추고 있어서 이 조직이 식물 전체로 물이나 무기질을 운반하는 역할을 한다.

**가지**는 씨앗에서 새로 자라난 새로운 줄기나 주줄기에서 갈라져 나온 줄기를 말한다. **눈**은 줄기에 생겨난 작은 부분을 말하는데, 새로운 줄기나 꽃이 된다. 눈에는 끝눈과 겨드랑눈이 있다. 겨드랑눈은 액아 또는 곁눈이라고도 한다.

링크
252

끝눈은 줄기나 가지의 끝 부분에서 자라는 눈이다.

마디는 잎이 줄기에 붙어서 자라나온 부분을 가리킨다.

절간이란 줄기나 가지에서 마디와 마디 사이의 부분을 말한다.

**줄기의 주요 부분**

겨드랑눈은 가지 혹은 잎꼭지와 줄기 사이에서 발견된다. 이 부분을 엽액이라고 한다.

## 생장

생장하기 위해서 분열하는 세포를 **분열조직**이라고 한다. 주요한 분열조직은 대체로 가지나 줄기 끝에 분포하는데 이를 **정단분열조직**이라고 한다. 주줄기나 가지 끝에 형성된 분열조직은 끝눈의 일부분이다.

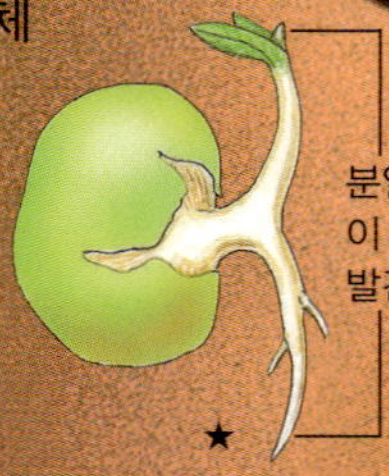

분열조직은 이 부분에서 발견된다.

★

이 굵은 줄기 안에는 물과 양분을 식물 전체로 운반해주는 관조직이 들어 있다.

## 뿌리의 여러 부분

뿌리란 식물에서 땅속으로 뻗어나가는 부분을 말한다. 뿌리의 주목적은 토양으로부터 물과 무기질을 빨아들이는 것이다. 이 물질은 관 모양의 아주 작은 세포인 뿌리털에서 흡수된다. 뿌리는 또한 식물이 흙에 단단히 박혀 있도록 하는 고정장치 역할도 한다.

뿌리는 끝 부분 바로 뒤에 있는 세포가 분열하면서 자란다. 이 부분을 **생장점**이라고 하고 새로운 세포가 만들어지는 부분을 **신장대**라고 한다. 새로 생긴 세포는 세포벽이 부드러워서 물을 뿌리로 빨아들일 수 있게 길게 뻗어 나간다.

새 세포가 길어지면서 이들은 뿌리의 끝 부분을 토양 속으로 더 깊이 밀어 넣는다. 뿌리가 땅속으로 더 깊이 들어갈 때 뿌리 끝 부분이 상하지 않도록 보호하는 세포층이 있는데 이를 **근관(뿌리골무)**이라 한다.

### 뿌리의 여러 부분

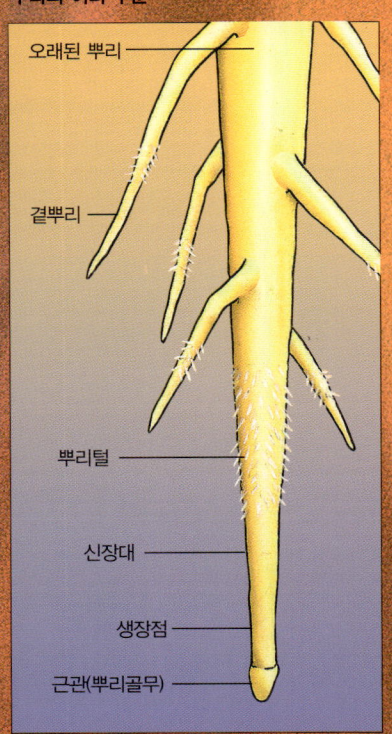

- 오래된 뿌리
- 곁뿌리
- 뿌리털
- 신장대
- 생장점
- 근관(뿌리골무)

## 뿌리의 종류

뿌리는 어떤 식물의 뿌리인지에 따라 크기와 종류가 다양하게 나뉜다. 그중 일부는 식물이 다른 물체에 매달려 있도록 하는 특수한 역할을 하기도 한다. 곧은뿌리(주근)는 옆에 작은 뿌리가 달린 큰 뿌리를 말한다. 이 작은 뿌리는 곁뿌리(측근)라고 한다. 당근과 같은 채소에서 우리가 먹는 부분은 부풀어오른 주근인데, 이런 채소를 **뿌리채소(근채류)**라고 한다.

- 곧은뿌리
- 곁뿌리

★

**실뿌리(수염뿌리)**는 비슷한 크기의 뿌리가 많이 있는 뿌리조직을 말하며 이 각각의 뿌리에 더 작은 곁뿌리가 달려 있다.

- 실뿌리

★

**막뿌리(부정근)**는 줄기에서 일직선으로 자란다. 막뿌리는 사람이 잘라낸 식물의 일부분에 생기거나 **알뿌리(구근)**라는 특별한 종류의 줄기에서 자란다.

- 알뿌리
- 막뿌리

★

## 공기뿌리

**(기근)**는 대체로 땅에서 자라지 않는 뿌리를 말한다. 기근은 공기 중의 수분을 흡수하는 경우가 많은데, 담쟁이덩굴이 이런 방식으로 더 높은 곳까지 기어 올라간다.

- 공기뿌리
- 담쟁이덩굴

**지주근**은 기근의 일종으로 줄기에서 바같으로 자라나 땅으로 내려오는 특성을 가지고 있다. 이들 뿌리는 맹그로브(아열대나 열대의 물가에서 자라는 교목을 통틀어 이르는 말로 물에 잠기기도 하고 드러나기도 한다. 특수한 호흡근을 가지고 있다.)처럼 물속 땅에 뿌리를 내리고 자라는 무거운 식물을 지탱해 주는 역할을 한다.

- 맹그로브
- 지주근

★

링크
253

### 직접 해보자

하나의 식물을 살펴보고 줄기에서 얼마나 많은 부분에 대해 알고 있는지 알아보자. 각 부분의 모양과 크기도 관찰하자. 이때 식물이 상하지 않도록 조심해야 한다.

### 유용한 인터넷 링크

www.usborne-quicklinks.com

Web 1 온라인으로 식물을 기르면서 식물의 다양한 부분을 관찰해보자.
Web 2 다양한 종류의 뿌리와 줄기 사진을 살펴보자.
Web 3 여러 종류의 뿌리와 줄기에 대해 유용한 그림표와 사진으로 완벽하게 공부할 수 있는 자료를 얻을 수 있다.
Web 4 식물의 뿌리가 얼마나 강한지 알아보자.

# 식물의 조직 Plant Tissue

**조류와** 이끼류, 우산이끼를 제외한 모든 식물을 유관속식물이라고 한다. 이런 식물에는 복잡한 유관속조직이 있어서 식물을 지탱하거나 양분과 수분을 식물 전체로 이동시키는 역할을 한다.

링크
254

## 조직의 종류

유관속조직은 주로 물관부와 체관부라는 조직으로 이루어진다. 물은 뿌리에서 **물관부**를 통해 올라온다. 꽃이 피는 식물의 물관부는 **물관**이라는 짧은 관과 **헛물관**이라는 길고 좁은 관으로 이루어진다. **섬유조직**이라는 가는 세포가 이들 사이를 지탱해주는 역할을 한다. 물관은 각 세포 사이를 나누는 벽이 없는 기둥 모양의 세포이다. 꽃을 피우지 않는 식물에는 헛물관만 있다.

잎에서 만들어진 양분은 물에 녹아서 **체관부**에 의해 식물의 여러 부분으로 전달된다. 체관부는 액체를 이동시키는 **체관**이라는 세포로 되어 있고, 다른 세포들이 체관을 둘러싸서 지탱한다. 체관은 긴 기둥 모양으로 배열되어 있으며 핵은 없지만 세포벽은 있고 세포질로 둘러싸인 살아 있는 세포들이다. 이 세포 사이의 끝벽에는 액체가 통과할 수 있도록 작은 구멍이 있는 **체판**이 있다.

새로운 식물에 최초로 만들어진 조직을 **1차조직**이라고 하는데, 물관부는 **1차물관부**이고 체관부는 **1차체관부**이다.

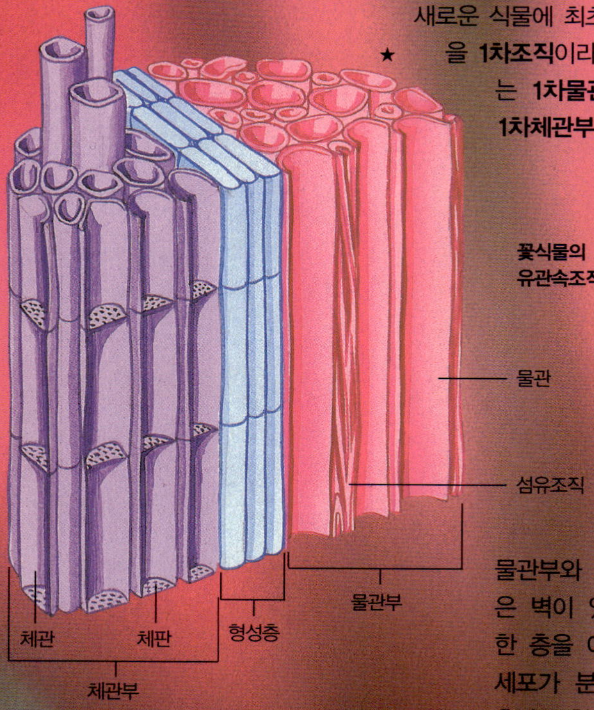

이 튤립 줄기 속에는 유관속조직이 있다. 이 조직은 식물을 지탱해주고 식물 내부 곳곳에 영양분과 수분을 날라다 준다.

꽃식물의
유관속조직

— 물관

— 섬유조직

물관부

체관   체판   형성층

체관부

물관부와 체관부 사이에는 얇고 좁은 벽이 있는 **형성층**이라는 세포가 한 층을 이루고 있다. 이 층에 있는 세포가 분열해서 물관부와 체관부를 추가로 형성한다.

## 줄기의 내부

어린줄기 안의 유관속조직은 보통 **관다발**로 무리지어 배열되어 있다. 관다발은 피층이라는 조직으로 둘러싸여 있다. 쌍떡잎식물 안의 관다발은 아래와 같이 일정한 모양으로 배열되어 있다.

**어린 쌍떡잎식물 줄기의 횡단면**

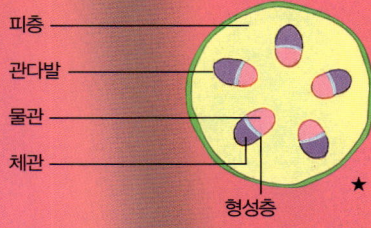

- 피층
- 관다발
- 물관
- 체관
- 형성층 ★

**어린 쌍떡잎식물의 단면도**

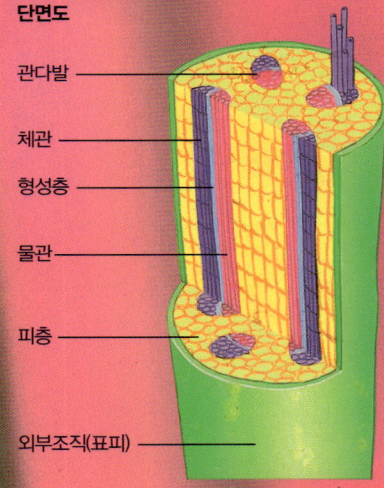

- 관다발
- 체관
- 형성층
- 물관
- 피층
- 외부조직(표피) ★

오래된 쌍떡잎식물 줄기 속의 관다발은 서로 뭉쳐서 가운데 부분에 **유관속주**라고 하는 심을 형성한다. 오래된 식물 속의 유관속조직에 대해서는 270쪽에서 더 상세하게 알아보자. 왼쪽의 튤립과 같은 외떡잎식물 내부의 관다발은 규칙적으로 배열되어 있지 않다.

## 뿌리 속

어린뿌리 속의 조직은 줄기와 다르게 배열되어 있다. 식물은 오래되면 가운데 부분에 심이 생긴다.

**어린 쌍떡잎식물 뿌리 횡단면**

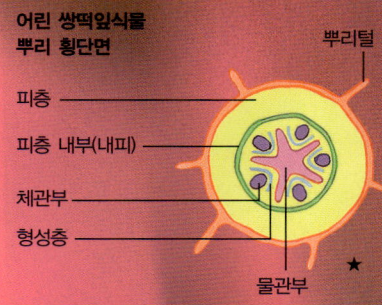

- 피층
- 피층 내부(내피)
- 체관부
- 형성층
- 뿌리털
- 물관부 ★

**어린 쌍떡잎식물 뿌리 단면도**

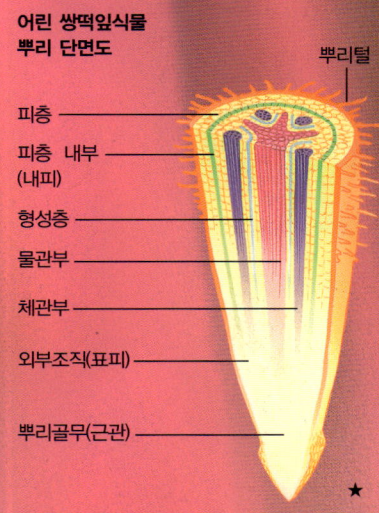

- 피층
- 피층 내부 (내피)
- 형성층
- 물관부
- 체관부
- 외부조직(표피)
- 뿌리골무(근관)
- 뿌리털 ★

### 직접 해보자

아래 실험을 통해 셀러리 줄기에 물관부가 있는지 확인해보자. 병에 물을 3cm 정도 채운 뒤 잉크나 식용색소를 몇 방울 떨어뜨린다. 신선한 셀러리 한 줄기의 끝 부분을 잘라내고 물이 든 병에 세워놓는다. 몇 시간 뒤 확인해보면 셀러리 줄기 끝에 색 점이 있는 것을 확인할 수 있을 것이다. 이 부분이 바로 물관부이다.

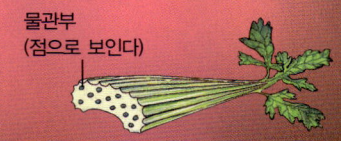

물관부
(점으로 보인다)

## 다른 조직

어린 식물은 모든 부분이 **표피**라는 얇은 층으로 싸여 있다. 오래된 줄기의 표피는 수피로 대체된다. 오래된 뿌리의 표피는 **외피**라는 단단한 세포층으로 바뀌었다가 수피가 된다. 표피와 같이 식물을 감싸고 있는 외부 조직을 **표피조직**이라 한다.

줄기의 표피와 뿌리는 **피층**이라는 부분을 둘러싸고 있다. 뿌리의 가장 내부층에는 **내피**가 있는데, 이 부분은 대체로 큰 세포와 기실로 이루어진 **유조직**으로 구성된다. 일부 식물에는 이 부분에 **후각조직**도 함께 분포해 있다. 이는 길고 두꺼운 벽을 가진 세포로 이루어진 조직으로 다른 부분을 지탱하는 역할을 한다. 이 두 조직은 모두 기본조직의 한 종류이다.

표피의 가장 바깥층을 **큐티클**이라고 한다. 이 층은 **큐틴**이라는 부드럽고 연한 물질로 이루어져 있고, 큐티클은 식물이 너무 많은 수분을 한꺼번에 잃거나 빨아들이지 않도록 조절해 주는 역할을 한다.

링크
255

부드러운 물질로 구성된 큐티클 때문에 식물의 잎은 윤기가 난다.

### 유용한 인터넷 링크

www.usborne-quicklinks.com

**Web 1** 현미경으로 찍은 줄기 사진을 보고 다른 종류의 세포를 구분할 수 있는지 알아보자.
**Web 2** 가상 현미경으로 물관과 체관을 살펴보자.
**Web 3** 식물 줄기에 있는 다양한 세포를 찍은 사진을 살펴보며 공부하자.
**Web 4** 식물조직으로 낱말풀이나 낱말찾기 퍼즐을 해보자.

# 오래된 식물의 내부 Inside Older Plants

**나무처럼** 오래 사는 식물의 경우는 원래 있었던 일차조직을 보호하는 새로운 조직을 형성한다. 이런 과정을 **이차비대**라고 한다. 새로운 조직은 액체를 수송하는 조직을 더 많이 포함하며 식물의 중심을 향해 형성된다. 보호조직은 바깥쪽에 형성된다.

## 조직 생장

어린 줄기에서 새로운 **2차조직**의 생성은 단계별로 일어난다. 이 과정은 뿌리에서는 약간 다르게 일어나지만 전반적인 결과는 같다. 줄기의 이차비대는 관다발 사이에 형성층(생장조직)이 더 많이 생기면서 시작된다.

형성층은 계속해서 뭉치면서 조직으로 된 기둥을 이룬다. 형성층은 물관부와 체관부를 더 많이 만들고 이들이 모여서 **유관속주**를 이룬다. 매년 물관부와 체관부로 이뤄진 새로운 층이 생겨난다.

시간이 흐르면서 줄기와 뿌리가 두꺼워지고 이 식물은 **목본식물**이 된다. 새로 생긴 물관부나 체관부는 각각 2차물관부, 2차체관부에 속한다.

유관속조직의 핵은 대부분 물관부로 되어 있는데 이 부분도 더 커진다. 물관부가 어느 정도 커지면 이를 **목질**이라고도 부른다. 물관부가 체관부를 밖으로 밀어내면서 성장하기 때문에 체관부는 물관부만큼 넓어지지는 않는다.

링크
256

**어린 줄기**
- 관다발
- 물관부
- 형성층
- 체관부

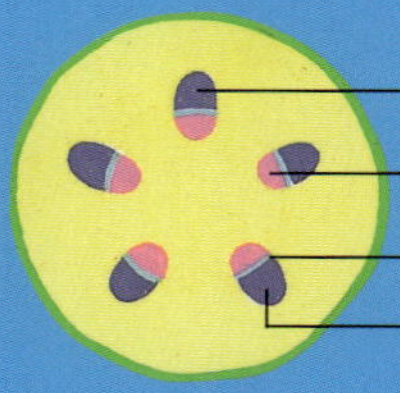

**조금 더 오래된 식물의 줄기**
- 물관부
- 형성층이 결합한다
- 체관부

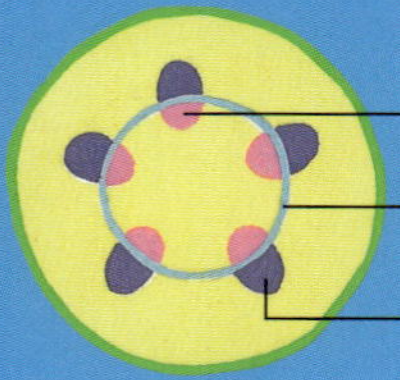

**훨씬 더 오래된 식물의 줄기**
- 물관부
- 형성층
- 체관부
- 물관부와 체관부가 함께 유관속주를 이룬다.

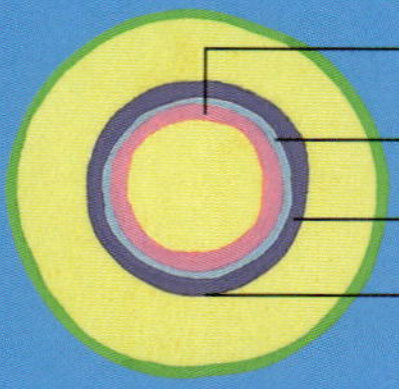

**몇 년이 더 지난 후의 줄기**
- 2차물관부의 첫 번째 층
- 형성층
- 2차체관부의 첫 번째 층

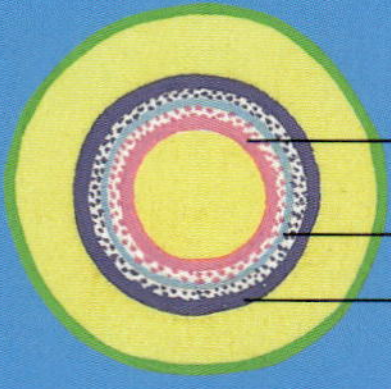

**수십 년이 더 지난 후의 줄기**
- 많은 층으로 이루어진 2차물관부
- 형성층
- 물관부보다는 얇은 2차체관부로 된 층
- ★

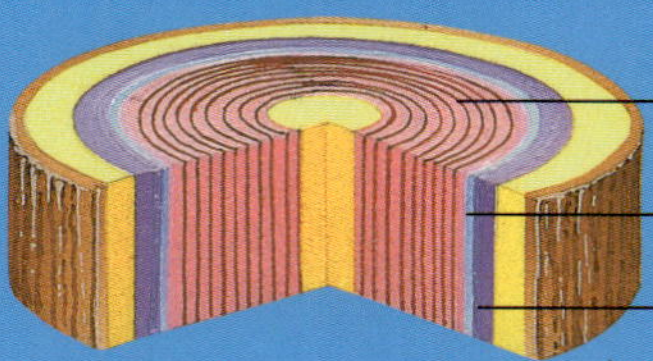

세쿼이아 나무는 2500년 이상 살기도 한다. 이 나무는 그동안 수많은 2차조직을 만들어낸다.

270

## 나무의 종류

어느 정도 나이가 든 식물의 절단면에서는 물관부로 이루어진 층을 발견할 수 있다. 이 층 하나는 이 식물이 1년간 자랐음을 나타내는 것으로 **나이테**라고 부른다. 각 층은 **춘재**와 **하재**라는 부분으로 나뉜다.

부드러운 춘재(조재)는 생장기간 초반에 빠르게 형성된 부분으로 세포가 큰 편이다. 이보다 단단한 하재 혹은 **만재**는 나중에 형성된 부분이다. 이 부분의 세포는 상대적으로 작고 더 조밀하게 모여 있다.

### 나무 그루터기의 나이테

밝은 색을 띤 춘재 속의 세포는 널찍하게 자리를 잡고, 먼저 형성된다.

어두운 색을 띤 하재 속의 세포는 조밀하게 자리를 잡고, 나중에 형성된다.

나무가 몇 년을 살면 나이테도 두 부분으로 나뉜다. 중심에서 가까운 부분, 즉 나이테가 오래된 부분을 **심재**라고 하는데 이 부분의 물관은 단단해져서 더 이상 액체를 운반할 수 없지만 여전히 식물을 지탱하는 역할을 한다.

나이테의 바깥쪽은 **변재**라고 하며 이 부분의 물관은 액체를 계속 운반할 수 있다. 변재도 식물을 지탱하는 역할을 한다.

심재

변재

## 외부 조직

오래된 식물에는 새로운 유관조직뿐만 아니라 식물을 보호해주는 층도 바깥쪽에 형성된다. 이 부분은 끊임없이 분열하는 **코르크형성층**이라는 단일세포층에서 만들어진다.

내부에 새로 생겨난 층에 의해서 코르크형성층이 밖으로 밀려나와 새로운 층이 하나씩 형성될 때마다 이 층은 죽어서 물이 스며들지 않는 **수피**(나무껍질)가 된다. 이 부분에는 **피목**(껍질눈)이라는 작게 도드라진 구멍이 있어서 이 구멍을 통해 산소와 이산화탄소가 교환된다. 나무가 오래될수록 수피가 층층이 쌓여 나무줄기가 점점 더 굵어진다.

### 다 자란 나무의 수피 구조

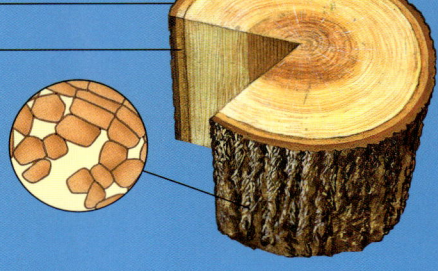

외부 수피

내부 수피

피목. 세포가 느슨하게 배열되어 있어 기체가 통과할 수 있다.

링크 257

수피는 나무가 마르거나 병에 걸리지 않게 막아주는 역할도 한다. 이 부분은 더 성장하거나 늘어나지 않기 때문에 줄기가 더 굵어지면 쪼개지거나 벗겨져 떨어지고 안쪽에서 새로운 수피층이 자란다.

### 수피의 종류

자작나무의 수피는 질긴 종이 같은 재질로 되어 있다.

떡갈나무의 수피에는 깊게 갈라진 틈이 생긴다.

소나무의 수피는 작은 조각으로 벗겨진다.

너도밤나무의 수피는 아주 얇다.

---

### 직접 해보자

나무의 나이를 알아보려면 나무 그루터기의 나이테를 세어보면 된다. 나이테가 50개라면 이 나무는 베어졌을 때 50세였던 것이다.

---

### 유용한 인터넷 링크

www.usborne-quicklinks.com

Web 1 그림이 곁들여진 설명을 통해 나무의 비밀스러운 삶에 대해 알아보자.
Web 2 다양한 나무의 수피를 살펴보자.
Web 3 나이테를 관찰해보고 이들이 어떻게 형성되는지 그림으로 알아보자.
Web 4 나무와 뿌리, 줄기에 대해 알아보자.

# 잎 Leaves

**녹색식물의** 잎은 주로 영양분을 만드는 역할을 한다. 잎은 **광합성**을 통해 영양분을 만들며 한 나무의 잎 전체를 일컬어 군엽이라고 한다. 잎은 나무의 종류에 따라 크기나 모양이 다양하지만 크게 단엽과 복엽 두 가지로 나눌 수 있다.

## 단엽

**단엽**은 잎몸, 즉 **잎사귀** 하나로만 이루어진 구조다. 단엽을 가지고 있는 식물의 예로 나리나 느릅나무, 단풍나무를 들 수 있다.

링크 258

단풍나무 잎

## 복엽

**복엽**은 잎꼭지에서 자라나온 여러 개의 **소엽**, 즉 작은 잎사귀가 모여 이루어진 구조이다. 복엽식물의 예로 클로버나 양치류를 들 수 있다. 소엽의 개수나 배열된 모양은 식물마다 다르다.

**장상복엽**은 한 점에서 자라난 소엽이 5개나 6개인 잎을 말한다.

칠엽수 잎

**삼출엽**은 한 점에서 자라난 3개의 소엽이 있는 잎을 말한다.

토끼풀

**삼출복엽**은 삼출엽의 일종으로 각 소엽에 다시 3개의 판이 있는 모양이다.

참매발톱꽃 잎

**우상복엽**은 **우편**이라고 하는 소엽이 줄기를 따라 양쪽으로 배열된 모습이다.

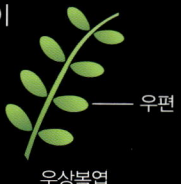

—— 우편

우상복엽

**이회우상복엽**이나 **삼회우상복엽**은 우상소엽이 달린 우상엽의 일종이다.

이회우상복엽

삼회우상복엽

이 양치류의 우상복엽은 우상소엽을 갖고 있다.

## 잎차례

잎은 줄기를 따라 몇 가지 방식으로 배열된다. 예를 들어 **마주나기(대생)**는 줄기를 따라 잎이 짝을 지어 나 있는 형태를 말한다. **+자대생**이란 대생의 일종으로 한 쌍이 바로 앞에 나 있는 한 쌍의 잎과 +자모양으로 돋아나는 모습을 말한다.

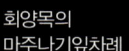
회양목의
마주나기잎차례

털부처꽃의
+자대생잎차례

**관생엽**은 하나 혹은 둘씩 나는 잎인데 잎의 아랫부분이 줄기를 감싼 모양이다.

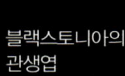
블랙스토니아의
관생엽

**돌려나기** 혹은 **윤생**은 한 군데에서 둥글게 자라나는 잎의 모양을 말한다. 줄기 아랫부분에서 잎이 자라는 **모여나기(근생)**도 돌려나기의 일종이다.

앵초의 모여나기
잎차례

**어긋나기(호생엽)**는 잎이 뭉쳐서 나거나 짝지어 나지 않고 줄기에 하나씩 난다.

**나선잎차례**는 어긋나기잎차례의 일종으로 줄기를 따라 나선을 이루는 점에서 하나씩 잎이 난다.

자주꿩의비름에는
나선잎이 난다.

## 특이한 잎

특별한 역할에 맞게 모양이 변한 잎도 있다. 이런 잎은 보통 특이한 장소나 기후에서 자라는 식물에서 발견된다.

**포엽**은 꽃줄기의 아래에 나는 잎으로 봉오리를 보호하는 역할을 한다.

포엽

쌍으로 나는 **탁엽**(턱잎)은 잎꼭지의 끝 부분에 자란다. 봉오리가 생길 때 보호하는 역할을 한다.

탁엽

**덩굴손**은 잎이나 줄기가 실처럼 가늘게 변한 것으로 식물을 지탱하기 위해서 다른 물체를 휘감거나 붙는 역할을 한다.

덩굴손

**가시**는 잎이 변형된 것으로 가늘고 날카롭다. 가시의 표면적은 일반적인 잎보다 훨씬 작기 때문에 수분을 많이 빼앗기지 않는다.

통선인장에는 가느다란 가시가 많이 나 있다.

## 엽연(잎가)

잎의 가장자리는 식물을 살아남게 하기 위해 특이한 모양을 하고 있다. 가장자리가 구불구불한 모양의 잎은 잎의 아랫부분이 더 많은 빛을 받을 수 있다. 흔히 볼 수 있는 잎가에 대해 알아보자.

**전연**은 톱니가 없고 미끈한 잎의 가장자리를 말한다.

라일락

**예거치**는 작고 들쑥날쑥한 톱니 모양의 잎을 말한다.

라임

**잔열**은 **열편**이라는 둥근 돌출부가 있는 잎을 말한다. 이 잎도 예거치라고 볼 수 있다.

참나무

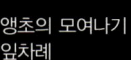

링크
259

### 직접 해보자

나무나 다른 식물에서 갓 떨어진 신선한 잎을 몇 장 모아서 모양과 배열상태를 비교해보자. 잎을 보관하려면 티슈나 압지 사이에 끼워서 무거운 책으로 눌러두면 된다. 2주 정도 지나면 마른다.

### 유용한 인터넷 링크

**www.usborne-quicklinks.com**

**Web 1** 복엽과 단엽에 대한 글을 읽어보자. 잎의 모양에 대해 더 많이 공부해보자.
**Web 2** 나뭇잎에 관한 재미있는 그림 프레젠테이션을 만나보자.

# 잎의 구조 Leaf Structure

**잎은** 양분을 생성하도록 만들어진 기관이다. 대부분의 잎은 넓고 평평한 표면이 있어서 양분을 만드는 데 꼭 필요한 태양빛을 모은다. 잎에는 광합성 과정 중에 생성된 노폐물을 배출하는 부분도 있다.

### 잎의 내부

잎에는 **엽맥**이라는 긴 띠로 된 유관속조직이 있다. 엽맥은 잎에 물과 무기질을 공급하고, 잎에서 만들어진 양분을 식물의 여러 부분으로 옮기는 역할을 한다.

잔디와 같은 식물의 잎에는 길게 평행선을 이루는 엽맥(나란히맥)이 있지만 보통은 **주맥**이라는 가운데 있는 엽맥이 대부분이다. 주맥은 잎꼭지에서 이어져 있다. 주맥은 아주 많은 **측맥**으로 작게 갈라진다. 잎사귀 하나에 있는 엽맥 전체를 통틀어 **맥상**이라고 한다.

링크 260

### 잎의 세포

잎은 여러 종류의 세포층으로 이루어져 있다. **표피**는 잎의 표면에 있는 납작하고 윤이 나는 세포층을 말한다. 이 층은 너무 많은 수분이 한꺼번에 스며들거나 빠져나가지 못하게 막는다.

**책상조직층**은 표피층 바로 아래, 잎의 윗부분에 위치한다. 이 조직은 기둥 모양의 세포로 되어 있으며 엽록체가 아주 많이 포함되어 있다. 책상조직 속의 내용물은 아주 좁은 간격으로 모여 있어서 태양빛을 쉽게 흡수할 수 있다. (278쪽 참조)

책상조직층 아래는 불규칙한 모양의 **엽육세포**와 기실(세포와 세포 사이 공기가 들어 있는 공간)로 이루어진 해면층이 있다. 기실은 잎 속에서 공기가 이동할 수 있는 공간을 말한다. 해면층과 책상조직층을 통틀어 **잎살**이라고 한다.

### 잎의 표면

잎의 아랫면에는 **기공**이라는 작은 구멍이 나 있다. 이 구멍을 통해서 공기와 물이 잎 안으로 들어가거나 나온다. 각 기공의 양쪽에는 초승달 모양의 **공변세포**가 있다. 쌍을 이루고 있는 공변세포는 모양을 조절해서 기공을 열거나 닫아서 잎 속으로 들어오거나 나가는 공기와 물의 양을 조절한다.

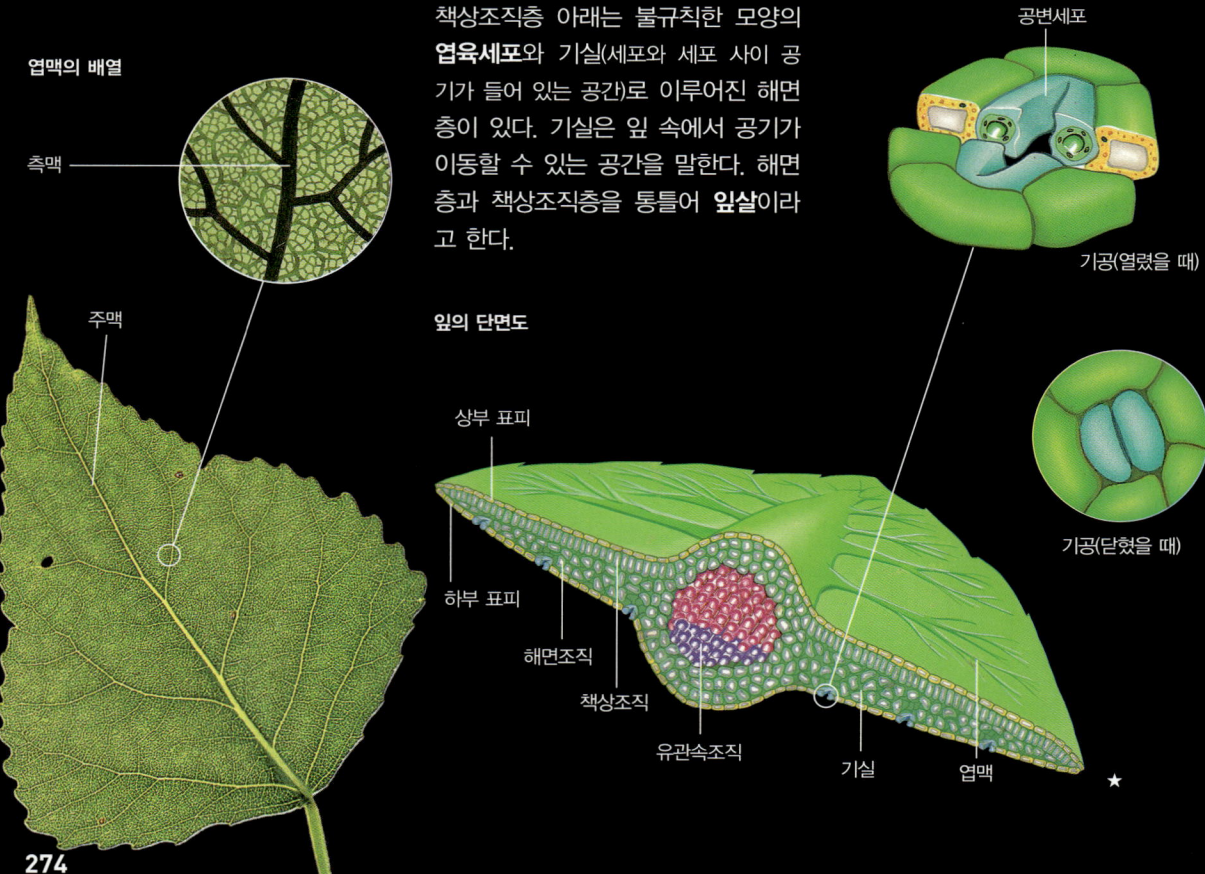

**엽맥의 배열**

측맥

주맥

**잎의 단면도**

상부 표피

하부 표피

해면조직

책상조직

유관속조직

기실

엽맥

**기공 확대 그림(반으로 자른 모습)**

공변세포

기공(열렸을 때)

기공(닫혔을 때)

★

**274**

## 엽병(잎꼭지)

**잎꼭지** 혹은 **잎자루**는 잎의 몸통 부분을 줄기와 연결하는 가는 부분을 말한다. 잎꼭지에는 **엽적**이 들어 있는데, 이것은 유관속조직의 일부분으로 잎의 주맥이 된다. 이 엽맥은 잎 안으로 무기질을 운반하는 역할을 한다.

잎이 죽을 때가 되면 엽록소가 분해되어 다른 색이 나타난다.

링크 261

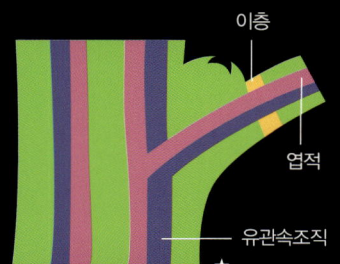

엽병

잎이 죽기 전에 **이층**이라는 세포층이 잎꼭지 아랫부분에 형성된다. 이층은 잎을 식물에서 떨어뜨리는 역할을 한다. 이층이 생기고 나면 잎이 떨어지고 줄기에는 **엽흔**이 남는다.

이층

엽적

유관속조직

★

## 잎의 색깔

잎은 가지고 있는 **색소**라는 화학물질에 따라 다른 색을 띤다. 대부분의 잎은 엽록소라는 초록색 색소를 가지고 있기 때문에 녹색을 띠는데 여러 가지 색을 띠는 잎은 표면의 일부분에만 색소가 있어서 얼룩이 진다.

여러 가지 색소 중 **크산토필**은 노란색을 띠고 **카로틴**은 잎이 붉은색이나 주황색을 띠게 한다. 이런 색소가 들어 있는 식물이 많지만 대개 엽록소에 의해 가려져 있다. 여름이 지난 후 대부분의 식물에서 엽록소가 분해되면 그때 다른 색소가 드러난다.

### 직접 해보자

여러 나무에서 떨어진 나뭇잎을 모아서 색을 비교해보자. 얼룩잎이나 사철나무가 아닌 다른 색을 띤 잎을 가진 식물이 있는지 살펴보자. 이런 식물은 녹색을 띠는 엽록소 외에 다른 색소도 가지고 있는 것이다.

### 유용한 인터넷 링크

www.usborne-quicklinks.com

Web 1 잎의 색이 왜, 어떻게 바뀌는지에 대해 쉽게 요약한 글을 읽어보자.
Web 2 잎이 왜 색을 바꾸는지에 대해 설명해주는 그림을 접해보자.
Web 3 잎의 현미경 사진을 관찰해보자.
Web 4 다운로드와 프린트가 가능한 나뭇잎 사진을 살펴보자.

# 물과 양분의 이동 Movement of Fluids

**물과** 같은 액체가 식물의 여러 부분에 골고루 전달되어야 세포를 건강하게 유지할 수 있다. 식물 속에서 액체는 물관부와 체관부로 이루어진 유관속조직을 통해서 이동한다. 물관부는 물을 뿌리에서 잎까지 옮기는 역할을 하고, **체관부**는 잎에서 만들어진 영양분을 식물의 각 부분으로 옮기는 역할을 한다. 식물 내에서 일어나는 액체의 이동을 이행이라고 한다.

## 물의 이동

식물의 뿌리가 물을 빨아들이면 물은 물관부를 통해 줄기를 지나 잎까지 올라간다. 수분의 일부는 잎의 아랫면에 있는 **기공**이라는 작은 구멍을 통해서 증기가 되어 빠져나간다. 이런 형태의 수분 손실을 **증산작용**이라고 한다.

잎의 바깥쪽에 있는 세포가 증산에 의해서 수분을 잃으면 세포 내에 무기질과 당의 농도가 올라간다. 그러면 안쪽에 있는 세포의 수분이 바깥쪽 세포로 전달되어서 빠져나간 수분을 보충한다. 그러면 물이 부족해진 안쪽 세포는 더 깊숙이 있는 세포의 물을 받는 식으로 수분을 보충한다. 물은 뿌리에서 식물 전체로 끌어올려지며 뿌리는 흙에서 물을 흡수한다. 이렇게 물이 위쪽으로 이동하는 것을 **증산류**라고 한다.

밤이나 습기가 많은 날에는 증산작용 속도가 느려지지만 그래도 토양 속의 수분은 계속해서 뿌리로 흡수된다. 이것은 이런 날에도 식물이 물관부 벽에 약한 흡입력을 가지고 있기 때문인데, 이 힘이 물을 위로 끌어올린다. 이런 현상을 **모세관현상**이라고 한다.

뿌리가 물을 흡수하면 **근압**이 높아진다. 이 압력은 물을 줄기와 식물 속에 물이 흐르는 부분까지 밀어 올릴 만큼 강한 힘이다.

링크
262

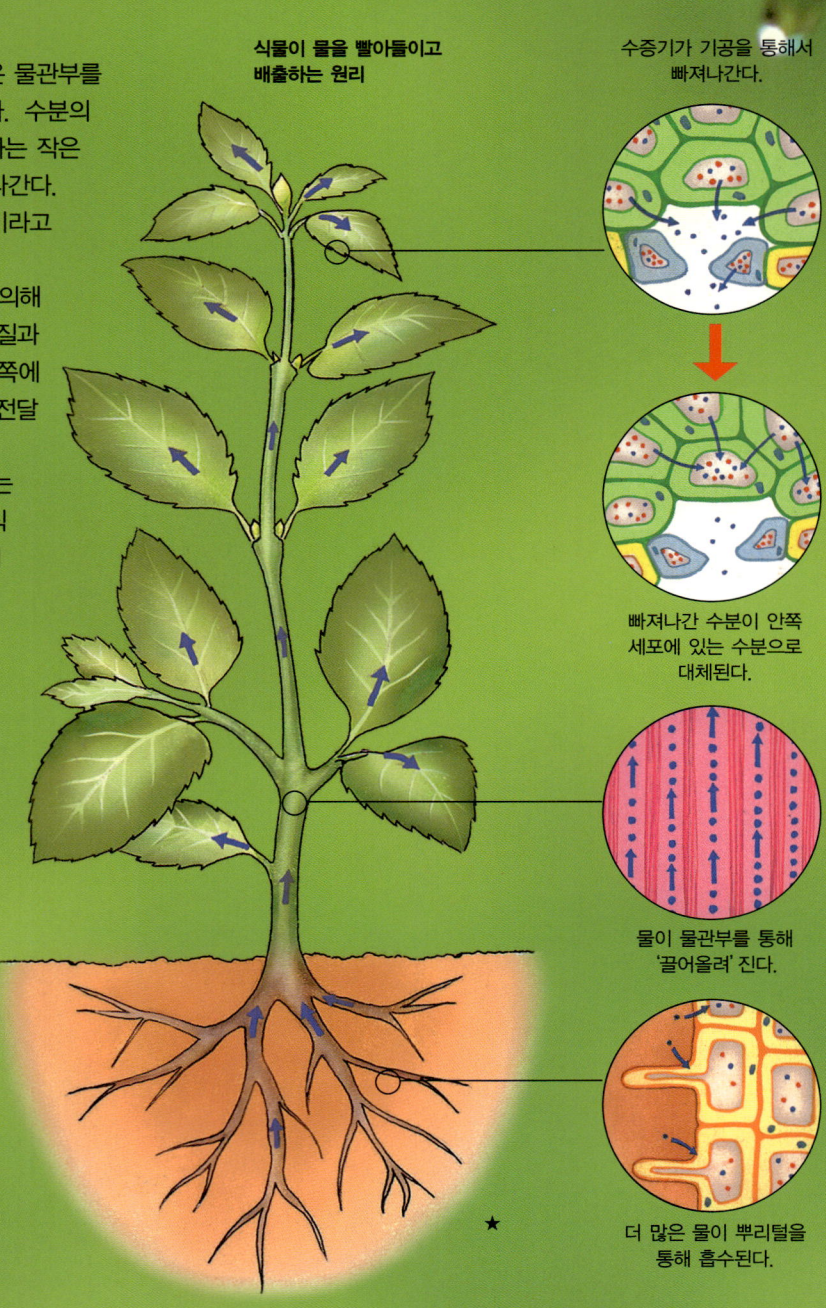

식물이 물을 빨아들이고 배출하는 원리

수증기가 기공을 통해서 빠져나간다.

빠져나간 수분이 안쪽 세포에 있는 수분으로 대체된다.

물이 물관부를 통해 '끌어올려' 진다.

더 많은 물이 뿌리털을 통해 흡수된다.

## 꼿꼿하게 서 있는 식물

건강한 식물은 보통 꼿꼿하게 똑바로 서 있는데, 이것은 이 식물의 액포가 세포액으로 꽉 차서 세포질과 세포벽을 밖으로 밀고 있기 때문이다. 이런 경우 하나하나의 세포가 **팽창**했다고 하고 이 식물은 **팽압**상태에 있다고 한다.

★ 건강한 식물

## 시든 식물

아주 뜨겁고 건조한 상황에서는 식물은 흡수할 수 있는 물보다 더 많은 물을 잃기도 한다. 이런 경우 액포 내부의 물의 압력이 세포벽의 압력보다 낮아진다. 그러면 세포가 약해지고 더 이상 식물을 지탱할 수 없어 식물이 축 늘어진다. 이런 상황을 **시든**다고 한다.

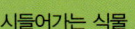

★ 시들어가는 식물

더 심한 상황은 식물의 잎에서 너무 많은 수분이 빠져 나가고 뿌리도 건조하고 무기질이 많은 토양에 심어진 경우이다. 이 식물의 액포는 너무 많이 수축해서 세포질이 세포벽에서 떨어져 나온다. 이런 상황을 **원형질 분리**라고 하며 빨리 수분을 공급해주지 않으면 이 상태의 식물은 죽어버린다.

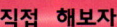

★ 죽어가는 식물

잎의 가장자리에 있는 작은 구멍에서 물방울이 스며 나오는 것을 확인할 수 있다.

## 수분 배출

증산작용으로 충분한 수증기를 배출하지 못하는 상황에 근압이 물을 줄기로 밀어 올리게 되면 식물은 액체 형태로 물을 내놓기도 한다. 잎의 끝부분이나 가장자리를 따라 나 있는 작은 구멍에서 물방울이 스며 나오는 현상이 바로 그것이다. 이런 식으로 수분을 배출하는 것을 **일액현상**이라고 한다.

### 건강한 식물의 뿌리 세포

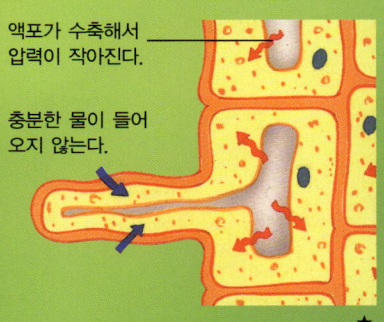

액포 속의 세포액 ─
세포벽 ─
세포질 ─
액포의 압력 ─
더 이상 물이 들어갈 수 없다.
세포벽의 압력 ─

★

### 시들어가는 식물의 뿌리 세포

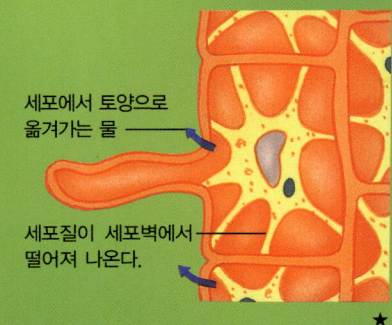

액포가 수축해서 압력이 작아진다.
충분한 물이 들어오지 않는다.

★

### 죽어가는 식물의 뿌리 세포

세포에서 토양으로 옮겨가는 물 ─
세포질이 세포벽에서 떨어져 나온다.

★

링크 263

### 직접 해보자

액체가 식물 내부에서 어떻게 이동하는지 살펴보자. 파란 잉크를 푼 물에 카네이션같이 흰 꽃을 꽂자. 며칠 뒤 관찰해보면 꽃잎이 푸르게 변해 있을 것이다. 이것은 잉크를 탄 물이 식물 전체로 퍼졌기 때문이다.
색깔이 옅은 꽃은 하루 만에 색깔이 바뀌었고, 색깔이 짙은 꽃은 삼 일 만에 색깔이 바뀌었다.

파란 잉크를 탄 물

### 유용한 인터넷 링크

www.usborne-quicklinks.com

Web 1 식물이 어떻게 액체를 옮기는지에 대해 온라인 수업을 들어보자.
Web 2 모세관작용을 보여주는 실험을 접해보자.
Web 3 식물의 구조와 액체의 이동을 복습해보자.

# 식물의 영양분 Plant Food

**동물과는** 달리 대부분의 식물은 스스로 필요한 영양분을 만든다. 이런 식물을 독립영양생물이라고 한다. 식물이 양분을 만드는 과정을 광합성이라고 하는데 식물 중에는 광합성을 하지 않고 다른 생물을 먹고 사는 식물도 있다.

## 광합성

광합성에는 물과 햇빛, 공기 중의 이산화탄소가 필요하다. 광합성은 주로 식물의 잎에 있는 긴 기둥 모양의 **책상조직**에서 일어난다.

책상조직에는 **엽록체**라는 작은 구조가 있는데, 이들은 세포 내부에서 밝은 빛이 있는 곳이나 밝은 빛이 들어오는 방향으로 이동할 수 있다. 엽록체에는 **엽록소**라는 녹색 화학물질이 있어서 태양의 빛 에너지를 흡수한다. 이 에너지는 광합성 작용에 사용된다.

링크
264

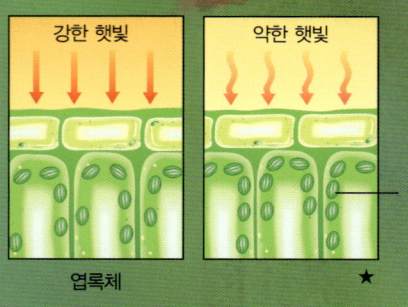

강한 햇빛　　약한 햇빛

엽록체　　　★

녹색 식물은 모두 햇빛을 이용해서 스스로 양분을 만든다.

모여 있는 엽록체

모든 식물은 빛을 최대한 많이 이용하기 위해 위치를 바꾼다.

잎의 표면을 통해서 공기 중의 이산화탄소가 흡수되고, 뿌리는 토양에서 물을 빨아들인다. 이산화탄소와 물이 엽록체가 태양빛에서 흡수한 에너지를 이용해서 결합하는데, 이 과정에서 **탄수화물**(식물의 양분)이라는 화학물질과 산소가 발생한다.

대부분의 양분은 생장을 위한 에너지를 내는 데 쓰인다. 당장 필요하지 않은 양분은 세포에 **녹말**이라는 물질로 저장된다.

광합성의 과정은 아래와 같이 표현할 수 있다.

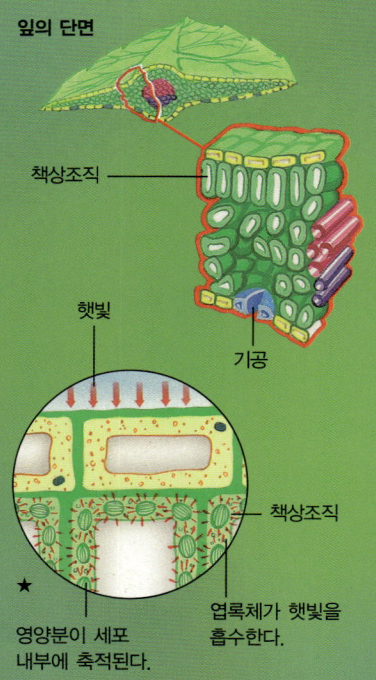

**잎의 단면**

책상조직

햇빛

기공

책상조직

★

영양분이 세포 내부에 축적된다.

엽록체가 햇빛을 흡수한다.

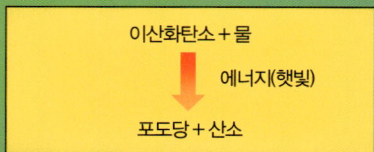

이산화탄소 + 물

에너지(햇빛)

포도당 + 산소

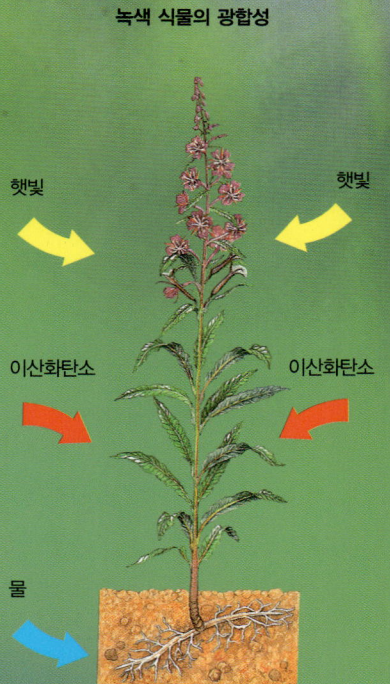

**녹색 식물의 광합성**

햇빛　　　　　햇빛

이산화탄소　　이산화탄소

물

질산염과 다른 무기질이 뿌리를 통해 흡수되어 새 조직을 만드는 데 쓰인다.

## 호흡

식물은 **호흡**이라는 과정을 통해 스스로 만들어낸 양분에서 에너지를 얻는다. 대부분의 식물은 탄수화물과 산소를 결합해서 에너지와 이산화탄소, 물을 내놓는다.

호흡 과정은 아래와 같이 설명할 수 있다.

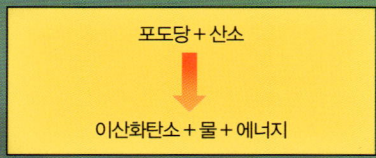

$$포도당 + 산소 \downarrow 이산화탄소 + 물 + 에너지$$

## 함께 일어나는 두 작용

광합성과 호흡 과정은 밀접하게 연관되어 있다. 광합성은 산소와 탄수화물을 만들어내는데, 이 두 물질 모두 호흡에 필요하다. 호흡은 탄수화물과 물을 만들어내는데 이 물질 역시 광합성에 필요하다.

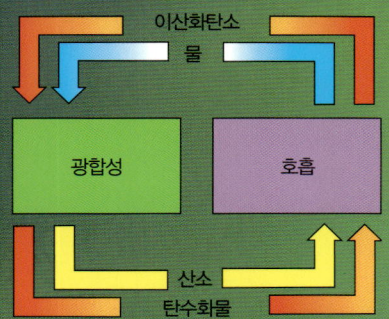

낮 동안은 보통 어느 한 과정이 다른 과정보다 빠른 속도로 일어난다. 예를 들어 햇빛이 밝게 비치는 날에는 광합성이 더 빨리 일어난다. 그러면 식물은 호흡에 필요한 것보다 많은 산소와 탄수화물을 만들어내게 된다. 그래서 사용되지 않은 산소는 공기 중으로 방출되고 탄수화물은 녹말의 형태로 식물 내부에 저장된다.

## 보상점

24시간 주기로 두 번, 보통은 해질녘과 새벽에 광합성과 호흡이 정확하게 균형이 맞는 시점이 있다. 즉 이때는 광합성이 호흡에 꼭 필요한 정도의 탄수화물과 산소를 만들어내고, 호흡은 광합성에 필요한 정도의 이산화탄소와 물을 만들어내는 것이다. 이런 시점을 보상점이라고 한다.

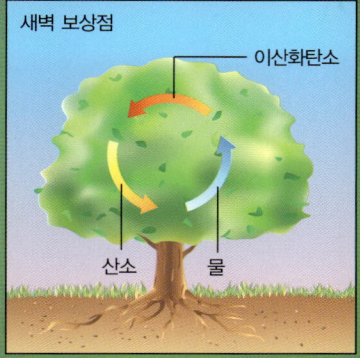

1. 새벽 어느 시점에 광합성과 호흡의 속도가 같아진다.

2. 빛이 밝게 비치는 낮 동안은 광합성이 더 빠르게 일어난다.

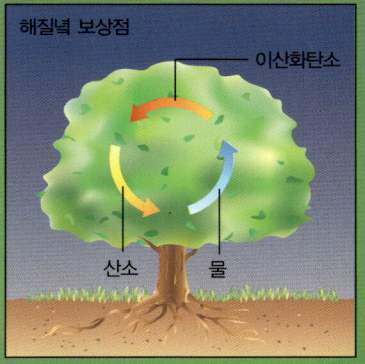

3. 해질녘의 어느 시점에 광합성과 호흡의 속도가 같다.

4. 태양빛이 없는 밤에는 광합성이 일어나지 않는다.

링크 265

---

### 직접 해보자

광합성에는 햇빛이 필요하다는 것을 알아보기 위해 간단한 실험을 해보자. 잎이 넓고 연한 녹색을 띤 실내에서 키우는 화초를 가져와서 잎 하나에 종이를 두르고 클립으로 고정한다. 며칠 동안 이 식물을 햇빛이 잘 드는 곳에 두었다가 종이를 떼어보자. 광합성을 할 수 없었던 부분에 노란 줄이 생긴 것을 관찰할 수 있을 것이다.

### 유용한 인터넷 링크

www.usborne-quicklinks.com

**Web 1** 그림으로 설명한 광합성에 관한 내용을 접해보자.
**Web 2** 광합성에 대해 더 많은 것을 알아보자.
**Web 3** 광합성에 관한 애니메이션을 보고 퀴즈를 풀어보자.
**Web 4** 식물이 건강하게 자라는 데 왜 토양이 중요한지 알아보자.
**Web 5** 광합성과 식물 구조를 다루는 수업을 들어보자.
**Web 6** 광합성의 원리를 복습해보자.

## 기생식물

소수이지만 다른 식물에 붙어서 사는 **기생식물**도 있다. 이들은 스스로 양분을 만들지 않고 **숙주**가 되는 다른 생물에 붙어서 살며 이들의 양분을 빨아먹는다. 기생식물 중 일부는 여러 가지 식물을 공격하기 때문에 숙주에 해로운 경우도 있다.

기생식물의 한 예인 실새삼은 힘없는 실 같은 **기생근**을 숙주식물에 휘감아서 붙는다. 실새삼의 줄기는 숙주식물의 온몸을 휘감으며 빠르게 자라고, 전체가 다 덮여버린 식물은 결국 죽고 만다.

기생식물 중에는 한 종류의 숙주에서만 사는 것도 있다. 기생식물인 라플레시아는 특정 종류의 덩굴식물에서만 살 수 있다. 라플레시아는 엉킨 실 같은 덩어리로 숙주의 뿌리에 붙어서 살고 해는 거의 끼치지 않는다.

환경이 알맞으면 라플레시아는 아주 크고 고약한 냄새가 풍기는 꽃을 피우는데, 이 꽃에 파리가 꼬여서 꽃가루를 퍼뜨린다.

라플레시아의 꽃은 세계에서 가장 큰 꽃으로 무게가 7kg까지 나가기도 한다.

## 반기생식물

**반기생식물**은 다른 식물의 물과 무기질을 빼앗지만 진짜 기생식물과는 달리 녹색잎을 가지고 있어서 광합성을 통해 스스로 양분을 만들 수 있다. 일부 반기생생물은 지하에 있는 숙주의 뿌리에 붙어 있다. 흔히 볼 수 있는 겨우살이처럼 땅 위에서 숙주를 공격하는 반기생식물도 있다.

겨우살이는 나무에서 자라는 반기생식물이다. 가지에서 자란 겨우살이는 씨가 들어 있는 끈적이는 장과(과육과 액즙이 많고 속에 씨가 든 과실)를 맺는데 새가 이것을 먹고 씨를 널리 퍼뜨린다.

숙주에 침입하는 데 이용되는 흡착기

## 부생영양식물

어떤 유기체는 숙주에 기생하거나 스스로 양분을 만드는 대신 무기물을 먹고 산다. 이들을 **부생영양식물**이라고 한다. 대부분 부생영양식물의 몸통은 땅속에 있다. 진균류와 난초 중 일부가 부생영양식물이다.

균류의 가장 중요한 부위는 실로 된 덩어리이다. 이 부분은 어둡고 축축한 땅 아래에서 자라면서 영양분을 빨아들인다.

## 착생식물

착생식물은 스스로 양분을 만들지만 다른 식물 위의 높은 곳까지 자라서 물과 햇빛을 더 받기 좋은 곳을 차지한다. 대부분의 착생식물은 숙주에게 해를 입히지는 않는데, 스트랭글러 피그와 같은 일부 식물은 다 자라면 숙주를 죽이기도 한다.

**스트랭글러 피그의 성장**

작은 스트랭글러 피그가 가지에서 자라기 시작한다. 이 식물은 나무 아래로 뿌리를 뻗는다.

뿌리가 토양에서 물과 양분을 빨아올리며 빠르게 자란다.

스트랭글러 피그가 숙주가 받는 빛과 물, 영양을 모두 차지해 버리고 숙주식물은 죽어서 썩는다.

링크 266

실새삼 줄기

숙주식물

실새삼 줄기는 머리카락 같은 덩어리로 한 식물에서 다른 식물로 옮겨간다.

…라고 하는 일부 식물은 곤…은 생물을 죽여서 소화할… 식충식물은 특별한 냄새나…이를 유인해 치명적인 함정…오게 한다. 일단 이곳에 한…면 곤충은 효소라는 강력한…에 의해 녹아버린다.

…으로 양분을 섭취하는 식물…이 거의 없는 토양에 뿌리… 있다. 그래서 먹이를 소화…한 양분을 얻는 방식을 취…다.

…들은 물주전자처럼 생긴 잎…을 잡는다. 곤충은 잎사귀…가 그 덮개 아래에서 분비되…즙을 빨기 위해서 들어왔…러운 잎 때문에 아래로 떨…번 떨어진 곤충은 빠져 나…고 액체가 고인 곳에 빠져…

또 다른 식충식물인 파리지옥에는 곤충이나 작은 동물을 잡을 수 있게 턱처럼 닫히는 잎이 몇 쌍 나 있다. 표면의 민감한 털이 움직이면 잎이 닫히는데 잎 속에 갇힌 먹이는 천천히 녹아서 소화된다.

파리지옥은 파리가 앉으면 잎을 닫아버린다.

…개(비가 물주전자처럼…긴 잎으로 들어오지…게 막아준다)

…려 …다 …

…도 식충식물이다. 이 식물…끈적끈적하게 빛나는 액체…린 털이 있어서 이것이 곤…한다. 털에 붙은 곤충이 벗…하면 털이 꼬이면서 먹잇감…게 감싸버린다. 그 후 식물…을 녹여서 소화한다.

…잎에 갇힌

링크
267

# 식물의 감수성 Plant Sensitivity

**생명체는** 모두 환경의 변화에 반응한다. 이런 것을 감수성 혹은 자극에 반응한다고 한다. 동물과는 달리 특화된 신경체계가 없는 식물도 빛이나 촉각, 온도 와 같은 자극에 천천히 반응한다.

덩굴식물은 실 같은 모양의 덩굴손이 있어서 촉각에 민감하다. 이런 반응 덕분에 지지대를 휘감을 수 있다.

## 식물의 반응

대부분의 식물은 자극이 오는 방향이 나 반대 방향으로 자란다. 이런 반응 을 **굴성**이라 한다. 자극이 있는 방향 으로 자라는 것을 **양성 굴성**이라 하 고 반대 방향으로 자라는 것을 **음성 굴성**이라 한다.

## 빛에 대한 반응

링크 268

대부분의 식물은 빛의 양과 빛이 오 는 방향에 반응한다. 이런 반응을 **굴 광성**이라고 한다. 그로 인해 대부분 식물의 잎은 태양 쪽을 향한다. 이렇 게 하면 광합성에 필요한 빛을 최대 한 많이 흡수할 수 있기 때문이다.

굴성은 식물세포에서 만들어지는 생 장호르몬(화학물질)인 **옥신**에 의해서 조절된다. 옥신은 식물의 줄기 중 빛 이 닿는 반대 부분에서 모여 이 부분 을 더 빨리 자라게 하는 역할을 한 다. 이런 원리로 식물이 태양을 향해 자란다.

## 중력과 물에 대한 반응

식물의 뿌리는 중력에 반응하는데 이 것을 **굴지성**이라고 한다. 뿌리는 물 과 무기질을 흡수하기 위해서 땅속 깊이 뻗어 들어간다. 일부 뿌리는 물 에 반응을 보이기도 하는데 이는 **굴 수성**이라 한다. 그래서 뿌리는 물이 있는 방향을 향해 옆으로 자라기도 한다.

**빛을 향해 자라는 식물**

옥신이 광원을 피해서 모인다.

광원

식물이 광원을 향해서 굽는다.

그늘진 부분이 더 빨리 자란다.

가지

★

**중력에 반응하는 식물**

뿌리 끝 부분과 가지 에서 여러 방향에서 오는 중력에 반응하 는 생장호르몬(옥신) 이 분비된다.

옥신이 이 부분에 모여서 세포가 커지도록 자극한다.

옥신이 이 부분에 모여서 세포가 더 커지는 것을 막는다.

가지는 위쪽으로 자란다.

자라는 강낭콩

뿌리는 아래쪽으로 자란다.

★

해바라기는 빛에 반응해서 태양 쪽을 바라보고 있다.

## 촉각에 대한 반응

어떤 식물은 촉각에 반응한다. 이런 반응을 **굴촉성** 혹은 **접촉굴성**이라고 하는데 이는 식물에게 여러 가지로 도움이 된다. 그 예로 식충식물은 표면의 민감한 부분을 건드리는 먹잇감을 잡아먹는다.(281쪽 참조)

덩굴식물같이 기어오르는 식물에게도 굴촉성은 매우 중요한 능력이다. 이 식물의 실 같은 덩굴손은 어떤 물체에 닿으면 기어오르거나 감는 반응을 보인다.

스위트피에는 촉각이 민감한 덩굴손이 있어서 높은 곳에 기어오를 수 있다.

일부 식물에게 촉각은 방어를 위한 행동을 일으키는 자극으로 작용한다. 예를 들어 미모사('민감한 식물'이라는 별명이 있음)의 잎은 만지면 바로 잎을 오므리고 축 늘어진다. 이것은 촉각에 의해서 미모사 잎 세포의 수압이 떨어졌기 때문이다.

미모사의 잎은 만지면 부채처럼 닫힌다.

열린 잎            닫힌 잎

★

## 낮과 밤

식물은 빛이 비치는 어느 정도의 기간 동안에만 자라는 경우가 많다. 이런 기간을 **광주기**라 하고 식물의 이런 반응을 **광주성**이라고 한다.

국화와 같은 **장야식물**은 일 년 중 밤이 낮 시간보다 더 길 때(**임계일장**)만 꽃을 피운다. 이런 식물을 단일식물이라고도 한다.

참제비고깔속과 같은 **단야식물**은 밤이 임계일장보다 짧을 때만 꽃을 피운다. 이런 식물은 **장일식물**이라고도 한다.

식물의 잎에서 만들어지는 **플로리겐**이라는 생장호르몬이 이런 현상을 유발하는 것으로 추측된다. 적절한 양의 빛이 있을 때 플로리겐이 식물에게 꽃을 피우라는 '메시지'를 보내는 것이다.

금어초 같은 일부 식물은 **중성식물** 혹은 **중일식물**이라고 한다. 이런 식물의 개화는 밤의 길이와는 관계가 없다.

광주성은 식물의 연령이나 주변의 온도에 따라 영향을 받기도 한다.

국화는 밤이 긴 시기에 핀다.

참제비고깔속은 밤이 짧은 시기에 핀다.

금어초는 밤의 길이에 상관없이 핀다.

링크 269

---

### 직접 해보자

화분에 심은 식물을 창문이 하나만 있는 방에 놓아두자. 창문에서 조금 떨어진 곳에 두고 보통 때처럼 물을 준다. 며칠 뒤 관찰해보면 식물의 잎이 창문 쪽으로 기울어 있는 것을 확인할 수 있다. 식물을 반대 방향으로 돌려놓고 며칠 뒤 관찰하면 또 같은 현상이 일어나 있는 것을 알 수 있다. 이것은 잎이 항상 광원과 가까운 쪽으로 자라는 성질을 갖고 있기 때문이다.

### 유용한 인터넷 링크

www.usborne-quicklinks.com

**Web 1** 어린 식물이 빛을 향해 굽는 영상을 볼 수 있다.

**Web 2** 식물이 자라고 꽃을 피우고, 이동하고 변화하는 모습을 담은 영상을 볼 수 있다.

**Web 3** 식물이 생장하고 이동하는 원리를 복습해보자.

**Web 4** 호르몬이 어떻게 식물이 환경에 적응하도록 하는지 수업을 들은 뒤 온라인 퀴즈로 확인해보자.

# 현화식물 Flowering Plants

**꽃을** 피우는 식물의 종류는 잔디, 야생화, 관목, 나무를 포함해서 25만 가지가 넘는다. 꽃을 피우는 식물을 속씨식물이라고 한다. 꽃식물은 공통된 특징을 가지고 있는데, 그중 하나는 모두 씨앗을 맺고 식물 전체로 양분을 운반하는 조직을 가지고 있다는 것이다.

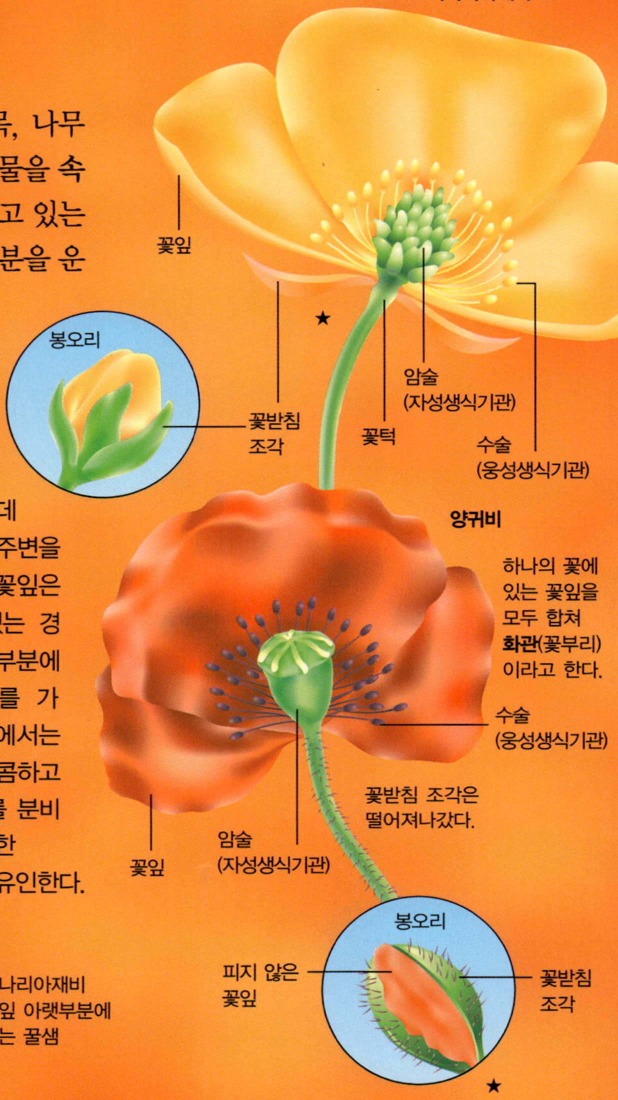

## 꽃

**생식**이란 새로운 생명체를 만들어내는 것이다. 꽃에는 식물의 생식에 필요한 부분이 들어 있다. 이 부분에서 **생식체**라는 자웅생식세포를 만들어내고, 이 세포끼리 결합해서 같은 종의 새로운 식물이 된다. 이런 종류의 생식을 **유성생식**이라고 한다.

꽃은 특화된 많은 부분으로 만들어져 있다. 꽃에는 꽃잎, 수술과 하나 이상의 암술이 포함된다. 대부분의 식물의 경우 꽃잎은 암수 부분 주변에 원을 그리며 배열되어 있다.

꽃을 피우기 직전에 식물은 **꽃봉오리**를 만들고 이것이 꽃으로 피어난다. 봉오리는 줄기의 끝 부분이 팽창된 **꽃턱**이라는 부분에서 자라나온다. 작은 잎 같은 모양의 **꽃받침 조각(악편)**이 봉오리를 감싸서 보호한다.

미나리아재비 같은 일부 식물의 경우 꽃받침 조각이 봉오리가 열려서 꽃으로 핀 후에도 꽃 옆에 테두리로 남아 있다. 양귀비 같은 경우에는 이 부분이 시들어서 떨어진다.

**꽃잎**은 아주 섬세하고 밝은 색깔인 경우가 많은데 식물의 생식기관 주변을 둘러싸고 있다. 꽃잎은 향기나 무늬가 있는 경우가 많고, 아랫부분에 **꿀샘**이라는 세포를 가지고 있다. 꿀샘에서는 **화밀(꿀)**이라는 달콤하고 끈적끈적한 액체를 분비해서 수분에 필요한 곤충이나 동물을 유인한다.

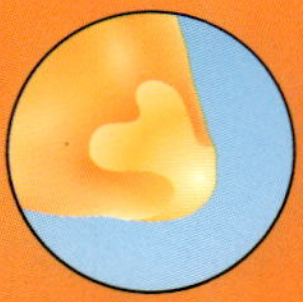

링크 270

미나리아재비

꽃잎

★

암술 (자성생식기관)

수술 (웅성생식기관)

꽃턱

봉오리

피지 않은 꽃잎

꽃받침 조각

양귀비

하나의 꽃에 있는 꽃잎을 모두 합쳐 **화관(꽃부리)**이라고 한다.

수술 (웅성생식기관)

꽃받침 조각은 떨어져나갔다.

꽃잎

암술 (자성생식기관)

봉오리

피지 않은 꽃잎

꽃받침 조각

★

미나리아재비 꽃잎 아랫부분에 있는 꿀샘

금영화의 꽃잎은 생식기관을 감싸고 있다. 꽃받침 조각은 떨어져나갔다.

## 수술

식물의 웅성생식기관을 **수술**이라고 한다. 각 수술에는 **꽃실**이라는 긴 줄기 끝에 꼬투리 모양의 **꽃밥**이 달려 있다. 꽃밥에는 **꽃가루주머니**가 있는데 나중에 이것이 갈라져서 웅성 생식세포인 **꽃가루**를 날려 보낸다.

**미나리아재비의 웅성생식기관**

(이 그림에서는 수술이
모두 그려져 있지 않다.)

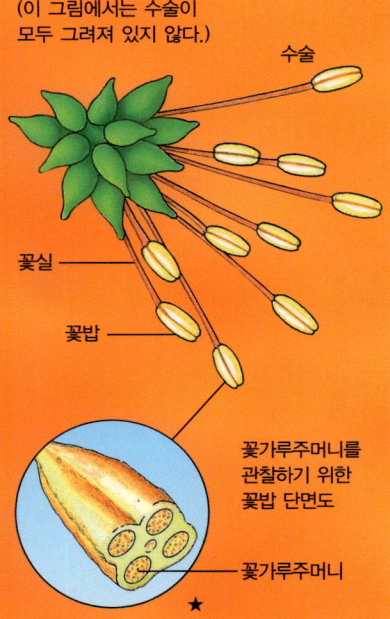

수술

꽃실

꽃밥

꽃가루주머니를
관찰하기 위한
꽃밥 단면도

꽃가루주머니

★

식물의 종류에 따라 꽃가루주머니의 크기와 모양은 다르지만 비슷한 특징을 가지고 있다. 꽃가루가 충분히 성숙하면 아주 단단한 외부벽이 생겨서 질겨지는 것도 이런 공통된 특징 중 하나이다.

### 직접 해보자

이 페이지에 있는 사진을 이용해서 여러 종류의 꽃을 관찰하고 자웅생식기관을 구별해보자. 모든 식물이 한 꽃에 이 기관을 모두 가지고 있지 않다는 것을 관찰할 수 있을 것이다. 각각 다른 꽃에 자웅생식기관이 있을 수도 있고 다른 개체에 있을 수도 있다.

## 암술

꽃의 자성생식기관을 **암술** 혹은 **심피**라고 한다. 암술은 암술머리와 암술대, 씨방으로 이루어진다. **암술머리**는 암술의 가장 위에 있는 부분이다. 이곳에 닿는 꽃가루를 잡기 위해서 암술머리의 표면은 끈적끈적하다. 암술머리는 **암술대**라는 부분을 통해 씨방으로 연결되어 있다. **씨방**에는 각각 하나 이상의 **배주**라는 알이 있는데 이것이 암 생식세포이다. 이 부분은 수정 후에 씨앗으로 발달한다.(다음 페이지 참조)

**미나리아재비의 암술**

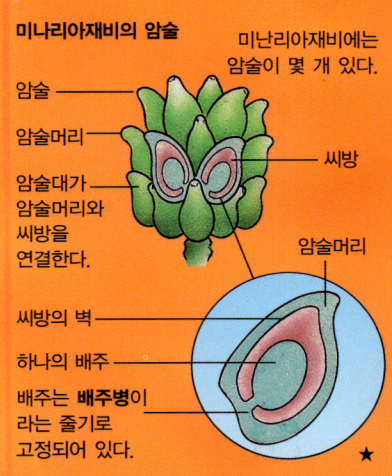

미난리아재비에는
암술이 몇 개 있다.

암술

암술머리

씨방

암술대가
암술머리와
씨방을
연결한다.

암술머리

씨방의 벽

하나의 배주

배주는 **배주병**이
라는 줄기로
고정되어 있다.

★

위 그림의 미나리아재비와 같은 일부 꽃에는 암술이 뭉쳐서 몇 개씩 나 있다. 아래 그림의 양귀비와 같은 경우에는 암술이 하나뿐이다.

**양귀비의 암술**

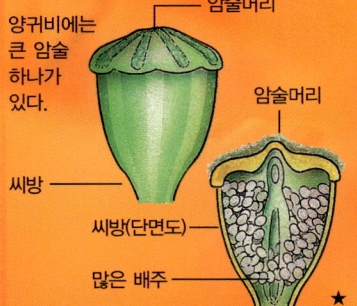

암술머리

양귀비에는
큰 암술
하나가
있다.

암술머리

씨방

씨방(단면도)

많은 배주

★

수선화의 암술대는 관찰하기 쉽지만 양귀비 같은 꽃은 암술대가 매우 짧아서 관찰하기가 어렵다.

## 식물의 암수 구분

미나리아재비와 튤립은 **양성화식물**이다. 즉 꽃 한 송이 안에 암수기관이 모두 들어 있다.

튤립을 살펴보면 암술과 수술을 모두 관찰할 수 있다.

옥수수 같은 식물은 1개체 안에 두 종류의 꽃이 핀다. 그중 **수꽃(웅화)**에는 웅성생식기관만이 있고 **암꽃(자화)**에는 자성생식기관만 있다. 이런 꽃이 피는 식물을 **자웅동주(암수한그루)**라고 한다.
서양호랑가시나무와 같은 식물에는 암꽃과 수꽃이 각각 다른 개체에 자라는데 이런 식물은 **자웅이주(암수딴그루)**라고 한다.

링크
271

서양호랑가시나무는 각각 다른 개체에 자웅생식기관이 있다. 딸기류 열매는 암 식물의 씨방이 발달한 것이다.

### 유용한 인터넷 링크

www.usborne-quicklinks.com

Web 1 꽃식물과 식물의 번식, 꽃의 여러 부분에 대해 상세히 설명한 글을 읽어보자.
Web 2 꽃의 비밀스러운 삶을 탐험해보자.
Web 3 꽃의 각 부분의 이름을 맞추는 온라인 활동을 해보자.
Web 4 사진으로 제시된 예와 함께 꽃의 각 기관에 대해 더 많은 것을 알아보자.

## 수정

꽃식물이 번식을 하기 위해서
는 수술(꽃가루)과 암술(배주)이 결합
되어야 한다. 이런 과정을 **수정**이라
고 한다.

꽃가루가 같은 종의 식물 암술머리
에 내려앉으면 **화분관**이 형성된다.
꽃가루는 이 관을 타고 씨방까지 내
려가 **주공**이라는 작은 구멍을 통해
배주로 들어간다. 이 과정을 **수분**이
라고 한다.

링크
272

**양귀비 씨방의 단면도**

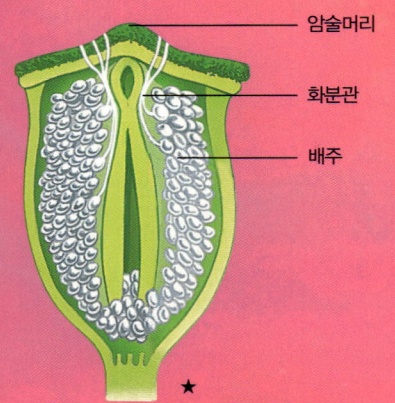

— 암술머리

— 화분관

— 배주

꽃가루에는 수 세포핵 2개가 들어 있
다. 이것이 화분관을 타고 내려가 배
주 속과 결합한다. 하나는 새 식물
의 첫 세포가 될 **접합자**를 형성
하고 나머지 하나는 접합자를
보호하고 영양분을 주는 조직
인 **배젖**이 된다. 이 두 가지가 합해
져서 하나의 씨앗이 되고 씨방은
열매로 자란다. 수정 후에 필요
없어진 꽃의 나머지 부분은 그
대로 시들어버린다.

## 수정 방법

꽃가루는 바람이나 물, 동물에 의해
서 식물에서 식물로 옮겨간다. 한 식
물의 꽃가루가 같은 종의 다른 식물
에 수정되면 이것을 **타가수분**이라고
한다. 꽃가루가 다른 종류의 식물에
착지하면 화분관이 생성되지 않으므
로 수분은 일어나지 않는다.

일부 식물은 스스로 수분할 수도 있
다. 이것을 **자가수분**이라고 한다. 벌
난초는 암벌과 비슷한 모습으로 특
정 종류의 벌을 유인하려고 하지만,
벌이 오지 않으면 수술이 구부러져
서 꽃가루를 자신의 암술머리에 전
달한다.

다른 꽃과는 달리 벌
난초는 꿀을 분비
하지 않는다. 이
식물은 암벌과
비슷한 모습과
냄새로 벌을
유인한다.

## 동물에 의한 수분

꽃은 여러 가지 방법으로 동물을 유
인해 꽃가루를 옮기도록 한다. 대부
분의 꽃은 화려한 꽃잎과 달콤한 냄
새를 가지고 있어서 곤충이나 새, 박
쥐를 끌어들인다. 화밀(꿀)이라는 달
콤한 액체를 분비하거나 여분의 꽃가
루를 만들어서 동물이 먹을 수 있게
하는 경우도 많다. 일부 식물은 꽃잎
에 **벌유인선**이 있는 경우도 있다. 벌
유인선은 곤충이 꽃가루와 꿀이 있는
곳으로 들어오도록 이끌어주는 역할
을 한다.

꽃 가운데 있는
수술이 수천 개의
작은 꽃가루를
뿌리고 있다.

팬지꽃 가운데에
있는 벌유인선은
곤충을 꿀이 있는
쪽으로 유인한다.

동물 수분에 의존하는 식물은
꽃가루가 대체로 뾰족한 편이다.
이 뾰족한 꽃가루는 동물이 식
물을 찾아왔을 때 몸에 붙
어서 다른 꽃으로 옮
겨지기 쉽게 한다.

## 바람에 의한 수분

바람에 실어 꽃가루를 날려보내는 식물도 있다. 이런 식물은 동물을 유인할 필요가 없으므로 꽃에 향이 나지 않고 꽃잎과 꽃받침 조각도 아주 작다. 이런 식물 중 일부는 암술과 수술이 다른 개체에 있기도 하다. 수술은 꽃 바깥쪽에 걸리듯이 나와 있어서 꽃가루가 더 잘 날아가도록 한다.

박달나무의 꽃가루는 바람에 흩날린다.

바람에 의해서 수분되는 식물은 꽃가루를 더 많이 만들어서 암꽃 근처에 닿을 가능성을 높인다. 꽃가루는 매끄럽고 가벼워서 공기 중에서 미끄러지듯 날기 좋게 되어 있다.

### 직접 해보자

정원이 있다면 특정 동물을 유인하는 꽃을 심어보자. 나비는 부들레야나 꿩의비름 같은 보라색이나 노란색 꽃에 잘 찾아오고, 벌은 라벤더처럼 강한 향기를 풍기는 꽃에 잘 유인된다.

나비가 데이지꽃에서 양분을 섭취하는 동안 꽃가루가 몸에 붙는다.

## 꽃의 모양

많은 식물의 꽃 모양이 꽃가루가 동물에 매달려서 전달되기 쉽게 되어 있다. 종 모양의 꽃잎도 그런 예이다. 오른쪽의 벌새와 같은 동물은 꽃 아래서 맴돌다가 꿀을 먹기 위해 꽃 속으로 다가간다. 이렇게 하는 동안 수술에서 나온 꽃가루가 이 동물의 몸에 붙는다.

샐비어 꽃과 같은 **입술 모양의 꽃**은 꽃잎이 짝을 맞추어서 핀다. 꽃 안의 꿀을 빨기 위해서 아래쪽 꽃잎에 벌이 앉으면 위쪽 꽃잎에 있는 수술이 아래로 기울어서 벌의 몸에 꽃가루를 뿌린다.

벌이 꿀을 빨기 위해 샐비어 꽃의 아래 '입술'에 앉으면 꽃가루가 벌의 몸 위에 떨어진다.

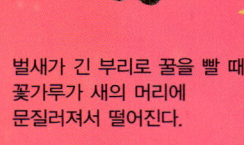

벌새가 긴 부리로 꿀을 빨 때 꽃가루가 새의 머리에 문질러져서 떨어진다.

대부분의 꽃은 특정 동물이 찾아올 때까지 꽃가루를 안전하게 유지하는 방법을 가지고 있다. 달맞이꽃은 온종일 닫힌 상태로 있다가 꽃을 오가며 수분을 해주는 나방이 활동하는 밤이 되면 꽃잎을 연다. 비가 내리면 꽃잎을 닫아서 꽃가루가 젖지 않게 하는 경우도 많다.

링크 273

### 유용한 인터넷 링크

www.usborne-quicklinks.com

Web 1 정원에 나비가 찾아오게 하려면 어떤 식물을 기르면 좋은지 알아보자.
Web 2 르플랑 형사를 도와서 꽃식물의 비밀을 밝혀보자.
Web 3 꽃에 수정되는 꽃가루에 관한 애니메이션을 볼 수 있다.
Web 4 수분에 관한 글을 읽고 게임을 해보자.
Web 5 그림으로 그린 식물의 생애 주기를 살펴보고, 그림표로도 공부해보자.

# 씨앗과 열매 Seeds and Fruit

**꽃식물의** 수정은 씨앗을 맺는 것으로 이어진다. 씨 앗 하나하나에는 새로 자라날 식물과 양분이 저장되어 있는데 대부분의 씨앗은 **열매**라고 하는 식물의 일부분 에 들어 있다. 때가 되면 씨앗은 흩어지고 적절한 환경 이 주어지면 새로운 식물로 자라난다.

## 씨의 내부

씨앗은 **종피**라는 질긴 껍질에 싸여 있다. 각 씨앗에는 표면에 배주가 씨 방과 결합된 **꼭지** 부분이 보인다. **꽃 가루**(화분)가 배주로 들어가는 작은 구멍(주공)도 살펴볼 수 있다. 이 구멍 으로는 물이 들어간다.

오렌지 열매는 오렌지나무의 씨앗 을 보호하는 역할을 한다. 열매의 과육은 과즙으로 통통하게 부풀어 있는 가느다란 실로 되어 있다.

오렌지 씨앗

링크 274

콩

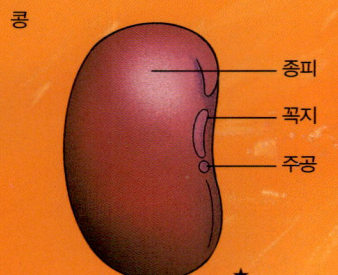

— 종피
— 꼭지
— 주공
★

씨앗 안에서 앞으로 식물로 자랄 부 분을 **배**라고 한다. 배는 첫 번째 싹 으로 자라날 **어린눈**과 첫 번째 뿌리 가 될 **어린뿌리** 두 부분으로 나눌 수 있다.

콩의 단면도

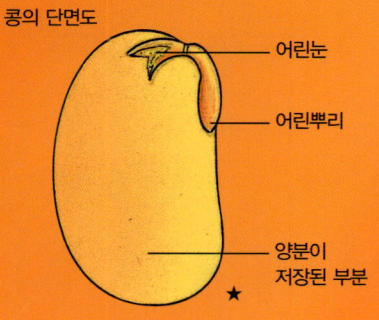

— 어린눈
— 어린뿌리
— 양분이 저장된 부분
★

## 열매의 종류

열매는 속에 있는 씨를 보호하고 씨 가 식물로 자랄 수 있는 곳까지 퍼지 도록 해준다. 대부분의 열매는 씨방 에서 발달한 것인데, 이런 열매를 **진 과**라고 한다. 딸기 같은 일부 과일은 꽃턱과 씨방이 함께 발달한 것으로 이런 열매는 **가과**(위과)라고 한다. 열 매는 즙이 많은 것과 그렇지 않은 것 으로 나누기도 한다.

## 즙이 많은 과일

두꺼운 육질층을 가지고 있는 열매 는 대부분 우리가 즐겨 먹는 맛있는 과일이다. 이를 다른 말로 **액과**라고 한다.
여러 종류의 액과 중 단단한 껍질을 가진 하나의 씨앗이 가운데 있는 경우 를 **핵과**라고 한다. 자두 나 체리가 핵과 에 속한다.

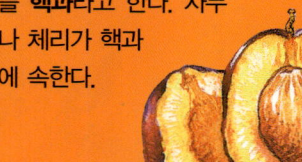

자두

씨앗이 많이 들어 있는 액과는 **장과** 이며 오렌지와 딸기류가 여기에 속한 다. 두꺼운 육질의 외부층과 과심이 있고 씨앗이 꼬투리에 들어 있으면 **이과**라는 가과에 속한다.

사과는 이과이다.

나무딸기나 블랙베리는 **집합과** 혹은 **복과**에 속한다. 이런 열매는 하나의 꽃 속에 있는 많은 씨방에서 형성된 다. 각 열매는 육질로 된 여러 개의 방울모양 **소핵과**로 되어 있으며 이 방울 하나하나에 씨앗이 하나씩 들어 있다.

블랙베리

## 즙이 없는 과일

즙이 없는 **건과**는 익을 때까지 씨앗을 품고 있는 단단한 껍질 부분을 가리키는 말이다. 건과는 몇 종류로 나눌 수 있는데, 그중 중요한 몇 가지가 아래에 설명되어 있다.

**견과**는 단단한 껍질에 싸인 씨앗 하나로 이루어진 건과를 말한다. 도토리와 호두가 견과에 속한다.

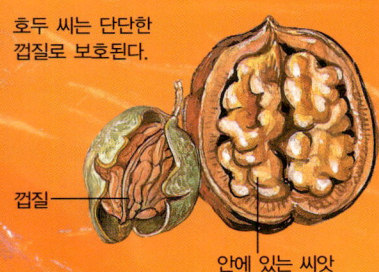

호두 씨는 단단한
껍질로 보호된다.

껍질

안에 있는 씨앗

**수과**는 크기가 작고 씨가 하나 뿐인 건과이다. 수과에는 얇은 날개가 있어서 물푸레나무나 단풍버즘나무 열매의 경우 **익과**(날개가 달린 과일이라는 뜻)나 **시과**라고 한다. 수과 중 일부는 물푸레나무 열매같이 다발로 자란다.

단풍버즘나무 열
매는 바람을 타
고 날 수 있
는 날개
가 있다.

씨앗이 열매 속 벽에 붙어 있는 건과를 **꼬투리**라고 한다. 이런 열매는 세로로 갈라지면서 열린다. 완두콩 열매는 꼬투리에 속하며 속에 있는 콩이 바로 씨앗이다.

속에 있는
씨앗이 붙어 있는 것
을 보여주기 위해서 갈라놓은
완두콩 꼬투리

**영과**나 **곡과**라고도 하는 **낟알**은 작은 건과로 씨껍질과 달라붙어 있다. 밀과 보리가 낟알에 속한다.

밀의 열매를 낟알이라고 한다.
줄기 하나하나마다 수많은
낟알이 달려 있다.

## 구과(방울 열매)

침엽수의 씨앗은 열매가 아닌 **구과**에 들어 있다. 이것은 암꽃(침엽수에는 암꽃과 수꽃이 있다)에서 자라며 수분이 된 후에는 닫힌 비늘이 단단해진다.

잣나무의
구과

씨앗이 여문 뒤 날씨가 따뜻하고 건조하면 구과의 비늘이 벌어지고 씨앗은 얇은 날개를 타고 떨어진다. 대부분의 구과는 나무에 1년 정도 붙어 있다. 다른 종류는 무르익는 데 2년이 걸리기도 하고 씨앗이 다 떨어진 후에도 나무에 오랫동안 붙어 있는 종류도 있다.

### 직접 해보자

주변에서 볼 수 있는 다양한 종류의 열매를 관찰해보자. 이 과일이 액과인지 건과인지 살펴보고 안에 있는 씨앗의 수도 세어보자. 구과는 난방기 위에 올려두면 얼마 후에 벌어지는 모습을 볼 수 있다. 또 습기 찬 곳에 두면 비늘이 다시 닫히는 것을 관찰할 수 있다.

### 유용한 인터넷 링크

www.usborne-quicklinks.com

**Web 1** 다양한 열매를 찍은 사진갤러리를 둘러보고 어느 식물의 열매인지 알아보자.

**Web 2** 다양한 열매와 씨앗의 종류에 관한 유용한 정보를 얻을 수 있다.

**Web 3** 열대열매의 사진과 이들이 어떻게 사용되는지를 정리한 목록을 살펴보자.

**Web 4** 열매를 어떻게 구분하는지 알아보자.

**Web 5** 르플랑 형사를 도와서 씨앗의 비밀을 밝혀보자.

**Web 6** 여러 가지 열매를 알맞은 나무와 연결해보자.

## 흩어지는 씨앗

씨앗은 새로운 식물로 자라나기 전에 어미나무에서 멀리 떨어진 곳으로 이동하는 것이 보통이다. 이런 것을 **분산**이라 하는데, 이런 과정을 통해 어린 식물은 어미나무와의 경쟁을 피하게 된다. 완두콩과 같은 씨앗은 어미나무에 달려 있을 때 열매에서 터져 흩어진다.

무르익은 완두콩 열매는 속에 있는 씨앗을 날려 보낸다.

다른 씨앗은 열매 속에 들어 있는 상태로 어미나무에서 멀리 떨어져 나온다. 씨앗은 동물, 물, 바람을 포함한 몇 가지 방법을 통해 널리 퍼져나간다.

링크
276

## 동물에 의한 분산

어떤 씨앗은 동물이 좋아하는 맛이나 먹음직스러운 육질로 싸여 있다. 동물이 맛있게 과일을 먹으면 씨앗은 동물의 배설물을 통해 멀리 퍼져나간다. 다람쥐나 어치 같은 동물은 과일과 씨앗을 땅속이나 나무 속에 저장해두는데, 새로운 식물이 싹트기 좋은 장소에 묻고 잊어버리기도 한다. 다른 방법으로 동물의 도움을 받아 분산되는 열매도 있다. 우엉이나 갈퀴덩굴과 같은 식물에는 갈고리가 달려 있어서 지나가는 동물의 털에 붙는다. 열매는 다시 떨어질 때까지 어미나무에서 먼 곳으로 이동한다.

우엉 열매에는 동물의 털에 붙을 수 있는 갈고리가 있다.

## 물에 의한 분산

코코넛 같이 물에 의해 흩어지는 씨앗이나 열매는 방수가 잘되는 껍질을 가지고 있다. 코코넛 속에는 코코야자나무의 씨앗이 들어 있는데 이 열매는 물가로 밀려올라갈 때까지 강이나 바다에 떠다닌다. 어떤 열매는 해류에 실려 뭍에 도착하기까지 무려 2,000km나 이동하는 경우도 있다.

코코넛 열매는 방수가 되는 큰 겉껍질 속에 들어 있다.

## 바람에 의한 분산

바람에 의해 분산되는 열매나 씨앗은 아주 가벼운 종류다. 단풍버즘나무 씨앗 등에는 얇은 날개가 달려 있다. 민들레처럼 열매에 바람을 타고 날 수 있는 갓털이 나 있는 경우도 있다.

단풍버즘나무 열매 하나에는 2개의 씨앗이 들어 있다.

갓털 ————

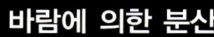

씨앗이 들어 있는 열매

민들레의 씨앗은 갓털이 달린 열매 속에 들어 있다. 아주 약한 산들바람에도 갓털 덕분에 열매를 달고 멀리 날아갈 수 있다.

민들레 열매는 바람을 타고 수 킬로미터를 이동하기도 한다.

## 발아

환경 조건이 알맞으면 씨앗은 새로운 식물로 자라난다. 이를 **발아**(싹을 틔우는 것)라고 한다. 싹을 틔우기 위해서는 적절한 온기와 산소, 물이 필요하다. 물을 흡수해서 부풀어 오르기 시작한 씨앗은 씨껍질이 갈라지면서 열리고, 최초의 싹과 뿌리(**어린싹과 어린뿌리**)가 나온다.

### 완두콩 씨앗의 발아

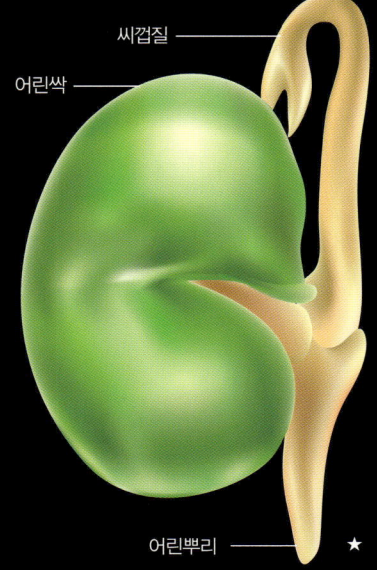

씨껍질

어린싹

어린뿌리 ★

흩날린 씨앗이 곧바로 싹이 트지 않는 경우도 많다. 발아하기까지 오랜 시간 활동을 하지 않는 씨앗을 **휴면** 하고 있다고 한다.

가장 먼저 나오는 잎을 **떡잎** 혹은 **자엽**이라고 한다. 떡잎은 나중에 나는 보통의 잎과는 다른 모양인 경우가 많다. 잔디나 튤립 같은 식물은 떡잎을 하나만 가지고 있는데 이런 식물을 **외떡잎식물**이라고 한다. 완두콩처럼 떡잎이 2개 나는 식물은 **쌍떡잎식물**이다.

보통의 잎

떡잎

어린 식물은 잎이 자랄 때까지 씨앗에 저장된 양분으로 살아가다가 잎이 나면 광합성을 통해서 스스로 양분을 만들기 시작한다. 이런 과정을 거치며 식물은 자라서 꽃을 피우고 식물의 생애주기를 시작할 준비를 한다.

### 직접 해보자

말린 강낭콩을 싹틔우는 실험을 해보자. 접시 위에 종이타월을 깔고 콩을 올려놓은 후 매일 충분히 물을 준다. 며칠 후 살펴보면 싹이 튼 것을 관찰할 수 있다. 싹튼 콩을 작은 화분에 옮겨 심어서 키울 수도 있다.

## 발아 형태

발아에는 두 가지 형태가 있다. 먼저 **지하발아**라는 것은 떡잎은 씨껍질 속에 있고 어린싹만 땅 위로 솟아 나오는 것이다. 완두콩이 이런 형태로 발아한다.

### 완두콩의 발아

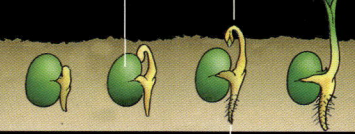

떡잎은 씨껍질 속, 즉 지하에 있다.

어린싹이 땅 위로 올라온다.

어린뿌리는 아래로 자란다. ★

**지상발아**의 경우 떡잎이 땅 위로 올라와서 첫 번째 보통 잎 바로 아래에 난다. 콩은 이런 식으로 발아한다.

### 콩의 발아

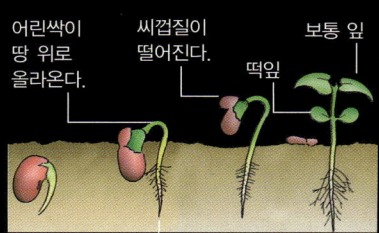

어린싹이 땅 위로 올라온다.

씨껍질이 떨어진다.

떡잎

보통 잎

어린뿌리는 아래로 자란다. ★

링크 277

### 유용한 인터넷 링크

www.usborne-quicklinks.com

Web 1 바람, 물, 동물에 의해서 흩어지는 열매와 씨앗에 관한 설명을 접해 보자.
Web 2 한 식물이 씨앗에서 성숙한 식물로 자랄 때까지의 생애 주기를 따라가보자.
Web 3 씨앗의 분산과 발아에 대한 설명을 들을 수 있다.
Web 4 씨앗의 발아를 살펴보자.
Web 5 집에서 씨앗을 기르는 법을 알아보자.

# 영양생식 New Plants From Old

**새로운** 식물로 자랄 수 있는 씨앗을 맺는 것과 마찬가지로 식물의 일부분이 새로운 식물로 자라나는 과정을 통해 번식할 수 있는 식물도 많다. 이런 방법을 **영양생식** 혹은 **영양번식**이라고 한다. 이것은 자웅생식세포를 포함하지 않는 일종의 무성생식이다. 식물의 일부분이 새로운 개체로 자라나는 몇 가지 식물을 살펴보자.

크로커스는 각각 알줄기라는 부분 줄기에서 자란다.

## 알뿌리

마늘이나 튤립 같은 식물은 **알뿌리(구근)**에서 자란다. 알뿌리는 짧고 두꺼운 지하에 있는 줄기로, 양분으로 부풀어 있는 비늘 같은 잎으로 감싸여 있다. 이 부분은 겨울에 식물의 다른 부분이 죽어도 살아남는다. 어떤 알뿌리는 옆에 다른 알뿌리를 발생시키는 무성생식으로 번식하기도 한다.

링크 278

## 알줄기(구경)

**알줄기**는 짧고 굵은 줄기의 아랫부분으로 대부분 양분으로 부풀어 있다. 알줄기는 매해 새로운 알줄기를 만들어낸다.

크로커스 알줄기

## 기는줄기

네덜란드딸기나 고구마, 바위취, 땅콩, 잔디 같은 식물은 **기는줄기**라고 하는 옆으로 긴 가지를 만들어 번식한다.

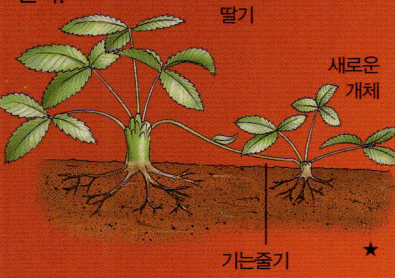

딸기

새로운 개체

기는줄기

★

기는줄기가 땅에 닿으면 뿌리를 뻗어서 새로운 개체로 자라기 시작한다. 처음에 이 새 식물은 원래 식물에서 양분을 받지만 스스로 살아갈 수 있게 되면 덩굴은 썩는다.

마늘의 소구근 하나하나가 새로운 식물로 자라날 수 있다.

## 뿌리줄기

지하에서 수평으로 자라는 **뿌리줄기**라는 굵은 줄기에서 나오는 식물도 많다. 뿌리줄기에는 줄기의 길이만큼 뿌리가 내리며 새로운 가지가 뻗어나오는 눈도 생긴다. 양치류나 박하, 붓꽃, 잔디는 뿌리줄기가 생기는 식물이다.

## 덩이줄기

땅속 **덩이줄기**에서 자손을 만들어내는 식물도 많다. 이런 식물의 자손은 땅속에서 자라난 가지인 덩이줄기에서 태어난다. 덩이줄기에 양분이 저장되어 있어서 겨울에 모체가 죽어도 덩이줄기는 다음 해에 새로운 식물로 발달할 수 있다.

감자는 새로운 작물로 자라나는 덩이줄기를 만드는 식물이다.

우리가 먹는 감자의 덩이줄기

★

튤립은 알뿌리에서 자라난다.
해마다 화훼농가에서는
수천 송이의 튤립을 공급한다.

## 성장속도와 품질

영양생식으로 새로운 식물이 자라는 속도는 씨앗에서부터 자라는 것보다 훨씬 빠르다. 또 이렇게 자라는 새 개체는 모체와 동일한 특징을 가지고 있다. 농부와 판매용 식물을 재배하는 사람들은 식물의 영양생식 기능을 자주 이용한다. 이 방법을 이용하면 더 많은 개체수를 만들어낼 수 있을 뿐만 아니라 원래 식물과 동일한 품질의 개체를 만들어낼 수 있기 때문이다.

식물을 재배하는 사람들은 식물의 한 부분을 제거해서 새로운 식물을 기르는 방법도 개발해냈다. 식물은 보통 스스로 이런 방식으로 번식하지는 않으므로 이 방법은 **인공영양번식**의 한 예라고 할 수 있다.

이 네이블오렌지와 같은 과일 몇 종류에는 씨앗이 없다. 이런 식물은 **인공영양번식**으로 재배할 수밖에 없다.

## 꺾꽂이

인공영양번식의 가장 일반적인 방법은 **꺾꽂이**다. 식물의 곁줄기나 잎을 잘라서(자른 가지) 흙에 심은 뒤 새로운 식물로 키우는 방법으로 자른 가지를 흙에 심기 전에 뿌리가 생기도록 어느 정도 물에 담가둬야 하는 경우도 있다.

**꺾꽂이로 식물 기르기**

식물의 일부분을 잘라낸다.

자른 가지에 뿌리가 생길 때까지 물에 담가둔다.

자른 가지를 심으면 새로운 식물로 자라난다.

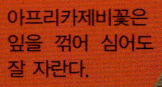

아프리카제비꽃은 잎을 꺾어 심어도 잘 자란다.

## 미세번식

과학자들은 식물의 분열조직(생장 부분)에서 채취한 세포 몇 개만으로도 새로운 식물을 길러낼 수 있다. 이 세포를 세포가 분열하게 하는 화학물질을 담은 젤 속에 넣는다. 분열한 세포덩어리를 세포가 가지로 자라나게 하는 화학물질이 담긴 두 번째 젤로 옮겨 담는다. 이런 방법을 **미세번식**이라고 한다. 이 방법을 사용하면 모체와 동일한 식물을 수백 개 만들어낼 수 있다.

링크
279

# 수생식물 Water Plants

**대부분의** 식물은 땅에서 살지만 물에서 사는 식물도 많다. 물에서 살 수 있게 적응한 이런 식물들을 수생식물이라고 한다. 수생식물은 수백만 개가 넘는 무리로 발견되는 아주 작은 식물에서부터 직경 1m가 넘는 꽃까지 종류도 매우 다양하다.

이 작은 수생식물을 돌말이라고 한다.

## 물속의 생활

수생식물은 정수식물과 침수식물로 나뉜다. 부들과 같은 **정수식물**은 아주 축축한 흙이나 물에 잠긴 시간이 긴 토양에서 잘 자란다. 대부분의 부들과 식물들은 줄기와 잎이 물 밖으로 나와 있다.

링크 280

부들은 강둑 옆 물 밖에서 자라는 경우도 종종 있다.

수련 같은 **침수식물**은 물 표면 아래서 자란다. 그러나 큰 잎과 같은 일부분은 물 표면에 떠 있는 경우도 있다. 자유롭게 움직이는 식물이 아니면 대체로 뿌리나 뿌리와 비슷한 부분이 물 아래의 땅에 식물을 고정한다.

개구리밥처럼 자유롭게 움직이는 침수식물은 아무 데도 붙어 있지 않으며 흐르지 않는 잔잔한 물에서 많이 발견된다.

개구리밥은 물 표면을 자유롭게 떠다닌다.

## 수생식물의 특징

물에 사는 식물은 땅에 사는 식물과 다른 특징이 많다. 대부분 물속에 있는 잎에는 다른 식물의 잎과는 달리 윤이 나는 방수층이 없다. 이것은 잎의 표면 전체가 물과 식물 사이의 기체 교환에 이용되기 때문이다. 또 대부분의 수생식물은 수표면 위와 아래에 아주 다른 잎을 가지고 있다.

미나리아재비속 라눙쿨루스는 수표면 위에 넓고 평평한 잎을 가지고 있다.

물 아래에 있는 잎은 얇고 가늘게 나뉘어 있다.

침수식물 중 일부는 줄기와 잎에 있는 세포 사이를 나누는 틈을 만들기도 한다. 이 틈은 식물의 일부분이 물에 뜰 수 있도록 공기를 가두는 역할을 한다.

줄기세포 ——

기실 ——

수련의 줄기와 뿌리는 물 아래에서 자란다.

돌말은
규조류의
일종이다.

각각의 돌말은
상자의 뚜껑처럼
꼭 맞는 반쪽 2개로
이루어져 있다.

## 규조류

**규조류**는 아주 단순한 구조를 가진 식물로 커다란 집단을 이루고 생활한다. 대부분의 규조류는 물속에서 생활하지만 흙이나 바위, 생명체 등 어디든지 습기가 많은 곳이면 자랄 수 있다.

가장 단순한 형태의 규조류는 크기가 매우 작은 **돌말**이다. 돌말은 대부분 단세포이며 단단하고 유리 같은 재질의 껍질이 있다. 규조류는 종류에 따라 껍질의 무늬가 다르다.

이렇게 작은 규조류에는 뿌리나 줄기, 잎이 없고, 제대로 된 유관속조직도 없다. 이들은 빠른 속도로 번식하며 대부분의 식물과 같이 태양에너지를 이용해서 스스로 양분을 만드는 특성을 가지고 있다. 규조류는 많은 수중생물들의 중요한 먹이이다.

## 해조

해조는 다세포조류의 일종이다. 대부분의 해조는 아랫부분에 뿌리와 비슷한 **부착기**가 있어서 암석같이 단단한 물체에 몸을 고정한다. 해조 중 일부는 **기포**를 가지고 있어서 물 위에 떠 있을 수 있다.

해조의 잎은 **엽상체**라고 하며 색소가 들어 있는 경우가 많아서 수심에 따라 빛을 받아들인다.

### 해조의 예

파래에는 아주 얇고 주름진 엽상체가 있다. 이 엽상체는 식물이 나이가 듦에 따라 색이 어두워지는데, 이 표면을 작은 규조류가 뒤덮기 때문이다.

깊은 웅덩이에 사는 덜스(홍조류의 일종)는 엽상체에 붉은 색소가 있어서 수중으로 들어오는 빛을 받을 수 있다. 유럽에서는 식용으로 이용한다.

모자반과의 긴 엽상체에는 기포 주머니가 달려 있다.

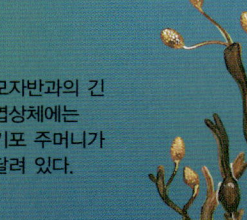

## 조류 연구

과학자들은 물이 얼마나 깨끗한지 알아보기 위한 방법으로 샘플로 채취한 물속에 있는 조류의 종류와 숫자를 조사한다. 담수에 사는 단세포조류인 **데스미드**는 주로 깨끗한 물에 산다. 그러나 조류 중 일부는 질소(일부 비료와 하수도에서 발견되는 화학물질) 농도가 높은 물에서 빠르게 번식하기도 한다. 이것이 **부영양화**이다. 이런 조류는 물속에 사는 다른 생명체에게 필요한 산소를 모두 써버려서 결국에는 다른 생명체를 죽게 한다.

부영양화는 대부분 하수구의 물이 흘러들어가거나 토양에 있던 비료가 씻겨 들어가서 발생한다.

링크
281

남조류(시아노박테리아—호기성광합성세균—라고도 한다.)가 오염된 호수를 뒤덮고 있다.

# 민꽃식물 Flowerless Plants

**우산이끼나** 이끼, 양치류, 조류, 쇠뜨기는 꽃을 피우지 않는 식물로 알려져 있다. 이들은 꽃을 피우거나 씨앗을 맺지 않는데, 적어도 일정 기간 동안은 **무성생식**을 하는 경우가 많다. 무성생식이란 원래의 생명체와 똑같은 특징을 가진 새로운 생명체를 만들기 위해서 한쪽의 부모만 있으면 되는 생식방법을 말한다. 많은 과학자들이 이런 식물이 지구 최초의 육상식물이었을 것으로 추측한다.

뾰족한 곤봉 모양 기관에는 포자라는 생식 세포가 들어 있다.

석송의 잎은 줄기 아랫부분에 빽빽하게 난다.

## 우산이끼

**우산이끼**는 축축한 흙이나 바위에 붙어 사는 키가 작은 식물이다. 우산이끼에는 제대로 된 뿌리나 줄기, 잎이 없다. 이 식물에서 가장 중요한 부분은 **엽상체**로 엽상체는 단순한 뿌리와 비슷한 조직인 **헛뿌리**로 땅에 고정되어 있다.

우산이끼에는 액체를 운반하는 유관속조직이 없고 방수기능을 하는 외부 층도 없다. 즉 이 식물은 필요한 물을 필요한 만큼 흡수할 수 있지만 그만큼 쉽게 마르기도 한다.

링크 282

## 이끼

**이끼**는 벽이나 바위, 나무줄기와 같이 축축하고 그늘진 장소에서 자라는 키가 작은 식물이다. 우산이끼처럼 이끼에는 유관속조직이 없다. 대신 이 식물은 세포 하나 굵기만 한 아주 작은 잎과 비슷한 부분을 통해서 물을 대량으로 흡수한다.

주변이 너무 건조해지면 이끼의 잎이 휘고 오그라들어서 갈색으로 변한다. 다시 자랄 수 있을 만큼 습기가 충분한 상황이 될 때까지 이끼는 활동을 하지 않고 그대로 있다.

## 석송

땅 위에서 자라는 **석송**은 이끼가 아닌 양치류와 먼 친척 관계에 있는 석송과의 상록 양치식물이다. 석송의 잎은 가늘고 비늘 같은 모양으로 유관속조직이 들어 있는 줄기 주변에 빽빽하게 난다.

석송의 club moss(곤봉 모양의 이끼)라는 이름은 포자가 들어 있는 곤봉 모양의 **포자수**(포자낭이 마치 이삭처럼 붙어 있는 것)에서 유래한 것이다.

이끼식물

엽상체

이 작은 '무성아'는 무성생식에 의해서 생겨난 새 식물로, 성숙해지면 엽상체에서 떨어져나간다.

표주박이끼는 숲속 그늘진 곳의 습기 찬 바위에서 잘 자란다.

이끼 줄기에 붙어 있는 작은 꼬투리를 **포자낭**이라고 한다. 이 안에 포자(생식 세포)가 들어 있다.

이끼는 수많은 작은 잎으로 수분을 흡수한다.

## 양치류

고사리류라고도 하는 양치류는 그 다양한 종류만 1만 가지가 넘는다. 양치류는 전 세계에 고루 분포하며 습기가 많고 어두운 장소에서 잘 자란다. 이끼나 우산이끼와는 다르게 이 식물에는 제대로 된 잎과 줄기, 뿌리는 물론 잘 발달된 유관속조직도 있다. 그래서 양치류 식물은 더 건조한 환경에서도 살아남을 수 있으며, 빛을 더 잘 받기 위해서 길게 자랄 수도 있다.

대부분의 양치류에는 뿌리줄기라고 해서 지하에서 수평으로 자라는 줄기가 있다. 그리고 커다란 잎이 단단하게 감겨서 땅을 뚫고 올라온 뒤 풀어진다. 잎의 모양은 양치류의 종류에 따라 다르다.

이 골고사리의 잎은 단단하고 가죽같이 질기다.

고사리의 잎에는 작은 잎(소엽)이 많이 있다.

꼬리고사리의 잎은 아주 약하다.

사진에 보이는 갈색반점은 양치류의 포자낭군이다.

## 생식

대부분 꽃을 피우지 않는 식물은 **세대교번**이라는 두 단계의 생식과정을 거친다. 이 과정에서는 무성생식과 자웅생식세포가 포함된 유성생식이 번갈아가며 일어난다. 다른 때는 모체 혼자서 무성생식을 하기도 하는데, 그 예로 식물의 눈과 같은 모양을 한 **무성아**를 만들어내는 것을 들 수 있다.

세대교번의 첫 단계는 유성생식이다. 이런 식물을 **배우체**라고 하며 이것은 이 식물이 자웅생식세포(생식체)를 만들기 때문이다. 웅성생식세포는 물을 타고 자성생식세포에 가서 결합해 **포자체**라는 식물의 몸체를 이룬다. 이끼는 배우체와 포자체를 한 식물에서 만들어내지만 우산이끼와 양치류, 대부분의 조류는 배우체와 포자체가 각각 다른 식물에 생긴다.

두 번째 단계인 무성생식은 **포자형성**이라고 한다. 포자체가 **포자**라는 생식세포를 만들어내고 성숙한 포자가 흩어져서 적절한 환경이 주어지면 새로운 배우체로 자라는 것이다.

양치류의 포자는 **포자낭군**이라는 작은 주머니에서 만들어진다. 포자낭군은 대체로 양치류의 잎 뒷면에 무리지어서 자란다. 흩어진 포자는 납작하고 하트 모양을 띠는 **전엽체**라는 배우체로 자란다.

링크
283

**양치류의 생애 주기**

자웅생식세포를 가진 배우체
(전엽체)

포자가 흩어져서 새로운 배우체가 생긴다.

자웅생식세포가 결합한다.

포자를 가지고 있는 포자체

---

# 균류 Fungi

**균류는** 식물과 비슷한 단순한 유기체로 꽃을 피우지 않으며 제대로 된 잎이나 줄기, 뿌리도 없다. 이들은 축축하고 어두운 곳에서 자라며 스스로 양분을 만드는 데 필요한 엽록소를 갖고 있지 않다. 대신 이들은 생명체나 무기물을 영양분으로 살아간다. 대표적인 균류는 곰팡이와 효모이다.

레몬에 핀 곰팡이는 단순한 진균류의 일종이다.

## 균류의 구조

균류의 구조 중 가장 중요한 부분인 **균사체**는 대부분 땅속에 있다. 이것은 작은 실모양의 **균사**가 뭉쳐진 것으로 흙속에 퍼져 있다. 균사는 무기질이나 토양 속에 살아 있는 다른 식물 뿌리에서 양분을 흡수한다. 다른 식물의 뿌리에 의존해서 살아가는 진균류를 **균근(균뿌리)**이라고 한다.

링크 284

균사체 ———

진균류의 번식을 위해서 균사 중 일부가 빽빽하게 모여 단추 모양으로 자란다. 이것이 땅을 헤집고 올라와 자실체가 된다.

이끼나 양치류처럼 진균류도 포자라는 작은 세포를 만들어서 번식한다. 자실체에는 수백만 개의 포자가 들어 있다. 포자가 준비되면 방출이 되고 바람에 흩날려서 퍼진다. 적당한 환경에 내려앉은 포자는 새로운 진균류로 자라게 된다.

진균류의 자실체는 빠른 속도로 자랐다가 죽는데 포자와 균사체는 지하에서 수년간 살기도 한다.

## 곰팡이와 흰곰팡이

**곰팡이**와 **흰곰팡이**는 큰 자실체가 생기지 않는 단순한 진균류이다. 이들은 따뜻하고 습한 그늘에서 생물이나 한때 유기물이었던 종이나 나뭇조각 등을 양분으로 섭취하며 산다.

정원이나 집에서도 곰팡이나 흰곰팡이가 발견되곤 한다. 오래된 빵이나 과일에서 자라는 작고 푸른 점이나 녹색으로 북슬북슬하게 올라오는 부분은 곰팡이의 일종이다. 흰곰팡이는 흰 가루나 검은 조각처럼 보이는 경우가 많다. 흰곰팡이는 욕실 천장과 같이 습기 찬 곳에 잘 자란다. 일부는 장미 같은 식물에 생기기도 한다.

### 자실체의 생장

보호하는 역할을 하는 **막**이라는 외부 층
— 갓

내부 막은 갓을 줄기에 연결해준다.
— 줄기

갓이 팽창하면 외부 막이 갈라진다.
— 남아 있는 외부 막
— 팽창한 갓

줄기가 더 길게 자란다. 갓이 가늘고 납작한 **주름**을 드러내면서 벌어진다.
— 자실체
— 주름

진균류의 자실체

이 진균류의 납작한 주름은 포자를 떨어뜨리기 위해 열린 것이다.

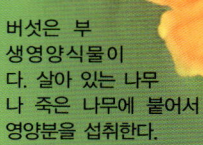

버섯은 부
생영양식물이
다. 살아 있는 나무
나 죽은 나무에 붙어서
영양분을 섭취한다.

## 영양분을 섭취하는 진균류

무기물을 먹고 사는 진균류를 **부생영양생물**이라고 한다. 무기질에는 탄소나 질산염같이 유용한 성분이 포함되어 있다. 양분을 섭취할 때 진균류는 **효소**라는 강력한 화학물질을 분비해서 양분을 분해한다.

진균류가 흡수하지 못한 다른 물질은 토양으로 돌려보내는데 동식물이 이런 물질을 다시 이용하게 된다. 이런 방식으로 진균류는 탄소와 질소의 순환에 중요한 역할을 한다.

생명체에 붙어서 영양분을 섭취하는 진균류를 **기생생물**이라 한다. 이 중 일부는 숙주에 물과 무기질을 제공하는 좋은 역할을 하는데, 이런 것을 **공생관계**라고 한다.

### 직접 해보자

흔히 먹는 식용버섯의 줄기를 잘라서 포자를 관찰해보자. 줄기를 잘라낸 갓을 종이 위에 놓는다. 사발을 뒤집어서 하룻밤 동안 덮어둔다. 다음날 사발과 갓을 치워보면 버섯이 종이 위에 일정한 모양으로 포자를 방출한 것을 확인할 수 있다.

포자의 흔적
(포자문)

## 진균류가 주는 이익과 피해

진균류 중 일부는 사람들에게 아주 유용하게 사용된다. 예를 들어 여러 가지 질병을 유발하는 세균을 잡는 **페니실린**이라는 약은 푸른곰팡이를 이용해서 만든 것이다. 우리가 먹는 치즈도 비슷한 곰팡이를 이용한다. **효모**라는 단세포균류는 빵을 만들거나 알코올음료를 만드는 데 사용된다.

빵과 와인, 맥주는 효모라는 진균류를 이용해서 만들어진다.

그러나 생명체에 해를 입히는 진균류도 많다. 일부 진균류는 아주 독성이 강한 자실체를 만들고, 네덜란드느릅나무병의 원인균인 곰팡이는 식물에 붙어서 이 식물을 서서히 죽인다. 어떤 진균류는 동물의 몸에 붙어서 살기도 한다. 무좀이나 백선은 진균류 때문에 생기는 피부병이다.

진균류가
이 딱정벌레의
몸체에서 양분을
먹으며 산다.

링크
285

### 유용한 인터넷 링크

www.usborne-quicklinks.com

Web 1 실험과 퍼즐, 애니메이션으로 균류에 관한 재미난 사실을 알아보자.
Web 2 가상으로 숲속을 산책하면서 균류와 다른 민꽃식물을 살펴보자.
Web 3 모든 종류의 균류에 관한 유용한 정보를 얻을 수 있다.
Web 4 어디서 균류를 찾을 수 있는지 알아보자. 또 버섯에서부터 균류에 이르기까지 여러 가지 정보를 알아보자.
Web 5 균류의 현미경 사진을 살펴보자.
Web 6 버섯으로 포자의 흔적을 만드는 방법에 대해 더 알아보자.

# 식물의 생존경쟁 Fighting for Survival

**자연에** 존재하는 모든 생명체는 살아남기 위해서 전력을 다한다. 대부분의 식물들은 동물과 사람 혹은 다른 식물에게 위협을 받으며 어려운 환경에서 생존해야만 한다. 식물은 다양한 환경에 적응하고 다른 생명체들과 경쟁하면서 살아가고 있다.

사막식물인 유카는 좁고 질긴 잎을 가지고 있어서 수분을 거의 잃지 않는다.

## 자연도태

어떤 식물들은 오랜 시간에 걸쳐 특수한 상황에서도 살아남을 수 있는 자기만의 특성을 발달시키기도 한다. 이렇게 도움이 되는 특성을 가진 식물은 다른 식물들보다 오래 생존하게 되고 번식할 수 있는 가능성이 높아진다. 이런 특성을 가지고 있지 않은 식물들은 멸종하는 경우가 많다. 이러한 과정을 **자연도태**라고 한다. (355쪽 참조)

링크 286

## 해변 식물

해변도 식물이 살아남기 힘든 장소 중 하나이다. 견고한 토양이나 민물이 거의 없고, 소금기 섞인 바람이 세차게 부는 경우가 많기 때문이다. 그렇지만 일부 식물들은 이런 환경 속에도 적응해왔다.

이런 적응의 한 예로 처음 모래 언덕이 생기면 이곳에는 풀만 자란다. 이 풀의 뿌리가 얽혀서 느슨하고 모래가 많은 땅을 단단하게 유지하는 역할을 한다. 결국 이곳은 다른 꽃식물도 자랄 수 있는 토양이 된다.

모래 언덕에서 자라는 풀은 땅을 단단하게 굳히는 역할을 한다.

**자갈이 깔린 해변**에는 작은 암석 조각과 모래가 섞여 있다. 이런 조약돌에 단단히 붙어 있을 수 있는 길게 뻗어나가는 뿌리를 가진 식물만이 여기에서 살아남는다. 이런 종류의 식물은 뿌리를 길게 뻗어서 땅속 깊숙이 있는 민물을 얻어낸다.

노랑뿔양귀비는 조약돌 속에 단단히 긴 뿌리를 내리고 있다.

**바닷물이 드나드는 늪지**(염생습지)란 강과 바닷물이 만나는 곳을 말한다. 이곳의 토양은 **염분을 함유**하고 있어서 식물이 거의 살지 못한다. **염생식물**들은 이런 염분이 있는 토양에서도 살아남는다. 그중 일부는 생장하는 데 소금을 필요로 하기도 한다. 그 외의 식물은 빨아들인 물속의 소금을 제거하는 데 적응한 경우다. 염생식물들 중 일부는 잎 표면에 소금을 배출하는 특별한 기관이 있다. 이 기관은 소금을 밖으로 배출하기 위해 부풀어서 터진다. 다른 염생식물은 소금을 오래된 잎에 저장해서 떨어뜨린다.

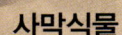

갯개미취는 소금이 있는 환경에서 가장 잘 자란다.

## 사막식물

사막과 같이 건조한 지역에서 자라는 식물을 **건생식물**이라고 한다. 이런 식물은 여러 가지 방법을 이용해서 제한된 물을 최대한 활용한다. 일부 식물의 잎은 아주 작거나 가시라는 바늘 모양으로 변해 잎을 통한 수분 증발을 막는다. 그리고 대부분의 사막식물에는 물을 저장하도록 적응한 세포가 있다.

선인장은 육질의 굵은 줄기에 물을 저장한다.

## 보호

식물들은 항상 식물을 먹으려고 하는 동물들의 위협 속에 살고 있다. 일부 식물은 배고픈 동물이나 다른 위험으로부터 스스로를 보호하기 위한 특성을 가지고 있는데 이를 **보호 적응**이라 한다.

찔레꽃 같은 식물은 날카로운 가시나 바늘 같이 생긴 부분이 있어서 동물들이 먹기가 어렵다.

가시

굼벵이나 유충과 같이 먹이를 찾는 곤충 때문에 식물이 피해를 입는 경우도 많다. 이런 유충은 곤충이 식물의 잎에 깐 알에서 나온다.

시계풀덩굴은 잎의 일부를 나비의 알처럼 보이게 만들어서 이런 위협에서 스스로를 보호한다. 나비는 다른 알이 있는 식물에는 알을 낳지 않으려는 경향이 있기 때문이다. 그래서 이런 식물들은 유충의 공격을 거의 받지 않는다.

이 가짜 알이 진짜라고 생각한 나비는 근처에 알을 까지 않는다.

가짜 알

링크 287

## 암생식물

암석의 표면에서 사는 식물을 **암생식물**이라고 한다. 이 식물은 대부분 벽이나 절벽면, 산허리 등지에서 자란다. 암생식물에는 몸을 암석에 고정하는 특수한 뿌리가 있다.

쐐기풀 잎에 나 있는 작은 털은 건드리면 톡 쏘는 화학물질을 발산한다.

시계풀덩굴

이끼는 바위 위에서 살아남을 수 있는 몇 안 되는 식물 중 하나이다.

어떤 종류의 식물은 스스로를 보호하기 위해서 속임수를 쓰거나 모습을 바꾸기도 한다. 리빙스턴데이지 같은 식물은 땅에 있는 조약돌과 완벽하게 조화를 이룬다. 동물들은 이 식물이 정말 조약돌인 줄 알고 먹으려고 하지 않는다. 이렇게 모습을 바꾸는 것을 **위장**이라고 한다.

### 직접 해보자

집에서도 쉽게 선인장을 기를 수 있다. 선인장은 모래흙에 작은 조약돌을 덮어주면 가장 잘 자란다. 햇빛을 많이 쬐어주되 물은 아주 적게 주어야 한다. 선인장에 물을 주면 물이 표면을 타고 흘러내려 똑똑 떨어지는 것을 관찰할 수 있다. 이것은 선인장이 내부에 가능한 한 많은 물을 유지하기 위해서 질기고 두꺼운 껍질을 하고 있기 때문이다. 선인장은 필요한 물을 모두 뿌리로 흡수한다.

리빙스턴데이지는 조약돌과 비슷하게 생겼다.

### 유용한 인터넷 링크

www.usborne-quicklinks.com

**Web 1** 식물과 씨앗이 여러 장소에서 어떻게 적응해왔는지 살펴보자.
**Web 2** 사막에 사는 식물에 대해 살펴보자.
**Web 3** 가상실험실에서 식물을 길러보고 다른 환경에서 이들이 어떻게 생존하는지 살펴보자.
**Web 4** 열대우림에서 식물이 어떻게 적응했는지 살펴보자.
**Web 5** 가시와 털, 화학물질 등으로 식물이 스스로를 보호하는 방법을 알아보자.

# 식물의 한살이 Plant Lifestyles

**식물이** 자라고 번식하는 방식은 기후나 토양, 날씨 상황 등 여러 가지 요소에 따라 다르다. 해마다 일정 기간에는 생장이 불가능한 지역에 사는 식물이라면 환경이 적절할 때 빠르게 성장해서 번식을 한다. 일 년 동안 자라서 다음 해에 번식하는 식물도 있다. 식물의 생애에서 매 일 년을 한 번의 **생장기**라고 한다.

여러해살이풀인 블루데이지는 해마다 꽃을 피운다.

## 한해살이식물(일년생식물)

한 해 동안 살다가 죽는 꽃식물을 **한해살이식물**이라고 한다. 생장과 개화, 씨앗 맺기까지 모든 과정이 몇 주 밖에 안 되는 기간에 일어난다. 한해살이풀은 보통 여름이 끝날 무렵에 꽃을 피우고 곧 죽는다. 이런 식물의 씨앗은 봄이 오면 새로운 식물로 자랄 준비를 하면서 겨울을 난다.

로벨리아는 한해살이식물이다.

## 두해살이식물(이년생식물)

어떤 꽃들은 삶의 주기를 다하는 데 2년이 걸린다. 이런 종류를 **두해살이식물**이라고 한다. 첫해에는 부지런히 생장하여 양분을 저장하고, 두 번째 해에는 더 크게 자라서 꽃을 피우고 씨앗을 맺는다. 이런 과정을 끝내면 이 식물은 죽게 된다.

꽃무는 첫해에는 생장하면서 양분을 저장하고, 그 다음 해에 꽃을 피운 후 죽는다.

## 여러해살이식물(다년생식물)

여러 해 동안 사는 식물을 **여러해살이식물**이라고 하며 크게 두 종류로 나뉜다. **여러해살이 초본**은 매번 겨울이 오면 땅 위로 솟아 있는 부분은 모두 죽는다. 양분을 저장한 뿌리가 커져서 새로 싹을 틔울 때까지 겨울을 난다.

관목이나 나무는 **여러해살이 목본**이다. 이들은 겨울이 오면 나무의 일부인 나뭇잎을 낙엽으로 떨어뜨리기는 하지만 대나 줄기는 여전히 살아 있어서 매해 더 굵어진다.

링크
288

## 나무의 생활상

나무는 낙엽수와 상록수로 나뉜다. 해마다 낙엽이 지는 **낙엽수**의 잎은 얇고 부드러워서 쉽게 마른다. 이런 잎사귀가 겨울이 되기 직전 온도가 떨어질 무렵에 진다. 이렇게 낙엽이 지는 이유는 땅이 얼면 수분이 부족해지므로 이 시기의 수분 손실을 막기 위해서이다. 이런 시기에도 나뭇잎이 있다면 귀중한 수분이 너무 많이 빠져나가기 때문이다.

나뭇잎이 한 번에 다 지지 않는 나무를 **상록수**라고 한다. 낙엽수와는 달리 상록수의 잎은 질기고 광택이 있어서 나뭇잎을 통해서 잃는 수분이 적다. 상록수는 물이 아주 적은 곳에서도 살아남아서 생장할 수 있다. 겨울에도 잎이 지지 않는 것은 이 기간 동안 태양빛이 적어도 영양분을 만들 수 있음을 의미한다.

침엽수의 잎은 윤이 나고 좁아서 표면적이 작기 때문에 잎을 통해 수분을 잃지 않는다.

낙엽은 떨어지기 전에 색깔이 변하고 봄이 되어 다시 기온이 오르면 새로운 잎이 난다.

## 단명식물

아주 짧은 생애주기를 가진 식물을 **단명식물**이라 한다. 이들은 사막처럼 식물이 생장하기에 적합한 시기가 매우 짧은 곳에 주로 분포한다. 이 식물은 매마른 땅에서 비를 기다리다가 비가 내려 씨앗에서 싹이 트면 매우 빠른 속도로 자라 꽃을 피우고 씨앗을 맺는다. 이렇게 만들어진 씨앗은 재빨리 자라서 꽃을 피우고 다시 씨앗을 맺는다. 사막식물들의 놀라운 생장 과정은 다시 식물이 살기에 적합하지 않은 상황이 될 때까지 계속된다.

아주 짧은 우기 동안 이 사막 식물들이 사막을 꽃으로 뒤덮는다.

초원 등의 장소에는 계절이 우기와 건기밖에 없다. 이런 곳에 있는 나무는 건기가 시작될 무렵 토양 속의 수분이 일정 정도 이하로 떨어지면 낙엽이 진다. 수분을 다시 많이 얻을 수 있는 우기가 시작될 무렵에 나뭇잎이 다시 자란다.

### 직접 해보자

숲이 우거진 지역에 가면 나무를 자세히 살펴보자. 낙엽수와 상록수를 찾을 수 있으면 이 두 나무의 잎을 비교해보자. 낙엽수의 잎사귀는 납작한 잎 전체에 엽맥이 퍼져 있고, 상록수의 잎은 뾰족하고 윤이 나는 경우가 많다.

### 유용한 인터넷 링크

www.usborne-quicklinks.com

Web 1 낙엽에 관한 짧은 애니메이션 영상을 보자.
Web 2 르플랑 형사를 도와서 식물의 생활에 관한 미스터리를 풀어보자.
Web 3 나무의 일생 중 1년에 대해 알아보면서 나무가 이 기간 동안 어떻게 변하는지 알아보자.
Web 4 가상으로 숲속에 들어가 낙엽수와 상록수를 구분해보자.
Web 5 크리스마스트리를 어떻게 길러서 쓰는지 살펴보자.

# 식물과 사람 Plants and People

세계는 크게 몇 가지의 생물군계(biome, 바이옴)로 나눌 수 있다. 각 생물군계는 다른 곳과는 다른 기후와 토양을 가진 지역을 말한다. 생물군계는 식물과 동물, 그리고 이들을 둘러싼 환경이 서로 상호작용을 하는 무리인 **생태계**를 지탱해준다. 그러나 오늘날 많은 생태계가 사람들이 토지를 이용하는 방식 때문에 큰 피해를 입고 있다.

**세계의 주요한 생물군계 지도**

- 🟩 열대우림
- 🟨 낙엽활엽수림
- 🟫 산악지역
- 🟩 침엽수림
- 🟧 관목지역
- 🟪 온대초원지역
- 🟪 툰드라지역
- 🟨 열대초원지역
- 🟧 사막지역
- ⬜ 극지역(식물이 거의 없음)

링크
290

**열대우림**에는 아주 다양한 식물들이 높이에 따라 층을 이룬다. 가장 높은 층은 나무 꼭대기이며 땅에서 자라는 풀이 가장 낮은 층을 이룬다. 각 층은 다른 종류의 생물들을 부양한다.

난초

**낙엽활엽수림** 역시 층을 이루면서 형성된다. 가장 높은 층에는 키가 큰 낙엽활엽수가 있다. 그 아래는 키가 작은 나무와 묘목이 층을 이루며 다음은 관목층이다. 관목층 아래는 더 작은 식물들이 살고, 마지막 층은 땅에 붙어서 사는 이끼와 지의류로 이루어진다.

떡갈나무의 잎

**산악지역**은 춥고 황량한 곳이다. 이끼나 관목같이 키가 작은 식물만이 자란다.

**침엽수림**에는 이름 그대로 침엽수가 많이 산다. 이들은 일 년 중 얼마 동안은 땅이 얼어 있는 지역에 분포한다. 이런 특징 때문에 이 지역의 식물들은 물을 얻기가 어려워서 침엽수에는 바늘과 비슷하게 생긴 침엽이라는 잎이 나서 수분 손실을 줄인다.

전나무의 솔방울

**관목지역**에는 관목이 주로 자란다. 이들은 대부분 작고 가죽 같은 질감의 잎이나 바늘같이 생긴 잎을 가지고 있어서 건기에도 수분을 잃지 않도록 한다.

**온대초원지역**(프레리나 스텝이라고도 한다)에는 다양한 풀이 자라지만 나무는 거의 없다. 이렇게 섞여서 자라는 여러 종류의 풀은 다양한 동물의 먹이가 된다.

**툰드라지역**은 춥고 바람이 많이 부는 기후가 특징이다. 이곳에는 지의류나 이끼, 작은 관목과 같이 키가 작은 식물이 주로 자란다. 이 지역은 나무처럼 큰 식물이 자라기에는 온도가 너무 낮아서 나무는 거의 없다.

지의류

**열대초원지역**은 항상 풀로 뒤덮여 있고 가끔 나무나 목도 볼 수 있다. 긴 건기 동안에는 불이 자주 발생하는데 이때의 재로 토양이 더욱 비옥해진다.

쇠풀

**사막지역**은 뜨겁고 건조한 곳이다. 사막식물은 수분 손실을 줄이기 위해서 보통 두껍고 윤이 나는 껍질에 가는 잎을 가지고 있다.

이런 경작지처럼 넓은 지역을 개간하면 관목이나 산림지대를 포함해서 동물들의 자연 서식지를 너무 많이 파괴할 위험이 있다.

## 모두를 위한 식량

수천 년 동안 사람들은 주변의 땅에서 그들이 필요로 하는 식량을 생산하는 방법을 찾아왔다. 그러나 인구가 증가하면서 점점 더 많은 식량이 필요해졌다. 즉, 더 많은 공간이 경작지로 이용되거나 지금 있는 경작지를 더욱 효율적으로 이용해야 했던 것이다. 그러나 일부 경작 방법은 생태계에 큰 피해를 입힌다.

아주 넓은 땅이 이전의 생태계가 파괴된 채 경작용으로 개간되었다.

농경이 시작되면서부터 인간은 더 큰 열매를 맺거나 해충에 더 잘 견디는 좋은 특징을 가진 식물을 선별해서 더 나은 작물을 기르기 위해 우량한 식물의 씨앗을 사용해왔다. 이런 것을 **우량교배**라고 한다. 우량교배를 너무 많이 하면 지구상에 사는 **생물의 다양성**을 잃어버릴 염려가 있다.

**집약농업**이란 화학비료와 살충제, 기계 등 여러 방법을 이용해서 농작물을 길러내는 방식을 말한다. 이런 방식의 농업은 토양으로 돌아가는 자연물질이 거의 없고 화학물질이 땅이나 그 위에 사는 동물들에게 해를 입힐 수도 있다.

## 유전자변형

한 생명체가 가지고 있는 특징은 세포 안의 유전자에 의해서 조절되는 것이다. 유전자는 부모의 생식을 통해서 유전되는 것이기 때문에 자연적으로는 한 종류의 생명체에서 다른 종류의 생명체로 옮겨질 수 없다.

그러나 과학자들은 한 유기체의 유용한 특성을 가진 유전자를 채취해서 다른 종류의 유기체에 넣을 수 있다. 이것을 **유전자변형**이라고 한다. 이런 방법으로 생산된 먹을거리를 **유전자변형식품**(GM food)라고 한다.

이런 방법을 이용하면 추위를 잘 견디는 물고기의 유전자를 추출해 토마토에 집어넣어 추운 날씨도 잘 견디는 토마토를 만들 수 있다.

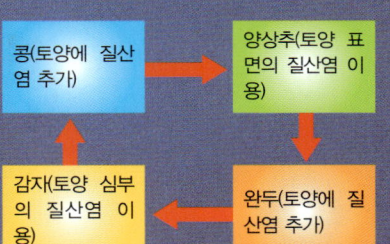

그림과 같은 유전자변형 토마토는 보통 토마토와 비슷한 모습을 하고 있다. 유전자변형식품을 꺼리는 사람들은 유전자변형식품인지 아닌지를 명확히 표시해야 한다고 생각한다.

일부 사람들은 유전자변형작물이 전 세계의 식량 부족 사태를 해결할 수 있다고 생각한다. 그러나 자연계에 유전적으로 변형된 생물을 추가하는 것은 환경에 되돌릴 수 없는 해를 입힐지도 모른다고 생각하는 사람들도 있다.

유전자변형작물이 장기적으로 어떤 영향을 미치는지에 대해 알려지기 전까지는, 유전자변형이 이익이 되는지 해가 되는지는 확실히 알 수 없다.

## 유기농업

**유기농업**은 토양에 인공적인 화학물질을 뿌리지 않고 자연과 밀접하게 관련되어서 농작물을 생산하는 것을 말한다. 화학살충제를 쓰는 대신에 농작물 사이에 양파를 심어서 양파 냄새로 농작물 냄새를 가려 해충이 꼬이지 않게 하는 것과 같은 식이다.

유기농업을 하는 농부들은 **윤작(돌려짓기)**이라는 방법을 자주 이용한다. 특정한 무기질, 예를 들면 질산염을 이용하거나 다시 땅으로 돌려놓으면서 자라는 작물은 매해 다른 장소에 심는다. 또한 농작물이 잘 자라도록 퇴비나 거름을 비료로 준다. 이런 방법으로 경작을 하면 토양 속의 자연물질이 균형 있게 유지된다.

링크
291

윤작의 예

```
콩(토양에 질산   →   양상추(토양 표
염 추가)              면의 질산염 이
                      용)
  ↑                        ↓
감자(토양 심부        완두(토양에 질
의 질산염 이     ←    산염 추가)
용)
```

이렇게 유기농으로 기른 작물은 천연에 가깝고 해로운 화학물질도 없다고 생각해서 이런 작물을 선호하는 사람이 많다.

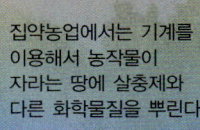

집약농업에서는 기계를 이용해서 농작물이 자라는 땅에 살충제와 다른 화학물질을 뿌린다.

# 생태계의 순환 Natural Cycles

**식물과** 동물이 생명을 유지하기 위해서는 탄소, 질소, 산소, 물이 필요하다. 이런 필수적인 물질은 공기, 땅, 생명체 사이를 오가며 끊임없이 순환되기 때문에 절대 부족해지는 법이 없다. 그러나 이런 자연적인 순환은 쉽게 교란되기도 한다. 환경에 해로운 물질을 방출하는 인간의 행동은 대표적인 자연 교란의 원인이다.

일부 균류는 동물이나 식물의 죽은 사체를 분해해서 필수화학물질을 토양으로 되돌려보낸다.

링크
292

## 질소 순환

모든 생명체는 필수적인 화학물질인 **단백질**을 합성하기 위해서 질소를 필요로 한다. 동식물이 질소를 이용하기 전에, 질소는 반드시 산소와 결합해서 **질산염**을 형성해야 한다. 번개가 치면서 공기 중의 질소가 질산염이 되는 경우도 있고, 특정한 박테리아가 질산염을 만들어내는 경우도 있다. 이런 박테리아(세균)는 대부분 콩과식물, 즉 콩과 같은 작물의 뿌리에 서식한다.

식물이나 동물이 죽으면 진균류와 박테리아(세균)가 사체를 분해한다. 이런 과정을 통해서 질소가 **암모니아**라는 화학물질의 형태로 토양으로 돌아간다. 그러면 흙 속의 **질소고정세균**이 암모니아를 질산염으로 바꾸고, 이것을 식물이 흡수한다. 동물의 경우는 식물을 먹거나 식물을 먹고 사는 동물을 먹어서 질소를 얻는다.(질소 순환에 대해 좀 더 알아보려면 70쪽을 살펴보자.)

## 탄소 순환

모든 생명체가 생명을 유지하고 성장하기 위해서는 탄소가 필요하다. 식물의 경우에는 공기 중에서 이산화탄소를 얻는다. 즉 광합성을 할 때 이산화탄소를 이용해서 탄수화물이라는 영양물질을 만들어낸다.

식물은 낮 동안 이산화탄소를 흡수해서 양분을 만든다.

밤이 되어 양분을 만들지 않을 때는 이산화탄소를 방출한다.

생명체 안에서는 내호흡이 일어나서 탄수화물을 에너지로 전환하는데, 이때 부산물로 이산화탄소가 생성된다. 이산화탄소는 유기물이 태워지거나 토양에서 분해될 때도 공기 중으로 방출된다.(탄소 순환에 대해 좀 더 알아보려면 56쪽을 살펴보자.)

## 물의 순환

물은 공기, 강, 바다 사이를 끊임없이 순환한다. 비로 내린 물방울은 강으로 흘러들어가서 다시 바다까지 간다. 바다에서 증발한 물은 공기 중에 작은 물방울을 형성한다. 이런 물방울이 모여서 구름을 형성하고 물이 다시 비의 형태로 땅으로 돌아오는 식이다.

식물은 잎을 통해 수분을 발산한다. 대부분의 동물은 숨을 내쉴 때 물도 함께 내보낸다.(물의 순환에 대해 좀 더 알아보려면 80쪽을 살펴보자.)

수증기가 잎의 표면을 통해 빠져나간다.

물은 식물의 뿌리를 통해서 들어와 줄기를 타고 잎까지 올라간다.

박테리아와 균류는 동식물의 사체를 분해하는 과정에서 질소를 토양으로 돌려보낸다.

식물은 토양에서 질산염을 흡수한다.

### 직접 해보자

도심에서 자라는 식물은 자동차 매연에서 나온 먼지 입자 때문에 피해를 입기도 한다. 건조한 날 교통량이 많은 도심에서 자라는 나무나 관목의 잎을 몇 장 모아보자. 이렇게 모아온 잎의 윗표면을 촉촉한 천으로 문질러보면 오염된 공기 때문에 먼지가 잔뜩 쌓여 있는 것을 알 수 있다. 이런 먼지는 식물이 양분을 만드는 데 필요한 빛을 막아서 식물을 약하게 만든다.

## 흔들리는 균형

인간은 여러 가지 방식으로 자연적으로 일어나는 순환의 균형을 망가뜨리고 있다. 어떤 곳에서는 경작지나 건물까지 길을 내기 위해서 숲을 태우기도 하는데, 이렇게 식물이 타면서 탄소가 방출되고 탄소는 다시 공기 중에서 이산화탄소가 된다.

지구상의 나머지 식물들은 이 이산화탄소를 광합성 과정 중에 다 사용하지 못하기 때문에 이산화탄소는 공기 중에 많이 남아 있게 된다.

대기 중의 이산화탄소와 다른 기체들은 지구를 생명체가 살아가기 적합한 온도로 유지해주는 역할을 하는데, 이것을 온실효과라고 한다. 그러나 이산화탄소가 너무 많으면 온실효과도 지나치게 강해진다. 전문가들은 이런 온실효과가 지구의 온도가 전체적으로 위험한 수준으로 올라가는 지구온난화를 유발한다고 생각한다.

이곳에는 건물이나 경작지로 가는 길을 내기 위해서 대규모의 숲을 태우고 있다. 이렇게 숲을 태우면 대기 중의 이산화탄소 농도가 높아진다.

환경오염 또한 생명체의 성장 패턴에 영향을 끼칠 수 있다. **지의류**는 진균류와 조류가 함께 자라는 단순한 생명체인데 오염이 없거나 매우 적은 지역에서는 수상지의(지의류 중에 가지가 옆으로 갈라져서 나무처럼 보이는 종류)를 발견할 수 있다. 그러나 오염이 매우 심한 지역에서는 녹조만 많이 있고 지의류는 찾아볼 수 없다.

녹조는 심하게 오염된 지역의 나무 표면에 자란다.

엽상지의(잎 모양의 지의류)는 벽에 붙어서 자라며 오염이 약간 있는 지역에도 분포한다.

수상지의는 깨끗한 지역의 나무에 붙어서 자란다.

## 위험에 처한 식물

일부 식물은 인간의 여러 가지 활동 때문에 직접적인 위험에 처해 있다. 멕시코에서 금호선인장이 매우 드문 이유는, 사람들이 불법으로 이 선인장을 채취해서 팔았기 때문이다.

금호선인장

웨일즈에서는 마지막 남은 덤불범의귀의 씨앗을 받아 새로 싹을 틔웠다. 이 식물의 멸종을 막기 위해 다시 야외에 심었고 이 계획은 성공을 거두었다. 하지만 오늘날의 지구온난화가 다시 한 번 이들이 사는 추운 산악지역 전체를 위협하고 있다.

링크 293

덤불범의귀

### 유용한 인터넷 링크

www.usborne-quicklinks.com

Web 1 탄소와 질소, 물의 순환에 대해 그림을 곁들인 설명을 접해보자.
Web 2 애니메이션, 게임, 다양한 온라인 활동으로 산성비에 대해 알아보자.
Web 3 지구온난화에 관한 안내를 읽어보자.
Web 4 오존층에 관한 모든 정보를 얻을 수 있다.
Web 5 환경 이슈에 관한 온라인 활동과 정보를 얻을 수 있다.
Web 6 지의류에 대해 좀 더 알아보자.
Web 7 오늘날 나무와 숲을 위협하는 것들에 대해 알아보자.

# 식물의 분류 Classifying Plants

**생명체를** 더 쉽게 연구하기 위해서 과학자들은 이들을 비슷한 특징을 가진 집단으로 나누었는데, 이런 과정을 **분류**라고 한다. 식물은 대체로 줄기와 잎의 구조, 생식기관의 배열 특징에 따라 구분한다.

히포시스

## 생물의 계

과학자들이 생명체를 나누는 가장 큰 분류를 **계**라고 한다. 계에는 크게 5가지가 있다.

### 원핵생물계
단순하고 크기가 아주 작은 생물로 세포 내에 핵이 없는 박테리아와 같은 생물을 말한다.

박테리아

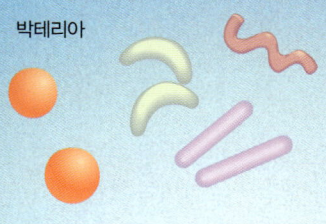

### 원생생물계
아메바와 같은 단세포생물로 동물과 식물의 특징을 모두 가지고 있다

아메바

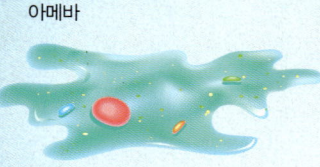

링크 294

### 식물계
나무나 풀같이 엽록소를 가진 생물체를 말한다. 대부분 광합성을 통해서 스스로 양분을 만들지만 다른 생명체를 소화시켜서 양분을 얻는 식물도 있다.

### 균계
식물과 비슷한 유기체이지만 엽록소가 없어 광합성을 할 수 없다. 일부는 무기물을 분해하고 나머지는 다른 생명체에 기생한다.

활촉버섯

### 동물계
움직일 수 있고 양분을 섭취하기 위해서 식물이나 다른 동물을 잡아먹는 생명체를 말한다. 포유류나 곤충을 예로 들 수 있다.

우는토끼

## 분류

과학자들은 생명체의 주요한 특징을 식별하고 이들을 비슷한 종과 비교해서 분류한다. 특징을 비교하는 방법 중 하나를 **생물분류키**라고 한다. 각 분류키가 단계마다 배열되어 있고 그중 하나의 특징을 선택하는 방식이다. 이 생명체가 확실히 식별될 때까지 하나의 선택은 또 다른 선택으로 계속 이어진다. 각 단계에서 두 가지 선택 중 하나를 고르는 방식을 **이분법적 분류키**라고 한다. 이 방식을 이용해서 오른쪽 표 위에 있는 6개의 나뭇잎을 식별해볼 수 있다. 식별해내고 싶은 잎을 설명하고 있는 하나의 진술을 단계마다 고르면 된다.

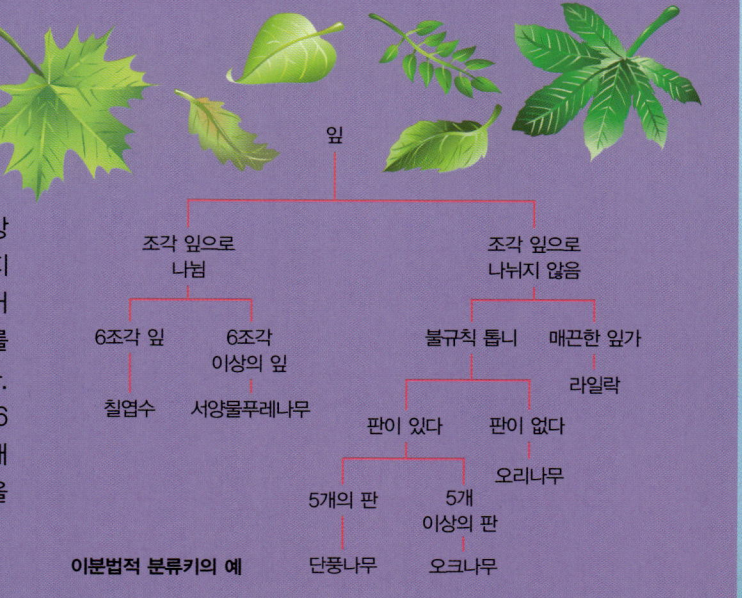

이분법적 분류키의 예

## 식물계

식물은 **문**이라는 큰 무리로 나눌 수 있다. 식물에는 크게 2개의 주요한 문이 있는데, 액체를 운반하는 유관속조직이 있는 식물과 그렇지 않은 식물을 기준으로 나눈다. 각 문은 주로 식물의 생식구조에 따라서 한층 더 세분화된 작은 분류로 나누어진다.

### 유관속식물

유관속식물은 씨앗을 맺는 식물과 그렇지 않은 식물, 이렇게 두 가지로 나뉜다. 씨앗을 맺는 식물은 다시 겉씨식물과 속씨식물로 나뉜다.
**겉씨식물**의 씨앗은 열매 속에 들어 있지 않으며 네 가지 형태가 있다.

**구과식물**은 보통 나무 크기의 식물로 윤이 나고 바늘 같은 모양이나 비늘이 있는 잎을 가지고 있다. 이 식물은 씨앗이 들어 있는 방울 열매(구과)를 맺는다.

낙엽송 열매

**소철류**는 아주 큰 방울 열매를 맺는데, 이 열매는 못 같은 모양으로 둥글게 난 잎사귀의 한가운데 달린다.

소철 열매

**은행나무**는 아주 먼 옛날부터 있었던 씨앗을 맺는 식물의 가까운 친척이다. 이 식물은 육질의 방울 열매를 맺으며, 부드러운 부채 모양 나뭇잎을 가지고 있다.

은행나무 잎

**마황문**은 아주 더운 지역에서 자라는 개체 수가 그리 많지 않은 식물이다. 잎은 질기고 가죽 같은 질감이다.

웰위치아

**속씨식물**은 여러 종류의 꽃식물 수천 가지를 가리키는 명칭이다. 이런 식물은 일종의 열매 속에 들어 있는 씨앗을 맺는다. 꽃식물은 더 상세하게 외떡잎식물과 쌍떡잎식물로 나눌 수 있다.

**외떡잎식물**은 떡잎이 하나밖에 없고 유관속주는 줄기 속에 여기저기 흩어져 있다.

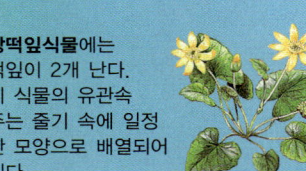

비비추

**쌍떡잎식물**에는 떡잎이 2개 난다. 이 식물의 유관속주는 줄기 속에 일정한 모양으로 배열되어 있다.

작은애기똥풀

씨를 맺지 않는 유관속식물은 단순한 구조에 꽃도 피우지 않는다. 이런 식물은 포자로 번식한다.

**쇠뜨기**는 방울열매 안에 포자를 만든다. 쇠뜨기의 잎은 줄기 주변에 고리 모양으로 난다.

쇠뜨기

**양치류**는 뿌리줄기를 만들거나 포자를 만드는 방식으로 번식한다. 포자는 양치류의 잎 아랫면에 만들어진다.

고사리

**석송**은 양치류의 친척이다. 이들의 포자는 줄기 끝 부분에 단단하고 끝이 굵은 나선에 들어 있다.

석송

### 관다발이 없는 식물

이끼(선류)나 우산이끼(태류)와 같이 유관속조직이 없는 식물을 **선태식물**이라고 한다. 이 식물은 대체로 크기가 작고, 단세포에 뿌리와 같은 모양을 한 구조와 잎을 가지고 있다. 꽃을 피우지 않으므로 포자로 번식한다. 대부분 축축하고 그늘진 곳에 산다.

바위에 낀 이끼

우산이끼

링크 295

**식물계의 문**

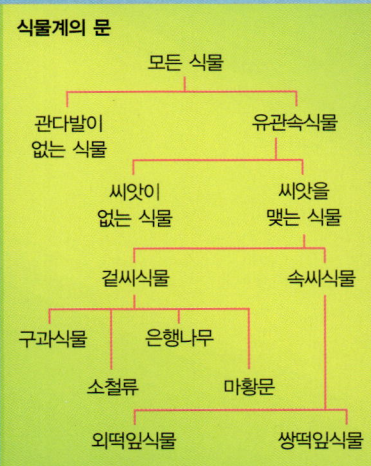

모든 식물

관다발이 없는 식물 — 유관속식물

씨앗이 없는 식물 — 씨앗을 맺는 식물

겉씨식물 — 속씨식물

구과식물 — 은행나무

소철류 — 마황문

외떡잎식물 — 쌍떡잎식물

**유용한 인터넷 링크**

www.usborne-quicklinks.com

Web 1 분류에 관한 새로운 생각을 접해 보자.
Web 2 생명의 나무를 탐험해보자.
Web 3 생명의 나무를 다룬 훌륭한 사진 자료와 자세한 설명을 접할 수 있다.
Web 4 이분법 실마리를 통해 나무를 식별해보자.

## 복습해봅시다

1. 다음 중 식물세포에는 존재하지만 동물세포에는 없는 것은? (264쪽)
   ① 세포벽
   ② 핵
   ③ 세포질

2. 당근은 다음 중 어디에 속하는가? (267쪽)
   ① 공기뿌리(기근)
   ② 막뿌리(부정근)
   ③ 곧은뿌리(주근)

3. 다음 중 식물이 물을 흡수하는 기관은? (267쪽)
   ① 꽃
   ② 토양 속에 있는 뿌리털
   ③ 잎의 표면

4. 물을 위로 끌어올리는 식물 조직은? (268쪽)
   ① 물관부
   ② 체관부
   ③ 형성층

5. 나이가 많은 식물에서 물관부와 체관부가 합쳐져서 형성되는 것은? (270-271쪽)
   ① 피목
   ② 관다발
   ③ 유관속주

6. 다음 중 복엽이 나는 식물은? (272-273쪽)
   ① 칠엽수
   ② 라임나무
   ③ 참나무

7. 잎의 기공은 주로 어디에 분포하는가? (274쪽)
   ① 잎의 위아래 표면
   ② 아래 표면
   ③ 위 표면

8. 기공을 통해서 수분을 잃는 것을 무엇이라고 하는가? (276쪽)
   ① 증산
   ② 전좌
   ③ 호흡

9. 식물에 엽록소가 반드시 필요한 이유는? (278쪽)
   ① 녹색을 띠게 해주기 때문에
   ② 양분을 제공해주기 때문에
   ③ 태양에너지를 흡수하기 때문에

10. 다음 중 광합성을 가장 잘 나타낸 식은? (278쪽)
    ① 물+산소+에너지
       → 탄수화물+이산화탄소
    ② 산소+이산화탄소+물
       → 탄수화물+에너지
    ③ 이산화탄소+물+에너지
       → 탄수화물+산소

11. 하루 중 식물이 호흡하는 때는? (279쪽)
    ① 항상
    ② 밤에만
    ③ 광합성이 멈추었을 때

12. 죽은 것을 먹고 사는 식물을 무엇이라고 하는가? (280쪽)
    ① 기생식물
    ② 부생영양식물
    ③ 착생식물

13. 다음 중 식충식물은? (280-281쪽)
    ① 겨우살이
    ② 스트랭글러 피그
    ③ 끈끈이주걱

14. 식물의 웅성생식세포를 무엇이라고 하는가? (285쪽)
    ① 꽃밥
    ② 꽃가루(화분)
    ③ 화분낭

15. 식물의 자성생식세포를 무엇이라고 하는가? (285쪽)
    ① 씨방
    ② 암술잎(심피)
    ③ 배주

16. 수정은 어떤 상황에서 이루어지는가? (286쪽)
    ① 꽃가루가 화분관을 통해 배주와 결합할 때
    ② 꽃가루가 화분관을 생성할 때
    ③ 꽃가루가 다른 식물의 암술머리에 내려앉을 때

17. 바람으로 수분하는 식물에 관한 설명 중 옳은 것은? (287쪽)
    ① 꽃의 색이 밝고 냄새가 향긋하다.
    ② 꽃받침 조각과 꽃잎이 크다.
    ③ 매끄럽고 가벼운 꽃가루를 많이 만들어낸다.

18. 다음 중 핵과에 속하는 것은? (288쪽)
    ① 딸기
    ② 체리
    ③ 사과

19. 다음 중 바람에 의해서 퍼지는 씨앗을 맺는 식물은? (290쪽)
   ① 민들레
   ② 갈퀴덩굴
   ③ 콩

20. 씨앗이 발아하려면 온기, 산소와 무엇이 갖춰져야 하는가? (291쪽)
   ① 물
   ② 빛
   ③ 양분

21. 씨앗에서 뻗어 나온 첫 번째 뿌리를 무엇이라고 하는가? (291쪽)
   ① 어린싹
   ② 꼭지
   ③ 어린뿌리

22. 땅 위에서 옆으로 길게 뻗고, 새로운 식물로 자라나기도 하는 가지를 무엇이라고 하는가? (292쪽)
   ① 덩이줄기
   ② 뿌리줄기
   ③ 기는줄기

23. 물에서 살 수 있게 적응한 식물을 무엇이라고 하는가? (294쪽)
   ① 수생식물
   ② 암생식물
   ③ 염생식물

24. 질산염 함유량이 높은 물에서 조류가 갑작스럽게 번식하는 현상을 무엇이라고 하는가? (295쪽)
   ① 중독
   ② 부영양화
   ③ 적응

25. 양치류, 이끼류, 선태류에 관한 다음 설명 중 옳은 것은? (296-297쪽)
   ① 축축하고 그늘진 장소에서는 자라지 못한다.
   ② 꽃을 많이 피운다.
   ③ 포자를 만들어서 번식할 수 있다.

26. 항생제인 페니실린은 다음 중 어떤 식물의 일종으로 만들어지는가? (299쪽)
   ① 조류
   ② 진균류
   ③ 우산이끼류

27. 한 번의 생애 주기를 마치는 데 2년이 걸리는 식물을 무엇이라고 하는가? (302쪽)
   ① 여러해살이식물
   ② 한해살이식물
   ③ 두해살이식물

28. 일 년에 한 번 잎을 모두 떨어뜨리는 식물을 무엇이라고 하는가? (303쪽)
   ① 건생식물
   ② 상록수
   ③ 낙엽수

29. 대초원인 프레리와 스텝은 다음 중 어떤 형태의 생물군계에 속하는가? (304쪽)
   ① 툰드라
   ② 온대초원
   ③ 열대초원

30. 식물은 질소를 어떤 형태로 흡수하는가? (306쪽)
   ① 암모니아
   ② 질소가스
   ③ 질산염

제6장 식물과 진균류 정답
1. ① 2. ③ 3. ② 4. ① 5. ③
6. ① 7. ② 8. ① 9. ③ 10. ③
11. ① 12. ② 13. ③ 14. ② 15. ③
16. ① 17. ③ 18. ② 19. ① 20. ①
21. ③ 22. ③ 23. ① 24. ② 25. ③
26. ② 27. ③ 28. ③ 29. ② 30. ③

# 동물의 세계
## Animal World

# 동물세포 Animal Cells

**모든** 생명체는 작은 단위를 말하는 세포 하나 혹은 그 이상으로 이루어져 있다. 양분에서 에너지를 얻거나 노폐물을 배설하는 등 생명을 유지하기 위한 모든 과정이 이 세포 안에서 일어난다.

## 세포의 구조

세포는 종류가 매우 다양한데 종류별로 하는 일이 다르지만 비슷한 특징을 가지고 있다.

세포에는 다양한 기능을 가진 **세포기관**이 들어 있다. 이 중 가장 크기가 크고 중요한 세포기관은 **세포핵**으로 세포 안에서 일어나는 모든 일을 관장한다. 세포핵에는 **핵막**이라는 이중막이 있고, 그 안에는 젤과 같은 상태의 중심부가 있다.

모든 세포에는 세포막이라는 보호막이 있는데 세포막은 세포 내부의 물질을 한군데로 결합시키는 역할을 한다. 이 막은 반투과성이라서 어떤 물질은 통과시키지만 어떤 물질은 통과시키지 않는다. 그리고 세포의 나머지 부분을 **세포질**이라 한다. 세포막과 핵, 세포질을 모두 합해서 **원형질**이라고 부른다.

링크 298

동물 세포의 덩어리로 실제 크기보다 수천 배 확대된 모습이다.

**중심립**은 세포분열과 관련된 일을 담당한다.

**리보솜**은 세포 안에서 일어나는 모든 작용에 필요한 **단백질** 제조를 돕는다.

**리소좀**은 세포 내에 침입한 박테리아와 더 이상 필요 없는 세포 부분을 파괴하는 역할을 한다.

### 전형적인 동물세포 속의 세포기관

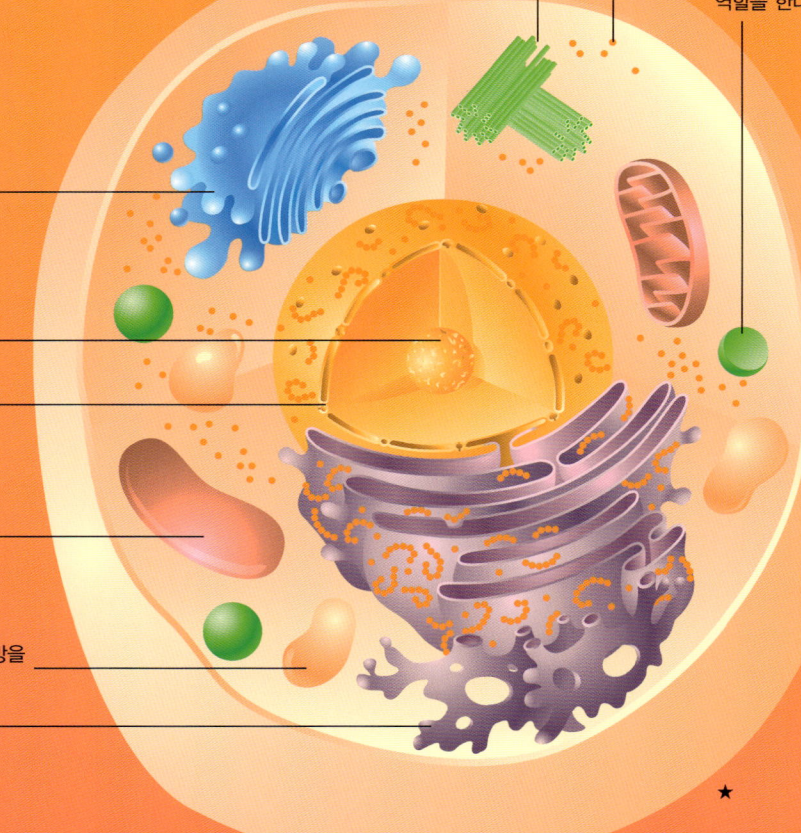

**골지복합체**는 세포 안에 만들어진 물질을 저장하고 배분하는 역할을 한다.

**인**은 리보솜의 성분을 만들어낸다.

**핵.** 핵막에 있는 핵공이라는 통로는 어떤 물질을 핵 안으로 받아들이거나 내보내기 위해 열린다.

**미토콘드리아**는 단순한 물질을 세포에 쓸 에너지로 바꾼다.

**액포**는 세포질 안의 작은 주머니로 일시적으로 존재하면서 액체나 지방을 저장하는 공간으로 사용된다.

**소포체**는 세포 주변의 물질을 주고받는 일련의 통로라고 할 수 있다.

이 세포들은 지금 성장하고 분열하는 중이다. 많은 세포들이 개체를 성장시키거나 자연스럽게 마모된 세포를 교체하기 위해서 스스로를 복제한다.

## 세포 분열

계속해서 닳거나 죽는 세포들을 대체하기 위해서 새로운 세포가 만들어져야 한다. 세포는 2개의 동일한 세포로 쪼개어지면서 스스로를 복제하는데, 이렇게 새로 생겨난 세포를 **딸세포**라고 한다.

**세포 분열 단계**

분열을 시작하려는 단일세포

핵막이 사라지고 핵 속의 내용물이 갈라진다.

2개의 새로운 핵이 만들어진다.

세포의 가운데를 가로지르는 **분열홈**이 생겨난다.

분열홈이 세포를 반으로 나눈다. 2개의 딸세포가 만들어진다. ★

## 세포로 형성되는 조직과 기관

다른 종류의 세포는 역할도 다르다. 이것을 **분화**라고 한다. 동물세포는 역할에 따라 다양한 모양과 크기를 가진다.

같은 종류의 세포는 **조직**을 형성한다. 예를 들어 **원주상피세포**는 길이가 길고 기둥 모양으로 물질을 통과시키는 특징을 가지고 있다. 이들은 무리지어서 **상피**라는 조직을 만드는데, 이 조직은 기체나 액체를 잘 통과시키기 때문에 창자와 같은 기관의 내벽조직으로 알맞다.

원주상피세포
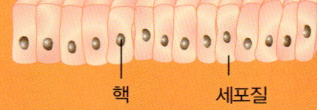
핵          세포질

다른 몇 종류의 세포가 모여서 위나 창자와 같은 **기관**을 만든다.

상피세포          근육세포

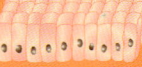
세포가 무리를 짓는다.

상피조직          근육조직

조직이 결합해서 창자의 벽이 된다.
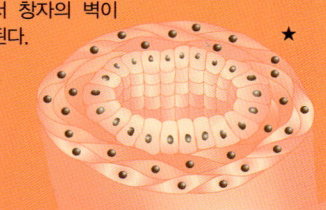
★

## 기관계

특정한 같은 임무를 수행하는 일련의 기관을 **계통(체계)**이라고 한다. 예를 들어 동물의 **소화계통**은 영양분을 더 단순한 물질로 분해하는 역할을 한다. 아래 그림의 개구리의 소화계통은 위, 간, 이자, 창자, 이렇게 4개의 기관을 포함한다.

**개구리의 소화계통에 있는 기관**

간    창자
위
이자        ★

개구리는 이외에도 몸을 지탱해주는 **골격계**나 혈액을 이동시키는 **순환계** 등의 계통을 가지고 있다. 이런 계통이 모두 합쳐져서 하나의 살아 있는 개체를 만드는데 이것을 **유기체**라고 한다.

링크
299

### 유용한 인터넷 링크

www.usborne-quicklinks.com

Web 1 현미경으로 여러 종류의 세포를 관찰해보자.
Web 2 세포를 연구해보고 각각의 부분이 어떤 역할을 하는지 알아보자.
Web 3 세포와 관련 있는 모든 정보를 얻을 수 있다.
Web 4 다양한 종류의 세포를 관찰한 전자현미경 이미지로 미토콘드리아와 세포 내의 다른 부분을 살펴보자.
Web 5 가상으로 개구리를 해부해서 내부 구조를 살펴보자.
Web 6 여러 종류의 세포와 세포 분열에 대해 도표와 게임으로 공부해보자.

# 몸의 구조 Body Structure

**생명체는** 종류에 따라서 몸의 구조가 많이 다르다. 가장 간단한 몸을 가진 동물은 세포 하나로 이루어진 것이다. 더 복잡한 생명체를 **다세포**라 하는데, 그들의 몸은 백 개 이상 혹은 수백만 개 이상의 세포로 구성되어 있다. 대부분의 동물에는 액체가 차 있는 체강(동물의 몸 안의 비어 있는 부분)과 **뼈대**가 있다.

불가사리의 몸은 많은 부분으로 구성되어 있다. 불가사리의 몸 중에서 가장 중요한 장기는 몸의 한가운데 있다.

단세포인 아메바

## 단순한 구조의 몸

단순한 생명체는 **단세포** 구조를 가지고 있다. 즉, 이들의 몸은 하나의 세포로만 이루어져 있다는 뜻이다. 이 중 일부 생명체는 모든 동물들이 하기 마련인 영양분 섭취나 이동과 같은 행동을 보인다. 아메바와 비슷한 많은 단세포 생명체의 내부는 한 군데 고정되어 있지 않고, 유기체가 모양을 바꿈에 따라서 이리저리 옮겨 다닌다.

링크
300

## 체절 구조의 몸

지렁이나 지네와 같은 일부 동물의 몸체는 부분 부분으로 **구분**되어 있다. 몸의 이런 구분을 **체절**이라고 한다. 지렁이의 각 체절은 거의 같은 모양이며 이런 것을 **동규체절**이라고 한다. 근육조직의 벽면은 **격막**이라 하는데 이것이 체절과 체절을 구분한다.

## 분화된 구조의 몸

곤충처럼 더 복잡한 생명체는 몸의 구조가 나뉘어 있다. 하지만 이런 구분은 겉으로 보기에 명확하지 않을 수도 있다. 곤충의 몸은 대체로 **머리, 가슴, 배** 세 부분으로 나뉘며 각 부분은 **몸마디**가 모여 이루어진다. 체절과는 달리 곤충의 몸마디에는 나누는 벽이 없다.

**말벌의 몸 구조**

머리(중요한 감각기관이 들어 있다.)

가슴(몸의 윗부분으로 비행근(나는 데 쓰이는 근육)이 있다.)

배(곤충의 대부분의 장기가 들어 있다.)

대부분의 곤충은 날개 두 쌍과 다리 세 쌍을 가지고 있으며, 이들은 가슴 양쪽에 대칭으로 붙어 있다.

쌍으로 된 다리 (가슴 부분에 붙어 있음.)

날개(가슴 부분에 붙어 있음). 말벌의 뒷날개는 앞날개 뒤에 숨어 있다.

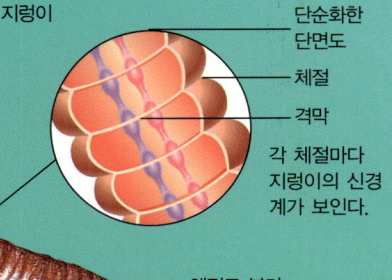

지렁이

단순화한 단면도

체절

격막

각 체절마다 지렁이의 신경계가 보인다.

체절로 분리된 몸의 표면

★

## 몸의 대칭

자유롭게 움직이는 대부분의 동물은 신체가 **좌우대칭**으로 이루어져 있다. 즉 몸의 반쪽이 다른 반쪽과 똑같다는 말이다. 하지만 불가사리 같은 동물은 **방사대칭**으로 이루어져 있다. 이런 동물의 몸에는 중앙에서 만나는 대칭선이 두세 개 이상이어서 이 선을 기준으로 신체가 사방으로 뻗어서 발달해 있다.

좌우대칭

방사대칭

하나의 구분선으로만 양쪽을 똑같이 나눌 수 있다.

여러 개의 대칭선으로 같은 반쪽을 만들어낸다.

## 체강(위장강)

대부분의 동물은 체액이 차 있는 몸의 빈 부분, 즉 **체강**을 가지고 있다. 이 부분은 내부 장기를 보호하는 완충재 역할을 한다. 위장강에는 **체강**과 **혈체강**이라는 두 가지가 있다.
**체강**에는 체액이 차 있고 **복막**이라는 막 속에 들어 있다.

성구동물(땅콩벌레)

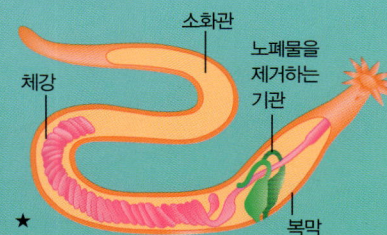

소화관

노폐물을 제거하는 기관

체강

★

복막

**혈체강**은 혈액으로 차 있는 부분으로 동물의 혈액 체계의 일부를 이룬다.

거미

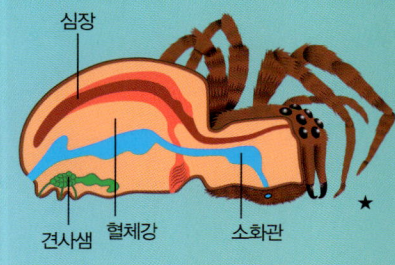

심장

견사샘   혈체강   소화관   ★

## 골격

**골격**은 동물의 몸을 지지하고 내부 기관이 망가지지 않도록 보호하는 역할도 한다. 모든 동물은 근육이 붙어서 움직일 수 있는 지지대인 골격이 있기 때문에 마음대로 움직일 수 있다. 골격에는 아래와 같이 세 종류가 있다.

**내골격**은 동물의 몸속에 있는 단단한 뼈대를 말한다. 대부분의 동물의 경우 내골격은 뼈로 구성되어 있지만 상어나 가오리와 같은 연골어류의 경우는 연골이라고 하는 유연한 물질로 이루어져 있다.

토끼의 내골격

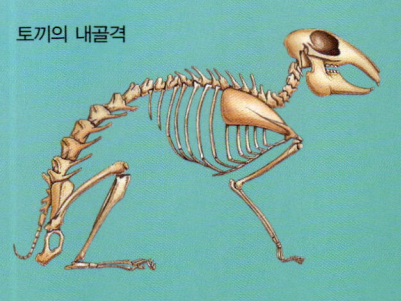

**외골격**이란 내부에 골격이 없는 동물을 지탱하고 보호해주는 역할을 한다. 게나 곤충이 이런 외골격을 가진 동물의 예이다.

게의 외골격에는 집게발과 다리 껍질도 포함된다.

**유체골격**은 체액이 차 있는 체강이 몸의 벽에 붙어 있는 근육이 움직일 수 있도록 압력을 주는 형태의 골격을 말한다. 말미잘 같은 동물은 몸을 지탱해주는 단단한 골격이 없는 대신에 이런 유체골격을 가지고 있다.

말미잘의 몸은 사이에 물 같은 젤 성분이 들어 있는 두 층으로 된 부드러운 주머니처럼 생겼다.

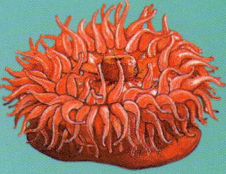

말미잘은 입을 통해서 물을 빨아들이는데 입이 닫히면 몸은 탱탱하고 단단한 물이 채워진 풍선 모양이 된다.

**유용한 인터넷 링크**

www.usborne-quicklinks.com

**Web 1** 지렁이와 같은 벌레에 대해 알아보고, 그들의 몸의 구조도 공부해보자.
**Web 2** 바퀴벌레의 몸의 구조에 대해 알아볼 수 있다.
**Web 3** 새의 골격과 기관에 관한 사진과 표를 접해보자.
**Web 4** 여러 동물들의 신체구조에 관한 온라인 게임을 즐겨보자.
**Web 5** 벌레와 큰 동물들의 신체구조를 살펴보면서 공부해보자.

링크
301

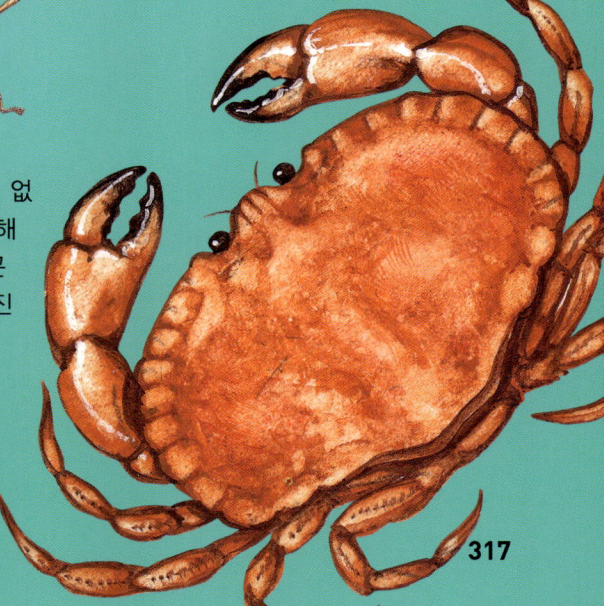

# 동물의 외피 Body Coverings

**모든** 생명체는 몸을 감싸주는 외부층을 가지고 있다. 어떤 동물은 피부가 깃털이나 모피로 덮여 있고 어떤 동물은 단단한 껍질을 가지고 있다. 어떤 경우에는 이런 껍질이 몸을 지탱해주는 역할을 함께 하기도 한다.

천갑산의 몸은 두껍고 끝이 뾰족한 비늘로 덮여 있다. 적이 다가오면 스스로를 방어하기 위해서 비늘을 세운다.

## 방수

부드러운 몸체를 가진 많은 동물들은 방수가 되는 외부층인 **표피**를 가지고 있다. 지렁이와 같은 동물의 표피는 항상 부드럽고 연한 상태를 유지한다. 다른 동물들, 특히 절지류 같은 경우는 표피가 몸을 지탱해주는 **외골격** 역할을 하기 때문에 단단하다.

절지류의 표피는 몸이 마르지 않게 하는 역할도 한다. 표피는 대체로 질긴 편이지만 곤충의 경우에는 나는 데 알맞은 가벼운 표피로 되어 있다. 곤충의 표피는 **경피**라고 하며 각 부분은 탄력 있는 막으로 연결되어 있다. 이런 특성을 지닌 생물체들은 자유롭게 돌아다닐 수 있다.

개미 몸의 굴곡 부분이 바로 경피다.

## 새로운 외피

많은 동물들이 성장을 위해서 껍질을 벗는다. 절지류는 외피에 비해 몸이 너무 커지면 껍질을 벗고 크기가 더 큰 새로운 껍질로 갈아입는다. 이런 과정을 **탈피**라고 한다.

게와 같은 갑각류는 보호막 역할을 하는 외피를 가지고 있는데 이들도 껍질을 벗는다. 이런 방패 같은 역할을 하는 단단한 껍질을 **갑각**이라고 한다.

게의 껍질은 충분히 단단해진 상태이다.

다른 일부 동물은 갑각을 가지고 있지만 표피도 없고 껍질을 벗지도 않는다. 바다거북이나 민물거북은 뼈 성분으로 된 판을 잇대어 놓은 모양에 각질이 덧씌워진 갑각을 가지고 태어난다. 이들의 갑각은 몸에 있는 늑골과 척추, 어깨, 엉덩이에 연결되어 있고, 동물이 자라면 갑각에 있는 판도 하나하나 따라서 크기가 커진다.

달팽이나 다른 연체동물들은 몸을 보호해주는 **등껍질**을 가지고 있다. 등껍질은 동물의 몸에서 분비되는 물질로 만들어진다. 거북의 갑각처럼 이들의 등껍질도 동물이 자랄수록 같이 커지며 껍질을 벗지는 않는다.

달팽이

등껍질

## 동물을 보호해주는 등딱지

뼈와 같은 성분의 등딱지로 덮여 있는 동물들도 있다. 이런 등딱지는 대부분 각질이나 뼈 또는 키틴질로 되어 있다. 이런 방패 모양의 등딱지는 포식자로부터 이 동물을 보호해주는 역할을 한다.

아르마딜로의 골질 등딱지는 각질에 덮여 있다.

### 직접 해보자

쥐며느리를 확대경으로 관찰해보자. 쥐며느리의 움직임에 따라 경피는 어떻게 되는지 살펴보자. 쥐며느리는 놀라면 유연한 몸을 공처럼 동그랗게 말기도 한다.

쥐며느리

민물거북이          갑각

## 가시로 몸을 보호하는 동물

고슴도치나 호저 같은 일부 포유동물은 몸의 외피에 **케라틴(각질)**으로 된 가시가 많이 있다. 케라틴은 우리의 머리와 손톱의 주요 성분이기도 하다. 이런 동물들은 스스로를 보호하기 위해서 이 가시를 사용한다.

위협을 받으면 호저는 경고의 표시로 가시를 바짝 세우고, 공격을 받으면 뒤로 물러나면서 가시로 포식자를 찌른다.

## 비늘이 있는 동물

몸의 외피에 **비늘**을 가지고 있는 동물들도 많다. 등껍질보다 얇은 비늘은 다른 재질로 만들어진 경우가 많다. 파충류의 비늘은 대체로 딱딱해진 피부의 변형이다. 등껍질은 보통 각질이나 뼈와 같은 재질이고 비늘보다 무겁다.

나비의 날개는 키틴질의 작은 비늘에 감싸여서 보호된다. 이 느슨하고 가루가 많은 비늘은 아주 연약해서 건드리면 쉽게 떨어진다. 비늘로 된 외피 안의 날개는 얇고 투명해서 파리의 날개와 매우 비슷하다.

나비의 날개를 확대한 모습

보통 현미경으로도 나비의 비늘을 관찰할 수 있다.

## 물고기의 비늘

물고기의 비늘은 진피로 된 비늘과 방패 모양의 비늘 두 가지로 나뉜다. 진피로 된 비늘은 작은 골질의 판이 피부에 박혀 있는 형태를 띤다. 이들은 아래쪽에 있는 질긴 피부층인 진피에서 자라나오며, 얇고 끈적끈적한 **표피**로 덮여 있다. 뼈로 된 골격을 가진 물고기들은 이런 진피로 된 비늘을 갖고 있다.

표피
진피로 된 비늘
진피
푸른 점 그루퍼
★

반면 **작은 돌기**라고도 하는 **방패 모양의 비늘**은 뒤쪽으로 나 있는 날카로운 비늘로 피부 밖으로 튀어나와 있다. 상어나 가오리 같은 연골어류가 이런 비늘을 가지고 있다.

링크
303

작은들신선나비

방패 모양의 비늘
백상아리
표피
진피
★

### 유용한 인터넷 링크

www.usborne-quicklinks.com

Web 1 다양한 동물들의 외피를 흑백으로 촬영한 전자현미경 사진을 보스턴 과학박물관의 사진갤러리에서 살펴보자.

Web 2 작은 상어와 나비의 비늘을 확대해서 찍은 놀라운 사진을 살펴보자.

Web 3 런던 자연사박물관의 동물 사진들을 살펴보자. 동물 이름을 입력하면 검색할 수 있다.

Web 4 깃털과 깃털만의 고유한 구조에 대해 공부해보자.

# 물속에서 움직이기 Moving in Water

**대부분의** 동물들은 일생의 일정 단계 동안 이리저리 옮겨 다닐 수 있다. 이것을 운동이라고 한다. 동물들은 움직이기 쉽게 만들어진 특별한 몸의 모양이나 부위를 가진 경우가 많다. 물속에 사는 생물들은 지느러미나 지느러미 모양의 발이 있는 경우도 있다.

꼬리지느러미가 몸을 앞으로 나아가게 한다.

뒷지느러미. 어떤 종들은 배지느러미라고도 한다.

물고기는 지느러미를 이용해서 균형을 잡고 방향을 조절한다.

## 위족(헛발)

아메바 같은 단세포 유기체는 운동을 위해서 따로 분리된 부분이 없다. 대신 몸에서 길게 늘어진 **위족**을 이용해 움직인다.

**아메바가 움직이는 방법**

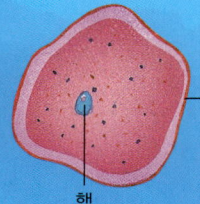

외부원형질(외부에 있는 단단한 세포질)의 한 부분이 가늘게 뻗어 나온다.

핵

내부의 액체세포질이 위족을 형성하기 위해서 이쪽으로 흐른다.

유기체의 나머지 부분도 앞쪽으로 흘러서 위치를 옮긴다.

외부원형질의 가장자리 부분이 다시 둥글어졌다.

## 단순한 동작

아주 작은 유기체 중에는 섬모라는 작은 털로 몸이 뒤덮여 있는 것들이 많다. 이들 **섬모**가 마치 노를 젓는 것처럼 앞뒤로 휙휙 움직이면서 물속에서 유기체를 마치 배를 젓듯이 움직인다. 이런 섬모가 붙어 있는 유기체를 **섬모충**이라고 한다.

짚신벌레

섬모

**편모**라는 가늘고 긴 실이 달려 있는 유기체도 있다. 이들은 움직이기 위해서 채찍처럼 이리저리 움직인다. 편모를 가진 생물을 **편모충**이라 한다.

트리코모나스

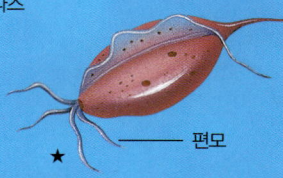

편모

털벌레 종은 모두 몸 측면을 따라 **측각(옆다리)**이라는 돌기가 쌍쌍이 나 있다. 이 발로 헤엄을 치는데, 털벌레 종의 옆발 끝 부분을 **강모**라고 한다.

갯지렁이

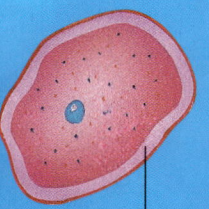

옆다리

## 분사추진식 방법을 이용하는 동물들

오징어나 문어, 해파리를 포함한 일부 동물들은 분사추진력으로 움직인다. 오징어와 문어는 물을 머금었다가 깔때기 모양의 **배수관**으로 물을 뿜어내면서 그 힘으로 반대방향으로 움직인다.

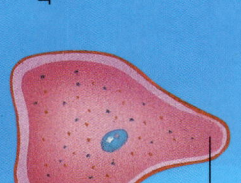

문어

배수관

해파리는 종 모양의 몸체를 물로 가득 채웠다가 물을 뿜어내면서 움직인다. 해파리는 이런 동작을 여러 번 반복해서 위쪽으로 올라간 뒤 천천히 표류한다.

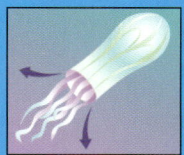

해파리의 몸속은 텅 비어 있어서 이 부분을 물로 가득 채운다.

물을 뿜어내면서 ★ 해파리가 움직인다.

링크 304

등지느러미

등지느러미와 뒷지느러미는 좌우로 방향을 바꾸고, 몸이 흔들리는 것을 방지한다.

가슴지느러미

배지느러미

## 지느러미의 종류

모든 어류에는 **지느러미**라고 하는 몇 개의 돌출부가 있다. 이것은 위치를 고정하거나 방향을 바꾸는 역할을 하며 부채 모양의 **지느러미 줄기**가 지느러미를 받쳐준다. 지느러미 줄기는 작은 뼈나 연골 같은 질기고 유연한 물질로 이루어져 있다.

지느러미에는 홑지느러미와 쌍지느러미 두 가지가 있다. **홑지느러미**는 물고기의 등이나 배 가운데 선을 따라 붙어 있다. 이들은 그림에서와 같이 **등지느러미와 꼬리지느러미, 뒷지느러미**(배지느러미)로 나뉜다. 몸의 옆에 붙어 있는 **쌍지느러미(가슴지느러미와 배지느러미)**는 어류가 위아래로 움직일 수 있게 한다.

### 직접 해보자

수조에 있는 물고기가 배지느러미를 어떻게 움직이는지 유심히 살펴보자. 8자 모양으로 움직이는 물고기들이 많을 것이다. 이렇게 움직이면 물살을 부드럽게 가르며 헤엄칠 수 있다.

## 공기가 든 주머니

뼈로 된 골격을 가진 물고기 중에는 길고 공기가 가득 차 있는 주머니 모양의 **부레**를 가진 종이 있다. 이런 물고기는 부레 속에 들어오는 공기의 양을 조절해 몸의 밀도와 물의 밀도를 항상 일정하게 유지할 수 있어서 헤엄을 치지 않아도 가라앉지 않는다.

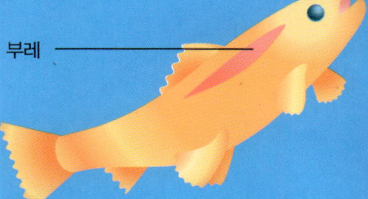

부레

가오리처럼 연골 골격을 가진 물고기는 부레가 없어서 물보다 밀도가 높기 때문에 다른 방법으로 위치를 조절해야 한다.

헤엄치는 쥐가오리

## 지느러미 모양의 발

포유류나 조류 중에도 물속에서 생활하기에 적합한 구조를 가진 동물들이 많다. 이런 동물들은 보통 유선형 몸체에 헤엄을 칠 수 있는 특별한 기관이 발달되어 있다. 돌고래 같은 동물은 넓적하고 노처럼 생긴 **앞 지느러미**를 갖고 있다.

돌고래

펭귄도 뭍에서는 뒤뚱거리지만 물에서는 아주 헤엄을 잘 치는 동물이다. 펭귄의 납작하고 빳빳한 날개는 날기엔 적합하지 않지만 물속에서 물갈퀴로 쓰기엔 꼭 맞는 모양을 하고 있다. 펭귄은 수중에서 꼬리와 물갈퀴가 달린 발로 방향을 조정할 수 있다.

링크 305

펭귄의 유선형 몸은 물살을 가르고 쉽게 앞으로 나아갈 수 있도록 해준다.

### 유용한 인터넷 링크

**www.usborne-quicklinks.com**

**Web 1** 물속에 사는 다양한 동물에 대해 알아보자.
**Web 2** 펭귄에 관한 동영상과 재미있는 이야기를 읽어보자.
**Web 3** 가상으로 바다표범이 되어 바다 깊은 곳을 탐험해보자.
**Web 4** 상어와 가오리가 헤엄치는 것을 동영상으로 살펴보자.
**Web 5** 동물들이 물속에서 움직이기 위해 어떻게 적응했는지 살펴보자.
**Web 6** 돌고래에 관한 동영상을 보고 돌고래에 대해 더 많이 알아보자.

# 비행과 활공 Flying and Gliding

**하늘을** 나는 것은 동물들이 지상의 위험에서 벗어나거나 먹이가 있는 곳을 쉽게 찾을 수 있게 해주었다. 어떤 동물은 짝짓기를 하기 위해 먼 거리를 여행하기도 한다. 하늘을 날 수 있는 것은 박쥐나 새, 곤충과 같이 잘 발달된 날개를 가지고 있는 생물에 한정된다. 하지만 짧은 거리라면 날개가 없이도 공중을 활공(새가 날개를 움직이지 않고 나는 것)할 수 있는 동물도 있다.

박쥐의 가죽 같은 날개는 피부가 변한 것이며 박쥐의 팔과 거대한 손가락 위로 펼쳐지는 형태를 하고 있다.

박쥐는 하늘을 날 수 있는 유일한 포유동물이다.

### 조류와 비행
하늘을 나는 새들은 매끄럽고 가벼운 깃털, 강한 날개, 속이 빈 뼈 같은 나는 데 도움이 되는 많은 특징을 가지고 있다.

### 새의 뼈
새의 뼈는 비어 있고 내부에 얼기설기 교차된 얇은 구조가 이를 지탱해 주고 있다. 이런 구조 덕분에 새의 뼈는 튼튼하면서도 무게는 가볍다.

새 뼈의 단면

### 비행근
새의 날개는 **용골돌기**라는 가슴뼈에 넓게 붙어 있다. 날개에는 두 쌍의 큰 **흉근**이 연결되어 있어서 이 근육으로 날개를 움직인다.

흉근

올빼미의 단면도

용골돌기

링크
306

### 깃털
새의 몸통과 날개는 온통 **깃털**로 덮여 있다. 하나하나의 깃털은 가운데에 깃촉이 있고 양쪽으로 여러 줄의 실 같은 **깃가지**가 붙은 모양이다. 갈고리 모양으로 굽은 작은 깃가지가 큰 깃가지들을 함께 엮어서 **우판**이라고 하는 평평한 표면을 만든다.

**깃털의 구조**

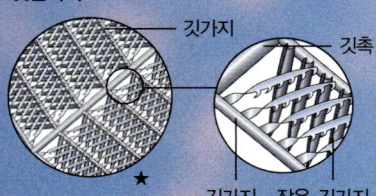

깃가지

깃촉

깃가지   작은 깃가지

새의 몸은 **큰 깃털**로 덮여 있어서 매끄러운 유선형이다. **날개깃** 혹은 **칼깃**이라는 길고 빳빳한 깃털은 날개 표면적을 넓혀주어서 비행에 적합하다.

날개깃

날개는 어깨에 붙어 자유롭게 움직일 수 있어서 움직임의 폭이 넓다.

깃털 하나하나의 뿌리 부분에 신경말단이 있어 기류의 작은 변화도 감지할 수 있다.

큰 깃털

날고 있는 갈매기

## 날 수 있는 곤충

새처럼 곤충도 날기에 적합한 가벼운 몸체와 강한 근육을 가지고 있다. 그러나 곤충의 경우 얇은 날개에 비해서 상대적으로 몸이 크기 때문에 새가 날 때보다 훨씬 더 많은 힘이 필요하다. 곤충의 에너지는 근육에 저장되어 있다가 하늘을 날 때 빠르게 방출된다.

잠자리

가벼운 외골격

날개

체액이 든 시맥이 날개에 힘을 더해준다.

잠자리 같은 일부 곤충은 나는 데 두 쌍의 날개를 이용한다. 한 쌍의 날개만 사용하는 곤충이 많지만 이외의 곤충은 약간 변형된 날개를 가지고 있다. 그 한 예로 딱정벌레의 **앞날개**라고 하는 앞쪽 날개는 단단해진 표피로 이루어져 단단한 덮개처럼 뒷날개를 보호하는 역할을 한다.

떡갈잎풍뎅이

앞날개
(뒷날개 보호)

## 활공하는 동물

이름에 '나는'이라는 말이 붙은 일부 동물들은 실제로는 날개가 없어서 날지 못하는 경우가 많다. 대신 이들은 다양한 방법으로 공중을 활공한다.

오른쪽에 보이는 날원숭이에게는 앞다리와 뒷다리 사이에 늘어진 피부가 있다. 날원숭이는 풀쩍 뛰면서 사지를 날개처럼 활짝 펼치고 다리와 꼬리를 이용해서 방향을 바꾸면서 나무와 나무 사이를 활공한다.

날도마뱀은 긴 사지를 짝 펼쳐서 몸 양쪽에 넓고 빳빳한 **비막**을 만든다. 휴식을 취할 때 비막은 접혀서 몸에 붙어 있다.

공중을 활공하는 날원숭이

이 날도마뱀은 나무 사이를 15m까지 활공할 수 있다.

링크 307

나는뱀(크리코펠리아 파라디시)은 열대 우림에 사는 동물이다. 이들은 나무를 기어올라서 가지와 가지 사이를 50m까지 활공할 수 있다. 이 뱀은 흉곽을 넓게 펼쳐서 몸을 납작하게 만들어서 활공한다. 활공할 때는 몸을 공중에서 S자 모양으로 움직이면서 비튼다.

나는 뱀

### 직접 해보자

깃털을 하나 쥐고 위에서 아래로 쓰다듬어보자. 깃털에 달린 깃가지가 풀리면서 표면이 구깃구깃해질 것이다. 반대 방향으로 깃털을 움직이면 깃가지가 다시 합쳐지면서 깃털은 다시 원래처럼 완전히 매끈해진다.

### 유용한 인터넷 링크

www.usborne-quicklinks.com

**Web 1** 새와 비행에 관한 게임과 온라인 활동, 정보를 접할 수 있다.

**Web 2** 새와 곤충, 잠자리와 선사시대 동물의 비행에 대해 더 자세히 알아보자.

**Web 3** 새와 곤충, 박쥐의 비행에 관한 유용한 정보를 얻을 수 있다.

**Web 4** 새집에 설치된 카메라로 찍은 한 쌍의 올빼미의 생활을 살펴보자.

**Web 5** 깃털의 아름다운 현미경 사진을 보면서 이들의 구조와 쓰임새에 대해 알아보자.

**Web 6** 검독수리와 함께 하늘을 날아보자.

# 땅 위에서 움직이기 Moving on Land

**대부분의** 시간을 땅 위에서 머무는 동물을 육서동물이라고 한다. 이 동물들은 보통 한 쌍 이상의 다리를 가지고 다양한 방법으로 움직인다. 그 외에 꿈틀거리며 기어다니는 벌레나 뱀처럼 사지가 없는 동물들은 근육질로 된 몸의 모양을 바꾸면서 움직인다.

나무에 오른 붉은꼬리초록뱀은 배의 골질판으로 줄기를 움켜쥔다.

## 꿈틀꿈틀 기는 동물

지렁이나 이와 비슷한 부드러운 몸을 가진 생물들은 체벽에 있는 근육을 이용해서 움직인다. 이때 몸속의 체액이 근육이 움직일 수 있도록 압력을 넣는 역할을 한다. 근육이 팽창했다가 수축하면 몸의 다른 부분이 앞으로 움직인다.

링크 308

### 지렁이가 움직이는 원리

근육의 움직임은 마치 몸 전체를 따라 물결이 퍼지는 것처럼 보인다.

뱀은 몸 전체에 늑골과 강한 근육을 가지고 있다. 대부분의 뱀은 S자 모양으로 몸을 쫙 폈다가 다시 웅크리면서 움직인다. 배에는 뼈와 같은 재질의 딱딱한 각린(딱지)이 있어 땅을 붙들기가 쉽다.

## 살금살금 기는 동물

유충 중에는 몸을 둥그렇게 굽혔다가 앞으로 펴면서 움직이는 것들이 있다. 한 번에 몸의 한쪽만 앞으로 나아가고 반대편 다리는 표면을 붙잡고 있다. 이런 동작을 **고리 만들기**라고 한다.

### 유충이 움직이는 원리

뒷다리는 표면을 붙잡고 몸의 앞부분을 앞쪽으로 뻗는다.

앞다리로 표면을 붙잡고 몸의 뒷부분을 앞으로 옮겨온다. 이 동작을 하면 몸이 아치형으로 둥글게 굽는다.

★

## 매달리기

정글에 사는 긴팔원숭이나 오랑우탄 같은 영장류 동물은 길고 튼튼한 앞발과 휘어져서 물건을 잡을 수 있는 손가락을 가지고 있어 높은 곳에 기어오르거나 매달려 있을 수 있다. 대부분의 영장류는 발가락으로도 물건을 잘 집는다.
일부 영장류는 꼬리가 아주 유연해서 팔처럼 나뭇가지를 잡기도 한다.

검은손거미원숭이의 꼬리는 몸 전체를 지탱할 수 있을 만큼 강하다.

치타의 발톱은 달리기용 신발의 스파이크와 같은 역할을 해서 땅을 움켜쥐듯이 달린다.

강한 근육과 유연한 몸체 덕분에 치타는 빨리 움직일 수 있다.

## 다리로 움직이기

동물의 사지는 몸통 양쪽으로 대칭을 이루고, 앞다리는 뒷다리와 다르게 생긴 경우도 있다. 새처럼 두 다리로 똑바로 걷는 동물을 **양족동물**이라 한다. 대부분의 양족동물은 걸을 때 두 다리를 번갈아 내밀며 움직이지만 두 다리로 깡충깡충 뛰는 조류도 있다.

타조는 아주 강한 다리가 있어서 매우 빨리 달릴 수 있다.

네 발 달린 동물을 **사지동물**이라고 한다. 이들은 일반적으로 걸을 때 대각선에 있는 다리를 함께 움직인다. 왼쪽 앞다리가 움직일 때 오른쪽 뒷다리도 함께 움직이는 식이다.
빨리 달릴 때는 대부분의 포유류는 강하게 튀어오르는 것처럼 앞뒷다리를 쫙 폈다가 모으는 동작을 한다.

곤충처럼 다리가 6개 달린 동물을 **육각류**라고 한다. 걸을 때는 이쪽 다리 하나와 반대편 다리 2개가 함께 앞으로 움직인다.

원으로 표시된 부분의 무당벌레 다리가 함께 움직인다.

다리가 아주 많은 동물을 **다지류**라고 하며 최고 750개의 다리를 가진 동물도 있다. 이런 다리는 몸 옆에서 물결이 치는 것처럼 움직인다.

## 뛰어오르기

개구리나 벼룩 같은 동물은 뒷다리의 강한 근육을 이용해 아주 멀리 뛴다. 아래의 톡토기 같은 동물은 뛰는 데 쓰는 신체 기관을 따로 가지고 있다.

**톡토기가 뛰는 원리**

꼬리가 몸 아래 접혀 있다.

꼬리가 빠르게 땅을 튕긴다.

톡토기가 공중으로 밀어 올려진다.

## 서 있는 자세

**서 있는 자세**는 동물이 어떻게 서고 걷는지를 말해준다. 동물이 발의 어떤 부분으로 서느냐에 따라 구분할 수 있다.
말처럼 발가락 끝의 발톱부분으로 걷는 동물을 **제행동물**이라고 한다.

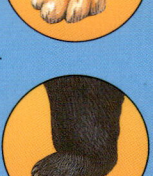

개와 같이 발가락의 안쪽을 이용해서 걷는 동물을 **지행동물**이라고 한다.
사람이나 곰처럼 발바닥 전체를 이용해서 걷는 동물을 **척행동물**이라고 한다.

★

링크
309

### 직접 해보자

다양한 동물들을 살펴보고 다리가 몇 개나 있는지, 발의 어떤 부분으로 걷는지 확인해보자. 또 걸을 때와 뛸 때 다리가 다르게 움직이는지도 관찰해보자.

### 유용한 인터넷 링크

www.usborne-quicklinks.com

**Web 1** 지구상에서 가장 빠른 포유류인 치타의 특징을 알아보자.
**Web 2** 미국 스미스소니언 국립동물원의 다양한 동물에 대해 알아보자.
**Web 3** 원숭이와 다른 영장류가 어떻게 움직이는지와 다른 여러 가지 특성에 대해 공부해보자.
**Web 4** 생중계 카메라와 동영상을 통해 동물들을 살펴볼 수 있다.
**Web 5** 포유류의 몸에 대해 알 수 있는 게임을 해보자.

톰슨가젤은 시속 80km로 달릴 수 있다.

# 양분 섭취 Feeding

**동물의** 입 구조는 어떤 먹이를 먹고 사느냐에 따라 다르다. 먹이를 먹을 때 필요한 기관인 이빨에 대해서는 328쪽을 참조하자. 이빨이 없는 동물을 빈치류라고 하는데 이들은 이빨 대신 먹이를 잡는 데 쓰는 부리나 유연한 혀를 가지고 있다.

이 그림에서는 보이지 않지만 말미잘의 입은 몸 한가운데 있다.

## 단순한 양분 섭취

아메바 같은 단세포생물은 입이 없다. 대신 이들은 **식균작용**이라는 과정을 통해 영양분을 섭취한다. 이들의 몸은 이리저리 흘러 다니면서 작은 먹이 조각을 삼킨다. 이렇게 삼킨 먹이는 화학물질이 차 있는 **식포**에서 소화된다.

링크
310

**아메바가 양분을 섭취하는 방법**

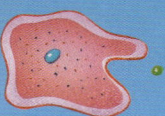

아메바가 먹이 조각 주변을 흐물거리면서 돌아다닌다.

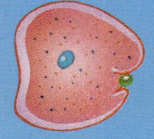

아메바가 조각을 둘러싼다.

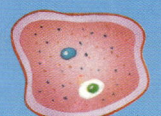

아메바가 조각을 분해하기 시작한다.

★

## 물속에서 양분을 섭취하는 동물

많은 동물들이 물속에 있는 작은 생물체를 걸러내서 먹는 **여과섭식**을 한다. 따개비는 **촉수**라고 하는 빳빳한 털로 지나가는 먹이 입자를 포획하여 섭취한다.

촉수 ─

따개비

어떤 고래는 위턱에 달려 있는 **고래수염**이 마모된 판을 이용해서 양분을 섭취하기도 한다. 크릴이라고 하는 작은 동물이 이 수염 사이에 걸려 잡힌다.

**고래수염**

물과 먹이가 들어온다.

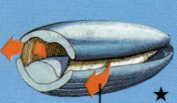

물은 빠져 나간다. ★

**촉수의 단면**

자포 ─

불쑥 나온 가시세포 ─

★

말미잘과 같은 자포동물은 촉수에 먹이를 잡을 수 있는 **자포**라는 작은 주머니 모양의 세포가 달려 있다. 자포에는 **가시세포**라고 하는 독이 있는 긴 실 같은 것이 매달려 있다. 촉수가 먹이에 닿으면 이 실 같은 세포가 불쑥 튀어나와서 먹이를 쏘아 마비시킨 후 입으로 가져간다.

## 갉아먹는 동물

달팽이 같은 대부분의 연체동물은 **치설**이라고 하는 거친 혀를 가지고 있다. 이 혀는 식물을 긁어서 입에 넣어주는 연장 줄과 비슷한 역할을 한다. 달팽이가 먹이를 먹고 있을 때 잘 들어보면 치설이 식물을 갉는 소리를 들을 수 있다.

치설의 위치 ─

먹이를 먹고 물을 걸러내는 쇠고래(귀신고래)

## 곤충의 입

곤충의 입은 큰 턱, 작은 턱, 아랫입술, 윗입술 등의 많은 부분으로 나뉘어 있다. 곤충의 입 모양은 종에 따라 다르다.

### 베짱이의 입

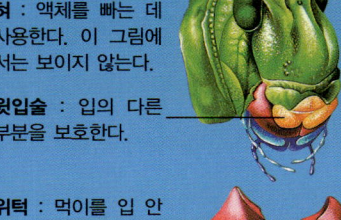

**혀** : 액체를 빠는 데 사용한다. 이 그림에서는 보이지 않는다.

**윗입술** : 입의 다른 부분을 보호한다.

**위턱** : 먹이를 입 안으로 밀어 넣는 데 쓴다.

**아래턱** : 먹이를 붙들거나 무는 데 이용한다.

**촉수** : 먹이를 맛보는 데 사용된다.

**아랫입술** : 이 부분도 역시 먹이를 입 안으로 넣는 데 사용한다.

집파리의 아랫입술은 넓적한 판 같은 흡입기관이 늘어진 것이다. 파리는 침으로 먹이를 녹인 뒤에 작은 구멍이 많은 입으로 이 액체를 닦아내듯이 먹는다.

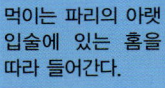
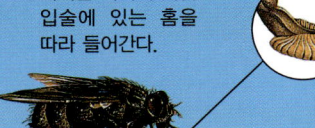

먹이는 파리의 아랫입술에 있는 홈을 따라 들어간다.

일부 곤충은 위턱이 긴 관 모양의 주둥이처럼 생겼다. 그 예로 암모기는 살을 뚫을 수 있는 날카롭고 단단한 주둥이를 가지고 있고 나비는 꽃에서 꿀을 빨기 좋게 잘 휘어지는 주둥이를 갖고 있다.

나비

주둥이

## 부리

새의 단단한 위아래턱을 합쳐 **부리**라고 한다. 새의 부리 모양이나 크기는 이 새가 무엇을 먹고 사느냐에 따라 달라진다.

### 부리의 종류

휘파람새의 얇고 날카로운 부리는 곤충을 잡기에 좋다.

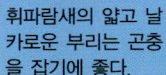

황조롱이의 날카롭고 굽은 부리는 고기를 찢기에 좋다.

꿀빨이새의 길고 가느다란 부리는 꽃에 있는 꿀을 빨아먹기에 좋다.

방울새의 단단하고 짧막한 삼각형의 부리는 씨를 쪼개기에 좋다.

물오리의 평평한 부리는 수초를 떠올리기에 좋다.

왜가리의 길고 날카로운 부리는 물고기를 찌르기에 좋다.

플라밍고는 물에 머리를 거꾸로 박고 먹이를 먹는다.

플라밍고의 부리는 물과 진흙, 그 속에 포함된 작은 동식물을 떠올리는 국자 같은 역할을 한다.

플라밍고의 입 부분 단면

먹이를 잡는 돌기

혀의 돌기는 부리에서 먹이를 긁어내는 역할을 한다.

링크 311

플라밍고는 먹이를 걸러내는 독특한 부리와 혀를 가지고 있다. 이들은 호수 바닥의 진흙을 부리로 갈퀴질하듯 긁어서 먹이를 먹는다. 이렇게 하면 아주 작은 동식물이 부리 안쪽의 조그만 돌기에 달라붙고, 플라밍고는 혀에 있는 더 큰 돌기를 이용해서 부리에 붙은 먹이를 긁어먹는다.

### 유용한 인터넷 링크

**www.usborne-quicklinks.com**

**Web 1** '동물 올림픽'에서 먹이를 놓고 경쟁하는 여러 종의 동물에 대해 읽고 난 뒤 어떤 '동물 선수'가 금메달을 따야 할지 판단해보자.

**Web 2** 새들이 어떻게 먹이를 먹는지 게임과 온라인을 통해서 알아보자.

**Web 3** 고래와 고래의 먹이에 대해 살펴보자. 또 먹이를 먹기 위해 고래 수염을 어떻게 이용하는지에 대해 알아보자.

**Web 4** 다양한 곤충의 머리와 입을 찍은 전자현미경 사진을 볼 수 있다. 놀라움을 금치 못할 것이다.

# 이빨과 소화 Teeth and Digestion

**많은** 동물들이 먹이를 찢고 씹고 갈기 위한 **이빨**을 갖고 있다. 동물이 삼킨 먹이는 소화기관에 의해 분해되어서 영양소로 몸에 흡수된다. 동물은 어떤 종류의 먹이를 먹고 사느냐에 따라 다른 종류의 이빨과 소화기관을 가지고 있다.

다른 초식동물처럼 기린은 풀을 씹어 으깨기 좋은 납작하고 굴곡진 이빨이 있다.

링크 312

## 육식동물

고기를 먹고 사는 **육식동물**은 고기를 찢기 좋은 날카로운 이빨이 있다. 짧은 칼과 비슷하게 생긴 **송곳니**는 먹이인 동물을 찔러서 죽이는 데 사용된다. 크고 뾰족뾰족한 **어금니**는 고기를 자르는 데 주로 사용되는 이빨이다. 이보다 작은 **앞니**는 먹이를 물거나 고기를 뼈에서 뜯어낼 때 사용한다.

상어의 이빨은 턱 부분에 열을 지어서 난다. 앞쪽 이빨 한 벌에서 하나가 빠지면, 다른 이빨이 앞으로 나와서 그 자리를 대신한다.

대부분의 포유류는 일생 동안 이빨이 두 번 나며 이 두 번째 이빨을 **영구치**라고 하는데, 이것이 빠지면 그 자리에 이빨이 다시 나지 않는다.

## 초식동물

**초식동물**은 풀을 먹고 사는 동물을 말하는데 풀을 씹어 으깨는 네모난 모양의 **어금니(구치와 소구치)**를 갖고 있다. 긴 앞니는 모양이 끌과 비슷하다. 소나 사슴 같은 반추동물(삼킨 먹이를 다시 게워내어 씹는 동물)은 위턱의 판으로 받친 풀을 앞니로 움켜쥐듯이 문다. 앞니와 어금니 사이에는 **치극**이라고 하는 혀를 움직일 수 있는 빈 공간이 있다.

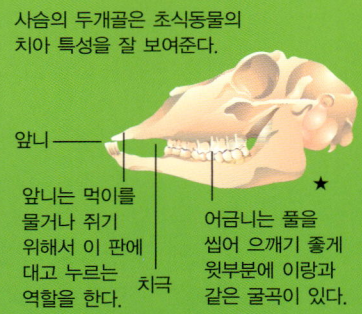

사슴의 두개골은 초식동물의 치아 특성을 잘 보여준다.

앞니 ──

앞니는 먹이를 물거나 쥐기 위해서 이 판에 대고 누르는 역할을 한다.

치극

어금니는 풀을 씹어 으깨기 좋게 윗부분에 이랑과 같은 굴곡이 있다.

## 다용도 이빨

풀과 고기를 모두 먹는 동물을 **잡식동물**이라고 한다. 잡식동물의 이빨은 어떤 먹이를 먹느냐에 따라 크기와 모양이 아주 다양하다. 원숭이의 경우는 살점을 꿰뚫는 긴 송곳니와 풀을 씹어 으깰 수 있는 납작한 어금니를 갖고 있다.

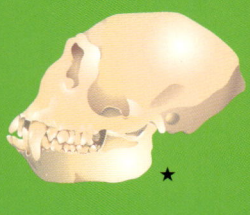

원숭이의 두개골을 보면 잡식동물이 다양한 종류의 이빨을 갖고 있음을 알 수 있다.

이 암사자의 사진으로 육식동물의 이빨을 관찰할 수 있다.

어금니는 살점을 자르기 위해서 서로 부딪히면서 움직인다.

송곳니는 살점을 꿰뚫고 찌르는 이빨이다.

앞니는 뼈에서 살점을 긁어낸다.

## 풀 소화하기

풀에는 **섬유소**라는 질긴 물질이 들어 있어서 소화하기가 어렵다. 그래서 초식동물은 다른 동물보다 더 복잡한 소화기관을 가지고 있다. 대부분의 초식동물은 몸 안에 **맹장**이라는 주머니가 있어서 삼킨 풀을 이곳에서 나오는 효소로 분해한다.

토끼 몸 속
맹장의 위치

소나 양, 사슴과 같은 **반추동물**은 위장과 비슷한 4개의 방으로 먹이를 소화한다. 혹위, 벌집위, 겹주름위, 주름위가 바로 그것이다.

### 소의 소화기관

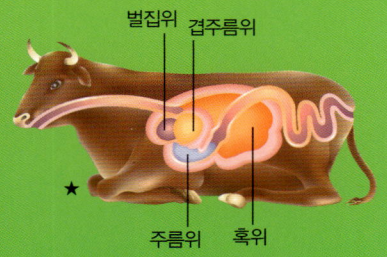

벌집위    겹주름위

주름위    혹위

일단 씹히지 않은 먹이가 **혹위**로 보내지면 박테리아가 섬유소를 분해하기 시작한다. 일부 소화된 먹이는 두 번째 방인 **벌집위**에서 처리된 후 다시 입으로 게워내어 씹는다. 이 단계를 **되새김질 과정**이라고 한다. 씹고 난 먹이는 다시 삼켜 나머지 방인 **겹주름위**와 **주름위**(진짜 위)에서 더 분해된다.

## 새의 소화

새는 먹이를 잘게 부술 이빨이 없기 때문에 단단한 먹이를 처리하는 특별한 소화기를 갖고 있다. 먹이를 삼키면 얇은 주머니 같은 **소낭**에 저장되었다가 두꺼운 근육질의 주머니인 **모래주머니(사낭)**로 옮겨진다. 이 모래주머니 벽에 있는 울퉁불퉁한 근육질로 새가 삼킨 먹이와 작은 돌 따위가 으깨진다.

소낭

모래주머니

노폐물은 새의 몸을 빠져나오기 전 **배설강**에 저장된다.

올빼미나 매 같은 육식 조류는 먹이를 통째로 삼킨다. 뼈나 깃털처럼 소화되지 않는 부분은 새의 위장 속에서 **펠릿**이라는 작은 덩어리가 되어서 새가 기침을 할 때 입을 통해서 다시 나온다.

이 펠릿은 가면올빼미가 뱉은 것이다. 올빼미의 펠릿에는 작은 동물의 뼈 등이 들어 있을 때도 있다.

뼈

4-6cm

올빼미는 개구리나 쥐 같은 작은 동물을 한 번에 꿀꺽 삼킨다.

링크
313

### 직접 해보자

숲이 우거진 곳에 가면 새의 펠릿을 찾아 막대를 이용해 뒤집어보면서 안에 무엇이 들어 있는지 살펴보자. 새의 보금자리가 있는 곳이나 나무 아래에 가면 발견하기 쉬울 것이다. 세밀하게 관찰하고 싶으면 확대경을 이용하되 절대 손으로 만져서는 안 된다.

펠릿 속에 있던 뼈 조각

### 유용한 인터넷 링크

www.usborne-quicklinks.com

**Web 1** 동물의 먹이와 그 외에 동물에 관한 정보를 풍부하게 얻을 수 있다.
**Web 2** 백상아리의 힘센 턱에 관한 애니메이션을 볼 수 있다.
**Web 3** 다양한 동물들의 두개골과 이빨을 살펴보자.
**Web 4** 온라인으로 올빼미의 펠릿을 해부해보고 새에 관한 다른 정보를 찾아보자.
**Web 5** 다양한 동물의 소화기관에 관한 정보를 얻을 수 있다.

# 호흡 Breathing

상어의 머리 뒤에 아가미구멍이 있는 것을 확인할 수 있다.

**동물은** 물이나 공기 중의 산소를 들이마신다. 이렇게 들이마신 산소는 소화된 먹이의 에너지를 얻는 데 쓰고, 이 과정에서 나온 노폐물인 이산화탄소를 내뱉는다. 이렇게 기체를 몸의 내부와 외부로 주고받는 과정을 **가스교환**이라고 한다. 가스교환은 **호흡기**에서 일어나는데 기체는 이 기관을 통해서 혈액으로 들어갔다가 다시 이 기관으로 돌아온다.

## 물속에서 숨 쉬기

대부분 물에 사는 동물은 **아가미**라는 기관을 통해서 숨을 쉰다. 아가미에는 속아가미와 겉아가미가 있다. **속아가미**는 많은 수중생물의 몸 안에 있는 아가미로 특히 어류에 많다. 대부분의 어류에는 네 쌍의 아가미가 있고 그 사이사이에 아가미구멍이 있다. 경골어류의 아가미는 **아가미뚜껑뼈**라는 골질의 덮개로 보호된다. 연골어류의 아가미는 수중에서 항상 열려 있다.

링크 314

### 아가미로 숨쉬기

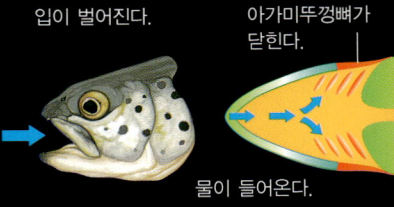

입이 벌어진다.

아가미뚜껑뼈가 닫힌다.

물이 들어온다.

입이 닫히고 아가미뚜껑뼈가 열린다.

물이 아가미구멍을 통해서 들어온다(아가미 필라멘트를 스쳐서 들어간다).

★

물이 아가미뚜껑뼈와 체강벽 사이로 빠져나간다.

아가미로 들어온 물은 물고기의 입으로 들어간 다음 아가미구멍을 통해서 다시 빠져나간다. 아가미 하나하나는 **아가미활(새궁)**이라는 휘어진 작은 막대 모양의 기관과 거기 돋아 있는 **아가미 필라멘트**라는 가느다란 섬유로 이루어져 있다.

마치 깃털의 가지처럼 아가미 필라멘트에는 훨씬 가는 **새판**이 달려 있다. 새판에는 혈관이 들어 있어서 물속의 산소를 혈액으로 받아들이고 이산화탄소를 밖으로 내보내는 역할을 한다.

4개의 아가미를 모두 보여주기 위해서 아가미뚜껑뼈를 그리지 않았다.

**새판은** 물에 딸려 들어온 작은 생물을 걸러내는 역할을 한다. 모든 어류가 가지고 있는 것은 아니다.

아가미구멍

아가미활

아가미 필라멘트

새판

★

날도래 유충이나 올챙이 같은 다른 수생동물들에게는 **겉아가미**가 있다. 겉아가미는 몸 밖에 있고 각각의 모습은 동물의 종류에 따라 다르지만 대체로 머리 뒤쪽으로 주름처럼 자란 경우가 많다.

올챙이

아가미

일부 단순한 수생동물은 **수관**이라는 관을 가지고 있다. 물에 녹은 기체를 아가미로 옮겨주는 역할을 하는 수관을 **입수관**이라 하고, 기체를 아가미에서 밖으로 내보내는 수관을 **출수관**이라고 한다.

### 쇠고둥의 단면도

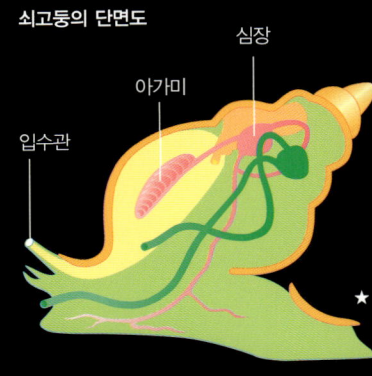

심장

아가미

입수관

★

## 양서류

양서류는 물과 육지 모두에서 생활할 수 있고, 수중과 공기 중에서 모두 호흡할 수 있다. 양서류에 속하는 개구리는 여러 가지 방법으로 호흡을 하는데, 수중에서는 물에 녹아 있는 산소가 피부 아래 있는 혈관으로 통과해서 들어가고 이산화탄소도 같은 방법으로 빠져나간다. 육지에서는 폐라는 한 쌍의 가벼운 주머니를 이용해서 호흡하며 다른 척추동물과 같은 방식으로 폐 안의 혈관을 통해 기체 교환이 일어난다 (오른쪽 참조). 그러나 개구리는 기체를 안으로 받아들였다가 내보내는 데 너무 많은 에너지를 쓰기 때문에 폐호흡은 효율이 떨어진다. 그래서 지상에서도 피부를 통한 기체 교환이 이루어진다. 또 개구리는 입 안쪽 벽에 있는 혈관을 통해 기체를 교환할 수도 있다.

개구리의 피부는 자연스럽게 나온 수분 때문에 윤이 난다. 기체가 이 수분에 녹고, 곧이어 피부를 통한 기체 교환이 이루어진다.

## 폐

모든 파충류와 새, 포유류는 기체 교환을 하기 위해서 한 쌍의 **폐**를 갖고 있다. 동물의 호흡은 무의식적으로 일어나고 힘도 들지 않는다. 공기는 **기관**이라는 관을 통해 폐로 흘러들어갔다가 밖으로 나온다. 기관은 2개의 굵은 관으로 나뉘는데 각각을 **기관지**라고 하고 이들은 폐 안에서 다시 더 작은 **이차, 삼차기관지**로 나누어진다.

삼차기관지는 **세기관지**라는 가는 관으로 또 나누어진다. 세기관지는 **폐포**라는 작은 주머니에서 끝이 나는데 기체는 바로 이 폐포의 표면에 있는 작은 혈관을 통해서 교환된다.

**포유류의 폐 도해**

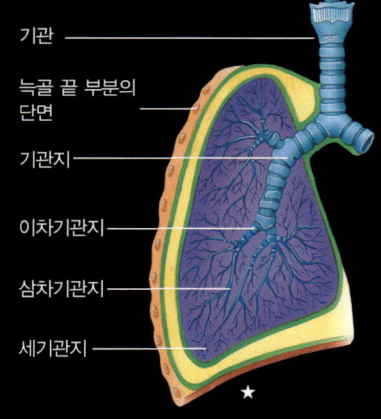

기관

늑골 끝 부분의 단면

기관지

이차기관지

삼차기관지

세기관지

★

## 곤충이 숨 쉬는 방법

곤충의 기체 교환은 **기문**이라는 작은 구멍을 통해서 일어난다. 기문을 따라 공기는 여러 개의 관이 연결된 **기관**으로 들어간다. 기관은 **세기관지**라는 작은 관으로 나누어져 몸 안의 세포에 기체를 전달하고 또 받아오는 역할을 한다.

**벼룩의 호흡기**

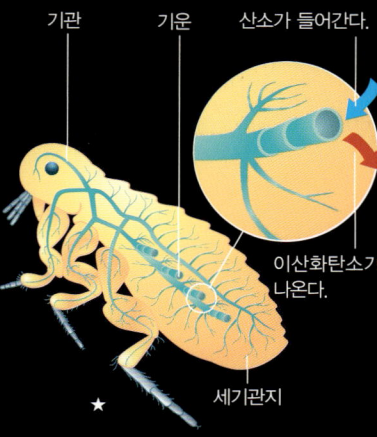

기관　　기문　　산소가 들어간다.

이산화탄소가 나온다.

세기관지

★

### 직접 해보자

크기가 크고 움직임이 많은 곤충 중 일부는 여분의 산소가 필요한 경우가 있다. 이런 곤충들은 기문을 열고 복부를 내밀었다 넣었다 하면서 산소를 받아들인다. 메뚜기나 큰 나방이 쉬면서 이런 행동을 하고 있으면 잘 관찰해보자.

### 유용한 인터넷 링크

**www.usborne-quicklinks.com**

**Web 1** 프린트해서 공부할 수 있는 그림 표와 함께 새의 호흡에 대해 공부해보자.

**Web 2** 돌고래는 어떻게 숨을 쉬는지 알아보자.

**Web 3** 고래가 숨 쉬는 원리를 알아보자. 또 흑등고래를 촬영한 동영상도 살펴보자.

**Web 4** 여러 종류의 동물들이 어떻게 숨을 쉬는지 그림으로 살펴보자.

# 체내의 균형 Internal Balance

**생명을** 유지하기 위해서 생명체의 체온은 일정 정도여야 하고 체내의 염분이나 수분과 같은 물질도 적절한 수준으로 유지되어야만 한다. 몸과 내부의 화학물질을 균형이 맞는 상태로 유지하는 것을 **항상성**이라고 한다. 단단한 노폐물이나 액체형태의 노폐물을 몸 밖으로 내보내는 것도 여기에 포함된다. 이런 역할을 하는 신체기관을 **배설기관**이라고 한다. 대부분의 동물에서 배설기관이란 폐, 피부, 간, 신장을 가리킨다.

## 체온

너무 춥거나 더우면 내부 장기가 원활하게 돌아가지 못하기 때문에 동물은 오래 버티지 못한다. 적절한 온도로 체온을 유지하는 것을 **체온조절**이라고 한다. 보통 동물의 피부나 혈액이 체온조절에서 중요한 역할을 한다.

링크
316

포유류나 조류는 대개 어떤 상황에서도 내부의 체온을 일정하게 유지할 수 있는데, 이런 동물을 **정온동물**이라고 한다. 그렇지 않은 동물은 모두 **변온동물**이다. 즉 이들은 체온이 내부에서 조절되지 않고 주변 환경에 따라 변한다.

## 체온 높이기

정온동물은 더 많은 열이 필요한 상황이 되면 몸의 깃털이나 털을 바짝 세운다. 이렇게 하면 마치 담요를 두른 것 같이 따뜻한 공기를 피부 주변에 잡아둘 수 있기 때문이다. 몸을 떨기도 하는데 이런 동작 역시 열을 발산한다. 이 두 가지 모두 체온이 너무 떨어졌을 때 무의식적으로 일어나는 동작이다.

하지만 변온동물은 몸을 따뜻하게 할 수 있는 방법이 없어서 체온이 너무 떨어졌을 경우에는 다시 체온이 오르도록 햇볕을 쬐는 수밖에 없다.

어린 올빼미들은 복슬복슬한 솜털이나 있어서 여기에 열을 가두어 몸을 따뜻하게 유지할 수 있다.

## 체온 내리기

변온동물은 몸을 식히기 위해서 그늘이나 물을 찾아간다. 하지만 정온동물은 다른 방식으로 열을 식히기도 한다. 한 예로 체온이 너무 높으면 땀이 나는데 피부에서 수분이 증발하면서 체온이 내려간다. 털이 많은 동물은 땀을 흘릴 수 없기 때문에 대신 숨을 헐떡거리기도 한다. 그러면 혀의 표면과 내쉬는 숨을 따라 몸속의 수분과 열기가 빠져나간다. 아프리카여우 같은 사막동물들은 귀가 커서 귀의 내벽을 통해 열을 발산한다.

다른 파충류처럼 초록아놀도 변온동물이다. 이들은 햇볕을 쬐어서 체온을 유지한다.

아프리카여우

## 수분 균형

모든 생명체는 체내에 일정한 양의 수분을 유지해야 한다. 그렇지 않으면 체내의 기관이 제대로 작동하지 않기 때문이다. 짚신벌레 같은 단세포생물은 몸속에 있는 **수축포**라는 작은 주머니로 일정 정도의 수분을 유지한다.

짚신벌레

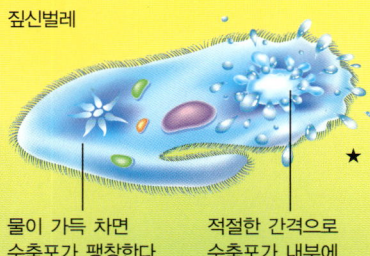

물이 가득 차면 수축포가 팽창한다.

적절한 간격으로 수축포가 내부에 있는 물을 뿜어낸다.

## 간과 신장

많은 동물이 대부분의 노폐물을 간과 신장을 통해서 제거한다. 간은 양분에서 아미노산을 분해하면서 **요소**라는 물질을 만든다. 요소는 혈액과 섞여서 **신장**으로 가고 신장은 이 혈액에서 요소와 수분, 해로운 염분을 함께 걸러낸다. 이 액체가 바로 **소변**인데 이것은 **방광**이라는 주머니처럼 생긴 기관에 저장되었다가 정기적으로 비워진다.

신장과 방광의 도해

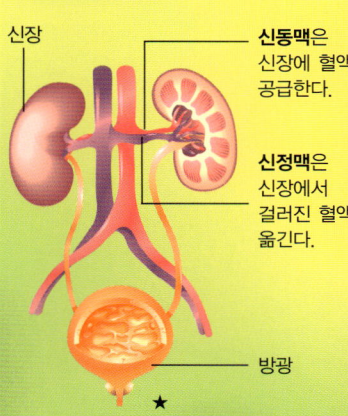

신장

**신동맥**은 신장에 혈액을 공급한다.

**신정맥**은 신장에서 걸러진 혈액을 옮긴다.

방광

## 말피기관

절지동물에게는 신장이나 간이 없다. 대신 이들은 **말피기관**이라는 관을 가지고 있어서 이 관이 체강(혈액낭)에서 노폐물을 제거하는 역할을 한다. 이 노폐물은 장에서 고체 **요산**으로 바뀌고 수분은 혈액으로 재흡수된다. 이 과정이 완료되면 요산을 몸에서 내보낸다.

거미의 배설기관

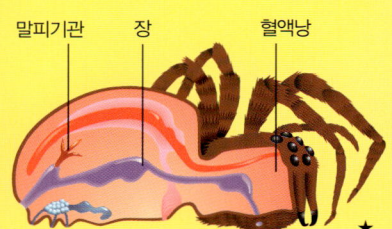

말피기관   장   혈액낭

구조가 단순한 연충처럼 몸체가 부드러운 생물의 경우 **원신관**이라는 노폐물 관을 가지고 있다. 노폐물이 텅 빈 **불꽃세포**를 통해서 이 관에 들어갔다가 **배설공**이라는 작은 구멍으로 빠져나간다.

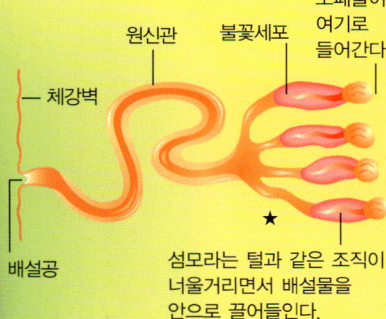

원신관   불꽃세포   노폐물이 여기로 들어간다.

체강벽

배설공

섬모라는 털과 같은 조직이 너울거리면서 배설물을 안으로 끌어들인다.

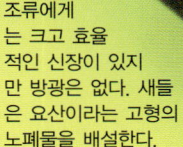

조류에게는 크고 효율적인 신장이 있지만 방광은 없다. 새들은 요산이라는 고형의 노폐물을 배설한다.

링크 317

# 신호 보내기 Sending Messages

**다른** 동물이 이해할 수 있는 정보를 보내는 과정을 의사 소통이라고 한다. 동물들은 색깔, 소리, 움직임, 화학물질 등 다양한 방법으로 서로 소통한다. 이들의 신호는 대부분 짝짓기나 다른 개체에게 보내는 경고와 관련이 있다.

스컹크는 적에게 귀찮게 하지 말라는 경고로 발을 구르고 꼬리를 치켜든다. 그래도 적이 떠나지 않으면 냄새가 고약한 액체를 쏜다.

## 색깔 기호

많은 동물들이 특정한 색깔에 반응한다. 유럽울새 수컷은 상대가 자신의 영역 근처에서 붉은 가슴을 보이면 공격적으로 변한다. 이렇게 상대방에게서 특정한 반응을 불러일으키는 표시를 **신호자극**이라고 한다.

붉은 가슴을 보여주는 유럽울새

맛이 역겹거나 독이 있는 동물 혹은 아프게 침을 쏘거나 물 수 있는 동물들은 몸의 색깔이 선명한 경우가 많다. 포식자들은 이런 선명한 색깔의 동물은 피해야 한다는 사실을 학습으로 깨닫는다.

이 진홍 나방 유충의 검정색과 노란색 줄무늬는 이것이 독을 품고 있다는 경고다.

수컷 군함새의 목주머니는 보통 오렌지색이지만 짝짓기 계절에는 빨간색이 되고 부풀어 오르기도 한다.

일부 독이 없는 동물도 독이 있는 것과 비슷한 색깔을 띨 때가 있다. 그러면 포식자가 이 동물을 위험하다고 판단해서 접근하지 않기 때문이다. 이런 모방색을 **의태**라고 한다.

호랑나비

호랑나비에는 독이 없는데도 새들은 독이 있는 아프리카황제나비로 착각해서 잡아먹지 않는다.

아프리카황제나비

이 군함새는 빨간 목주머니를 과시하면서 나뭇가지로 만든 둥지 위에 앉아 있다. 암컷이 이 수컷에게 관심이 있으면 나뭇가지를 더 가져다준다.

동물들은 짝을 유혹하기 위해서 색깔이 있는 신체의 일부를 과시하기도 한다. 예를 들어 수컷 군함새는 선홍색 목주머니를 부풀려서 암컷을 유혹한다. 또 부리를 툭툭 치거나 여러 가지 포즈를 취하기도 한다.
공작 같은 조류 수컷들은 짝짓기 철이 되면 깃털을 아름답게 펼쳐서 암컷을 유혹한다.

링크
318

## 몸짓언어

무리지어 사는 동물들은 특정한 방식으로 움직이거나 특이한 포즈를 취해서 신호를 전달하는 경우가 많다. 예를 들어 벌은 일정한 모양을 그리면서 움직이거나 춤을 추면서 어디에서 먹이를 찾을 수 있는지 알린다. 벌한 마리가 이렇게 춤을 추면 다른 벌들은 그걸 보고 먹이의 질과 장소를 알 수 있다.

### 벌의 8자 모양 춤

이 벌은 8자를 그리면서 8자 모양 한가운데서 배를 흔든다.

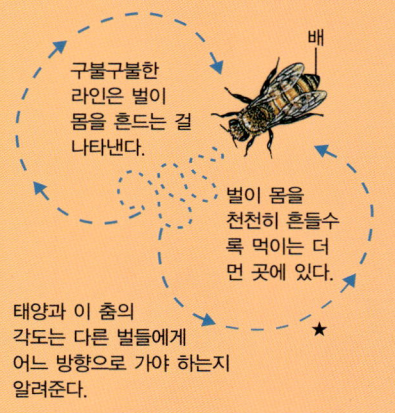

구불구불한 라인은 벌이 몸을 흔드는 걸 나타낸다.

배

벌이 몸을 천천히 흔들수록 먹이는 더 먼 곳에 있다.

태양과 이 춤의 각도는 다른 벌들에게 어느 방향으로 가야 하는지 알려준다.

## 소리 내기

대부분의 동물은 소리를 내서 다양한 신호를 전달하는데 동물에 따라 몸의 여러 부분에서 소리를 내기도 한다.
새는 노래를 해서 짝을 유혹하거나 다른 새들에게 자기 영역에 다가오지 말라고 경고한다. 조류는 기관의 일부인 **울대**를 이용해서 노래한다.

울대의 위치

메뚜기 같은 일부 곤충은 **마찰음**으로 소리를 낸다. 이들은 몸에 있는 두 부분을 함께 문질러서 소리를 내는데 보통은 다리와 날개를 이용해서 높은 찍찍 소리나 우는 소리를 낸다. 이런 소리로 암컷을 유혹한다.

베짱이는 다리에 있는 작은 마찰편을 날개에 문질러서 소리를 낸다.

암나방은 공기 중으로 냄새(페로몬)를 발산한다.

수나방은 1마일이 넘게 떨어진 곳에서도 미세한 암나방의 냄새 흔적을 감지할 수 있다.

## 화학물질 신호

많은 동물들이 **페로몬**이라는 화학물질을 공기 중에 뿌려서 의사소통을 한다. 예를 들어 일부 곤충은 짝을 유혹하기 위해 아주 강력한 페로몬을 발산하기도 한다.
수컷은 소변을 뿌리거나 몸의 분비기관에서 다른 화학물질을 뿌려 영역을 표시하는 경우가 많다. 다른 동물들은 이런 냄새가 나는 곳이 그 수컷에게 속해 있다는 것을 알고 멀리 떨어진 곳으로 간다.

링크
319

## 지위서열

무리 지어서 사는 동물을 **사회적인 동물**이라고 한다. 늑대와 같은 일부의 사회적인 동물들은 몸짓언어로 각 지위서열을 나타낸다.

### 무리의 가장 위에 있는 늑대

쫑긋 선 귀

드러낸 이빨

꼿꼿이 편 꼬리와 몸

### 무리의 아래에 있는 늑대

머리에 붙듯이 납작하게 누운 귀

구부린 몸

몸 아래로 말아 넣은 꼬리

더 힘이 센 늑대인 대장 늑대는 약한 늑대인 부하 늑대의 목을 물기도 한다. 이런 행동은 대장 늑대가 더 서열이 높다는 것을 보여주는 것이다.

### 직접 해보자

종종 애완견이 약한 부분인 목이나 배를 보여주면서 등을 바닥에 대고 구르는 것을 볼 수 있다. 애완견의 이런 행동은 우리에게 복종하고 공격하지 않겠다는 의미이다.

### 유용한 인터넷 링크

www.usborne-quicklinks.com

Web 1 유충과 나비가 포식자로부터 스스로를 보호하는 방법을 알아보자.
Web 2 벌의 춤을 살펴보자.
Web 3 늑대의 울음소리가 보내는 신호를 들어보자.
Web 4 커다란 악어와 작은 악어가 내는 소리를 들으면서 각각 무엇을 의미하는지 알아보자.
Web 5 다양한 동물의 울음소리를 들어보자.

# 동물의 감각 Animal Senses

박쥐는 눈이 작은 대신 귀가 아주 크고 민감하다.

**모든** 동물들은 주변의 정보를 받아들이고 반응해야 하기 때문에 감각기관이 필요하다. 보통은 동물의 몸 표면 바로 아래에 분포하는 **수용기**라는 민감한 세포가 이런 정보를 모아서 뇌로 신호를 보낸다. 이 신호는 뇌에서 시각이나 청각 같은 감각으로 전환된다.

## 청각

대부분의 육상동물은 **음파**라고 하는 공기의 움직임을 감지해서 소리를 듣는다. 음파는 귀 속에 얇은 막으로 된 **진동판**을 친다. 그러면 작은 뼈가 이 진동을 내부로 전달하고, 결국 뇌로 신호가 보내진다. 많은 동물의 경우 몸의 외부에 이런 음파가 체내로 들어올 수 있는 경로를 가지고 있다. 이런 경로를 보통 **귀**라고 부르고 귀 안의 진동판을 **고막**이라고 한다.

링크 320

**포유동물의 귀** ★

음파가 외이 (귓바퀴)를 통해서 안으로 들어간다.

고막이 떨린다.

신경이 뇌로 충동을 보낸다.

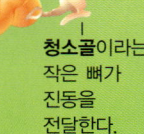

**청소골**이라는 작은 뼈가 진동을 전달한다.

어떤 동물은 더 단순한 구조를 가지고 있어서 몸의 표면에 진동판이 있고 내부구조도 덜 복잡하다. 이런 구조를 **고막기관**이라고 한다. 개구리와 같은 동물은 이런 고막기관이 머리에 있지만 귀뚜라미처럼 다리에 고막기관이 있는 경우도 있다.

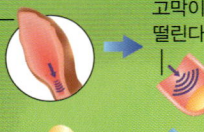

개구리의 고막기관 위치

## 반향정위

반향정위란 일부 동물이 주변에 있는 물체의 위치와 크기를 감지하는 방식이다. 한 예로 박쥐는 날면서 아주 높은 소리를 낸다. 그러면 이 소리가 주변의 물체에 부딪혀서 반사되어 박쥐에게 돌아온다. 박쥐는 이 반향을 이용해서 장애물을 피하고 어둠 속에서도 먹이를 찾을 수 있다.

## 균형

많은 경우 동물의 뇌는 귀의 민감한 세포에서 오는 정보와 눈에서 오는 신호를 이용해서 몸의 균형을 유지한다. 그러나 일부 생물은 균형을 잡기 위해서 특별한 부분을 가지고 있기도 하다.

예를 들어 해파리는 **평형포**라는 주머니 모양의 기관으로 균형을 잡는다. 평형포 안에는 **평형석**이라는 작은 알갱이가 들어 있어서 해파리가 헤엄을 치면 이리저리 움직인다. 이 알갱이가 민감한 세포에 닿으면 해파리가 어느 방향으로 몸이 향하고 있는지 알 수 있다.

물에 떠 있는 해파리

## 직접 해보자

관의 맨 위에 플라스틱으로 된 막을 펼쳐둔다. 휴지의 동그란 종이심도 좋다. 이 위에 쌀알을 몇 개 올려놓고 다른 사람에게 관의 아랫부분을 탁탁 쳐달라고 해서 공기의 진동이 쌀알을 움직이는 것을 살펴보자. 이와 같은 방식으로 음파도 고막과 청소골을 통해서 전달된다.

박쥐는 아주 높은 소리를 낸다.(파란색)

곤충

★

돌아오는 반향 (빨간색)

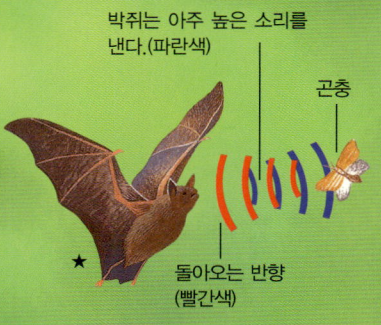

파리는 **평행곤**이라고 부르는 작고 변형된 뒷날개가 있다. 평행곤은 파리가 날 때 균형을 잡아주는 역할을 한다.

평행곤

## 시각

많은 동물들이 **눈**을 가지고 있다. 눈은 주변을 볼 수 있는 기관으로 빛을 감지하는 **광수용기**라는 감지기를 갖고 있다.

곤충이나 게 같은 일부 동물은 **겹눈**을 가지고 있는데 각각의 눈은 수백 개의 작은 수정체로 만들어져 있다. 수정체 하나하나는 따로따로 상을 보게 되는데 이것을 뇌에서 조합해서 **모자이크상**을 완성한다.

겹눈

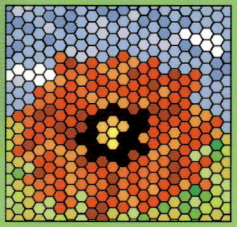

곤충이 보는 꽃의 모자이크상

동물의 눈에는 가운데에 **동공**이라는 구멍이 있다. 동공은 빛의 양을 조절하기 위해서 팽창하거나 수축한다. 밤에 주로 활동하는 **야행성 동물**은 큰 눈을 가지고 있으며 그 안에는 가능한 한 빛을 많이 받아들이기 위해 아주 넓게 벌어지는 동공이 있다.

고양이의 눈 : 밝을 때

고양이의 눈 : 어두울 때 ★

야행성 동물과 일부 심해어류의 눈 뒤에는 **반사판**이라는 빛이 나는 층이 있다. 이 층은 거울처럼 작용해서 빛을 모은다. 밤에 고양이의 눈이 빛나는 것도 반사판이 빛을 반사하고 있기 때문이다.

## 눈의 위치

동물이 볼 수 있는 부분을 **시야**라고 한다. 시야는 동물의 눈이 어느 위치에 있느냐에 따라 다르다. 대부분의 초식동물은 눈이 머리 양쪽에 달려 있다. 이런 눈은 풀을 뜯어 먹는 동안에도 포식자들이 다가오는 것을 금방 알 수 있게 해준다. 이를 **주변시**라고 한다.

땅다람쥐의 일종인 수수리크의 눈은 포식자의 접근을 재빨리 발견하기 위해 사방을 볼 수 있다.

포식자와 나무에 사는 동물들은 머리 앞부분에 눈이 있는데 이를 **양안시**라고 한다. 양안시는 그들이 노리는 먹이처럼 멀리 있는 사물에 초점을 맞출 수 있는 특징을 갖고 있다. 원숭이나 유인원과 인간은 **입체시**를 갖고 있다. 각 눈은 약간 다른 각도에서 사물을 보고, 뇌에서 이 두 이미지를 조합해서 입체적인 이미지를 만들어낸다.

사진 속의 오랑우탄의 눈의 위치는 나무에서 나무로 옮겨갈 때 거리를 가늠할 수 있게 해준다.

링크 321

### 직접 해보자

인간이 입체시를 갖고 있다는 것을 보여주는 간단한 실험을 해보자. 양손 사이에 어느 정도 거리를 두고 집게손가락이 서로를 가리키도록 편다. 한쪽 눈을 감고 두 손가락 끝을 갖다 대자. 두 눈을 다 뜬 상태에서는 이렇게 하는 것이 어렵다는 것을 알 수 있다.

### 유용한 인터넷 링크

www.usborne-quicklinks.com

Web 1 다양한 동물들의 '초감각'에 대해 알아보자.
Web 2 야행성 동물이 어떻게 어두운 데서 사물을 구별할 수 있는지 알아보고, 그림을 통해 더 많은 것을 공부해보자.
Web 3 시각, 눈의 해부학적 구조, 다양한 동물이 사물을 보는 방법을 온라인 게임으로 알아보자.
Web 4 박쥐와 돌고래가 소리를 어떻게 이용하는지 애니메이션으로 살펴보자.
Web 5 동물의 감각에 관한 재미있는 사실을 알아보자.

## 촉각

촉각은 동물들이 길을 찾을 수 있게 해주고 같은 종족끼리 유대감을 만들어준다. 서로 털을 다듬어주거나 몸의 일부를 비비는 동물들도 있다. **촉각수용기**라는 감각기는 말 그대로 촉각을 감지할 수 있게 한다. 척추동물들은 보통 몸 전체에

촉각수용기가 있고 **무척추동물**은 특정 부분에만 촉각수용기를 가지고 있다.

## 촉수

촉수는 달팽이 같은 연체동물이나 바다 생물에서 많이 발견되는 길고 유연한 신체구조이다. 대부분 먹이를 잡거나 방향을 파악하기 위해서 사용된다.

링크
322

## 수염

고양이나 쥐 같은 대부분의 포유류는 얼굴에 길고 뻣뻣한 **수염** 혹은 **강모**를 가지고 있다. 이런 수염들은 촉각에 아주 민감하다.

햄스터의 수염 끝 부분의 신경말단은 아주 작은 움직임도 감지해낼 수 있다.

## 더듬이

곤충이나 갑각류 (게나 이와 비슷한 동물)는 머리에 채찍처럼 생긴 **더듬이** 혹은 **촉수**라는 구조를 가지고 있다.
더듬이는 동물이 냄새나 맛을 알아낼 수 있게 돕는 역할을 한다. 이들은 공기의 흐름과 땅 표면 감촉의 변화를 감지한다. 따개비 같은 일부 동물은 자신의 몸을 어딘가에 붙이기 위해 더듬이를 사용하기도 한다. 헤엄치기 위해서 더듬이를 쓰는 동물도 있다.

## 민감한 강모

곤충 같은 무척추동물 대부분이 갖고 있는 몸의 외피는 그다지 민감하지가 않다. 그래서 무척추동물의 경우 몸에 **강모**라는 억센 털이 나 있는 경우가 많다. 강모의 아랫부분에는 신경이 있어서 떨림이나 공기의 움직임에 반응한다.

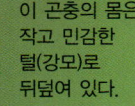

장수하늘소의 커다란 더듬이는 이음매가 있고 아주 유연하다.

이 곤충의 몸은 작고 민감한 털(강모)로 뒤덮여 있다.

문어는 8개의 민감한 촉수를 가지고 있다.

## 냄새와 맛

냄새를 맡거나 맛을 보는 기관에는 **화학수용기**라는 감각기가 있다. 화학수용기는 동물의 입 안에 주로 분포하지만 다른 신체기관에서 발견되는 경우도 있다.

일부 어류는 몸 전체에 맛과 냄새를 감지하는 기관을 가지고 있다. 하지만 곤충의 경우에는 다리의 끝처럼 몸의 일부에만 화학수용기를 갖고 있다. 그래서 곤충들은 먹이 위를 걷기만 해도 음식의 맛을 알 수 있다.

파리의 발에 달린 화학수용기는 파리가 걷는 물질의 맛을 느끼고 이것을 먹어도 되는지 아닌지 판단하도록 돕는다.

절지동물은 더듬이와 비슷한 **촉수**라는 기관을 가지고 있다. 촉수는 입의 일부분이 변해서 만들어진 것으로 냄새를 맡거나 맛을 알 수 있는 화학수용기가 있다. 촉각에 민감한 일부 기관도 촉수라고 부르기도 한다.

### 직접 해보자

냄새와 맛이라는 감각은 함께 작용한다. 그래서 감기에 걸리거나 코가 막히면 음식 맛을 알기가 어려운 것이다.

음식을 먹을 때 코를 잡고 미각이 얼마나 잘 작용하는지 살펴보자.

뱀은 혀를 날름거리면서 냄새와 맛을 입 안으로 가져온다. 입천장 부분에 **야콥슨기관**이라는 구멍 2개가 있어 냄새와 맛을 구분한다. 뱀은 이런 방법을 이용해서 먹이를 쫓아간다. 게다가 어떤 뱀은 머리에 **피트기관**을 갖고 있어서 멀리서도 먹잇감의 체열을 감지해낸다.

## 다른 감각

물고기와 일부 양서류에는 몸에 **옆줄**이라는 2개의 가느다란 관과 같은 것이 있다. 옆줄은 몸의 측면을 따라 피부 바로 아래에 길게 위치하며 속에는 물이 들어 있다. 옆줄은 다른 동물 때문에 일어나는 물의 흐름이나 압력의 변화를 감지한다.

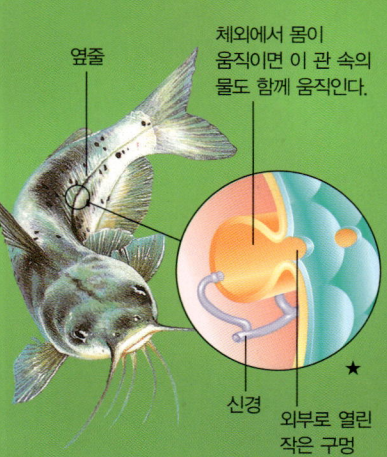

옆줄

체외에서 몸이 움직이면 이 관 속의 물도 함께 움직인다.

★

신경

외부로 열린 작은 구멍

상어는 머리에 있는 **로렌치니기관**을 이용해서 주변 동물이 발산하는 미약한 전류를 감지할 수 있다. 로렌치니기관 안에 있는 민감한 털은 전류를 감지하는 신경세포와 연결되어 있다. 이런 감각을 **전기수용**이라 한다.

산호뱀은 혀를 날름날름 내밀어서 공기 중의 맛을 감지한다.

과학자들은 새가 이주하는 데 어떤 감각이 도움이 되는지는 아직 확실히 밝혀내지는 못했지만 몇 가지 가설을 내놓고 있다. 이 중에는 새가 지구의 자기장을 감지해서 이것을 길잡이 삼아 이주한다는 설도 있다.

링크
323

북극제비갈매기는 다양한 감각기관을 이용해서 남극을 왕복한다.

### 유용한 인터넷 링크

www.usborne-quicklinks.com

Web 1 동물에게도 감정이 있을까? 동물의 마음속을 들여다보자.
Web 2 나비와 나방의 다양한 감각이 어떻게 사용되는지 알아보자.
Web 3 북극제비갈매기와 누, 연어와 나비 등 철에 따라 이주하는 동물에 대해 알아보자.
Web 4 문어의 촉수에 대해 알려주는 동영상과 사진, 여러 가지 정보를 접하고 퀴즈를 풀어보자.

# 새로운 생명체 만들기 Creating New Life

**모든** 생명체는 같은 종류의 생명체를 만들어낼 수 있다. 이런 과정을 번식이라고 한다. 대부분의 동물은 암수로 짝을 지어서 생식(번식)을 한다. 그러나 단순한 생물들은 짝 없이 자기 몸을 그대로 복제한다. 이런 것을 무성생식이라 한다.

이 짚신벌레는 2개로 분열하려 한다. 분열되면 각각 새로운 개체가 된다.

## 분열

아메바와 같은 단세포생물은 똑같이 반으로 분열하면서 무성생식을 한다. 이런 것을 이분법이라고 한다. 단세포생물이 아닌 몇몇 작은 유기체는 끊임없이 분열을 해서 여러 번 번식을 하는데 이런 것은 **다분열**이라고 한다. 이런 방식으로 분열을 하면 아주 많은 수의 새로운 개체, 즉 딸세포가 단시간에 생겨난다.

산호와 같은 생물은 무성생식이 일어난 후에도 모체에 붙어 있는데, 이런 것을 **불완전분열**이라고 한다.

링크 324

## 출아

히드라 같은 단순한 동물은 몸에서 **아체**가 만들어져 번식한다. 아체는 나중에 모체에서 떨어져 나와 새로운 개체가 된다.

**히드라의 출아**

봉오리 모양의 아체가 생겨난다.

아체가 자라고 발달한다.

아체가 떨어져 나온다.

## 무사분열

플라나리아나 우렁쉥이처럼 몸의 일부가 갈라져 새로운 개체를 만들어내는 동물도 있다. 이런 것을 **가로분열(횡분열)**이라고 한다.

**편형동물의 무사분열**

편형동물이 여러 조각으로 갈라지면 각 조각이 새로운 개체가 된다.

## 재생

불가사리나 해삼, 도마뱀 등은 떨어져나간 신체의 일부를 다시 만들 수 있는 능력을 가지고 있다. 이것을 **재생**이라고 한다.

불가사리

팔 하나가 떨어져나가가면 새로운 팔이 자라나서 그 자리를 대신한다.

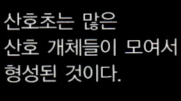

산호초는 많은 산호 개체들이 모여서 형성된 것이다.

## 암컷과 수컷

무성생식을 하면 모체가 가지고 있는 약점도 그대로 자손에게 전달된다. 반면에 **유성생식**은 암컷과 수컷의 생식세포가 결합하는 과정을 포함하므로 그 결과 자손은 부모 양쪽의 특징, 즉 **형질**을 물려받게 된다.

대부분의 동물은 암수가 분리되어 있지만 달팽이나 지렁이 같은 일부 생물은 한 몸 안에 암수가 모두 들어 있다. 이런 생물을 **자웅동체**라고 한다.

알과 달팽이

수정이 이루어진 후(아래 참조) 달팽이는 알을 낳아 구멍에 묻는다.

암수의 생식세포가 결합되는 것을 **수정**이라고 한다. 자웅동체는 보통 스스로 수정을 하지 않고 다른 개체와 서로 수컷의 생식세포를 교환한다. 그래서 자손은 두 부모로부터 형질을 물려받게 된다.

### 직접 해보자

두 마리의 지렁이가 생식세포를 교환할 때 **환대**라는 안장 모양의 부분에서 끈적끈적한 물질을 생성해서 두 마리의 몸이 떨어지지 않게 하는 역할을 한다. 지렁이를 발견하면 환대를 관찰해보자.

환대

지렁이

## 유성과 무성

진디라는 조그만 곤충은 생식주기에 유성생식과 무성생식이 모두 포함되어 있다.

먹이가 충분한 따뜻한 봄과 여름 동안 진디 암컷은 무성생식을 한다. 이들은 암컷을 먼저 만들고, 나중에는 수컷을 만들어낸다. 이들 자손은 모두 암컷의 몸 안에 있는 생식세포에서 자란 것으로, 수컷의 생식세포에 의해서 수정된 것이 아니다. 이런 것을 **단성생식** 혹은 **처녀생식**이라고 한다.

여름이 끝나면 진디는 유성생식을 시작한다. 수정 후에 암컷이 알을 낳고, 다음 봄에 이 알에서 새로운 암컷에 깨어난다.

벌들의 집단은 여왕벌만 새끼를 낳는다. 벌은 유성생식을 하며 수컷의 생식세포를 받아 수정된 알을 낳는다. 이것이 부화해서 가장 많은 수를 차지하는 **일벌(암벌)**이 된다. 여왕은 수정되지 않은 알도 낳는데 이것은 **수벌**로 부화한다.

수벌          여왕벌          일벌(암벌)

링크
325

꽃에 붙어 있는 진디

봄여름 동안 진디의 숫자는 매우 빠르게 늘어난다.

### 유용한 인터넷 링크

**www.usborne-quicklinks.com**

**Web 1** 지렁이를 관찰해보고 환대 부분을 클릭해서 이것의 생식에 대해 알아보자.

**Web 2** 산호와 산호가 어떻게 생식하는지를 보여주는 사진자료와 정보를 찾아보자.

**Web 3** 가상으로 벌집을 탐험하면서 여왕벌과 일벌, 수벌을 만나보자.

**Web 4** 현미경 사진으로 히드라가 번식하는 것을 살펴보자.

## 유성생식

대부분의 동물은 같은 종족의 다른 개체와 짝을 지어서 새끼를 낳는다. 이 경우 수컷과 암컷이 **유성생식**이라는 과정을 함께 하게 된다. 수컷의 생식세포 하나가 암컷의 생식세포 하나를 수정시켜서 새로운 개체를 만들어낸다.

## 짝짓기

많은 동물들이 소리나 페로몬 냄새, 시각적인 요소(334쪽 참조) 또는 다른 것을 이용해서 짝을 유혹한다. 짝으로 정해진 두 동물은 교미 전에 **구애행위**를 한다. 대체로 수컷이 암컷에게 과시하면서 좋은 인상을 주기 위해 노력하는 경우가 많다. 일부 종에서는 특히 새에게서 이런 행동이 많이 나타나는데 두 마리가 함께 '춤'을 추거나 독특한 행동을 하기도 한다.

링크
326

대부분의 종은 짝짓기 이후에 수컷이 암컷을 떠나지만, 일부는 오랫동안 같이 살면서 매해 새끼를 낳기도 한다.

## 수정

수정은 정자라고 하는 수컷 생식세포가 난자라고 하는 암컷 생식세포와 결합하는 것을 말한다. 난자 하나에는 정자 하나만이 수정될 수 있으며 이 수정란은 새로이 태어날 개체의 첫 세포가 된다. 수정란이 성장하면 **배**라고 부른다.

암개구리는 부드러운 알을 많이 낳는다.

한 번에 수백만 개의 정자가 나오지만 난자의 표면을 뚫고 들어갈 수 있는 것은 단 하나뿐이다.

난자　　　　정자

**체외수정**은 어류나 양서류같이 물에 사는 생물들에게서 많이 나타난다. 암컷이 난자가 들어 있는 알을 많이 낳으면 수컷이 와서 정자를 뿌려 덮는 식이다. 수컷이 알에 가까이 있을수록 정자가 수정될 가능성이 높아진다. 예를 들어 수컷 개구리는 암컷이 알을 낳을 때 암컷의 몸을 움켜쥐고 정자를 바로 그 위에 뿌린다.

**체내수정**은 암컷의 몸 안에서 이루어진다. 포유류와 같은 대부분의 육상동물은 이런 방식으로 수정을 하는데, 구체적으로 수컷이 보통 **음경**이라고 하는 기관을 통해 정자를 암컷의 몸 안에 넣는다.

한 쌍의 백조는 평생 함께 보낸다.

## 알 낳기

알을 낳는 동물을 **난생동물**이라고 한다. 대부분의 파충류와 곤충, 조류, 어류가 난생동물에 속한다. 알은 체외에서 수정될 수도 있고 체내에서 수정될 수도 있다.

알에는 크게 두 가지 종류가 있다. 대부분의 어류와 개구리 같은 양서류는 수백 개의 부드럽고 작은 알을 낳는데, 물고기의 경우 이것을 **알뭉치**라고 한다. 그 안에 성체와 전혀 닮지 않은 새끼가 들어 있을 때도 있다.

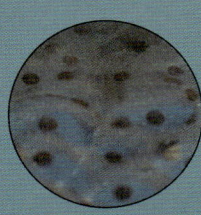

개구리알 속의 작은 검은 점이 올챙이로 발달 중이다.

새나 파충류 같은 육상동물은 더 적은 수의 **폐쇄란**(껍질이 단단한 알)을 낳는다. 이 알은 단단한 껍질로 보호되며, 그 안에서 배가 난황이라는 부분에 저장된 양분을 섭취한다. 알이 부화되어 나온 새끼는 보통 성체와 모습이 비슷하고 크기만 작다.

### 폐쇄란

**흰자**는 배에 단백질과 수분을 공급한다.

흰자의 끈이 난황(노른자)을 한자리에 고정한다.

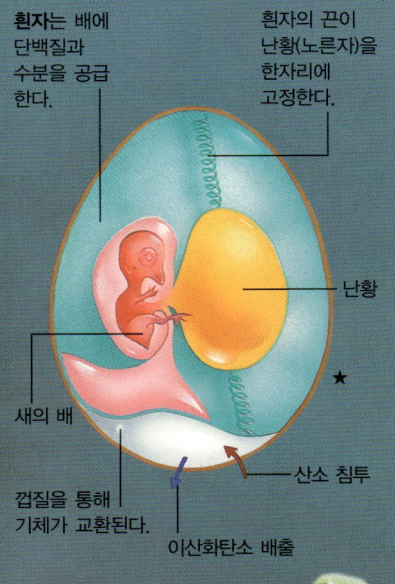

난황

새의 배

껍질을 통해 기체가 교환된다.

산소 침투

이산화탄소 배출

★

## 출산

살아 있는 새끼를 낳는 동물들을 **태생동물**이라고 한다. 이 중에는 포유류가 차지하는 비율이 가장 높다. 암컷의 몸 안에 있는 **자궁**이라는 주머니에서 새끼가 자라며, **태반**이라는 기관이 자궁 속의 새끼에게 영양분을 공급한다. 일정 기간이 지나면 암컷의 몸에 있는 근육이 수축하면서 새끼를 밀어내고 새끼가 세상 밖으로 태어난다.

새끼가 자궁 속에 머무는 기간을 **임신기간**이라고 하는데 임신기간은 동물의 종에 따라 다르다.

출산 후에 대부분의 포유류는 이 얼룩말처럼 새끼를 깨끗이 핥아준다.

## 동물 가족

동물 새끼는 대부분 다른 개체의 도움 없이 태어나고, 보호와 양육 모두 어미에게 전적으로 의지하는 경우가 많다. 포유류는 새끼를 **유선**에서 나오는 젖으로 양육한다. 단단한 먹이를 먹을 수 있을 만큼 충분히 자랄 때까지 새끼는 어미의 젖을 먹고 큰다.

고릴라는 몇 년에 한 번 한 마리의 새끼를 낳는다. 새끼 고릴라는 세 살이나 네 살이 될 때까지 젖을 먹는다.

대부분의 조류나 파충류도 새끼를 낳은 후 이들을 양육하고 보호해준다. 일부 종에서는 암컷과 수컷 모두 부모로서의 의무를 함께 한다.

황제펭귄 암컷은 수컷이 바다에서 먹이를 먹는 동안 새끼 펭귄을 보호한다.

수컷이 돌아오면 암수는 번갈아가면서 새끼에게 먹이를 먹이거나 보호해준다.

링크 327

**직접 해보자**

봄철 연못에서 개구리알뭉치를 찾아보자. 개구리는 굉장히 많은 알을 낳지만 부화한 뒤 포식자에게 잡아먹히지 않고 어른 개구리가 되는 것은 아주 적은 수에 불과하다.

**유용한 인터넷 링크**

www.usborne-quicklinks.com

Web 1 알을 깨고 나온 병아리를 살펴보자.

Web 2 새들이 자기 짝에게 어떻게 좋은 인상을 주는지, 또 어떻게 의사소통을 하고 어떻게 알을 보호하는지 알아보자.

Web 3 살아 있는 새끼를 낳는 동물에 대해 더 알아보자.

Web 4 야생동물의 새끼가 태어나서 동물원에서 자라는 동영상을 볼 수 있다.

Web 5 동물의 생식에 대해 더 자세히 알아보자.

# 동물의 일생 Life Cycles

**한 동물의** 일생 속에서는 시작에서부터 끝까지 수많은 변화가 일어난다. 대부분의 동물은 죽음을 맞기까지 수년이 걸리는 것이 보통이다. 반면에 곤충은 몇 달 만에 일생을 마치는 경우가 많다.

## 변태

곤충이나 개구리 같은 동물들은 삶의 주기가 진행됨에 따라 몸의 형태를 완전히 바꾼다. 이런 것을 **변태**라고 한다. 변태는 **완전변태**와 **불완전변태** 두 종류로 나누어진다. 완전변태의 경우에는 어릴 때의 모습이 다 자란 후의 모습과 아주 다르다.

나비나 나방, 무당벌레와 같은 곤충도 완전변태 과정을 거친다. 어린 나비를 **애벌레**라고 하는데, 먹이를 먹고 자라다가 **번데기**라는 단단한 껍질을 만들어낸다. 번데기 안에서 이들은 아름다운 나비로 우화할 준비를 한다.

### 나비의 일생

알
↓
**유충**이라고 불리는 애벌레
↓
번데기
↓
다 자란 나비가 번데기에서 나온다.

### 메뚜기의 일생 (불완전변태)

암컷이 낳은 알은 애벌레가 된다.

메뚜기의 애벌레

애벌레가 몇 번에 걸쳐 허물을 벗는다.

메뚜기 성충

위의 메뚜기와 같은 다른 동물은 **불완전변태**를 거친다. 이것은 비록 날개와 같은 몸의 일부는 아직 형성되지 않았지만 **애벌레**라는 어린 곤충의 모습이 비교적 그들의 모체와 비슷하다는 뜻이다. 애벌레는 자라면서 몇 번에 걸쳐 허물을 벗는다. 이렇게 조금씩 성장하면서 날개와 생식기도 발달된다. 완전변태나 불완전변태를 거쳐서 다 자란 곤충을 **성충**이라고 한다.

### 개구리의 일생 (완전변태)

암컷이 물에 알을 낳는다.

알에서 올챙이가 나온다.

뒷다리와 폐가 발달한다

앞다리가 자라고 꼬리가 없어진다.

어린 개구리는 물을 떠나 육지로 올라간다.

완전변태를 통해서 겨울을 이겨낼 수 있는 모습을 갖추는 경우도 있다. 새끼 동물들은 보통 다 자란 동물들과는 다른 서식지에 살고, 또 먹는 먹이도 달라서 먹이나 장소를 놓고 어른 동물들과 경쟁하지 않는다.

링크
328

## 직접 해보자

봄철 연못에서 개구리알을 찾았다면 매주 동안 연못에 가서 개구리알의 변화를 살펴보자. 알에서 깨어난 올챙이는 8주 정도 지나면 다리가 나오기 시작한다.

강을 건너 서식지를 옮기는 누

캐나다기러기들은 다른 기러기들과 같이 매해 번식지로 이주해간다.

## 동물의 여행

동물의 일생 중에서 어느 단계에 이르면 번식을 하거나 먹이를 찾기 위해 큰 무리를 지어서 먼 거리를 이동하는 동물들이 있다. 이런 동물들의 여행을 **이주**라고 한다.

새 중에는 일 년에 두 번씩 이주를 하는 종이 많다. 번식지나 먹이가 많은 곳으로 갔다가 다시 돌아오는 것인데 이들은 태양과 별의 위치나 땅의 모양을 보고 갈 길을 찾아낸다.

누와 같이 육지에서 사는 동물들도 계절에 따라 먹이를 찾아 이동한다. 이동하는 도중 강과 같은 험난한 장애물을 넘다가 생을 마감하는 경우도 많다.

## 겨울의 이주

연어나 뱀장어 같은 동물은 일생 동안 단 한 번만 이주한다. 이 여행은 아주 길고 힘들어서 살아남아서 다음 번식을 할 힘을 내지 못하고 마지막으로 자신의 종을 남기고 생을 마감한다.

### 연어의 일생

연어는 자기가 부화한 곳에 가서 알을 낳기 위해 바다에서 강으로, 거친 물살을 헤치며 상류로 거슬러 올라간다.

도착하면 연어 암컷은 꼬리로 강바닥에 움푹 팬 구멍을 파고 그 속에 알을 낳는다.

연어 새끼, 즉 **치어**는 3년 정도 강에 살다가 바다로 나가 알을 낳기 전까지 바다에 산다.

## 긴 휴식

이주를 하지 않는 동물들은 춥거나 가문 계절을 버티기 위해 **휴면**이라고 하는 잠과 비슷한 상태로 지낸다. 가뭄 중에 휴면을 하는 것을 **여름잠**이라고 하고, 겨울에 휴면하는 것을 **동면(겨울잠)**이라고 한다.

동면하기 전에 동물들은 부지런히 먹이를 모으는데, 어떤 동물은 잔뜩 먹고 체지방층을 만들어서 겨울 내내 지낼 수 있게 하기도 하고, 어떤 동물들은 음식을 저장해뒀다가 가끔씩 깨어나서 먹기도 한다.

겨울잠쥐처럼 동면하는 동물들은 안전하게 잘 숨겨진 장소에 자리를 잡는다.

휴면 중에 동물의 호흡과 심장박동은 느려지고 체온도 떨어진다. 다시 먹이를 구할 수 있는 봄이 오면 동물들은 다시 활발하게 움직인다.

링크
329

**유용한 인터넷 링크**

www.usborne-quicklinks.com

**Web 1** 나비와 다른 곤충들이 고치에서 나오는 모습을 살펴보자.

**Web 2** 개구리가 알에서 올챙이, 올챙이에서 어린 개구리로 성장해가는 모습을 사진 일기로 살펴보자.

**Web 3** 여러 종류의 동물들의 일생을 맞추는 게임을 해보자.

**Web 4** 고래, 독수리, 제주왕나비를 포함해서 많은 동물들의 이주 경로를 추적해보고, 직접 본 것도 말해보자.

**Web 5** 사진을 보면서 연어의 일생에 대해 더 알아보자.

# 생태학 Ecology

**지구는** 크게 몇 개의 부분으로 나눠볼 수 있다. 각 지역마다 고유한 식물과 동물들이 살고 있으며 모든 생명체는 주변환경에 적응하면서 살아남기 위해 서로에게 의존한다. 이런 식물과 동물 간의 관계와 이들을 둘러싼 환경에 대해 연구하는 학문을 **생태학**이라고 한다.

## 동물의 안식처

동물이 혼자서 살거나 무리지어 사는 곳을 **서식지**라고 한다. 그리고 특정 서식지 안에 같이 살고 있는 식물과 동물들을 통틀어 **군집**이라고 하며, 군집과 함께 공기나 물과 같은 주변환경의 무생물적인 부분을 모두 합쳐 **생태계**라고 한다. 숲속에서 썩어가는 통나무 속에서 또 하나의 작은 생태계가 펼쳐지듯이 큰 생태계 내에 작은 생태계가 들어 있기도 하다.

## 천이

때때로 서식지와 군집은 산불 등으로 인해 무참히 파괴되기도 한다. 불이 꺼진 후에는 다른 종류의 식물과 동물이 서식지를 만들며 살아가게 되는데 이런 과정을 **생태적 천이**라고 한다. 결국 환경이 변하지 않는 한 계속 유지될 수 있는 군집이 형성된 것이다. 이런 것을 **극상군집(극상군락)**이라고 한다.

## 모두를 위한 먹이

군락 내에서의 동물의 역할, 즉 무엇을 먹고 어디에 사느냐와 같은 것을 **생태적 지위**라고 한다. 두 종이 동시에 같은 생태적 지위에 있을 수는 없다. 만약 이런 일이 일어나면 둘 중 한쪽은 멸종하거나 쫓겨난다.

아래 그림의 동물들은 모두 아프리카 초원에서 함께 살아가는 동물들이다. 그렇게 살 수 있는 이유는 이들의 먹이가 약간씩 달라서 각각 다른 생태적 지위를 차지하고 있기 때문이다.

링크
330

열대우림의 꽃 한 송이가 개구리나 다른 많은 곤충의 서식지가 되기도 한다.

개구리

### 직접 해보자

돌을 하나 들어 올려서 그 아래를 서식지 삼아 살고 있는 동물이 있는지 살펴보자. 축축하고 어두운 곳을 살펴보면 분명히 민달팽이나 지렁이, 쥐며느리 같은 동물들을 찾을 수 있을 것이다. 관찰하고 나면 꼭 발견한 곳에 다시 돌려놓자.

**버려진 들판에서 일어나는 천이**

**선구군집**, 즉 첫 번째로 자리 잡은 군집은 대부분 풀로 이루어진다. 이곳을 서식지로 곤충이나 작은 포유동물들이 살기 시작한다.

관목과 덤불이 자라기 시작한다. 토끼 같은 포유동물도 군락에 들어온다.

나무로 이루어진 극상군락이 여우나 노루 ★ 같은 다양한 동물의 서식지가 된다.

**초원의 생태적 지위**

기린은 목을 쭉 뻗어서 나무 윗부분의 잎사귀를 먹는다.

코끼리는 코를 뻗어서 잎사귀나 작은 가지를 먹는다.

영양은 뒷다리로 서서 관목에 붙은 잎사귀를 뜯어 먹는다.

코뿔소는 관목 가운데 부분의 잎사귀를 먹는다.

## 생물군계

**생물군계**란 지구의 표면에서 나눌 수 있는 가장 큰 생태계를 말한다. 대부분은 이들 군계에 들어 있는 주요한 식물의 종류에서 이름을 따왔다. 각각의 생물군계는 저마다의 독특한 초목과 야생동물의 조합을 이루고 있다. 아래를 살펴보면 주요한 생물군계에서 일반적으로 발견할 수 있는 동물들을 알 수 있다.

세계의 주요한 생물군계를 보여주는 지도

북아메리카 / 유럽 / 아시아 / 남아메리카 / 아프리카 / 오스트레일리아 / 남극

**툰드라**지역은 매우 춥고 바람이 많이 분다. 이런 곳에서 살아남을 수 있는 식물이나 동물은 그다지 많지 않다.

눈토끼

**침엽수림**지역은 상록수가 자라고 일 년 내내 서늘한 기후를 보인다.

흑곰

**열대초원**지역은 대부분 풀과 나무로 덮여 있다.

사자

**낙엽활엽수림**지역은 여름은 따뜻하고 겨울은 춥다.

붉은날다람쥐

**열대우림**지역은 일 년 내내 덥고 습기가 많으며 매우 다양한 식물과 동물이 서식한다.

모르포나비

**사막**지역은 덥고 건조해서 적은 수의 생물만이 산다.

전갈

**온대초원**지역은 나무가 적고 탁 트인 풀이 많은 평야이다.

프레리도그

**산악**지역은 대체로 춥고 산기슭에만 식물이 자랄 뿐 정상에는 풀이 거의 없다.

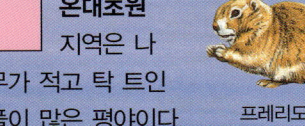

큰뿔야생양

**관목지대**는 여름에 뜨겁고 건조한 바람이 분다.

카멜레온

**대양**은 아주 많은 생태계를 포함하며 지구 표면의 3분의 2를 덮고 있다.

가리발디

**극지방**은 눈과 얼음으로 뒤덮여 있다. 이곳에서 살 수 있는 생명체는 그 수가 매우 적다.

바다코끼리

링크 331

북극곰은 추위를 막아주는 두꺼운 피부와 복슬복슬한 털을 가지고 있다.

### 유용한 인터넷 링크

www.usborne-quicklinks.com

**Web 1** 세계의 생물군계에 대한 설명을 읽어보자.
**Web 2** 세계의 생물군계 지도와 각 생물군계에 살고 있는 동물을 안내하는 글을 읽어보자.
**Web 3** 각 생태계에 사는 식물과 동물에 관한 풍부한 정보를 접해보자.
**Web 4** 같은 숲속이라도 각각 다른 층에 사는 동물들에 대해 알아보자.
**Web 5** 동물의 집을 살펴보자.
**Web 6** 전 세계의 다양한 서식지에 대해 게임과 사진, 다양한 사실을 담은 글로 재미있게 공부해보자.

# 영양분과 에너지 Food and Energy

**식물은** 물, 공기 중의 이산화탄소, 태양에너지를 이용해 스스로 양분을 만든다. 그래서 **독립영양생물**이라고 불리기도 한다. 하지만 동물들은 양분을 얻기 위해 다른 생물에 의존해야 하기 때문에 **종속영양생물**이라고 한다. 동물들은 식물이나 식물을 먹고 사는 다른 동물을 먹어서 영양분을 얻는다.

잠자리는 식물을 먹고 사는 곤충을 잡아먹고 에너지를 얻는다.

## 먹이사슬

모든 동물들은 **먹이사슬**의 일부이다. 먹이사슬이란 생명체들의 나열로써 이들 각각은 더 높은 단계의 생명체에게 잡아먹힌다. 먹이사슬 안에서 한 생명체의 위치를 **영양단계**라고 하고, 가장 첫 단계에는 식물이 위치한다. 식물은 **생산자**라는 이름도 가지고 있다. 식물이 에너지를 공급하는 양분을 만들기 때문이다. 먹이사슬 속의 동물은 **소비자**라고 한다.

링크
332

먹이사슬 안에서 초식동물 (풀을 먹고 사는 동물)을 **1차 소비자**라고 한다. 1차 소비자를 먹는 동물을 **2차 소비자**라고 하고, 이런 식으로 계속 이어진다. 육식동물(고기를 먹는 동물)은 초식동물과 더 작은 육식동물을 먹고 산다. 그러므로 이들은 어떤 때는 2차 소비자가 되고, 다른 때는 3차 소비자가 되기도 한다.

먹이사슬에는 또한 **분해자**라는 작은 생명체가 포함되어 있다. 분해자에는 박테리아, 진균류 이외에 몇몇 무척추동물이 속한다. 분해자는 죽은 식물이나 동물의 사체를 분해해서 여기서 나온 무기물을 토양으로 돌려보내는 역할을 한다.

## 에너지 전달

동물이 섭취하는 대부분의 영양분은 몸 안에서 사용되고 일부는 저장된다. 이 동물이 잡아먹히면 그 다음 소비자는 이 저장된 에너지만을 얻게 된다. 그러므로 먹이사슬의 다음 단계에서는 사용할 수 있는 에너지가 훨씬 적어진다.

악어는 에너지를 얻기 위해 먹이사슬에 있는 모든 동물을 먹는다.

각 영양단계의 동물들은 아래 단계의 동물보다 개체수가 훨씬 적다. 동물은 필요한 에너지를 얻기 위해서 훨씬 많은 영양분을 섭취해야 하기 때문이다. 아래의 **개체수 피라미드**에 이런 사실이 잘 드러난다.

### 어느 삼림지대의 먹이사슬

네 번째 영양단계(T4)
3차 소비자
★
매

세 번째 영양단계(T3)
2차 소비자
개똥지빠귀

두 번째 영양단계(T2)
1차 소비자
달팽이

첫 번째 영양단계(T1)
생산자
미나리아재비

진균류는 식물이나 동물의 사체를 단순한 물질로 분해하는 화학물질을 분비한다.

### 개체수 피라미드

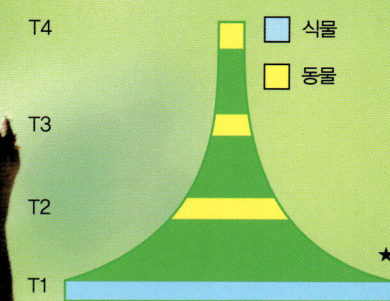

T4 □ 식물
□ 동물
T3
T2
T1 ★

## 생물량

**생물량**이란 어떤 서식지 안에 사는 생물의 무게를 모두 합한 것이다. 그러므로 식물의 생물량은 같은 지역 내의 다른 생물보다 월등히 높다. 먹이사슬 각 단계에 속하는 생물은 아래 단계의 생물보다 숫자도 적고 총 생물량도 적다.

이 사실은 **생물량 피라미드**라고 부르는 아래 도표에 잘 나타난다.

**생물량 피라미드**

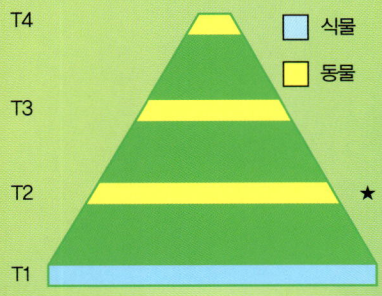

- 식물
- 동물

T4
T3
T2 ★
T1

한 예로 초원의 생물량 역시 위의 도표와 같은 피라미드로 설명할 수 있다. 어떤 초원의 식물 총 생물량인 T1은 수천kg 정도이다. 그리고 T2에 해당하는 수백kg의 곤충들이 이 식물을 먹으면서 생활한다.

T3에 해당하는 작은 포유동물은 식물과 벌레를 잡아먹고 약 150kg 정도 되는 총 생물량을 차지한다. 그렇다면 여우 한 마리는 T4에 해당한다. 이 여우는 더 작은 동물들을 잡아먹으며 총 생물량은 5kg 정도이다.

### 직접 해보자

간식을 먹거나 밥을 먹을 때 우리가 어떤 영양단계에 속하는지 생각해보자. 예를 들어 채소를 먹는다면 우리는 두 번째 영양단계에 속하지만 고기를 먹는다면 더 높은 영양단계에 있는 것이다.

## 먹이망

서로 연결된 일련의 먹이사슬을 **먹이망**이라고 한다. 한 가지 먹이만 먹고 사는 동물은 거의 없기 때문에 많은 먹이사슬들이 복잡하게 얽혀 있다. 예를 들어 대부분의 육식동물은 찾을 수 있는 작은 동물이라면 다 먹는다. 초식동물은 계절에 따라 다른 종류의 식물을 먹을 것이다. **상호의존**이란 먹이망에서처럼 서로에게 의존하고 있는 수많은 생명체와 기대어 살 수 있는 환경을 말한다.

**열대우림의 먹이망**

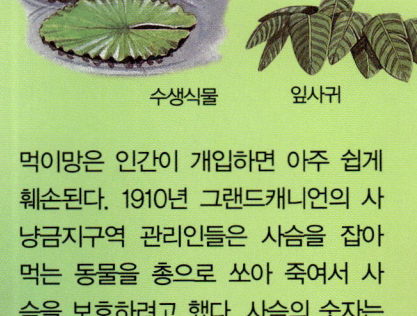

재규어
작은개미핥기
멧돼지
카피바라
아구티
갈색꼬리감기원숭이
땅벌레
곤충
수생식물
잎사귀
과일

링크 333

먹이망은 인간이 개입하면 아주 쉽게 훼손된다. 1910년 그랜드캐니언의 사냥금지구역 관리인들은 사슴을 잡아먹는 동물을 총으로 쏘아 죽여서 사슴을 보호하려고 했다. 사슴의 숫자는 늘었지만 먹이가 충분하지 않아서 많은 사슴들이 결국 굶어죽고 말았다.

사슴과 같은 초식동물의 숫자는 이들을 통제해줄 육식동물이 없을 경우 너무 많아질 수 있다.

### 유용한 인터넷 링크

www.usborne-quicklinks.com

Web 1 먹이사슬과 생물량에 관한 내용을 읽어보고 퀴즈도 풀어보자.
Web 2 생물량 피라미드에 관한 온라인 수업을 들어보자.
Web 3 산호초 속을 탐험하면서 어떤 동물이 어떤 동물을 잡아먹는지 알아보자.
Web 4 생태계 내부의 에너지 순환을 보여주는 간단한 실험을 해보자.
Web 5 숲속에서 먹이사슬을 만드는 온라인 게임을 해보자.

# 자연 속의 균형 Balance In Nature

**지구상의** 동물과 식물은 서로 의존하고 주변환경의 무생물에도 기대어 살아간다. 탄소나 질소, 물과 같은 필수적인 물질은 식물과 동물, 땅, 바다와 공기를 통해 끊임없이 이동한다. 이런 이동을 순환이라고 한다. 연료를 태우는 것과 같은 인간들의 활동이 생명체와 그들이 살아가는 환경의 깨지기 쉬운 균형에 영향을 미쳐서 이들의 삶을 위험으로 몰아넣고 있다.

## 질소의 순환

**질소**는 생명체의 세계에서 끊임없이 재순환된다. 식물과 동물이 몸속에서 **단백질**이라는 물질을 만들기 위해서는 질소로 만들어진 물질이 반드시 필요하다. 식물은 토양으로부터 **질산염**의 형태로 질소를 흡수해서 생장하는 데 이용한다. 동물은 식물을 먹거나 식물을 먹는 동물을 먹어서 질소를 얻는다.

링크
334

생명체가 죽으면 박테리아와 진균류가 사체를 분해해서 체내의 질소를 암모니아라는 화학물질의 형태로 토양으로 돌아가게 한다. 이 중에는 **암모니아**를 질산염으로 바꾸는 박테리아도 있는데, 이렇게 만들어진 질산염은 새로운 식물에 의해서 흡수된다.(질소 순환에 대해 더 알고 싶다면 70쪽을 참조)

쇠똥구리들이 똥덩어리를 묻고 있다. 토양 속의 박테리아가 이것을 분해하면 똥에서 질소가 방출된다.

## 탄소의 순환

여러 가지 형태의 **탄소**도 생명체의 세계에서 재순환된다. 식물은 공기 중의 이산화탄소를 받아들여서 물과 태양빛으로 영양분을 만든다. 동물이 식물을 섭취하면 식물은 체내에서 분해되고 동물들은 여기에서 나온 탄소를 성장이나 에너지로 사용한다.(탄소 순환에 대해 더 알고 싶다면 56쪽을 참조)

소와 같은 초식동물은 식물을 통해 탄소를 얻는다. 육식동물은 이런 초식동물을 먹어서 탄소를 얻는다.

동물과 식물의 몸 안에서는 영양분을 에너지로 전환하기 위한 화학반응이 일어나는데, 이때 노폐물인 이산화탄소가 발생한다. 동물들은 이 이산화탄소를 숨을 내쉬면서 공기 중으로 방출하고, 식물들은 영양분을 만들지 않는 밤에 이산화탄소를 발산한다. 죽은 동물이나 식물의 사체가 분해될 때도 이산화탄소가 발생한다.

돌고래나 다른 많은 바다생물들이 상업용 고기잡이 그물에 걸려 죽는다.

## 물의 순환

빗물은 강으로 빠져나갔다가 다시 바다로 간다. 물은 증발해서 공기 중 높은 곳까지 올라가 작은 물방울을 형성한다. 이들이 구름을 형성해서 다시 비가 되어 내린다. 이런 방식으로 물은 끊임없이 공기와 땅 사이를 순환한다.(물의 순환에 대해 더 알고 싶다면 80쪽을 참조)

**물의 순환**

물이 증발한다.

물방울이 구름을 만들고 비로 내린다.

동물과 식물도 물을 방출한다. 동물들은 숨을 내쉴 때 물도 함께 내보낸다.

### 직접 해보자

거울에 숨을 세게 불어보면 날숨에 물이 포함되어 있음을 알 수 있다. 날숨 속의 따뜻한 습기가 거울의 표면에 닿으면 작은 물방울로 변한다.

## 오염

**오염**은 주로 쓰레기 투기 같은 인간의 활동에 의해서 환경이 파괴되는 것을 말한다. 공장에서 나온 해로운 화학물질이 강과 바다로 흘러가고, 연료를 태울 때 나오는 연기나 자동차 배기가스가 공기를 오염시킨다. 심각하게 오염된 환경에서는 동물들이 번식을 할 수 없게 되고 병에 걸리거나 떼죽음을 당하기도 한다.

유조선이 파괴되면서 기름이 유출되어 오염된 해안에 갇힌 바닷새. 이런 오염은 한 지역의 모든 해양생물을 전멸시킬 수도 있다.

## 치명적인 화학물질

위험한 화학물질이 주변환경으로 배출되면 먹이사슬이 파괴되는 경우가 많다. 한 예로 살충제는 작물에 해를 끼치는 곤충을 죽이기 위해서 사용되는 유독물질이지만 다른 작은 생명체의 몸에도 흡수된다. 포식자가 이 동물을 먹으면 포식자는 이 물질도 함께 섭취하게 되고, 이런 식으로 먹이사슬의 더 높은 층까지 다른 동물들에게 전달된다.

특히 이런 현상은 1950년대와 1960년대에 DDT라는 해충제가 널리 사용되었을 때 대규모로 일어났다. DDT가 먹이사슬 속으로 들어가서 단계를 올라갈 때마다 응축되는 현상을 보였던 것이다. 결국 먹이사슬의 가장 높은 부분에 있는 수천 마리의 조류가 떼죽음을 당했다.

## 위험에 처한 바다 생물

현재 많은 종류의 물고기와 조개가 멸종위기에 처해 있다. 사람들이 식용으로 너무 많은 물고기를 잡았기 때문인데, 이런 것을 가리켜 **남획**이라고 한다. 남아 있는 물고기가 잡힌 물고기의 수만큼 번식하기에는 그 숫자가 너무 적다.

어떤 어부들은 예전보다 구멍이 더 큰 그물을 사용하는데 이렇게 하면 어린 물고기들은 그물에 걸리지 않고 빠져나가서 계속 번식을 할 수 있기 때문이다. 그러면 물고기의 숫자가 급격히 줄어드는 것을 방지할 수 있다.

어린 물고기들은 그물의 큰 구멍으로 빠져나갈 수 있다.

링크
335

농부가 농작물에 살충제를 뿌리고 있다. 살충제는 해충을 죽여주지만 도움이 되는 생명체에게도 해를 끼친다.

# 동물 보호 Conservation

**현재** 지구상에는 많은 종류의 동물들이 완전히 없어질 위기에 처했다. 이런 것을 멸종이라고 한다. 일부 동물들은 모피와 같이 인간의 욕심 때문에 사냥감이 되기도 하지만, 대부분의 동물들은 서식지가 사라져 생존에 위협을 받는다. 자연보호는 미래의 모든 생명체를 위해서 동물을 보호하고 지구의 자연자원을 보전하는 것을 목적으로 한다.

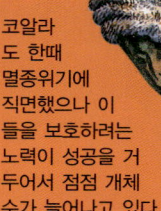

코알라도 한때 멸종위기에 직면했으나 이들을 보호하려는 노력이 성공을 거두어서 점점 개체 수가 늘어나고 있다.

## 사라져가는 종

지구상에 생명체가 나타난 이후 수많은 동물종이 자연적인 환경의 변화 때문에 사라져갔다. 이런 현상을 **자연멸종비율**이라고 한다. 최근에는 인간의 활동이 멸종비율을 크게 높이고 있다.

1970년대 이후 호랑이 사냥이 금지되었지만 밀렵꾼들은 여전히 불법으로 호랑이를 사냥한다.

야생에서 멸종될 위험이 있는 동물을 **멸종위기에 처한 동물**이라고 한다. 어떤 종이 곧 이런 위기에 처할 것으로 예상되면 멸종위기에 직면했다고 한다. 많은 나라에서 이렇게 멸종위기에 처하거나 직면한 동물을 죽이거나 포획하여 파는 행위를 법으로 금지하고 있다.

## 동물 감시

동물을 보호하기 위해 마련된 법안은 많지만 모든 사람들이 법을 따르게 하기란 매우 어려운 일이다. 그 예로 코끼리나 코뿔소를 사냥하는 것은 불법이지만 밀렵꾼들은 아직도 이들의 엄니나 뿔을 얻기 위해 동물들을 죽이고 있다. 아프리카에서는 코뿔소나 코끼리를 밀렵꾼으로부터 보호하는 방법으로 가까이에서 감시를 하기도 한다.

이 코뿔소는 뿔이 제거되었다. 아프리카 일부 지역에서는 밀렵꾼들이 코뿔소를 죽이지 않도록 미리 코뿔소의 뿔을 잘라서 이들을 보호한다.

## 자연보호지역

세계적으로 멸종위기에 직면한 동물들을 보호하기 위해 지정된 **자연보호지역**이 있다. 이곳에서는 동식물이 자연스런 모습으로 안전하게 살아갈 수 있다. 일부 조건이 맞는 자연보호지역에서는 이곳을 보고 싶어 하는 관광객들을 모아 수입을 올리기도 한다. 적절히 관리를 하면 관광은 야생동물에게 해를 끼치지 않으면서도 가난한 국가가 돈을 벌 수 있는 좋은 방법이 된다.

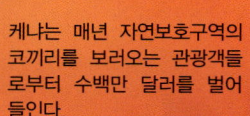

케냐는 매년 자연보호구역의 코끼리를 보러오는 관광객들로부터 수백만 달러를 벌어들인다.

링크 336

## 서식지 보호하기

산호초나 열대우림과 같은 주요한 생태계는 지구상에서 생물이 살아가도록 하는 데 아주 중요한 역할을 맡는다. 산호초는 수많은 생명체의 보금자리로, 바다 곳곳의 산소와 무기물을 재생하는 역할을 한다. 한 예로 오스트레일리아는 2,250km 길이의 산호초 전체를 그레이트배리어리프 해양공원으로 지정해서 보호하고 있다.

산호초 주변에는 수천 종에 이르는 동식물이 살고 있다. 산호초가 파괴되면 이런 생명체들은 엄청난 영향을 받는다.

열대우림은 동식물이 살아가는 데 필요한 대량의 탄소와 질소를 재생하는 역할을 담당한다. 두말할 필요 없이 열대우림은 생명체에게 매우 중요하다. 열대우림의 상당 부분이 이미 파괴되었지만, 많은 사람들이 남아 있는 부분을 보존하기 위해 노력을 기울이고 있다.

지구상에 존재하는 동식물종의 절반 이상이 열대우림에 살고 있다. 열대우림을 보존하지 않으면 그중 많은 종이 멸종하고 말 것이다.

## 포획 사육

어떤 종의 동물은 너무 희귀해져서 사람의 도움 없이는 멸종할 것이 분명한 경우가 있다. 이런 경우에 과학자들은 동물원이나 보호구역에 이들을 잡아 놓고 번식시켜서 이 동물의 개체수를 늘리기 위해 노력한다. 이런 동물들은 이후에 야생으로 돌려보내지기도 한다. 그러나 많은 동물이 기술 부족으로 야생에서 살아가지 못한다.

사자원숭이는 희귀종으로 포획 사육에 성공한 경우이다.

어떤 동물은 **번식이 느린 종**이라서 아주 긴 기간 동안 새끼를 몇 마리밖에 낳지 않기도 한다. 멸종위기에 처해 있는 자이언트판다와 같은 종 역시 번식이 매우 느리다. 포획한 상태에서 몇 마리의 새끼가 태어나기도 했지만 판다를 보호하는 가장 좋은 방법은 이들이 태어난 대나무숲을 미래에 있을지도 모르는 파괴로부터 보호하는 것이다.

자이언트판다는 먹이의 약 99%를 차지하는 대나무가 충분하지 않으면 살 수 없다.

## 위험지역

동물들에게 가장 큰 위협은 서식지가 없어지는 것이다. 하지만 환경오염과 사냥 때문에 생존에 위협을 받기도 한다.

동물 중에는 **한 지방에서만 사는 종**이 많은데, 과학자들은 이런 그 지방 고유의 종이 많이 살고 있는 지역을 확인해서 **위험장소**로 지정하고 이들을 보호하려고 노력한다.

특히 앵무새나 마코앵무와 같은 조류는 애완동물 매매로 위기에 처했다. 또 일부는 눈에 잘 띄는 아름다운 깃털 때문에 죽임을 당하기도 한다. 서식지가 없어지고 있는데다 이런 문제가 겹쳐 야생에 사는 앵무새 중에서 3분의 1이 멸종위기에 처했다. 그러나 포획 사육을 통해서 개체수를 늘리는 방법도 있다.

푸른마코앵무새는 눈을 사로잡는 아름다운 외모로 매우 가치가 높다. 그 바람에 마코앵무 중에서 가장 보기 드문 종이 되었다.

링크 337

### 유용한 인터넷 링크
www.usborne-quicklinks.com

**Web 1** 멸종위기에 처한 종을 보호하는 것이 왜 중요한지 다양한 정보와 활동을 통해 알아보자.

**Web 2** 사라져가거나 멸종한 종에 대한 사진과 다양한 이야기들을 읽어보자.

**Web 3** 멸종위기에 처한 종을 위협하는 것이 무엇일까? 우리가 이들을 어떻게 도울 수 있을지 생각해보자.

**Web 4** 세계야생물기금 홈페이지에서 동물보호에 관한 정보를 얻고 게임도 해보자.

**Web 5** 자이언트판다가 살 수 있도록 서식지를 설계해주는 게임을 즐겨보자.

# 진화 Evolution

**대부분의** 과학자들은 지구상의 생물은 아주 단순한 생명체에서 시작하여 아주 긴 세월 동안 일련의 변화를 거치면서 점점 발달해왔다고 믿는다. 이것을 **진화론**이라고 한다. 과학자들은 현재 존재하는 유기체와 선사시대의 화석 연구를 통해 왜, 그리고 어떻게 생명체가 오랜 시간에 걸쳐 변화해왔는지 밝히고자 한다.

링크
338

## 진화

대부분의 과학자들의 의견에 따르면 지구상에 나타난 최초의 유기체는 약 35억 년 전에 처음 등장한 박테리아라고 한다. 과학자들은 수백만 년에 이르는 진화 과정을 거쳐 아래와 같은 생명체들이 최초의 동물이 되었을 것으로 추측한다.

**주요 동물군의 진화**

**5억 년 전**
턱이 없고 피부가 두꺼운 최초의 어류가 나타났다. 1억 5천만 년 이후 뼈가 있는 어류와 연골 어류로 진화했다.

사카밤바스피스

**4억 1천만 년 전**
최초의 날개 없는 곤충이 등장했다. 이로부터 1억 1천만 년 후 날개가 달린 곤충으로 진화했다.

메가네우라

**3억 5천만 년 전**
물에 사는 생물 중 일부가 공기를 호흡하기 시작했고 최초의 양서류가 되었다.

이크티오스테가

**3억년 전**
최초의 파충류가 나타났다. 공룡은 2억 년 전에 나타났고 1억 3500만 년 정도 살다가 갑자기 멸종했다.

디메트로돈

**2억 년 전**
최초의 작은 포유류가 나타났다. 공룡이 멸종한 후 더 큰 포유류가 진화하기 시작했다.

메가조스트로돈

**1억 5천만 년 전**
최초의 조류는 작은 공룡의 일종에서 진화되었다.

시조새

과학자들은 이런 암모나이트 화석을 관찰해서 고대 생명체에 대해 더 많은 사실을 알아낸다.

## 화석

식물이나 동물이 죽으면 몸체는 썩어서 없어지지만 뼈대처럼 단단한 부분은 모래나 진흙에 묻혀서 보존되기도 한다. 수백만 년의 시간이 흐르면서 그 위에 모래와 진흙이 켜켜이 쌓이고, 그 안에 식물이나 동물의 남은 부분이 보존되어 화석이 된다.

**화석이 형성되는 과정**

동물의 살은 썩어서 없어진다.

뼈대 위로 모래와 진흙이 층층이 덮인다. 내부에 뼈대 모양이 남은 암석이 된다.

### 직접 해보자

박물관에서 화석과 공룡에 관한 재미있는 정보를 찾아보자. 집 주변의 박물관에 가서 화석 수집물이나 공룡을 전시하고 있는지 알아보자.

## 대량멸종

과학자들은 지구의 역사 속에는 엄청나게 많은 수의 생명체가 단번에 멸종해버린 사건이 다섯 차례 일어났다고 한다. 이런 사건을 **대량멸종**이라고 한다. 보통 이런 대량멸종은 지구의 기후가 갑작스럽게 극적으로 변해서 일어난다. 대부분의 생명체들이 이런 변화에 적응하지 못하고 멸종하고 만다.

공룡은 지구에 부딪힌 운석 때문에 기후변화가 일어나 멸종했는지도 모른다.

그림 속의 데이노니쿠스같이 큰 파충류는 6500만 년 전에 멸종되었다.

## 자연도태

1850년대에 영국의 과학자 찰스 다윈(Charles Darwin)은 진화가 어떻게 일어나는지 설명하기 위해 **자연도태설**을 내세웠다. 다윈은 환경에 적응하는 특성을 가진 개체가 자연에서 더 오래 살아남고, 이런 유용한 특징을 자손에게 전달하는 경향이 있다고 주장했다.

아주 오랜 시간에 걸쳐 이런 방식을 통해 종의 대부분은 유용한 특성을 가지게 되고 환경에 더 잘 적응하게 된다는 것이다.

동물을 보호해주는 특성은 그 동물의 생존 가능성을 높여주고 따라서 이 특성이 한 세대에서 다음 세대로 전달될 가능성도 함께 높아진다. 이를 **보호적응**이라 한다.

보호적응의 한 예로 몸의 무늬를 이용해서 적의 눈을 피하는 동물이 있다. 이것을 보호색이라고 한다.

얼룩나방(검은색)

얼룩나방이라는 나방의 일종은 자연도태가 어떻게 일어나는지 보여주는 예로 자주 언급된다. 19세기에 얼룩나방이 쉬던 나무가 공장에서 나오는 그을음 때문에 검게 변했다.

그을음이 덮인 나무줄기에 앉아서 쉬는 검은 나방과 흰나방

흰 날개를 가진 나방은 쉽게 눈에 띄어서 새들의 먹이가 되었지만, 원래 개체수가 적었던 검은 날개를 가진 나방은 더 많이 살아남아서 숫자가 늘어나게 되었다. 하지만 최근 그을음에 의한 오염이 줄어들면서 흰 날개를 가진 나방이 다시 증가하고 있다.

링크
339

얼룩나방(흰색)

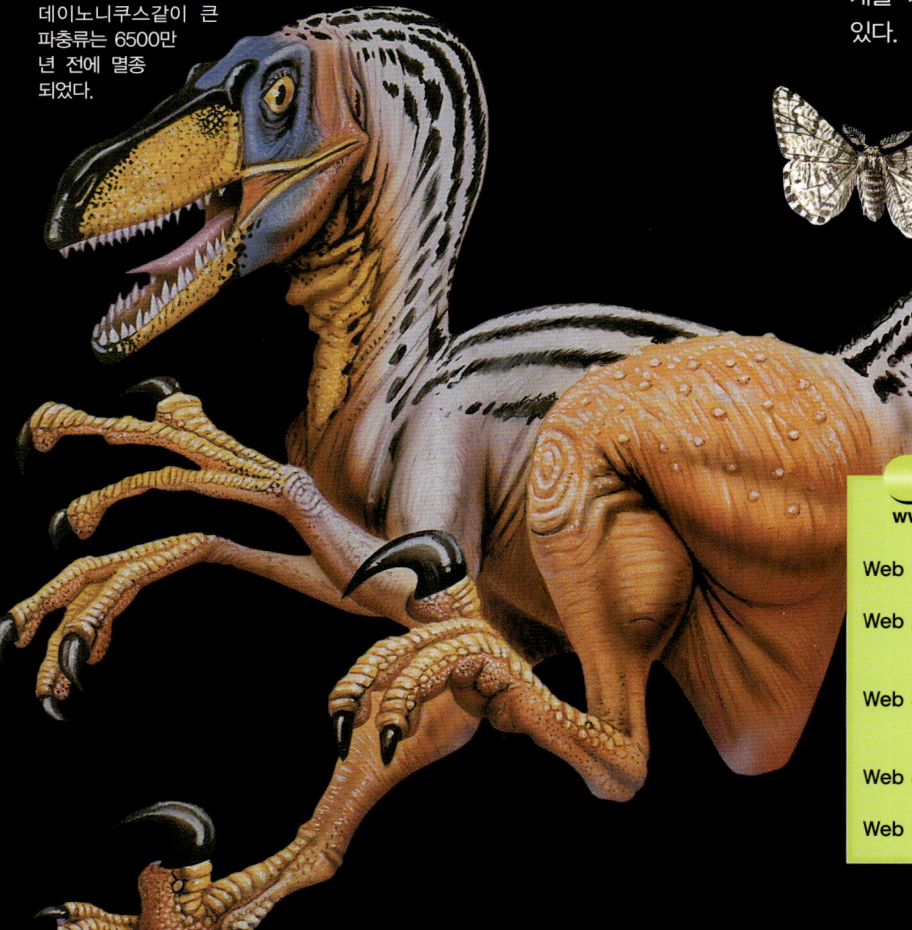

**유용한 인터넷 링크**

www.usborne-quicklinks.com

**Web 1** 연대기와 다양한 온라인 활동으로 생명의 역사를 탐험해보자.
**Web 2** 공룡 연대기와 다양한 관련 활동으로 주요한 공룡의 종류를 알아보자.
**Web 3** 지구상의 생명체 연대기를 공부해보자. 또 화석에 대해 더 많이 알아보자.
**Web 4** 공룡은 왜 멸종했을까? 이에 관한 몇 가지 학설을 읽어보자.
**Web 5** 진화론에 대해 더 알아보자.

# 분류 Classification

쥐와 코끼리는 모습이 많이 다르지만 둘 다 포유류에 속한다.

**생명체를** 더 쉽게 연구하기 위해서 생물학자들은 이들을 비슷한 특징을 가진 몇 개의 무리로 나누어 정리한다. 여러 가지 생물을 몇 가지 무리로 나누고 이것을 다시 더 작은 집단으로 나누는 것을 분류라고 한다. 예를 들어 코끼리와 쥐는 둘 다 털이 있고 새끼에게 먹일 젖을 분비하기 때문에 포유류로 분류된다. 하지만 포유류라는 집단 안에서 이들은 다시 다른 하위집단에 속한다.

## 생물분류

과학자들은 생물의 주요한 특징을 알아내서 분류하고, 비슷한 종의 생물들과는 어떻게 다른지 파악해 결정한다. 이런 방법을 **생물분류**라고 한다. 전형적인 생물분류 방식은 생명체들을 아래에 있는 예와 같이 가지처럼 분류하는 것이다. 각 갈래마다 과학자들은 '이 표본은 어떤 특징을 가지고 있나?' 하는 질문을 반복해서 두 가지 이상의 특징 중 하나를 고른다. 이 생명체가 완전히 파악될 때까지 각 질문의 대답은 다른 선택으로 이어진다.

링크 340

### 생물분류

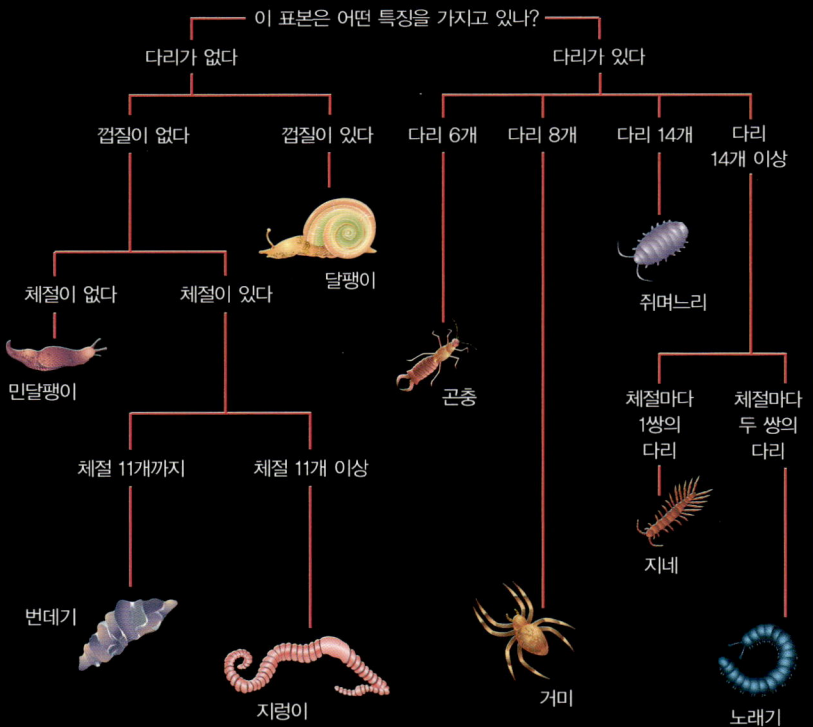

## 직접 해보자

단 2개의 진술 중 하나를 골라야 하는 분류를 **이분법분류**라고 한다. 아래에 있는 각 생물을 차례로 살펴보고 이런 이분법분류방식을 통해 아래 지시문을 따라서 2개의 진술 중에 옳은 것을 골라보자.

빨판

주걱 '꼬리'

털 '꼬리'

이분법분류
1. 6개의 연결된 다리 ⟶ 4로 간다.
   다리가 없다 ⟶ 2로 간다.
2. 체절이 있는 몸 ⟶ 3으로 간다.
   체절이 없는 몸 ⟶ 편형동물
3. 앞뒤로 붙어 있는 빨판 ⟶ 거머리
   빨판 없음 ⟶ 꽃등에의 유충
4. '꼬리' 2개 ⟶ 진강도래 애벌레
   '꼬리' 3개 ⟶ 5로 간다.
5. 주걱 '꼬리' ⟶ 실잠자리 애벌레
   털 '꼬리' ⟶ 하루살이 애벌레

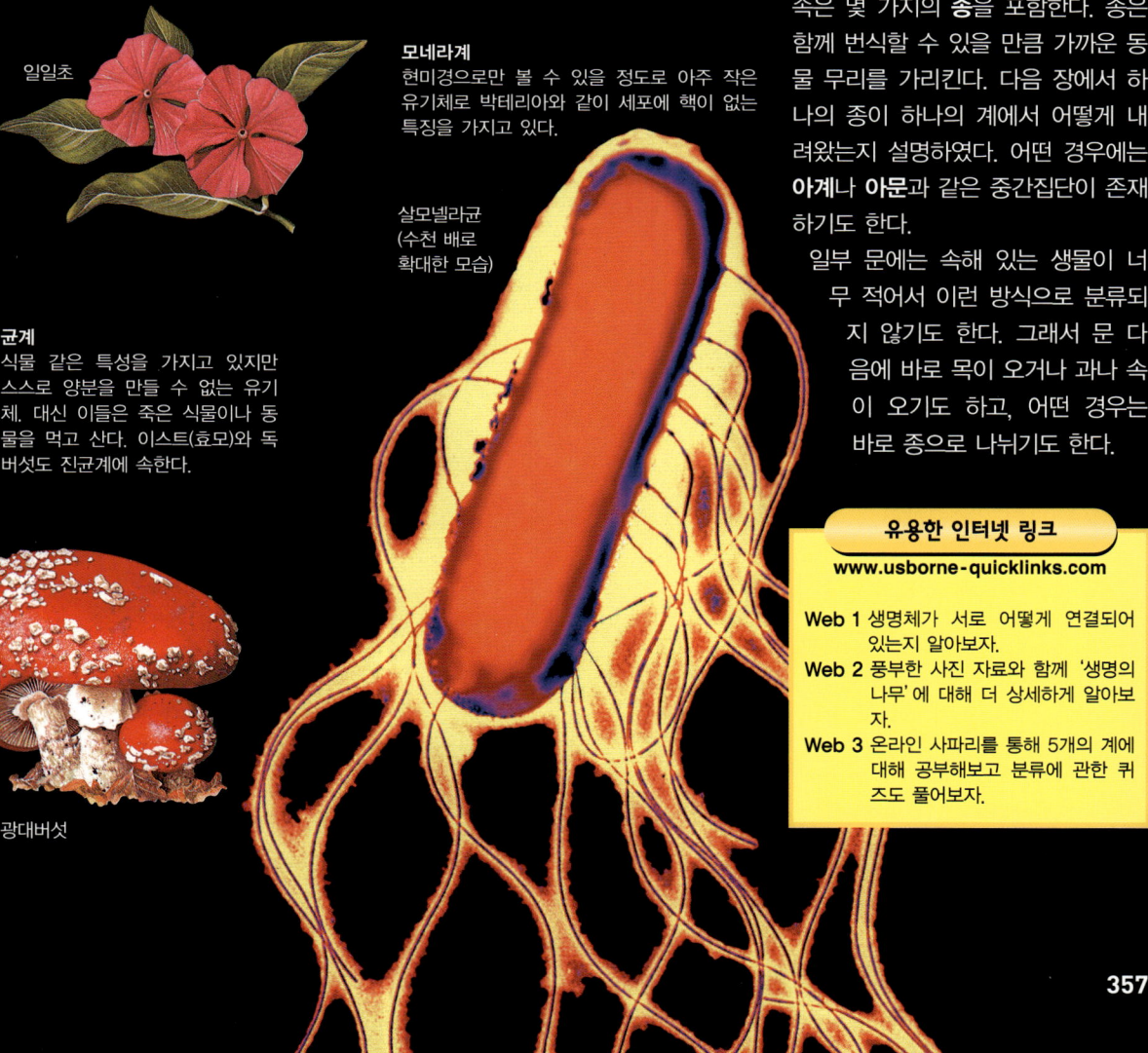

일일초

## 균계
식물 같은 특성을 가지고 있지만 스스로 양분을 만들 수 없는 유기체. 대신 이들은 죽은 식물이나 동물을 먹고 산다. 이스트(효모)와 독버섯도 진균계에 속한다.

광대버섯

## 모네라계
현미경으로만 볼 수 있을 정도로 아주 작은 유기체로 박테리아와 같이 세포에 핵이 없는 특징을 가지고 있다.

살모넬라균
(수천 배로 확대한 모습)

속은 몇 가지의 **종**을 포함한다. 종은 함께 번식할 수 있을 만큼 가까운 동물 무리를 가리킨다. 다음 장에서 하나의 종이 하나의 계에서 어떻게 내려왔는지 설명하였다. 어떤 경우에는 **아계**나 **아문**과 같은 중간집단이 존재하기도 한다.

일부 문에는 속해 있는 생물이 너무 적어서 이런 방식으로 분류되지 않기도 한다. 그래서 문 다음에 바로 목이 오거나 과나 속이 오기도 하고, 어떤 경우는 바로 종으로 나뉘기도 한다.

### 유용한 인터넷 링크

**www.usborne-quicklinks.com**

**Web 1** 생명체가 서로 어떻게 연결되어 있는지 알아보자.
**Web 2** 풍부한 사진 자료와 함께 '생명의 나무'에 대해 더 상세하게 알아보자.
**Web 3** 온라인 사파리를 통해 5개의 계에 대해 공부해보고 분류에 관한 퀴즈도 풀어보자.

# 동물계

동물계에는 아주 많은 문이 있는데, 그중 중요한 여덟 가지를 아래에서 소개한다. 이들은 더 나아가서 강, 목, 과, 속, 종으로 분류되기도 한다. (앞 장 참조) 아래 도표를 보면 어떻게 회색늑대와 같은 종이 문에서 갈라져 나왔는지 알 수 있다. 한 단계씩 내려갈수록 더 세분화되고 이전 단계보다 더 적은 동물이 속한다.

〈문〉

**환형동물**
지렁이와 비슷한 모습으로, 몸에 둥근 체절이 있다.

**편형동물**
지렁이와 비슷한 모습으로, 몸이 납작하고 체절이 없다.

**절지동물**
분절된 몸에 다리가 붙어 있고, 단단한 외골격이 있다.

**선충류**
지렁이와 비슷하지만 체절이 없다.

**척색동물**
몸에 척색이라는 단단한 봉이 있어 신체를 지지해준다.

**극피동물**
가시가 있는 가죽과 빨판이 달린 발이 있고, 가운데에서 다섯 방향으로 뻗어 나간 모양의 몸을 하고 있다.

**연체동물**
부드러운 몸통을 한 생물체. 껍질이 있다.

**자포동물**
물속에 살며 구멍이 하나 있는 주머니 같은 몸체를 하고 있다.

〈강〉

**어류**
물에 살며 비늘과 지느러미가 있고 아가미를 통해 숨을 쉰다.

**파충류**
비늘이 많은 변온 동물로 알을 낳는다.

**포유류**
정온동물로 젖을 먹여서 새끼를 기른다.

**양서류**
부드러운 가죽을 가진 변온동물로 육지와 물속 양쪽에서 다 살 수 있다.

**조류**
정온동물로 깃털과 날개가 있고 알을 낳는다.

(다른 종류)

링크 342

〈목〉

**영장류**
원숭이와 유인원 같은 동물로 물건을 집을 수 있는 손과 발이 있다.

**육식동물**
사자나 여우처럼 고기를 먹고 사는 동물이다.

**설치류**
갉기에 적합한 긴 앞니를 가진 포유류로, 쥐나 다람쥐가 여기 속한다.

(다른 종류)

〈계〉

**고양잇과**
고양이나 고양이와 비슷한 포유류

**갯과**
개나 개와 비슷한 모든 종류의 포유류

(다른 종류)

〈속〉

**개속**
모든 종류의 개, 늑대나 자칼

**여우속**
모든 종류의 여우

(다른 종류)

〈종〉

회색늑대

코요테

(다른 종류)

## 생물의 명칭

생명은 대체로 한두 개의 흔히 부르는 **통칭**과 **학명**이 있다. 통칭은 대부분의 사람들이 부르는 이름으로 붉은날다람쥐나 올빼미 같은 것들이 바로 통칭이다. 학명은 한 동물이 여러 개의 이름을 가지고 있을 수도 있고, 지역마다 부르는 이름이 다르기 때문에 필요한 것이다. 학명은 보통 라틴어로 쓰는데 학명을 보면 전 세계의 과학자들이 이 동물이 무엇인지 쉽게 알 수 있다.

이 나비들은 아주 희귀해서 통칭은 없고 학명만 있다.

Callicore cyllene

Agrias claudina

Callicore mengeli

학명은 보통 **이명법**으로 지어지기 때문에 두 부분으로 나뉜다. 앞부분을 **속명**이라고 하며 생물의 속에 따라 정해진다. 뒷부분은 **종명**이라고 하고 종에 따라 정해진다.

학명은 동물의 외양이나 서식지 혹은 신체적 특징을 가리키는 경우가 많다. 예를 들어 기린의 학명은 Giraffa camelopardalis인데, Giraffa는 '빠르게 걷는 동물'을 의미하고 camel은 '낙타와 닮은', 그리고 pardalis는 '표범처럼 얼룩이 있는' 이라는 뜻이다. 즉, 기린은 학명에 따르면 움직임이 빠르고 낙타와 비슷하며 표범처럼 무늬가 있는 가죽을 가진 동물이다.

## 변종

어떤 경우에는 동물의 **변종** 때문에 세 번째 부분까지 학명이 붙는 경우가 있다. 이 부분은 이 동물이 발견된 지역이나 특정한 특징을 가리키는 경우가 많다.

호랑이의 학명은 Panthera tigris sumatrae 이다. 학명의 세 번째 부분은 이 호랑이가 수마트라 지역에서 발견된 변종임을 나타낸다.

## 비공식적인 집단

특정한 생활방식을 공유하는 여러 종을 비공식적인 집단으로 모아 통틀어서 말하기도 한다. 이때는 이름에 이들의 생활양식을 나타내는 용어를 붙인다. 사회적 동물과 야행성 동물이 이런 명칭으로, 아래에 다른 예가 설명되어 있다.

다른 유기체(**숙주**라고 한다)에 의지해서 살아가거나 영양분을 섭취하는 동물이나 식물을 **기생생물**이라고 한다. 어떤 기생생물은 숙주에 해를 끼치기도 한다.

벼룩은 숙주의 피를 빨아먹고 사는 흔한 기생동물이다.

**상리공생생물**은 둘 다 득이 되는 상황에서 서로 가까운 곳에 사는 동물이나 식물을 말한다. 할미새라는 새는 물소나 얼룩말같이 큰 동물의 가죽에 사는 기생충을 잡아먹는다. 이런 동물들도 해충을 없앨 수 있어 이익이다.

그와 다르게 나머지 한 생물에게 영향을 미치지 않고 한쪽이 일방적인 이익을 얻는 관계의 생물을 **공생생물**이라고 한다. 예를 들어 집쥐는 인간이 사는 곳에 함께 살면서 사람들이 먹다 남긴 것을 먹으면서 산다.

링크
343

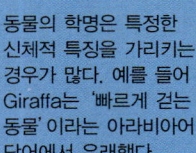

동물의 학명은 특정한 신체적 특징을 가리키는 경우가 많다. 예를 들어 Giraffa는 '빠르게 걷는 동물' 이라는 아라비아어 단어에서 유래했다.

**유용한 인터넷 링크**

www.usborne-quicklinks.com

**Web 1** 동물계의 문을 다룬 그림과 계보로 더 많은 것을 알아보자.
**Web 2** 온라인 게임으로 세 가지 형태의 생물을 분류해보자.
**Web 3** 그림표와 종류별로 분류한 정보를 보면서 다양한 포유류의 목과 종에 관한 설명을 읽어보자.
**Web 4** 동물의 이름과 분류에 관한 이야기와 생명의 나무에 관한 새로운 생각에 대해 알아보자.

## 복습해봅시다

1. 다음 중 원형질의 구성요소는?
(314쪽)
   ① 핵
   ② 핵과 세포질
   ③ 핵, 세포질, 세포막

2. 간에 대한 설명으로 옳은 것은?
(315쪽)
   ① 복합조직에 속한다.
   ② 동물의 몸속 기관이다.
   ③ 신체 계통 중 하나이다.

3. 활발하게 움직이는 대부분의 동물의 신체 모양은 어떤 형식으로 이루어져 있는가? (317쪽)
   ① 비대칭
   ② 방사대칭
   ③ 좌우대칭

4. 곤충의 골격은 다음 중 어디에 속하는가? (317쪽)
   ① 내골격
   ② 외골격
   ③ 유체골격

5. 고슴도치의 가시는 다음 중 어떤 성분으로 이루어져 있는가?
(319쪽)
   ① 케라틴(각질)
   ② 키틴질
   ③ 골질

6. 다음 중 부레를 갖고 있는 어류에 관한 설명으로 옳은 것은?
(321쪽)
   ① 모든 어류
   ② 뼈로 된 골격을 가지고 있는 일부 어류
   ③ 연골로 된 골격을 가지고 있는 어류

7. 다음 중 딱정벌레과 곤충에 관한 설명으로 옳은 것은? (323쪽)
   ① 대부분의 딱정벌레과 곤충은 날지 못한다.
   ② 대부분의 딱정벌레과 곤충은 두 쌍의 날개를 펄럭거리면서 난다.
   ③ 대부분의 딱정벌레과 곤충은 한 쌍의 날개를 펄럭거리면서 난다.

8. 다음 중 개가 걷는 방식으로 알맞은 것은? (325쪽)
   ① 발가락 끝 부분으로 걷는다.
   ② 발가락 아랫면을 이용해서 걷는다.
   ③ 발바닥 전체의 아랫면을 이용해서 걷는다.

9. 다음 중 뾰족한 어금니를 가지고 있는 동물은? (328쪽)
   ① 초식동물
   ② 잡식동물
   ③ 육식동물

10. 식물과 동물을 모두 먹는 동물을 무엇이라고 하는가? (328쪽)
    ① 잡식동물
    ② 육식동물
    ③ 초식동물

11. 다음 중 새가 양분을 저장하는 부위는? (329쪽)
    ① 소낭
    ② 사낭(모래주머니)
    ③ 배설강

12. 개구리는 다음 중 어떤 기관을 이용해서 숨을 쉬는가? (331쪽)
    ① 아가미
    ② 폐
    ③ 피부

13. 다음 중 항상성에 관한 설명으로 옳은 것은? (332쪽)
    ① 체온을 일정하게 유지하는 것을 말한다.
    ② 내부 환경을 일정하게 유지하는 것을 말한다.
    ③ 외부 환경을 일정하게 유지하는 것을 말한다.

14. 다음 중 의태에 속하는 것은?
(334쪽)
    ① 다른 동물의 행동을 따라하는 것
    ② 다른 동물의 경계색을 따라하는 것
    ③ 다른 동물의 냄새를 따라하는 것

15. 일부 뱀이 먹잇감의 체열을 탐지하는 데 쓰는 기관은? (339쪽)
    ① 더듬이
    ② 옆줄
    ③ 구멍기관(피트기관)

16. 자웅동체 동물의 몸에 있는 것은? (341쪽)
    ① 암컷 생식세포
    ② 수컷 생식세포
    ③ 암수 생식세포

17. 폐쇄란의 특징으로 옳은 것은?
(343쪽)
    ① 속에 있는 새끼는 난황에서 양분을 공급받는다.
    ② 개구리의 알은 폐쇄란에 속한다.
    ③ 부드러운 껍질에 싸여 있다.

**18.** 방아깨비는 다음 중 어느 단계에 해당하는가? (344쪽)
① 완전변태
② 불완전변태
③ 번데기

**19.** 다음 중 서식지에 관한 설명으로 옳은 것은? (346쪽)
① 식물과 동물이 자연스럽게 살고 있는 곳
② 동물의 집단
③ 생명체가 살기에는 너무 추운 곳

**20.** 하나의 생태적 지위에 포함될 수 있는 동물은? (346쪽)
① 한 종의 동물이 포함될 수 있다.
② 두 종의 동물이 포함될 수 있다.
③ 몇 종의 동물이 포함될 수 있다.

**21.** 다음 중 가장 큰 생태계는? (347쪽)
① 서식지
② 군집 또는 군락
③ 생물군계

**22.** 다른 유기체를 먹어 양분을 얻는 유기체를 무엇이라고 하는가? (348쪽)
① 독립영양생물
② 종속영양생물
③ 기생생물

**23.** 두 번째 영양단계에 있는 동물을 무엇이라고 하는가? (348쪽)
① 생산자
② 제1차 소비자
③ 제2차 소비자

**24.** 죽은 동식물을 분해하는 유기체를 무엇이라고 하는가? (348쪽)
① 분해자
② 소비자
③ 생산자

**25.** 다음 중 영양단계에 관한 설명으로 옳은 것은? (348쪽)
① 아래 있는 단계보다 위에 있는 단계에는 소비자가 더 적다.
② 아래 있는 단계보다 위에 있는 단계에는 소비자가 더 많다.
③ 모든 단계에서 소비자의 숫자는 같다.

**26.** 다음 중 환경의 무생물적인 부분을 구성하는 것은? (350쪽)
① 생명이 있거나 유기물
② 광물이나 무기물
③ 죽은 물질

**27.** 다음 중 동물의 고유종을 발견할 수 있는 장소는? (353쪽)
① 여러 장소에서 볼 수 있다.
② 한 장소에서만 발견된다.
③ 섬에서만 발견된다.

**28.** 동식물의 분류에서 계 다음으로 오는 것은? (357쪽)
① 목
② 강
③ 문

**29.** 생명체의 학명은 어떤 언어로 되어 있는가? (359쪽)
① 그리스어
② 라틴어
③ 영어

**30.** 위치적으로 가까이 살면서 서로에게서 이익을 얻는 동물은 어떤 관계인가? (359쪽)
① 상리공생
② 편리공생
③ 기생

제7장 동물의 세계 정답
1. ③  2. ②  3. ③  4. ②  5. ①
6. ②  7. ③  8. ②  9. ③  10. ①
11. ①  12. ③  13. ②  14. ②  15. ③
16. ③  17. ①  18. ②  19. ①  20. ①
21. ③  22. ②  23. ②  24. ①  25. ①
26. ②  27. ②  28. ③  29. ②  30. ①

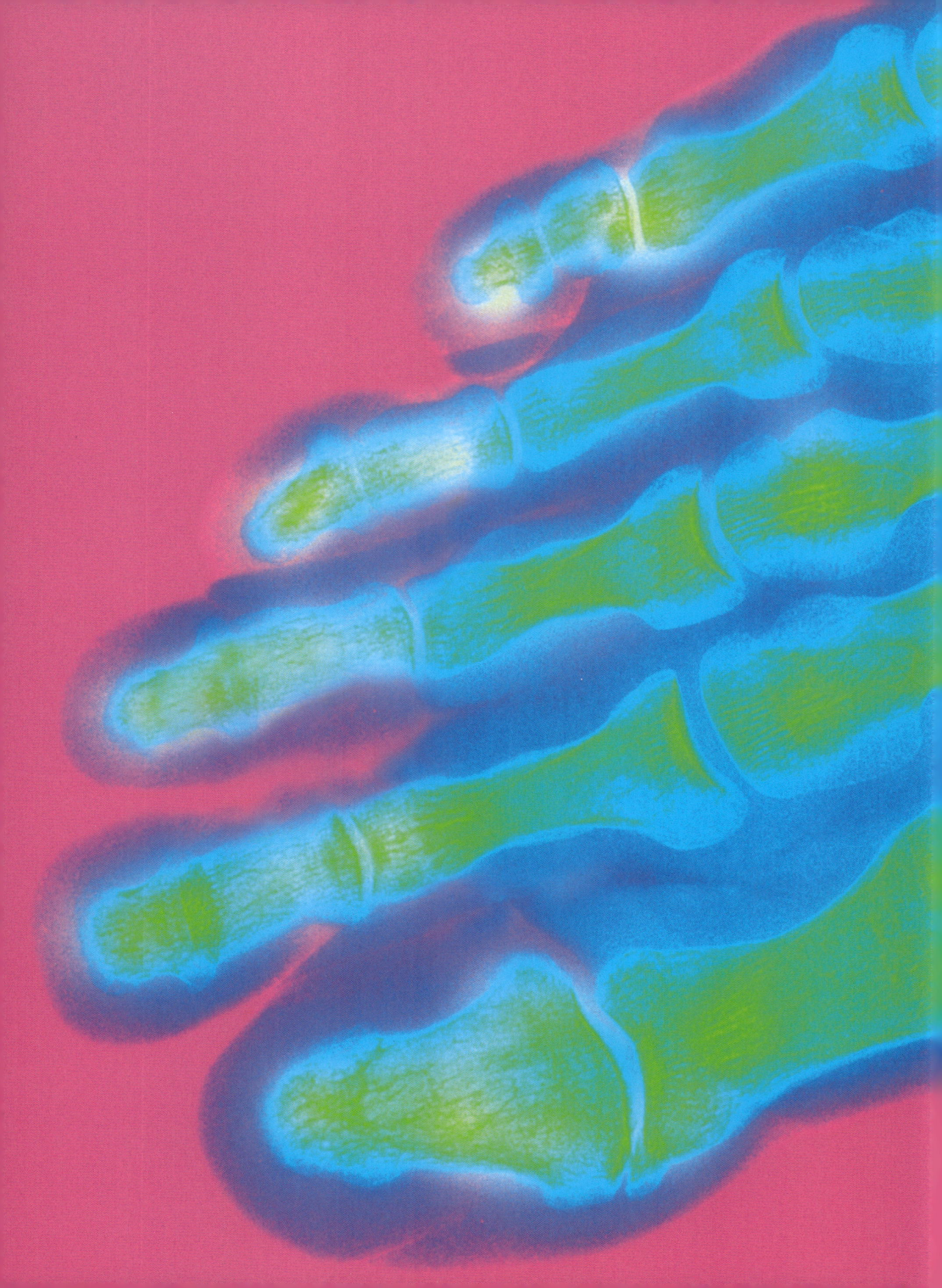

# 인체

## Human Body

# 골격 The Skeleton

**골격이란** 몸을 지탱하고 모양을 형성하는 뼈대를 말한다. 또한 심장과 같이 연약한 부분을 보호하기도 하고 근육이 붙어서 사람이 몸을 움직일 수 있게끔 하는 운동장치의 역할도 한다.

## 뼈의 종류

인간의 몸속에 있는 뼈는 모양에 따라 크게 4가지로 나뉜다.

**편평골**(어깨뼈나 갈비뼈)은 몸을 보호하는 역할을 하며 근육이 붙을 수 있는 표면의 역할도 한다.

갈비뼈

**단골**은 마디가 많은 덩어리 모양으로, 뼈마다 길이나 너비가 거의 같다. 손목이나 발목뼈가 그 예이다.

손목뼈

**불규칙골**은 복잡한 모양을 하고 있고 다른 어떤 분류에도 속하지 않는다. 인체의 등뼈가 바로 불규칙골의 한 종류이다.

등뼈

**장골**은 너비보다 길이가 긴 뼈이다. 이 뼈는 살짝 구부러져 있어 강도가 더 강하며, 손가락뼈를 예로 들 수 있다.

손가락뼈 ★

링크
346

### 골격의 구분

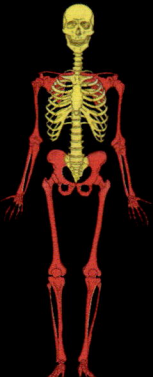

골격은 두 부분으로 나눌 수 있다. **중축골격**(노란 부분)은 두개골, 등뼈, 흉곽으로 이루어져 있다. 이 뼈는 인체의 가운데 부분을 따라 가상의 선상에 놓여 있다. **부속골격**(붉은 부분)은 이 선 양 옆에 있는 뼈, 즉 팔, 다리, 어깨, 골반으로 구성되어 있다.

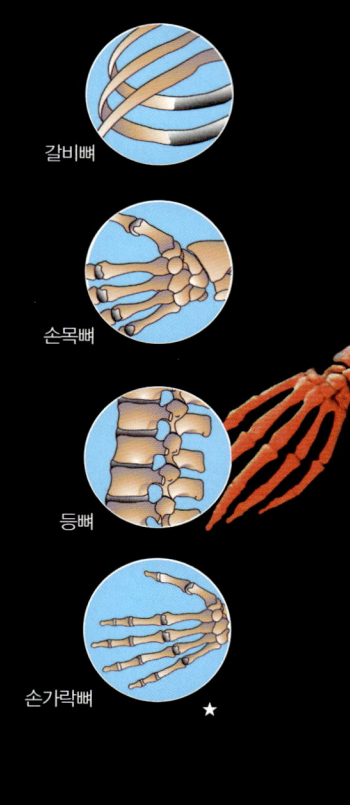

이 그림은 골격 안의 주요한 뼈들을 보여주고 있다.

**두개골**(해골) 성인의 두개골은 뼈로 된 평평한 판 8개가 결합된 것이다.

**하악골**(턱뼈)

**쇄골**

**흉골**(가슴뼈)

**상완골**

**늑골**(갈비뼈)

**견갑골**(어깨뼈)

**척추**(등뼈)는 척추골 33개로 이루어져 있다.

**요골**

**척골**

**손목뼈**

**골반**(골반대) 양쪽 각각 장골, 치골, 좌골이라는 뼈 3개씩으로 이루어져 있다.

**꼬리뼈**

**손뼈**

**대퇴골** (넓적다리뼈)

**슬개골** (무릎뼈)

**경골** (정강이뼈)

**비골** (종아리뼈)

손가락과 발가락에 있는 뼈를 **지골**이라고 한다.

**중족골** (발등뼈)

**발목뼈**

## 관절의 종류

**관절**은 2개 이상의 뼈가 만나는 부분을 말한다. 두개골에 있는 뼈같이 고정된 부분도 있지만, 대부분의 관절은 움직일 수 있다. 아래는 자유롭게 움직일 수 있는 관절 중 가장 일반적인 형태이다. 이들 관절에는 윤활제 구실을 하는 **활액**이 들어 있기 때문에 **윤활관절**이라고 한다.

고관절은 **구상관절**이다. 구상관절은 끝이 둥근 뼈가 오목하게 파인 구멍에 꼭 맞는 모양으로, 마치 전구와 소켓이 연결되는 모습을 연상시킨다. 이런 형태이기 때문에 인간은 다리를 여러 방향으로 돌릴 수 있다.

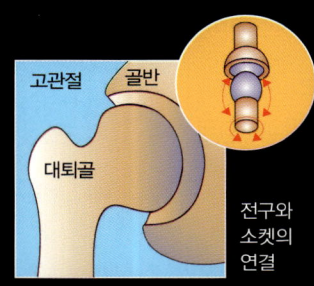

고관절 　골반

대퇴골

전구와 소켓의 연결

무릎관절은 문의 경첩처럼 작동하기 때문에 인간은 위, 아래와 같이 반대방향으로 다리를 구부릴 수 있다. 이런 종류의 관절을 **경첩관절**이라고 한다.

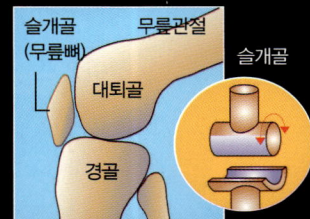

슬개골 (무릎뼈)　무릎관절

대퇴골 　슬개골

경골

손목에 있는 관절은 **미끄럼관절**이나 **활주관절**이라고 한다. 다른 뼈들과 맞닿는 표면은 평평하고, 이 관절 속의 뼈는 좌우 혹은 앞뒤로 움직일 수 있다.

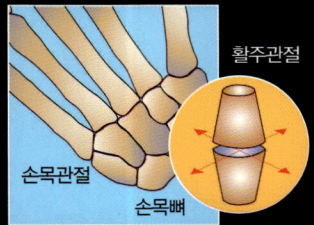

활주관절

손목관절

손목뼈

척추 가장 위의 두 척추골 사이 **회전관절**(활차관절)이 있기 때문에 인간은 머리를 좌우로 움직일 수 있다. 한쪽 뼈의 둥근 끝 부분이 다른 뼈의 구멍에 끼워져 이리저리 돌릴 수 있도록 되어 있다.

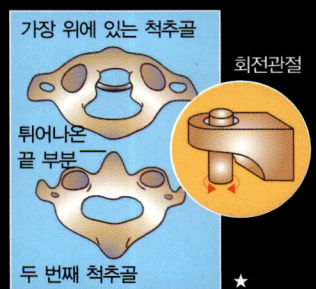

가장 위에 있는 척추골

회전관절

튀어나온 끝 부분

두 번째 척추골

### 아기의 골격

갓난아기의 골격은 300개 이상의 부분으로 이루어져 있다. 대부분은 뼈가 아닌 유연하고 튼튼한 **연골**로 되어 있다.

---

긴 시간에 걸쳐 이 조직은 서서히 뼈로 변해 가는데 이를 **골화**라고 한다. 아기가 자라면서 일부 작은 뼈들이 합쳐져 더 큰 뼈가 되기도 한다. 어른이 되면 골격을 구성하는 뼈의 숫자는 206개밖에 되지 않는다.

## 뼈의 내부

모든 뼈는 **골막**이라는 얇은 층으로 덮여 있는데, 이 층에는 뼈의 성장이나 회복과 관련된 세포가 들어 있다. 이 막 속의 뼈는 혈관, 신경, 살아 있는 **골세포**로 이루어져 칼슘과 인을 함유한 단단한 틀 안에 들어 있다.

링크 347

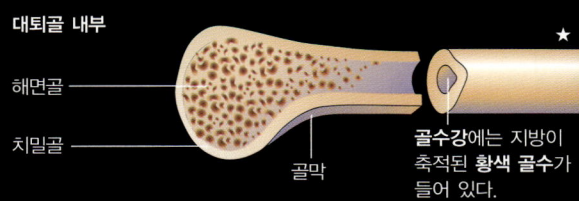

대퇴골 내부

해면골

치밀골

골막

골수강에는 지방이 축적된 **황색 골수**가 들어 있다.

**해면골**의 경우 **섬유주**라고 하는 줄기가 그물처럼 성글게 얽혀 있다. 가벼우면서도 강도가 높은 이 부분은 장골 끝의 단골이나 편평골에서 주로 발견된다.

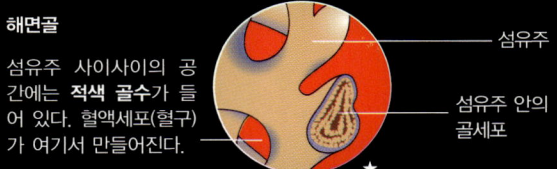

해면골

섬유주 사이사이의 공간에는 **적색 골수**가 들어 있다. 혈액세포(혈구)가 여기서 만들어진다.

섬유주

섬유주 안의 골세포

**치밀골**은 뼈에서 밀도가 높은 둥근 모양의 **층판**(라멜라)으로 이루어져 있다. 모든 뼈의 가장 바깥층을 형성한다.

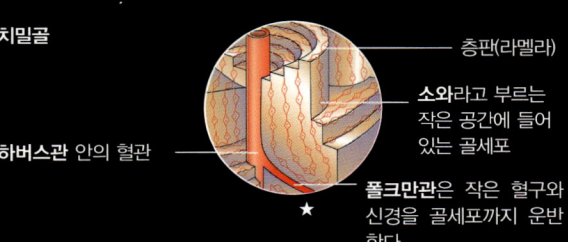

치밀골

하버스관 안의 혈관

층판(라멜라)

**소와**라고 부르는 작은 공간에 들어 있는 골세포

**폴크만관**은 작은 혈구와 신경을 골세포까지 운반한다.

### 유용한 인터넷 링크

www.usbornequicklinks.com

Web 1 골격 조직에 관한 영상을 살펴보자.
Web 2 관절과 뼈에 관한 온라인 게임에 도전해보자.
Web 3 게임과 영상을 통해 뼈가 어떻게 구성되어 있는지 알아보자.
Web 4 관절에 대해 더 많은 것을 알아보자.
Web 5 발등 뼈가 스포츠 활동에 어떤 영향을 미치는지 알아보자.

# 근육 Muscles

**근육은** 온몸에 분포되어 있는 탄력적인 조직으로, 근육이 없으면 움직일 수 없다. 팔을 들어 올리는 근육과 같이 우리가 조절할 수 있는 근육을 수의근이라고 한다. 심장을 뛰게 하는 것처럼 자동으로 움직이는 근육은 불수의근이라고 한다. 근육에는 골격근, 심장근, 내장근의 3가지가 있다.

이 그림은 주요한 골격근을 보여준다.

## 골격근육

인체에는 대략 640개의 **골격근육**이 있다. 이 근육은 골격에 붙어 있는 수의근으로, 질긴 끈으로 된 조직인 힘줄에 의해 뼈와 연결되어 있다. 골격근육 중 일부는 피부에 붙어 있는데, 얼굴에 있는 근육이 대표적인 예이다. 얼굴의 근육이 피부에 붙어 있기 때문에 다양한 표정을 지을 수 있다.

근육이 수축하면 짧고 팽팽해지면서 뼈(혹은 피부)를 함께 잡아당긴다. 하지만 근육에는 미는 힘이 없어서 원래 자리로 돌아가려면 다른 근육의 도움이 필요하다. 수축하는 근육을 **주동근**, 이완하는 근육을 **길항근**이라고 한다. 이 근육은 이렇게 **쌍을 이루어** 움직인다.

링크
348

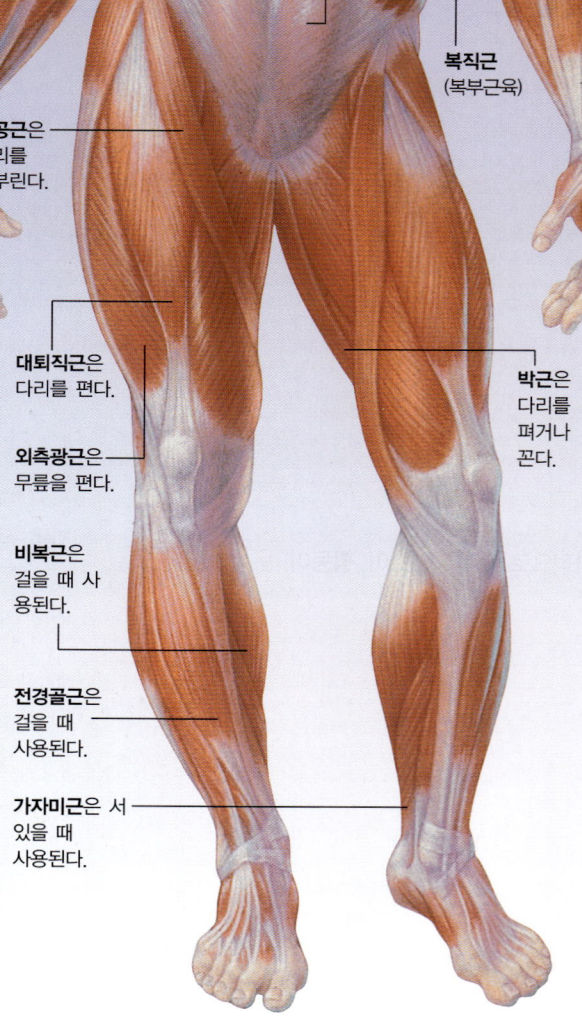

전두근은 눈썹을 치켜 올리거나 이마에 주름을 잡는다.

**승모근**은 어깨를 반듯하게 편 상태로 유지한다.

**삼각근**은 어깨를 끌어올린다.

**복직근** (복부근육)

**봉공근**은 다리를 구부린다.

**대퇴직근**은 다리를 편다.

**박근**은 다리를 펴거나 꼰다.

**외측광근**은 무릎을 편다.

**비복근**은 걸을 때 사용된다.

**전경골근**은 걸을 때 사용된다.

**가자미근**은 서 있을 때 사용된다.

---

## 직접 해보자

우리 팔에 있는 **이두박근**과 **삼두박근**은 한 쌍의 주동근과 길항근이다. 팔을 굽혔다 폈다 하면서 손을 가볍게 위쪽 팔에 갖다대보자. 한 근육이 당겨지면 다른 근육이 이완되면서 이두박근과 삼두박근이 함께 움직이는 것을 느낄 수 있을 것이다.

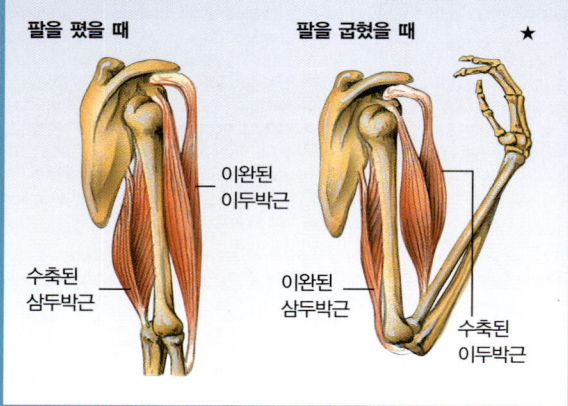

**팔을 폈을 때**

이완된 이두박근

수축된 삼두박근

**팔을 굽혔을 때**

★

이완된 삼두박근

수축된 이두박근

## 심장근육

우리의 심장은 대부분 **심장근육**으로 이루어져 있다. 이들은 불수의근으로 절대로 지치지 않는다. 이 근육은 두 부분으로 나뉘어 윗부분이 수축하면 심장의 아랫부분인 심실에 혈액이 가득 찬다. 그러면 다시 아랫부분이 수축해서 피를 동맥으로 내보낸다.

**운동하는 심장근육**

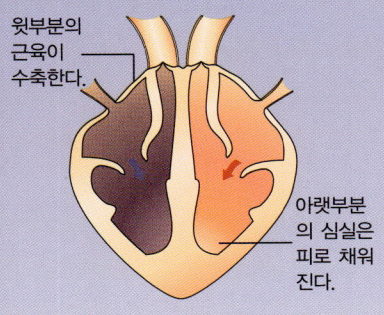

윗부분의 근육이 수축한다.

아랫부분의 심실은 피로 채워진다.

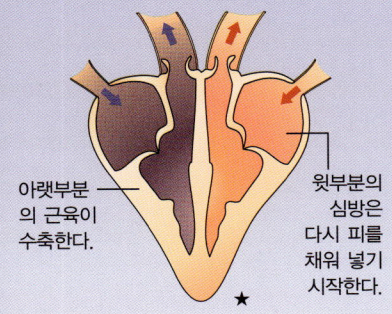

아랫부분의 근육이 수축한다.

윗부분의 심방은 다시 피를 채워 넣기 시작한다.

★

## 내장근육

**내장근육**은 우리 몸 내부 내장기관의 내벽에 많이 분포해 있다. 이 근육은 불수의근으로 지치지 않고 천천히 주기적으로 수축한다. 이 활동이 음식을 우리의 소화기를 통해서 이동하도록 한다.

**소장 부위**

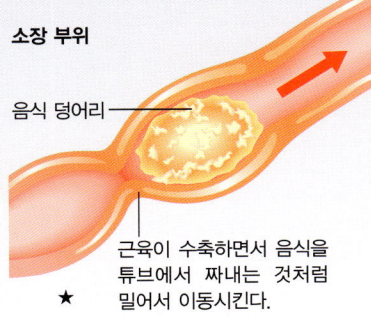

음식 덩어리

★ 근육이 수축하면서 음식을 튜브에서 짜내는 것처럼 밀어서 이동시킨다.

## 근육조직

골격근육은 **가로무늬근**, 혹은 **횡문근**이라고 하는 근육조직으로 되어 있다. 이 근육은 **근섬유**라는 긴 막대 모양의 세포로 이루어진다. 근섬유는 **섬유속**으로 무리지어 있다. 각각의 섬유는 **근원섬유**라는 가는 끈으로 되어 있다. 근원섬유 안에는 가늘거나 두꺼운 실이 포개진 **근필라멘트**가 들어 있다. 두꺼운 근필라멘트는 단백질의 일종인 **미오신**으로 되어 있고, 가는 근필라멘트 또한 단백질의 일종인 **액틴**으로 이루어졌다.

근육이 수축하면 내부의 필라멘트는 서로를 스치듯이 미끄러지면서 움직인다. 이렇게 되면 근육이 더 짧고 두꺼워진다.

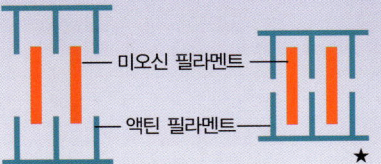

이완된 골격근육          수축된 골격근육

미오신 필라멘트

액틴 필라멘트

★

필라멘트는 서로 미끄러지듯이 움직인다.

가로무늬근 섬유는 두 가지 종류로 나뉜다. **적색근**은 천천히 수축하고 상대적으로 에너지를 적게 쓴다. 이 근육은 지치지 않고 오랜 시간 동안 움직일 수 있다. **백색근**은 빠르게 수축하고 에너지를 더 많이 쓴다. 이 근육은 짧은 시간에 강도 높게 움직일 수 있지만 빨리 지친다.

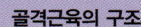

우리의 머리를 받쳐주는 목근육에는 적색근이 많다.

물건을 던질 때 움직이는 팔근육에는 백색근이 많다.

## 골격근육의 구조

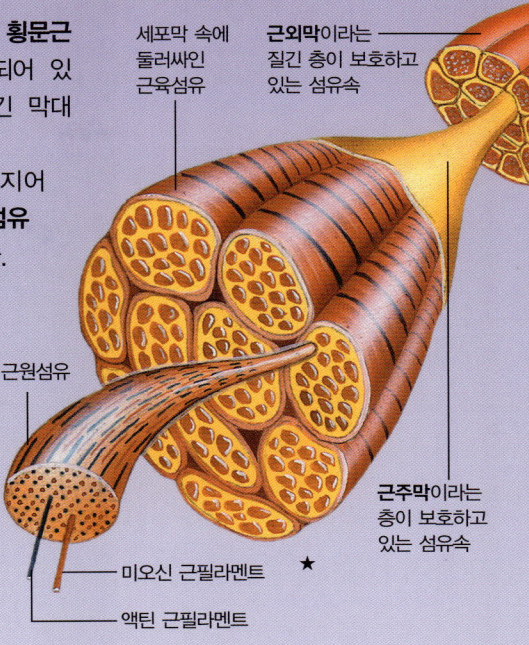

세포막 속에 둘러싸인 근육섬유

**근외막**이라는 질긴 층이 보호하고 있는 섬유속

근원섬유

**근주막**이라는 층이 보호하고 있는 섬유속

미오신 근필라멘트

액틴 근필라멘트

★

심장근육은 **심근조직**이라는 가로무늬근의 일종으로 되어 있다. 이 조직은 Y자 모양으로 여러 겹 포개진 섬유이다.

심근조직 ★

링크 349

내장근육은 방추형 섬유로 되어 있는데, 이 섬유 여러 개가 합쳐져서 **민무늬근조직**을 이룬다.

민무늬근조직 ★

### 유용한 인터넷 링크

**www.usborne-quicklinks.com**

**Web 1** 근육에 대한 애니메이션을 공부해 보자.

**Web 2** 우리 몸속에 있는 근육을 확인해 보고 각 근육의 기능을 알아보자.

**Web 3** 근육의 반응을 알아보기 위해 온라인 실험을 해보자.

**Web 4** 인체의 다양한 근육에 대한 지식을 테스트해보자.

**Web 5** 근육마다 이름을 붙인 표를 프린트해서 보며 공부해보자.

# 순환계 The Circulatory System

**우리 몸속의** 순환계는 영양분이나 산소와 같은 물질을 우리 몸 전체로 운반하고 노폐물을 모으는 역할을 한다. 순환계는 크게 세 부분으로 나뉜다. **혈액**은 세포로 물질을 운반하는 역할을 하는 액체이다. 혈관은 혈액이 이동하는 관이고, 심장은 혈액을 몸의 구석구석으로 공급해주는 역할을 한다.

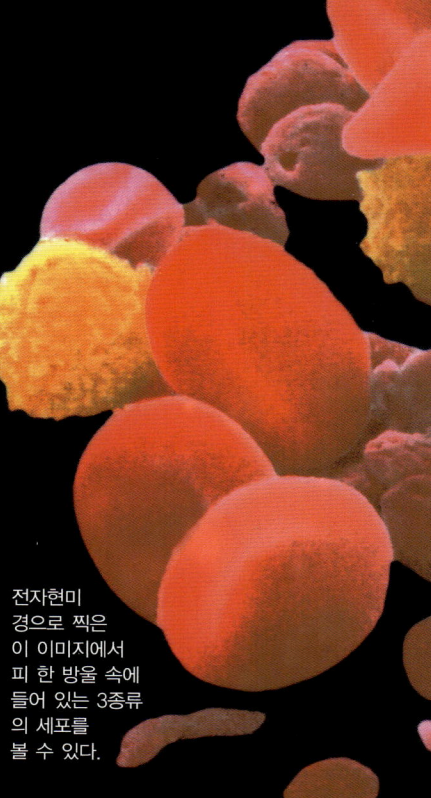

## 심장

사람의 심장은 근육으로 만들어진 기관으로 다른 신체 기관과는 달리 절대 지치는 법이 없다. 심장에는 4개의 **방**이 있는데, 그중 위에 있는 2개는 **심방**이라고 한다. 심방은 아래 있는 방인 **심실**에 연결되어 있다.

심장의 위치

심방과 심실 사이의 판은 혈액이 원래 방향으로만 흐르도록 한다. 판에는 **첨판**이라는 것이 있는데, 혈액이 판을 통해 흘러나가면서 첨판을 연다. 혈액이 빠져나가고 나면 첨판은 혈액이 다시 흘러 들어오는 것을 막기 위해 닫힌다. 이렇게 판이 닫힐 때, 쿵쿵 심장이 뛰는 소리를 낸다.

전자현미경으로 찍은 이 이미지에서 피 한 방울 속에 들어 있는 3종류의 세포를 볼 수 있다.

링크
350

**혈액이 심장에서 순환하는 방식**

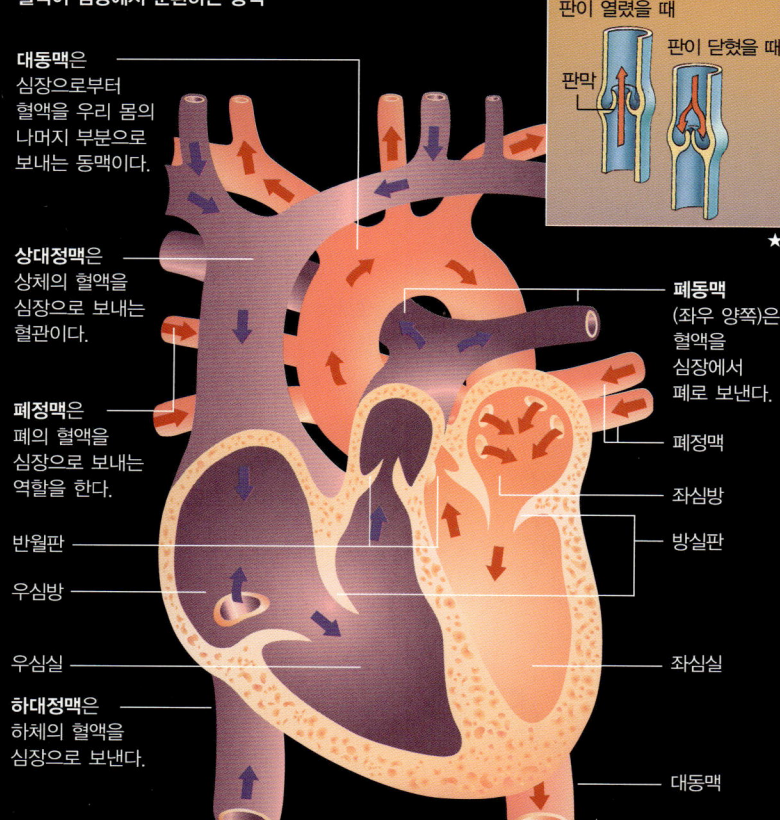

**대동맥**은 심장으로부터 혈액을 우리 몸의 나머지 부분으로 보내는 동맥이다.

**상대정맥**은 상체의 혈액을 심장으로 보내는 혈관이다.

**폐정맥**은 폐의 혈액을 심장으로 보내는 역할을 한다.

반월판

우심방

우심실

**하대정맥**은 하체의 혈액을 심장으로 보낸다.

판이 열렸을 때
판이 닫혔을 때
판막

**폐동맥**
(좌우 양쪽)은 혈액을 심장에서 폐로 보낸다.

폐정맥

좌심방

방실판

좌심실

대동맥

## 순환

혈액이 우리 몸 전체를 한번 순환할 때 심장을 두 번 지나가게 된다. 처음 순환을 시작할 때, 혈액은 심장 오른쪽에서 폐로 보내지고, 폐에서 우리가 들이마신 신선한 공기를 얻는다. 이후 혈액은 다시 심장의 왼쪽으로 보내지고, 심장은 이 혈액을 밀어내서 우리 몸 구석구석에 산소를 전달한다. 산소가 필요한 혈액은 심장으로 돌아와서 같은 과정을 반복한다.

**혈액이 우리 몸을 순환하는 과정**

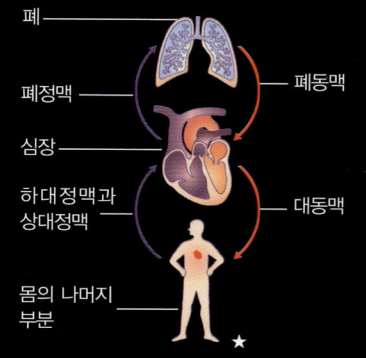

폐

폐정맥

심장

하대정맥과 상대정맥

몸의 나머지 부분

폐동맥

대동맥

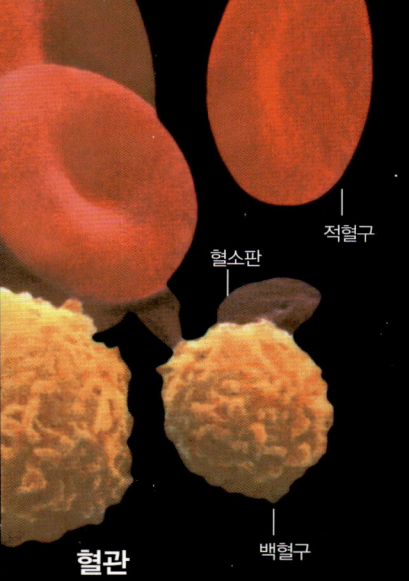

적혈구

혈소판

백혈구

## 혈관

혈액은 심장에서 **동맥**이라는 튼튼한 혈관을 통해 흘러나간다. 동맥은 훨씬 작은 혈관으로 연결되는데, 이 혈관은 아주 가는 **모세혈관**에서 끝난다. 모세혈관의 벽은 한 겹의 세포층으로 되어 있어 세포 주변의 **조직액**을 통해 세포들에 필요한 산소와 물질을 쉽게 전달할 수 있다.

**혈관의 종류**

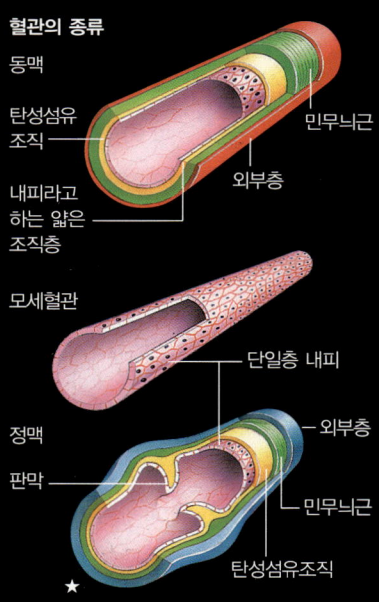

동맥

탄성섬유조직

내피라고 하는 얇은 조직층

외부층

민무늬근

모세혈관

단일층 내피

정맥

판막

외부층

민무늬근

탄성섬유조직

★

조직액은 세포와 혈액 사이에서 물질을 받아들이는 역할을 한다. 이산화탄소와 다른 노폐물은 모세혈관으로 전달되어서 마지막으로 **정맥**이라는 혈관으로 들어간다. 정맥은 혈액을 다시 심장으로 보낸다.

## 혈액

혈액은 적혈구, 백혈구, 혈소판과 연한 노란색을 띤 액체인 **혈장**으로 이루어져 있다. 성인들은 평균적으로 5ℓ 정도의 혈액을 가지고 있다. 혈액은 우리 몸 구석구석으로 여러 가지 물질을 전달해줄 뿐만 아니라 병균과 싸우거나 상처를 낫게 하고 체온을 조절하는 역할도 한다.

**혈액의 구성**

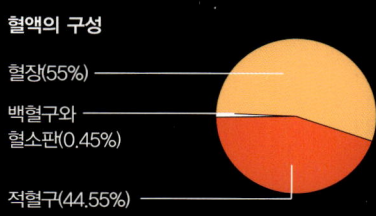

혈장(55%)

백혈구와 혈소판(0.45%)

적혈구(44.55%)

**적혈구**는 원반 모양의 세포로 붉은색 **헤모글로빈**이라는 화학물질이 들어 있다. 혈액이 폐를 통과할 때 헤모글로빈은 산소와 결합해서 **산화헤모글로빈**이 된다. 적혈구가 우리 몸 구석구석에 산소를 전달하고 나면, 산화헤모글로빈은 다시 헤모글로빈이 된다.

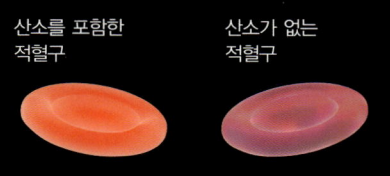

산소를 포함한 적혈구

산소가 없는 적혈구

적혈구는 원반 모양을 하고 있어서 아주 가느다란 모세혈관 안에서도 이동할 수 있다.

적혈구는 4개월 정도면 수명이 다되어서 교체된다. 적혈구는 골수에서 초당 200만 개의 속도로 생성된다. **백혈구**는 적혈구보다 크기가 크며, 질병과 싸우는 것을 도와주는 세포이다. 백혈구에 대해서는 405쪽에서 더 많은 것을 공부해보자.

**혈소판**은 작은 세포 조각으로 상처가 났을 때 피가 멈추도록 돕는 역할을 한다.

## 혈액의 응고

대부분의 작은 상처는 잠깐 동안 피가 나다가 곧 이 혈액이 젤과 같은 덩어리인 **혈병**(피덩어리)으로 변한다. 혈병은 혈소판이 일으킨 화학반응으로 만들어진 **피브린**이라는 끈적끈적한 실로 되어 있다. 혈병은 피가 더 흘러나오는 것을 막고, 병균이 상처에 들어가는 것도 막아준다.

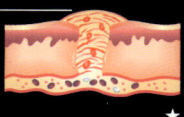

혈병은 피브린 섬유소로 만들어진다.

혈병은 혈관이 회복되면 없어진다.

★

## 혈액형

혈액은 A, B, O, AB의 4가지로 구분된다. 혈액형에 따라 적혈구의 표면에 다른 응집원을, 혈장에는 다른 응집소를 가지고 있다. 어떤 혈액형이냐에 따라 수혈할 수 있는 혈액이 다르다.

링크
351

| 혈액형 | 응집원 | 응집소 | 수혈 가능한 혈액 |
|---|---|---|---|
| A | A | $\beta$ | A형과 O형 |
| B | B | $\alpha$ | B형과 O형 |
| AB | A와 B | 없음 | 모든 혈액형 |
| O | 없음 | $\alpha$ $\beta$ | O형만 |

### 유용한 인터넷 링크

www.usborne-quicklinks.com

**Web 1** 심장과 심장의 활동에 대한 정보, 심장소리를 들을 수 있는 파일과 애니메이션을 살펴보자.

**Web 2** 심혈관계에 관한 슬라이드 쇼를 살펴보자.

**Web 3** 가상 심장이식 수술을 해보고, 심장에 관한 애니메이션도 공부해보자.

**Web 4** 혈액이 어떻게 신체를 순환하는지 애니메이션으로 공부해보자. 또 혈액이 어떻게 만들어지는지 알아보자.

**Web 5** 적혈구가 몸속에서 어떻게 돌아다니는지 알아보고, 혈액순환에 대해서도 더 공부해보자.

# 치아 Teeth

**치아는** 음식이 소화될 준비가 되도록 한다. 즉 음식물을 자르거나 갈아서 나머지 소화기관이 음식을 소화하기 쉽게 만드는 것이다. 치아 안에는 살아 있는 세포와 신경, 혈관이 들어 있다. 치아는 잘 관리하지 않으면 **썩거나** 심지어 빠질 수도 있기 때문에 주의해야 한다.

이렇게 꺾어진 치과용 거울은 치과의사가 우리 입속을 잘 들여다보고 치아와 잇몸이 건강한지 확인할 수 있도록 해준다.

## 치아 구조

일반적으로 치아는 3가지의 중요한 부분으로 나뉜다. 우리 눈에 보이는 부분을 **치관**이라고 한다. 치아는 각각 한두 개의 **뿌리**로 턱뼈 안의 구멍에 고정되어 있다. 치관과 뿌리가 만나는 부분을 **치경부**라고 한다.

### 치아의 구조

링크 352

잇몸 혹은 치경

치관. 치관의 표면은 **법랑질**로 덮여 있는데 우리 몸에서 가장 단단한 부분이기도 하다. 칼슘과 인을 함유하고 있다.

치아의 두 번째 층은 **상아질**로 되어 있다. 상아질은 법랑질과 비슷하지만 더 연하다.

치경부

치아의 가운데에 있는 부드러운 부분을 **치수강**이라고 한다.

이 부분은 뿌리 아랫부분에서 치아로 올라가는 혈관과 신경으로, **근관**을 통해 치수강까지 뻗어 있다.

턱뼈

**치주인대**의 질긴 섬유는 치아의 뿌리를 턱뼈에 고정하는 역할을 한다. 치주인대는 탄력이 있어서 음식을 씹을 때 충격을 완화해준다.

**백악질**이라는 뼈와 비슷한 물질이 치주인대에 연결된 뿌리를 고정시킨다.

뿌리

혈관

신경 ★

## 치아의 종류

성인의 치아는 모두 네 종류로 각각 역할에 맞는 모양을 하고 있다.

### 주요한 치아의 종류

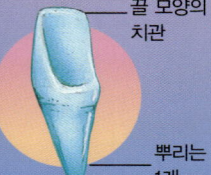

**앞니**는 입의 앞부분에 있는 날카로운 치아로 음식을 깨무는 데 사용한다.

끌 모양의 치관

뿌리는 1개

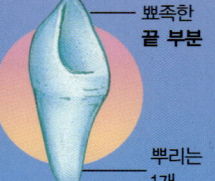

**송곳니**는 원뿔형 치아로 음식을 꿰뚫는 역할을 한다.

뾰족한 **끝 부분**

뿌리는 1개

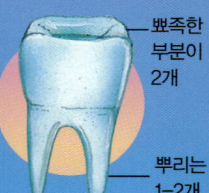

**작은 어금니**는 뭉툭하고 넙적한 모양으로, 음식을 부수고 가는 데 사용한다.

뾰족한 부분이 2개

뿌리는 1~2개

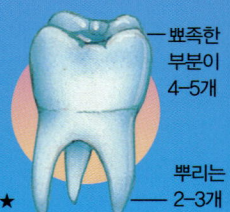

**어금니**는 작은 어금니보다 넓적하고, 뾰족한 부분도 더 많다. 음식을 부수고 가는 역할을 한다. ★

뾰족한 부분이 4~5개

뿌리는 2~3개

**사랑니**는 세 번째 어금니이자 마지막으로 나는 치아이기도 하다. 턱의 맨 뒤쪽에 있고, 각 끝 부분마다 하나씩 난다. 사랑니는 보통 17세에서 21세 사이에 나는데 사랑니가 나지 않는 사람도 많다.

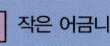

이런 기구를 **프로브**라고 하는데 치아에 구멍이 났는지 알아보기 위해서 치석을 긁어내는 데 쓰인다.

## 유치와 영구치

치아 전체를 **치열**이라고 한다. 사람은 일생동안 두 벌의 치열을 가지게 된다. 첫 번째는 아기가 6개월 정도 됐을 때부터 나기 시작하는데 이런 치아를 **유치** 혹은 **젖니**라고한다. 모두 합해 20개가 난다.

**유치의 치열**

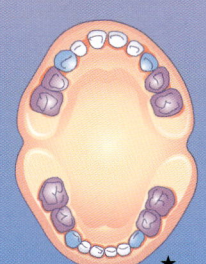

- ☐ 앞니
- ☐ 송곳니
- ☐ 작은 어금니

젖니에는
어금니가 없다.

6세에서 12세 사이에 유치가 빠지고 **영구치**가 난다. 보통은 32개가 나는데, 사람에 따라서 한두 개 더 있거나 더 적게 나기도 한다.

**영구치의 치열**

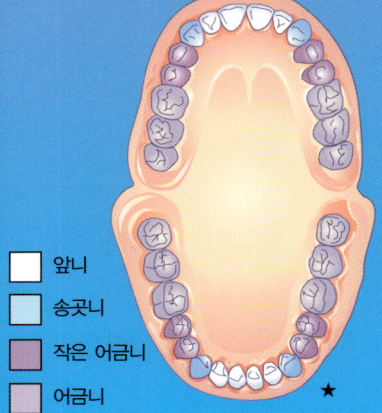

- ☐ 앞니
- ☐ 송곳니
- ☐ 작은 어금니
- ☐ 어금니

## 충치

사람들의 입속에는 박테리아라는 작은 미생물이 사는데 박테리아는 달콤한 음식이 있으면 매우 빨리 번식한다. 이들은 **치석**이라는 끈적끈적한 물질을 형성하는데, 이 물질이 치아를 얇고 흰 막으로 덮는다.

박테리아는 이 사이에 낀 음식물을 먹고 산을 만들어내는데, 이것이 치아를 녹인다. 그러면 치아에 통증이 느껴지고, 결국은 썩는다. 충치의 진행 단계는 아래와 같다.

1. 박테리아는 이에 붙은 달콤한 음식을 먹는다. 이들이 만들어내는 산이 치아의 법랑질을 녹인다.

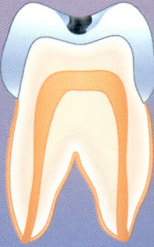

2. 이때 치과에서 치료를 받지 않으면 산이 상아질까지 상하게 한다.

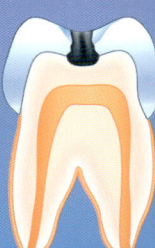

3. 썩은 부분이 치수강과 신경에까지 닿으면 이가 아프기 시작한다.

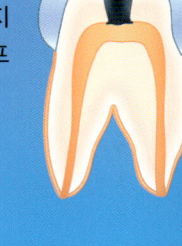

4. 입안의 박테리아는 치수강 안으로 들어가기도 한다. 그러면 뿌리가 감염되어 통증이 심하고 고름이 나오는 **농양**이 생길 수 있다.

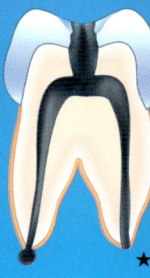

## 건강한 치아

입안의 박테리아는 충치뿐만 아니라 **치주질환**, 즉 **잇몸병**을 유발하기도 한다. 이런 병이 생기면 잇몸에서 피가 나는데, 제때 치료를 하지 않으면 치주인대와 턱뼈에까지 영향을 미쳐서 이가 흔들리거나 심한 경우 빠질 수도 있다.

치아와 잇몸을 건강하게 유지하는 가장 좋은 방법은 하루에 두 번씩 이를 닦는 것이다. 대부분의 치약에는 **불소**라는 미네랄이 함유되어 있다. 이 물질은 치아의 법랑질이 산에 덜 녹게 해주고, 또 이미 상한 법랑질 속의 미네랄을 보충해주어서 이를 튼튼하게 한다. 박테리아가 산을 만들어내는 것 자체를 방해하는 일도 한다.

링크
353

### 유용한 인터넷 링크

www.usborne-quicklinks.com

Web 1 치아에 관한 유용한 정보와 사진을 접해보자.
Web 2 치아를 찍은 입체사진을 살펴보고 치아에 관한 다양한 정보를 살펴보자.
Web 3 치아에 관한 정보와 충치의 원인, 충치를 예방하는 법도 알아보자.
Web 4 충치와 잇몸병에 관한 깊이 있는 정보를 알아보고, 치아를 잘 관리하는 법도 알아보자.
Web 5 게임을 하면서 치아를 관리하는 법을 익혀보자.

# 소화 Digestion

**우리가** 먹은 음식은 몸을 통과하면서 몸에 흡수될 수 있을 만큼 작은 조각으로 분해된다. 이 과정을 소화라고 부르는데 입에서 항문까지 이르는 **소화관**에서 일어난다. 음식물은 일단 씹거나 휘젓는 과정을 통해 물리적으로 분해되고, 분비선에서 나오는 **소화액**에 의해 화학적으로 분해된다.

## 소화 단계

1. 입에 들어온 음식을 씹고, **침샘**에서 분비된 소화액인 **침**과 섞는다. 침은 음식물을 촉촉하게 해서 식도로 넘어가기 쉽게 한다. 이 단계에서 음식 속의 일부 녹말과 당은 **말토오스(엿당)**라는 단위로 분해된다.

2. 인후근육은 음식이 **인두**를 통해 **식도**로 넘어가게 한다. 음식을 삼키면 **후두개**라는 목구멍의 작은 부분이 **기관**을 막아서 음식이 잘못 넘어가지 않도록 한다.

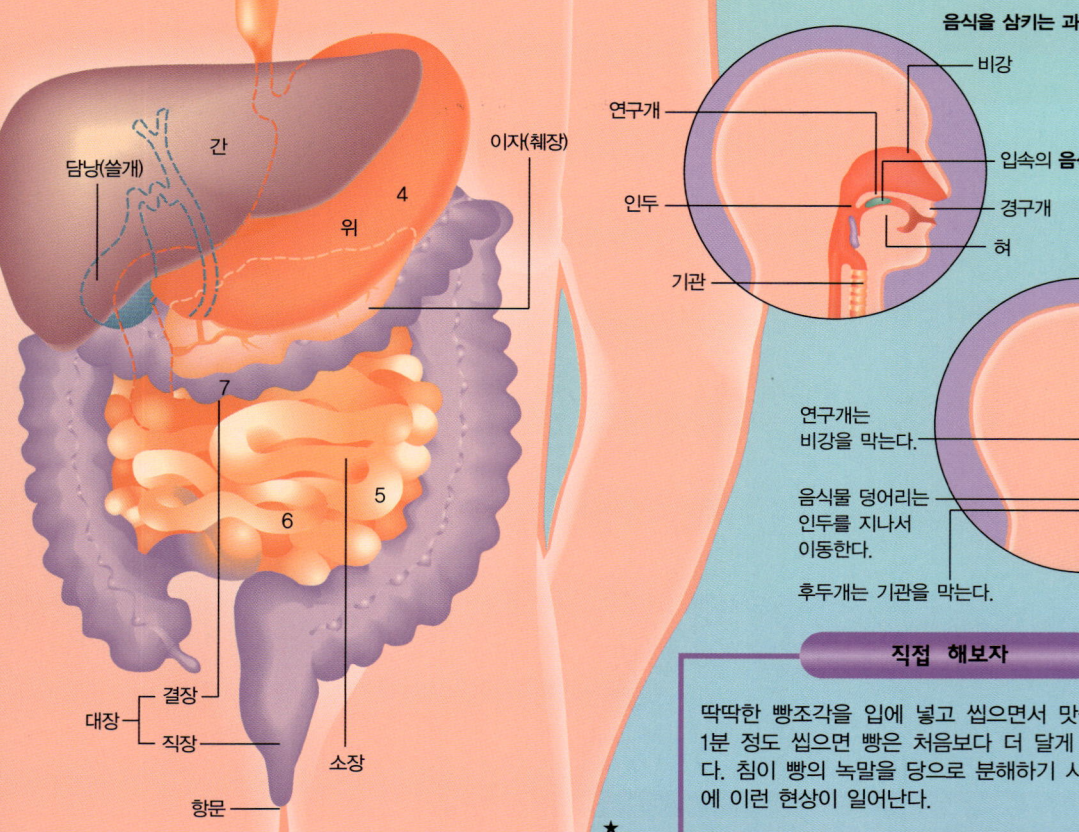

**소화기**

침샘
혀
인두
후두개
침샘

식도
기관(숨통)

이 소화기관은 명확하게 볼 수 있도록 실제 크기보다 더 크게 그려졌다.

링크 354

담낭(쓸개)
간
이자(췌장)
위

2
1
3
4

7
5
6

결장
대장
직장
소장
항문

### 음식을 삼키는 과정

비강
연구개
입속의 **음식 덩어리**
경구개
인두
혀
기관

연구개는 비강을 막는다.

음식물 덩어리는 인두를 지나서 이동한다.

후두개는 기관을 막는다.

### 직접 해보자

딱딱한 빵조각을 입에 넣고 씹으면서 맛을 느껴보자. 1분 정도 씹으면 빵은 처음보다 더 달게 느껴질 것이다. 침이 빵의 녹말을 당으로 분해하기 시작했기 때문에 이런 현상이 일어난다.

★

3. 음식물은 식도를 따라서 위로 들어간다. 식도 벽에 있는 근육이 음식물이 잘 내려가도록 수축한다. 이것을 **연동운동**이라고 하는데, 모든 소화관에서 일어난다.

4. 음식물은 **위**에서 **위액**과 섞인다. 위액은 단백질을 소화시키는데, 위액에는 염산도 포함되어 있어서 음식 속의 세균을 죽인다. 위벽에는 **주름**이 있어서 위에 음식이 들어오면 펴진다.

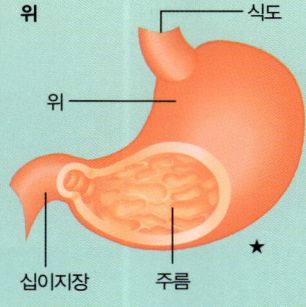

위

식도

위

십이지장    주름

★

5. 음식물이 **소장**으로 이동한다. 소장에는 **십이지장**, **공장(空腸)**, **회장(回腸)**의 세 부분이 있다. 십이지장에서는 간과 이자에서 만들어진 소화액이 분비되어서 지방, 단백질, 녹말을 분해한다.

**소장과 대장**

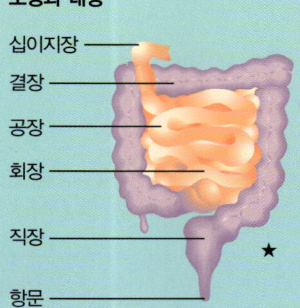

십이지장
결장
공장
회장
직장
항문

★

6. 소장, 특히 회장에는 **융모**라는 이름의 작은 손가락 모양의 돌기가 있어 표면적을 더욱 넓게 한다. 각각의 융털에는 아주 작은 혈관이 있어서 소화된 음식을 흡수한다. 그리고 몸의 다른 부분에 양분을 보내기 전에 다른 과정을 거치기 위해서 간으로 보낸다.

**소장의 횡단면**

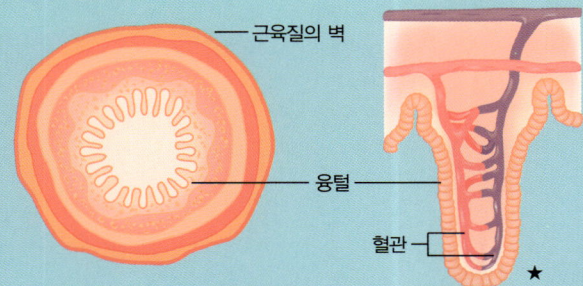

근육질의 벽

융털

혈관

★

7. 물과 식이섬유처럼 소화되지 않는 음식은 **대장**의 제일 윗부분인 **결장**으로 이동한다. 여기서 물이 혈류로 흡수된다.

8. **배설물**이라고 하는 조금 딱딱한 노폐물은 대장의 두 번째 부분인 **직장**으로 이동한다. 이 노폐물은 항문을 통해 배출된다.

## 소화샘

우리 몸속의 소화샘은 소화에 필요한 액체를 만들어낸다. 소화액에는 소화효소라는 화학물질이 함유된 경우가 많아서, 이들이 음식물의 분해를 돕는다. 소화샘 중 일부는 크기가 아주 작고 소화기관의 벽에 붙어 있는 것도 있다. 그 예로 위벽에 붙어 있는 위액 분비샘을 들 수 있다. 침샘과 같은 소화샘은 분리되어 있다. 가장 큰 소화샘은 간과 이자이다.

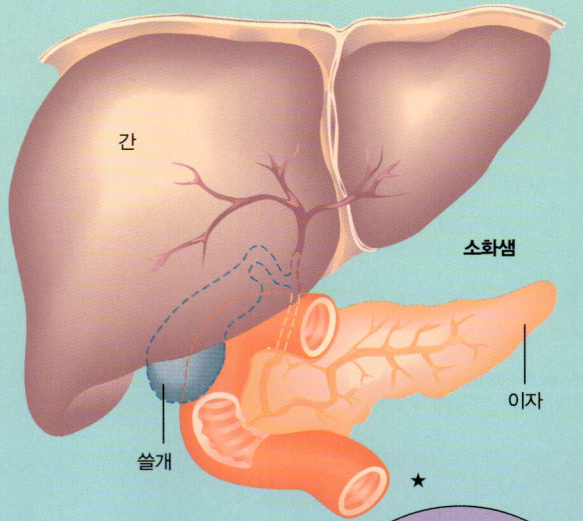

간

소화샘

이자

쓸개

★

링크
355

간은 **쓸개즙**이라는 녹색 액체를 만들어내는데, 쓸개즙은 지방을 작게 쪼개서 소화효소가 이것을 분해하도록 돕는 역할을 한다. 쓸개즙은 **쓸개**라는 주머니 모양의 기관에 저장된다. 이자는 **이자액**을 만들어낸다. 이 소화액에는 지방과 단백질, 녹말을 분해하는 효소가 들어 있다. 간과 이자는 혈액 속의 포도당 양을 조절하는 또 다른 중요한 역할도 담당하고 있다. 이 역할에 대해서는 381쪽에서 더 알아보자.

쓸개

주머니에 쓸개즙이 가득 차면 주름이 펴진다.

★

### 유용한 인터넷 링크
**www.usbornequicklinks.com**

**Web 1** 사과가 소화기를 통과하는 과정을 살펴보자.
**Web 2** 가상으로 소화기 속을 여행해보자. 또 온라인 퍼즐로 그동안 쌓은 지식을 테스트해보자.
**Web 3** 내장기관에 관한 온라인 입체 퍼즐을 완성할 수 있는지 도전해보자.
**Web 4** 소화기관이 좀 지저분하다고 생각될 것이다. 그러나 반드시 필요한 소화기관에 대한 재미있고 상세한 정보를 살펴보자.

# 음식과 식생활 Food And Diet

**음식과** 음료수를 섭취하는 것을 **식생활**이라고 한다. 여러 가지 음식을 먹으면 우리 몸에 필요한 성분을 골고루 섭취할 수 있기 때문에 건강한 식생활은 다양한 음식으로 구성되어야 한다. 그중에서도 특히 탄수화물, 단백질, 지방은 우리 몸이 에너지를 만들고 성장하는 데 필수적인 성분으로, 이런 것들을 **주영양소**라고 한다. 비타민, 미네랄과 물은 **부영양소**라고 하는데, 이들은 우리의 몸이 제대로 기능할 수 있도록 돕는다.

링크
356

## 탄수화물

**탄수화물**은 에너지를 내는 양분으로 당과 녹말의 두 종류가 있다. **당**은 단맛을 내며 물에 녹는 특성을 가지고 있고, 과일이나 초콜릿 같은 음식에 많이 들어 있다. **녹말**은 달지 않고 물에 녹지도 않는다. 빵, 파스타, 감자, 쌀 등이 녹말이 많이 들어 있는 대표적인 음식이다. 소화 과정에서 탄수화물은 **포도당**과 같은 단순한 당으로 분해된다. 우리 몸은 이 성분을 에너지를 내기 위한 연료로 사용하는 것이다. 일부 포도당은 **글리코겐**으로 바뀌어 간에 저장된다. 사용되지 않은 포도당은 모두 지방으로 바뀌어 피부 아래에 저장된다.

초콜릿에는 탄수화물의 일종인 당이 들어 있다.

파스타는 녹말을 섭취할 수 있는 건강에 좋은 음식이다.

## 단백질

**단백질**은 성장과 신체조직의 회복 이외에도 생명유지에 필요한 역할을 한다. 기름기가 적은 고기나 생선, 달걀, 땅콩, 우유, 콩에 많이 들어 있다. 단백질은 **아미노산**이라는 화학물질로 만들어진다. 어떤 순서로 아미노산이 배열되어 있느냐에 따라 단백질의 종류가 달라진다. 소화 과정에서 단백질은 아미노산으로 분해되어서 우리 몸에 필요한 다양한 종류의 단백질로 다시 배열된다.

### 우리 몸속의 단백질

이 혈구 속의 헤모글로빈은 우리 몸 전체로 산소를 운반한다.

케라틴은 머리카락과 손발톱을 만드는 단백질의 일종이다.

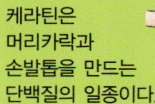

액틴과 미오신은 근육이 수축할 수 있도록 한다.

## 지방

**지방**은 에너지를 내거나 온기를 유지하는 데 쓰인다. 사용되지 않은 지방은 몸의 여러 부분, 이를테면 피부 아래에 저장된다. 지방에는 포화지방과 불포화지방이 있다. **포화지방**은 버터나 돼지기름, 비계가 많은 고기와 같은 동물성 식품에 주로 많이 들어 있다. 이들 식품은 지방과 유사한 물질인 콜레스테롤도 함유하고 있다. **불포화지방**은 식물성 기름이나 땅콩과 같은 비동물성 식품에 많이 들어 있다.

인스턴트 음식에는 대체로 지방이 많이 들어 있다. 포화지방과 콜레스테롤을 너무 많이 섭취하면 심장병에 걸릴 수도 있다.

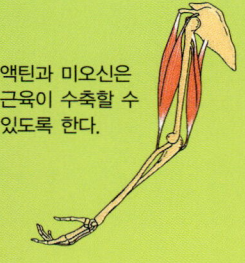

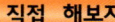

**직접 해보자**

우리가 먹는 식품의 겉포장에 있는 성분표시를 살펴보자. 음식에 포함되어 있는 탄수화물, 단백질, 지방의 양이 적혀 있을 것이다. 어떤 것에는 음식 속에 들어 있는 비타민과 미네랄에 관한 정보도 포함되어 있다.

채소와 과일은 식이섬유와 비타민, 미네랄의 좋은 공급원이다.

## 비타민

**비타민**은 우리 몸을 건강하게 유지하기 위해 필요한 물질이다. 이들은 다양한 음식 속에 들어 있는데, 균형 잡힌 건강한 식생활을 하면 우리 몸에 필요한 모든 비타민을 섭취할 수 있다.

비타민은 **유기**화학물질로 탄소가 포함되어 있다. 우리 몸에 꼭 필요한 화학작용이 원활하게 일어나게 하기 위해서는 15가지의 각각 다른 비타민이 골고루 필요하다.

### 비타민의 공급원과 쓰임새

| 비타민 | 공급원 | 쓰임새 |
| --- | --- | --- |
| A(레티놀) | 우유, 버터, 달걀, 생선기름, 신선한 녹색 채소 | 눈(특히 어두운 곳에서 잘 보기 위해서), 피부 |
| B(몇 가지 비타민으로 이루어짐) | 통밀빵, 쌀, 효모, 간, 대두 | 세포에서 에너지 생성, 신경, 피부 |
| C(아스코르브산) | 오렌지, 레몬, 포도, 토마토, 신선한 녹색 채소 | 혈관, 잇몸, 상처 치료, 감기 예방 |
| D(칼시페롤) | 생선기름, 우유, 달걀, 버터 (그리고 햇빛) | 뼈, 치아 |
| E(토코페롤) | 식물기름, 통밀빵, 쌀, 달걀, 버터, 신선한 녹색 채소 | 아직 제대로 밝혀진 바 없음 |
| K(필로퀴논) | 신선한 녹색 채소, 간 | 혈액 응고 |

## 미네랄

**미네랄**은 우리 몸에 필요한 또 다른 물질이다. 이들은 **무기질**로 탄소를 포함하고 있지 않다. 우리 몸에는 모두 20종류의 각기 다른 미네랄이 조금씩 필요하다. 철과 같은 **미량 미네랄**은 아주 적은 양만 있으면 된다.

### 미네랄과 미량 미네랄의 공급원과 쓰임새

| 미네랄 | 공급원 | 쓰임새 |
| --- | --- | --- |
| 칼슘과 인 | 우유, 치즈, 버터, 일부 지역의 마시는 물 | 튼튼한 뼈와 치아 |
| 나트륨 | 소금, 우유, 시금치 | 혈액, 소화, 신경 |
| 불소(미량 미네랄) | 우유, 치약, 일부 지역의 마시는 물 | 건강한 치아와 뼈 |
| 아이오딘(미량 미네랄) | 해산물, 소금, 일부 지역의 마시는 물 | 갑상선 호르몬 |
| 철(미량 미네랄) | 간, 살구, 푸른 잎 채소 | 적혈구의 헤모글로빈 |

## 식이섬유

**섬유질**이라고도 하는 **식이섬유**는 밀기울, 통밀빵, 과일과 채소에 많이 들어 있는 일종의 탄수화물이다. 인간은 섬유질을 소화할 수 없는데, 이 물질은 부피가 커서 장근육이 효율적으로 음식을 소화기관으로 통과시킬 수 있도록 돕는 역할을 한다.

## 물

물은 생명에 필수적인 것이어서 물이 없으면 며칠밖에 살 수 없다. 소변이나 땀으로 빠져나가는 물을 대체하기 위해서 물을 충분히 마셔야 한다. 우리가 마시는 음료수에도 물이 포함되어 있고, 고형 음식에도 들어 있다. 예를 들어 양상추는 90%가 수분이다.

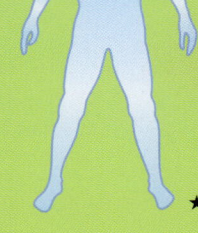

우리 몸의 65%는 물로 이루어져 있다. 유아의 경우에는 몸무게의 75%가 물이다.

링크 357

### 유용한 인터넷 링크

www.usborne-quicklinks.com

**Web 1** 영양소에 대해 더 알아보고, 우리가 제대로 된 음식을 먹고 있는지 게임으로 확인해보자.

**Web 2** 왜 제대로 된 음식을 먹는 것이 중요할까? 음식 성분 가이드와 요리법, 음식물에 관한 정보를 온라인 게임으로 알아보자.

**Web 3** 영양소와 소화에 관한 내용을 복습해보자.

**Web 4** 어떤 음식이 우리 몸에 좋은지 영양소 게임으로 알아보자.

**Web 5** 인체 그림을 보면서 우리 몸의 어떤 부분에 비타민과 미네랄이 필요한지 알아보자.

**Web 6** 왜 과일과 채소를 먹으면 건강해지는지 알아보자.

# 호흡기 The Respiratory System

**호흡기란** 폐와 폐로 이어지는 관을 일컫는다. 공기를 들이마시면 공기 중의 산소는 혈액으로 전달되어서 우리 몸 전체로 운반된다. 몸에서 발생하는 이산화탄소는 다시 피에서 폐로 전달되어 숨을 내쉴 때 밖으로 배출된다.

## 호흡기의 구성

숨을 들이쉬면 코와 입으로 들어온 공기는 **기관**이라는 관을 통해 폐로 들어간다. 코와 기관의 내벽은 **점액**이라는 미끄러운 액체를 만들어내는데, 이것이 몸속으로 들어온 공기를 따뜻하

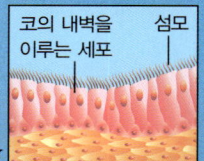

고 촉촉하게 만들어서 기도를 통해 쉽게 내려가도록 한다. 콧물은 또한 공기 중에 딸려 들어온 먼지나 세균을 잡아내는 역할도 한다. **섬모**라는 작은 털이 폐에서 코와 목구멍 쪽으로 콧물을 올려 보낸다.

기관은 2개의 관으로 나뉘는데 이를 **주기관지**라고 하고, 각각 폐 양쪽에 하나씩 이어진다. 폐와 만나는 곳에서 주기관지는 **이차, 삼차기관지**로 갈라지고, 결국 **세기관지**라는 가느다란 관을 형성한다.

각 세기관지는 폐포라는 작은 공기주머니가 뭉쳐 있는 곳에서 끝난다. **폐포**는 모세혈관으로 둘러싸여 있다.

산소는 폐포의 얇은 벽을 통해서 모세혈관 조직으로 들어간다. 세포들이 세포호흡으로 만들어낸 혈액 속의 이산화탄소는 폐포 속으로 들어가서 우리가 숨을 내쉴 때 몸 밖으로 빠져나온다.

링크
358

코의 내벽을 이루는 세포 / 섬모

삼차기관지
세기관지
폐포의 덩어리(폐포낭)

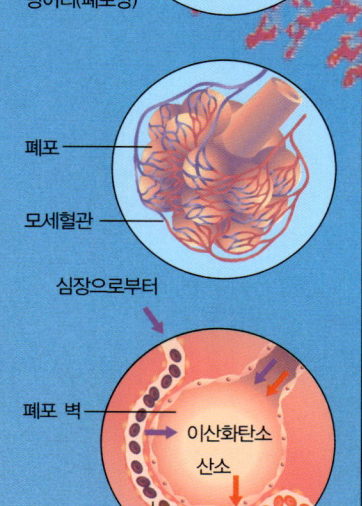

폐포
모세혈관
심장으로부터

폐포 벽
이산화탄소
산소
모세혈관
심장으로

주기관지
이차기관지
좁은 관 (세기관지)
작은 공기주머니 (폐포)

**폐**

양쪽 폐에는 많은 관이 있는데, 가장 가는 관은 작은 공기주머니(폐포)에서 끝난다.

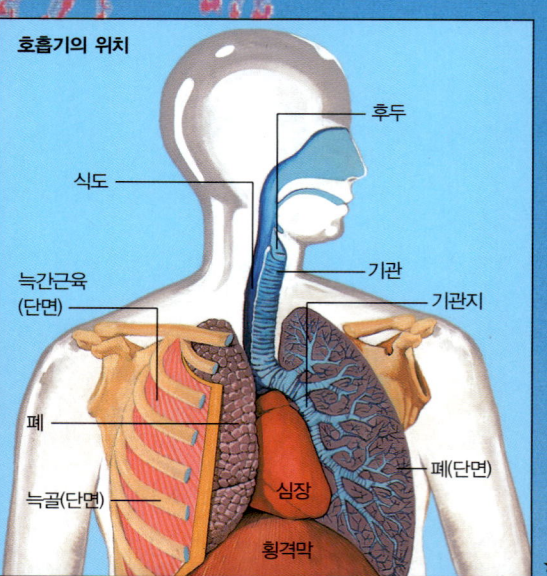

**호흡기의 위치**

후두
식도
늑간근육 (단면)
기관
기관지
폐
폐(단면)
늑골(단면)
심장
횡격막

## 숨쉬기

**숨쉬기** 혹은 **호흡**은 폐에 공기가 들어갔다 나오는 동작을 말한다. 이것은 가슴에 있는 **늑간근육**과 폐 아래에 있는 얇은 근육인 **횡격막**의 움직임에 의해서 조절된다.

### 들이쉬기

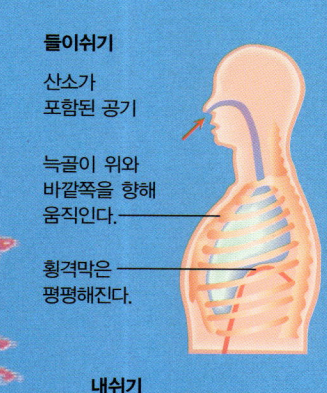

산소가 포함된 공기

늑골이 위와 바깥쪽을 향해 움직인다.

횡격막은 평평해진다.

### 내쉬기

이산화탄소가 포함된 공기

늑골이 아래쪽과 안쪽을 향해 움직인다.

횡격막은 위로 솟는다.

★

숨을 들이쉴 때, 횡격막은 납작해지고 늑간근육이 수축하면서 늑골을 위쪽과 바깥쪽으로 끌어올린다. 그러면 가슴 안의 공간이 넓어지고 몸 바깥보다 폐의 기압이 낮아지게 되는데, 이때 공기가 들어가서 빈 공간을 채운다. 이것을 **흡기(들숨)**라고 한다.

숨을 내쉴 때는 횡격막은 긴장을 푼 상태로 위쪽으로 놓여 있고, 늑간근육도 긴장을 풀어서 늑골이 아래쪽과 안쪽을 향하게 된다. 그러면 가슴 안의 공간은 다시 작아지고 공기가 빠져나가는데, 이것을 **호기(날숨)**라고 한다.

때때로 규칙적인 호흡이 방해를 받기도 한다. **재채기**가 한 예인데, 재채기는 방해가 되는 먼지나 꽃가루, 세균을 코에서 제거해주는 역할을 한다. **기침**은 기관에 있는 위와 비슷한 것들을 없애기 위한 것이다. **하품**을 하면 혈액속의 산소 농도가 올라가고 몸속의 이산화탄소를 대량으로 제거할 수 있다.

## 후두

**후두**는 **기관**의 가장 윗부분에 있는데, 이 안에는 **성대**라고 하는 근육질의 띠가 2개 있다. 성대는 숨을 쉴 때 공기가 지나가도록 열리지만, 말하거나 노래를 할 때는 근육은 성대 2개를 함께 당긴다. 성대를 지나가는 공기가 이것을 진동하게 하는데, 이 떨림이 소리로 들리는 것이다.

### 위에서 본 성대의 모양

닫힌 모양

열린 모양

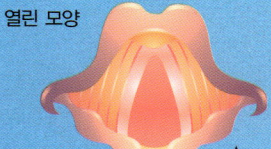

★

### 직접 해보자

손가락을 가볍게 목의 윗부분에 댄 다음 말을 하거나 소리를 외치거나 노래를 불러보자. 근육이 이완되거나 수축하는 움직임과 성대의 떨림을 느낄 수 있을 것이다. 더 크고 낮은 소리를 낼수록 성대는 더 세게 떨린다. 근육은 높은 음으로 노래를 할 때는 수축하고, 낮은 음으로 할 때는 이완된다.

성대가 짧고 더 빨리 진동할수록 더 높은 목소리가 나온다. 짧은 여성의 성대는 1초에 220번 정도 진동하고, 목소리가 대체로 높다. 여성보다 긴 남성의 성대는 1초에 120번 정도 진동하기 때문에 남성의 목소리가 여성보다 낮은 것이다.

링크
359

### 유용한 인터넷 링크

www.usbornequicklinks.com

**Web 1** 호흡기에 관한 재미있는 영상을 감상해보자.
**Web 2** 폐를 건강하게 유지하는 방법과 온라인 게임, 프린트해서 쓸 수 있는 퍼즐과 함께 폐에 관한 다양한 정보를 알아보자.
**Web 3** 하품은 왜 하게 될까? 이에 관한 실험을 해보자.
**Web 4** 온라인으로 폐와 호흡에 관한 퍼즐을 풀어보자. 또 폐에 영향을 미치는 질병인 천식에 대해 알아보자.
**Web 5** 등산가들이 산소가 적은 공기를 호흡하는 것에 어떻게 적응하는지 알아보자.

# 생활에 필요한 에너지
## Energy For Life

건강한 식생활로 에너지를 얻고, 규칙적인 운동으로 건강하고 유연한 몸을 유지하는 무용수의 모습이다.

**우리의** 몸이 생명을 유지하고 움직이기 위해서는 에너지가 필요하다. 신체는 일련의 화학반응으로 소화된 음식에서 에너지를 얻는다. 세포에서 일어나는 이런 과정을 세포호흡이라고 하는데, 특히 근육에서 많이 일어난다. 에너지를 만드는 것과 관련이 있는 성장이나 노폐물을 만들어내는 것과 같은 모든 과정을 물질대사라고 한다.

### 유기호흡

산소를 사용하는 세포호흡을 **유기호흡**이라고 한다. 포도당 형태의 음식은 사람이 호흡한 공기 속의 산소와 결합하는데, 이 반응에서 에너지가 발생하고 노폐물로 물과 이산화탄소도 생성된다. **효소**라는 화학물질이 이 반응의 속도를 높인다.

링크 360

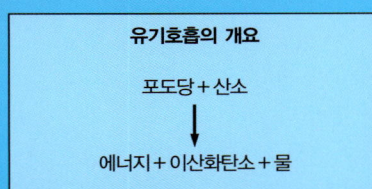

유기호흡의 개요

포도당 + 산소
↓
에너지 + 이산화탄소 + 물

에너지 중 일부는 **열 발생과정**에 의해서 열로 방출되고 나머지는 **아데노신3인산(ATP)**이라는 화학물질로 저장된다. 신체에 에너지가 필요할 때면 아데노신3인산은 **아데노신2인산(ADP)**으로 분해되어 저장된 에너지를 방출한다.

### 대사율

우리 몸이 섭취한 음식물을 에너지로 바꾸는 전체의 비율을 **대사율**이라고 하는데, 이는 사람에 따라 차이가 난다.

대사율이 낮은 사람은 음식을 에너지로 바꾸는 과정이 오래 걸린다. 이런 사람들은 살이 찌기 쉽고 기운이 없어 보이는 경우가 많다. 대사율이 높은 사람은 혈기왕성한 경우가 많다. 이런 사람들은 섭취한 음식물이 빨리 에너지로 바뀌기 때문에 여분이 남아 지방으로 저장되는 일이 거의 없다.

대사율이 낮은 경우     대사율이 높은 경우

음식     음식
↓        ↓
에너지    에너지
+
지방

수영과 같은 운동을 규칙적으로 하면 대사율을 높일 수 있고, 몸도 더 건강하게 유지할 수 있다.

### 열량

음식에서 만들어낼 수 있는 에너지의 양을 **열량**이라고 한다. 보통은 **킬로줄(KJ)**로 측정하지만 **킬로칼로리(Kcal, Kilocalories)**, 혹은 **칼로리(Cal, Calories)**로도 표시한다. 1KJ은 0.236Kcal와 같다. 포장된 식품은 대부분 포장지에 킬로줄과 킬로칼로리로 각각 열량을 표시하고 있다.

수영을 하면 1시간에 2,250KJ(600Kcal)을 소모한다.

## 운동의 효과

규칙적인 운동은 건강을 유지하는 데 매우 중요하다. 운동은 근력과 지구력, 유연성을 길러주어서 우리 몸을 건강하게 유지해준다.

**근력**은 근육이 낼 수 있는 힘의 양을 말한다. **지구력**은 지치지 않고 오랫동안 움직일 수 있는 능력이다. **유연성**은 우리의 몸이 유연한 정도를 나타낸다. 여러 종류의 운동을 하면 이런 요소들을 개발하는 데 도움이 된다. 아래의 표에서 어떤 운동이 어떤 효과를 가지고 있는지 확인할 수 있다.

## 운동의 좋은 점

운동을 하면 유기호흡에 의한 에너지를 방출하기 위해서 더 많은 산소가 필요해진다. 이때 필요한 산소를 들이마시기 위해서 호흡이 빨라지는데 이는 가슴근육을 강화시키고 폐활량도 커지게 한다.

심장은 산소가 많은 혈액을 근육으로 보내기 위해서 더 빨리 뛰게 되면서 심장근육이 튼튼해진다. 혈액이 혈관을 빠르게 통과하면 심장마비의 원인이 될 수도 있는 기름이 많이 쌓인 혈관 속 물질들을 없애는 데 도움이 된다.

## 근육의 피로

전력질주처럼 힘든 운동을 해서 신체가 유기호흡을 하기 위한 충분한 산소를 받아들이지 못하는 경우도 종종 있다. 그러면 근육은 **무기호흡**이라는 과정을 통해 산소를 사용하지 않고 포도당을 에너지로 바꾸는데 이때 **젖산**이라는 물질이 생긴다. 이런 물질이 생기면 근육에 통증을 느끼게 되고, 이때 우리 몸을 **산소 부채**(급격한 활동 후 근육에서 평소 이상으로 산소가 소비되는 현상) 상태라고 한다.

격렬한 운동을 한 뒤에 숨을 깊이 들이쉬는 것은 여분의 산소로 이런 산소 부채 현상을 해소하기 위한 것이다.

링크 361

| 운동 | A | B | C |
|---|---|---|---|
| 배드민턴 | ★ | ★★ | ★ |
| 자전거타기 | ★★★ | ★ | ★★ |
| 춤(격렬하게) | ★★ | ★★★ | ★ |
| 축구 | ★★ | ★★ | ★★ |
| 체조 | ★ | ★★★ | ★★ |
| 경사가 있는 곳에서 산책 | ★★ | ★ | ★ |
| 승마 | ○ | ○ | ★ |
| 조깅 | ★★★ | ★ | ★ |

| 운동 | A | B | C |
|---|---|---|---|
| 유도 | ★ | ★★★ | ★ |
| 롤러블레이드 타기 | ★★ | ○ | ★ |
| 줄넘기(강하게) | ★★★ | ○ | ★ |
| 수영 | ★★★ | ★★★ | ★★★ |
| 테니스 | ★ | ★★ | ★ |
| 걷기 | ★ | ○ | ○ |
| 역기 들기 | ○ | ○ | ★★★ |
| 요가 | ○ | ★★★ | ○ |

A=지구력 B=유연성 C=근력
○=효과 없음 ★=어느 정도 이로움 ★★=효과가 매우 좋음 ★★★=효과가 탁월함

---

**무기호흡의 개요**

포도당 → 에너지+젖산

---

### 유용한 인터넷 링크

www.usborne-quicklinks.com

Web 1 건강한 식생활과 생활방식, 운동의 좋은 점에 대해 알아보자.
Web 2 자신의 건강과 컨디션을 온라인으로 체크해보자. 어떻게 더 활기차게 생활할 수 있는지 알아보자.
Web 3 활기찬 생활을 위한 식생활과 운동에 관한 정보를 살펴보자.
Web 4 건강에 관한 짧은 애니메이션을 보자.
Web 5 운동선수들이 먹는 건강한 음식에 대해 더 많은 정보를 찾아보자.

수영은 모든 근육을 사용하는 운동으로 근력, 지구력, 유연성을 기르는 데 아주 좋다.

# 균형작용 Balancing Act

**우리의** 몸이 제대로 작동하려면 온도나 수분의 양, 특정한 화학물질과 같은 내부 상태가 일정하게 유지되어야 한다. 이것을 항상성이라고 하는데 항상성의 여러 가지 측면 중에 특히 **배설**, 즉 몸으로부터 노폐물을 내보내는 작용이 가장 중요하다. **호르몬**이라는 화학물질 또한 우리 몸속 물질을 일정한 정도로 유지하는 데 도움을 준다.

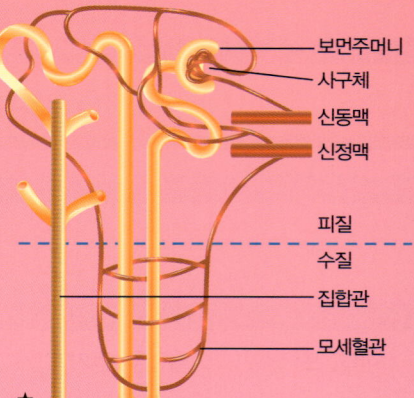

**비뇨기**

오른쪽 신장

왼쪽 신장

신정맥

신동맥

수뇨관

방광

**괄약근**이 소변이 몸 밖으로 빠져나가는 흐름을 조절한다.

요도

비뇨기의 위치

## 배설기관

몸에서 노폐물을 내보내는 역할을 하는 기관은 모두 **배설기관**이라고 할 수 있다. 이 중 가장 핵심적인 역할을 하는 것은 신장과 간이지만, 다른 기관도 있다. 예를 들어 폐는 숨을 내쉴 때 이산화탄소와 물을 몸에서 내보내고, 피부도 땀을 통해서 물과 필요 없는 염분을 내보낸다.

링크 362

이 X선 사진은 신장 내부의 혈관을 보여준다.

## 비뇨기

**비뇨기**는 우리 몸속에 있는 물의 양을 조절한다. **신장** 2개, **방광**이라고 하는 풍선 모양의 주머니와 이들을 서로 연결하는 관으로 이루어져 있다. 혈액은 **신동맥**을 통해서 신장으로 흘러들어가서 대략 백만 개가량 되는 **신단위**(네프론)라는 작은 기관에 의해서 걸러진다.

각 신단위 안(오른쪽의 그림 참조)에서 동맥은 **사구체**라고 하는 여러 가닥의 모세혈관으로 나뉜다. 사구체 안쪽은 압력이 높아서 포도당과 수분, 염분은 혈액에서 걸러져 컵 모양으로 생긴 **보먼주머니**로 빠져나가게 된다.

이렇게 깨끗해진 피는 **신정맥**을 타고 다시 돌아간다. 걸러내진 액체는 신단위 속의 고리처럼 생긴 관을 따라 흐르게 되는데, 여기서 일부 포도당과 수분, 염분은 재흡수된다.

**신단위(네프론)의 내부**

보먼주머니

사구체

신동맥

신정맥

피질

수질

집합관

모세혈관

이후 남은 액체가 바로 **오줌**인데, 이것은 **집합관**을 지나서 **신우**라는 부분으로 간다. 신우에서부터 소변은 **수뇨관**을 통해 방광으로 나간다. 방광에서 소변은 우리가 화장실에 갈 때까지 저장되었다가 **요도**라는 구멍을 통해서 몸 밖으로 빠져나간다.

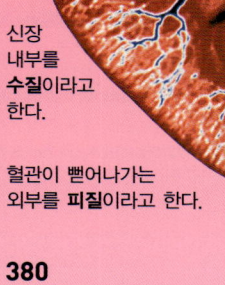

신장 내부를 **수질**이라고 한다.

혈관이 뻗어나가는 외부를 **피질**이라고 한다.

X선이 통과할 수 없는 액체를 주입했기 때문에 혈관이 뚜렷하게 보인다.

## 호르몬

호르몬은 **내분비선**이라는 세포덩어리에서 만들어져서 혈액을 타고 몸속 곳곳으로 전달된다. 인간의 몸은 20종 이상의 호르몬을 만들어낸다. 각 호르몬은 우리 몸의 각각 다른 부분에 영향을 미치는데, 이런 부분을 **표적기관**이라고 한다. 주요한 내분비선과 여기서 만들어지는 호르몬이 아래 표에 정리되어 있다.

링크
363

내분비선

뇌하수체

갑상선

부갑상선
(갑상선 뒤쪽)

부신

이자

난소
(여성에게만 있음)

정소
(남성에게만 있음)

★

| 내분비선 | 만들어지는 호르몬 | 호르몬의 효과 |
|---|---|---|
| 뇌하수체 | 성장 호르몬, 프로락틴 | 다른 내분비선과 성장, 모유의 생성을 조절한다. |
| 부갑상선 | 부갑상선 호르몬 | 혈액과 뼈의 칼슘 농도를 조절한다. |
| 부신 | 아드레날린, 알도스테론 | 혈당량, 심장박동, 체내 염분 비율을 조절한다. |
| 갑상선 | 갑상선 호르몬 | 물질대사를 조절한다. |
| 이자 | 인슐린, 글루카곤 | 체내에서 사용되는 포도당을 조절한다. |
| 정소 (음낭 속에 위치) | 테스토스테론 | 남성의 성적인 발달을 조절한다. |
| 난소 (복부 속에 위치) | 에스트로겐, 프로게스테론 | 여성의 성적인 발달을 조절한다. |

## 반대 효과

호르몬은 짝을 이루어서 서로 반대의 효과를 내면서 작용하는 경우가 많은데, 이를 **길항호르몬**이라고 한다. 예를 들어 혈액 속의 포도당은 **인슐린**과 **글루카곤**이라는 호르몬에 의해서 일정한 비율을 유지한다. 이 호르몬은 이자 속의 **랑게르한스섬**이라는 세포군에 의해서 만들어진다.

만약 이자가 충분한 인슐린을 만들어내지 못하면 **당뇨**라는 상태가 된다. 당뇨가 있는 사람들은 당의 섭취를 제한해야 한다. 또 필요한 인슐린을 얻기 위해서 알약을 먹거나 주사를 맞기도 한다.

★

이 3개의 세포군을 랑게르한스섬이라고 한다.

### 직접 해보자

일부 호르몬은 천천히 작용하지만 아주 빨리 효과가 나타나는 것도 있다. 흥분했을 때나 무섭거나 화가 났을 때, 아드레날린이 우리 몸에 미치는 영향을 살펴보자. 아드레날린이 분비되면 근육에 더 많은 산소를 공급하기 위해서 심장과 폐가 더 빨리 움직인다. 그래서 어떤 행동을 취해야 할 때 힘을 더 낼 수 있게 된다.

### 유용한 인터넷 링크

www.usborne-quicklinks.com

**Web 1** 비뇨기와 내분비선에 관한 짧은 영상을 보자.
**Web 2** 소변이 더럽다고? 소변에 대한 이야기를 읽어보자.
**Web 3** 비뇨기에 관한 퀴즈를 풀어보자.
**Web 4** 신장과 비뇨기에 관한 그림표를 보며 공부해보자.
**Web 5** 항상성과 호르몬에 관한 그림표와 글을 읽고, 온라인 퀴즈로 지식을 테스트해보자.

### 인슐린과 글루카곤이 포도당을 조절하는 원리

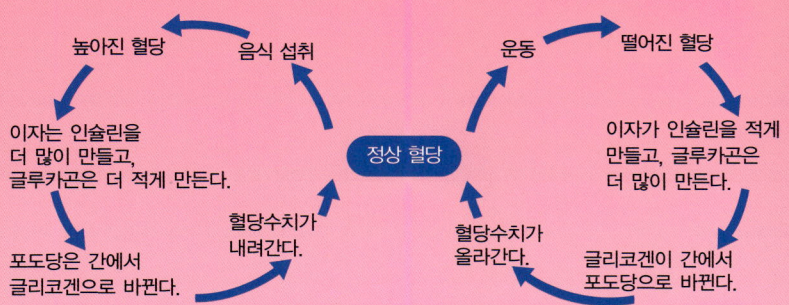

높아진 혈당

음식 섭취

운동

떨어진 혈당

이자는 인슐린을 더 많이 만들고, 글루카곤은 더 적게 만든다.

정상 혈당

이자가 인슐린을 적게 만들고, 글루카곤은 더 많이 만든다.

포도당은 간에서 글리코겐으로 바뀐다.

혈당수치가 내려간다.

혈당수치가 올라간다.

글리코겐이 간에서 포도당으로 바뀐다.

# 신경계 The Nervous System

**신경계는** 뇌, 척수, 신경으로 구성되어 있다. 그중에서 뇌와 척수를 중추신경계라고 한다. 이곳에서는 온몸에서 오는 정보를 받아서 처리하고 몸의 각 부분에 명령을 내린다. 중추신경계와 다른 기관 사이에 정보를 전달하는 신경조직을 말초신경계라 한다.

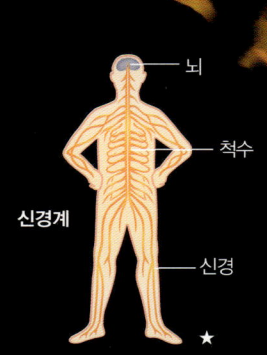

신경계

- 뇌
- 척수
- 신경

★

## 신경세포

신경계에는 **뉴런**이라는 수백만 개의 신경세포가 포함되어 있다. 뉴런에는 감각, 연합, 운동뉴런의 3종류가 있다.

**감각뉴런**에는 수용기라고 하는 민감한 끝 부분이 있다. 이 뉴런은 빛, 열, 화학물질과 같은 자극에 몸 내부, 외부에서 모두 반응한다. 그래서 감각뉴런은 **수용기**에서 나온 이런 자극에 관한 정보를 중추신경계에 전달하는 역할을 한다.

링크 364

**연합뉴런**은 뇌와 척수에 분포하는 뉴런으로, 감각뉴런이 보내온 정보를 받아서 해석한다. 이들은 다시 **운동뉴런**에 지시를 내리고, 운동뉴런은 이 지시를 근육이나 분비기관과 같은 신체의 각 부분에 전달해 명령을 따르도록 한다.

## 뉴런의 구성

뉴런에는 각각 **신경세포체**가 있는데 이 안에 핵이 들어 있고, 여기에 **신경섬유**라는 가닥 같은 것이 붙어 있다. 이 신경섬유에는 두 종류가 있는데, 그중 **수상돌기**는 정보를 신경세포체로 전달하는 역할을 하고, **축색돌기**는 신경세포체에서 나온 정보를 다른 곳으로 전달한다. 한 세포의 축색돌기는 다른 세포의 수상돌기나 근육에 연결되어 있어서 정보를 전달한다.

근육으로

축색돌기

★

**운동뉴런**

핵

수상돌기

신경세포체

수상돌기

축색돌기

**연합뉴런**

핵

신경세포체

## 신경

**신경**이란 신경섬유다발이 들어 있는 선을 말한다. **감각신경**은 감각뉴런으로 된 섬유만 가지고 있고, **운동신경**은 운동뉴런으로만 이루어져 있다. **혼합신경**에는 둘 다 들어 있다.

신경

- 신경섬유다발
- 보호막 (보호막, 혹은 보호초)

척수는 뇌에서 척추 안의 구멍을 타고 내려오는 굵은 신경다발이다. 온몸에서 오는 자극이 척수를 지나서 전달된다.

뇌에 있는 신경세포를 크게 확대한 것으로 오렌지색을 띤 부분이 신경세포체이다.

**감각뉴런**

축색돌기

수상돌기

**덴드론**이라고 부르는 긴 수상돌기

핵

수용기로부터

신경세포체

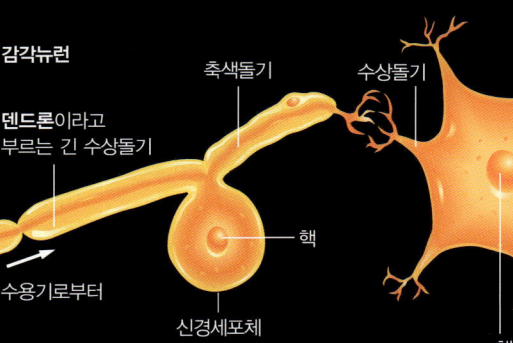

수상돌기와 축색돌기는 이 그림에서 나타난 것보다 훨씬 길 수도 있다.

## 신경자극

뉴런을 타고 전달되는 정보는 전기신호의 형태를 띠는데, 이를 **신경자극**이라고 한다. 충동이 한 뉴런과 다음 뉴런 사이의 접합부에 닿으면 **신경전달물질**이라는 화학물질이 분비된다. 다음 뉴런에 이 물질이 충분히 쌓이면 충동이 전달된다.

축색돌기의 끝 부분에 닿은 신경충동

뉴런끼리 만나는 시냅스라는 접합부

신경전달물질이 수상돌기의 끝 부분에 쌓인다.

충동이 전달된다.

## 행동의 종류

우리 신체가 수행하는 활동에는 크게 두 가지가 있다. **자발적인 행동**은 컵을 들어 올리는 것과 같이 우리의 뇌가 의식적으로 조절할 수 있는 행동을 말한다. 신경충동이 뇌에 도착하면 우리가 어떤 행동을 취하기 전에 뇌는 이것을 분석한다. **비자발적인 행동**은 뇌가 의식적으로 조절하지 않는 행동을 말한다. 예를 들어 소화나 호흡, 혈액순환과 같은 과정은 무의식적으로 이루어지는 것이다. 이런 비자발적인 행동을 조절하는 신경을 **자율신경계**라고 한다.

땀을 흘리는 것은 무의식적인 행동이다.

공을 차는 것은 의식적인 행동이다.

## 반사행동

**반사행동**은 비자발적인 행동이다. 이것은 뜨거운 것에 손이 닿았을 때 손을 확 떼는 것과 같이 갑작스러운 움직임을 말한다. 대부분의 반사행동은 척수에 의해 지시된 것으로 다른 충동이 뇌로 보내져서 어떤 일이 일어나고 있는지 전달했기 때문에 우리는 이 사실을 알게 된다. 반사행동을 하는 도중 충동이 지나가는 통로를 **반사궁**이라고 한다.

링크 365

### 반사궁

이 그림은 손가락을 찔렸을 때 신경충동이 지나가는 통로를 보여준다.

1. 핀이 손가락의 신경말단을 건드린다.

2. 충동이 감각 뉴런을 따라 척수로 전달된다.

척수(단면)

3. 충동이 척수에서 운동뉴런을 따라 팔 근육에 전달된다.

4. 팔 근육이 수축하고 팔이 움직인다.

왼쪽에 보이는 얽힌 실 같은 것은 뇌의 신경섬유이다.

### 유용한 인터넷 링크

www.usborne-quicklinks.com

**Web 1** 뉴런과 신경계에 관한 신기한 사실을 가득 담고 있는 웹사이트를 방문해보자.

**Web 2** 온라인 활동으로 신경계에 대해 더 자세히 알아보자.

**Web 3** 뉴런이 어떻게 작용하고, 반사작용은 어떻게 일어나는지 애니메이션으로 알아보자.

**Web 4** 팔꿈치의 척골 끝 부분(때리면 짜릿한 느낌이 드는 뼈로, 영어로는 crazy bone, 혹은 funny bone이라고 한다.)을 부딪히면 왜 아픈지 알아보자.

### 직접 해보자

다리를 느슨히 꼬고 의자에 앉아서 손으로 무릎뼈(슬개골) 바로 아랫부분을 세게 쳐보자. 제대로 된 부분을 치면, 다리가 갑자기 위쪽으로 올라간다. 이것이 바로 반사행동이다.

# 뇌 The Brain

**뇌는** 우리 몸에서 일어나는 모든 일을 조정한다. 정보는 신경충동의 형태로 척수에 있는 굵은 신경다발을 타고 뇌까지 전달된다. 또한 뇌는 과거의 경험(저장된 정보)이나 현재의 사건, 미래의 계획에 근거해서 결정을 내릴 수 있는 유일한 기관이기도 하다.

## 뇌의 내부

우리의 뇌는 수백만 개의 뉴런으로 만들어져 있고, 두개골과 **뇌척수액**이라는 얇은 막에 싸인 액체가 뇌를 보호하고 있다. 뇌는 크게 대뇌, 소뇌, 간뇌, 뇌간의 네 부분으로 나뉜다.

**대뇌**는 뇌의 가장 큰 부분으로 대부분의 신체활동과 사고와 학습 같은 많은 정신활동을 관장한다. 대뇌는 또한 **소뇌**도 관장하는데, 소뇌는 대뇌의 명령에 따라 근육의 움직임과 균형을 조정한다.

**간뇌**는 다시 두 부분으로 나뉘는데 그중 **시상**은 몸의 각 부분에서 뇌로 전해오는 충동을 구분해서 뇌의 다른 부분에 보내 처리하도록 한다. 나머지 한 부분인 **시상 하부**는 항상성(신체 내부의 체온, 화학적 성분 등이 평형을 유지 조절하는 일)에 아주 중요한 역할을 한다. 시상 하부는 배고픔, 목마름, 체온을 조절하고, 뇌하수체에서 호르몬이 분비되도록 한다.

**뇌간**은 신체에서 무의식적으로 일어나는 일, 즉 심장박동이나 호흡과 같은 활동을 주관한다. 뇌간은 **뇌교, 연수, 중뇌**로 나뉜다.

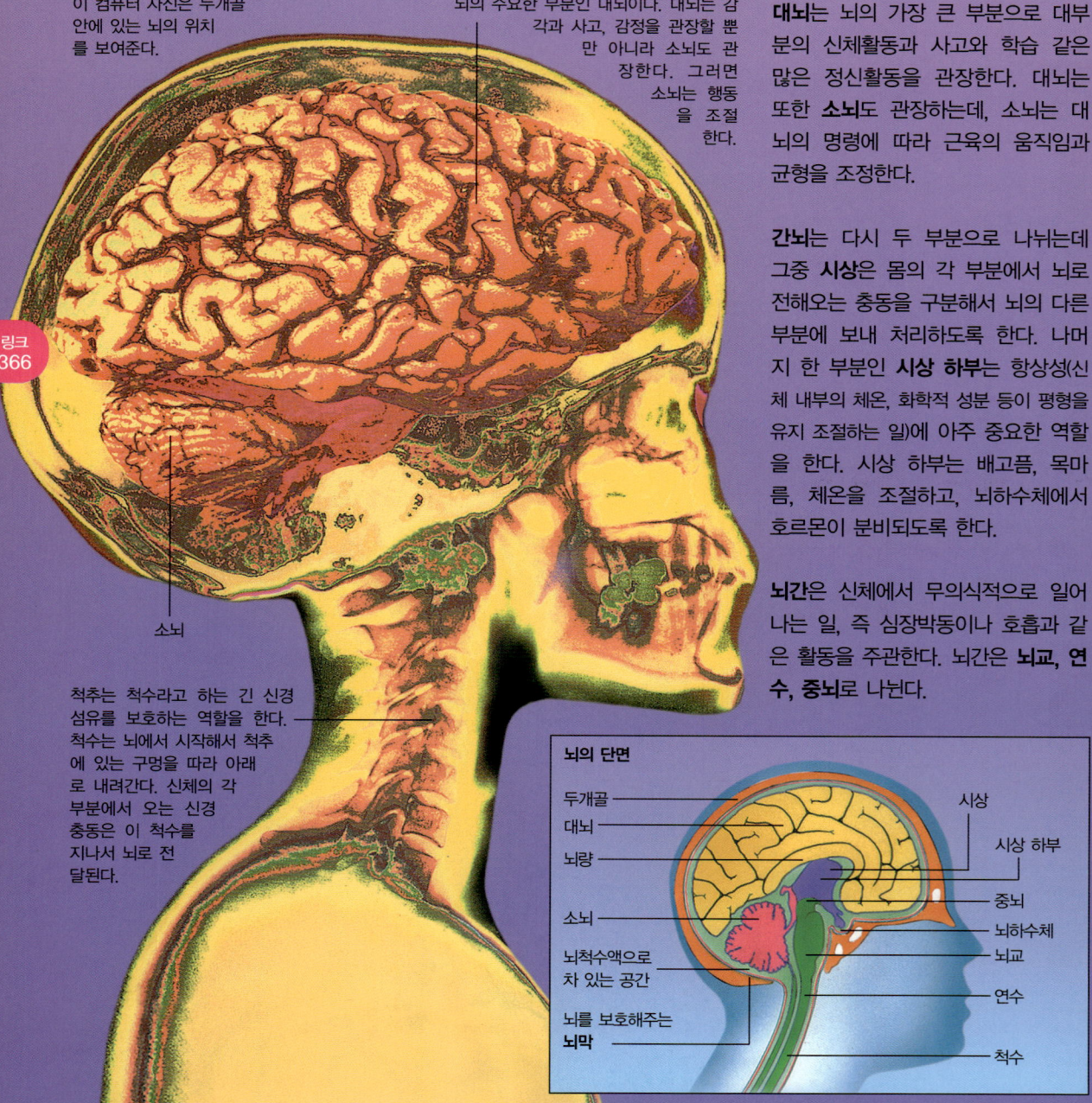

이 컴퓨터 사진은 두개골 안에 있는 뇌의 위치를 보여준다.

뇌의 주요한 부분인 대뇌이다. 대뇌는 감각과 사고, 감정을 관장할 뿐만 아니라 소뇌도 관장한다. 그러면 소뇌는 행동을 조절한다.

링크
366

소뇌

척추는 척수라고 하는 긴 신경 섬유를 보호하는 역할을 한다. 척수는 뇌에서 시작해서 척추에 있는 구멍을 따라 아래로 내려간다. 신체의 각 부분에서 오는 신경충동은 이 척수를 지나서 뇌로 전달된다.

### 뇌의 단면

두개골
대뇌
뇌량
소뇌
뇌척수액으로 차 있는 공간
뇌를 보호해주는 **뇌막**

시상
시상 하부
중뇌
뇌하수체
뇌교
연수
척수

## 대뇌의 영역

대뇌의 외부층을 **대뇌피질**이라고 하는데, 이 부분은 다시 세 부분으로 나뉜다. **감각영역**은 눈이나 귀 등 우리 몸의 모든 부분에서 보내오는 정보를 수용하는 부분이다. **연합영역**은 이 정보를 분석하고 결정을 내리는 역할을 한다. **운동영역**은 근육이나 분비기관에 어떤 행동을 할지 명령을 내린다.

**대뇌의 영역**

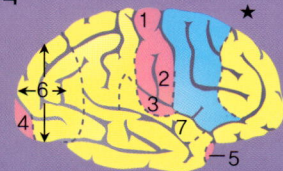

■ 감각영역
  1. 근육이나 피부, 내부기관에서 보내오는 충동을 수용한다.
  2. 혀에서 오는 충동을 수용한다.
  3. 귀에서 오는 충동을 수용한다.
  4. 눈에서 오는 충동을 수용한다.
  5. 코에서 오는 충동을 수용한다.

■ 연합영역은 아래와 같은 역할을 한다.
  6. 시각을 만들어낸다.
  7. 청각을 만들어낸다.

■ 운동영역. 작게 나눠진 부분들은 각각 특정한 근육에 충동을 보낸다.

## 2개로 나뉘는 대뇌

대뇌는 **대뇌반구**라고 하는 두 부분으로 각각 나눌 수 있다. 두 반구는 두꺼운 신경섬유로 된 **뇌량**으로 연결되어 있다. 각 반구는 신체의 반대편을 관장하고, 다른 종류의 기능을 담당한다.

**대뇌 반구**

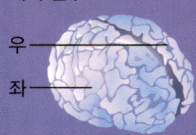

우 —
좌 —

오른손잡이인 사람의 경우 좌뇌가 언어를 관장하는 반면, 우뇌는 사물을 인식하는 역할을 한다. 대부분의 왼손잡이에게는 이것이 반대로 적용된다.

## 기억

기억에는 두 가지 종류가 있다. **운동기능기억**은 걷거나 자전거 타는 것과 같은 동작을 기억하도록 하는 반면, **사실기억**은 정보의 특정한 부분을 기억하도록 해준다.

또한 기억은 두 단계로 나눌 수도 있는데, **단기기억**은 단 몇 분 동안만 정보를 저장한다. 이보다 더 오랫동안 기억할 수 있는 것은 모두 **장기기억**에 속한다. 장기기억으로 저장된 정보는 평생 남아 있을 수도 있다.

## 뇌파

두개골에 **전극**이라는 감지기를 붙여서 뇌의 신경세포 간의 전기 충동을 감지할 수 있다. 이런 전기 충동이 반복되는 모양을 **뇌파**라고 하는데, 이것은 **뇌파도(EEG)**라는 표에 기록된다. 의사들은 뇌파도를 이용해서 환자들의 뇌가 제대로 작동하고 있는지 알아본다.

**주요한 뇌파의 형태**

**알파파**는 우리가 깨어 있을 때 나타나고 잠들면 사라진다.

**베타파**는 생각을 하거나 감각기관으로부터 보내오는 충동을 받을 때 나타난다.

**세타파**는 어린아이들의 뇌파도에 나타나고, 스트레스를 받거나 뇌질환이 있는 어른에게도 나타난다.

**델타파**는 아기나 잠을 자고 있는 어른의 뇌파도에 나타난다. 깨어 있는 상태의 어른에게서 나타날 경우 뇌질환의 징후일 수 있다.

## 수면

뇌파도는 잠을 자는 동안 뇌의 활동을 연구하는 데도 사용된다. 잠에는 두 종류가 있는데, 하나는 **REM 수면**(rapid eye movement sleep)으로, 이때는 눈이 감겨 있는데도 계속 움직인다. 다른 하나는 **NREM 수면**(non rem)이라고 하는데, REM 수면 중에 도표 상에서 최고점이나 기복이 가깝게 찍혀서, 뇌의 활동이 아주 활발한 것으로 나타난다. 하지만 NREM 수면 중에는 최고점이나 기복은 아주 멀리 떨어져 있어서 뇌가 덜 활성화되어 있는 것을 알 수 있다.

**링크 367**

┌─────────────────────┐
│   **유용한 인터넷 링크**   │
└─────────────────────┘

**www.usborne-quicklinks.com**

**Web 1** 뇌의 하루를 추적해보고, 내부에서 어떤 일이 일어나는지 알아보자.

**Web 2** 두뇌에 관한 많은 정보와 퀴즈, 여러 가지 게임과 이야기를 경험해보자.

**Web 3-4** 가상두뇌를 살펴보면서 어떻게 뇌가 몸의 많은 부분을 조정하는지 알아보자. 또 뇌의 3D 여행도 떠나보자.

**Web 5** 온라인 활동으로 기억력을 테스트해보자. 또 기억력을 향상시키는 팁도 알아보자.

**Web 6** 양의 뇌를 가상으로 해부하는 모습을 살펴보자.

# 피부, 손톱, 머리카락 Skin, Nails and Hair

**피부는** 우리 몸에서 가장 표면적이 넓은 기관이다. 머리카락, 손톱과 함께 피부는 **외피체계**를 이룬다. 피부는 우리 신체를 덮어서 신체의 손상이나 감염을 막고, 수분이 마르는 것을 방지하는 역할을 한다. 피부는 또한 우리 몸이 일정한 체온을 유지하도록 해주고, 노폐물을 내보내거나 비타민D를 만들고 주변환경에 대한 정보 수집을 돕기도 한다.

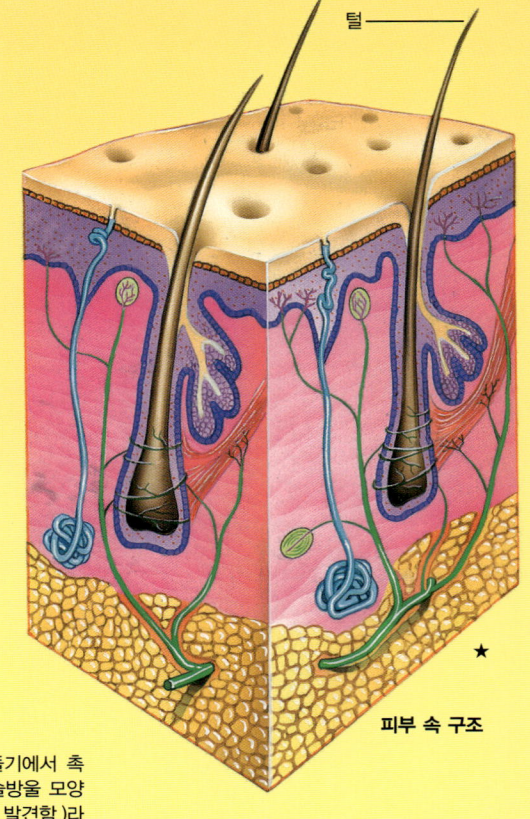

털

피부 속 구조

★

## 피부의 여러 층

피부는 바깥쪽의 **표피**와 안쪽의 **진피**로 나뉜다. 진피에는 혈관이 있고, 수용기(눈, 귀, 코에서와 같이 자극을 직접 수용하는 세포)와 같은 구조로 되어 있다. 진피 아래에는 지방세포가 저장되어 있는 **피하지방층**이 있다. 이 층은 우리 몸을 따뜻하게 유지해주는 역할을 한다.

링크 368

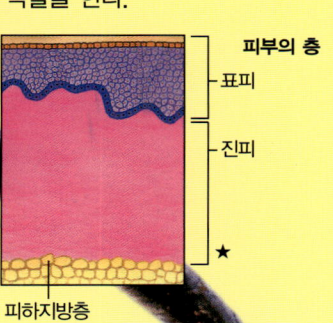

피부의 층
- 표피
- 진피

★

피하지방층

표피는 다시 몇 가지 층으로 구분할 수 있다. 맨 윗부분은 **각질층**으로, 납작한 죽은 피부세포로 만들어져 있으며 **케라틴**이라는 질긴 방수성 단백질이 붙어 있다. 이 세포들은 계속 닳아서 한 층 아래의 새로운 세포로 교체된다.

피부를 뚫고 자라는 털을 1,000배 확대한 사진이다.

## 피부의 내부

진피에는 많은 혈관이 있을 뿐만 아니라(이 그림에서는 나타나지 않음), 다른 구조도 포함되어 있는데, 이것은 피부로 하여금 많은 역할을 수행할 수 있도록 한다.

### 피부 속 구조의 핵심사항

1. **마이스너소체**(진피 안에 있는 돌기에서 촉각과 압각을 느끼는 역할을 하는 솔방울 모양 기관. 독일의 해부학자 마이스너가 발견함.)라고 하는 촉각 수용기는 피부가 어떤 물체에 닿으면 그 자극을 두뇌로 전달한다.

2. **피지선**은 피지라는 기름을 만들어낸다. 피지는 머리카락과 피부의 방수 역할과 유연하게 해주는 역할도 한다.

3. **땀샘**에서는 땀을 만들어낸다.

4. **입모근**은 털이 서도록 당기는 역할을 하는데, 추울 때 털이 바짝 서게 한다.

5. **모낭**은 신경섬유의 끝이 모여 있는 부분이다. 각각의 모낭은 머리카락이 들어 있는 좁은 관과 연결되어 있어서 머리카락이 움직일 때 뇌로 자극을 보낸다.

6. **파치니소체**라고 하는 압박 수용기는 압력을 받으면 뇌로 자극을 보낸다.

7. **통증 수용기**는 열이나 압력 같은 자극이 너무 강해지면 뇌로 자극을 보낸다. 뇌는 이런 자극을 통증으로 해석한다.

### 직접 해보자

스카치테이프 한 조각을 손등 위에 살짝 눌렀다가 떼어내서 확대경으로 살펴보자. 죽은 표피의 작은 조각이 붙어 있는 것을 관찰할 수 있다.

이 파편은 표피의 가장 윗부분에서 떨어져 나온 죽은 피부 세포이다. 이들은 곧 떨어져나가고 아래층의 새로운 세포로 교체된다.

## 온도 조절

우리의 피부는 체온을 일정하게 유지하는 데 매우 중요한 역할을 한다.

### 피부를 통해 체온을 낮추는 원리

혈관이 넓어져서 피부를 통해 더 많은 열이 빠져나간다.

털(여기서는 피부 표면 윗부분만 보인다.)은 납작하게 누워서 털과 털 사이에 열이 갇히지 않도록 한다.

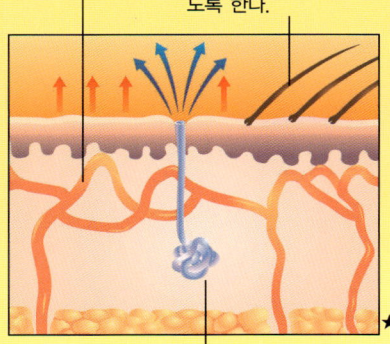

땀이 만들어져 **모공**으로 빠져나간다. 피부의 온도 때문에 땀이 마르면서 체온이 내려간다.

### 피부가 열을 유지하는 원리

혈관이 좁아져서 피부를 통해서 열이 덜 빠져나가도록 한다.

입모근이 수축하면서 털이 빳빳하게 서고, 털과 털 사이에 따뜻한 공기를 가둔다.

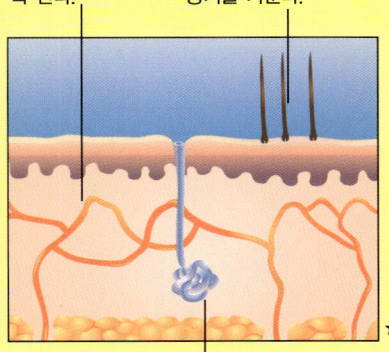

땀샘에서는 땀을 덜 만들어낸다.

추울 때 떨리는 것 역시 우리 몸을 따뜻하게 만드는 방법 중 하나이다. 근육이 저절로 움직이면서 열을 내는 원리이다.

털의 바깥 표면은 **큐티클층**이다. 이 층은 질긴 물질인 케라틴으로 된 납작하고 털을 감싸주는 듯한 비늘로 되어 있다.

## 손톱

손톱은 민감한 손가락 끝을 받쳐주는 지지대 역할을 함으로써 물건을 건드리거나 촉감을 느끼도록 도와준다. 피부와 같이 손톱은 대부분 케라틴으로 구성되어 있고 조근이라고 하는 **손톱뿌리**의 세포에서 자란다.

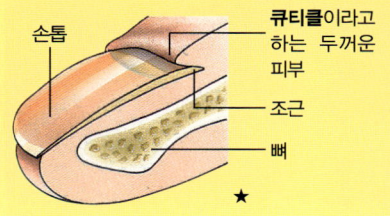

손톱

**큐티클**이라고 하는 두꺼운 피부

조근

뼈

## 털

털은 피부 속에 있는 **모낭**이라는 깊은 구멍에서 자라난다. 각 털 아랫부분에 있는 세포는 분열하면서 머리카락이 모낭 위로 올라가도록 밀어낸다. 우리가 볼 수 있는 부분을 **털줄기**라고 하는데, 죽은 세포로 만들어져 있어서 머리카락을 자를 때도 아프지 않다.

### 털이 자라는 원리

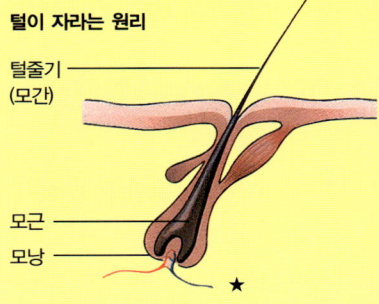

털줄기
(모간)

모근

모낭

### 털의 유형

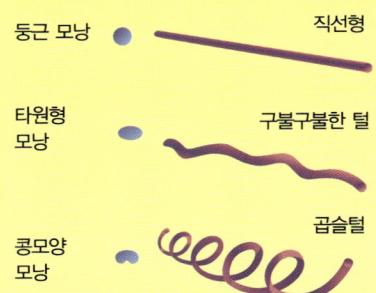

둥근 모낭

직선형

타원형 모낭

구불구불한 털

콩모양 모낭

곱슬털

머리카락이나 몸의 털이 곱슬이냐 직모냐는 모낭의 모양에 따라 결정된다.

## 머리카락과 피부색의 차이

피부에는 **멜라닌**이라는 갈색 물질을 생성하는 **멜라노사이트**라는 세포가 있다. 이 세포는 태양의 유해한 자외선을 흡수해서 피부를 보호하는 역할을 한다. 이 세포에서 생성되는 멜라닌의 양이 피부의 색깔에 영향을 미친다.

피부가 흰 사람은 표피의 깊은 곳에만 멜라닌이 분포되어 있지만, 검은 피부를 가진 사람은 피부의 전 층에 더 많은 양의 멜라닌이 퍼져 있다. 멜라닌과 **카로틴**이라는 오렌지색 물질이 섞이면 피부가 노란색을 띤다. **주근깨**는 얼굴에 있는 작은 점 같은 부분으로, 다른 부분보다 멜라닌 수치가 높다.

머리카락의 색도 멜라닌에 의해서 결정된다. 예를 들어 짙은 색 머리는 대부분 순수한 멜라닌만 포함하고 있다. 밝은 색의 머리카락은 황과 멜라닌이 섞여 있고, 빨간 머리카락은 멜라닌과 철이 섞인 유형이다.

링크
369

다양한 피부와 머리카락 색

### 유용한 인터넷 링크

www.usborne-quicklinks.com

**Web 1** 머리카락에 관한 짧은 영상을 감상해보자.
**Web 2** 피부에 관한 정보를 알아보자.
**Web 3** 샴푸의 성분이 어떤 역할을 하는지 실험으로 살펴보자.
**Web 4** 머리카락과 손톱, 피부에 대해 더 많은 정보를 알아보자.
**Web 5** 닭살은 왜 돋는 걸까? 그 이유를 알아보자.
**Web 6** 손이 온도계 역할을 잘 할 수 있는지 알아보자.

# 눈 Eyes

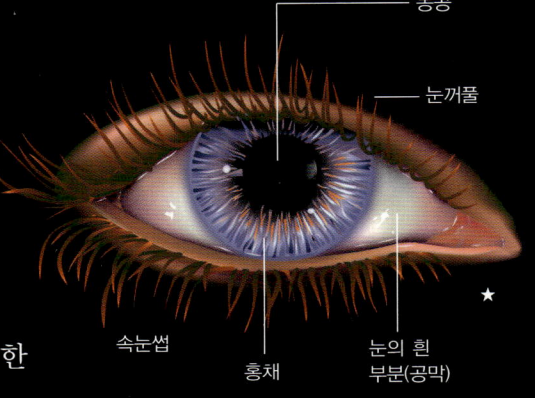

**동공**

**눈꺼풀**

**속눈썹**

**홍채**

**눈의 흰 부분(공막)**

★

**눈은** 시각을 담당하는 기관이다. 광선이 물체에 반사되어서 눈으로 들어오기 때문에 우리가 물체를 볼 수 있는 것이다. 빛을 감지하는 세포가 눈의 뒤편에 있어서 이들이 뇌에 정보를 보내고, 뇌는 이것을 사진 혹은 **상**으로 해석한다. 각각의 눈은 다른 각도로 사물을 보고 뇌는 이 두 상을 조합해서 사물을 입체로 보게 한다. 이를 **입체시**라고 한다.

## 눈이 하는 일

**동공**이라는 구멍을 통해 광선이 눈으로 들어오면 **각막**이라는 투명한 층과 **수정체**라는 부분을 통과한다. 이런 부분들을 통과하면서 빛이 휘어져서 눈 뒤쪽에 있는 **망막**에 상이 맺힌다. 수정체를 통과하면서 상은 위아래가 뒤바뀐다.

링크
370

망막에는 빛에 민감한 수용기인 **간상세포**와 **원추세포**가 있다. 이 세포는 상을 신경충동으로 전환해서 **시신경**을 따라 뇌로 전달되게 한다. 뇌는 이 자극을 이미지로 해석하고, 위아래가 바뀐 것을 제대로 돌려놓는다.

## 간상세포와 원추세포

각 눈에는 1억 2,500만 개의 간상세포와 700만 개의 원추세포가 있다. 간상세포는 흑백으로만 이미지를 감지하지만 빛이 어두울 때도 상을 잘 감지한다. 원추세포는 컬러로 이미지를 감지하지만 밝은 빛이 있어야 한다. 밤에는 간상세포만으로 이미지를 보기 때문에 어떤 것을 보아도 대체로 짙은 회색이나 옅은 회색으로 보이는 것이다.

### 눈의 단면

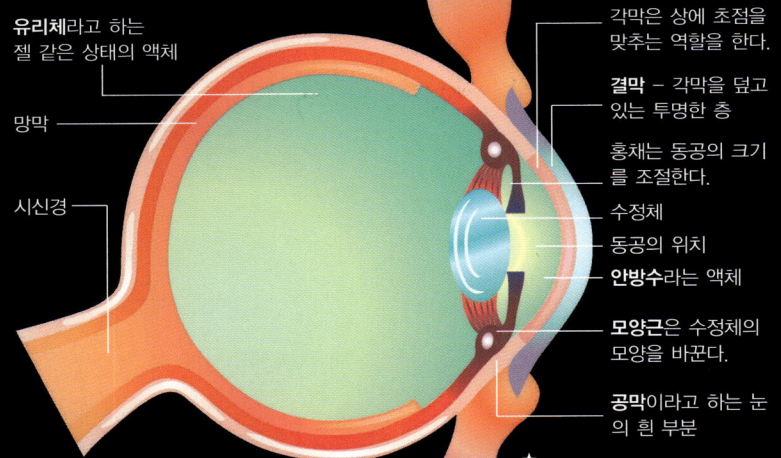

**유리체**라고 하는 젤 같은 상태의 액체

망막

시신경

각막은 상에 초점을 맞추는 역할을 한다.

**결막** – 각막을 덮고 있는 투명한 층

홍채는 동공의 크기를 조절한다.

수정체

동공의 위치

**안방수**라는 액체

**모양근**은 수정체의 모양을 바꾼다.

**공막**이라고 하는 눈의 흰 부분

★

### 가까이 살펴본 망막

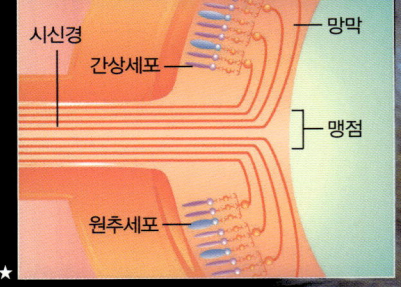

시신경

간상세포

원추세포

망막

맹점

★

원추세포에는 빨간 빛, 녹색 빛, 파란 빛에 민감하게 반응하는 세 종류가 있어서 우리가 보는 색깔에 따라 다른 정도로 반응한다. 예를 들어 보라색 사물을 보고 있다면 녹색에 민감한 세포보다 빨간색과 파란색에 민감한 원추세포가 더 강하게 반응한다. **색맹**인 사람들은 일부 원추세포에 문제가 있기 때문에 색깔을 잘 구분하지 못하는 것이다.

### 직접 해보자

시신경과 눈이 이어지는 부분에는 시세포인 간상세포나 원추세포가 없다. 상이 이곳에 맺히면 감지할 수 없기 때문에 이 부분을 맹점이라고 한다. 각자의 맹점을 찾기 위해서 이 책으로 테스트를 해보자. 이 면을 펼친 채 팔을 쭉 뻗어서 왼쪽 눈을 감고 오른쪽 눈으로 네모를 보자. 서서히 책을 얼굴 가까이로 가져오면서 원형이 사라지는 것을 관찰해보자.

## 동공의 크기

눈에서 색깔이 있는 부분인 **홍채**에는 동공의 크기와 눈으로 들어오는 빛의 양을 조절하는 **동공산대근**과 **환상근(동공괄약근)**이 있다. 빛이 어두울 때 동공산대근이 수축하면 동공이 커져서 가능한 한 많은 빛이 들어오게 한다. 빛이 밝을 때는 환상근이 수축해서 너무 눈이 부시지 않게 동공이 작아진다.

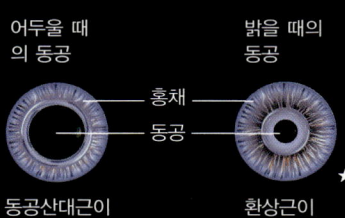

어두울 때의 동공     밝을 때의 동공

홍채
동공

★

동공산대근이 수축한다.     환상근이 수축한다.

사진에 보이는 가는 실 같은 부분이 환상근이다. 이 근육은 동공의 크기를 조절한다.

## 또렷하게 보기

물체에 반사된 광선이 눈에 들어올 때, 각막과 수정체에 의해서 안쪽으로 굽는다. 이 광선이 만나는 점을 **초점**이라고 한다. 이 초점이 망막에 맺히면 모든 사물이 선명하고 또렷하게 보인다. 또 사물의 거리에 따라 수정체의 모양이 바뀌는데, 그러면 광선 역시 다른 정도로 굽어서 상의 초점이 맞도록 한다.

**완벽한 시야**

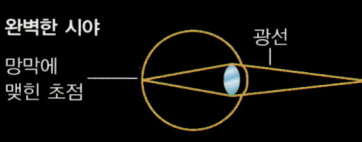

망막에 맺힌 초점     광선

어떤 사람들은 초점을 제대로 맞추지 못하는데, 그중 **근시**인 사람은 멀리 있는 물체를 또렷하게 볼 수 없다. 이런 사람들은 안구가 길거나 각막이나 수정체에서 광선이 심하게 굴곡되어 초점이 망막보다 앞에 맺힌다.

**근시**

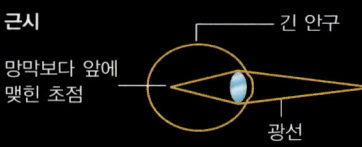

긴 안구
망막보다 앞에 맺힌 초점     광선

**원시**란 가까이 있는 물체를 또렷하게 보지 못하는 것을 말한다. 원시인 사람은 안구가 짧아서 수정체가 광선을 너무 적게 굴곡시키기 때문에 초점이 맞히기 전에 상이 망막에 도달한다.

**원시**

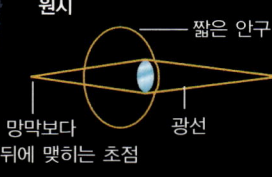

짧은 안구
망막보다 뒤에 맺히는 초점     광선

근시는 **오목렌즈**로 된 안경이나 콘택트렌즈를 껴서 시력을 교정할 수 있다. 원시인 사람들은 **볼록렌즈**로 시력을 교정한다.

오목렌즈     볼록렌즈

## 안구 보호

눈은 아주 섬세한 기관이다. 안구의 대부분은 두개골로 보호되고 있다. 눈의 앞부분은 **눈꺼풀**이라는 얇은 피부로 보호된다.

**안구 보호**

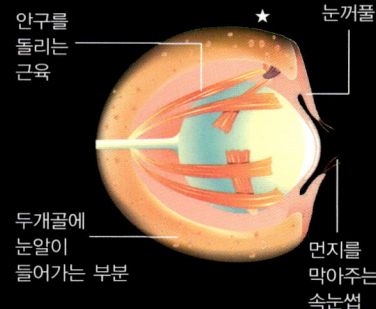

안구를 돌리는 근육     ★     눈꺼풀

두개골에 눈알이 들어가는 부분

먼지를 막아주는 속눈썹

눈꺼풀은 눈알에 먼지나 다른 오물이 달라붙지 않게 해준다. 눈을 깜빡이면 눈알을 눈물로 닦아내어서 안구를 촉촉하고 깨끗하게 유지하는 효과가 있다. **눈물**에는 세균을 죽이는 화학 성분이 들어 있는데 **눈물샘**에서 만들어져서 각각 2개의 **눈물길**을 통해 코로 들어간다.

링크
371

**왼쪽 눈의 눈물 생성**

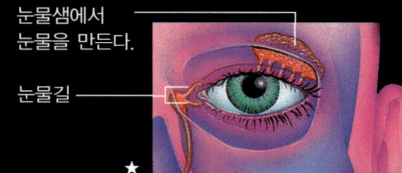

눈물샘에서 눈물을 만든다.

눈물길

★

### 유용한 인터넷 링크

**www.usborne-quicklinks.com**

**Web 1** 다양한 정보, 놀라운 사실, 퀴즈, 게임을 접하면서 눈에 대해 공부해보자.
**Web 2** 눈이 어떻게 작용하는지 그림이 곁들여진 설명을 읽어보자.
**Web 3** 눈이 어떻게 색깔을 볼 수 있는지 알아보자.
**Web 4** 온라인으로 소의 눈을 해부하는 모습을 관찰하자.
**Web 5** 눈이 초점을 어떻게 맞추는지 알아보고, 근시와 원시는 왜 생기는지 알아보자.

# 귀 Ears

**귀는** 소리를 듣는 것을 담당하는 기관이다. 우리가 듣는
모든 소리는 **음파**라고 하는 진동이다. 이런 진동이 귀에 들
어와서 수용기를 자극해 신경충동을 뇌에 보낸다. 그러면 뇌
는 이 충동을 해석해서 소리를 분석해내게 된다. 또한 귀는
우리 몸의 각도에 대한 정보를 주기 때문에 균형을 유지하는
데 도움을 준다.

소리를 듣는 것과
마찬가지로 귀는 균형을
유지하는 데 도움을 준다.

## 귀와 청각

귀는 우리가 볼 수 있는 **외이**와 귀의 역할을 주로 하는 **중이, 내이**의 세 부분
으로 나눌 수 있다.
**귓바퀴**는 음파를 모아서 **귓구멍**으로 들어가게 한다. 음파는 이 구멍을 따
라 들어가 **고막**이라는 얇은 조직에 닿아서 이것을 떨리게 한다. 이 진
동은 3개의 작은 뼈(**추골, 침골, 등골**)를 지나서 점막으로 싸인 타원
형 구멍인 **난원창**으로 전달된다.

링크
372

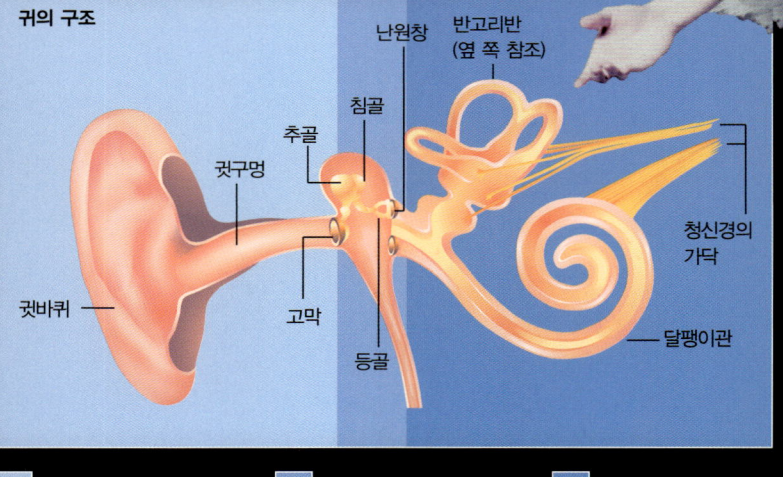

**귀의 구조**

난원창

반고리반
(옆 쪽 참조)

침골

추골

귓구멍

청신경의
가닥

귓바퀴

고막

등골

달팽이관

★

외이(공기가 차 있음)   중이(공기가 차 있음)   내이(액체가 차 있음)

난원창이 진동하면 이 진동이 나선형의 관인 **달팽이관**을 통해 이동한다.
달팽이관에는 액체가 차 있는 부분이 있어서 진동이 액체를 통해 전달되고 **유
모세포**를 자극한다. 유모세포는 **코르티기관**이라고 하는 달팽이관 안쪽 막에
붙어 있는 특별한 신경세포이다. 유모세포는 진동을 신경충동으로 바꾸어서
**청신경**을 통해 뇌로 전달한다. 뇌가 충동을 소리로 해석하기 때문에 우리가
들을 수 있는 것이다.

## 평형 유지하기

우리 몸에는 평형을 유지하도록 돕는 기능을 하는 기관이 많이 있다. 눈도 이런 기관 중 하나로, 우리 몸의 위치를 알려준다. 근육과 힘줄에 분포하는 **팽창수용기**라는 민감한 세포도 이런 역할을 한다.

내이에 있는 **전정기관** 역시 우리 몸의 균형을 유지하는 데 중요한 역할을 한다. 전정계는 크게 두 부분으로 나뉜다. 반고리관 3개와 2개의 주머니 모양을 한 난원낭과 구형낭이 바로 그것이다.

#### 전정기관

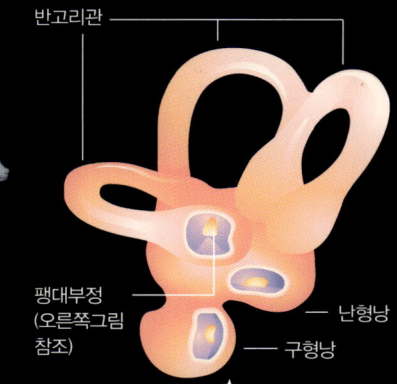

- 반고리관
- 팽대부정 (오른쪽그림 참조)
- 난형낭
- 구형낭
★

직접  해보자

아주 빠른 속도로 빙글빙글 돌다가 멈추면 어지럽다. 이것은 세반고리관에 있는 액체가 몸이 멈춘 후에도 돌고 있기 때문이다.
물이 담긴 유리잔을 쥐고 휘휘 돌려서 비슷한 효과를 만들어보자.
유리잔 속의 물은 잔이 멈춘 뒤에도 잠깐 동안 더 도는 것을 알 수 있다.

---

**세반고리관**에는 액체가 든 관이 있는데 이 관의 양 끝에는 각각 조금 부풀어 오른 돌출부가 있고, 그 안에 **팽대부정**이 들어 있다. 머리를 돌릴 때, 이 안에 있는 림프액은 팽대부정을 휘게 하면서 머리보다 천천히 움직인다. 팽대부정 아래쪽에 있는 **유모세포**는 머리가 움직이고 있다는 정보를 뇌에 전달한다.

#### 팽대부정이 작용하는 원리

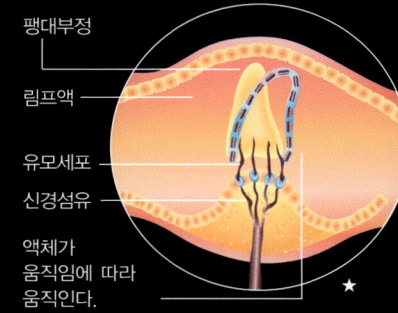

- 팽대부정
- 림프액
- 유모세포
- 신경섬유
- 액체가 움직임에 따라 움직인다.
★

**난형낭**과 **구형낭**에도 젤 같은 재질의 작은 조각이 있는데, 이를 **평형반**이라고 한다. 평형반에는 **평형석**이라는 작은 알갱이와 유모세포가 들어 있다. 머리가 움직이면 중력에 의해 평형석이 한쪽으로 기울고, 내부의 젤과 유모세포도 따라 움직인다. 이런 움직임이 뇌에 머리가 앞, 뒤, 옆이나 기우뚱한 자세로 있다는 정보를 보낸다.

#### 평형반이 작용하는 원리

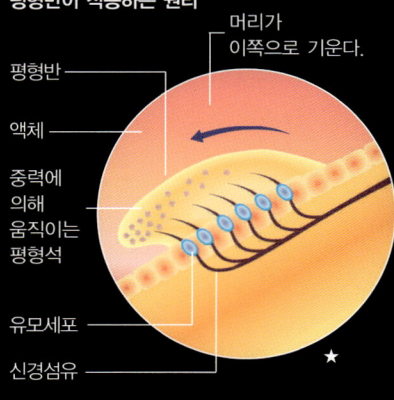

- 평형반
- 액체
- 중력에 의해 움직이는 평형석
- 유모세포
- 신경섬유
- 머리가 이쪽으로 기운다.
★

---

## 한 쌍의 귀

귀는 한 쌍이기 때문에 우리 뇌는 소리와 움직임, 위치에 대한 정보를 두 군데서 얻게 된다. 이 정보를 조합함으로써 뇌는 귀가 하나만 있는 것보다 더 많은 정보를 얻을 수 있다.

그 예로 귀가 2개이기 때문에 우리는 소리가 어느 쪽에서 나는지 알 수 있다. 왼쪽에서 나는 소리는 오른쪽 귀보다 왼쪽 귀에 조금 더 일찍 도달하고, 더 강한 떨림을 일으킨다. 소리가 바로 앞이나 뒤에서 나면, 각 귀에 거의 같은 시간이 걸려서 같은 크기의 소리로 와 닿는다.

링크
373

직접  해보자

소리가 나는 곳을 뇌가 어떻게 파악하는지 알아보기 위한 실험을 해보자. 의자에 앉아서 눈을 가린 다음 다른 사람에게 연필 2개를 부딪쳐서 여러 장소에서 소리를 내게 한다. 그리고 어디서 그 소리가 들려오는지 추측해보자.
아마 바로 앞이나 뒤, 혹은 머리 위 등 우리 몸의 정 가운데에서 내는 소리의 위치를 파악하기가 가장 어려울 것이다. 이것은 양쪽 귀의 신경 충동이 뇌에 거의 동시에 도달하기 때문이다.

유용한 인터넷 링크
www.usborne-quicklinks.com

Web 1 귀에 관한 여러 가지 정보와 애니메이션을 접해보자.
Web 2 균형에 관한 간단한 테스트를 해보자.
Web 3 프린트해서 공부할 수 있는 귀에 관한 그림표를 내려받자.
Web 4 손짓 언어의 일종인 수화(手話)를 온라인으로 익혀보자.
Web 5 청각과 균형감각에 관한 애니메이션을 살펴보자.
Web 6 귀에 관한 놀라운 이야기를 읽어보자.

# 코와 혀 The Nose And Tongue

**코와** 혀는 각각 냄새와 맛을 느끼는 기관이다. 냄새와 맛은 화학물질이다. 코와 혀에 있는 **화학수용기**라는 세포가 이 화학물질을 감지해서 뇌로 정보를 보내면, 뇌는 냄새나 맛을 구분해낸다. 이 두 기관 다 다른 중요한 역할을 하는데, 코는 호흡기의 일부이고 혀는 소화와 말하기에서도 역할을 담당한다.

향수를 만들기 위해서 장미꽃잎을 모으고 있다. 인간의 후각은 향수의 아주 미묘한 변화도 느낄 수 있다.

링크 374

## 코의 내부

코에 있는 2개의 **콧구멍**은 **비강**이라는 텅 빈 공간으로 이어진다. 숨을 들이쉬면 비강의 아랫부분으로 공기가 들어간다. 여기 있는 짧은 털들이 공기 중에 딸려 들어온 큰 먼지를 제거하고 비강의 내벽에 있는 콧물이 공기가 폐로 들어가기 전에 따뜻하고 촉촉하게 해준다.

비강의 천장에는 가느다란 실 모양의 **후각섬모**가 매달려 있다. 이 털은 **후세포**라는 화학수용기의 수상돌기이다.

**냄새입자**라고 하는 공기 중의 화학물질이 콧속으로 들어오면 콧물에 녹아서 후각섬모에 흡수된다. 그러면 후세포는 뇌로 신경충동을 보내고, 뇌에서는 이것을 냄새로 해석한다.

일반적으로 숨을 쉴 때에는 아주 적은 양의 공기만이 비강으로 들어온다. 하지만 세게 코를 킁킁거리면서 냄새를 맡으면, 공기의 흐름은 냄새를 감지하는 기관으로 바로 향한다. 그래서 의도적으로 냄새를 맡으려고 코를 킁킁거리면 냄새가 더 강하게 나는 것이다.

## 여러 가지 냄새

대부분의 인간은 수천 가지의 다른 냄새를 구분할 수 있다. 오랫동안 과학자들은 모든 냄새는 아래 표에 있는 일곱 가지 기본적인 향이 조합된 것이라고 생각했다. 하지만 최근 연구에서 아마도 수백 가지에 이르는 향이 더 있을 것이라는 의견이 제시되었다.

| 냄새 | 예 |
|---|---|
| 장뇌 | 나프탈렌 알약 |
| 사향 | 면도 후에 바르는 로션, 향수 |
| 꽃향 | 장미 |
| 박하 | 박하향 치약 |
| 에테르 | 드라이클리닝 용제 |
| 신냄새 | 식초 |
| 악취 | 썩은 계란 |

후각은 기억과 강하게 연결되어 있다. 예를 들어 풀냄새를 맡으면, 농장 체험학습이 생생하게 떠오를 수도 있다. 이런 연관성은 분명 코에서 뇌로 전달되는 신경충동은 대뇌의 앞부분에서 분석되기 때문인 것으로 추측된다. 뇌의 이 부분은 기억과 감정에 관한 부분도 담당하고 있기 때문이다.

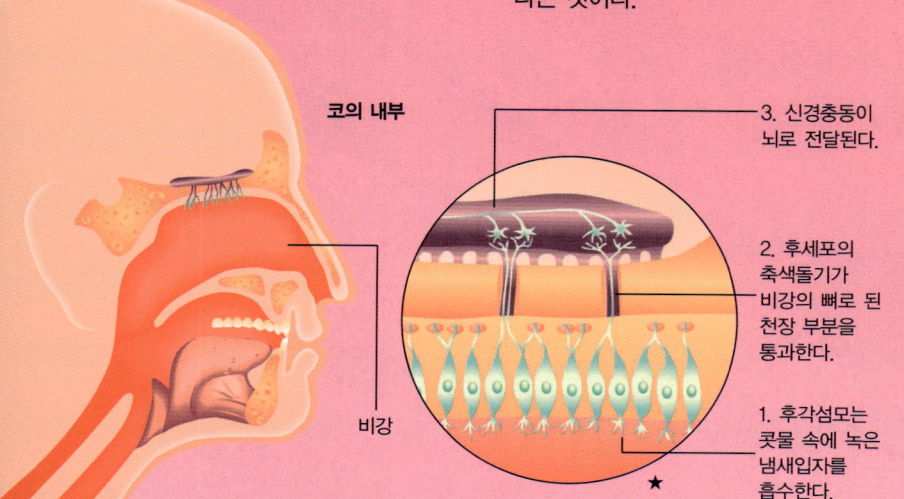

**코의 내부**

비강

3. 신경충동이 뇌로 전달된다.

2. 후세포의 축색돌기가 비강의 뼈로 된 천장 부분을 통과한다.

1. 후각섬모는 콧물 속에 녹은 냄새입자를 흡수한다.

★

## 혀와 맛

우리가 미각을 가지고 있는 가장 큰 이유는 음식을 먹을 때 어떤 음식이 안전한 것인지 구분하기 위해서이다. 그 예로 썩은 음식이나 독이 있는 식물은 대부분 맛이 역겹기 때문에 입에 넣는 즉시 뱉어낸다.

혀의 표면은 **유두**라는 작은 돌기로 뒤덮여 있다. 유두는 **미각수용기세포**가 들어 있는 **미뢰**와 나란히 있는 경우가 많다. 미뢰는 침 속에 녹아 있는 음식 속의 화학물질을 감지한다. 이 세포는 뇌로 신경충동을 보내고, 뇌는 이것을 맛으로 해석한다.

**미뢰**

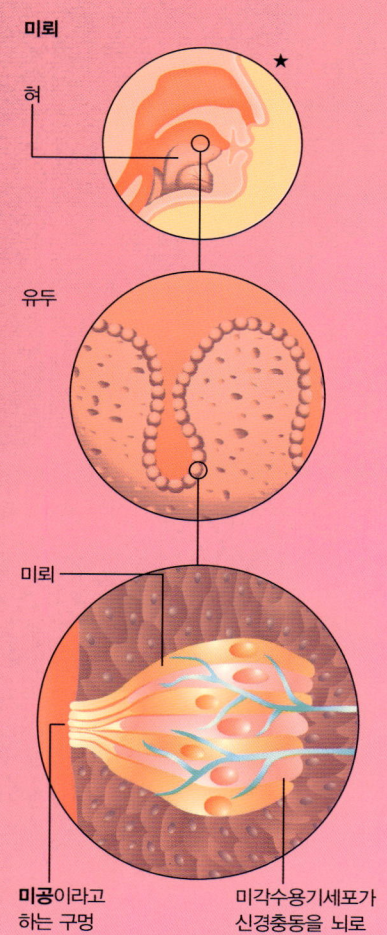

혀

유두

미뢰

**미공**이라고 하는 구멍

미각수용기세포가 신경충동을 뇌로 보낸다.

### 혀에서 맛을 느끼는 부분

이 부분을 편도선이라고 하는데, 여기도 미뢰가 있다.

쓴맛

신맛    신맛

짠맛    짠맛

단맛    ★

### 기본적인 맛

대부분의 미뢰는 혀의 옆이나 뒤쪽에 있지만, 목구멍 주변에도 몇 군데 미뢰가 있는 곳이 있다. 혀의 다른 부분에 있는 미뢰는 각각 다른 맛에 더 강하게 반응한다. 과학자들은 이를 짠맛, 단맛, 신맛, 쓴맛이라는 4가지 주요한 맛으로 나누었다. 대부분 음식의 맛은 이 4가지 기본적인 맛에 코로 감지되는 냄새가 조합된 것이다.

하지만 최근에는 혀의 부위에 따라 맛에 대한 민감성이 조금씩 다를 뿐 느끼는 맛은 같다는 주장도 있다.

레몬은 신맛이 난다.

### 직접 해보자

손을 씻고 손가락 끝에 차가운 블랙커피를 묻혀서 혀의 여러 부분에 갖다대보자. 그리고 커피의 쓴맛을 가장 민감하게 느끼는 부분은 어디인지 살펴보자. 같은 방법으로 소금물과 설탕물, 레몬주스로도 각각 실험을 해보자. 물론 새로운 실험을 할 때마다 입을 물로 헹궈내고 빵 한 조각을 먹어서 입속의 물기를 말린 다음 시작하는 것이 좋다.

### 직접 해보자

이 실험을 해보면 미각과 후각이 아주 밀접하게 연관되어 있는 것을 알 수 있다. 사과와 배, 당근을 각각 다른 그릇에 조금씩 갈아 놓는다. 그런 다음 눈을 꼭 감고 코를 막은 뒤, 다른 사람에게 한 번에 한 숟가락씩 먹여달라고 한다. 그리고 이 음식이 무엇인지 맞춰보자. 코를 막지 않고 다시 이 실험을 해보면 음식을 구분하는 것이 더 쉽다는 것을 알 수 있다.

### 맛과 냄새

후각과 미각은 밀접하게 연관되어 있다. 음식을 먹을 때는 음식의 냄새입자가 인두를 타고 비강으로 올라와서 냄새가 감지된다.

감기에 걸리면 후각과 미각이 둔해지는 경우가 종종 있다. 이것은 코의 안쪽 벽이 부어오르고, 콧물도 보통 때보다 많이 생기기 때문이다. 이렇게 되면 냄새입자가 후각섬모에 닿기 어려워진다. 그래도 혀는 기본적인 맛을 감지할 수 있지만, 더 미묘한 풍미는 느낄 수 없다.

링크 375

### 유용한 인터넷 링크

www.usborne-quicklinks.com

**Web 1** 코가 어떻게 호흡을 하고 냄새를 맡는지, 혀가 어떻게 맛을 느끼는지 알아보자.

**Web 2** 맛을 느끼는 것과 냄새를 맡는 것에 관한 다양한 사실, 실험, 퀴즈를 접해보자.

**Web 3** 음식의 풍미를 느끼는 데 맛과 냄새가 어떻게 쓰이는지 알아보자.

**Web 4** 맛과 미뢰에 관한 애니메이션을 감상해보자.

**Web 5** 혀에 관한 표를 보면서 공부해보자.

**Web 6** 코에 관한 재미있는 이야기를 감상해보자.

# 생식 Reproduction

**새로운** 생명을 만들어내는 과정을 생식이라고 하고, 이와 관련된 기관을 생식기라고 한다. 남자의 몸은 남성 생식세포인 **정자**를 만들고, 여자의 몸은 여성 생식세포인 **난자**를 만든다. 정자와 난자가 결합하면 새로운 세포가 만들어진다. 이 세포가 여러 번 분열을 거쳐 아기가 된다.

어머니의 자궁에서 8주간 자란 이 태아의 길이는 3cm이다. 아기는 **양수주머니**라고 하는 물이 가득 찬 주머니 속에 안전하게 떠 있다.

## 남성의 생식기

정자는 2개의 **고환(정소)**에서 만들어져서 각 고환 뒤쪽에 있는 **부고환**이라는 쉼표와 비슷하게 생긴 기관에 저장된다. 고환은 **음낭**이라고 하는 주머니 안에 있는데, 몸 안의 온도는 정자가 살기에는 너무 높기 때문에 음낭은 몸 바깥쪽에 달려 있다.

정자

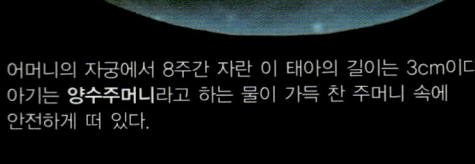

## 여성의 생식기

여자 아기는 태어나면서 2개의 **난소**에 이미 수천 개의 난자를 가지고 있다. 사춘기 무렵부터 매달 난소가 내보낸 난자가 **수란관**으로 나온다. 이 과정을 **배란**이라 하고, 397쪽에 더 상세하게 설명되어 있다.

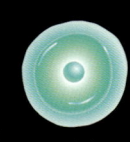

난자

링크 376

### 남성 생식기의 측면

- 요도
- 음경
- 포피
- 귀두
- 수정관
- 방광
- 정낭
- 전립선
- 부고환
- 고환
- 음낭

★

### 여성 생식기의 전면

- 수란관
- 난소
- 자궁
- 자궁경관
- 난소 (단면)
- 수란관 (단면)
- 질 (몸 밖으로 이어짐)
- 성숙한 난자가 난소에서 나와서 깔때기 모양의 **수란관 윗부분**으로 들어간다.

★

**음경**은 정자와 소변이 몸을 빠져나가는 기관이다. 그 끝 부분을 **귀두**라고 하는데, 이 부분은 아주 민감해서 **포피**라고 하는 느슨한 피부로 싸여 있다. 정자는 **수정관**이라는 2개의 관을 통해 음경으로 내려와서 **요도**라는 열린 부분으로 나온다. **전립선**이나 **정낭** 같은 분비기관에서는 정자가 헤엄칠 수 있는 액체를 만들어낸다. 정자와 이 액체가 섞인 것을 **정액**이라고 한다.

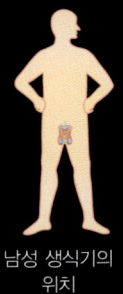

남성 생식기의 위치

수란관은 배 모양의 텅 빈 기관인 **자궁**, 혹은 **아기집**으로 들어간다. 난자가 수정되면(오른쪽 참조) 이곳에서 아기가 자란다. 자궁 끝 부분에는 근육질로 된 통로가 있는데 이것을 **자궁경관**이라 한다. 자궁경관은 **질**이라고 하는 신축성이 좋은 관으로 연결된다. 질의 입구는 요도의 바로 뒤에 있고 2개의 **음순**으로 둘러싸여 있다.

여성 생식기의 위치

## 아기 만들기

**성교** 중에 음경은 딱딱해져서 질에 꼭 맞게 된다. 남성의 요도 주변 근육이 수축하면서 음경에서 약간의 정액이 나와 질로 들어간다. 이런 과정을 **사정**이라고 한다.

정자는 자궁에서 헤엄쳐서 수란관까지 올라간다. 정자가 난자와 만나면 접합체(수정란)를 만드는데, 이것이 나중에 태어날 아기의 첫 세포가 된다. 이 과정을 **수정** 혹은 **수태**라고 한다. 난자가 없으면 정자는 며칠 내로 죽는다.

### 수정

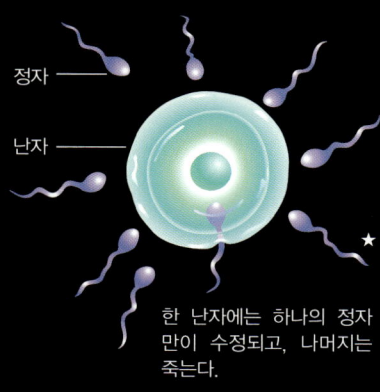

정자 ——

난자 ——

★

한 난자에는 하나의 정자만이 수정되고, 나머지는 죽는다.

아기가 생기지 않도록 난자와 정자가 결합하는 것을 막는 방법이 있는데, 이것을 **피임**이라고 한다.

### 유용한 인터넷 링크
www.usborne-quicklinks.com

**Web 1** 수정에서 출산까지 아기가 자라는 놀라운 모습을 사진으로 살펴보자.
**Web 2** 생리주기와 수정, 초기에 성장하는 태아에 대해 애니메이션, 그림 도표와 온라인 테스트로 공부해보자.
**Web 3** 생식에 관한 다양한 사실을 애니메이션과 퀴즈로 공부해보자.
**Web 4** 전자현미경으로 관찰한 정자와 난자의 이미지를 살펴보자.

## 아기가 자라는 과정

접합체는 2개의 동일한 세포로 분열한다. 이런 분열 과정이 몇 차례 일어나고 세포 덩어리가 되면 접합체는 자궁 내벽에 붙는다. 세포는 계속 분열해서 뼈나 혈구와 같은 각기 다른 기관으로 자라난다. 같은 종류의 세포는 결합해서 근육과 같은 **조직**을 만들기도 한다. 여러 종류의 조직이 합해져서 심장과 같은 **기관**이 되기도 하고, 기관 여러 개가 뭉쳐서 소화계와 같이 하나의 **계통**을 형성하기도 한다.(세포와 조직, 기관에 대해 더 알아보려면 314-315쪽을 참조)

뱃속의 아기는 아홉 달에 걸쳐서 자란다. 첫 두 달간은 이를 **배**라 하고, 이후에는 **태아**라고 한다. 아기를 가진 어머니는 **임신했다**고 한다.

뱃속의 아기는 **태반**이라는 기관을 통해 어머니의 피 속에 들어 있는 양분과 산소를 받는다. 아기의 노폐물은 반대방향으로 어머니의 몸속으로 돌아간다. 아기와 어머니 사이에 물질을 주고받는 통로를 **탯줄**이라고 한다.

임신 말기가 되면 아기는 머리를 자궁경관 쪽으로 이동한다. 자궁 근육이 강하게 수축하면서 아기를 어머니의 질을 통해서 내보낸다.

이 과정을 **출산**이라고 한다.

### 태아의 발달 단계

난자와 정자가 결합해 새로운 세포가 형성되고 2개로 나뉜다. 이 세포는 4개, 8개, 16개로 점점 분열해서 작은 세포 덩어리가 된다.

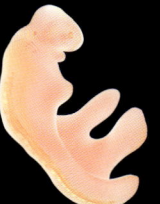

6주째가 되면 척추와 뇌가 만들어지기 시작한다. 그리고 심장이 뛰기 시작한다.

대략 2cm 크기이다.

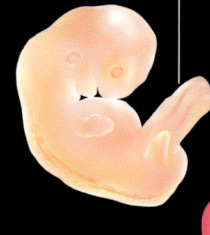

탯줄이 태반과 태아를 연결한다.

7주째가 되면 작은 몽우리가 생기는데, 나중에 손과 발이 된다.

대략의 2.5cm 크기이다.

링크
377

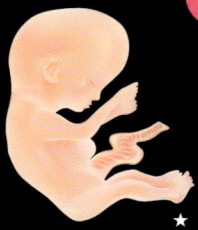

12주째에는 모든 기관이 다 형성된다. 이후 몇 주간에 걸쳐 더 발달된다.

대략 7.5cm 크기이다

★

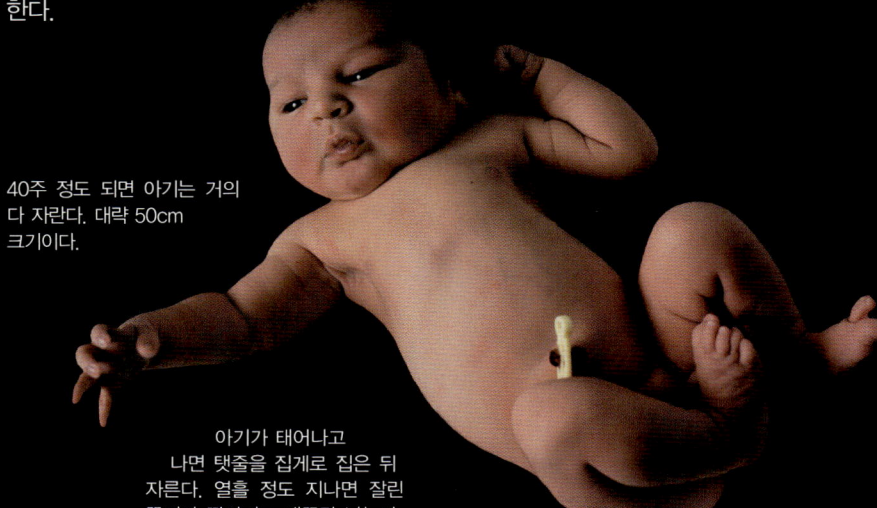

40주 정도 되면 아기는 거의 다 자란다. 대략 50cm 크기이다.

아기가 태어나고 나면 탯줄을 집게로 집은 뒤 자른다. 열흘 정도 지나면 잘린 꼭지가 떨어지고 배꼽만 남는다.

# 성장과 변화 Growing And Changing

**태어난 후** 약 20년에 걸쳐서 어린이는 어른으로 성장해간다. 신체는 커지고 몸무게도 늘어나며, 새로운 기술도 익힌다. 이런 과정을 성장과 발달이라고 한다. 더 나이가 들면서 신체는 계속해서 변화하지만 그 속도는 느려진다. 어느 정도 성장하고 발달하느냐는 유전자에 따라 다른데, 식습관이나 운동도 영향을 미친다.

## 성장

우리 몸은 수백만 가지의 다양한 형태의 세포로 이루어져 있다. 몸이 성장하기 위해서 많은 세포가 동일한 2개의 새 세포로 나뉜다. 이렇게 세포가 나뉘는 것을 **유사분열**이라고 하는데, 너무 오래되거나 죽으면 세포를 대체할 세포를 만들기 위해서 유사분열을 하기도 한다.

우리 몸의 여러 부분은 생의 여러 단계에서 각각 다른 비율로 성장한다. 즉 몸이 자랄수록 신체의 비율도 달라지는 것이다. 예를 들면 아기의 머리는 키의 1/4 정도의 길이지만, 어른의 머리는 약 1/8 길이이다.

또한 머리 모양도 변한다. 갓난아기의 머리에는 두개골 뼈 사이에 부드러운 부분이 있다. 이후 몇 년에 걸쳐, 이 부분이 점차 뼈로 바뀌면서 모양도 달라진다. 우리 몸의 대부분은 18세가 되면 성장을 멈추지만, 귀와 같은 부분은 평생 자란다. 나이가 더 들면 또 다른 변화가 많이 일어나는데, 한 예로 피부의 탄력이 떨어지는 것을 들 수 있다.(오른쪽 사진 참조)

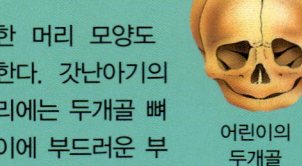
어린이의 두개골 ★

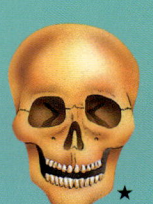
어른의 두개골 ★

7세 때 윈스턴 처칠의 얼굴은 둥글고 피부는 매끈했다.

26세일 때 그의 얼굴은 이전보다 길어졌다. 눈썹 사이에 주름이 나타나기 시작했고, 피부에는 탄력이 현저히 줄었다.

60대에 처칠의 피부는 처져서 얼굴이 무거워 보인다.

### 유아기에서 성인기까지 신체 비율의 변화 ★

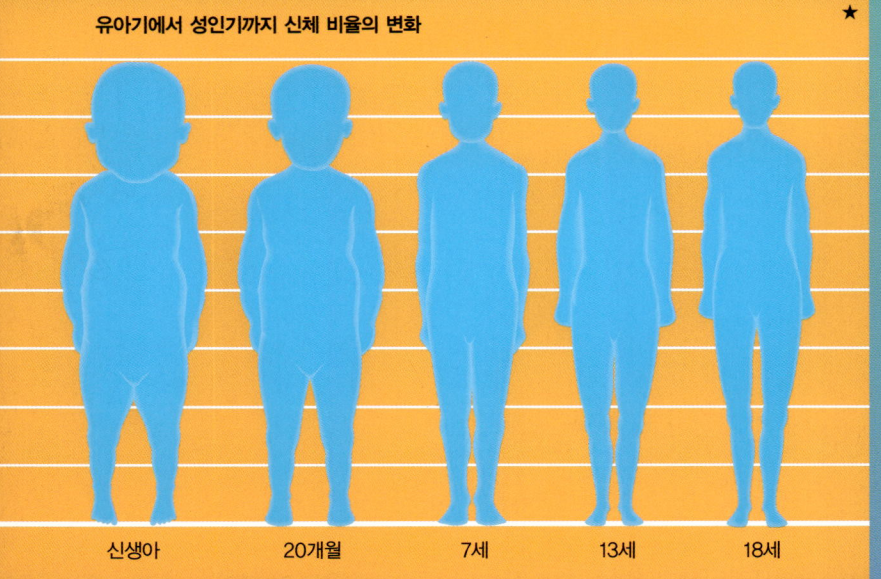

| 신생아 | 20개월 | 7세 | 13세 | 18세 |

링크 378

## 사춘기

12세를 전후하여 18세까지 인간은 아이에서 어른으로 성장한다. 이 시기를 **사춘기**라고 한다. **신체적인 변화**와 **심리적인 변화**가 일어나는데, 이것은 어른이자 한 사람의 부모가 되는 준비과정이라고 할 수 있다. 이런 변화는 호르몬에 의해서 일어난다.

이때 일어나는 일부 신체 변화는 아기를 가질 수 있도록 준비하는 과정이다. 예를 들어 우리가 가지고 태어난 생식기(일차 성징)가 활발하게 변화하기 시작한다. 다른 신체적 변화는 아기를 가지는 것과는 관계가 없는데, 턱수염이나 다른 체모와 같은 것들을 **이차성징**이라고 한다.

독립심이 커지고 새롭게 생각하는 방식을 찾아내며, 몸이 어른으로 변하는 것에 익숙해지면서 감정과 느낌도 변해간다. 호르몬 수치의 변화는 기분에 영향을 미치기도 한다.

### 사춘기의 신체적 변화

| 남자 | 여자 |
|---|---|
| 키가 급격하게 자란다. | 키가 급격하게 자란다. |
| 얼굴에 털이 난다. 처음에는 부드럽고 솜털 같지만, 점점 거칠어진다. | 얼굴에 가느다란 털이 나기도 한다. |
| 목소리가 굵어진다. | |
| 겨드랑이에 털이 자란다. | 겨드랑이에 털이 자란다. |
| 어깨와 가슴이 넓어진다. | 가슴이 커지기 시작한다. |
| 성기가 커진다. | 엉덩이가 커진다. |
| 성기 주변에 음모가 자란다. | 성기 주변에 음모가 자란다. |
| 정소에서 정자를 만들어내기 시작한다. | 배란과 생리가 시작된다. (아래 왼쪽을 참조) |

## 생리

갓 태어난 여자아기의 난소에는 미성숙한 난자 수천 개가 들어 있다. 사춘기 이후로, 하나의 난자는 매 28일마다 성숙해져서 수란관으로 나오는데, 이런 과정을 **배란**이라고 한다. 이와 동시에 자궁벽에는 수정된 난자를 받기 위해서 혈관으로 된 새로운 막이 형성된다.

난자가 수정되지 않으면 이 내벽은 허물어져서 질을 통해 몸 밖으로 빠져나가는데, 이것을 '**생리를 한다**'고 하거나 '**월경을 한다**'고 표현한다. 평균적으로 여자는 28일마다 한 번씩 월경을 하지만, 사람마다 다를 수 있다. 40세에서 55세 사이에 난소는 배란을 멈추고 월경도 나오지 않게 되는데, 이것을 **폐경**이라고 한다.

## 노화

사춘기 이후 우리 몸의 효율은 떨어지기 시작한다. 이것을 **노화**, 혹은 **노쇠**라고 하는데 천천히 시작됐다가 나중에는 빨라진다. **수명**이란 사람이 얼마나 살 수 있는가를 말한다. 건강에 좋은 음식을 먹고 적절히 운동을 하며, 담배와 약물남용을 피하고, 활기찬 마음가짐을 가지면 수명을 늘릴 수 있다.

링크 379

### 월경주기

1. 성숙한 난자가 난소에서 수란관으로 나온다(배란). 자궁 내벽이 혈액으로 두꺼워진다.

2. 난자는 자궁으로 내려오고, 자궁 내벽은 계속 두꺼워진다.

3. 난자가 수정되지 않으면, 혈액으로 된 자궁 내벽은 허물어져서 수정되지 않은 난자와 함께 질을 통해 밖으로 나온다.

수란관
난자
난소
자궁
★

### 유용한 인터넷 링크

www.usborne-quicklinks.com

**Web 1** 사춘기와 월경주기에 대해 설명해주는 온라인 강좌를 접해보자.
**Web 2** 성장에 관한 생물이론을 알아보고, 온라인 활동을 해보자.
**Web 3** 사춘기에 일어나는 변화에 대해 더 많은 것을 알아보자.
**Web 4** 사춘기에 관한 정보를 담은 표를 보면서 더 많은 사실을 알아보자.
**Web 5** 나이 드는 것에 관한 온라인 전시를 살펴보자.
**Web 6** 사춘기와 성장에 관한 질문과 답을 살펴보자.

# 유전학 Genetics

**정자와** 난자가 결합해 새 세포가 형성되면, 이 세포에는 유일무이한 한 사람으로서 성장해갈 수 있는 모든 정보가 담긴다. 신체가 발전되어가는 방향을 지시하는 것을 **유전자**라 하고, 유전자를 연구하는 학문을 **유전학**이라고 한다. 유전자는 DNA(디옥시리보핵산)라는 화학물질의 일부이며, 이 DNA는 가운데 **핵**이라는 제어부분이 있는 **염색체** 다발로 되어 있다. 인간의 세포에는 46개의 염색체가 있다. 우리의 염색체는 부모님으로부터 물려받은 것이다.

이 염색체는 실제 크기에서 24,000배 확대한 것이다.

## 짝짓기

인간의 46개 염색체는 한 쌍을 이루는 유전자나 그 집단이 각각 있어서, **상동염색체**라는 짝으로 배열할 수 있다. 하나의 염색체에 있는 각 유전자나 유전자 집단은 쌍이 맞는 유전자에 그에 맞는 짝이 있다.(오른쪽 참조) 세포가 성장이나 재생을 위해 분열할 때(**유사분열**), 염색체 전부가 스스로를 복제하기 때문에 새로운 세포에도 46개의 염색체가 들어 있다. 하지만 생식세포(난자와 정자)는 감수분열이라는 특별한 방식으로 분열한다. 감수분열을 할 때는 염색체 쌍은 반으로 쪼개져서 하나의 생식세포에 23개의 염색체만 남는다. 이 세포는 수정될 때 새로운 염색체와 짝을 짓게 된다.

링크 380

### 염색체 유전

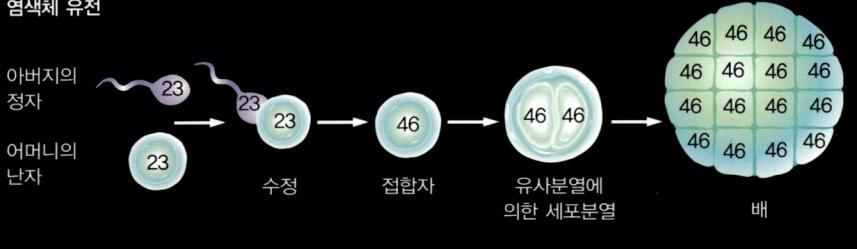

아버지의 정자 23 / 23 / 23 → 수정 / 46 → 접합자 / 46 → 46 46 유사분열에 의한 세포분열 → 46 46 46 46 / 46 46 46 46 / 46 46 46 46 / 46 46 46 46 배

어머니의 난자 23

생식세포를 만들기 위해 염색체가 나뉘기 전에 유전자 교환이 일어난다. 즉 한 남자에게서 만들어지는 한 정자는 다른 모든 정자와는 다르고, 한 여자에게서 만들어지는 한 난자는 다른 모든 난자와 다르다. 그래서 한 부모에게서 태어나는 아이라도 각각 다른 유전자를 가지게 된다.

## 딸일까, 아들일까

**성염색체**라는 두 염색체가 이 아기가 딸일지 아들일지를 결정하는데, 이를 X염색체와 Y염색체라고 한다. 난자와 정자는 각각 성염색체를 하나씩 가지고 있다. 난자에는 모두 X염색체가 들어 있고, 정자 중 반에는 X염색체가, 나머지 반에는 Y염색체가 들어 있다. X염색체를 가진 정자가 난자와 결합하면 딸이 태어나고 Y염색체를 가진 정자가 난자와 결합하면 아들이 태어난다.

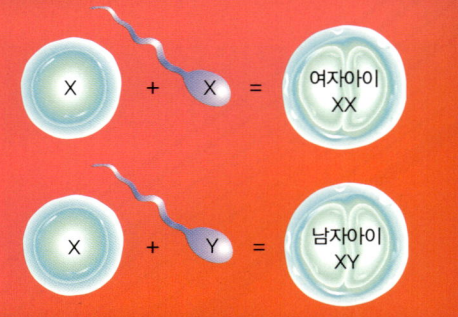

X + X = 여자아이 XX

X + Y = 남자아이 XY

## 유전자가 작용하는 원리

우리는 모두 23쌍의 상동염색체를 가지고 있다. 한 염색체에 있는 각각의 유전자 혹은 유전자 집단은 모두 다른 한쪽과 함께 작용해서 사람의 특징을 만들어내거나 조정한다.

눈이나 머리카락의 색깔, 혈액형 등 어떤 특징을 나타내는 유전자는 각각 다른 형태를 가지는데, 이를 **대립유전자**라고 한다. 그러므로 유전자 한 쌍은 같은 지시를 내리는 대립유전자 쌍일 수도 있고, 다른 지시를 내리는 대립유전자 쌍일 수도 있다.

예를 들어 유전자 하나는 녹색 눈의 형질을 가졌지만 다른 하나는 파란 눈의 형질을 가졌다면 둘 중 하나는 **우성**이 되어서 다른 유전자를 누르고, 나머지 하나는 **열성**이 된다. 혹은 둘 다 영향을 발휘해서 **공동우성 유전자**가 된다. 만약 녹색 눈동자 유전자가 파란 눈동자 유전자보다 우성이라면, 녹색 유전자 하나, 파란 유전자 하나를 가지고 있는 사람은 녹색 눈이 된다. 파란 눈동자를 가지려면 유전자 2개가 모두 파란 눈동자 유전자여야 한다.

아래의 그림표는 혈액형 유전자쌍이 어떤 유전자가 우성인가에 따라 어떻게 다른 혈액형을 나타내는지 보여준다.

혈액형 유전자 A는 우성이고, 혈액형 유전자 o는 열성이다. 오른쪽의 두 사람은 모두 혈액형이 A이다.

혈액형 유전자 B는 우성이고, 혈액형 유전자 o는 열성이다. 오른쪽의 두 사람은 혈액형이 B이다.

이 사람은 열성 o형 유전자 2개를 가지고 있어서 o형이다.

A와 B는 공우성 유전자라서 이 사람은 AB형이다.

혈액형 유전자가 AA인 사람과 같이 한 쌍 안의 유전자가 동일하다면, 이 경우 이 특질에 대해 **동형**이라고 표현한다. 유전자가 다른 사람은 **이형**이라고 한다. 폐에 영향을 미치는 낭포성 섬유증과 같은 일부 질병은 열성 유전자 때문에 생긴다. 이 열성 유전자를 한 쌍으로 가지고 있으면 이 병에 걸리게 되는 것이다. 한 쌍이 아니라 하나의 유전자만 열성이고 나머지 하나는 우성으로 가지고 있는 사람은 이 병에 걸리지는 않지만 이 유전자의 **보인자**라고 한다. 열성 유전자는 이 사람의 자녀에게 전달될 수 있다.

## 반성유전자

색맹과 같은 일부 형질은 여성보다 남성에게서 더 자주 나타난다. 그 이유는 X염색체에 열성 유전자가 있고, Y염색체에 이 열성 유전자를 누를 수 있는 우성 유전자를 가지고 있지 않을 때 이런 형질이 나타나기 때문이다. X염색체의 짝이 없는 유전자를 **반성유전자**라고 한다.

유전학에서 유전자는 글자로 표시된다. 대문자는 이 유전자가 우성이라는 뜻이고, 소문자는 열성이라는 뜻이다. 아래 그림표는 열성 색맹 유전자(c)를 보유하고 있는 여성이 정상 시력 유전자(C)를 가지고 있는 남성과 아이를 낳았을 때 어떤 일이 생기는지 보여준다.

링크 381

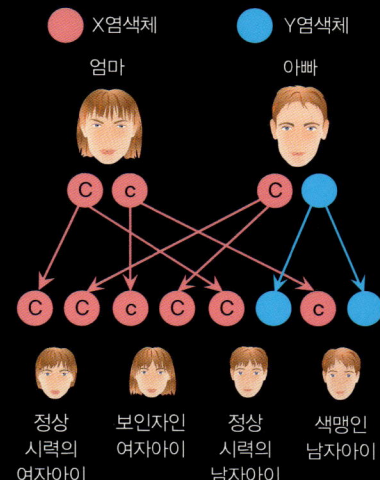

# 유전공학 Gene Technology

**유전학에** 관한 연구는 제임스 왓슨과 프랜시스 크릭이 DNA의 구조를 발견하면서 1950년대 초반에 큰 진보를 이루었다. DNA의 구조를 알게 된 이후로 과학자들은 유전자에 대해 더 많은 정보를 얻는 것은 물론, 이들이 생명체에 어떤 영향을 끼치는지도 알 수 있게 되었다. 유전학에서 새로운 발견은 지금도 계속되고 있으며 다양한 분야에 이용되고 있다. 이번 장에서는 이런 새로운 발견과 이들이 사용되는 분야에 대해 알아보자.

자신들이 만든 DNA 모델을 보고 있는 왓슨과 크릭

## DNA의 구조

DNA의 분자는 꼬인 사다리 밧줄 모양처럼 생겼다. 이 나선형 모양을 **이중나선구조**라고 한다. 이 사다리 모양 단은 한 쌍으로 연결된 4가지의 화학물질, 즉 아데닌, 티민, 구아닌, 시토신으로 구성된다. 이 화학물질들은 **염기**라고 하고, 보통 앞머리글자인 A, T, C, G로 알려져 있다.

링크 382

이것은 DNA 분자 구조의 일부이다. DNA의 이런 나선 모양을 이중나선구조라고 한다.

사다리 모양의 측면은 **디옥시리보스**라는 당의 가닥으로 되어 있고, **인산기**라고 하는 화학물질과 교차하면서 이어진다. 이들은 각각 염기와 함께 **뉴클레오티드**라는 단위를 형성한다. 하나의 유전자는 약 250쌍의 뉴클레오티드가 연결된 것이다. DNA 분자 하나에는 대략 1,000개의 유전자가 있을 것으로 추측되고 있다.

하나의 뉴클레오티드

2개의 뉴클레오티드가 한 쌍을 이룬다.

유전자 안에서 염기가 연결되면 하나의 화학 정보가 되어서 각기 다른 형질을 조절한다.

## 게놈 연구

한 유기체의 모든 DNA를 이것의 **게놈**이라고 하고, 게놈 안의 모든 염기를 정렬한 리스트를 **게놈 지도**라고 한다. 효모 세포의 게놈 지도가 가장 먼저 만들어졌다.

유전학 연구에서 아주 획기적인 이정표가 될 만한 사건이 2000년 6월에 있었는데, 과학자들은 인간 게놈을 구성하는 32억 개의 염기쌍의 초안을 만들어냈다고 발표한 것이다. 인간 게놈 지도가 완성되면 아주 많은 곳에 이용될 수 있을 것이다. 예를 들면 의사들은 유전자와 특정 질병의 관계에 대해 연구해서 병을 치료하거나 아예 발병을 막는 방법을 개발해낼 수 있을지도 모른다.

염기 A는 항상 염기 T와 짝을 이룬다.

염기 G는 항상 염기 C와 짝을 이룬다.

염기는 항상 디옥시리보스 가닥과 결합한다.

**DNA 그림표의 중요한 사항**

염기
- 아데닌
- 시토신
- 디옥시리보스
- 티민
- 구아닌
- 인산기

★

## 유전자 지문법

일란성 쌍둥이가 아닌 한, 우리의 정확한 DNA 배열은 다른 어떤 사람과도 조금씩 차이가 나게 되어 있다. **DNA 프로파일링**, 혹은 **유전자 지문법**은 DNA의 샘플을 비교하는 데 이용하기도 한다. DNA의 샘플이 동일하면 이것은 한 사람의 것이거나 한 부모에게서 태어난 일란성 쌍둥이일 것이다. DNA 프로파일링은 다양한 용도로 쓰인다. 예를 들어 과학수사관은 범죄 현장에 남겨진 머리카락 한 가닥이나 피 한 방울에서 DNA를 추출해서 누가 범인인지 밝혀내는 데 쓰기도 한다.

DNA 배열을 살펴보고 있는 한 과학자. 사진 속의 띠는 염기의 배열에 따라 다르다. 두 샘플에서 나타난 띠의 패턴이 정확하게 같다면 한 사람의 것이거나 일란성 쌍둥이의 것일 가능성이 크다.

혈연인 사람들의 DNA 샘플은 그렇지 않은 사람들의 샘플보다 일치하는 유전자가 훨씬 많다. 그래서 과학자들은 DNA 샘플을 어떤 관계인지, 혈연인지 아닌지 알아내기 위해 사용하기도 한다.

1917년 러시아 혁명 이후, 전제군주였던 니콜라이 2세와 부인, 그 사이에 태어난 세 아이들은 살해된 뒤 아무런 표시도 없이 묻혔다. 1991년에 그들의 것으로 추정되는 시체가 발견되었는데, 니콜라이 2세는 그의 형의 DNA와 대조하여 본인으로 판명되었고, 부인은 그녀의 친척인 에든버러 공 필립 왕자(현 영국여왕 엘리자베스 2세의 남편)의 DNA를 이용해서 판명되었다.

## 유전공학

과학자들은 유전자를 추출해서 의학, 농경, 산업 등의 여러 분야에 사용할 수 있는 방법을 발견했다. 이렇게 유전자를 조작하는 것을 **유전공학**이라고 하는데, 이런 유전공학의 다른 형태에 대해서는 402-403쪽에 설명되어 있다.

유전공학에 사용되는 주요한 기술을 **유전자 재조합**이라고 한다. **제한효소**라고 하는 화학물질로 DNA에서 특정한 유전자를 잘라낸다. **리가아제**라는 다른 효소는 적합한 생물에서 잘라낸 DNA와 유전자를 꼬아서 잇거나 결합하는 데 사용한다.

이렇게 변형된 DNA를 **재조합 DNA(rDNA)**라고 하는데, 이것을 여러 용도로 사용하게 되는 것이다. 재조합DNA를 아주 빨리 자라는 박테리아에 넣으면 특정한 유전자가 포함된 재조합DNA가 들어 있는 박테리아가 많이 만들어진다.

링크 383

### 유전자 재조합의 한 방법

1. 필요한 유전자 (**목표 DNA**라고 한다)를 세포의 핵에서 꺼낸다.

2. 목표 DNA를 꼬아서 박테리아에서 추출한 특별한 DNA 조각인 플라스미드와 잇는다.

3. 재조합DNA를 빠르게 분열하는 종류인 **숙주 박테리아**에 넣는다.

4. 숙주 박테리아가 여러 번 분열하면서 똑같은 복제물을 만들어내면, 각각 안에는 목표 DNA가 들어 있다. (얻으려고 했던 유전자)

목표 DNA

플라스미드

세포

재조합DNA

숙주 박테리아

숙주 염색체

똑같은 박테리아가 많이 생겼다.

## 번식

아주 옛날부터 농부들은 가장 좋은 가축과 식물을 골라서 번식시켰는데, 이런 것을 **우량교배** 혹은 **인위선발**이라고 한다. 이런 동물이나 식물의 자손은 부모로부터 좋은 특징을 물려받는다.

같은 종류의 두 동물이나 식물로 번식하는 것을 **순종교배**라고 한다. 다른 종의 동물이나 식물을 이용하는 것을 **잡종교배**라고 한다. 이렇게 해서 태어난 자손은 새롭게 섞인 종으로 **잡종** 혹은 **이종**이라고 하며, 아래에 예를 들어서 설명되어 있다.

## 유전자변형

최근 과학자들은 유전자를 바꿔서 일정한 특징을 가진 식물이나 동물을 생산할 수 있다는 사실을 알게 되었다. 이런 방법을 **유전자변형**이라고 한다.

전통적인 우량교배는 DNA 외에도 생물학적으로 더 많은 물질이 교환되는 과정이 포함되어 있었기 때문에 가까운 종들 사이에서만 가능했다. 그러나 유전공학 기법을 이용하면 관계가 없는 종들 간에도 유전자를 바꿀 수 있다. 다른 유기체에서 가져온 유전자를 가지고 있는 유기체를 **유전자이식동물**이라고 한다.

과학자들은 현재 식물의 유전자를 바꾸어서 질병이나 거친 날씨, 해충이나 잡초를 죽이는 화학물질에 더욱 강한 작물을 만들기 위한 방법을 탐구하고 있다.

목화는 해충에 저항할 수 있도록 유전적으로 변형할 수도 있다.

오스트레일리아에서는 목화 수확물을 어떤 종의 유충이 먹어버리는 경우가 있다. 과학자들은 이 유충이나 목화를 먹으려고 하는 다른 벌레에 유독한 물질을 만들어내는 목화를 개발해냈다.

아래 식물은 유리 페트리 접시에서 피펫으로 영양액을 받으면서 자라고 있다. 새로운 유전자 변형 식물은 야외에서 기르기 전에 실험실에서 배양하면서 여러 가지 검사를 거친다.

링크
384

**잡종교배**

라인 63 합성종 수퇘지. 몸집이 크고 품질이 좋으며 기름기가 적은 육질을 갖고 있다.

라지화이트종의 암퇘지. 아주 빨리 자란다.

두록종 수퇘지. 튼튼하고 건강해서 야외에서 기르기 좋은 품종이다.

랜드레이스종 암퇘지. 큰 새끼를 낳고 잘 기른다.

피크보어 잡종 수컷. 크고 빨리 자라는 특징을 가지고 있고 육용으로 좋은 품종이다.

캠버러12 잡종 암컷. 튼튼하고 큰 새끼를 낳아서 잘 돌보는 특징을 가지고 있다.

우량교배된 새끼 돼지들은 매우 빨리 자라고 기름기가 적으며 튼튼하고 건강한, 좋은 특징을 모두 갖추었다.

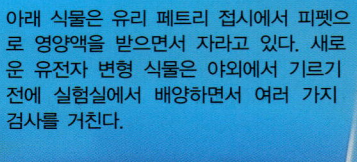

## 제약화

유전공학 덕분에 식물과 동물을 통해서 의약품에 유용하게 쓰이는 단백질을 생산할 수 있게 되었다. 이런 기술을 **제약화**라고 한다. 일례로 양에 유전적인 변형을 가해서 낭포성 섬유증을 앓는 환자 치료에 이용되는 **알파-1 안티트립신**을 포함한 젖을 생산하도록 할 수도 있다.

유전적으로 변형된 동물은 의학적으로 다른 용도로도 사용될 수 있다. 돼지의 심장과 같은 기관은 같은 기관의 성능이 현저히 나쁜데 적절한 신체 기증자를 찾을 수 없는 사람에게 이식되기도 한다. 이 수술을 하고 나면 환자는 약을 먹어서 백혈구가 몸에 침입해 들어온 세균과 싸우는 것과 같은 방식으로 이식해 넣은 기관을 공격하는 것을 막아야 한다.(405쪽 참조)
일부 돼지의 DNA에 특정한 인간 유전자를 넣으면 인간에게 이식하기에 더 적절한 장기를 가진 돼지의 번식이 가능할 수도 있다.

## 동물 복제

자연 상태에서 동물은 생식의 결과로 태어나고, 양쪽 부모의 유전자를 물려받는다. 그런데 유전공학을 이용하면 복제 동물을 만드는 것도 가능하다. 복제 동물이란 하나의 부모와 유전적으로 똑같은 동물을 말한다. 1997년에 에딘버러(스코틀랜드의 수도)에 있는 로슬린 연구소에서 양의 난자를 꺼내서 핵(이 안에 있는 DNA 전체와 같이)을 제거했다. 이 난자를 다른 양의 세포와 결합시킨 뒤 실험실에서 일주일간 배양해서 얻은 분열하는 세포 덩어리를 제3의 양의 자궁에 착상시켰다. 그로부터 5개월 뒤, 돌리라는 이름의 복제양이 태어났다.

**돌리는 어떻게 복제되었을까**

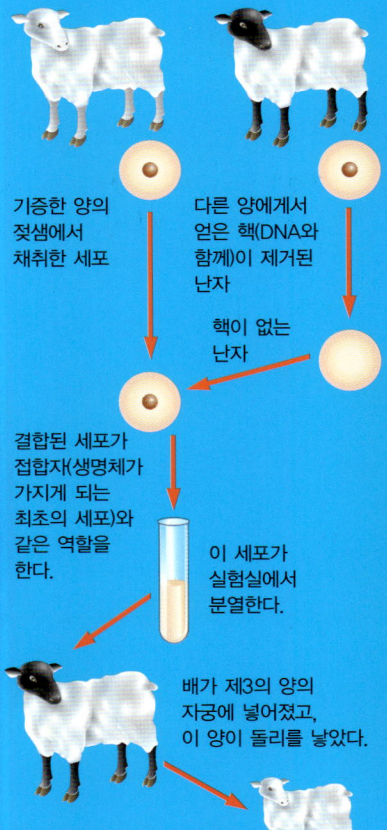

기증한 양의 젖샘에서 채취한 세포

다른 양에게서 얻은 핵(DNA와 함께)이 제거된 난자

핵이 없는 난자

결합된 세포가 접합자(생명체가 가지게 되는 최초의 세포)와 같은 역할을 한다.

이 세포가 실험실에서 분열한다.

배가 제3의 양의 자궁에 넣어졌고, 이 양이 돌리를 낳았다.

돌리는 기증한 양과 똑같은 유전자를 가지고 있다.

**직접 해보자**

유전공학은 아주 빨리 성장하고 있는 과학 분야이다. TV나 라디오 뉴스, 신문 등에서 유전학과 관련된 정보를 수집해보자. 인터넷에서 여러 가지 유전학 화제에 대해 최신 정보를 검색해보는 것도 좋다. 아래의 유용한 인터넷 링크를 살펴보자. 또 유전공학의 또 다른 쓰임새도 알아보자.
· **유전자 치료**-특정한 유전적인 이상을 건강한 유전자로 치료하는 것
· **유전자 검사**(유전학적 스크리닝)-DNA로 본인이나 자녀에게 병을 일으킬 요인을 가지고 있는 유전자를 확인하는 것

## 뉴스에 자주 등장하는 유전학

유전공학의 발전은 때때로 엄청난 반향을 일으키며 신문이나 TV뉴스의 첫머리를 장식하기도 한다. 일례로 음식물에 **유전자변형작물**(GMO라고도 한다.)을 사용하는 것은 장기적인 효과가 아직 알려지지 않았기 때문에 많은 사람들이 걱정하는 문제 중 하나이다. 반면에 식료품 회사 입장에서는 유전자변형작물은 더 적은 비용으로 더 많은 음식물을 만들 수 있는 방법으로 보고 있다. 음식물의 유전자 변형에 대해서는 305쪽에서 더 알아보자.

링크
385

**유용한 인터넷 링크**

www.usborne-quicklinks.com

**Web 1** 온라인으로 GMO, 유전자변형작물을 만들어보고 복제 게임과 퀴즈도 즐겨보자.
**Web 2** 유전자변형식품에 관한 안내를 접할 수 있다.
**Web 3** 온라인으로 쥐를 복제해보자. 복제에 대해 더 많은 것을 배워보자.
**Web 4** 유전적으로 변형된 개구리에 관한 영상을 볼 수 있다.
**Web 5** 복제와 유전자변형생물에 대한 설명을 들을 수 있다.

# 질병과 싸우는 우리의 몸 Fighting Disease

**우리 몸 전체,** 혹은 일부를 제대로 작동하지 못하게 하는 모든 현상을 질병이라고 할 수 있다. 어떤 질병은 **병균**이라는 아주 작고 우리 몸에 해로운 미생물 때문에 생기기도 한다. 다른 질병은 잘못된 식습관, 운동 부족, 유전자 결함, 노령이나 담배의 니코틴과 같은 유독성 화학물질 때문에 생기기도 한다.

이 사진과 같은 백혈구는 우리 몸이 병균에 감염되지 않게 막아준다.

## 병균

병균의 과학적인 명칭은 **병원체, 병원균**이라고 한다. 박테리아와 바이러스라는 크게 2가지 종류의 병원균이 있는데 질병의 원인이 되는 경우가 많다.

**박테리아**는 아주 작은 미생물로 어디에나 존재한다. 유해한 박테리아는 독소라는 유해한 노폐물을 만들어서 이것이 질병을 일으킨다. 다른 종류의 박테리아는 각각 다른 질병의 원인이 된다.

링크 386

**바이러스**는 보호막으로 싸인 핵산 가닥이다. 이들은 혼자서는 살 수 없기 때문에 우리 몸속의 세포에 침입해서 이 세포를 더 많은 바이러스를 만들어내는 공장처럼 이용한다. 이렇게 바이러스가 침입한 세포는 결국 죽게 된다. 바이러스에 의한 질병으로는 감기, 독감, 에이즈가 있다.

바이러스
— 보호막
— DNA 가닥
★

위족(가짜 발)이라는 길게 늘어진 부분은 병균을 삼켜서 가두는 역할을 한다.

### 주요한 박테리아의 종류

**구균**은 원형을 하고 있고, 대부분 인후로 감염되는 병의 원인이 된다.

**간균**은 막대 모양으로 결핵과 장티푸스의 원인이다.

**비브리오균**은 휜 막대 모양으로 콜레라와 같은 질병을 일으킨다.

**나선균**은 나선 모양으로 서교열(鼠咬熱) 같은 질병의 원인이 된다.

## 방어하기

병균은 **전염성**이 있어서 여러 생명체를 옮겨 다닌다. 병균은 다양한 경로로 전염되는데 공기나 물, 접촉으로 옮겨지기도 한다. 또한 동물에 의해서 전염될 수도 있다.

병균은 파리가 배설물이나 상한 음식을 먹을 때 파리의 다리나 몸의 털에 붙는다. 이 파리가 이후에 앉은 음식에 병균이 퍼진다.

우리의 몸이 병균으로부터 스스로를 방어하는 방법에는 여러 가지가 있는데, 첫 번째로 피부가 병균을 막아준다. 하지만 병균이 몸 안으로 들어오고 난 다음 이들을 물리치는 방법도 몇 가지가 있다. 그중에서 중요한 방법을 오른쪽 표에 표시했다.

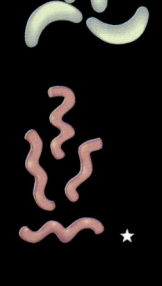

| 우리 몸의 방어 | |
| --- | --- |
| 피부 | 병균이 들어오지 못하게 하는 방어막으로서 그 역할을 한다. |
| 코 | 코 속의 털과 콧물이 공기 중에 섞여 들어오는 병균과 먼지를 잡는다. |
| 귀 | 귀지도 병균을 잡는다. |
| 눈꺼풀 | 눈 안으로 병균이 들어오지 못하게 한다. |
| 눈물 | 안구를 깨끗하게 씻어낸다. |
| 위 | 염산이 음식 속의 병균을 죽인다. |
| 편도선과 인두편도 | 목구멍에 들어온 병균을 죽인다. |
| 백혈구 | 몸속에 들어온 병균을 파괴한다. |
| 비장 | 병원균과 싸우는 백혈구가 들어 있는 기관이다. |

백혈구는 곧 이 해로운 병균 무리를 삼킬 것이다.(식균작용의 초기 단계-오른쪽 참조)

## 림프계

우리 몸의 **림프계**는 백혈구와 협력해서 질병을 물리친다. 림프계란 림프관과 이것에 연결된 기관으로 이루어진 조직을 말한다. 림프관에는 조직액에서 빨아올린 노폐물로 된 액체인 **림프액**과 백혈구가 함께 흐르고 있다.

림프관은 우리 몸 전체로 림프액을 운반한다.

림프는 목에 있는 2개의 정맥을 통해서 피 속으로 다시 흘러 들어가는데, 이 과정을 통해서 백혈구는 다시 활동할 수 있도록 재활용된다.(오른쪽 참조) **림프절**은 무리지어서 분포하는 작은 기관이다.(주로 목, 겨드랑이, 사타구니 주변에 있다.) 림프절에서는 백혈구가 많이 만들어지고, 병균을 잡아서 파괴하기도 한다.

## 백혈구

백혈구는 피에서 조직액(모세혈관 벽을 통해서)이나 림프액으로 빠져나가서 돌아다니며 질병과 싸운다. 백혈구는 크게 단핵구와 림프구의 두 종류로 나눌 수 있다. 가장 큰 백혈구인 **단핵구**는 병균을 둘러싸서 이들을 소화해버린다. 이런 과정을 **식균작용**(왼쪽과 아래쪽 참조)이라고 한다.

**식균작용의 후기 단계**

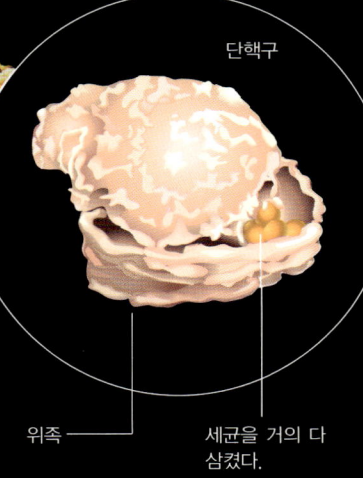

단핵구

위족

세균을 거의 다 삼켰다.

일부 단핵구를 **자유대식세포**라고 하는데, 이들은 우리 몸속을 끊임없이 돌아다닌다. **고정대식세포**는 림프절과 같은 특정기관에 고정되어 있으면서 이곳에 모여드는 세균과 싸운다. **림프구**는 대부분 림프절에서 만들어진다. 이들은 **항체**라는 화학물질을 분비해서 병균을 파괴한다. 각각의 항체는 특정한 화학물질이나 **항원**을 공격하기 위해서 특별히 만들어지며, 우리 몸에 침입한 병균에 붙어서 따라다닌다.

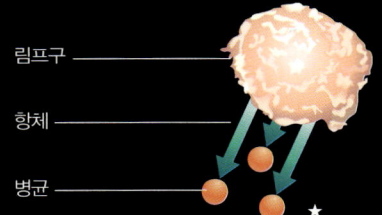

림프구

항체

병균

## 면역

우리 몸속에서 일단 특정한 병균의 항원에 대한 항체가 만들어지면, 다음에 똑같은 병균이 몸에 들어왔을 때 아주 빨리 항체를 만들어낼 수 있다. 이런 현상을 이 질병에 대한 **능동면역**, 혹은 **저항력이 있다**고 한다. 또 홍역과 같은 질병은 **백신**을 맞음으로써 면역이 되기도 한다. 백신은 질병을 일으키기엔 너무 적지만, 우리 몸이 항체를 만들기에 충분한 항원을 포함한 양의 병균을 말한다. 이런 예방주사를 맞으면 앞으로 이 병균이 몸에 들어왔을 때 병에 걸리지 않을 수 있다. 이런 과정을 **예방접종**이라고 한다.

**예방접종 방법**

일부 국가에서는 소아마비를 예방하는 백신을 각설탕에 몇 방울 떨어뜨려서 이용하기도 한다.

링크 387

대부분의 예방접종은 주사로 이루어지는데, 이것은 백신이 소화액에 의해 분해되는 것을 막기 위해서이다.

병이 난 후에 항체주사를 맞으면 **수동면역** 상태가 된다. 해로운 병균들은 죽지만 면역이 지속되지는 않는다.

### 유용한 인터넷 링크

www.usborne-quicklinks.com

**Web 1** 가상으로 의료기술자가 되어 병균을 조사해보자.
**Web 2** 몸의 면역체계가 에이즈 바이러스와 어떻게 싸우는지 살펴보자.
**Web 3** 온라인으로 6가지 종류의 백신을 만들어보자.
**Web 4** 박테리아와 같은 미생물에 대해 알아보고 이들 속에 감춰진 미스터리를 풀어보자.
**Web 5** 인체가 어떻게 미생물과 싸우는지를 알아보자.

# 의학 Medicine

**우리** 몸의 방어체계는 대체로 병을 낫게 하기 위해서 병원에 가지 않아도 될 만큼 튼튼하다. 하지만 꼭 도움이 필요하다면 몸을 건강하게 유지하는 것뿐만 아니라 질병 치료를 전문으로 하는 과학 분야도 있다는 것을 알아두자. 이것이 바로 **의학**이다. 의학의 발전은 많은 사람들의 기대 수명을 연장하는 데 기여해왔다.

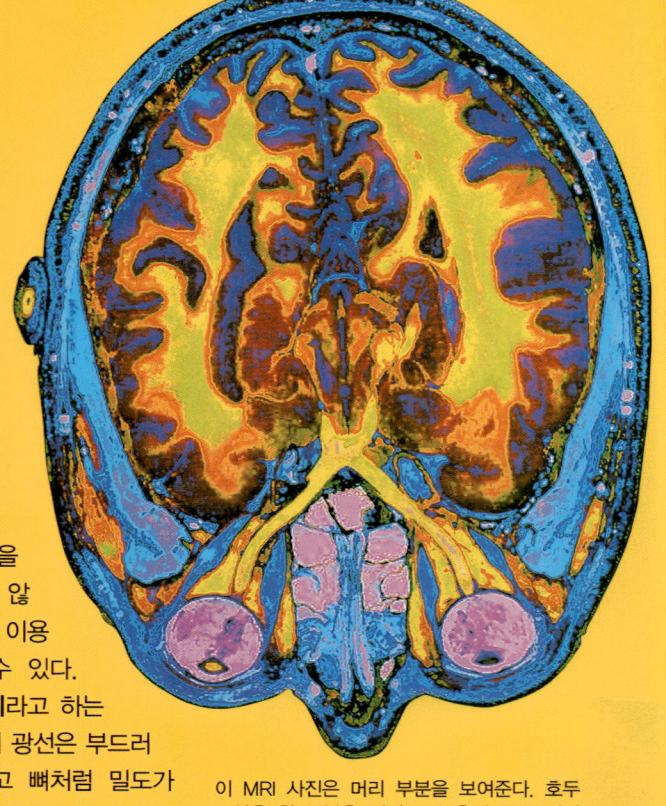

이 MRI 사진은 머리 부분을 보여준다. 호두 모양을 한 부분은 뇌이고, 분홍색 둥근 덩어리는 안구다.

## 진단

아파서 병원에 가면, 의사는 여러 가지 질문을 해서 어디가 잘못되었는지 알아낸다. 이런 과정을 **진단**한다고 한다. 진단에 더 많은 정보가 필요하면 다른 테스트를 하기도 한다. 어떤 테스트는 간단하지만 일부는 비싸고 복잡한 장비가 필요한 것도 있다. 혈액이나 소변과 같은 체액을 화학분석해서 중요한 단서를 발견하기도 한다. 예를 들어 소변에서 포도당이 발견되면 당뇨일 가능성이 있다. 화학 물질에 적신 막대를 소변 샘플에 넣어서 이런 테스트를 하면 포도당의 양에 따라 막대의 끝 부분이 다른 색을 띤다.

의사는 환자의 몸을 절개해서 열어보지 않고도 **의료 영상**을 이용해서 몸속을 볼 수 있다. 예를 들어 **엑스레이**라고 하는 보이지 않는 에너지 광선은 부드러운 조직은 통과하고 뼈처럼 밀도가 더 높은 물질은 통과하지 않기 때문에 특히 뼈가 부러졌는지 확인하는 데 유용하다.

소화기관처럼 부드러운 부분에는 **방사선 비투과성** 액체를 주입해 엑스레이가 통과하지 못하게 해서 막혀 있는 부분이나 형태가 이상한 부분을 쉽게 발견할 수 있다.

**CT단층 검사기(컴퓨터 X선 체축단층촬영장치)**는 단단하고 부드러운 조직을 상세하게 이미지로 촬영할 수 있는 특수 엑스레이 카메라다. 인체를 부분별로 스캔한 이미지가 컴퓨터에 보내진다. 그러면 의사는 종양과 같은 비정상적인 성장이나 다른 문제의 징후가 될 수 있는 이상하게 어두운 부분이나 모양이 다른 부분이 있는지 살펴본다.

**MRI(자기공명영상법)검사기**는 CT검사기와 같이 인체의 부분 부분을 스캔하지만 강한 자석과 함께 전자파를 이용한다는 점이 다르다. 여기 연결된 컴퓨터는 3차원 사진을 만들어낸다. MRI 검사는 신경계나 뇌에 질병이 있는지 살펴볼 때 특히 많이 사용된다.

**소변 테스트 차트**

| 포도당 없음 | | | 포도당 많음 |
|---|---|---|---|

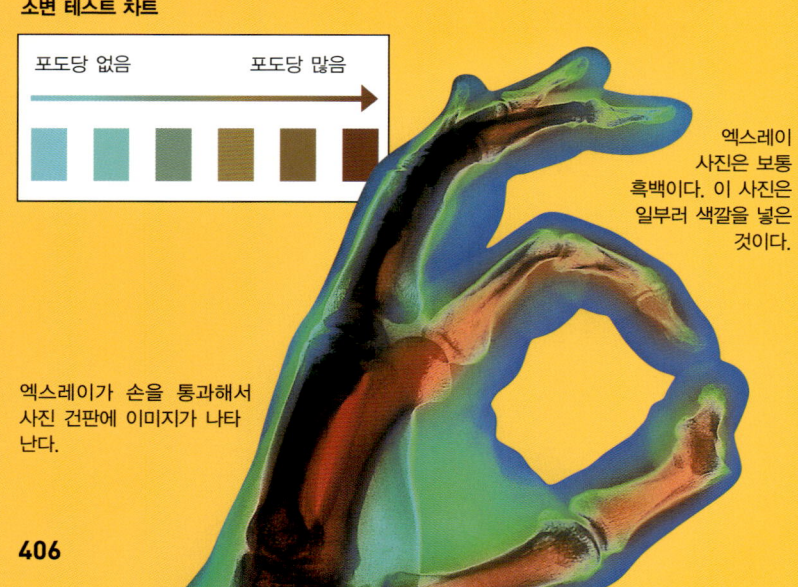

엑스레이 사진은 보통 흑백이다. 이 사진은 일부러 색깔을 넣은 것이다.

엑스레이가 손을 통과해서 사진 건판에 이미지가 나타난다.

## 치료

치료의 범위는 휴식이나 운동, 식사요법에서부터 약물이나 더 복잡한 방법에 이르기까지 넓다. 어떤 경우에는 의사가 환자의 몸을 열어 잘못되어 있는 부분을 고치거나 병에 걸린 부분을 떼어내는 **수술**을 하기도 한다.

## 약

**약** 혹은 **의약품**이라고 불리는 화학물질은 다양한 종류의 병을 치료하거나 예방하는 데 사용된다. 대부분의 약은 제조소에서 만들어지고 치유효과가 있는 식물에서 얻은 물질로 만들어진 것이 많다.

디기탈리스 잎에는 같은 이름의 물질이 들어 있다. 이 성분은 지금은 인공적으로 제조되어서 심장질환을 치료하는 데 사용된다.

**항생제**라는 약은 박테리아(세균) 때문에 생긴 병을 치료하는 데 많이 쓰인다. 항생제는 박테리아가 번식하는 것을 막거나 완전히 없애버리기도 한다. 항생제는 감기나 독감처럼 바이러스(병원체)에 의해서 생긴 병에는 효과가 없다.

모든 의약품은 위험할 수 있기 때문에 의사나 약사와 상담하지 않고 접해서는 안 된다. 약을 잘못 사용하면 더 큰 병에 걸리거나 심지어 죽을 수도 있다.

녹색으로 북슬북슬하게 자라고 있는 이것은 푸른곰팡이다. 1928년 스코틀랜드의 과학자 알렉산더 플레밍은 이 곰팡이가 박테리아를 죽일 수 있다는 것을 발견하고 최초의 항생제인 **페니실린**을 개발했다.

## 수술

모든 수술은 **외과수술**의 일부이다. 이런 수술은 모두 병원에서 특별히 훈련된 **외과의**가 하도록 되어 있다. 수술에는 다양한 종류가 있는데, 각 수술은 특별한 기술이 필요하다.

**레이저 수술**은 **레이저빔**이라는 강한 빛을 이용해서 수술 부위를 깨끗하고 정밀하게 자를 수 있어 안구 수술과 같이 정밀한 수술에 많이 사용된다. 환자의 망막이 떨어진 경우라면 레이저를 이용해서 원래 자리에 붙일 수 있으며, 아주 작은 흉터밖에 남지 않는다. 레이저는 원래 의학과는 관련 없는 산업용 절단 및 용접을 목적으로 개발된 것이다.

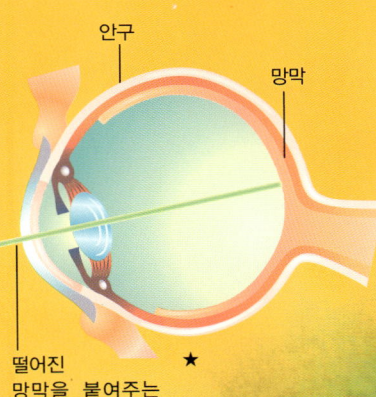

안구

망막

떨어진 망막을 붙여주는 레이저빔

★

레이저는 **내시경**과 같이 사용되는 경우가 많다. 내시경은 목구멍을 통해서 넣는 경우가 많은데 몸속에 뭔가 자라고 있는지 확인하거나 어떤 물질을 제거하기 위해서 쓰인다.

내시경에는 **광섬유 케이블**이 들어 있는 경우가 많은데, 광섬유 케이블은 머리카락처럼 가는 **광섬유 가닥**으로 만들어져서 빛과 레이저빔의 통로가 된다. 분석을 위해서 샘플을 채취하는 등의 다른 역할을 하는 케이블도 있다.

광섬유 케이블 속에 들어 있는 광섬유

★

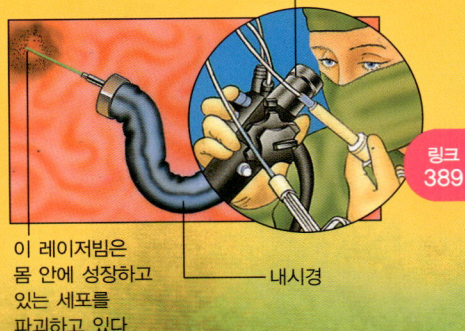

이런 확대 시스템을 통해서 의사는 더 명확하게 인체 내부를 볼 수 있다.

링크 389

이 레이저빔은 몸 안에 성장하고 있는 세포를 파괴하고 있다.

내시경

### 유용한 인터넷 링크

www.usborne-quicklinks.com

**Web 1** 20세기의 의사들이 때에 따라 같은 병을 어떻게 다르게 처치했는지 살펴보자.

**Web 2** CT검사와 MRI, 초음파나 다른 방법으로 의사들이 인체 내부를 살펴보는 원리를 알아보자.

**Web 3** 가상으로 환자를 진단하고 무릎 수술을 해보자.

**Web 4** 박테리아가 항생제에 내성을 갖게 되는 과정을 읽어보자.

**Web 5** 수술에서 레이저를 사용하게 된 것이 현대의학에 어떤 변화를 가져왔는지 알아보자.

**Web 6** 의학 연구의 다양한 분야에 대해 알아보자.

## 다른 치료법

**대체치료**라고 하는 다른 종류의 치료법도 있는데, 전통적으로 의사들은 사용하지 않는 치료법을 말한다. 이 중 일부는 기존의 의학과 함께 사용되기도 하는데 이를 **대체의학**이라고 한다. 대체치료를 건강한 생활방식의 일부로 이용하는 사람도 많이 있다. 여기에서는 일부 잘 알려진 대체치료에 대해 알아보자.

## 동종요법

**동종요법**은 약 200년 전 새뮤얼 하네만이라는 독일인 의사가 처음 개발했다. 이 요법은 건강한 사람에게 특정 증상을 나타내는 원인이 되는 물질은 같은 증상으로 앓고 있는 사람을 치료하는 데 쓰일 수 있다는 생각에 기초를 두고 있다. 이렇게 하면 인체의 선천적인 방어력을 자극할 수 있다고 한다.(404–405쪽 참조)

**동종요법의 치료법**은 아주 적은 양만을 사용할 때 가장 효과가 좋다. 일부는 허브와 같은 천연 재료로 만들어진 것도 있다. 다른 것들은 기존 의약품의 아주 적은 양으로 만든 것이다.

링크
390

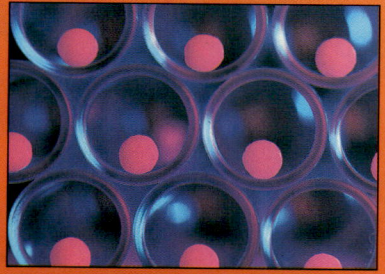

이 분홍색 동종요법 알약은 아무것도 들어 있지 않은 알약을 묽게 희석한 치료제에 담그기만 한 것이다.

## 침술

침술은 고대 중국의 치료법으로 모든 것은 **기**라는 에너지를 가지고 있다는 생각을 바탕으로 한다. 기는 인체의 보이지 않는 통로인 **경락**을 따라 흐르는데, 경락에는 **경혈(압점)**이라는 수백 개의 보이지 않는 점이 있다고 한다.

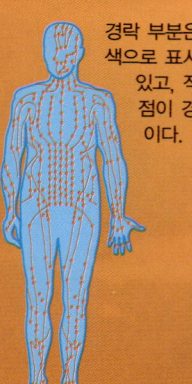

경락 부분은 빨간색으로 표시되어 있고, 작은 점이 경혈이다.

★

**침술사**는 대체로 경혈에 아주 가는 바늘을 찌르는 방식으로 치료를 한다. 이들은 정확히 어느 부위를 어떻게 바늘로 찔러야 하는지 배웠기 때문에 침을 놓아도 아프지 않다. 또 이들은 손가락으로 경혈을 지압하거나 약초를 태워서 따뜻하게 하는 방식을 이용하기도 한다.

침술은 고통과 스트레스를 덜어준다는 이유로도 이용된다. 침으로 치료하는 부위는 아픈 부위와 꼭 일치하지는 않는다. 예를 들어보면 폐에 영향을 미치는 경락은 가슴에서 시작해 엄지손가락 끝 부분에서 끝난다. 증상에 따라 이 경락 부위 중 어디든지 폐병을 치료하는 데 이용될 수 있는 것이다.

## 관절 자극요법

**접골요법**과 **지압요법**은 관절, 특히 척추를 자극해서 아픈 곳을 치료하는 방법이다. 이들 요법은 대체로 등이 아플 때 행하지만, 접골사와 지압사들은 두통이나 발진과 같은 다른 질병도 이 방법으로 치료할 수 있다고 생각한다.

이 포즈는 요가 자세를 기본으로 한 것이다. 요가를 하면 몸의 유연성을 기를 수 있다.

## 요가

몸과 마음을 편하게 하기 위해서 **요가**를 하는 사람들도 있다. 요가는 특별한 동작과 **자세**를 결합한 움직임으로, 호흡법과 **명상**도 함께 한다. 요가로 일반적인 정신적, 신체적인 건강이 개선되고 아픈 것도 나아졌다고 하는 사람들이 많다.

## 예방의학

질병을 예방하는 것 또한 치료하는 것 못지않게 중요하다. 의사와 의학 과학자, 보건 관련 업무를 하는 공무원들은 질병을 통제하고 없애는 방법을 연구하는 데 많은 시간을 보낸다. 이를 **예방의학**이라고 한다.

병을 예방하는 중요한 방법 중 하나로 **백신 접종**이 있다.(405쪽 참조) 아기나 어린이들은 소아마비나 홍역을 예방하는 주사를 맞는다. 외국에 나갈 때도 우리나라에서 발견되지 않는 질병에 대해 백신을 맞아야 하는 경우가 있다.

학교나 진료소 등에서 질병의 초기증상을 발견하기 위해 정기적으로 검사하는 것을 **건강검진**이라고 한다. 병을 미리 발견해서 더 커지기 전에 치료할 수 있기 때문에 도움이 된다.

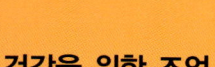

## 건강을 위한 조언

의사들은 건강을 유지하기 위해서는 정기적인 운동과 균형 잡힌 식생활이 중요하다고 강조한다. 또한 담배를 피우거나 술을 과도하게 마시는 것, 약을 잘못 사용하는 것이 얼마나 위험한지에 대해 이야기해주기도 한다.

## 약에 관한 정보

약이란 인체가 작동하는 데 영향을 미치는 모든 물질을 일컫는다. 다른 종류의 약품은 효과도 다르다. 병원에서 처방받은 의약품은 물론, 술, 담배 속의 니코틴까지도 넓은 의미에서 약이라고 할 수 있다. 이들은 합법적으로 사용할 수 있는 물질이지만 사용이 제한되기도 한다. 구입하는 데 처방전이 필요하거나 나이 제한이 있는 것이 여기에 해당한다. 헤로인 같은 마약은 불법으로만 구할 수 있다.

합법이든 불법이든 약을 너무 많이 사용하는 것은 장기적으로 신체에 손상을 일으키거나 죽음까지 부르기도 한다. 약 중에는 **습관성**이 되는 것이 많아서 사실은 그렇지 않은데도 불구하고 약이 필요하다고 느끼는 사람들도 있다. 일부는 몸이 약에 길들어서 그 약을 사용하지 않으면 불안한 경우도 있는데, 이를 **중독성**이 있다고 한다. 아래 표는 일부 약과 효능에 관한 것이다.

링크
391

| 물질 | 설명 | 인체에 미치는 영향 |
|---|---|---|
| 알코올 | 맥주, 포도주, 사과주, 가벼운 알코올 음료 등에 들어 있는 투명한 액체 | 이완, 자신감, 우울증을 불러온다. 조정 작용과 판단력이 떨어지게 되므로 음주 운전은 매우 위험하다. 과도한 음주는 장기적으로 간에 손상을 입힌다. |
| 대마초 | 말린 잎이나 단단한 갈색 덩어리. 보통 담배와 섞어서 피운다. | 이완작용, 피곤하고 어지럽거나 매스껍다. 입안이 마르고 눈이 충혈되거나 심장박동이 빨라지기도 한다. 니코틴 효과와 함께 일어난다. |
| 코카인 | 미세한 흰 가루. 보통은 코로 들이마신다. 코카인의 한 형태로 작은 덩어리로 담배처럼 피우는 것도 있다. | 정신이 맑아지고 흥분하거나 공격적이 된다. 콧구멍과 폐에 나쁜 영향을 미치고 중독성이 아주 높다. |
| 엑스터시 | 알약 형태로 삼킨다. | 에너지와 자신감이 넘치거나 매스껍고 불안한 증상이 올 수 있다. 간과 콩팥을 손상시킨다. 갑자기 죽기도 한다. |
| 헤로인 | 회색을 띤 밤색 가루로 표백제나 탈크(talc)에 섞어서 파는 경우가 있다. 담배처럼 피우거나 코로 흡입, 혹은 주사로 놓기도 한다. | 행복한 기분에서 다시 우울한 기분으로 이어진다. 중독성이 높다. 일단 시작하면 다음에는 더 많은 양을 투여해야 하며 그렇지 않으면 심각한 금단증상이 온다. 과도하게 투약해서 사망하는 경우가 종종 발생한다. |
| 흡입제 | 라이터 연료나 본드, 페인트나 니스에 들어 있는 물질로 보통은 코로 흡입한다. | 흡입제에서 나오는 가스는 행복한 기분과 어지러움을 동시에 느끼게 한다. 코 안쪽과 폐를 손상시키며 질식할 수 있고 중독성이 있다. |
| LSD | 흰 알약이나 작은 종잇조각 형태. 보통은 삼킨다. | 이상하고 무서운 새로운 세상에 온 것 같은 기분을 느끼게 하며, '여행'이라고 표현하기도 한다. 정신질환과 뇌손상을 가져온다. |
| 니코틴 | 담배 속에 들어 있는 물질 | 즐겁거나 매스꺼운 기분을 느끼게 된다. 습관성이며 중독성이 있다. 폐와 섬모를 손상시킨다. 심장병과 폐 감염을 일으키며 폐암에 걸릴 수도 있다. |

## 유용한 인터넷 링크

www.usbornequicklinks.com

**Web 1** 다양한 질병과 그 치료법에 대해 얼마나 잘 아는지 퀴즈를 풀어보자.
**Web 2** 동종요법과 침술 그리고 다른 인기 있는 치료법에 관한 정보를 알아보자.
**Web 3** 흡연과 알코올, 마약 이외에도 건강과 관련된 다른 이슈들을 만나보자.
**Web 4** 대체의학에 대해 더 많이 알아보자.
**Web 5** 에드워드 제너와 천연두에 대해 알아보자.
**Web 6** 역사상 의약품의 특징과 발견에 관한 책을 읽어보자.
**Web 7** 임신 중에 사용되는 검사법에 관한 정보를 알아보자.

## 복습해봅시다

1. 무릎 관절은 다음 중 어디에 속 하는가? (365쪽)
   ① 구상관절
   ② 경첩관절
   ③ 회전관절

2. 다음 중 이두근, 삼두근과 관련 이 없는 것은? (366-367쪽)
   ① 길항근
   ② 심근
   ③ 골격근

3. 심장에서 나온 산소를 많이 품 고 있는 혈액을 신체에 전달하 는 것은? (368쪽)
   ① 대동맥
   ② 폐동맥
   ③ 폐정맥

4. 산소는 다음 중 어떤 부분의 벽 을 통해 조직액으로 전달되는 가? (369쪽)
   ① 동맥
   ② 정맥
   ③ 모세혈관

5. 다음 중 산소를 온몸으로 운반 하는 것은? (369쪽)
   ① 백혈구
   ② 적혈구
   ③ 혈소판

6. 어금니의 모양은 다음 중 어떤 활동에 적합한가? (370쪽)
   ① 음식을 찔러서 찢는다.
   ② 음식을 갈고 뭉갠다.
   ③ 음식을 잘게 자른다.

7. 박테리아가 치아의 어떤 부위를 공격하기 시작하면 통증이 오는 가? (371쪽)
   ① 법랑질
   ② 상아질
   ③ 치수강

8. 침 속에 있는 효소가 소화하는 것은? (372쪽)
   ① 녹말
   ② 탄수화물
   ③ 지방

9. 다음 중 쓸개즙이 생성되는 기 관은? (373쪽)
   ① 이자
   ② 소장
   ③ 간

10. 소화된 양분을 흡수하는 부분 은? (373쪽)
    ① 위
    ② 소장
    ③ 결장

11. 고기에 풍부하게 들어 있는 영 양분은? (374쪽)
    ① 단백질
    ② 탄수화물
    ③ 지방

12. 다음 중 기체 교환이 일어나는 기관은? (376쪽)
    ① 기관지
    ② 세기관지
    ③ 폐포

13. 산소를 사용하는 세포호흡은 다 음 중 어디에 속하는가? (378쪽)
    ① 무기호흡
    ② 물질대사
    ③ 유기호흡

14. 다음 중 유기호흡을 나타낸 것 은? (378쪽)
    ① 포도당+산소+물
       → 에너지+이산화탄소
    ② 포도당+이산화탄소
       → 에너지+산소+물
    ③ 포도당+산소
       → 에너지+이산화탄소+물

15. 다음 중 운동에 관한 설명으로 옳은 것은? (379쪽)
    ① 운동을 하는 도중에는 더 적 은 산소로도 버틸 수 있다.
    ② 운동을 하면 맥박이 빨리 뛴 다.
    ③ 운동을 하면 심장근육이 일 정한 속도로 뛴다.

16. 체내의 물질 농도를 조절하는 화학 물질은? (380쪽)
    ① 사구체
    ② 호르몬
    ③ 신단위

17. 수용기는 어떤 부분의 민감한 신경 끝에 있는가? (382쪽)
    ① 운동뉴런
    ② 연합뉴런
    ③ 감각뉴런

18. 다음 중 뇌에서 가장 큰 부분 은? (384쪽)
    ① 대뇌
    ② 소뇌
    ③ 뇌간

19. 다음 중 파시니소체가 분포하 는 곳은? (386쪽)
    ① 혈액
    ② 뇌
    ③ 피부

**20.** 다음 중 눈의 동공 크기를 조절하는 것은? (388-389쪽)
① 수정체의 모양을 바꾸는 동작
② 홍채
③ 간상체와 추상체

**21.** 난원창은 다음 중 어디에 있는가? (390쪽)
① 귀
② 눈
③ 신장

**22.** 다음 중 쓴맛을 느끼는 미뢰가 많이 분포해 있는 곳은? (393쪽)
① 혀 앞쪽
② 혀 뒤쪽
③ 혀 양쪽

**23.** 수정이란 무엇인가? (395쪽)
① 사정
② 성교의 다른 말
③ 난자가 정자와 만나 수정란을 만드는 것

**24.** 아기에게 어머니 몸속의 양분과 산소를 전달해주는 기관은? (395쪽)
① 태반
② 자궁
③ 질

**25.** 다음 중 여성의 생리를 바르게 설명한 것은? (397쪽)
① 자궁 내벽이 허물어져서 나오는 것
② 배란이 일어나는 것
③ 자궁 내벽이 두꺼워지기 시작하는 것

**26.** 정자를 만들어내는 세포분열의 종류는? (398쪽)
① 수정
② 감수분열
③ 유사분열

**27.** 다음 중 홍역 백신에 들어 있는 것은? (405쪽)
① 림프구
② 홍역 병균에 대한 항체
③ 적은 양의 홍역 병균

**28.** 다음 중 항생제가 효과를 발휘할 수 있는 대상은? (407쪽)
① 일부 바이러스
② 일부 세균
③ 모든 세균

**29.** 다음 중 대체 치료법에 속하지 않는 것은? (408쪽)
① 레이저 수술
② 동종요법
③ 침술

**30.** 다음 중 불법 마약에 속하는 것은? (409쪽)
① 니코틴
② 알코올
③ 헤로인

**제8장 인체 정답**
1. ②  2. ②  3. ①  4. ③  5. ②
6. ②  7. ③  8. ①  9. ③  10. ②
11. ①  12. ③  13. ③  14. ③  15. ②
16. ②  17. ③  18. ①  19. ③  20. ②
21. ①  22. ②  23. ③  24. ①  25. ①
26. ②  27. ③  28. ②  29. ①  30. ③

# 과학 정보
# Science Information

# 측정 단위 Unit of Measurement

**여러 가지** 사물을 측정하는 것은 과학에서 가장 중요한 부분 중 하나이다. 측정 방식에는 야드·파운드법과 미터법이 있다. 야드·파운드법은 그 기원이 매우 오래된 측정 방식으로 12세기 또는 그 전까지 거슬러 올라간다. 미터법은 1790년대에 프랑스에서 도입되었다. 이 체계는 10을 기준으로 하는 십진법을 기반으로 했기 때문에 상대적으로 사용하기 쉬웠다.

## 야드·파운드법

**길이와 거리**

| | |
|---|---|
| 12 인치(″) | = 1 피트(′) |
| 3 피트 | = 1 야드(yd) |
| 1,760 야드 | = 1 마일 |
| 3 마일 | = 1 리그 |

**면적**

| | |
|---|---|
| 144 제곱인치 | = 1 제곱피트 |
| 9 제곱피트 | = 1 제곱야드 |
| 4,840 제곱야드 | = 1 에이커 |
| 640 에이커 | = 1 제곱마일 |

**질량**

| | |
|---|---|
| 16 드램(dr) | = 1 온스(oz) |
| 16 온스 | = 1 파운드(lb) |
| 14 파운드 | = 1 스톤 |
| 160 스톤 | = 1 톤 |

**부피와 용량**

| | |
|---|---|
| 1,728 세제곱인치 | = 1 세제곱피트($ft^3$) |
| 27 세제곱피트 | = 1 세제곱야드($yd^3$) |
| 5 액량온스(fl oz) | = 1 질(gi) |
| 20 액량온스*(미국:16) | = 1 파인트(pt) |
| 2 파인트 | = 1 쿼트(qt) |
| 8 파인트 | = 1 갤런(gal) |

*영국 1액량온스 = 0.0284리터, 미국 1액량온스(액체) = 0.0295리터

## 미터법

미터법 단위는 영국식 영어에서는 're'로 끝나고 미국식 영어에서는 'er'로 끝난다. 'metre'와 'meter'와 같이 다소 다르게 쓰인다.

**길이와 거리**

| | |
|---|---|
| 10 밀리미터(mm) | = 1 센티미터(cm) |
| 100 센티미터 | = 1 미터(m) |
| 1,000 미터 | = 1 킬로미터(km) |

**면적**

| | |
|---|---|
| 100 제곱밀리미터($mm^2$) | = 1 제곱센티미터($1cm^2$) |
| 10,000 제곱센티미터 | = 1 제곱미터($m^2$) |
| 10,000 제곱미터 | = 1 헥타르(ha) |
| 100 헥타르 | = 1 제곱킬로미터($km^2$) |

**질량**

| | |
|---|---|
| 1,000 그램(g) | = 1 킬로그램(kg) |
| 1,000 킬로그램 | = 1 톤(t) |

**부피와 용량**

| | |
|---|---|
| 1 세제곱센티미터($cm^3$/cc) | = 1 밀리리터(ml) |
| 1,000 밀리리터 | = 1 리터(l) |
| 1,000 리터 | = 1 세제곱미터($m^3$) |

과학자들은 보통 네 자리 숫자까지는 9999처럼 쉼표 없이 붙여 쓴다. 숫자가 더 길어지면 0.000 001과 같이 간격을 띄워서 써서 더 읽기 쉽게 한다. 하지만 이 책처럼 전문서가 아닌 경우에는 숫자 세 개마다 쉼표를 써서 구분한다.

## 단위 환산

미터법과 야드·파운드법으로 된 수치를 환산하려면 계산기와 함께 이 표를 이용하자.

| 환산 전 단위 | 환산 후 단위 | 곱할 숫자 | 환산 전 단위 | 환산 후 단위 | 곱할 숫자 |
|---|---|---|---|---|---|
| 센티미터 | 인치 | 0.394 | 인치 | 센티미터 | 2.54 |
| 미터 | 야드 | 1.094 | 야드 | 미터 | 0.914 |
| 킬로미터 | 마일 | 0.621 | 마일 | 킬로미터 | 1.609 |
| 그램 | 온스 | 0.035 | 온스 | 그램 | 28.35 |
| 킬로그램 | 파운드 | 2.205 | 파운드 | 킬로그램 | 0.454 |
| 톤 | 톤 | 0.984 | 톤 | 톤 | 1.016 |
| 제곱센티 | 제곱인치미터 | 0.155 | 제곱인치 | 제곱센티미터 | 6.452 |
| 제곱미터 | 제곱야드 | 1.196 | 제곱야드 | 제곱미터 | 0.836 |
| 제곱킬로 | 제곱마일미터 | 0.386 | 제곱마일 | 제곱킬로미터 | 2.59 |
| 헥타르 | 에이커 | 2.471 | 에이커 | 헥타르 | 0.405 |
| 리터 | 파인트 | 1.76 | 파인트 | 리터 | 0.5683 |

## 국제단위

국제단위는 국제적으로 과학적 목적으로 사용하기로 약속한 단위 체계이다. 이 단위는 현대에 이르러 더욱 정확하게 정의되었다. 예를 들어 미터는 진공에서 빛이 299,972,458분의 1초 동안 움직이는 거리로 정의되었다. 원래 이 단위는 파리에 보관되어 있는 백금합금의 길이를 기준으로 만들어졌다.

| 양 | 국제단위 |
|---|---|
| 길이 | 미터(m) |
| 질량 | 킬로그램(kg) |
| 시간 | 초(s) |
| 온도 | 켈빈(K) |
| 전류 | 암페어(A) |
| 물질의 양 | 몰(mol) |
| 광도 | 칸델라(cd) |

## 국제단위 만들기

앞에서 설명한 국제단위를 등식으로 나타낸 표를 살펴보자.

| 양 | 추출한 국제단위 | 등식 |
|---|---|---|
| 면적 | 제곱미터($m^2$) | 모양에 따라 다름 (418쪽 참조) |
| 부피 | 세제곱미터($m^3$) | 모양에 따라 다름 (418쪽 참조) |
| 밀도 | 세제곱미터당 킬로미터 ($kg/m^3$) | $\dfrac{질량(kg)}{부피(m^3)}$ |
| 속도 | 매 초당 미터(m/s) | $\dfrac{이동 거리(m)}{걸린 시간(s)}$ |
| 운동량 | 킬로그램 매 초당 미터 (kg m/s) | 질량(kg)×가속도(m/s) |
| 가속도 | 매 제곱초당 미터 ($m/s^2$) | $\dfrac{가속도의 변화(m/s)}{변하는 데 걸린 시간(s)}$ |
| 일률 | 와트(W) | $\dfrac{일(J)}{시간(s)}$ |
| 힘 | 뉴턴(N) | 질량(kg)×가속도($m/s^2$) |
| 에너지/일 | 줄(J) | 힘(N)×힘의 방향으로 이동한 거리(m) |
| 압력 | 파스칼(Pa) | $\dfrac{힘(N)}{면적(m^2)}$ |
| 주파수 | 헤르츠(Hz) | 초당 주기의 숫자 |
| 전하 | 쿨롱(C) | 전류(A)×시간(s) |
| 전압 | 볼트(V) | $\dfrac{전달된 에너지(J)}{전하(C)}$ |
| 저항 | 옴($\Omega$) | $\dfrac{전력(V)}{전류(A)}$ |

## 온도계 눈금

온도를 재는 기구에는 화씨온도계(야드·파운드법)와 섭씨온도계(미터법), 켈빈(K)값으로 측정하는 절대온도계(국제단위)가 있다.
절대온도계는 0켈빈(섭씨 −273도)이 절대 0도이기 때문에 가장 과학적인 측정 방법으로 여겨지고 있다. 절대 0도란 물체에서 어떤 열도 추출해낼 수 없는 상태를 말한다.
과학 이론에 따르면 이처럼 절대적으로 낮은 온도에는 실제로 도달할 수 없다고 한다.

| 섭씨(℃) | 화씨(℉) | 켈빈(K) |
|---|---|---|
| 110 | 230 | 383 |
| 100 | 212 | 373 |
| 90 | 194 | 363 |
| 80 | 176 | 353 |
| 70 | 158 | 343 |
| 60 | 140 | 333 |
| 50 | 122 | 323 |
| 40 | 104 | 313 |
| 30 | 86 | 303 |
| 20 | 68 | 293 |
| 10 | 50 | 283 |
| 0 | 32 | 273 |
| −10 | 14 | 263 |
| −20 | −4 | 253 |
| −30 | −22 | 243 |
| −40 | −40 | 233 |
| −50 | −58 | 223 |
| −60 | −76 | 213 |
| −70 | −94 | 203 |
| −80 | −112 | 193 |
| −90 | −130 | 183 |
| −100 | −148 | 173 |
| −110 | −166 | 163 |

## 온도 단위 환산

| 바꾸기 전 단위 | 바꾼 후 단위 | 계산 |
|---|---|---|
| ℃ | ℉ | ×9, ÷5, +32 |
| ℃ | K | +273 |
| ℉ | ℃ | −32, ×5, ÷9 |
| ℉ | K | −32, ×5, ÷9, +273 |
| K | ℃ | −273 |
| K | ℉ | −273, ×9, ÷5, +32 |

# 자연현상의 측정 Measuring Nature

**자연적인** 힘이나 자연 속에 존재하는 물질을 정확하게 측정하기란 쉬운 일이 아니다. 이쪽에서 제시된 단위는 자연 현상 또는 물질의 효과나 특성을 측정하는 것이다.

## 보퍼트 풍력계급

보퍼트 풍력계급은 1805년 영국의 해군사령관이었던 프랜시스 보퍼트(Francis Beaufort)가 바다에서 바람의 속력을 측정하기 위해서 만들어낸 것이다. 1920년대 들어 여기에 정확한 풍속이 포함되고 육지에서도 사용할 수 있게 개조되었다. 오늘날 기상학자들은 이 방법을 거의 사용하지 않지만 기구 없이 풍속을 측정하는 방법으로는 여전히 자주 이용된다.

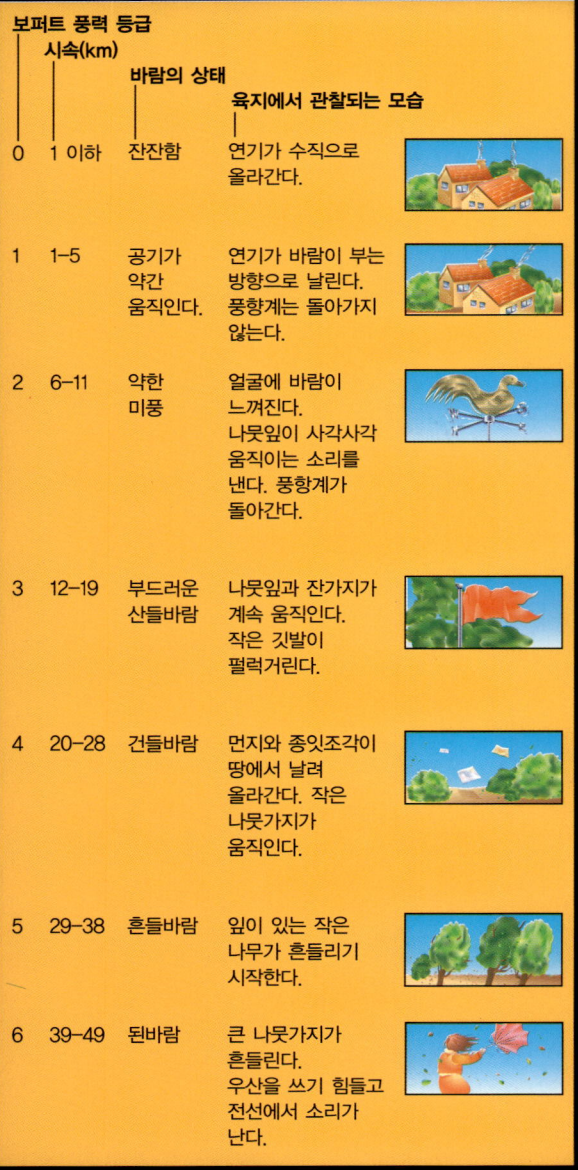

| 보퍼트 풍력 등급 | 시속(km) | 바람의 상태 | 육지에서 관찰되는 모습 |
|---|---|---|---|
| 0 | 1 이하 | 잔잔함 | 연기가 수직으로 올라간다. |
| 1 | 1–5 | 공기가 약간 움직인다. | 연기가 바람이 부는 방향으로 날린다. 풍향계는 돌아가지 않는다. |
| 2 | 6–11 | 약한 미풍 | 얼굴에 바람이 느껴진다. 나뭇잎이 사각사각 움직이는 소리를 낸다. 풍향계가 돌아간다. |
| 3 | 12–19 | 부드러운 산들바람 | 나뭇잎과 잔가지가 계속 움직인다. 작은 깃발이 펄럭거린다. |
| 4 | 20–28 | 건들바람 | 먼지와 종잇조각이 땅에서 날려 올라간다. 작은 나뭇가지가 움직인다. |
| 5 | 29–38 | 흔들바람 | 잎이 있는 작은 나무가 흔들리기 시작한다. |
| 6 | 39–49 | 된바람 | 큰 나뭇가지가 흔들린다. 우산을 쓰기 힘들고 전선에서 소리가 난다. |

| 보퍼트 풍력 등급 | 시속(km) | 바람의 상태 | 육지에서 관찰되는 모습 |
|---|---|---|---|
| 7 | 50–61 | 센 바람 | 큰 나무가 흔들린다. 바람을 거스르는 방향으로는 걷기가 힘들다. |
| 8 | 62–74 | 질풍 | 잔가지와 작은 나뭇가지가 나무에서 떨어진다. 걷기가 아주 어렵다. |
| 9 | 75–88 | 거센바람 | 큰 나뭇가지가 나무에서 떨어진다. 건물도 손상된다. |
| 10 | 89–102 | 폭풍 | 나무의 뿌리가 뽑히고 건물이 크게 손상된다. |
| 11* | 103–117 | 맹렬한 폭풍우 | 나무와 건물에 피해가 광범위하게 발생한다. |
| 12* | 118 이상 | 허리케인 | 광범위하게 심한 피해가 발생한다. |

*보통 이 강도 이상의 폭풍우는 바다에서만 발생한다.

# 모스 경도계

광물의 경도는 독일의 광물학자인 프리드리히 모스(Friedrich Mohs)의 이름을 딴 모스 경도계로 측정한다. 경도별로 표본 광물이 있으며 활석같이 부서지기 쉬운 부드러운 광물에 해당하는 1부터 다이아몬드처럼 가장 단단한 광물에 이르기까지 10단계로 분류한다.

**1. 활석**
손톱으로
아주 쉽게 긁힌다.

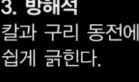

**2. 석고**
손톱으로
긁을 수 있다.

**3. 방해석**
칼과 구리 동전에
쉽게 긁힌다.

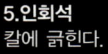

**4. 형석**
칼에 쉽게 긁힌다.

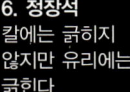

**5.인회석**
칼에 긁힌다.

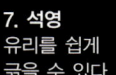

**6. 정장석**
칼에는 긁히지
않지만 유리에는
긁힌다.

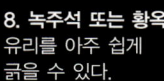

**7. 석영**
유리를 쉽게
긁을 수 있다.

**8. 녹주석 또는 황옥**
유리를 아주 쉽게
긁을 수 있다.

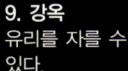

**9. 강옥**
유리를 자를 수
있다.

**10. 다이아몬드**
유리를 아주 쉽게
자를 수 있다.
강옥을 긁을 수 있다.

# 지진 측정

지진학자들은 지진계라는 기기를 이용해서 지하 충격파의 에너지를 측정한다. 지진계에는 리히터 강도를 사용한다. 리히터 강도의 각 값은 아래 단계 강도의 33배이다. 즉 리히터 강도 6으로 측정된 지진은 리히터 강도 5의 지진 에너지보다 33배나 큰 에너지를 포함하고 있는 것이다. 지상에 미치는 지진의 충격을 여러 가지 영향으로 측정하는 데에는 메르칼리 진도가 주로 사용된다.

| 메르칼리 진도 | 영향 | 리히터 강도 | |
|---|---|---|---|
| 1 | 지진계로만 감지할 수 있다. | 0–2.9 | |
| 2 | 고층에 있는 사람들만이 느낄 수 있다. | 3–3.4 | |
| 3 | 무거운 트럭이 지나가는 것 같은 현상이 나타난다. 천장에 매달아 놓은 등불이 흔들린다. | 3.5–4 | |
| 4 | 창문과 접시가 덜그럭거리며 흔들린다. 무거운 트럭이 건물에 충돌한 것과 같은 현상이 나타난다. | 4.1–4.4 | |
| 5 | 거의 모든 사람이 지진을 느낀다. 잠자던 사람이 깨어나며 작은 물건이 움직이고 음료수가 쏟아진다. | 4.5–4.8 | |
| 6 | 겁에 질려 외부로 나가는 사람들이 많다. 무거운 가구가 움직이고 벽에 걸려 있던 그림이 떨어진다. | 4.9–5.4 | |
| 7 | 벽에 금이 가고 타일과 벽돌이 건물에서 떨어져 나온다. 서 있기가 어렵다. | 5.5–6 | |
| 8 | 굴뚝과 약한 건물이 무너진다. 집단 공황 상태가 발생할 수 있다. | 6.1–6.5 | |
| 9 | 튼튼하게 지어진 집이 무너진다. 지하 수도관 등이 파괴되고, 땅에 갈라진 틈이 생긴다. | 6.6–7 | |
| 10 | 산사태가 일어나며 철도 레일이 휘어진다. 강물이 넘치고 석조 건물이 무너진다. | 7.1–7.3 | |
| 11 | 대부분의 건물이 무너진다. 땅에 큰 틈이 생기고 다리가 무너진다. | 7.4–8.1 | |
| 12 | 파동에 따라 땅이 흔들린다. 모든 것이 파괴된다. | 8.2+ | |

# 기하학적 도형 Geometrical Shapes

**기하학적인** 도형에는 두 가지가 있다. 먼저 평면도형은 납작하며 길이와 너비의 2차원으로 이루어진 도형이다. 입체도형은 길이, 너비, 높이의 3차원으로 이루어진 도형이다.

## 평면도형

**입체도형**

### 다각형
다각형이란 3개 이상의 직선으로 이루어진 평면도형을 말한다.

### 삼각형
삼각형이란 변이 3개인 다각형을 말한다.

정삼각형의 세 변은 길이가 모두 같다.

부등변삼각형은 세 변의 길이가 모두 다르다.

이등변삼각형은 두 변의 길이가 같다.

### 원
원은 하나의 중심에서 모두 같은 거리에 있는 선을 지나는 곡선으로 된 도형을 말한다. 다음 그림을 보면서 원의 각 부분을 살펴보자.

원주란 원의 바깥 테두리의 길이를 말한다.

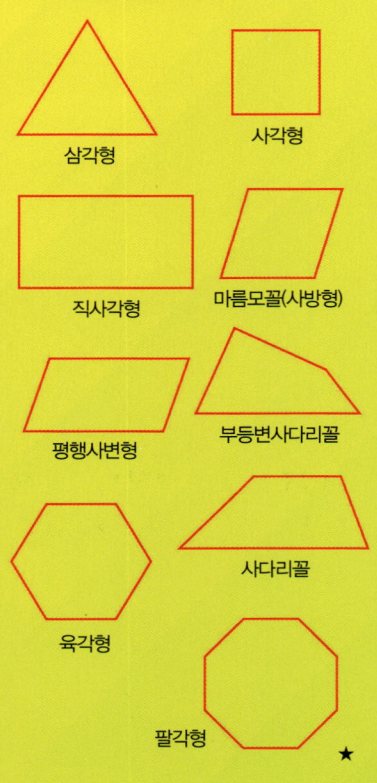

삼각형

사각형

직사각형

마름모꼴(사방형)

평행사변형

부등변사다리꼴

육각형

사다리꼴

팔각형 ★

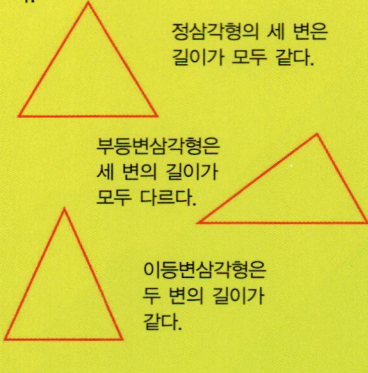

호

직경

반지름

부채꼴

현

활꼴

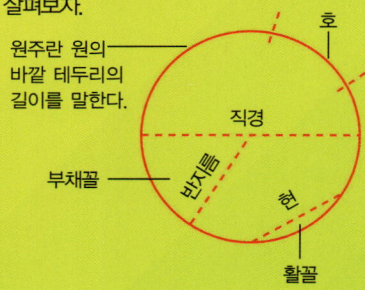

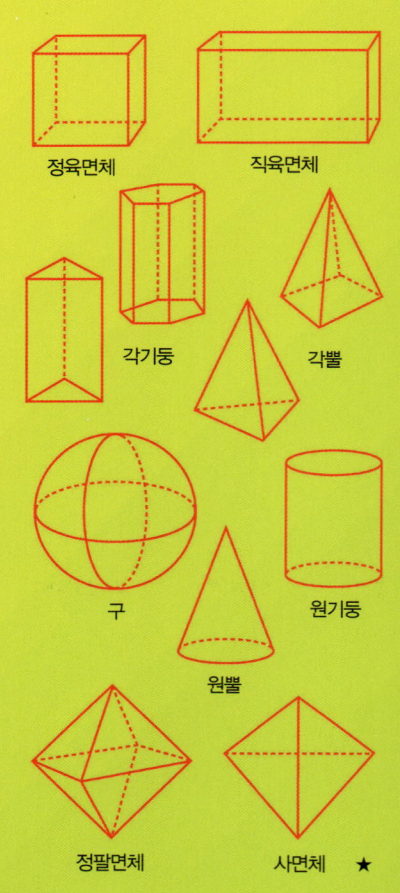

정육면체

직육면체

각기둥

각뿔

구

원기둥

원뿔

정팔면체

사면체 ★

## 기하학 공식
이 식에서는 밑면(b), 높이(h), 반지름(r), 파이($\pi = 3.142$), 각도($\theta$)와 같은 기호를 사용한다.

원의 면적 $= \pi r^2$

원주 $= 2\pi r$

부채꼴의 면적 $= \dfrac{\theta \pi r^2}{360}$

호의 길이 $= \dfrac{\theta \pi r}{180}$

원기둥의 부피 $= \pi r^2 h$

원뿔의 부피 $= \dfrac{1}{3} \pi r^2 h$

구의 부피 $= \dfrac{4}{3} \pi r^3$

구의 표면적 $= 4\pi r^2$

각뿔의 부피 $= \dfrac{1}{3} h \times$ 밑면 면적

삼각형의 면적 $= \dfrac{1}{2} bh$

평행사변형의 면적 $= bh$

# 과학법칙과 기호

## 과학법칙

**아르키메데스의 원리** : 한 물체에 작용하는 부력의 힘은 물체가 밀어낸 액체의 무게와 같다.

**아보가드로의 법칙** : 같은 온도와 압력 하에서 같은 부피의 모든 기체에는 같은 수의 분자가 들어 있다.

**베르누이의 정리** : 공기와 같은 유동물질의 흐름이 빨라지면 압력이 낮아진다.

**보일의 법칙** : 일정한 온도 아래 기체의 압력과 부피는 반비례한다.

**후크의 법칙** : 물질의 팽창은 이것을 잡아당기는 힘에 비례한다.

**에너지보존의 법칙** : 에너지는 새로 생성되거나 파괴되지 않고 다른 형태로 바뀌기만 한다.

**질량보존의 법칙** : 화학반응에서 물질이 새로 생성되거나 파괴되지 않는다.

**운동량보존의 법칙** : 질점계에 외부의 힘이 작용하지 아니하면 그 계의 운동량의 합은 바뀌지 않는다.

**뉴턴의 운동 제1법칙(관성의 법칙)** : 어떤 물체에 힘이 작용하지 않으면 그대로 머물러 있거나 일직선상에서 같은 속도로 계속해서 이동한다.

**뉴턴의 운동 제2법칙(가속도의 법칙)** : 물체의 운동의 시간적 변화는 물체에 작용하는 힘의 방향으로 일어나며, 힘의 크기에 비례한다.

**뉴턴의 운동 제3법칙(작용반작용의 법칙)** : 물체 A가 물체 B에 힘을 가하면 B도 반대 방향으로 같은 크기의 힘을 A에 가한다.

**뉴턴의 만유인력의 법칙** : 질량이 있는 두 물체 사이에는 반드시 서로 끌어당기는 인력이 작용한다. 이 힘은 물체의 질량과 그 사이의 거리에 따라 다르다.

**피타고라스의 정리** : 정삼각형의 빗변(그림에서 c변)에 면해 있는 사각형의 면적은 다른 변에 면해 있는 사각형의 면적의 합과 같다.($a^2+b^2=c^2$)

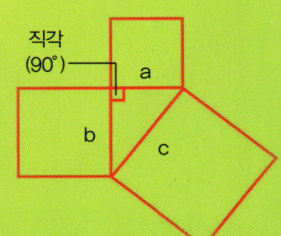

---

## 전기와 전기공학기호

아래 기호는 전기회로나 전기공학회로에서 찾아볼 수 있는 부품을 나타낸다. 국가에 따라서 다른 기호를 사용하는 경우도 있다.

| 기호 | 이름 | 기호 | 이름 | 기호 | 이름 | 기호 | 이름 |
|---|---|---|---|---|---|---|---|
| | 전선 | | 교류전원 | | 트랜지스터 | | 전류계 |
| | 교차된 전선 | | 전구 | | 마이크 | | 전압계 |
| | 연결된 전선 | | 퓨즈 | | 확성기 | | 집적전기회(칩) |
| | 스위치 | | 축전기 | | 종 | | 음극 |
| | 전극 | | 다이오드 | | 증폭기 | | 양극 |
| | 접지 | | 발광다이오드 | | 낫게이트 | | 자기장선 |
| | 단일전지 (긴 선이 +극, 짧은 선이 -극) | | 저항 | | 앤드게이트 | | 안테나 |
| | 병렬전지 | | 가변저항기 | | 오어게이트 | | |
| | | | 서미스터 | | | | |

★

419

# 지구와 우주에 관한 사실

지구와 행성, 우주 탐사에 관한 놀라운 정보를 알아보자. 가능한 한 정확한 정보만을 실었지만 사물을 측정하는 데는 다양한 방법이 있으므로 다른 곳에서 얻은 수치와 약간 다를 수도 있다.

## 대륙

| 이름 | 면적(km$^2$) |
| --- | --- |
| 아시아 | 43,608,000 |
| 아프리카 | 30,335,000 |
| 북아메리카 | 24,300,000 |
| 남아메리카 | 17,611,000 |
| 남극 대륙 | 13,340,000 |
| 유럽 | 10,498,000 |
| 오스트랄라시아 | 8,923,000 |

## 대양과 바다

가장 큰 대양인 태평양은 또한 가장 깊은 대양이기도 하다. 마리아나해구라는 지점에서는 깊이가 11,022m에 이른다.

| 이름 | 면적(km$^2$) |
| --- | --- |
| 태평양 | 166,241,000 |
| 대서양 | 82,217,000 |
| 인도양 | 73,600,000 |
| 남극해 | 35,000,000 |
| 북극해 | 12,257,000 |
| 지중해 | 2,505,000 |
| 남중국해 | 2,318,000 |
| 카리브해 | 1,943,000 |
| 베링해 | 2,269,000 |
| 멕시코만 | 1,544,000 |

## 가장 큰 섬

| 이름 | 면적(km$^2$) |
| --- | --- |
| 그린란드 | 2,175,600 |
| 뉴기니 | 789,950 |
| 보르네오 | 751,100 |
| 마다가스카 | 586,376 |
| 캐나다 배핀섬 | 507,454 |
| 인도네시아 수마트라 | 424,760 |
| 일본 혼슈 | 227,920 |
| 영국 | 218,896 |
| 캐나다 빅토리아섬 | 217,290 |
| 캐나다 앨즈미어섬 | 196,236 |

## 가장 큰 호수

가장 깊은 호수는 러시아에 있는 수심 1,637m의 바이칼호로 담수호이다.

| 이름 | 위치 | 면적(km$^2$) |
| --- | --- | --- |
| 카스피해 | 유럽, 아시아 | 424,200 |
| 슈피리어호 | 미국, 캐나다 | 82,414 |
| 빅토리아호 | 탄자니아, 우간다 | 69,215 |
| 휴런호 | 미국, 캐나다 | 59,596 |
| 미시간호 | 미국 | 58,016 |
| 아랄해 | 카자흐스탄, 우즈베키스탄 | 40,500 |
| 탕가니카호 | 탄자니아, 콩고 | 32,764 |
| 바이칼호 | 러시아 | 31,500 |
| 그레이트베어호 | 캐나다 | 31,328 |
| 니아사호 | 모잠비크, 탄자니아 | 29,928 |

## 가장 긴 강

| 이름 | 위치 | 길이(km) |
| --- | --- | --- |
| 나일강 | 북동아프리카 | 6,671 |
| 아마존강 | 남아메리카 | 6,440 |
| 장강(양쯔강) | 중국 | 6,276 |
| 미시시피-미주리-레드강 | 미국 | 6,019 |
| 오비-이르티시강 | 아시아 | 5,411 |
| 예니세이-안가라강 | 러시아 | 4,989 |
| 황허 | 중국 | 4,830 |
| 오논-실카-아무르강 | 동아시아 | 4,416 |
| 레나강 | 러시아 | 4,400 |
| 콩고강 | 중앙아프리카 | 4,380 |

## 가장 높은 산

일부에서는 로체를 8,501m로 세계에서 네 번째 높은 산으로 꼽기도 하지만 이 책에서는 로체를 개별적인 산 하나로 보기보다는 에베레스트의 봉우리 중 하나로 간주하여 넣지 않았다.

| 이름 | 위치 | 높이(m) |
| --- | --- | --- |
| 에베레스트 | 네팔, 티베트 국경 | 8,850 |
| 케이투(K2) | 파키스탄, 중국 국경 | 8,611 |
| 칸첸중가 | 네팔, 시킴 국경 | 8,598 |
| 마칼루 | 네팔, 티베트 국경 | 8,470 |
| 초오유 | 네팔, 티베트 국경 | 8,201 |
| 다울라기리 | 네팔 | 8,172 |
| 마나슬루 | 네팔 | 8,163 |
| 낭가 파르밧 | 파키스탄 | 8,126 |
| 안나푸르나 | 네팔 | 8,078 |
| 가셔브룸 | 파키스탄, 중국 국경 | 8,068 |

# 행성에 관한 정보와 수치

| 행성 이름 | 직경(km) | 태양까지 평균거리(km) | 공전주기 | 자전주기 | 위성 수 |
|---|---|---|---|---|---|
| 수성 | 4,880 | 5,800만 | 88일 | 58.7일 | 0개 |
| 금성 | 12,103 | 1억 800만 | 224.7일 | 243일 | 0개 |
| 지구 | 12,756 | 1억 4,960만 | 365.3일 | 23.9시간 | 1개 |
| 화성 | 6,794 | 2억 2,800만 | 687일 | 24.6시간 | 2개 |
| 토성 | 142,984 | 7억 7,800만 | 11.9년 | 9.8시간 | 61개 이상 |
| 목성 | 120,536 | 14억 2,900만 | 29.5년 | 10.2시간 | 31개 이상 |
| 천왕성 | 51,118 | 28억 7,000만 | 84년 | 17.9시간 | 22개 |
| 해왕성 | 49,532 | 45억 400만 | 165년 | 19.2시간 | 12개 |

## 우주비행의 역사

**1957** 10월 4일, 구소련이 최초의 인공위성 스푸트니크를 우주로 발사했다. 11월 3일에는 스푸트니크2호가 라이카라는 이름의 개를 태우고 발사되었다.

**1959** 최초의 우주탐사선인 루나1, 2, 3호가 구소련에서 발사되었다.

**1961** 구소련 출신 우주비행사 유리 가가린은 최초로 우주를 여행한 사람이 되었다. 비행은 90분 동안 지속되었다.

**1965** 미국의 천문학자들이 우주에서 전해오는 라디오 소음과 같은 약한 신호를 탐지했다. 이를 빅뱅이론(대폭발설)의 증거로 생각하는 사람들이 많다.

**1965** 미국의 우주탐사선 마리너4호가 처음으로 화성 사진을 찍었다.

**1966** 구소련의 탐사선 루나9호가 달에 착륙해서 최초로 달 표면 사진을 보내왔다.

**1967** 구소련의 베네라4호가 금성에 도착한 최초의 우주탐사선이 되었다. 하루 뒤 미국의 탐사선 마리너5호도 금성에 도착했다.

**1968** 미국이 최초의 유인 우주선인 아폴로8호를 발사해서 달을 일주했다.

**1969** 7월 20일, 미국의 아폴로11호가 달에 최초의 인간을 착륙시켰다. 에드윈 버즈 올드린과 닐 암스트롱은 달 위를 걸은 최초의 인간으로 역사에 남게 되었다. 또 다른 유인 우주선인 아폴로12호가 11월 14일에 달에 착륙했다.

**1970** 미국의 아폴로13호 우주선의 산소탱크가 파손되는 사고가 일어나 달 탐사를 포기하고 지구로 귀환하였다.

**1971** 유인 우주선인 미국의 아폴로14호와 15호가 달 표면에 착륙했다.

**1971** 러시아가 최초의 우주정거장인 살류트1을 발사했다.

**1971** 미국의 우주탐사선 마리너9호가 최초로 화성을 근접 촬영한 이미지를 보냈다.

**1972** 유인 우주선인 미국의 아폴로16호와 17호가 달의 표면에 착륙했다.

**1973** 미국 최초의 우주정거장인 스카이랩(유인 우주실험실)이 발사되었다.

**1973** 미국의 파이오니어10 탐사선이 최초로 목성을 근접 촬영한 이미지를 보냈다.

**1974** 미국의 마리너10 우주탐사선이 최초로 금성을 뒤덮은 구름 사진을 촬영해서 보냈다. 이후 이 탐사선은 수성으로 이동해 만 장 이상의 수성 사진을 촬영하였다.

**1975** 구소련의 우주탐사선인 베네라9호와 10호가 최초로 금성의 표면을 촬영했다.

**1976** 미국의 우주탐사선 바이킹1호와 2호가 화성에 착륙했다. 이 탐사선들은 사진을 촬영하고 화성의 토양 표본을 연구했다.

**1979** 미국의 우주탐사선 보이저1호와 2호가 목성까지 비행해서 상세한 사진을 보냈다.

**1980** 미국의 우주탐사선 보이저1호가 토성의 상공을 날면서 상세한 사진을 촬영해서 보냈다.

**1981** 미국이 최초의 우주왕복선인 STS1을 발사했다.

**1986** 미국의 탐사선 보이저2호가 천왕성 상공을 날면서 상세한 이미지를 보내왔다.

**1986** 구소련의 우주정거장 미르가 발사되었다.

**1986** 미국의 우주왕복선 챌린저호가 폭발하면서 7명의 우주비행사가 희생되었다.

**1989** 미국의 우주탐사선 보이저2호가 해왕성을 촬영한 상세한 이미지를 보내왔다.

**1991** 미국이 허블우주망원경을 쏘아 올렸다. 그러나 곧 깨끗한 이미지를 송신할 수 없다는 결함이 발견되었다.

**1993** 우주비행사들이 우주를 유영하면서 허블우주망원경을 수리했다.

**1993** 미국의 갈릴레오 탐사선이 최초로 소행성 가스파라를 근접 촬영했다.

**1996** 미국의 NEAR(Near Earth Asteroid Redezvous) 우주선이 지구와 가까운 위치에 있는 소행성 연구를 목적으로 발사되었다.

**1996** 미국의 화성 전역 조사선이 궤도를 따라 돌며 화성을 연구하는 임무를 띠고 발사되었다.

**1997** 미국의 화성 조사선 패스파인더호가 화성에 도착해서 소저너라는 이름의 작은 탐사 로봇을 표면으로 내려 보냈다. 소저너는 화성의 토양과 암석, 날씨에 대한 자세한 정보를 수집하였다.

**1998** 국제 우주정거장 건설이 시작되었다.

**2001** 미르 우주정거장은 지구로 다시 되돌아온 인공 물체 중 규모가 가장 큰 물체였다. 태평양으로 떨어지기 전 대기로 재진입하는 과정에서 미르는 해체되었다.

# 과학자와 발명가 인물 검색

여러 세기 동안 과학적 발견에 중요한 공헌을 한 사람들에 대해 알아보자.

**알하젠, 이븐(Ibn Alhazen, 965–1039)**
아랍의 물리학자. 굴절과 시간에서 반사의 역할에 대해 설명해 광학 분야에서 큰 진보를 이루었다.

**앙페르, 앙드레 마리**
(Andre Marie Ampere, 1775–1836)
프랑스 수학자이자 물리학자. 전기와 자기작용에 관한 연구로 선구자적인 성과를 거두었다. 후에 그의 이름을 따서 전류의 단위를 암페어라고 명명했다.

**아낙사고라스**
(Anaxagoras, BC 500–BC 428)
그리스 철학자. 최초로 태양과 달이 보여주는 상의 변화와 일식, 월식을 태양과 달이 움직인 결과라고 설명했다.

**아르키메데스**
(Archimedes, BC 287–BC 212)
그리스의 수학자이자 발명가. 물에 뜨는 물체는 그 무게만큼의 물을 밀어낸다는 것을 과학적인 원리로 나타내었다.

**아리스토텔레스**
(Aristotle, BC 384–BC 322)
그리스 철학자. 물리학, 동물학, 과학 이론에 많은 공헌을 했다.

**아보가드로, 아메데오**
(Amedeo Avogadro, 1776–1856)
이탈리아 화학자. 같은 온도와 압력에서 같은 부피의 모든 기체는 동일한 분자 수를 포함하고 있다는 것을 최초로 이론화했다. 이것이 아보가드로의 법칙이다.

**배비지, 찰스**
(Charles Babbage, 1792–1871)
영국의 수학자이자 발명가. 해석 기계라 불리는 계산기를 연구했다. 이 기계는 오늘날 컴퓨터의 전신이 되었다.

**베인, 알렉산더**
(Alexander Bain, 1810–1877)
최초로 전신기 설계를 등록한 스코틀랜드 시계공(1843).

**베어드, 존 로지**
(John Logie Baird, 1888–1946)
텔레비전을 발명한 스코틀랜드의 기술자(1926).

**베크렐, 앙리**
(Henry Becquerel, 1852–1908)
방사능을 발견한 프랑스 물리학자.

**벨, 알렉산더 그레이엄**
(Alexander Graham Bell, 1847–1922)
영국 태생의 미국 과학자이자 발명가. 전화기를 발명했다.(1872–1876)

**벤츠, 카를(Karl Benz, 1844–1929)**
독일의 발명가. 내연기관으로 움직이는 최초의 자동차를 설계했다.

**베를리너, 에밀(Emile Berliner, 1851–1929)**
축음기를 발명한 독일계 미국인 공학자.

**비로, 라슬로(Lazlo Biro, 1900–1985)**
헝가리의 예술가이자 언론인으로 볼펜을 발명했다.(1938)

**보어, 닐스(Niels Bohr, 1885–1962)**
덴마크의 물리학자. 물리학의 양자이론을 러더퍼드의 원자구조에 적용했다.(1913)

**부스, 허버트(Hubert Booth, 1871–1955)**
최초로 성공적인 진공청소기를 발명한 영국의 기술자.

**보일, 로버트(Robert Boyle, 1627–1691)**
아일랜드 과학자. 물질은 아주 작은 입자로 이루어져 있다고 제안했다. 또한 기체의 부피와 압력은 반비례한다는 보일의 법칙을 만들었다.

**브라운, 베르너 폰**
(Wernher von Braun, 1912–1977)
독일의 기술자로 로켓과 우주선을 만드는 분야에서 선구적인 역할을 했다.

**브라운, 로버트(Robert Brown, 1773–1858)**
스코틀랜드 생물학자. 액체에 떠 있는 물질이 명백하게 불규칙적으로 운동한다는 사실을 발견했다.

**브루넬, 이점바드 킹덤**
(Isambard kingdom Brunel, 1806–1859)
영국의 토목, 조선 기술자. 훌륭한 다리와 원양증기선을 많이 설계했다.

**칼슨, 체스터**
(Chester Carlson, 1906–1968)
미국의 물리학자이자 발명가. 정전식 복사기를 발명했다.

**캐번디시, 헨리**
(Henry Cavendish, 1731–1810)
영국의 화학자이자 물리학자. 공기와 물의 화학적 구성 성분인 수소를 발견했고, 지구의 무게를 측정했다.

**셀시우스, 안데르스**
(Anders Celsius, 1701–1744)
스웨덴의 천문학자. 100도로 나눈 온도 눈금을 최초로 만들었다. 이를 섭씨온도계라고 한다.

**채드윅, 제임스**
(James Chadwick, 1891–1974)
영국의 물리학자. 방사능을 연구하고 중성자를 발견했다.

**샤를, 자크**
(Jacques Charles, 1746–1823)
프랑스 물리학자. 기체에서 온도와 부피의 관계에 관한 샤를의 법칙을 만들었다.

**코커럴, 크리스토퍼**
(Christopher Cockerell, 1910–1999)
영국의 기술자로 호버크라프트(에어쿠션선)를 발명했다.

**코페르니쿠스 니콜라우스**
(Nicolaus Copernicus, 1473–1543)
폴란드의 천문학자로 태양계의 행성들이 지구를 도는 것이 아니라 태양 주변을 돌고 있다는 이론을 내놓았다.(1530)

**크릭, 프랜시스**
(Francis Crick, 1916–2004)
영국의 생물학자. 동료 제임스 왓슨과 함께 DNA구조를 발견했다.(프랭클린, 윌킨스 참조)

**퀴뇨, 니콜라스 조셉**
**(Nicolas Joseph Cugnot, 1725-1804)**
프랑스의 군사 기술자. 1769년에 자동차의 원조라고 할 수 있는 증기자동차를 만들었다. 이것은 스스로의 동력으로 움직이는 최초의 운송 수단이었다.

**퀴리, 마리(Marie Curie, 1867-1934)**
폴란드의 과학자로 방사능을 연구하고 방사능물질인 라듐을 발견(1898)하는 등 이 분야의 선구자적인 역할을 했다.

**돌턴, 존(John Dalton, 1766-1844)**
영국의 화학자. 화학적 원자론의 창시자이다.

**다윈, 찰스(Charles Darwin, 1809-1882)**
영국 생물학자. 종은 자연도태에 의해서 진화하고 변화한다는 진화론을 주장했다.

**드류, 리처드(Richard Drew, 1886-1956)**
미국의 접착테이프 발명가.(1928)

**에디슨, 토머스**
**(Thomas Edison, 1847-1931)**
미국 발명가. 축음기나 초창기 유성기 등을 포함해서 천 개가 넘는 기기를 발명했다.

**아인슈타인, 알베르트**
**(Albert Einstein, 1879-1955)**
독일 출생의 물리학자. 특수상대성이론(1905)과 기존의 시간과 공간에 대한 개념을 수정한 일반상대성이론(1916)을 발표했다.

**파렌하이트, 가브리엘**
**(Gabriel Fahrenheit, 1686-1736)**
독일의 물리학자. 수은온도계를 발명(1714)했고, 화씨온도눈금을 만들었다.

**패러데이, 마이클**
**(Michael Faraday, 1791-1867)**
영국 과학자. 자기장 내에서 전선 코일을 회전시켜서 전류를 발생시키는 다이너모를 발명했다.

**페르미, 엔리코(Enrico Fermi, 1901-1954)**
이탈리아의 물리학자. 핵원자로 내부의 원자력을 최초로 조절했다.

**플레밍, 알렉산더**
**(Alexander Fleming, 1881-1955)**
영국의 미생물학자. 항생물질을 만드는 데 중요한 역할을 하는 페니실린을 발명하였다.

**포드, 헨리(Henry Ford, 1863-1947)**
미국의 자동차 기술자로 포드 모델 T를 만들었고 산업에서 대량 생산 기술을 개척해냈다.

**프랭클린, 벤저민**
**(Benjamin Franklin, 1706-1790)**
미국의 발명가이자 정치가, 과학자. 빛은 전기의 한 형태라는 사실을 증명했다.

**프랭클린, 로절린드**
**(Rosalind Franklin, 1920-1958)**
영국 과학자. 동료 모리스 윌킨스와 DNA 구조를 발견하는 데 중요한 역할을 한 연구를 수행했다.(크릭, 왓슨 참조)

**갈릴레이, 갈릴레오**
**(Galileo Galilei, 1564-1642)**
수많은 과학적 사실을 발견한 이탈리아의 천문학자이자 과학자. 떨어지는 물체는 모두 같은 가속도로 낙하한다는 것을 증명했다. 갈릴레이가 했던 행성의 움직임에 대한 연구는 코페르니쿠스가 주장했던 지동설(행성은 지구가 아니라 태양을 돈다는 설)을 뒷받침해주었다.

**제르베르(Gerbert) (약 945-1003)**
최초로 기계식 시계를 발명한 프랑스의 성직자. 999년에 교황 실베스테르 2세가 되었다.

**길버트, 윌리엄**
**(William Gilbert, 1544-1603)**
영국 물리학자이자 여왕 엘리자베스 1세의 궁정의사. 자기력에 대한 과학적 연구를 하게 되었고 최초로 지구 자체가 자기장이라는 것을 주장했다.

**한, 오토(Otto Hahn, 1879-1968)**
독일의 화학자로 프리츠 슈트라스만(Fritz Strassman, 1902-1980)과 함께 핵분열을 발견했다.(마이트너 참조)

**핼리, 에드먼드**
**(Edmund Halley, 1656-1742)**
영국의 천문학자이자 수학자. 혜성의 궤도를 도표로 만들어서 예측했다. 그 후 그 혜성을 그의 이름을 따서 핼리 혜성이라 불렀다.

**하비, 윌리엄(William Harvey, 1578-1657)**
영국의 의사로 체내의 혈액이 순환하는 원리를 발견했다.

**호킹, 스티븐(Stephen Hawking, 1942- )**
영국의 물리학자로 우주의 기원을 더 잘

이해할 수 있도록 연구해왔다.

**허셜, 윌리엄**
**(William Herschel, 1738-1822)**
독일 출생의 영국 천문학자이자 망원경 제작자. 항성천문학의 시조로 북반구의 천체도를 만들었고 1781년에 천왕성을 발견했다. 1800년에는 적외선을 발견하기도 했다. 여동생 캐롤라인(Caroline, 1750-1848)이 중요한 조력자 역할을 했다.

**헤르츠, 하인리히**
**(Heinrich Hertz, 1857-1894)**
독일의 물리학자로 라디오파(전파, 전자파)가 존재한다는 것을 설명하기 위해 연구를 시작했다. 헤르츠의 공명자를 이용하여 전자기파의 존재를 확인하였으며, 포물면거울을 사용해서 맥스웰이론의 정확성을 입증하였다.

**훅, 로버트(Robert Hooke, 1635-1703)**
영국의 물리학자이자 화학자로 탄성과 힘의 관계를 연구하여 훅의 법칙을 만들었다.
기체법칙의 발견에 기여하고, 연소와 호흡에 관하여 '연소설'을 주장하였으며, 물리학에서는 박막의 색에 관한 연구로 파동설의 선구가 되었다. 천문학 분야에서는 오리온자리의 관측, 목성의 회전, 연주시차의 측정 등의 연구가 있다.

**허블, 에드윈(Edwin Hubble, 1889-1953)**
미국의 천문학자로 우리은하 밖에 있는 외부은하의 존재를 입증했다. 허블 천체망원경이라는 명칭은 그의 이름을 딴 것이다.

**하위헌스, 크리스티안**
**(Christiaan Huygens, 1629-1695)**
네덜란드의 물리학자이자 천문학자로 처음으로 정확한 진자시계를 만들었다. 토성의 고리를 발견했으며 진자운동을 연구하여 운동량보존법칙, 에너지보존법칙에 해당하는 이론을 전개하여 역학의 기초를 세우는 데 공헌하였다. 또한 빛의 파동설을 수립하고 '하위헌스의 원리'를 확립하였다.

**제너, 에드워드**
**(Edward Jenner, 1749-1823)**
영국의 의사로 최초의 백신(예방접종, 천연두의 백신)을 개발했다.

**줄, 제임스(James Joule, 1818-1889)**
영국의 물리학자로 열과 관련한 연구에

중요한 업적을 남겼다. 열역학 제1법칙(에너지보존법칙)을 만들었으며 전류의 발열작용에 관한 법칙(줄의 법칙)을 발견하였다. 이 사람의 이름을 따서 일과 에너지를 측정하는 단위를 줄(joule)이라고 한다.

## 케플러, 요하네스
(Johannes Kepler, 1571~1630)
독일의 천문학자로 행성의 운동에 관한 법칙을 발견했다. 코페르니쿠스의 지동설을 수정·발전시켰다.

## 라부아지에, 앙투안
(Antoine Lavoisier, 1743~1794)
프랑스의 변호사이자 과학자로 산소, 수소와 같은 원소를 명명했다. 또 연소할 때 산소가 어떤 역할을 하는지 설명했다.

## 레벤후크, 안톤 반
(Antony van Leeuwenhoek, 1632~1723)
네덜란드의 과학자로 최초로 확대율 40~270배의 현미경을 만들었다. 직접 제작한 현미경을 이용해 세균(박테리아)과 정액, 혈액 세포를 관찰했다.

## 르메트르, 조르주
(Georges Lemaître, 1894~1966)
벨기에의 천체 물리학자이자 수학자, 신부이다. 우주의 기원에 관한 이론인 빅뱅이론을 처음 제시했다.

## 린네, 칼 폰(Carl von Linne) (1707~1778)
스웨덴의 식물학자로 생물을 속과 종, 그 외의 하위분류로 나누는 방법을 도입했다. 오늘날 사용하는 생물 분류법인 이명법의 기초를 마련한 생물학자이다.

## 리스터, 조지프(Joseph Lister, 1827~1912)
영국의 외과의사. 1865년 페놀에 의한 무균수술법을 고안하고, 이의 실제적인 응용에도 성공하여 외과치료에 획기적인 발전을 가져왔다.

## 러브레이스, 에이다
(Ada Lovelace, 1815~1852)
영국의 수학자인 러브레이스는 찰스 배비지가 설계한 해석기계(기관)를 연구해서 프로그램을 개발했다. 이것이 컴퓨터 프로그래밍의 시초가 되었다.

## 메이먼, 시어도어
(Theodore Maiman, 1927~2007)
미국의 과학자로 고체인 루비를 사용해 1960년 최초로 레이저를 발명했다.

## 말피기, 마르첼로
(Marcello Malpighi, 1628~1694)
이탈리아의 생리학자로 현미경으로 오늘날 모세혈관이라고 부르는 작은 혈관들로 이루어진 동맥과 정맥을 발견했다.

## 마르코니, 굴리엘모
(Guglielmo Marconi, 1874~1937)
이탈리아의 발명가이자 기업가. 런던 마르코니 무선전신사를 창립하였다. 도버해협에서의 영국-프랑스 간의 통신을 실현시켰다.

## 맥스웰, 제임스 클러크
(James Clerk Maxwell, 1831~1879)
영국의 물리학자. 캐번디시연구소 개설과 함께 소장이 되었다. 전자기학에서 거둔 업적은 장(場)의 개념의 집대성이며 빛의 전자기파설의 기초를 세웠고 기체의 분자운동에 관해 연구했다.

## 마이트너, 리제(Lise Meitner, 1878~1968)
오스트리아의 물리학자로 처음으로 핵분열을 설명했다(1939). 오토 한, 슈트라스만 참조.

## 멘델, 그레고어
(Gregor Mendel, 1822~1884)
오스트리아의 수도승이자 박물학자로 유전의 법칙을 발견했다. 완두를 재료로 하여 유전이 일정한 법칙에 따른다는 멘델의 법칙을 발표하였다.

## 멘델레예프, 드미트리
(Dmitrii Mendeleev, 1834~1907)
러시아의 화학자로 원소주기율표를 만들었다.

## 메르카토르, 게르하르두스
(Gerhardus Mercator, 1512~1594)
네덜란드의 지리학자이자 지도 제작자로 메르카토르 도법(메르카토르 투시법)을 고안했다. 메르카토르 도법이란 둥근 지구의 모습을 평평한 지도에 정확하게 표현하는 방법을 말한다.

## 모스, 새뮤얼(Samuel Morse, 1791~1872)
미국의 예술가로 메시지를 전달하는 시스템을 발명했다. 지금은 모스부호라고 부르는 이 신호는 점과 선(길고 짧은 전기 파동)을 부호화한 시스템이다.

## 뉴커먼, 토마스
(Thomas Newcomen, 1663~1729)
영국의 발명가로 증기기관을 발명했다. 뉴커먼기관은 대기압기관이라고도 하며 양수용으로 보급되어 영국의 석탄산업 발달에 커다란 역할을 하였다.

## 뉴턴, 아이작(Isaac Newton, 1642~1727)
영국의 물리학자이자 수학자로 만유인력의 법칙과 운동의 법칙을 창시했다. 또한 빛이 색의 스펙트럼으로 이루어져 있음을 발견했고, 처음으로 반사망원경을 만들었다.

## 닙코, 파울(Paul Nipkow, 1860~1940)
독일의 공학자이자 텔레비전을 개발해낸 선구자로 기계적 스캐너인 닙코원판을 발명했다.

## 노벨, 알프레드(Alfred Nobel, 1833~1896)
스웨덴의 화학자. 고형 폭약을 완성하여 다이너마이트라는 이름을 붙였다. 과학의 진보와 세계의 평화를 염원한 그의 유언에 따라 스웨덴 과학아카데미에 기부한 유산을 기금으로 1901년부터 노벨상 제도가 실시되었다.

## 옴, 게오르그(Georg Ohm, 1789~1854)
독일의 물리학자로 전기저항에 대해 연구했다. 전기저항의 국제표준단위(SI)인 '옴'은 이 사람의 이름을 딴 것이다.

## 파스칼, 블레즈(Blaise Pascal, 1623~1662)
프랑스의 수학자이자 물리학자로 수력학(수리학, 응용유체역학)에 기여했으며, 대기압에 대해 연구했다. 기압을 재는 국제표준단위 '파스칼'은 그의 이름을 딴 것이다.

## 파스퇴르, 루이(Louis Pasteur, 1822~1895)
프랑스의 화학자. 발효와 부패에 관한 연구를 시작한 후 젖산발효는 젖산균과 관련해서 일어나며 알코올발효는 효모균의 생활에 관련해서 일어난다는 것을 발견하였다. 그는 열을 가해 세균을 죽이는 방식으로 음식을 보존하는 방법을 발명해냈는데, 이것을 저온살균법이라고 한다.

## 플랑크, 막스(Max Planck, 1858~1947)
독일의 물리학자로 엔트로피, 열전현상, 전해질용해의 연구 등으로 열역학의 체계화에 공헌하였다.

**프리스틀리, 조지프**
(Joseph Priestley, 1733–1804)
영국의 화학자로 1771년 물의 조성을 처음으로 발견하였고, 1774년 집광렌즈를 이용하여 산소의 존재를 알아냈다. 또한 발포성 음료(거품이 이는 음료, 소다수)를 개발했다.

**피타고라스**
(Pythagoras, BC582?–BC497?)
그리스의 과학자로 많은 발견을 한 사람이다. 직각삼각형에서 모르는 한 변의 길이(직각삼각형에서 빗변의 길이)를 계산할 수 있는 공식인 피타고라스의 정리를 만들었다.

**뢴트겐, 빌헬름**
(Willhelm Röntgen, 1845–1923)
독일의 물리학자로 엑스레이를 발명했다.(1895)

**루스카, 에른스트**
(Ernst Ruska, 1906–1988)
독일의 공학자로 금세기의 가장 중요한 발명 중의 하나라는 전자현미경을 발명했다.(1933)

**러더퍼드, 어니스트**
(Ernst Rutherford, 1871–1937)
뉴질랜드 태생의 영국 물리학자로 원자의 구조를 설명했다.

**세이버리, 토머스**
(Thomas Savery, 1650?–1715)
영국의 공학자로 첫 증기기관을 만들었다.

**시코르스키, 이고르**
(Igor Sikorsky, 1889–1972)
러시아 태생의 미국인 항공공학자로 처음으로 성공적인 헬리콥터를 만들어냈다.(1939)

**슬라이퍼, 베스토**
(Vesto Slipher, 1875–1969)
미국의 천문학자로 처음으로 화성의 사진을 선명하게 찍었다. 또 우주의 규모가 이전에 생각했던 것보다 훨씬 더 방대하다는 사실을 알아냈다.

**스티븐슨, 조지**
(George Stephenson, 1781–1848)
영국의 발명가로 처음으로 성공적인 증기기관차를 만들어냈다.(1814) 또 아들인 로버트(Robert)와 최초의 승객노선용 증기기관차 스티븐슨 로켓호를 만들었다.(1829)

**슈트라스만, 프리츠**
(Fritz Strassmann, 1902–1980)
독일의 화학자로 오토 한과 함께 우라늄의 핵분열을 발견했다. 마이트너 참조.

**탤벗, 윌리엄 폭스**
(William Fox Talbot, 1800–1877)
영국 출신의 사진술 개척자. 음화(네거티브 이미지)로부터 사진을 재생해내는 방법을 발명했다.

**테슬라, 니콜라**
(Nikola Tesla, 1856–1943)
미국의 전기공학자. 미국의 에디슨 회사에서 수년간 발전기와 전동기를 연구하였으며, 테슬라 연구소를 설립하고 최초의 교류유도전동기와 테슬라 변압기 등을 만들었다.

**톰슨, 윌리엄**
(William Thomson, 켈빈 경, 1824–1907)
영국의 물리학자. 열역학을 확립하였으며 전자기학 분야에서 고주파진동전류의 연구를 비롯해 전기저항 측정과 관련한 전자기의 여러 단위에 관한 협정을 완성하였다. 전위계 등을 제작하였으며 지구물리학에서 항해술 등에도 기여하였다. 절대온도 단위를 만들었다.

**톰보, 클라이드**
(Clyde Tombaugh, 1906–1997)
미국의 천문학자로 1930년에 명왕성을 발견했다. 그 밖에 여러 소행성과 은하들을 발견하였고 외부은하에 대하여 연구하였다.

**토리첼리, 에반젤리스타**
(Evangelista Torricelli, 1608–1647)
이탈리아의 물리학자로 기압계의 원리를 고안해냈다. 토리첼리의 진공을 발견하고 진공 연구에 신기원을 이룩하였다.

**튜링, 앨런**(Alan Turing, 1912–1954)
영국의 수학자로 계산기 연구로 알려졌으며, 컴퓨터 과학에 있어 중요한 업적을 일구어낸 선구자로 평가받는다.

**베살리우스, 안드레아스**
(Andreas Vesalius, 1514–1564)
벨기에의 해부학자로 근대 해부학의 창시자이다. 1543년 저서 《인체 해부에 대하여》는 갈레누스의 인체 해부에 관한 학설의 오류를 하나하나 지적하여 정정하였으며, 의학 근대화의 새로운 기점이 되었다.

**빌라르, 폴**(Paul Villard, 1860–1934)
프랑스의 물리학자로 감마선을 발견했다.(1900)

**볼타, 알레산드로**
(Alessandro Volta, 1745–1827)
이탈리아의 물리학자로 최초의 전기배터리, 즉 전지를 만들었다. 전압의 단위인 볼트(V)는 그의 이름에서 따온 것이다.

**왓슨, 제임스**(James Watson, 1928–)
미국의 과학자로 프랜시스 크릭(Francis Crick)과 공동연구로 DNA의 구조에 관하여 2중나선모델을 발표했다.(1953) 프랭클린, 윌킨스 참조.

**와트, 제임스**(James Watt, 1736–1819)
영국의 발명가로 증기기관을 개량하여 유성톱니바퀴장치(유성기어장치라고도 한다. 맞물린 한 쌍의 톱니바퀴 중 한쪽을 고정시켜 다른 쪽이 그 고정된 톱니바퀴 둘레를 도는 기구)를 창안했다. 전력의 단위인 와트(W)는 그의 이름을 딴 것이다.

**베게너, 알프레드**
(Alfred Wegener, 1880–1930)
독일의 기상학자로 처음으로 대륙이동설을 주장했다.

**휘틀, 프랭크**(Frank Whittle, 1907–1996)
영국의 발명가로 제트 엔진을 고안했다.(1930)

**윌킨스, 모리스**
(Maurice Wilkins, 1916–2004)
영국의 생물학자이자 물리학자로 프랭클린과 DNA 구조를 발견하는 일에 결정적인 역할을 해냈다. 크릭, 왓슨 참조.

**라이트, 오빌**(Orville Wright, 1871–1948)
**윌버**(Wilbur, 1867–1912)
미국의 라이트 형제는 처음으로 비행기를 타고 하늘을 날았다.(1903)

**예일, 라이너스**(Linus Yale, 1821–1868)
미국의 발명가로 지금도 이용되는 안전한 자물쇠를 발명했다.

# 과학 연대기

과학적 발명과 발견의 역사에 있어 가장 중요한 의미를 가지는 날짜에 관해서 알아보자.

## 기원전

**4241년** 이집트 달력이 도입되었다. 일 년 동안 일어나는 일들의 정확한 날짜를 기록하는 첫 해가 되었다.

**4000년경** 메소포타미아에서 처음으로 청동합금을 만들었다.

**3500년경** 잘라낸 나무줄기로 최초의 바퀴를 만들었다.

**3000년경** 바빌로니아인들이 하루를 24시간으로 나누었다. 또 최초의 계산기인 주판을 발명했다.

**1600년경** 천문학 연구에 관한 내용이 최초로 기록되었다.

**1500년경** 소아시아(터키)에서 철제련술이 개발되었다.

**700년경** 인도에서 《아유르베다(Ayurveda)》라는 초기 의학서적이 나왔다.

**600년경** 그리스 밀레토스의 철학자 탈레스(Thales)가 철광석의 한 종류인 천연 자석이 띠는 자성의 특징에 관해 설명했다. 이후로 이 광석을 자철광이라고 부르게 되었다.

**530년경** 그리스의 수학자 피타고라스(Pythagoras)가 피타고라스의 정리를 비롯한 많은 발견을 했다.

**400년경** 그리스에서 도르래가 발명되었다.

**335년경** 그리스의 철학자 아리스토텔레스(Aristotle)가 지렛대 원리를 비롯해 과학적으로 중요한 많은 관찰을 했다.

**300년경** 이집트에서 최초로 톱니바퀴를 사용했다.

**235년경** 그리스의 과학자인 아르키메데스(Archimedes)가 물을 위로 끌어올리는 아르키메데스의 나사펌프(나사모양의 펌프, 아르키메데스의 스크루 펌프라고도 한다.)를 고안해냈다. 이 장치로 침수된 배에서 물을 퍼내기도 하고 농업을 위한 관개시설을 만들기도 했다.

**10년경** 로마의 건축가 비트루비우스(Vitruvius)가 기중기에 대해 설명했다.

## 서기

**200년경** 중국에서 요리용 화로를 만드는 데 최초로 무쇠가 사용되었다.

**635년경** 글을 쓰는 데 깃펜을 사용하기 시작했다.

**700년경** 스페인에서 철을 제련하는 데 괴철로를 이용했다. 이때 이용했던 괴철로는 현대 용광로의 초기 모습이다.

**950년경** 중국에서 폭죽을 만들거나 신호를 나타내는 데 화약을 사용했다.

**1000년경** 아랍의 물리학자 이븐 알 핫삼(Ibn al Haytham)이 최초로 수정체의 보는 기능(가시적 속성)에 대해 연구했다.

**1088년** 중국의 한궁린(Han Kung-Lien)이 최초로 시계를 발명했다. 이 시계는 물시계의 일종이었다.

**1090년** 중국인과 아라비아인이 바다를 항해하기 위해 최초로 나침반을 사용했다.

**1202년** 이탈리아의 인문학자 레오나르도 피보나치(Leonardo Fibonacci)가 《Liber Abaci(계산판의 책)》을 출판했다. 처음으로 인도아라비아의 십진법 수체계를 사용하자고 주장한 유럽의 책이었다.

**1230년** 중국에서 도시의 성벽을 무너뜨리기 위한 폭탄을 만들며 최초로 화약을 사용했다.

**1286년** 이탈리아에서 최초의 안경이 만들어졌다.

**1326년** 이탈리아에서 초기의 총이 사용되었다.

**1451년** 요한 구텐베르크(Johann Gutenberg)가 독일에서 활판인쇄술을 발명했다.

**1500년** 이탈리아의 예술가이자 과학자인 레오나르도 다빈치(Leonardo da Vinci)가 헬리콥터의 견본을 포함한 수많은 장치를 설계했다.

**1540년** 프랑스의 의사인 앙브루아즈 파레(Ambroise Paré)가 부상을 당해 다리를 잃은 군인을 위해 최초의 의족을 만들었다.

**1543년** 폴란드의 천문학자 코페르니쿠스(Copernicus)가 지구가 아닌 태양을 중심으로 행성이 공전한다는 이론을 발표했다.

**1590년** 네덜란드에서 현미경이 발명되었다.

**1592년** 이탈리아의 천문학자 갈릴레오(Galileo)가 공기의 팽창, 압축하는 성질을 이용해 최초의 온도계를 발명했다.

**1608년** 네덜란드에서 망원경이 최초로 사용되었다.

**1610년** 갈릴레오가 망원경을 사용해 천체관측을 했다.

**1616년** 영국의 의사 윌리엄 하비(William Harvey)가 혈액의 순환에 대해 강의했다.

**1618년** 독일의 천문학자 요하네스 케플러(Johannes Kepler)가 행성들이 태양 주변을 타원형 궤도를 그리며 공전한다는 '타원궤도의 법칙'을 설명했다.

**1623년** 독일에서 빌헬름 쉬카드(Wilhelm Schickard)가 최초로 기계적 계산기를 발명했다.

**1644년** 이탈리아의 물리학자 에반젤리스타 토리첼리(Evangelista Torricelli)가 기압계의 원리를 발명했다.

**1682년** 영국의 천문학자 에드먼드 핼리(Edmund Halley)가 혜성의 궤도에 관해 설명하고 이를 도표로 만들었다. 후에 그때 발견한 혜성에 그의 이름을 붙였다.

**1687년** 영국의 물리학자 아이작 뉴턴(Isaac Newton)이 《자연철학의 수학적 원리(프린키피아)》를 출판했다. 그는 이 책에서 운동과 중력에 관한 법칙을 주장했다.

**1704년** 아이작 뉴턴(Isaac Newton)이 《광학(옵틱스)》에서 빛과 분광에 대해 설명했다.

**1712년** 영국의 발명가 토머스 뉴커먼(Thomas Newcomen)이 최초로 대기압기관을 만들었다.

**1752년** 미국의 과학자 벤저민 프랭클린(Benjamin Franklin)이 번개가 전기의 한 형태라는 것을 증명했다.

**1769년** 스코틀랜드의 발명가 제임스 와트(James Watt)가 증기기관을 새롭게 개선하였다.

**1774년** 영국의 화학자 조지프 프리스틀리(Joseph Priestley)가 산소의 존재를 발견하고 공기 중에서 산소를 분리해 냈다.

**1783년** 프랑스 파리에서 최초의 열기 구 비행이 이루어졌다.

**1789년** 프랑스의 변호사이자 과학자인 앙투안 라부아지에(Antoine Lavoisier) 가 《화학 교과서(Elementary Treatise on Chemistry)》를 발간했다. 이 책은 나중에 현대 화학의 기초가 되었다.

**1796년** 영국에서 에드워드 제너 (Edward Jenner)가 최초로 백신접종 을 했다.

**1799년** 이탈리아의 물리학자인 알레산 드로 볼타(Alessandro Volta)가 최초로 전지를 만들었다.

**1808년** 영국의 화학자 존 돌턴(John Dalton)이 《화학의 신체계(A New System of Chemical Philosophy)》를 출간했다. 원자 구조에 대한 그의 이론 이 포함되어 있다.

**1810년** 영국 런던에서 최초의 전기 램 프가 전시되었다.

**1820년** 덴마크의 과학자인 한스 외르 스테드(Hans Örsted)는 전류가 흐르는 전선이 자석과 같은 특징을 가진다는 것 을 발견했다. 후에 이런 효과를 전자기 라고 칭하게 되었다.

**1821년** 영국의 과학자인 마이클 패러 데이(Michael Faraday)가 발전기를 발 명했다.

**1833~4년** 영국의 수학자인 찰스 배비 지(Charles Babbage)와 에이다 러브 레이스(Ada Lovelace)가 해석 기계 (Analytical engine)를 만들었는데, 이 것이 컴퓨터의 전신이 되었다.

**1837년** 전선을 통해 메시지를 보낼 수 있는 전보가 영국에서 발명되었다.

**1839년** 영국과 프랑스에서 사진의 발 명이 발표되었다.

**1852년** 기체에 수소를 채워 넣고 증기 를 동력으로 하늘을 나는 최초의 비행선 이 프랑스에서 처녀비행을 했다.

**1859년** 프랑스에서 내연기관이 발명되 었다.

**1859년** 영국의 박물학자인 찰스 다윈 (Charles Darwin)이 《종의 기원(On the Origin of Species by Natural selection)》을 출간했다. 이 책은 진화에 관한 다윈의 이론을 담고 있다.

**1862년** 첫 번째 셀룰로이드 플라스틱 이 영국 런던에서 전시되었다.

**1869년** 러시아의 과학자 드미트리 멘 델레예프(Dmitri Mendeleyev)가 처음 으로 원소주기율표를 만들었다.

**1876년** 미국 보스턴의 알렉산더 그레 이엄 벨(Alexander Graham Bell)이 최초로 전화 메시지를 송신했다.

**1877년** 토머스 에디슨(Thomas Edison)이 미국에서 만든 축음기를 이 용하여 최초로 소리를 녹음했다.

**1877년** 독일 출신의 미국의 과학자인 에밀 베를리너(Emile Berliner)가 마이 크를 발명했다.

**1879년** 토머스 에디슨이 최초로 전구 를 발명했다.

**1881년** 영국의 서리(Surrey) 지방에 최초의 발전소가 세워졌다.

**1884년** 영국 런던에서 합성섬유소(셀 룰로오스)를 이용해 최초의 인공섬유를 만들어 전시했다.

**1885년** 독일인 칼 벤츠(Karl Benz)가 가솔린 구동 자동차를 발명했다.

**1888년** 독일의 물리학자인 하인리히 헤르츠(Heinrich Hertz)가 라디오파(전 자파)의 존재를 증명했다.

**1895년** 프랑스에서 동영상(움직이는 그림)이 처음으로 상영되었다.

**1895년** 독일의 물리학자 빌헬름 뢴트 겐(Willhelm Röntgen)이 엑스레이를 발견해서 최초의 엑스레이 사진을 찍었 다.

**1895년** 이탈리아의 물리학자인 굴리엘 모 마르코니(Guglielmo Marconi)가 라 디오 전신 기술을 개발, 실연했다.

**1896년** 프랑스의 앙투안 베크렐 (Antoine Becquerel)은 우라늄 등에서 모종의 방사선이 나온다는 것을 처음으 로 발견하였다.

**1903년** 미국의 라이트 형제가 처음으 로 동력 비행기를 만들었다.

**1905년** 독일 태생의 물리학자 알베르 트 아인슈타인(Albert Einstein)이 특수 상대성이론을 포함한 과학적 업적을 발 표했다.

**1911년** 폴란드의 과학자 마리 퀴리 (Marie Curie)가 방사능 연구로 노벨상 을 수상했다.

**1911년** 영국의 물리학자 어니스트 러더 퍼드(Ernest Rutherford)는 원자핵의 존재를 결론지었다.

**1926년** 스코틀랜드의 공학자인 존 로 지 베어드(John Logie Baird)가 대서 양 너머로 최초의 흑백텔레비전 화면을 전송했다.

**1929년** 미국의 천문학자인 에드윈 허 블(Edwin Hubble)이 은하계 사이의 거 리가 점점 멀어지고 있다는 사실을 밝혀 냈다. 이 사실은 대폭발설(빅뱅이론)의 기초가 되었다.

**1936년** 독일에서 만든 Focke Fa-61 이라는 최초의 헬리콥터가 비행에 성공 했다.

**1938년** 오토 한(Otto Hahn)과 프리츠 슈트라스만(Fritz Strassmann)이 핵분 열현상을 발견했다. 1939년에는 리제 마이트너(Lise Meitner)가 이 발견에 대 한 이론적 설명을 했다.

**1941년** 프랭크 휘틀(Frank Whittle)이 영국에서 터보제트항공기 엔진을 발명 했다.

**1945년** 미국이 뉴멕시코 지역에 원자 폭탄을 실험한 후 일본 히로시마에 투하 했다.

**1948년** 세 명의 미국 과학자인 존 바 딘(John Bardeen), 월터 브래튼 (Walter Brattain)과 윌리엄 쇼클리 (William Shockley)가 전자제품을 작게 만들 수 있는 트랜지스터를 발명했다.

**1953년** 프랜시스 크릭(Francis Crick) 과 제임스 왓슨(James Watson)이 살 아 있는 세포로 이루어진 DNA의 분자 구조를 발견했다. 이후 로절린드 프랭클 린(Rosalind Franklin)이 이 발견을 과 학적으로 입증했다.

**1957년** 최초의 인공위성인 러시아의 스푸트니크 1호가 발사되었다.

**1959년** 미국에서 집적회로가 발명되었 다.

**1961년** 최초의 유인 우주선인 보스토 크 1호가 발사되었다. 유리 가가린(Yurii Gagarin)은 최초로 우주를 여행한 사람 이 되었다.

**1969년** 미국의 우주비행사 닐 암스트 롱(Neil Armstrong)이 달을 걸은 최초 의 인간이 되었다.

**1969년** 인터넷이 미국의 군사 컴퓨터 네트워크인 아르파넷(ARPANET)이라는 형태로 시작되었다.

**1975년** 알타이르(Altair)라는 최초의 가 정용 컴퓨터가 상용화되었다.

**1981년** 다시 사용할 수 있는 우주선인 우주왕복선이 발사되었다.

**1990년** 고화질 텔레비전(HDTV)이 처 음으로 전송되었다.

**1992년** 영국의 컴퓨터 과학자 팀 버너 스리(Tim Berners-Lee)가 월드와이드 웹(www)을 개발하여 온라인화했다.

**2000년** 과학자들이 인간 유전자 염기 서열의 초안을 완성했다고 발표했다.

# 찾아보기

영재들을 위한 과학의 모든 것
## Science ⓔ사이언스

엮은이 | 영국 어스본 출판사 편집부
옮긴이 | 이가희
감수 | 전국과학교사모임
펴낸이 | 전채호, 전용훈
펴낸곳 | 혜원출판사
등록번호 | 제406-2005-000054호(Since 1977)

편집 | 장옥희, 석기은, 전혜원
디자인 | 홍보라
마케팅 | 채규선, 배재경, 전용훈
관리 · 총무 | 오민석, 신주영, 백종록
인쇄, 제본 | 현문인쇄

주소 | 경기도 파주시 교하읍 문발리 출판문화정보산업단지 507-8
전화 · 팩스 | 031)955-7451(영업부) 031)955-7454(편집부) 031)955-7455(FAX)
홈페이지 | www.hyewonbook.co.kr

ISBN 978-89-344-1070-6  13400